电子电气基础课程系列教材

电工电子技术基础

（第2版）

程继航　宋　暖　主编

石静苑　李　姝　杨　坤　陈大川　副主编

電子工業出版社

Publishing House of Electronics Industry

北京·BEIJING

内 容 简 介

本书是根据《飞行人才培养方案》，按照飞行学员培养需求，以打牢基础知识、贴近飞行实战和紧跟技术发展前沿为特色编写的电工电子基础课程教材。全书分为上、下篇，共 19 章。上篇为电工技术，系统地介绍电路的基本概念和基本定律、直流电路、暂态电路、正弦交流电路的分析方法，以及变压器、电动机和继电器等内容；下篇为电子技术，介绍半导体器件、晶体管及其放大电路、集成运算放大器、反馈电路、直流稳压电源、数字电路基础、逻辑代数、组合逻辑电路、时序逻辑电路、脉冲信号产生与整形、A/D 转换器和 D/A 转换器等内容。

全书各章节将大量的航空理论知识和飞行应用实例融入电工电子基础内容之中，并引入大量与电子科技发展和航空电子设备相关的习题，以激发学员的学习兴趣，培养学员的应用能力与创新能力，提高教学的针对性和有效性。

本书可作为高等军事院校或航空航天院校非电类专业本科生“电工电子技术”课程的教材，也可作为工程技术人员的参考用书。

图书在版编目(CIP)数据

电工电子技术基础/程继航，宋暖主编. —2 版. —北京：电子工业出版社，2022.7
ISBN 978-7-121-43697-0

Ⅰ. ①电… Ⅱ. ①程… ②宋… Ⅲ. ①电工技术－高等学校－教材②电子技术－高等学校－教材 Ⅳ. ①TM ②TN

中国版本图书馆 CIP 数据核字(2022)第 096133 号

责任编辑：凌　毅
印　　刷：三河市鑫金马印装有限公司
装　　订：三河市鑫金马印装有限公司
出版发行：电子工业出版社
　　　　　北京市海淀区万寿路 173 信箱　邮编 100036
开　　本：787×1 092　1/16　印张：24.25　字数：685 千字
版　　次：2016 年 9 月第 1 版
　　　　　2022 年 7 月第 2 版
印　　次：2023 年 5 月第 3 次印刷
定　　价：79.80 元

凡所购买电子工业出版社图书有缺损问题，请向购买书店调换。若书店售缺，请与本社发行部联系，联系及邮购电话：(010)88254888，88258888。

质量投诉请发邮件至 zlts@phei.com.cn，盗版侵权举报请发邮件至 dbqq@phei.com.cn。

本书咨询联系方式：(010)88254528，lingyi@phei.com.cn。

第2版前言

在现代战争中，制信息权是夺取战争主动权的关键核心要素。在作战系统中，信息多以电磁信号的形式呈现，而电路为信号提供了载体和通道。把电气技术、电子技术和电路作为研究内容的“电工电子技术基础”课程，对于飞行作战人才的培养，具有十分重要的奠基性作用。

本书是为航空飞行与指挥专业学员（飞行学员）量身定制的教材。空军航空大学作为培养空军航空飞行与指挥人才的摇篮，对空军主体战斗力的成长具有基础性、先导性作用。本书秉承“学员中心、产出导向、持续改进”理念，突出课程内容的“铸魂性、为战性、高阶性、创新性和挑战度”。本书依据《飞行人才培养方案》，参照《中国空军飞行员核心素养研究》，紧盯飞行学员专业背景及首次岗位任职需求，在教材内容体系上，精简和继承学科经典内容，强化课程衔接和铺垫内容，增加军事飞行案例，减少元器件内部机理的介绍，特别注重动态跟踪航理需求，及时调整教学内容，突出课程的为战性和创新性。同时编写了与本课程配套的“《电工电子技术基础》学员学习指导手册”和“《电工电子技术基础》实践篇”新形态教材，为学员提供泛在化的学习体验，突出课程的高阶性和挑战度。在课程育人体系上，加强显性和隐性两条主线的交叉融合。一方面，通过教员的专业素养、职业精神和教学标准，润物无声地实现立德树人；另一方面，通过挖掘课程中蕴含的思政资源，潜移默化地发挥课程的“三全”育人效能，提升课程的铸魂性。

本书是在第一版的基础上修订编写的，具体改动如下：

（1）动态更新了各章中融入的军事案例，在有效支撑教学内容的基础上，增强学员学习的职业归属感。

（2）梳理优化了各章的习题，按照基础知识、应用知识和军事知识3个角度调整优化习题类型，从低价到高阶，有效促进学员形成科学思维。

（3）更正了第一版中的部分错误和不妥之处。

本书由程继航、宋暖担任主编，石静苑、李姝、杨坤、陈大川担任副主编，王兆欣、栾爽、丁长虹、李井泉、翟艳男、张晖、裘昌利、张耀平、金美善、李晶、焦阳、刘钢、冯志彬、刘晶参与编写，李君、汤艳坤、高玲担任主审。

限于编者的水平，书中难免有不妥或错误之处，恳请读者批评指正。

编　者

2022年6月

目 录

上篇 电工技术

下篇 电子技术

上篇

电 工 技 术

第1章　电路的基本概念与基本定律

引言

目前飞机上的电子设备种类日益繁多，以中国研制的多用途轻型战斗机FC-1“枭龙”为例，如图1-1所示，该战斗机包括雷达、通信导航与识别、大气数据等系统，熟悉这些系统能帮助飞行员顺利执行各种战术操作，突显作战能力。在飞机系统中，从简单的飞机照明电路，到复杂的飞机供电系统；从单个的机载通话设备，到卫星通信网络，它们都是由电路元器件构成的，如电源、电阻、电容、电感、变压器、集成电路等。可以说，只要在涉及电的地方就离不开电路理论的支持。本章主要介绍电路的基本概念与基本定律，为分析复杂电路奠定理论基础，本章的内容贯穿全书，要求在学习中给予足够的重视。

图1-1　FC-1“枭龙”战斗机

学习目标：

1. 了解电路的概念，知道电压、电流参考方向的含义；
2. 了解如何计算电路元件的功率，并能确定该元件起电源作用还是负载作用；
3. 能够阐述欧姆定律、基尔霍夫定律，并能熟练使用定律分析简单电路；
4. 理解电位的概念，能计算电路的电位。

1.1　电路与电路模型

1.1.1　电路的概念

电路，即电流的通路，是电气设备或元器件为了某种需要按一定方式组合的整体。图1-2是电力系统电路示意图。图1-3是某飞机供电系统电路示意图。图1-4(a)是TBR-121C型通用超短波跳频电台设备，是我军各军兵种团、营、连级固定、机动的通用装备，图1-4(b)是它的电路示意图。

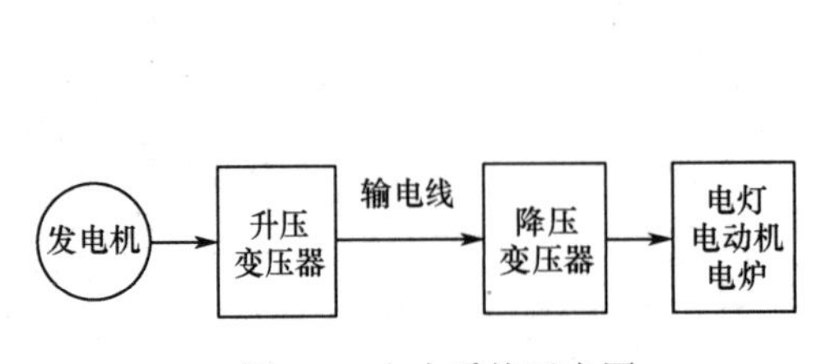

图1-2　电力系统示意图

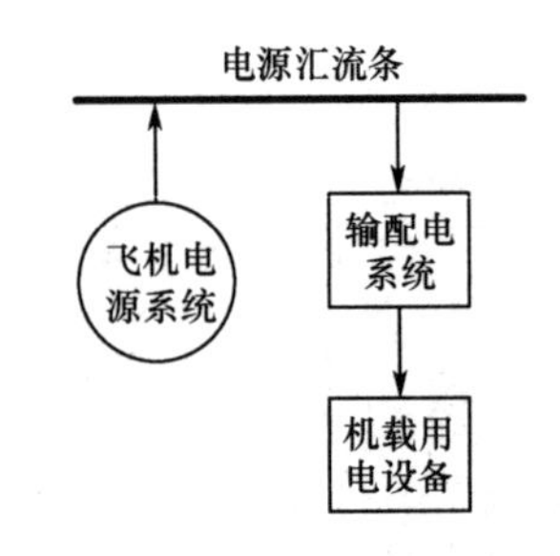

图1-3　某飞机供电系统示意图

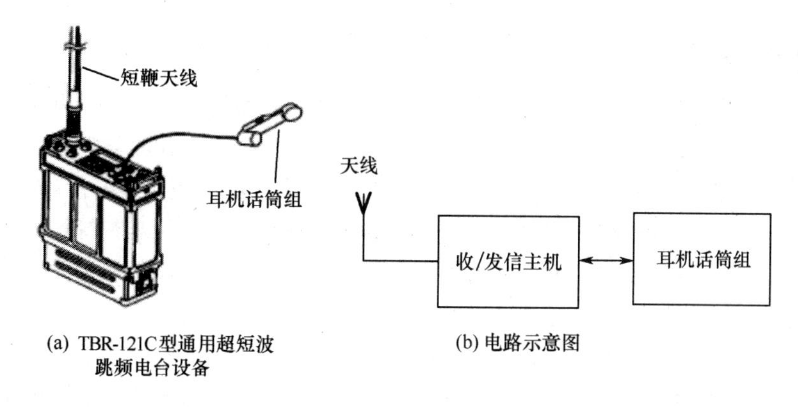

图 1-4　TBR-121C 型通用超短波跳频电台

1.1.2　电路的作用

电路的结构形式是多种多样的，所实现的功能也是千差万别的，但从电路的作用上看，可将其分为两大类。

一类电路是用来进行电能的传输和转换的。典型的例子如图 1-2 所示的电力系统和图 1-3 所示的飞机供电系统。这类电路一般电压高、频率低、电流大，用来驱动大功率的设备，称为“强电”。“强电”是一种用作动力的能源，主要研究电能，属于电工技术部分。

另一类电路是用来传递和处理信号的。图 1-4(b)所示系统可以拆分成如图 1-5 所示的机载收/发射机系统。发射机和接收机是机载电台的主体(机载电台用来完成飞机与地面、飞机与舰艇、飞机与飞机之间的通信联络)。图 1-5(a)所示的发射机先把声音信息转换为相应的电压信号和电流信号，再通过放大等环节将这些信号变换成无线电波，并通过天线发射出去；图1-5(b)所示的接收机用来把接收到的无线电波还原成声音信息，即用来传递和处理信号。这类电路电流小、频率高、电压小，称为“弱电”。“弱电”主要研究电信号及信号的流动，属于电子技术部分。

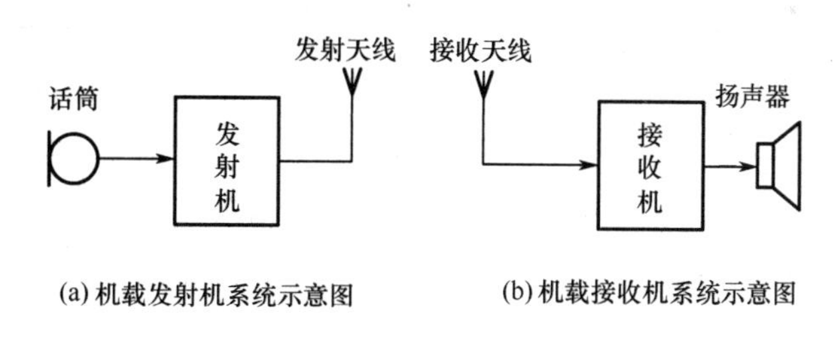

图 1-5　机载发射机和接收机示意图

1.1.3　电路的组成

实际电路用来完成不同的任务，不论电路采取何种结构、电路的复杂程度如何，电路一般都由电源、负载和中间环节 3 部分组成。

例如在图 1-3 中，飞机电源系统属于电源，包括从电源设备到电源汇流条之间的全部设备，是提供电能的设备。机载用电设备属于负载，如各种航空仪表、导航设备、雷达设备、飞行控制系统、火力控制系统等，是取用电能的设备。此外，要将电能安全、可靠地输送到用电设备上，还需要一套连接电源和负载的输配电系统，也称作飞机电网，属于中间环节，它包括从电源汇流条到机载用电设备之间的全部设备，起传输和分配电能的作用。又如在图 1-5(b)中，天线接收到的信号相当于信号源，扬声器是负载，接收机等设备属于中间环节。

1.1.4 电路模型

电路模型是由实际电路抽象而成的，它近似地反映实际电路的电气特性，电路模型由一些理想元件用理想导线连接而成。理想元件是具有某种确定电磁性质并有精确的数学定义的基本结构，是组成电路模型的最小单元。基本的理想电路元件(理想两字常略去)有电阻、电感、电容、电压源和电流源 5 种，它们分别用相应的参数来表征。表 1-1 为常用理想电路元件及其符号。实际电路中的电气装置或器件，如发电机、蓄电池等电源器件和电灯、电炉、电动机等负载元件，种类很多，形态各异，电磁性质复杂。由实际电路元件画成的电路结构复杂，不便进行分析计算。为此，需要将实际电路元件理想化、模型化，即突出其主要电磁特性，忽略其次要因素，用足以表征其主要特性的单一理想电路元件或其组合来代替。由一些理想电路元件组成的电路，就是实际电路的电路模型。例如，图 1-6(a)所示的手电筒，就可以等效成图 1-6(b)所示的电路模型，其中 E、U 和 R_0 分别为电源的电动势、端电压和内阻，R 为负载电阻。再例如图 1-7(a)所示的相控雷达，它的偏转线圈就可以视为由损耗电阻 R、偏转线圈电感 L 和分布电容 C_0 组成的等效电路，如图 1-7(b)所示，在一定条件下 C_0 的影响可以忽略。通过分析电路模型，可以揭示实际电路所遵循的普遍规律。

表 1-1 常用理想电路元件及其符号

名称	符号	名称	符号
电阻		电压表	V
电池	+ −	接地	
电灯		熔断器	
开关		电容	
电流表	A	电感	
电压源	+ −	电流源	

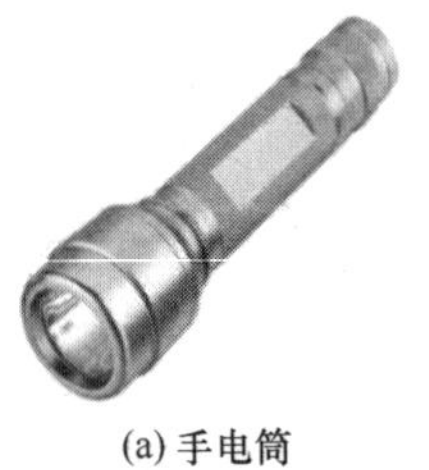

(a) 手电筒

(b) 手电筒的电路模型

图 1-6 手电筒及其等效电路

(a) 相控雷达

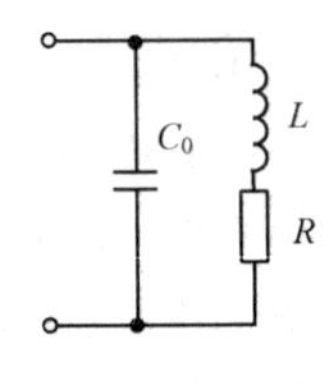

(b) 偏转线圈等效电路

图 1-7 相控雷达及其偏转线圈等效电路

1.2 电路的基本物理量

1.2.1 电流

在电路中，电荷沿着导体定向运动称为电流。电流的大小等于在单位时间内通过导体横截面的电荷量，称为电流强度，简称为电流，用字母 I 来表示。当电路中电流变量随时间变化时，一般用小写字母 i 表示，大写字母 I 则表示对应的变量是恒定量。电流的公式表示为

$$i=\frac{\mathrm{d}q}{\mathrm{d}t}, \qquad I=\frac{Q}{t} \tag{1-1}$$

式中，i、I 为电流，电流的国际单位为安培(A)；t 为通过电量所用的时间，单位是秒(s)；$Q(q)$为通过导体横截面积的电量，单位是库仑(C)。

常用的电流单位还有毫安(mA)、微安(μA)、千安(kA)等。换算关系为$1\text{mA}=10^{-3}\text{A}$，$1\mu\text{A}=10^{-6}\text{A}$，$1\text{kA}=10^{3}\text{A}$。

1.2.2 电压

电荷在电场力作用下会做功。电压就是衡量电场力做功本领的物理量。在电场中，a、b 两点间电压 U_{ab} 在数值上等于电场力把单位正电荷从 a 点移动到 b 点所做的功。当电路中电压变量随时间变化时，一般用小写字母 u 表示，大写字母 U 则表示对应的变量是恒定量。电压的公式表示为

$$u=\frac{\mathrm{d}W}{\mathrm{d}q}, \qquad U=\frac{W}{q} \tag{1-2}$$

式中，u、U 为电压，电压的国际单位为伏特(V)；W 为电场力所做的功，单位是焦耳(J)；q 为被移动的电荷电量，单位是库仑(C)。

常用的电压单位还有毫伏(mV)、微伏(μV)、千伏(kV)等。换算关系为$1\text{mV}=10^{-3}\text{V}$，$1\mu\text{V}=10^{-6}\text{V}$，$1\text{kV}=10^{3}\text{V}$。

电动势是反映电源把其他形式的能转换成电能的本领的物理量。电动势使电源两端产生电压。在电路中，电动势常用 E 表示，单位是伏(V)。电动势的方向规定为从电源的负极经过电源内部指向电源的正极，即与电源两端电压的方向相反。

1.2.3 电流与电压的参考方向

图 1-6(b)电路是最简单的直流电阻电路，将开关闭合后，电路中有电流 I 产生。电流 I、电压 U 和电源输出电压 E 是电路的基本物理量，在分析电路时，必须在电路图上用箭头或“+”、“-”标出它们的方向或极性[如图1-6(b)所示]，才能正确列出电路方程。关于电压和电流的方向，有实际方向和参考方向之分，要加以区别。

电流的实际方向与参考方向：物理学上规定正电荷运动的方向或负电荷运动的相反方向为电流的方向(实际方向)。电流的方向是客观存在的。但在分析较为复杂的直流电路时，往往难于事先判断某支路中电流的实际方向；对交流来讲，电流方向随时间而变，在电路图上也无法时刻表示它的实际方向。为此，在分析与计算电路时，常可任意选定某一方向作为电流的参考方向，或称为正方向。电流的参考方向可以用箭头或者加双下标的方法来表示，如图 1-8(a)所示。

电压的实际方向与参考方向：电压和电动势都是标量，但在分析电路时，和电流一样，也说它

们具有方向。电压的实际方向规定为由高电位(“+”极性)端指向低电位(“−”极性)端，即为电位降低的方向。电源电动势的实际方向规定为在电源内部由低电位(“−”极性)端指向高电位(“+”极性)端，即为电位升高的方向。

电压的参考方向除用极性“+”、“−”表示外，也可用双下标或箭头表示，如图1-8(b)所示。图中a、b 间的电压U_{ab}，表示 a 为假想的高电位(“+”)，b 为假想的低电位(“−”)，其参考方向是从 a 指向 b。如果参考方向选为由 b 指向 a，则为U_{ba}，$U_{ab}=-U_{ba}$。

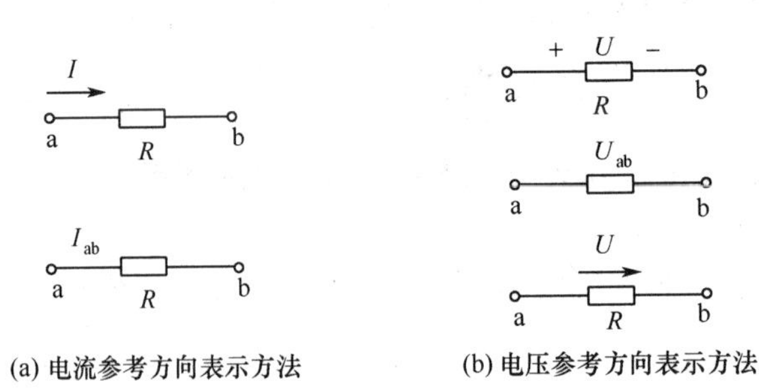

图 1-8　电压和电流的参考方向

在电路图中所标的电流、电压和电动势，一般都是参考方向。当参考方向设定以后，根据假设的参考方向列写电路方程，求解电路中未知的电流、电压或电动势，它们可以为正值，也可以为负值。当所得结果为正值时，说明物理量的实际方向与其参考方向一致；反之，当所得的结果为负值时，说明物理量的实际方向与其参考方向相反。若事先没有标出参考方向，则所得结果的正、负是没有任何意义的。所以在分析电路之前，一定要先确定参考方向。

一个元件的电流或电压的参考方向可以独立地任意指定。如果指定流过元件的电流的参考方向是从电压正极性的一端指向负极性的一端，即两者的参考方向一致，则把电流和电压的这种参考方向称为关联参考方向，如图 1-6(b)中电阻 R 上的 U 和 I。当选取关联参考方向时，只标出电压或者电流的参考方向就可以。当二者选取不一致时，称为非关联参考方向。在电路分析过程中，常常习惯采用关联参考方向。

1.2.4　电功率

电功率是描述电流做功快慢程度的物理量。电流在单位时间内所做的功称作电功率（以下简称功率）。用字母 P 表示，则根据式(1-1)和式(1-2)可得到功率的公式表示为

$$P=\frac{W}{t}=\frac{UQ}{t}=UI,\qquad p=\frac{\mathrm{d}W}{\mathrm{d}t}=\left(\frac{\mathrm{d}W}{\mathrm{d}q}\right)\left(\frac{\mathrm{d}q}{\mathrm{d}t}\right)=ui \tag{1-3}$$

在国际单位制中，功率的单位是瓦特，简称瓦，符号为 W。常用的功率单位还有毫瓦(mW)、千瓦(kW)等。

有时还要判断电路中的某个元件究竟是电源(或起电源的作用)，还是负载(或起负载的作用)，这要从功率的正、负来分析。由于电路中的电压、电流可以是正数或者负数的代数量，所以功率也是可正可负的代数量。

一种方法是根据电压和电流的参考方向，列功率方程，最后根据功率值的正负来判别功率情况。元件上的功率有吸收和发出两种可能，用功率的正负来区别，以吸收功率为正。当电压和电流取关联参考方向时，$P=UI$；当电压和电流取非关联参考方向时，$P=-UI$。在此规定下，将电压和电流的正负号代入公式，如果计算结果 $P>0$，表示元件吸收功率，起负载作用；反之，如果计算结果 $P<0$，

表示元件发出功率，起电源作用。

另一种方法是可以先判断出电压和电流的实际方向，再判断功率情况。比如图 1-9 所示的航空蓄电池的充放电电路，电流的实际方向有两种可能性。如果电流为正且流出电池正极性端，那么电池为飞机提供电能，起到电源的作用，如图 1-9(a)所示；如果电流为正且流进电池正极性端，那么电池从发电机吸收能量而被充电，起到负载的作用，如图 1-9(b)所示。求解电路以后，校核所得结果的方法之一是核对电路中所有元件的功率平衡，即一部分元件发出的总功率应等于其他元件吸收的总功率。

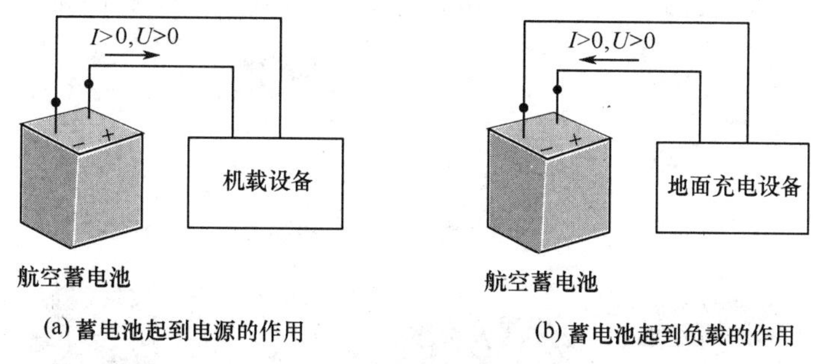

图 1-9　航空蓄电池的充放电电路

额定值是设备的一个重要技术指标。一般来说，电流过大，会引起发热甚至烧坏设备；电压过高，则会击穿电气绝缘，从而损坏设备。反之，如果电压太低，电流太小，不仅得不到正常合理的工作情况，也不经济。任何电气设备都有一个安全、经济和合理使用的最佳工作电压、电流和功率，称为电气设备的额定值。例如，直流发电机在设计制造时都规定有额定工作状态，在额定工作状态时所输出的功率称作额定功率，所输出的电压、电流就称作额定电压、额定电流。如某型飞机的直流发电机，其额定电压为 27.5V，额定电流为 50A，额定功率为 1.5kW(在标称电压为 30V 时)。当设备在额定值下工作时称为满载，低于额定值工作时称为欠载，高于额定值工作时称为过载。一般短时间的少量的过载或欠载是允许的。

1.3　电阻元件与欧姆定律

电路是由元件连接组成的，各种元件都有自身的精确定义，由此可确定每一元件电压与电流之间的关系，即伏安关系。元件的伏安关系连同电路的基本定律构成了电路分析的基础。

1.3.1　电阻元件

电阻是物质阻碍电流(或电荷)流动的能力。模拟这种行为的电路元件称为电阻，电阻的英文名称为 resistance，通常缩写为 R。电阻值的大小与物质的尺寸、材料、温度有关。事实上，“电阻”说的是一种性质，而通常在电子产品中所指的电阻，是指电阻器这样一种元件。图 1-10 所示即为实际电路板中的电阻。常见的不同种类的电阻如图 1-11 所示。

图 1-10　电路板中的电阻

电阻是电气设备和电子设备中用得最多的基本元件之一，主要用于控制和调节电路中的电流和电压，大部分负载也呈现一定的电阻性。电阻的种类有很多，通常分为 3 大类：固定电阻、可变电阻、特种电阻，在电子产品中，以固定电阻应用最多。而固定电阻以其制造材料的不同又可分为好多类，常用的有 RT 型碳膜电阻、RJ 型金属膜电阻、RX 型线绕电阻，还有近年来广泛应用的贴片电阻。可变电阻也就是通常所说的滑动变阻器或电位器。常见的特殊电阻有熔断电阻，还有一些敏感电阻如光敏电阻和压敏电阻。

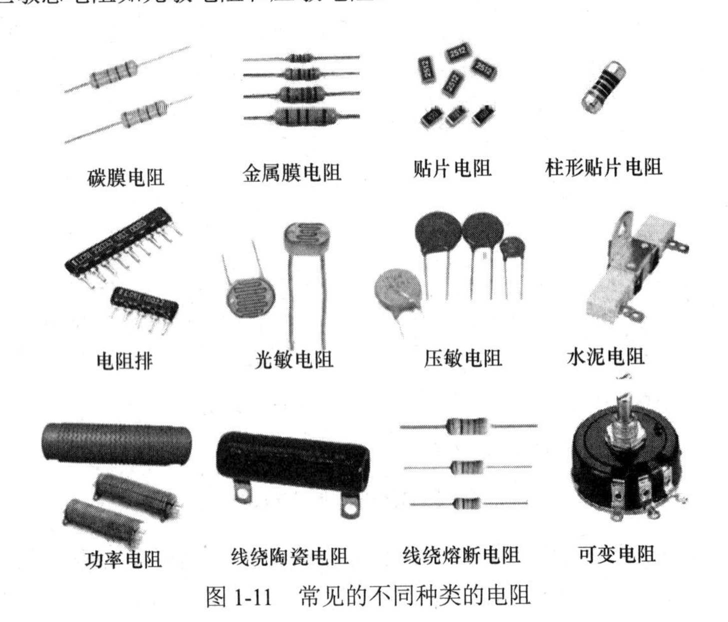

图 1-11　常见的不同种类的电阻

1.3.2　欧姆定律

1826 年，德国物理学家欧姆用实验证明，通过某段导体的电流与该段导体两端的电压成正比，当电阻上的电压与电流的参考方向选得相同时[见图 1-12(a)]，则得

$$U=RI \tag{1-4}$$

当电压和电流的参考方向选得相反时[见图 1-12(b)和图 1-12(c)]，则得

$$U=-RI \tag{1-5}$$

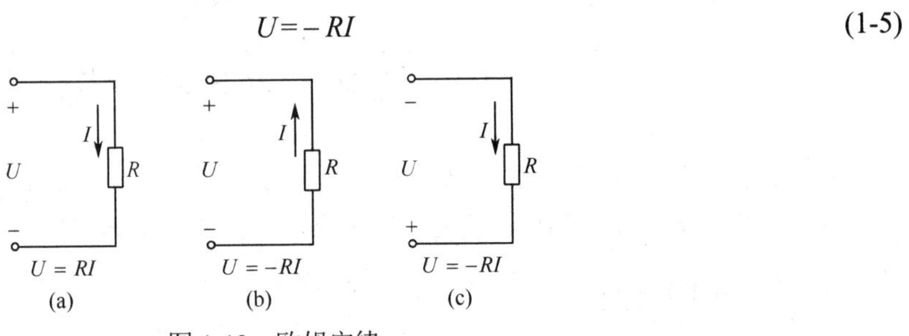

图 1-12　欧姆定律

式(1-4)和式(1-5)通称欧姆定律，电阻的单位是欧姆，用符号 Ω 表示。计量大电阻时，则以千欧(kΩ)或兆欧(MΩ)为单位。电阻的倒数称为电导，符号是 G，$G=1/R$，电导的单位是西门子(S)，例如一个 4Ω 电阻的电导是 0.25S。

【例 1-1】 在图 1-12(b)中，$I=-2.5\text{A}$，$R=3\Omega$，求 P。

解
$$U=-RI=-3\times(-2.5)=7.5\text{V}$$

这里应注意，一个式子中有两套正负号，上式中的第一个正负号是根据电压和电流的参考方向得出的。此外，电压和电流本身还有正值和负值之分。

在图 1-12(a)所示的关联参考方向下，$U=RI$，于是

$$P = UI = I^2 R = \frac{U^2}{R} > 0 \tag{1-6}$$

在图 1-12(b)所示的非关联参考方向下，$U = -RI$，于是

$$P = -UI = -(-IR)I = I^2 R = \frac{U^2}{R} > 0 \tag{1-7}$$

通过以上表述可以证明，不管电压的极性和电流的方向如何，电阻两端的功率都是正值，因此电阻吸收电路中的功率，属于耗能元件。

电阻的本质是对电流呈现阻碍作用。如果这种阻碍呈线性性质，也就是说电压和电流成正比，其比例系数为常数，这种电阻称为线性电阻。线性电阻的伏安特性曲线是通过原点的一条直线，如图 1-13 所示。如果电阻的伏安特性曲线是非线性的，例如半导体二极管的伏安特性曲线，如图 1-14 所示，就称为非线性电阻。显然，非线性电阻的电阻值随着电压或电流的大小甚至方向而改变，不是常数，它的特性要由整个伏安特性曲线来描述。

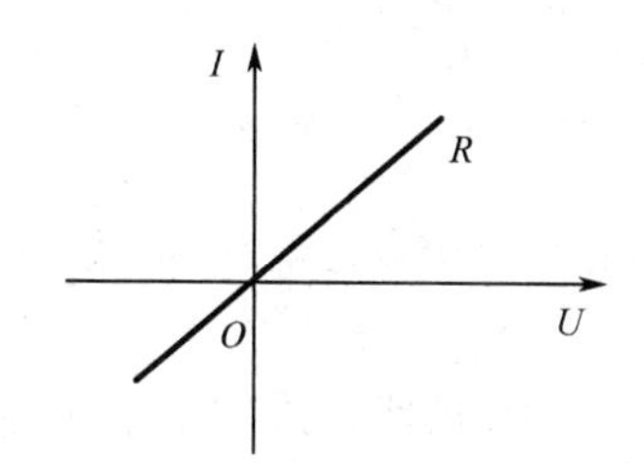

图 1-13　线性电阻的伏安特性曲线

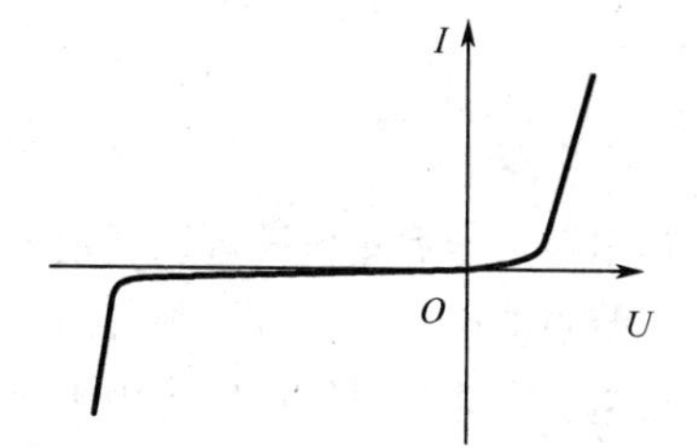

图 1-14　半导体二极管的伏安特性曲线

1.4　基尔霍夫定律

19 世纪 40 年代，电气技术发展十分迅速，电路变得越来越复杂，某些电路呈现出网络形状，使得电路无法直接用串联、并联电路的规律来求解，这种电路称为复杂电路。例如，在第 7 章将会学习的航空直流并励电机，它的等效电路如图 1-15 所示。1845 年，21 岁的基尔霍夫发表了一篇论文，提出了稳恒电路网络中电流、电压、电阻关系的两条电路定律，即著名的基尔霍夫电流定律(又称第一定律，缩写为 KCL)和基尔霍夫电压定律(又称第二定律，缩写为 KVL)，解决了电气设计中电路方面的难题。直到现在，基尔霍夫电路定律仍旧是解决复杂电路问题的重要工具。基尔霍夫被称为“电路求解大师”。

在讨论基尔霍夫电路定律之前，先介绍几个电路中常用的术语。

① 支路：电路中的每个分支称为支路，同一条支路中各元件流过的电流相同。

② 节点：3 条或 3 条以上支路的连接点称为节点。

③ 回路：电路中的任一闭合路径称为回路，由支路组成。

④ 网孔：内部不含有其他支路的回路称为网孔。

图 1-15(b)中，共有 3 条支路 aceb、ab 和 adfb；共有 2 个节点 a 和 b；共有 3 个回路 abeca、abfda 和 acebfda。要注意，电路中像 b、f 间没有元件，而导线又认为是理想的，所以 b 和 f 是同一个点，bf 不是支路。

1.4.1　基尔霍夫电流定律

基尔霍夫电流定律的内容为：在任一瞬时，流入电路中某一节点的电流之和等于流出该节点的

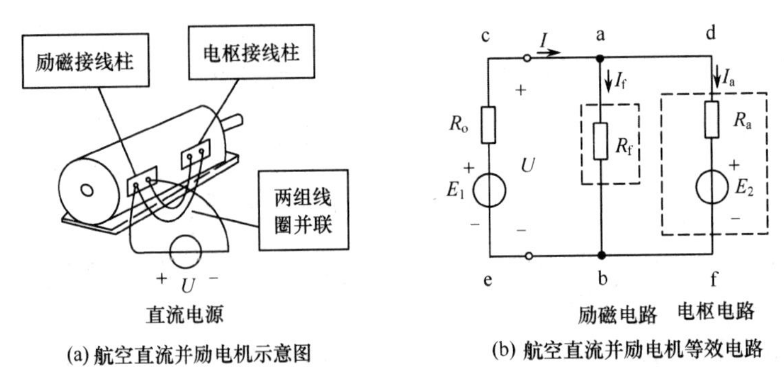

图 1-15　航空直流并励电机及其等效电路

电流之和。图 1-16 是图 1-15(b)的部分电路，对节点 a 可以写出

$$I = I_a + I_f \tag{1-8}$$

或将上式改写成

$$I - I_a - I_f = 0$$

即

$$\sum I = 0 \tag{1-9}$$

因此，基尔霍夫电流定律还可以表述为：在任一瞬时，任一个节点上电流的代数和恒等于零。如果规定流入节点的电流取正号，则流出节点的电流就取负号。

基尔霍夫电流定律也可以推广应用于包围部分电路的任一假设的闭合面。例如，图 1-17 所示的闭合面包围的是一个三角形电路，它有 3 个节点。应用电流定律可列出

$$I_A = I_{AB} - I_{CA}$$
$$I_B = I_{BC} - I_{AB}$$
$$I_C = I_{CA} - I_{BC}$$

上列三式相加，于是得

$$I_A + I_B + I_C = 0$$

或

$$\sum I = 0$$

可见，在任一瞬时，通过任一闭合面的电流的代数和也恒等于零。

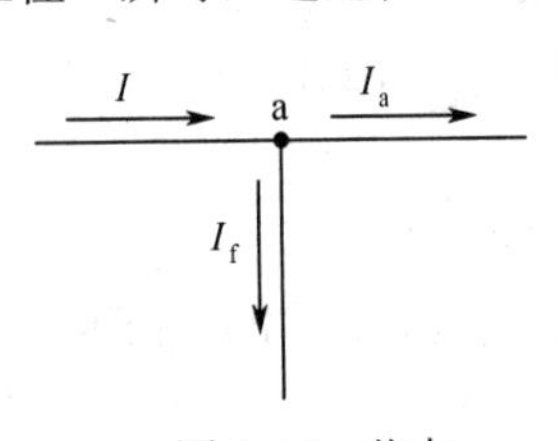

图 1-16　节点

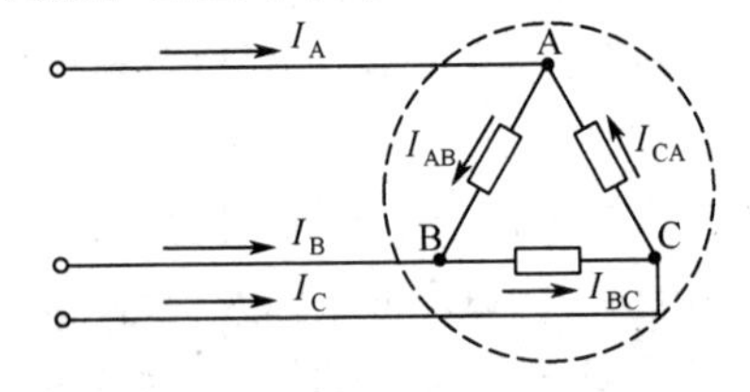

图 1-17　基尔霍夫电流定律的推广应用

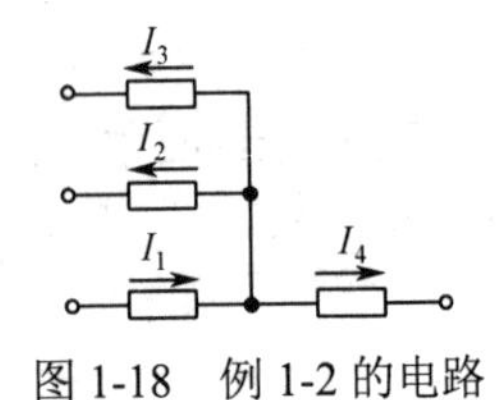

图 1-18　例 1-2 的电路

基尔霍夫电流定律是用来确定连接在同一节点上的各支路电流间关系的。由于电流的连续性，电路中任何一点(包括节点在内)均不能堆积电荷，所以，基尔霍夫电流定律是“电荷守恒的一种反映”。

【例 1-2】 在图 1-18 中，$I_1 = -5\text{A}$，$I_2 = 1\text{A}$，$I_3 = -8\text{A}$，试求 I_4。

解　由基尔霍夫电流定律可列出

$$I_1 = I_2 + I_3 + I_4$$
$$-5=1+(-8)+I_4$$

得$I_4 = 2\text{A}$。

由本例可见，式中有两套正负号，I前的正负号是由基尔霍夫电流定律根据电流的参考方向确定的，括号内数字前的正负号则表示电流本身数值的正负。

1.4.2　基尔霍夫电压定律

基尔霍夫电压定律的内容为：沿任一回路绕行一周，回路中各部分电压(电位差)的代数和等于零，即

$$\sum U = 0 \tag{1-10}$$

在应用式(1-10)时，如果规定部分电压的参考方向与绕行方向一致时取正号，相反时则取负号；当然，做相反的规定也可以。

以图 1-19 所示回路[实为图 1-15(b)中的一个回路]为例，图中电源电压、电流和各部分电压的参考方向均已标出。按照虚线所示方向绕行一周，根据电压的参考方向可列出

$$-U_1 - U_o + U_a + U_2 = 0$$

将电源电压、电流代入上式，得

$$-U_1 + R_o I + R_a I_a + U_2 = 0$$

或

$$U_1 - U_2 = R_a I_a + R_o I$$

即

$$\sum U = \sum RI \tag{1-11}$$

因此，基尔霍夫电压定律还可以表述为：沿回路绕行一周，电位升的代数和等于电位降的代数和。

基尔霍夫电压定律不仅应用于闭合回路，也可以把它推广应用于假想回路。下面以图 1-20 所示的两个电路为例，根据基尔霍夫电压定律列出式子。

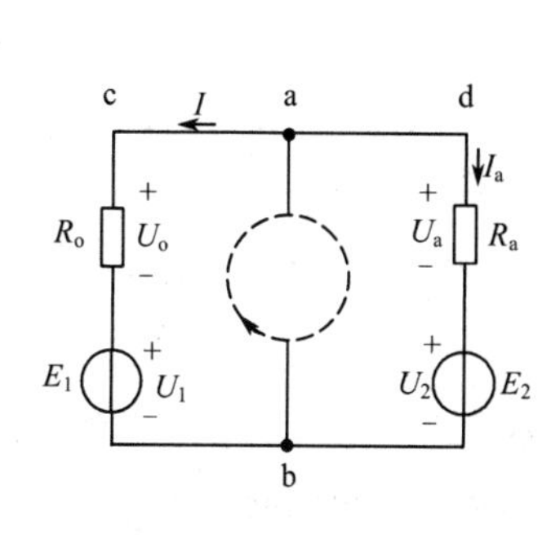

图 1-19　回路

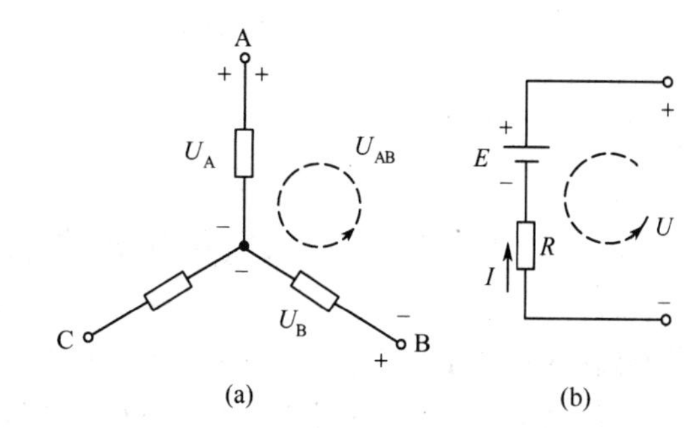

图 1-20　基尔霍夫电压定律的推广应用

对图 1-20(a)所示电路(各支路的元件是任意的)，开口端电压 U_{AB} 可以看成是连接 A、B 两点的一条支路的端电压，这样按图中虚线所示的假想回路，根据 KVL 可列出

$$\sum U = U_A - U_B - U_{AB} = 0$$

或

$$U_{AB} = U_A - U_B$$

上式可概括为：电路中两点间的电压等于两点间电路中各部分电压的代数和。

对图 1-20(b)所示电路可列出

$$E - U - RI = 0$$

或

$$U = E - RI$$

基尔霍夫电压定律用来确定回路中各部分电压间的关系。由于单位正电荷沿任一回路环绕一周又回到原出发点时，电位的变化为零，所以，基尔霍夫电压定律是“能量守恒定律的一种反映”。

应该指出，前面所列举的都是直流电阻电路，但是基尔霍夫两个定律具有普遍性，它们适用于由各种不同元件所构成的集总元件电路，也适用于任一瞬时任何变化的电流和电压。

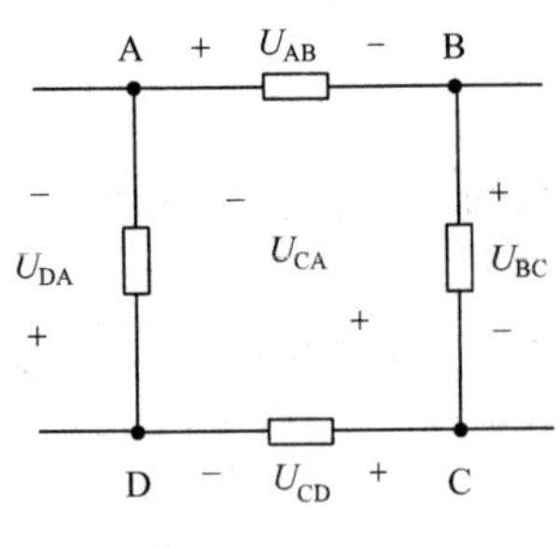

图 1-21　例 1-3 的电路

列方程时，不论是应用基尔霍夫定律还是欧姆定律，首先都要在电路图上标出电流、电压或电动势的参考方向，因为所列方程中各项前的正负号是由它们的参考方向决定的，如果参考方向选得相反，则会相差一个负号。

【例 1-3】 某电路的一个闭合回路如图 1-21 所示，各支路的元件是任意的，已知$U_{AB} = 10V$，$U_{BC} = -8V$，$U_{DA} = -5V$。试求：(1)U_{CD}；(2)U_{CA}。

解　(1) 由基尔霍夫电压定律可列出

$$U_{AB} + U_{BC} + U_{CD} + U_{DA} = 0$$

即

$$10 + (-8) + U_{CD} + (-5) = 0$$

得

$$U_{CD} = 3V$$

(2)　ABCA 不是闭合回路，也可应用基尔霍夫电压定律列出

$$U_{AB} + U_{BC} + U_{CA} = 0$$

即

$$10 + (-8) + U_{CA} = 0$$

得

$$U_{CA} = -2V$$

1.5　电路中电位的概念及计算

电位的概念在电路分析时经常用到，尤其是在电子技术中。比如在第 9 章将会学到的二极管，只有在阳极电位高于阴极电位时才能导通。飞机电子设备中也要考虑到电位的问题。

在电路中，要进行电位的分析和计算，首先选取电路中的某一点作为参考点，并假设这一点的电位为零，电路中的任意一点到参考点的电压就称为该点的电位。一般来说，参考点的选择是任意的，一般以分析问题方便为原则。但是，参考点一经选择，就不能再变更，电路中各点电位的分析和计算都要以此为基准。参考点在电路图中标注为“接地”符号，如图 1-22 和图 1-23 所示。

在工程中常选大地作为电位的参考点，但有些设备在工作时是不与大地相连的，此时常选一条特定的公共线作为电位的参考点，如飞机以机壳作为参考点，如图 1-24 所示。将飞机机体作为公共负极线使用，机载用电设备的负端都与机壳搭接，构成回路。

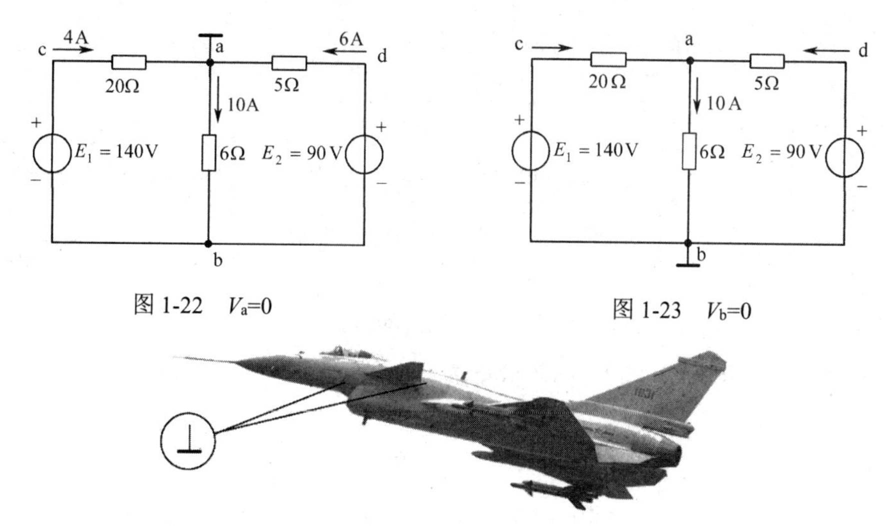

图 1-22 V_a=0

图 1-23 V_b=0

图 1-24 以飞机的机壳作为电位的参考点

在图 1-22 中，选择 a 点为参考点，即 $V_a = 0$，则 b、c、d 各点电位分别为

$$V_b = U_{ba} = -6\times 10 = -60\text{V}$$
$$V_c = U_{ca} = 20\times 4 = 80\text{V}$$
$$V_d = U_{da} = 5\times 6 = 30\text{V}$$

如果选择 b 点作为参考点(见图 1-23)，则 $V_b = 0$，这时电路中其他各点的电位就应为该点到 b 点的电压。则 a、c、d 各点电位分别为

$$V_a = U_{ab} = 6\times 10 = 60\text{V}$$
$$V_c = U_{cb} = E_1 = 140\text{V}$$
$$V_d = U_{db} = E_2 = 90\text{V}$$

可见各点电位的高低是相对的，参考点选得不同，电位就不同，在一个电路中只能选一个参考点。正如飞行时所说的飞行高度一样，飞行高度也是相对某一个基准面而言的。基准面不同，得出的飞行高度也不同。

电路中任意两点间的电压可用电位之差来求得。可见，两点间的电压是绝对的，与参考点的选取无关。不论选择 a 点还是 b 点作为参考点，都有

$$U_{cb} = V_c - V_b = 140\text{V}$$
$$U_{cd} = V_c - V_d = 50\text{V}$$

在电子线路中，电源的一端通常都是“接地”的，为了作图简便和图面清晰，习惯上常不画电源，而在电源的非接地端标注其电压的数值，图 1-23 也可简化为图 1-25 所示电路。

【例 1-4】 计算图 1-26 所示电路中 D 点的电位。

解

$$I_1 + I_2 = I_3$$
$$\frac{-9 - V_D}{30} + \frac{6 - V_D}{30} = \frac{V_D - 9}{30}$$
$$V_D = 2\text{V}$$

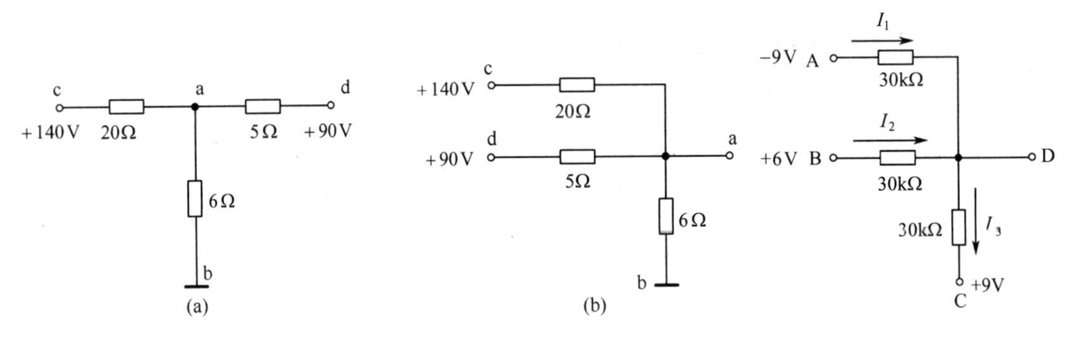

图 1-25　图 1-23 的简化电路

图 1-26　例 1-4 的电路

小　　结

本章主要内容为电路的基本概念和基本定律，是电路分析最基础的内容，将贯穿整个电工电子技术课程。对初学者来说，本章内容得益于中学物理和大学物理的学习，对电路的基本概念和方法比较容易理解和掌握，但这同时也使得相当一部分学生在分析电路时沿袭以前的解题思路和习惯，而不注意一些新的规定和约定，例如分析电路时要先设定参考方向。

本章的要点如下：

1．电路与电路模型

（1）电路，即电流的通路。在现代机载电子设备中，电路无处不在。

（2）电路的作用。电路的作用可分为两类：一类为电能的传输和转换，如飞机供电系统；另一类为信号的传递和处理，如机载发射机和接收机系统。

（3）电路的组成，电路由电源、负载和中间环节组成。

（4）电路模型，电路模型是由一些理想电路元件组成的电路。比如相控雷达的偏转线圈就可以视为由电阻 R、电感 L 和电容 C_0 组成的等效电路。

2．电路的基本物理量与参考方向

（1）电流及其实际方向

$I=\dfrac{Q}{t}$，$i=\dfrac{\mathrm{d}q}{\mathrm{d}t}$。电流的实际方向规定为正电荷流动的方向。

（2）电压及其实际方向

$U=\dfrac{W}{q}$，$u=\dfrac{\mathrm{d}W}{\mathrm{d}q}$。电压的实际方向规定为电压降的方向。

（3）参考方向

参考方向是人为假定的方向，又称为正方向。在分析电路时，首先要设定参考方向，否则电路的分析没有意义。U、I 参考方向一致，称为关联参考方向。相反，若 U、I 参考方向选取不一致，称为非关联参考方向。

（4）电功率及功率的判断

$P=UI$，$p=\dfrac{\mathrm{d}W}{\mathrm{d}t}=ui$。当 $P<0$ 时，该元件是电源(或起电源的作用)；当 $P>0$ 时，该元件是负载(或起负载的作用)。

3．欧姆定律

U、I 选取关联参考方向，欧姆定律的表达式为 $U=RI$；U、I 选取非关联参考方向，欧姆定律的表达式为$U=-RI$。

4．基尔霍夫定律

基尔霍夫电流定律的内容为：在任一瞬时，流入电路中某一节点的电流之和等于流出该节点的电流之和，即$\sum I_{入}=\sum I_{出}$。基尔霍夫电压定律的内容为：沿任一回路绕行一周，回路中各部分电压(电位差)的代数和等于零，即$\sum U=0$。基尔霍夫定律和欧姆定律是电路分析中的两大基本定律。

5．电路中电位的概念及计算

参考点是人为指定的点，参考点的电位一般设定为0V。其他各点的电位均指该点与参考点之间的电压，比它高的为正，比它低的为负。可见，电路中各点的电位值因所设的参考点不同而有异，是一个相对量；而任意两点间的电压值是一定的，是一个绝对量。飞机的机壳就是电位的参考点。

习　题　1

基础知识

1-1 ____________________是指元件的电压参考方向与电流参考方向一致。

1-2 各种电气设备在工作时，其电压、电流和功率都有一定的限额，这些限额用来表示它们的正常工作条件和工作能力，称为电气设备的____________________。

1-3 如题图1-1所示电池电路，当U=3V，E=5V时，该电池作_______用(电源/负载)；若电流的参考方向取相反方向，并且当U=5V，E=3V时，电池作______用(电源/负载)。

1-4 电位的计算实质上仍然是电压的计算，是计算该点与_____________的电压。

1-5 参考点是人为指定的点，它的电位一般设定为_____________V。

1-6 现有220V/100W和220V/25W两个白炽灯串联后接入220V交流电源，则其亮度为(　　)。

a.100W灯泡最亮　　b. 25W灯泡最亮　　c.两个一样亮　　d. 25W灯泡被烧毁

1-7 如题图1-2所示的部分电路中，a、b两端的电压U_{ab}为(　　)。

a.40V　　b.−40 V　　c. −25 V　　d.25V

1-8 如题图1-3所示，A点电位为(　　)。

a. 2V　　b. 4V　　c.−2V　　d.−4V

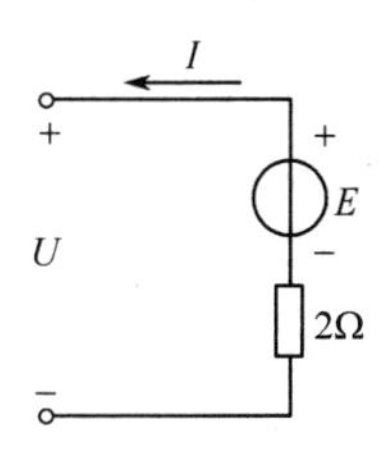

题图1-1　习题1-3的图

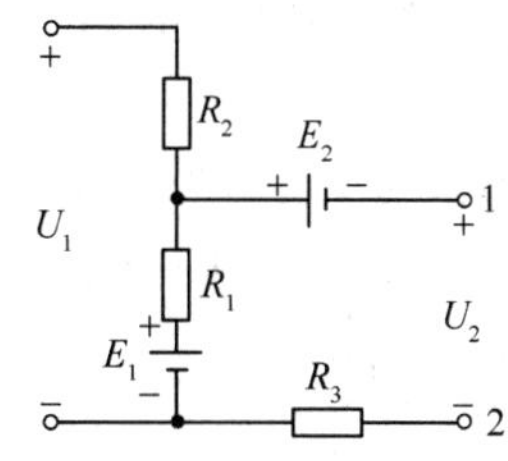

题图1-2　习题1-7的图

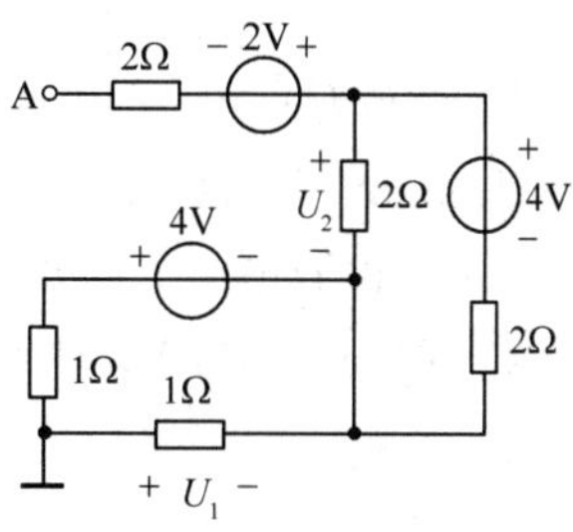

题图1-3　习题1-8的图

1-9 在实验室角落里发现了一个未做标记的盒子，它有两根金属引出线，一根为黑色，另一根为红色。一个电压表接在这两根导线之间，并且红色线为参考正，测量得到电压为−2.65V。如果将电压表反过来连接，读数为多少？

1-10 求题图1-4所示一般化电路元件在下列情况中吸收的功率。(1)U=20V；(2)U=−20V。

1-11 电阻最重要的两个参数就是电阻值和额定功率。额定功率指电阻在直流或交流电路中长期连续工作所允许消耗的最大功率。100Ω、2W 的碳膜电阻能安全传导的最大电流是多少？电阻两端的最大安全电压是多少？如果将此电阻连接到 220V 电源上，会产生什么现象？为什么？

1-12　求题图 1-5 所示电路中的电压 U_{AB}。

1-13　在题图 1-6 中，已知 $I_1 = 0.01\mu A$，$I_2 = 0.3\mu A$，$I_5 = 9.61\mu A$，试求电流 I_3、I_4 和 I_6。

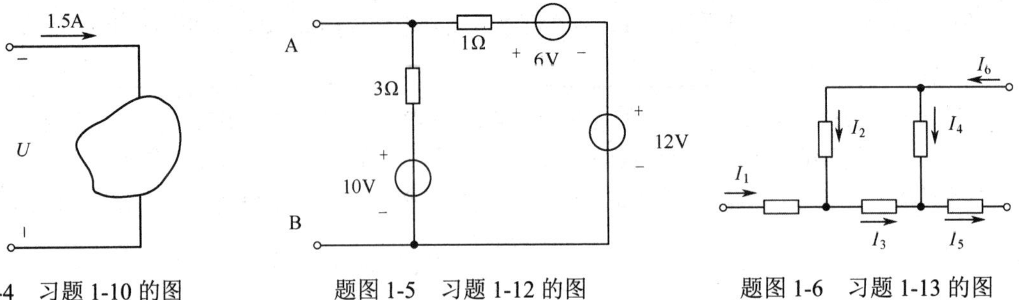

题图 1-4　习题 1-10 的图　　题图 1-5　习题 1-12 的图　　题图 1-6　习题 1-13 的图

1-14　在题图 1-7 所示的部分电路中，计算电流 I_2、I_4 和 I_5。

1-15　计算题图 1-8 所示电路中的电压 U。

1-16　在题图 1-9 中，在开关 S 断开和闭合两种情况下试求 A 点的电位。

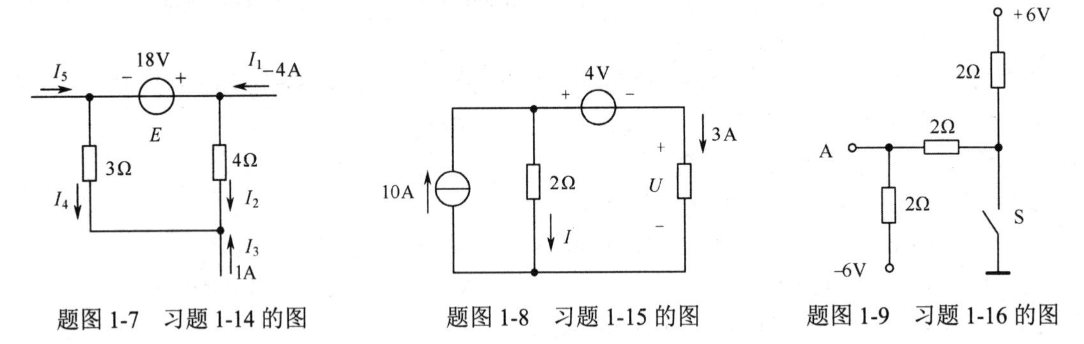

题图 1-7　习题 1-14 的图　　题图 1-8　习题 1-15 的图　　题图 1-9　习题 1-16 的图

1-17　试求题图 1-10 所示电路中 A 点和 C 点的电位。

1-18　如题图 1-11 所示的三极管放大电路，电阻值为已知，$I_B \approx 0$，I_C、I_E 的数值已知。试分析 B 点的电位 V_B 及电压 U_{CE} 的大小。

应用知识

1-19　用一个额定值为 110V/100W 的白炽灯和一个额定值为 110V/40W 的白炽灯串接后接到 220V 的电源上，当将开关闭合时，两灯能否正常工作？

1-20　高压直流输电线贯穿于三峡电站和上海之间，运行电压为 500kV，如题图 1-12 所示。如果输电线输送的功率是 300MW，输电线上的总电流 I 是多少？试解释为什么高压危险。

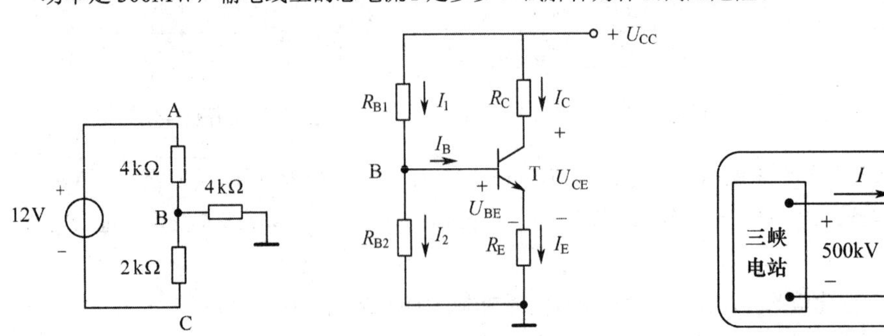

题图 1-10　习题 1-17 的图　　题图 1-11　习题 1-18 的图　　题图 1-12　习题 1-20 的图

*1-21　千瓦时常简称为度，是一个能量量度单位，表示一件功率为 1kW 的电器在使用 1 小时之后所消耗的能量。假设某教室共有 6 个电灯，每个灯 20W，假设电费为每千瓦时 0.52 元，问点亮 10 小时的费用是多少？

*1-22　当小汽车的电池没电了，通常可以通过与其他小汽车电池连接。电池的正端连接在一起，负端连接在一起。连接如题图 1-13 所示。假定图中电流测量值 i 为 30A。问：(1)哪辆小汽车电池没电了？(2)如果连接持续了 1 分钟，多少能量被传输到没电的电池里？

1-23　热水器的加热丝可以看成电阻，2kW 的热水器取用的电流是 8.33A，它的内阻是多少？

1-24　电烙铁是电子制作和电器维修的必备工具，主要用途是焊接元件及导线。实验室里经常要用到电烙铁，一个电烙铁额定电压 220V，功率为 35W，求该电烙铁正常工作时电流和电阻各是多少？如果某次实验测得通过该电烙铁的电流是 10mA，此时电烙铁的电阻是多少？这种状态正常吗？

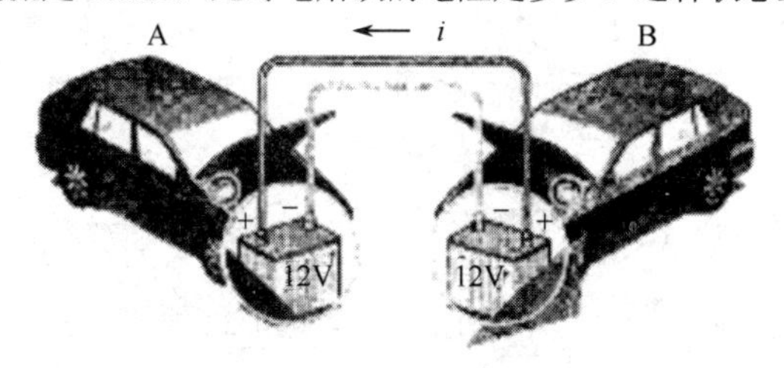

题图 1-13　习题 1-22 的图

军事知识

1-25　某型飞机的直流发电机的额定值为 6kW、30V、200A，说明何为发电机的空载、满载和过载运行。

1-26　假定你是某机场机务人员，正在检修如题图 1-14 所示的某电路，各元件的数据如题表 1-1 所示。这组数据正确吗？

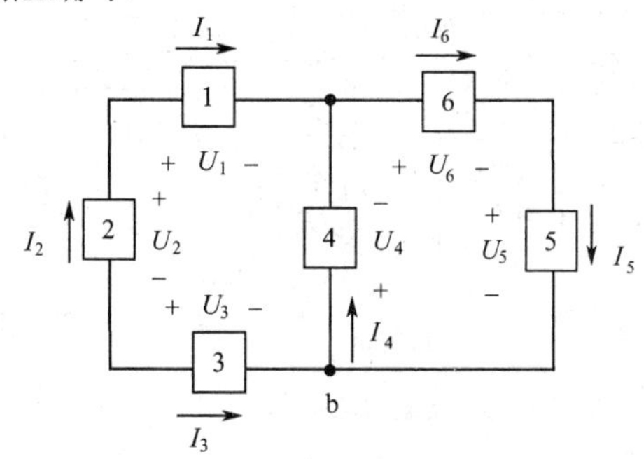

题图 1-14　习题 1-26 的图

题表 1-1　习题 1-26 的表

元件	电压/V	电流/A
1	1	2
2	−3	2
3	8	−2
4	−4	−3
5	7	−1
6	−3	−1

*1-27　某型短波通信系统是空军专用通信装备，用于固定和机动条件下战役指挥通信及对空通信，假设其在 5 分钟内消耗能量 30kJ(1J 等于 1A 电流通过 1Ω 电阻 1s 所消耗的电能)，求平均输入功率。

*1-28　某型通用超短波跳频电台采用 12V 电池供电，如果一节 70A • h 的电池以 3.5A 的速度放电，可以使用 20 小时。(1)如果电压保持恒定，计算上述电池完全放电后所释放的能量和功率。(2)如果放电速率为 7.0A，重复(1)。

*1-29　运行效率定义为：效率=(输出功率/输入功率)×100%，如果航空用 28.5V 直流电机输出功率为 18kW，求取用的电流。设工作效率为 100%。

1-30　机载接收机中某个 1kΩ 电阻，其额定功率为 0.25W，试计算电阻工作在额定功率下的电流和电压值。

1-31　某型飞机的可收放式着陆灯如题图 1-15 所示(图中灯泡放下状态)。灯泡额定电压为 28V，功率为 600W，当其正常工作时，流过的电流为多大？电阻为多大？

1-32 飞机上用熔断器(俗称保险丝)作为电路的保护元件。飞机上某额定电压 250V 的元件，其电阻为 50Ω，该元件接入线路时，应该选择熔断器的最小额定电流是多少？

1-33 需要为飞机上的某一应用选择熔断器。可选熔断器的额定熔断电流分别为 0.5A、1A、2A、2.2A。如果电源电压为 250V，最大允许功耗为 500W，应该选哪个熔断器？为什么？

1-34 如题图 1-16 所示，某飞机用 28V 的直流电源为座舱灯供电，如果在 8 小时的放电时间内电源提供的总能量为 460.8Wh，求：(1)提供给座舱灯的功率是多少?(2)流过灯泡的电流是多少？

1-35 题图 1-17 所示为航空直流并励电机电枢电路，U 为电源电压，E 为电刷电动势，I 为电枢电路的电流。试写出电压、电流的关系式。

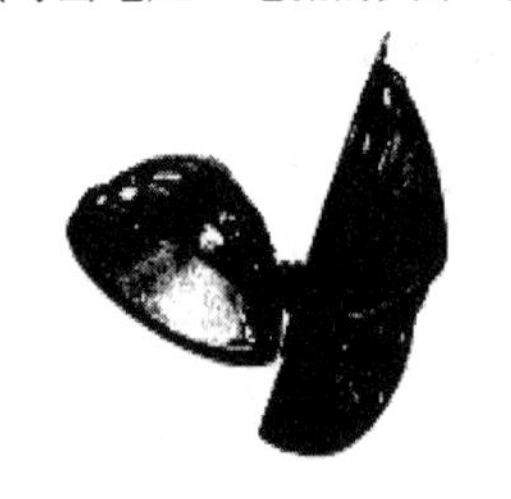

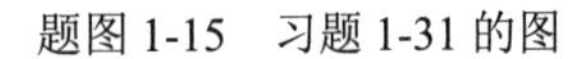
题图 1-15 习题 1-31 的图

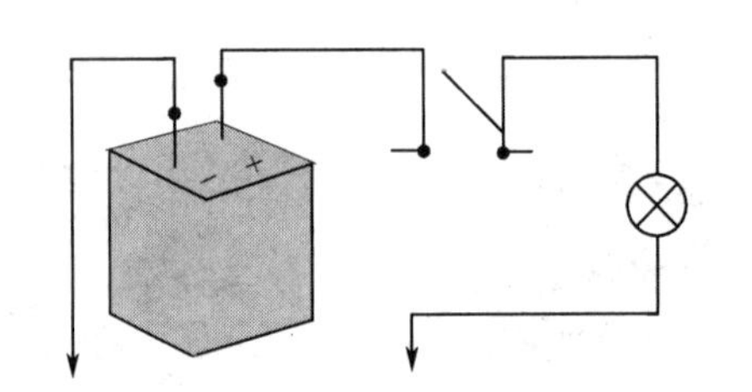

题图 1-16 习题 1-34 的图

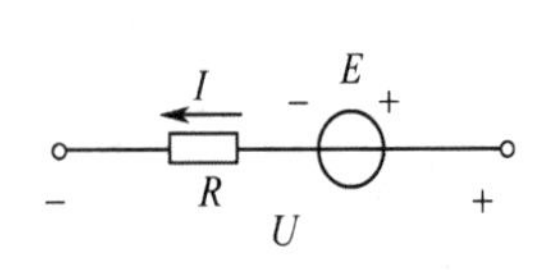

题图 1-17 习题 1-35 的图

1-36 假设某飞机蓄电池充电电路如题图 1-18 所示。电动势 E=30V，内阻 R=2Ω，当端电压 U=20V 时，求电路中的充电电流 I 及各元件的功率，并验证功率平衡的关系。

1-37 航空直流串励电机的励磁线圈与电枢线圈互相串联，它的连接图和等效电路如题图 1-19 所示。列写航空直流串励电机等效电路的 KVL 方程。

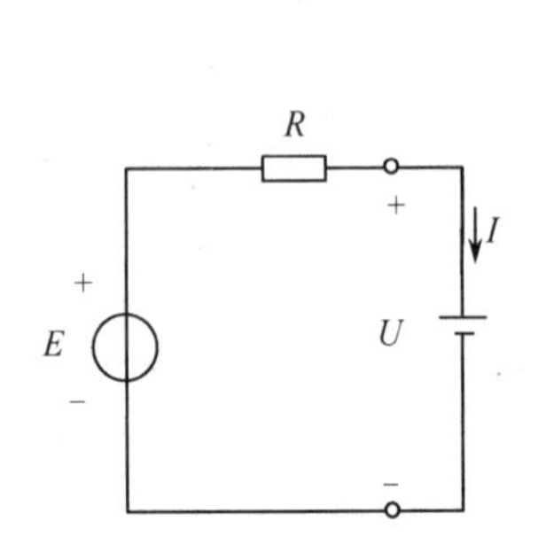

题图 1-18 习题 1-36 的图

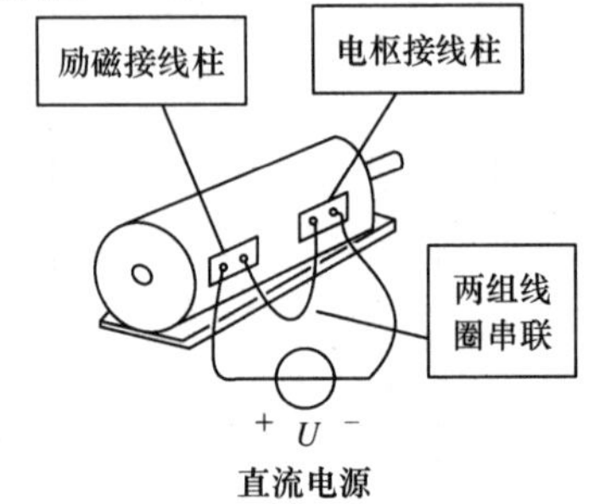

R_f I R_0 励磁电路 R_a U E_1 E_2 电枢电路

题图 1-19 习题 1-37 的图

1-38 航空直流并励电机的等效电路如题图 1-20 所示，列写所有节点的 KCL 方程及所有回路的 KVL 方程。

1-39 航空直流复励电机的等效电路如题图 1-21 所示，列写所有回路的 KVL 方程。

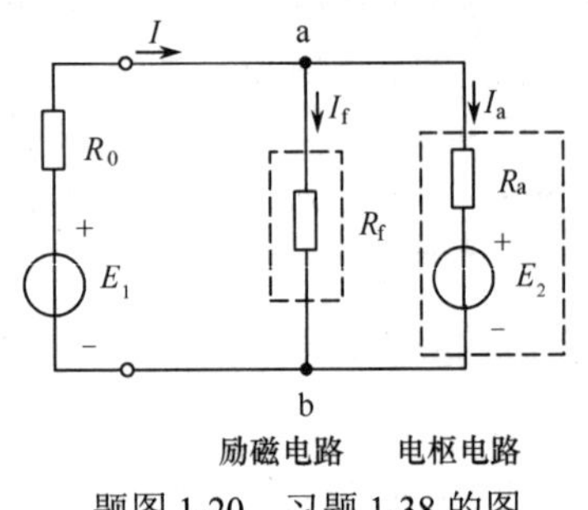

题图 1-20 习题 1-38 的图

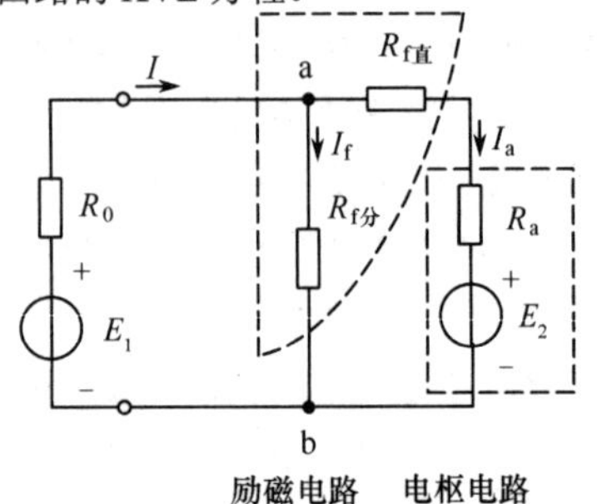

题图 1-21 习题 1-39 的图

第2章　电路的分析方法

引言

现代飞机战术技术在迅速地发展和提高，需要装配大量先进的综合航电系统，如各种航空仪表、导航设备、通信设备、雷达设备、飞行控制系统、火力控制系统等，这些设备的运行好坏，直接关系到能否完成复杂的飞行和作战任务并保证飞行安全。掌握这些机载电子设备的工作原理，有助于飞行员最大限度上发挥它们的作用。这些机载电子设备的每一个系统都包含了许多复杂的电路，但是无论系统多么复杂，其基本的分析和计算方法都源于基尔霍夫定律和欧姆定律。本章将在这两个定律的基础上，以飞机上的一些典型电路为例，着重讨论研究直流电路的一般分析和计算方法。直流电路中的许多分析方法和基本规律同样适合于交流电路，掌握好本章内容，可以为进一步学习交流电路打下良好基础。

学习目标：

1. 了解电阻串并联的特点，能灵活运用分压、分流公式；
2. 掌握电压源和电流源特点及等效变换方法，能够利用该方法化简并求解电路问题；
3. 掌握几种典型电路分析方法——支路电流法、节点电压法、叠加定理、戴维南定理、最大功率传输定理，能够运用这些方法和定理分析求解电路问题；
4. 了解受控源的概念。

2.1　电阻的串联与并联

在电路中，元件的连接方式是多种多样的，其中电阻的串联和并联是最简单和最常用的形式。例如，某型飞机航行灯控制原理电路如图 2-1(a)所示。飞机上装有 3 个航行灯，它们分别安装于两个翼尖和机尾，颜色为左红、右绿、尾白。在接通航行灯接通开关以后，将航行灯亮度转换开关分别放在“10%”“30%”“100%” 3 个位置时，航行灯亮度分别为微亮、较亮、最亮，以适应地面停放(飞机处于工作状态)、暗夜飞行、明夜飞行 3 种不同情况需要。这个电路可以用图 2-1(b)的电路模型来等效，其中既有电阻的串联也有电阻的并联。

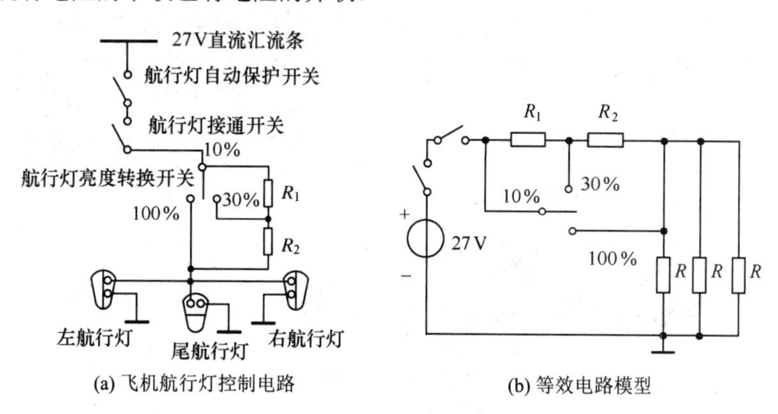

图 2-1　某型飞机航行灯控制原理电路

2.1.1 电阻的串联

如果电路中有两个或者多个电阻一个接一个地顺序相连，则这样的连接方式称为电阻的串联。例如，图 2-2(a)中电阻 R_1、R_2 即为两个电阻的串联。从图中可以看出，电阻串联时，每个电阻中的电流为同一个电流。根据基尔霍夫电压定律，电路的总电压等于各串联电阻上电压之和，即

$$U = U_1 + U_2$$

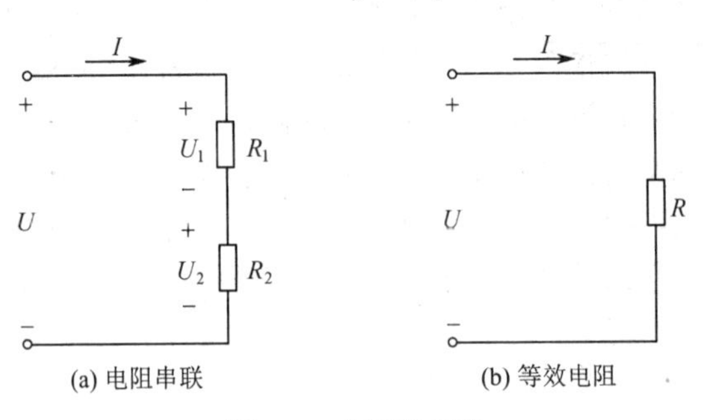

(a) 电阻串联　　(b) 等效电阻

图 2-2　电阻的串联

由于每个电阻的电流均为 I，则有 $U_1 = R_1 I$，$U_2 = R_2 I$，将它们代入上式，得

$$U = (R_1 + R_2)I = RI$$

电阻 R 是串联电路的等效电阻，如图 2-2(b)所示，它等于串联电路中各个串联电阻之和，即

$$R = R_1 + R_2 \tag{2-1}$$

显然，等效电阻大于任何一个串联的电阻。

电阻串联时，各电阻上的电压为

$$\begin{cases} U_1 = R_1 I = \dfrac{R_1}{R_1 + R_2} U \\ U_2 = R_2 I = \dfrac{R_2}{R_1 + R_2} U \end{cases} \tag{2-2}$$

可见，串联电阻上电压的分配与电阻成正比，电阻越大，分得的电压就越高，电阻越小，分得的电压就越低，这是电阻串联电路的分压特点。

在实际电路中，电阻串联有很多应用，例如在负载的额定电压低于电源电压的情况下，通常需要与负载串联一个电阻，以降落一部分电压。另外，有时为了限制负载中通过过大的电流，也可以与负载串联一个限流电阻。某型飞机座舱灯结构及其电路如图 2-3 所示，座舱灯的照射方向、照射范围、照射亮度均可调节，它们由灯罩上面的变阻器和下面的按钮控制。变阻器包括固定电阻 R_1 和可变电阻 R_P 两部分，固定电阻用来降低电压，防止烧坏灯泡，可变电阻用来通断电路和调节灯光强

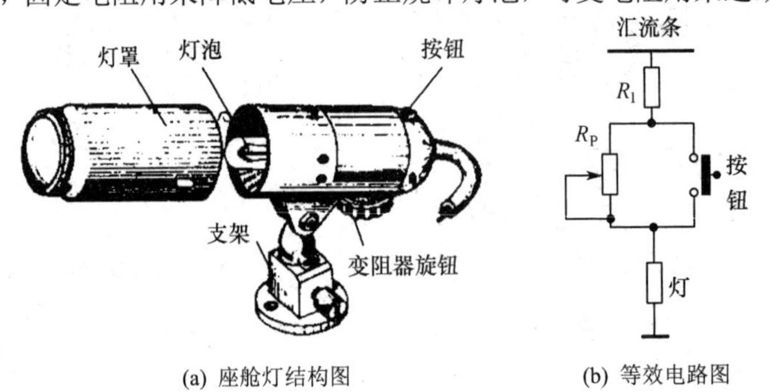

(a) 座舱灯结构图　　(b) 等效电路图

图 2-3　某型飞机座舱灯结构及其电路

弱。按钮与可变电阻 R_P 并联，按下按钮，可变电阻 R_P 就不能控制亮度，电路被按钮直接接通，此时 R_1 和灯串联，灯光最亮。断开按钮，固定电阻 R_1 、可变电阻 R_P 、灯泡三者串联，调节可变电阻 R_P 即能改变灯的亮度。

2.1.2 电阻的并联

如果电路中有两个或者多个电阻连接在两个公共的节点之间，则这样的连接方式称为电阻的并联。在实际供电系统中，负载一般都是并联运用的。例如，图 2-1 所示处于 3 个不同位置的航行灯，负载并联运用时，它们处于同一电压之下，任何一个负载的工作情况基本上不受其他负载的影响。若其中一个灯坏了，不会影响另外两个灯正常工作。下面以两个电阻并联为例进行说明。

图2-4(a)所示是两个电阻并联的电路，从图中可以看出，电阻并联时在各个并联支路上的电阻受到同一电压作用。

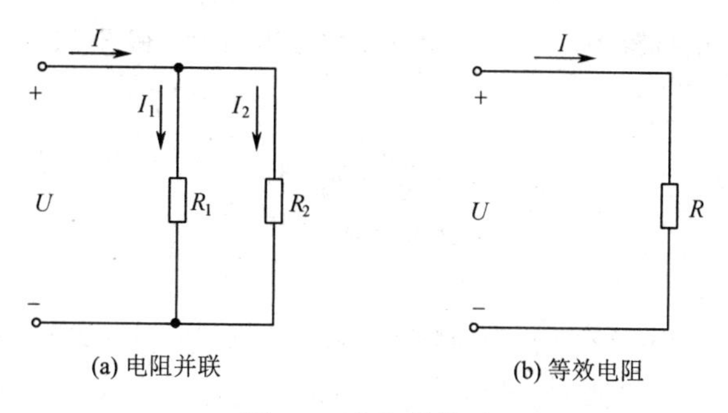

图 2-4　电阻的并联

根据基尔霍夫电流定律，即

$$I = I_1 + I_2$$

由于每个电阻上的电压均为 U，则有

$$I_1 = \frac{U}{R_1}, \quad I_2 = \frac{U}{R_2}$$

将它们代入上式，可得

$$I = I_1 + I_2 = U\left(\frac{1}{R_1} + \frac{1}{R_2}\right) = \frac{U}{R}$$

电阻 R 是并联电路的等效电阻，如图 2-4(b)所示，R 的倒数等于并联电路中各个并联电阻的倒数之和，即

$$\frac{1}{R} = \frac{1}{R_1} + \frac{1}{R_2} \tag{2-3}$$

或

$$R = \frac{R_1 R_2}{R_1 + R_2} \tag{2-4}$$

显然，电阻并联后的等效电阻变小，等效电阻小于任何一个并联的电阻。

电阻并联时，各电阻支路中的电流为

$$\begin{cases} I_1 = \dfrac{U}{R_1} = \dfrac{R_2}{R_1 + R_2} I \\ I_2 = \dfrac{U}{R_2} = \dfrac{R_1}{R_1 + R_2} I \end{cases} \tag{2-5}$$

由式(2-5)可以看出，电阻并联时，各支路电流的分配与电阻成反比，这就是电阻并联的分流作用。

【例 2-1】 图 2-1 所示某型飞机航行灯控制原理电路中，飞机上 3 个航行灯为并联关系，它们与电阻 R_1、R_2 的连接则为串联关系，电路接入 27V 直流电源，要想实现 3 种亮度控制，求航行灯等效电阻 R 和电阻 R_1、R_2 的比值关系。

解 在图 2-1(b)所示电路中，总电压为 $U = 27\text{V}$，3 个航行灯并联后的总电阻为 $R/3$，电阻 $R/3$ 和电阻 R_1、R_2 为串联关系。根据电阻串联分压原理，当开关放在“10%”的位置上，电阻 R_1、R_2 均接入电路，3 个电阻串联，航行灯并联后总电阻 $R/3$ 分得总电压的 10%，则

$$\frac{\frac{1}{3}R}{R_1 + R_2 + \frac{1}{3}R} = \frac{1}{10}$$

当开关放在“30%”的位置上，电阻 R_2 接入电路，电阻 $R/3$ 和 R_2 串联，电阻 $R/3$ 分得总电压的 30%，则

$$\frac{\frac{1}{3}R}{R_2 + \frac{1}{3}R} = \frac{3}{10}$$

当开关放在“100%”的位置上，只有电阻 $R/3$ 接入电路中，电阻 $R/3$ 分得总电压的 100%。联立求解得

$$R : R_1 : R_2 = 9 : 20 : 7$$

2.2 电压源与电流源及其等效变换

现代飞机装有很多用电设备，它们工作时所需要的电能都是由飞机电源系统提供的。飞机电源系统是电能产生、调节、控制、保护和转换部分的总称，包括从电源设备到电源汇流条之间的全部设备，它能将其他形式的能量(如机械能、热能、光能、化学能等)转变为电能。实际电源在工作时，有的能维持向外部电路提供恒定的电压，例如新的干电池、大型电力网、飞机直流电源等；有的能维持向外部电路提供恒定的电流，例如光电池、晶体管稳流电源等。实际的电源在电路中除向外部供给能量外，自身还要损耗一部分能量，为了描述这种情况，实际电源通常用理想电源和内阻的组合来表示。一个电源可以用两种不同的电路模型来表示。一种用电压的形式来表示，称为电压源；一种用电流的形式来表示，称为电流源。

2.2.1 电压源

根据作用不同，飞机电源可以分为主电源、辅助电源、应急电源、二次电源和地面电源，这些电源都可以视为电压源。在飞机发明后的半个世纪里，低压直流供电系统一直充当飞机主电源，电压开始为 6V、12V，后来逐渐发展为 27V。当主电源不供电时，可以用蓄电池作为辅助电源和应急电源。实际电源在考虑内部损耗的情况下，可以用一个理想电压源 U_S 和一个内阻 R_0 串联的电路来表示，如图 2-5(a)所示。理想电压源电路模型如图 2-5(b)所示，即 R_0=0 时，电压 U 恒等于 U_S。图中，U 是电源端电压，R_L 是负载电阻，I 是负载电流。对图 2-5(a)所示电路，根据 KVL 可得

$$U = U_S - R_0 I \tag{2-6}$$

由式(2-6)可以看出，在电压源 U_S 和内阻 R_0 不变的情况下，电源的端电压 U 随着输出电流 I 的增大而减小。由此可作出实际电压源的伏安特性曲线，也称作外特性曲线，如图 2-6 所示。当负载开路时，I=0，$U = U_s$；当负载短路时，U=0，$I = I_{sc} = U_s / R_0$。内阻 R_0 愈小，则外特性曲线愈平。如果 $R_0 = 0$，则 $U = U_s$，这时电源便为理想电压源。如图 2-6 中虚线部分。

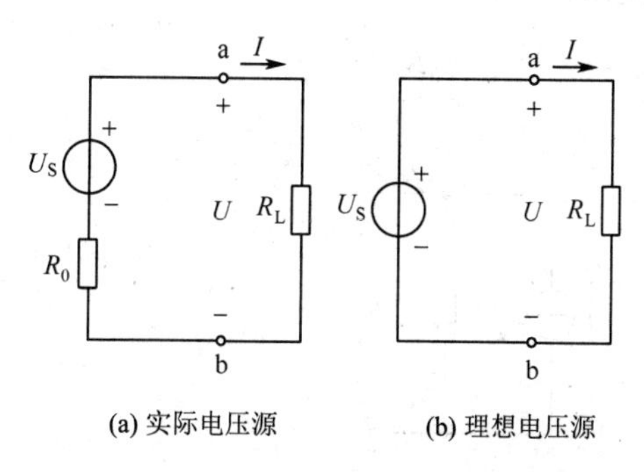

(a) 实际电压源　(b) 理想电压源

图 2-5　电压源电路图

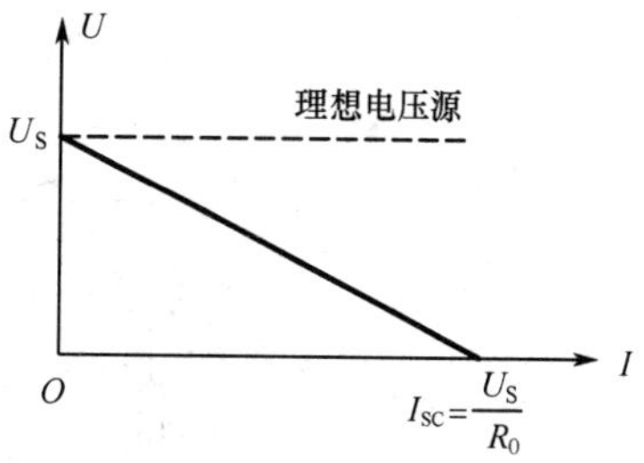

图 2-6　电压源的外特性曲线

理想电源理论上可以提供无限的能量，在实际中并不存在，我们只是将端电压基本不变的稳压电源近似看成是理想电压源。比如，航空蓄电池有 27V 的端电压，只要流过的电流不超过几安培，其端电压基本上保持为常数，可以近似认为是理想电压源。

2.2.2　电流源

实际电源还可以用一个理想电流源 I_S 和一个内阻 R_0 并联的组合来表示，如图 2-7(a)所示。理想电流源电路模型如图 2-7(b)所示，即 R_0=∞时，电流 I 恒等于 I_S。在图2-7(a)中，I 为电流源的输出电流，U 为输出电压，根据 KCL 可列出

$$I = I_S - \frac{U}{R_0} \tag{2-7}$$

由式(2-7)可以作出实际电流源的外特性曲线，如图 2-8 所示。当负载开路时，$I = 0$，开路电压 $U_{OC} = I_s R_0$；当负载短路时，$U = 0$，$I = I_{sc}$。内阻 R_0 愈大，外特性曲线愈陡峭。当 $R_0 = \infty$(相当于 R_0 断开)时，$I = I_S$，这时电源为理想电流源，如图 2-8 中虚线部分。然而现实中是不存在理想电流源的，一些晶体管电路可以在很大的负载电阻范围内提供固定的电流，可以近似地认为是理想电流源。

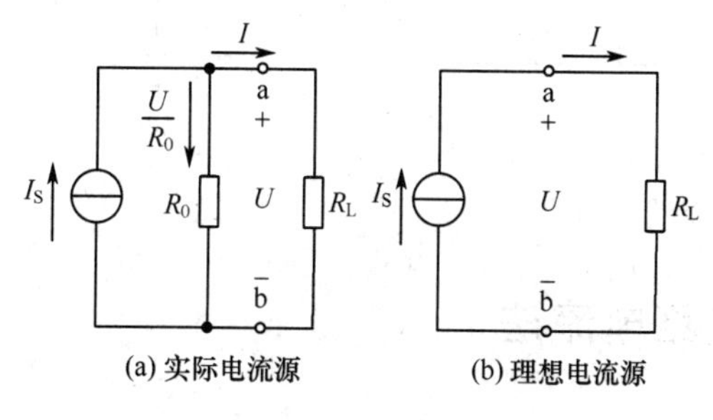

(a) 实际电流源　(b) 理想电流源

图 2-7　电流源电路

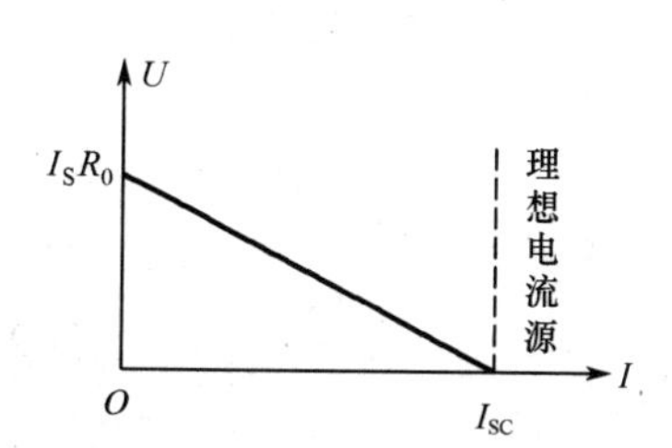

图 2-8　电流源的外特性曲线

2.2.3 电压源与电流源的等效变换

对比实际电压源的外特性曲线(见图 2-6)和实际电流源的外特性曲线(见图 2-8)可以看出，如果令 $U_S = R_0 I_S$，则式(2-6)和式(2-7)将完全相同。即电压源模型和电流源模型对外电路来说，相互之间是等效的。

图 2-9 给出了电压源和电流源之间等效变换的关系，其中

$$I_S = \frac{U_S}{R_0} \quad 或 \quad U_S = R_0 I_S \tag{2-8}$$

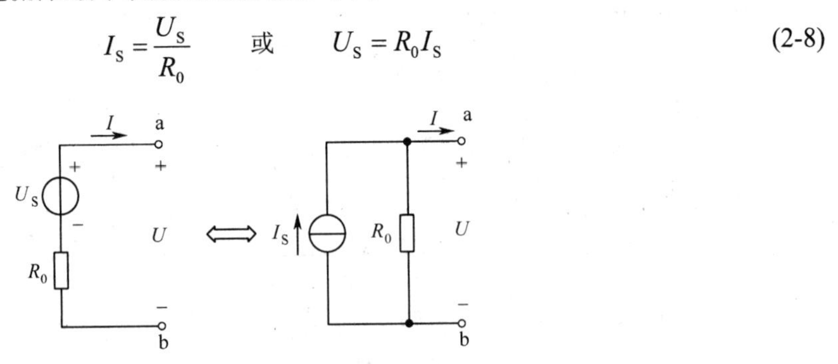

图 2-9 电压源和电流源的等效变换

利用这种等效变换的方法，可以简便地分析和计算由电压源、电流源和电阻组成的串并联电路。

需要注意，这里所说的等效，只是对外电路而言的，即电压源模型和电流源模型给外电路提供了相同的电压和电流。电源内部是不等效的。例如在图 2-5(a)中，电压源开路时，$I = 0$，电源内阻 R_0 上不损耗功率；但在图 2-7(a)中，当电流源开路时，电源内部仍有电流，内阻 R_0 上有功率损耗。另外，还应注意理想电压源与理想电流源之间不能等效变换。

【例 2-2】 用电压源与电流源等效变换的方法计算图 2-10(a)中的电流 I_3。

解 把图 2-10(a)中 140V 和 90V 理想电压源与电阻的串联支路视为电压源，把它们等效变换为电流源，如图 2-10(b)所示。

合并两个电流源，得到图 2-10(c)所示电路。这是一个简单电路，用分流公式计算，则

$$I_3 = \frac{4}{4+6} \times 25 = 10\text{A}$$

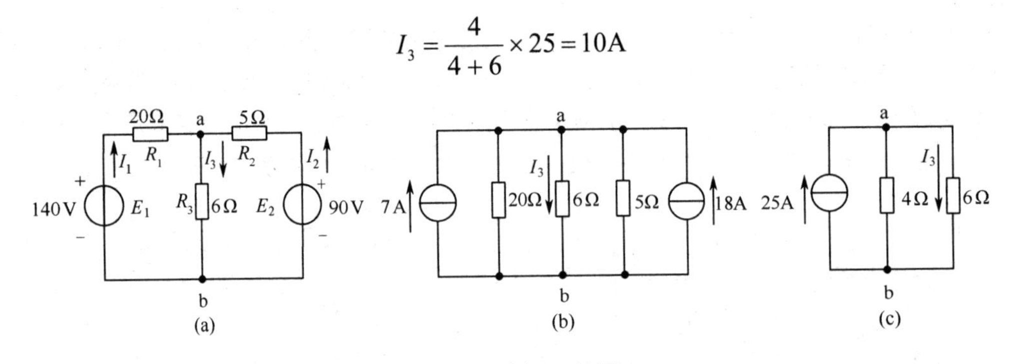

图 2-10 例 2-2 的图

2.3 支路电流法

支路电流法是电路进行普遍分析的最基本方法。这种方法以各支路电流为未知量，直接应用基尔霍夫电流定律（KCL）和电压定律（KVL）列方程，然后联立求解，得出各支路的电流值。下面以第 1 章图 1-15(b)所示的航空直流并励电机为例，来说明支路电流法的应用。为了说明问题方便，

重新设置电路参数，其等效电路如图 2-11 所示。在本电路中，支路数 b=3，节点数 n=2，共要列出 3 个独立方程。电压和电流的参考方向如图中所示。

首先，应用 KCL 对节点 a 列出

$$I_1 + I_2 - I_3 = 0 \tag{2-9}$$

对节点 b 列出

$$I_3 - I_1 - I_2 = 0 \tag{2-10}$$

式(2-9)即为式(2-10)，它们是非独立的方程。因此，对具有 2 个节点的电路，应用 KCL 只能列出 2−1=1 个独立方程。

一般情况下，对具有 n 个节点的电路应用 KCL 定律，只能得到(n−1)个独立方程。

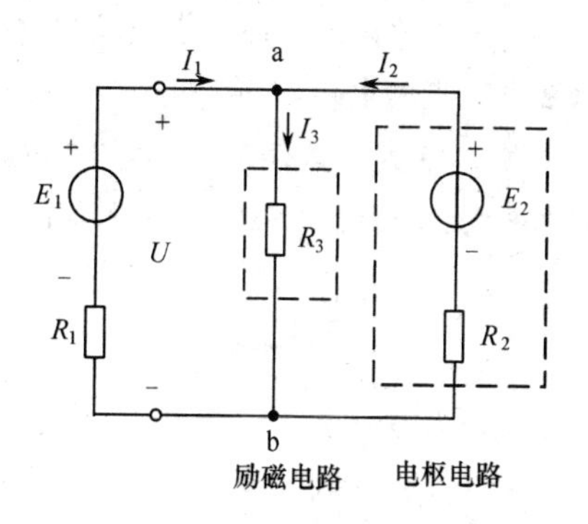

图 2-11　航空直流并励电机等效电路

其次，应用 KVL 列出其余 b− (n−1)个方程，通常可取单孔回路(或称网孔)列出，这样可保证所列方程的独立性。图 2-11 中有两个单孔回路。对左面的单孔回路可列出

$$E_1 = R_1 I_1 + R_3 I_3 \tag{2-11}$$

对右面的单孔回路可列出

$$E_2 = R_2 I_2 + R_3 I_3 \tag{2-12}$$

单孔回路的数目恰好等于 b− (n−1)。

应用 KCL 和 KVL 一共可列出(n−1)+［b− (n−1)］=b 个独立方程，所以能解出 b 个支路电流。

【例 2-3】 在图 2-12 中，已知 $I_S = 5\text{A}$，$E = 10\text{V}$，$R_1 = 20\Omega$，$R_2 = 5\Omega$。(1)用支路电流法求 I_1、I_2；(2)计算理想电流源的端电压 U_S；(3)说明理想电压源和理想电流源在电路中所起的作用。

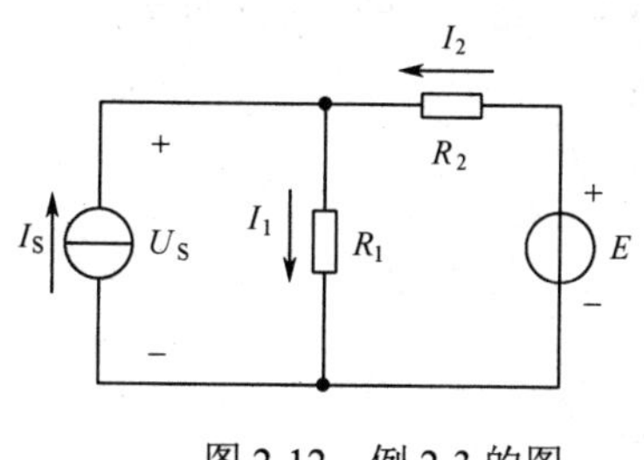

图 2-12　例 2-3 的图

解　(1) 该电路共有 2 个节点，3 条支路。由于理想电流源的电流 I_S 已知，所以只有两个未知的支路电流 I_1、I_2，只需列两个独立方程。应用 KCL 对节点及应用 KVL 对右单孔回路可列出

$$\begin{cases} -I_1 + I_2 + I_S = 0 \\ -R_1 I_1 - R_2 I_2 + E = 0 \end{cases}$$

代入数值有

$$\begin{cases} I_1 - I_2 = 5 \\ 20I_1 + 5I_2 = 10 \end{cases}$$

可解得

$$I_1 = 1.4\text{A},\ \ I_2 = -3.6\text{A}$$

(2) $U_S = R_1 I_1 = 20 \times 1.4 = 28\text{V}$。

(3) I_2 为负，说明理想电压源上的电流是从正端流入、从负端流出的，因此该理想电压源起负载作用，它吸收功率(功率为正)；U_S 为正，说明理想电流源的电流从高电位端流出，该理想电流源起电源作用，它发出功率(功率为负)。

2.4　节点电压法

对于支路数较多而节点数较少的电路，采用节点电压法较为简便。这种方法尤其适用于计算只有 2 个节点的电路。

图 2-13 为一具有 2 个节点的电路。节点间的电压U称为节点电压，在图中其参考方向由 a 指向 b。如果能设法求出节点电压U，那么各支路的电流就可以应用基 KVL 或欧姆定律得出

$$\begin{cases} U = E_1 - R_1 I_1, & I_1 = \dfrac{E_1 - U}{R_1} \\ U = -E_2 + R_2 I_2, & I_2 = \dfrac{E_2 + U}{R_2} \\ U = E_3 + R_3 I_3, & I_3 = \dfrac{-E_3 + U}{R_3} \\ U = R_4 I_4, & I_4 = \dfrac{U}{R_4} \end{cases} \tag{2-13}$$

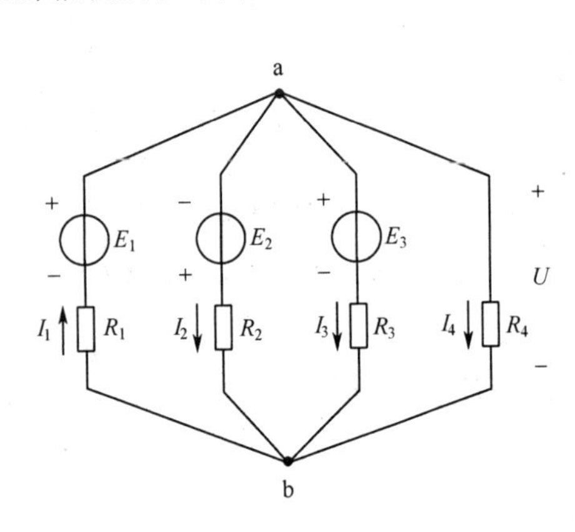

图 2-13　具有两个节点的复杂电路

现在计算节点电压。应用 KCL 可知

$$I_1 - I_2 - I_3 - I_4 = 0$$

将式(2-13)代入上式，得

$$\frac{E_1 - U}{R_1} - \frac{E_2 + U}{R_2} - \frac{-E_3 + U}{R_3} - \frac{U}{R_4} = 0$$

经整理后即得出节点电压的公式

$$U = \frac{\dfrac{E_1}{R_1} - \dfrac{E_2}{R_2} + \dfrac{E_3}{R_3}}{\dfrac{1}{R_1} + \dfrac{1}{R_2} + \dfrac{1}{R_3} + \dfrac{1}{R_4}} = \frac{\sum \dfrac{E}{R}}{\sum \dfrac{1}{R}} \tag{2-14}$$

在上式中，分母的各项总为正；分子的各项可以为正，也可以为负。分子中，当电压源电压的方向和节点电压的参考方向相同时取正号，相反时则取负号，而与各支路电流的参考方向无关。

由式(2-14)求出节点电压后，即可根据式(2-13)计算各支路电流。

【例 2-4】 用节点电压法计算例 2-2 中各支路电流 I_1、I_2、I_3。

解　图 2-10(a)所示电路也只有 2 个节点 a 和 b。节点电压为

$$U_{ab} = \frac{\dfrac{E_1}{R_1} + \dfrac{E_2}{R_2}}{\dfrac{1}{R_1} + \dfrac{1}{R_2} + \dfrac{1}{R_3}} = \frac{\dfrac{140}{20} + \dfrac{90}{5}}{\dfrac{1}{20} + \dfrac{1}{5} + \dfrac{1}{6}} = 60$$

由此可计算出各支路电流为

$$I_1 = \frac{E_1 - U_{ab}}{R_1} = \frac{140 - 60}{20} = 4\text{A}$$

$$I_2 = \frac{E_2 - U_{ab}}{R_2} = \frac{90 - 60}{5} = 6\text{A}$$

$$I_3 = \frac{U_{ab}}{R_3} = \frac{60}{6} = 10\text{A}$$

【例 2-5】 写出图 2-14 所示电路的节点电压公式。

解 此电路有 2 个节点和 3 条支路，但有一条支路是理想电流源 I_S，故节点电压的公式为

$$U=\frac{\dfrac{E}{R_1}+I_S}{\dfrac{1}{R_1}+\dfrac{1}{R_2}}$$

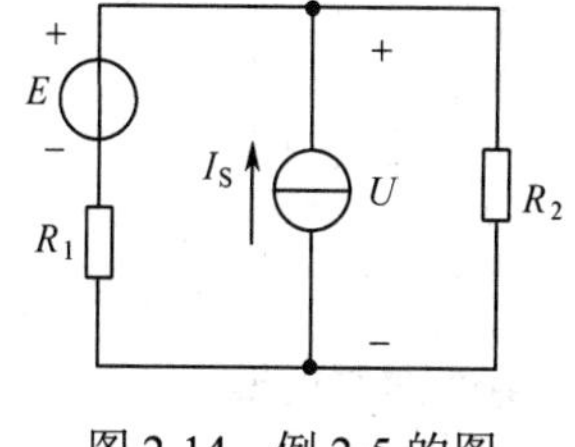

图 2-14 例 2-5 的图

在此，I_S 与 U 的参考方向相反，故取正号；否则，要取负号。

2.5 叠加原理

在分析机载电子设备复杂电路时，可能会遇到将信号叠加或分解的情况，这时需要用到叠加原理。例如，图 2-15 所示某型飞机发电机控制盒发电机电压调节示意图，发电机电压敏感电路感受的发电机电压与弛张振荡器产生的锯齿波电压进行叠加，然后在电压比较器中与基准电压进行比较，形成一个有直流分量的锯齿波电压，送给后续电路进行处理。下面以一个简单电路为例来说明叠加原理。

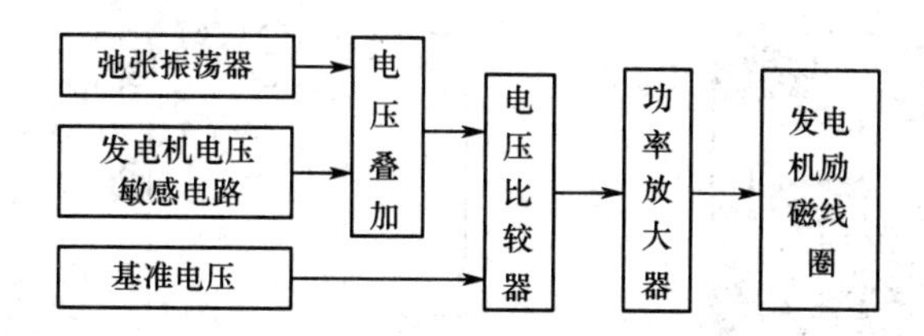

图 2-15 某型飞机发电机控制盒发电机电压调节示意图

在有多个电源共同作用的线性电路中，任一支路的电流或电压都是由各个电源单独作用时分别在该支路中所产生的电流或电压的代数和。这个关于各个电源作用的独立性原理，称为叠加原理。

所谓电路中只有一个电源单独作用，就是假设将其余电源均除去(将各个理想电压源短接，即其电动势为零；将各个理想电流源开路，即其电流为零)，但是它们的内阻(如果给出)仍应考虑在内。

用叠加原理计算复杂电路，就是把一个多电源的复杂电路化为几个单电源电路来进行计算。

必须注意，叠加原理只适用于线性电路，并只限于计算电路中的电压和电流，不适用于功率的计算。这是因为功率与电流(或电压)的平方成正比，不存在线性比例关系。

【例 2-6】 用叠加原理计算图 2-16(a)电路中的 I。

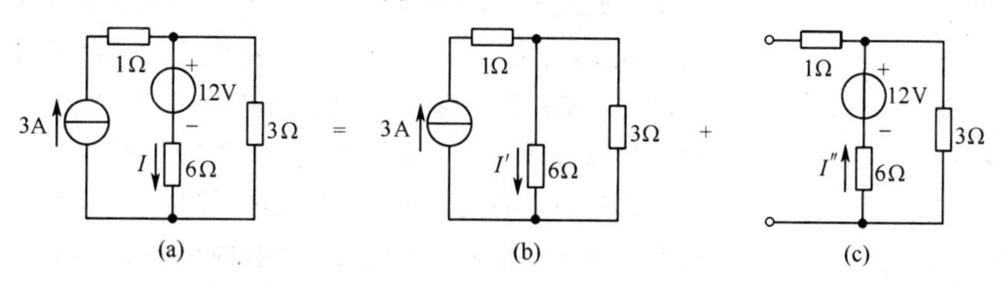

图 2-16 例 2-6 的图

解 图 2-16(a)电路中的 I 是图 2-16(b)和图 2-16(c)两个电路的电流 I' 与 I'' 的叠加。

当理想电流源单独作用时，理想电压源看成短路，如图 2-16(b)所示，得

$$I' = \frac{3}{6+3} \times 3 = 1\text{A}$$

当理想电压源单独作用时，理想电流源看成开路，如图 2-16(c)所示，得

$$I'' = \frac{12}{6+3} = 1.33\text{A}$$

由叠加原理得

$$I = I' - I'' = 1 - 1.33 = -0.33\text{A}$$

2.6 戴维南定理

当我们研究机载设备复杂电路网络中某一部分电路时，如果网络的其他部分能用简单的等效电路代替，那么电路的分析将得到简化。例如，在飞行过程中，需要及时了解飞机油量，图 2-17 所示为电容式传感器油量表。飞机加油或耗油时，油箱中的油量不断改变，传感器的电容量也随之改变，电桥的平衡状态不断地被破坏。a、b 之间输出一定的电压值，送给放大器进行电信号处理，从而带动电动机和减速器，使指针指示变化后的油量。

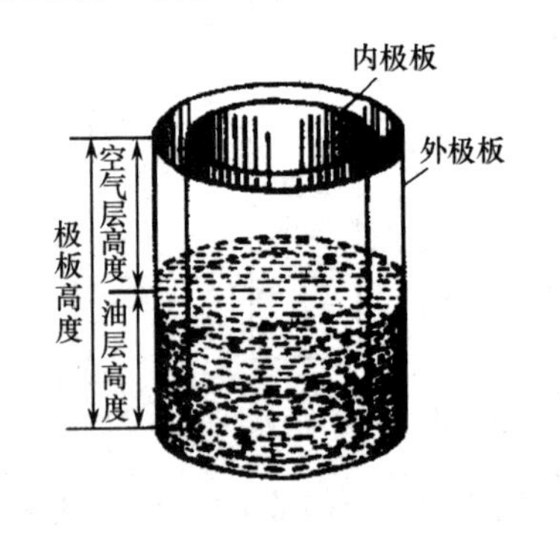

（a）原理图

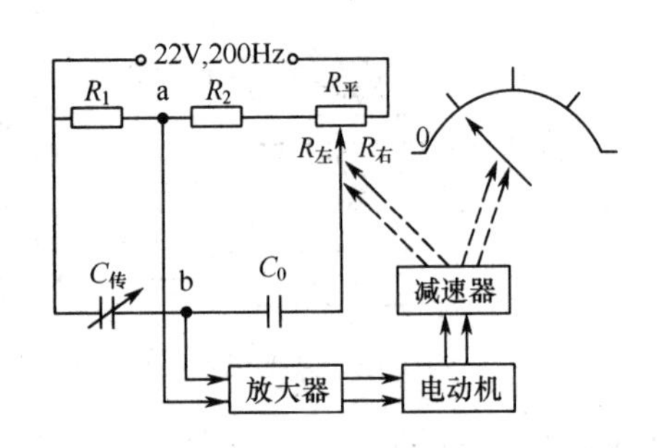

（b）自平衡式电桥电路

图 2-17　电容式传感器油量表

其中的电路是典型的桥式电路，要计算 a、b 之间的电压，如果采用前面几节讨论的分析方法，需要列出很多方程或引出一些不需要的电流。为了使计算简化，对这类问题一般都采用等效电源的方法，借助戴维南定理进行求解。

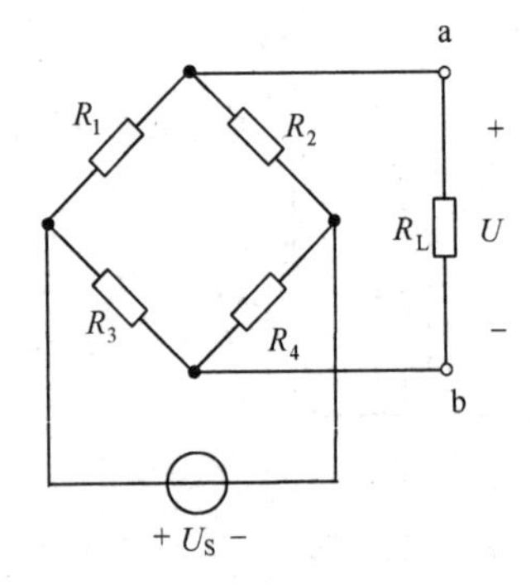

图 2-18　自平衡式电桥电路的电路模型

把其中的桥式电路用一个直流电路模型抽象出来，如图 2-18 所示。要求 a、b 之间的电压或电流，可以把电路划分为两部分，右边 R_L 是待求支路，左边是一个由电阻、电源构成的线性含源二端网络，如图 2-19(a)所示，它给待求支路 R_L 提供电压和电流，因此，可以等效为一个电压源，如图 2-19(b)所示。

现在问题的关键在于，等效电压源电压 U_0 和内阻 R_0 如何确定？戴维南定理指出：任何一个线性有源二端网络，都可以用一个电压为 U_0 的电压源和阻值为 R_0 的电阻串联等效代替。U_0 等于有源二端网络的开路电压；R_0 等于有源二端网络中所有电源均除去(即电压源短路，电流源开路)后所得到的无源网络两端的等效电阻。如图 2-19(c)、(d)所示。

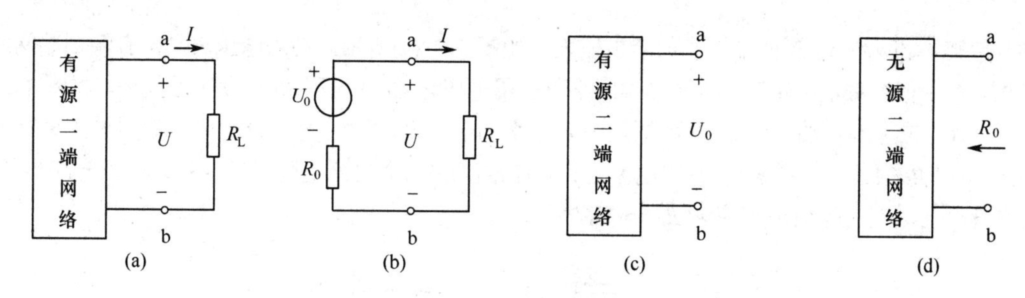

图 2-19　戴维南定理

下面通过例题说明如何应用戴维南定理求解电路问题。

【例 2-7】图 2-20(a)是一个典型的桥式电路，已知 $E = 12\text{V}$，$R_1 = R_2 = 5\Omega$，$R_3 = 10\Omega$，$R_4 = 5\Omega$，检流计支路的电阻 $R_G = 10\Omega$。用戴维南定理求检流计电流 I_G。

解　戴维南等效电路如图 2-20(b)所示。等效电源的电动势可由图 2-20(c)求得

$$I' = \frac{E}{R_1 + R_2} = \frac{12}{5+5} = 1.2\text{A}$$

$$I'' = \frac{E}{R_3 + R_4} = \frac{12}{10+5} = 0.8\text{A}$$

于是

$$U_0 = R_3 I'' - R_1 I' = 10 \times 0.8 - 5 \times 1.2 = 2\text{V}$$

等效电源的内阻 R_0 可由图 2-20(d)求得

$$R_0 = \frac{R_1 R_2}{R_1 + R_2} + \frac{R_3 R_4}{R_3 + R_4} = \frac{5 \times 5}{5+5} + \frac{10 \times 5}{10+5} = 2.5 + 3.3 = 5.8\Omega$$

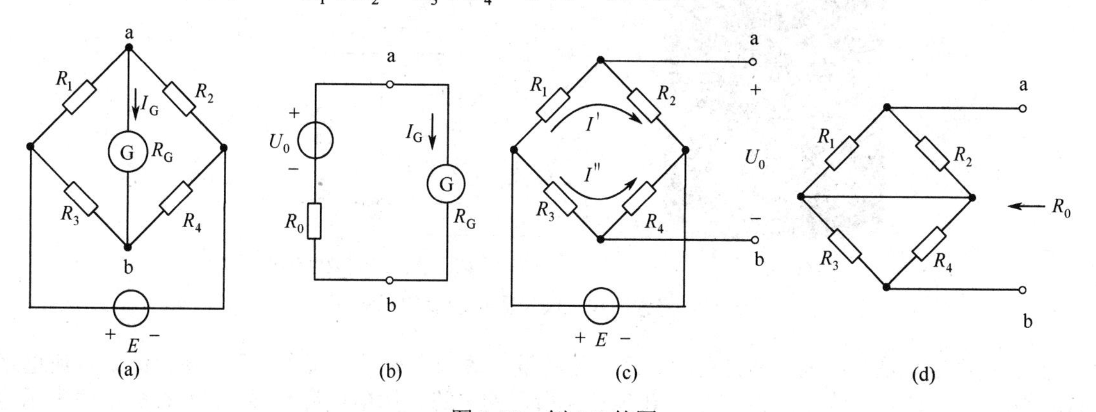

图 2-20　例 2-7 的图

再由图 2-20(b)得

$$I_G = \frac{U_0}{R_0 + R_G} = \frac{2}{5.8+10} = 0.126\text{A}$$

很明显，戴维南定理的一个主要应用就是用一个非常简单的等效电路替换一大块复杂电路，利用新得到的简单电路可以快速计算原来电路提供给负载的电流、电压和功率。这样变换还有助于选择最佳的负载电阻值。

在有些实际电路中，往往不知道有源二端网络的内部结构和参数，所以没办法用上述讨论的方法来计算戴维南等效电路的两个参数。为了解决这样问题，可借助实验法来测算戴维南等效电路的两个参数 U_0 和 R_0，具体的原理如图 2-21 所示。

在有源二端网络 a、b 两端接高内阻电压表，如图 2-21(a)所示，利用电压表测出有源二端网络的开路电压 U_0。根据戴维南定理，有源二端网络可以用电压源 U_0 和电阻 R_0 串联等效代替，如图 2-21(b)所示。这时，在有源二端网络 a、b 两端接内阻很小的电流表，通过电流表测出二端网络的短路电流 I_0，由于电阻 R_0 很小，为了避免 R_0 中电流过大，通常串联一个限流电阻进行保护。由于开路电压 U_0 已经测量出来，因此等效电阻应为 $R_0 = U_0/I_0$。

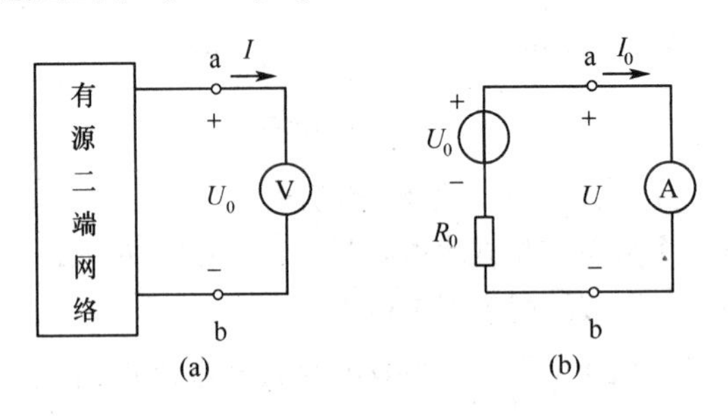

图 2-21　实验法测算 U_0 和 R_0 原理图

2.7　最大功率传输定理

雷达是现代飞机必备的机载设备之一，雷达性能的好坏直接影响飞机的作战能力。如图 2-22 所示，在计算雷达接收机噪声的额定功率时，可以利用戴维南定理将各种噪声信号看成电动势为 E_S、内阻为 $Z=R+jX$ 的信号源，需要计算负载阻抗能从信号源获得的最大功率(相量和阻抗将在第 4 章学习)。

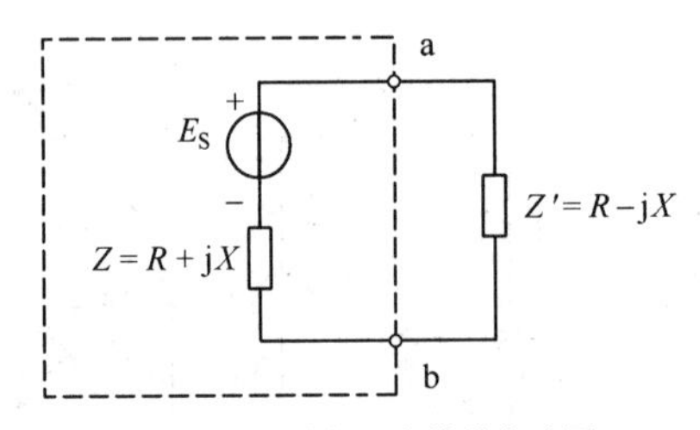

(a) 雷达　　(b) 雷达接收机噪声等效电路图

图 2-22　雷达接收机噪声额定功率的示意图

由于噪声信号是一个大小和方向随时间变化的量，故为交流量，而本章重点研究的是直流电路的分析方法，因此将电路模型转化为如图 2-23(a)所示的电路，用电压源 U_0 和内阻 R_0 的串联表示电源，R_L 表示负载。负载电阻 R_L 不同时，从电源传输给负载的功率也不同。当 R_L 很大时，由于电路中的电流很小，所以 R_L 得到的功率 I^2R_L 很小；如果 R_L 很小，则功率同样很小。理论和实验都表明，在 $R_L=0$ 和 $R_L=\infty$ 之间存在一个阻值，可使负载获得最大功率。这个电阻值就是

$$R_L = R_0 \tag{2-15}$$

式(2-15)为负载从电源获得最大功率的条件，也称为最大功率传输定理。在工程上，把满足最大功率传输的条件称为阻抗匹配。

当满足 $R_L = R_0$ 时，负载 R_L 可从电源获得最大功率，其值为

$$P_{L\max} = I^2R_L = \left(\frac{U_0}{R_0+R_L}\right)^2 R_L = \frac{{U_0}^2}{4R_0} \tag{2-16}$$

上述最大功率问题，可推广到图 2-23(b)所示情况。若将有源二端网络用戴维南等效电路来代替，其参数为U_0和R_0，当满足$R_L = R_0$时，R_L可获得最大功率，即

$$P_{L\max} = \frac{U_0^{\ 2}}{4R_0} \tag{2-17}$$

此时负载R_L与有源二端网络的输入电阻达到匹配。

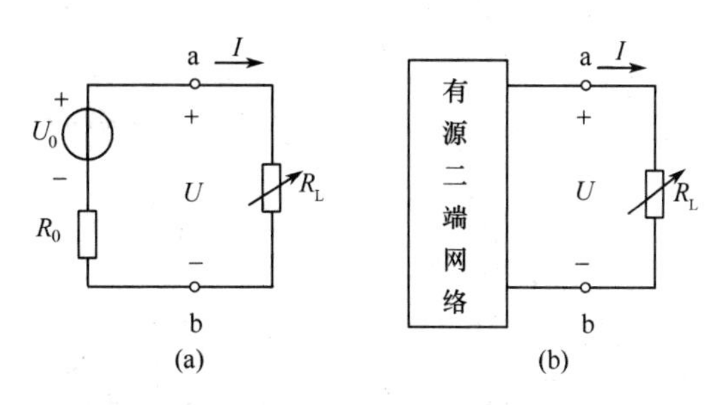

图 2-23　最大功率的传输

上述结论是在分析直流电路后得出的，它的原理同样适用于交流电路，图 2-22(b)中的雷达接收机噪声信号当其负载阻抗与信号源内阻匹配时，负载可以获得最大功率。最大功率传输问题在实际中有着广泛的应用。例如，在通信系统中，总是希望从给定的信号源取得尽可能大的功率，这时就需要调整信号源的负载，使其与信号源内阻达到匹配。又如在有线电视接收系统中，由于同轴电缆的传输阻抗为75Ω，为了保证阻抗匹配以获得最大功率传输，就要求电视接收机的输入阻抗也为75Ω。有时候很难保证负载电阻与电源内阻相等，为了实现阻抗匹配就必须进行阻抗变换，可以用变压器、射极输出器等实现。

2.8　受　控　源

前面讨论的电压源和电流源，它们都能够独立地向外电路提供能量，因此称为独立电源。独立电源是指电压源的电压和电流源的电流是独立的，不受电路中其他参数的控制。除这种电源外，在电子电路中还存在着另一种类型的电源，即电压源的电压和电流源的电流受电路中其他参数控制，而不由自身决定，这样的“非独立”电源称为受控源。

根据控制量类型及控制电源类型的不同，受控源可分为电压控制电压源(VCVS)、电压控制电流源(VCCS)、电流控制电压源(CCVS)、电流控制电流源(CCCS)4 种。4 种受控源的电路符号如图 2-24 所示。U_1和I_1为控制变量，μ、g、r、α为控制系数。

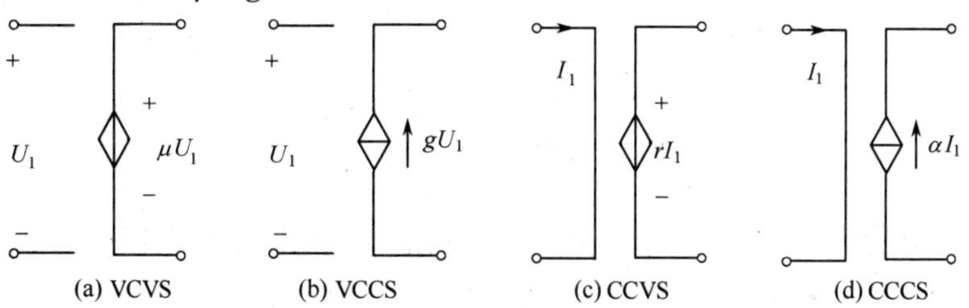

图 2-24　受控源电路符号

受控源是从实际电子器件抽象出来的，因此可以用它来描述某些电气设备或元件的特性。例如变压器，它是一种常见的电气设备，在电力系统和电子线路中被广泛应用，它的一个主要功能就是

能够将输入电压按照一定比例变化之后进行输出，如图 2-25(a)所示。原边电压 u_1 与副边电压 u_2 的有效值之比等于匝数比 n，这种副边电压受原边电压控制的关系可以用一个电压控制的电压源(VCVS)等效替代，如图 2-25(b)所示，控制系数为 $1/n$ 。

又如半导体三极管，它可以利用受控源和电阻构成其电路模型。图 2-26 给出了三极管的电路符号和小信号电路模型。很多半导体器件乃至集成运算放大器等都可以利用受控源和少数外围元件构成其电路模型。

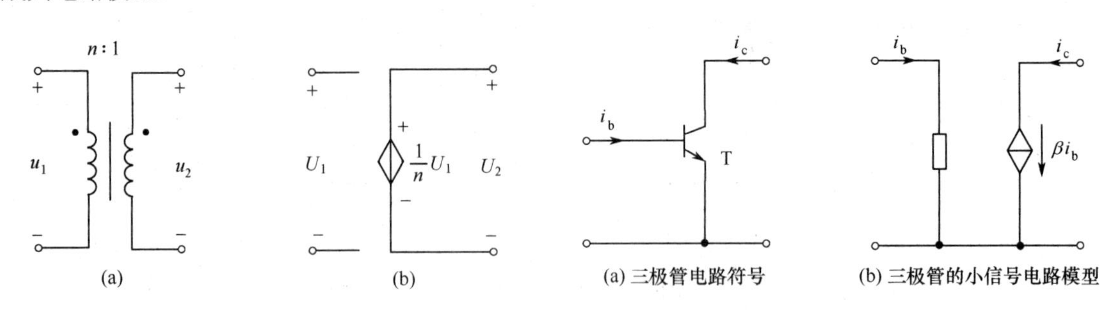

图 2-25　变压器的电路模型及等效电路　　　　图 2-26　三极管及等效电路

小　结

1. 电阻的连接方式有串联、并联、混联，无论哪种连接方式，只要是一个纯电阻网络，都可以等效为一个电阻的形式，应用串联和并联两种方式下的分压和分流公式可以对电路进行简单的分析计算。

2. 一个实际的电源有两种电路模型——电压源和电阻串联、电流源和电阻并联，实际中多以电压源和电阻串联的形式出现，例如飞机电源。但是在电路分析过程中，有时将电压源和电阻串联与电流源和电阻并联两种模型进行等效变换，可以将复杂电路化简。

3. 电路的分析方法有很多，但是其实都是在基尔霍夫定律的基础上演变而来的，只要灵活掌握基尔霍夫定律，其他方法都迎刃而解，应用电路分析方法和电路定理可以简化电路的分析计算。

4. 受控源是一种理论化的电路模型，并不真实存在，但是了解这一概念有助于后面学习变压器和三极管等知识。对于含有受控源的电路，其基本原则是：受控源当作独立源看待，但要考虑控制关系，可以认为受控源的电压或电流“已知”，只不过已知的不是电压和电流数值，而是代数关系而已。列写支路、网孔、节点方程时，必须补充控制方程。

5. 最大功率传输定理指出了在实际电源的电压和内阻确定，且负载电阻可变的情况下，当负载电阻等于电源内阻时，在负载上可获得最大功率。

习　题　2

基础知识

2-1　某负载在电压为 120V 时，通过电流为 2.4A；若电源电压为 220V，要求通过的电流仍为 2.4A，需串联的电阻为________Ω，此电阻消耗的功率为________W。

2-2　通常对于含有 6 条支路，3 个节点的电路，应用支路电流法求解各个支路电路时，可以列写________个独立的 KCL 方程，________个独立的 KVL 方程，联立求解即可。

2-3　某实际电压源外接负载，当负载电流 I=1A 时，端电压 U=5V；当负载开路时，端电压 U=10V，则电源电

动势 E=_____V，内阻 R_0=_____Ω，负载 R_L=______Ω，短路电流 I_{SC}=_______A。

2-4 当实际电源(E，R_0)短路时，端电压 U=_____V，短路电流 I_{SC}=_______A，输出功率 P=_______W，短路通常是一种严重事故，应尽力预防。

2-5 某电源电动势 E=10V，内阻 R_0=1Ω，当负载电阻 R_L=_______Ω时，负载从电源获得最大功率，最大功率 P_{max}=________W。

2-6 在题图 2-1 中，发出功率的电源是(　　)。

a.电压源　　b.电流源　　c.电压源和电流源

2-7 如题图 2-2 所示，当 a、b 间因故障断开时，用电压表测 U_{ab} 为(　　)。

a.0V　　b.9V　　c.36V　　d.18V

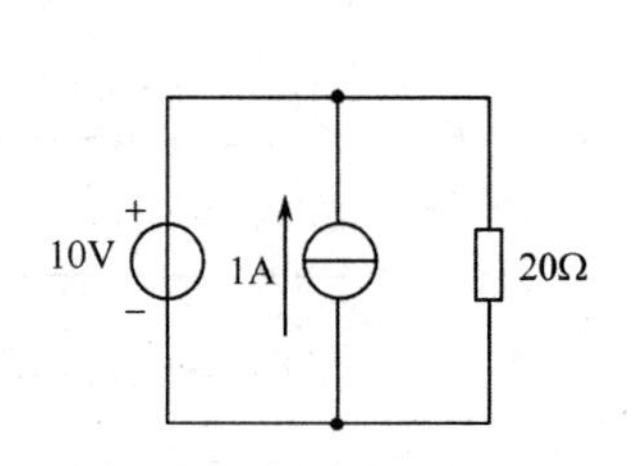

题图 2-1　习题 2-6 的图

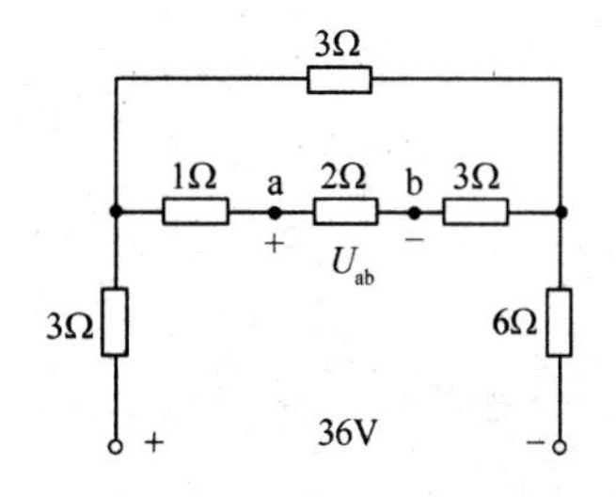

题图 2-2　习题 2-7 的图

2-8 用节点电压法计算题图 2-3 中的节点电压 U_{AO}=(　　)。

a.2V　　b.1V　　c.4V　　d. 3V

2-9 叠加原理适用于(　　)。

a.线性电路中电压和电流的计算　　b.线性电路中功率的计算

c.非线性电路中的电压与电流的计算　　d.所有情况都适用

2-10 如题图 2-4 所示电路，若将其化简为戴维南等效电路，则对应戴维南等效电路中的电压源电压 U 和内阻 R 分别为(　　)。

a.6V，6Ω　　b.42V，6Ω　　c. 54V，3Ω　　d. 6V，3Ω

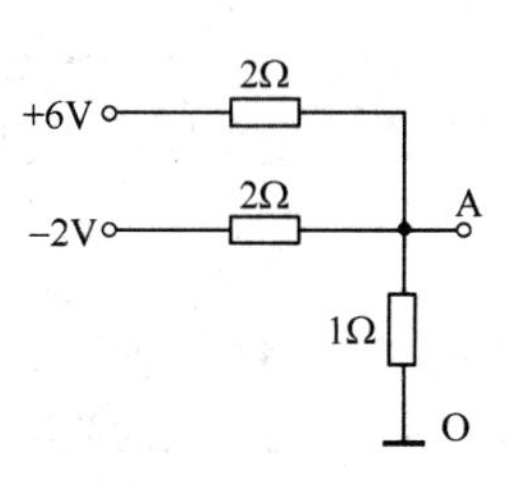

题图 2-3　习题 2-8 的图

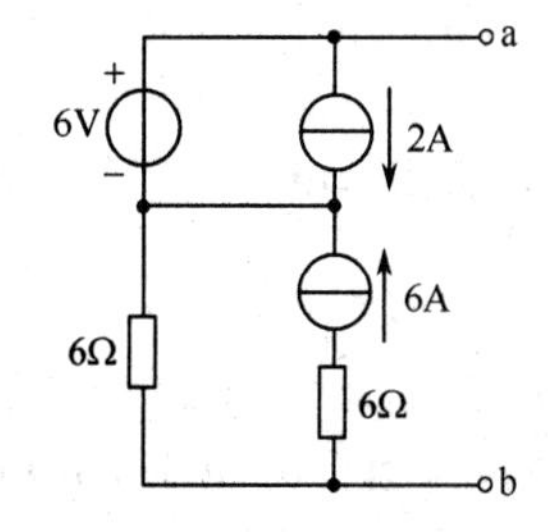

题图 2-4　习题 2-10 的图

2-11 题图 2-5 所示是一衰减电路，共有 4 挡。当输入电压 $U_1=16$V 时，试估算各挡输出电压 U_2。

2-12 有一无源二端电阻网络 N，如题图 2-6 所示。通过实验测得：当 $U=10$V 时，$I=2$A；并已知该电阻网络 4 个 3Ω 的电阻构成，试问这 4 个电阻是如何连接的？

2-13 题图 2-7 中，$R_1=R_2=R_3=R_4=300\Omega$，$R_5=600\Omega$，试求开关 S 断开和闭合时 a 、b 之间的等效电阻。

2-14 将题图 2-8 中的电压源模型变换为电流源模型，电流源模型变换为电压源模型。

2-15 在题图 2-9 所示电路中，求各理想电流源的端电压、功率及各电阻上消耗的功率。

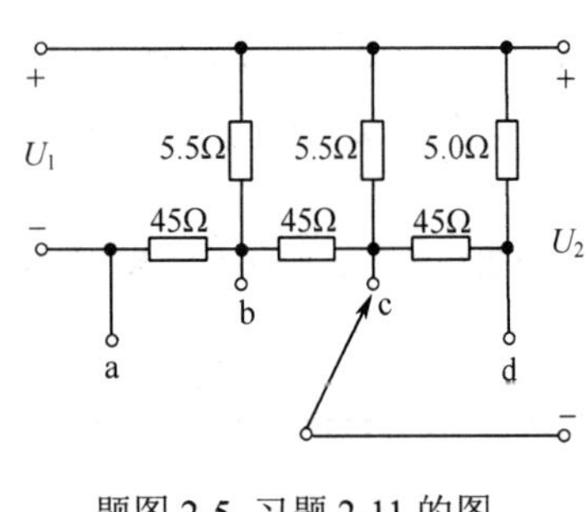

题图 2-5 习题 2-11 的图

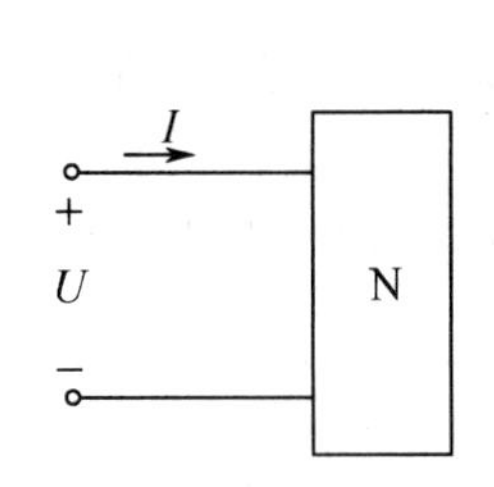

题图 2-6 习题 2-12 的图

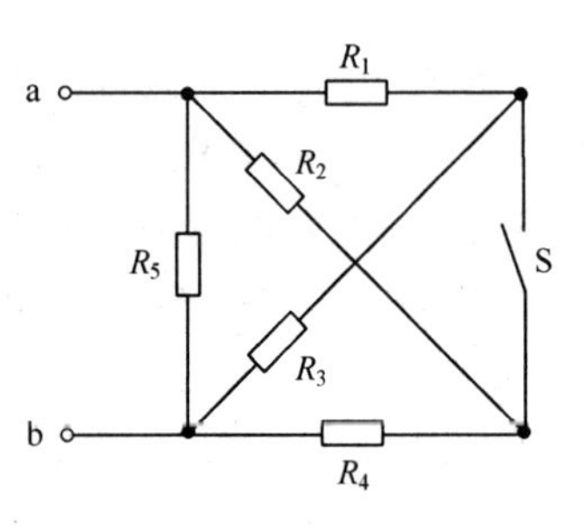

题图 2-7 习题 2-13 的图

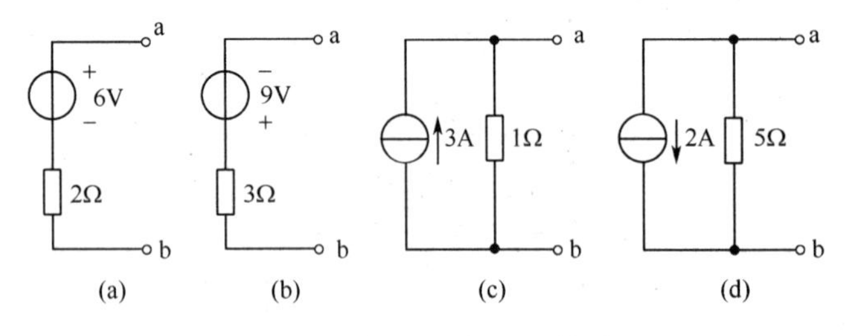

题图 2-8 习题 2-14 的图

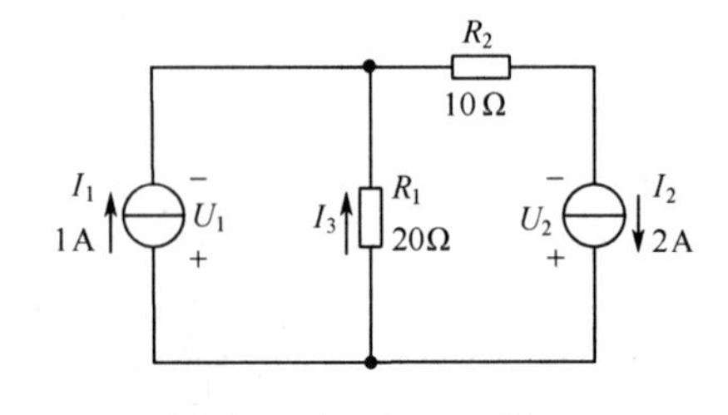

题图 2-9 习题 2-15 的图

2-16 电路如题图 2-10(a)所示，$E=12\text{V}$，$R_1=R_2=R_3=R_4$，$U_{\text{ab}}=10\text{V}$。将理想电压源除去后，如题图 2-10(b)所示，这时 U_{ab} 等于多少？

2-17 应用叠加定理计算题图 2-11 所示电路中各支路的电流和各元器件(电源和电阻)两端的电压，并说明功率平衡关系。用戴维南定理求 1Ω 电阻上的电流。

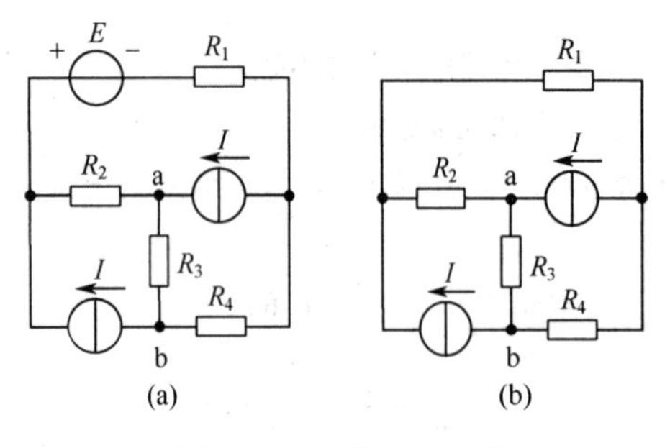

题图 2-10　习题 2-16 的图

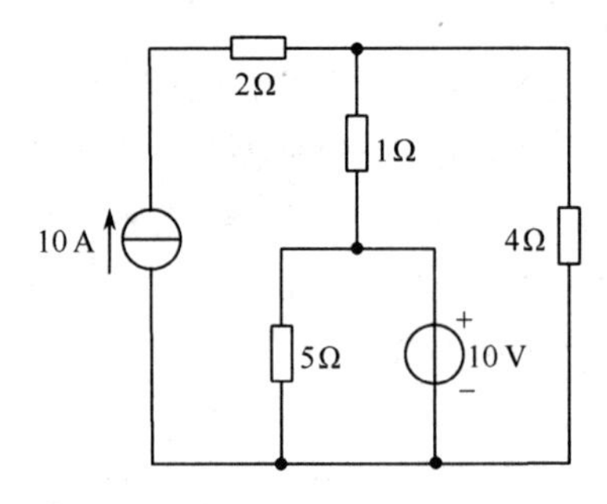

题图 2-11　习题 2-17 的图

应用知识

2-18 如果飞机紧急迫降在一个荒岛上，发射机已经不能工作，原因是一个 470Ω 的电阻坏了。幸运的是，工具箱里恰好有 10 个 2kΩ 和 10 个 100Ω 电阻，这些电阻可以作为 470Ω 电阻的替代物吗？如果可以，请你设计一个或两个方案。

2-19 一串圣诞树灯光由 8 个 6W、15V 灯泡串联组成，当灯串插入 120V 插孔时，求电流和每个灯泡的电阻。

2-20 题图 2-12 为汽车照明灯供电电路，用电阻和独立电源构造一个电路模型，请说明汽车左、右照明灯采用串联方式还是并联方式，以及采用这种连接方式的好处。

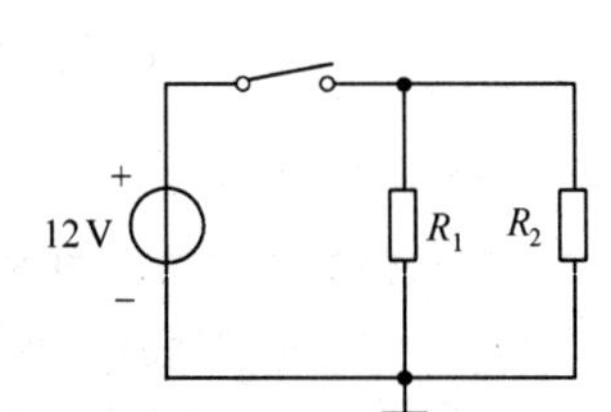

题图 2-12 习题 2-20 的图

2-21 汽车后窗玻璃除霜的栅格结构可等效为一个电阻电路，可以认为栅格导线是电阻，如题图 2-13 所示。当满足 R_2=R_4，R_1=R_5，R_a=R_d，R_c=R_b 时，才能让后窗在水平和垂直方向均匀除霜，请分析电阻的串并联关系。

2-22 某餐厅有一个由 12 个灯泡组成的霓虹灯，如题图 2-14 所示，当某个灯泡坏掉时，该霓虹灯呈现出无穷大的电阻并且不能流过电流。制造商给出了两种连接方式的选项，该餐馆选择的是哪种？解释原因。

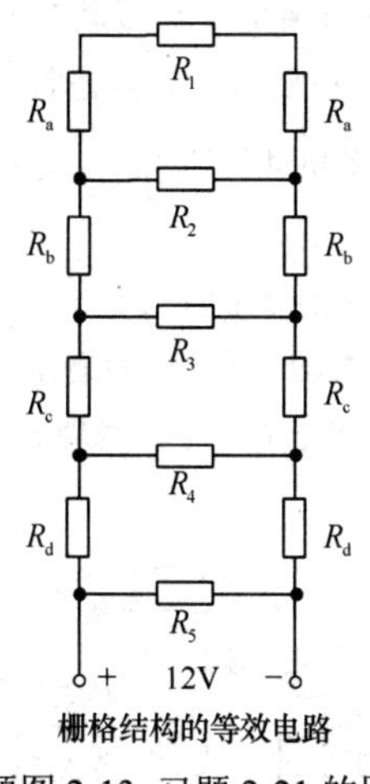

题图 2-13 习题 2-21 的图

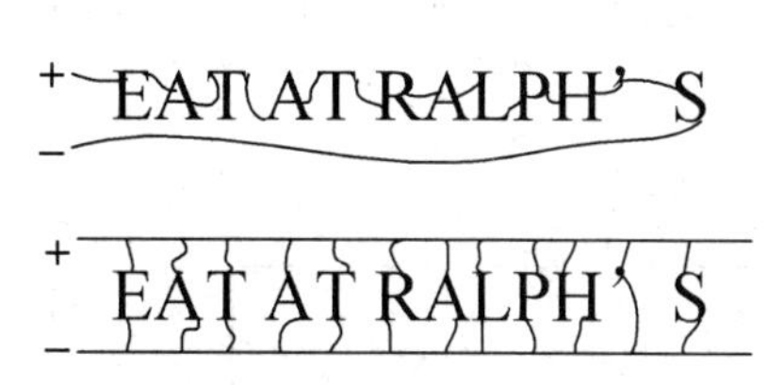

题图 2-14 习题 2-22 的图

2-23 日常生活中，我们可以观察到在用电高峰时段的白炽灯、日光灯比在用电低峰时段要暗一些，为什么？

2-24 如题图 2-15 所示，一个人正准备去碰一个非正常接地的用电设备(此设备由交流电源供电)，电源插座只使用了两端，地线悬空。该设备所有公共端都接在一起，并在电气上与设备的外壳相连。但遗憾的是，可能由于磨损存在一个接线错误，该外壳地不是大地接地，因此在外壳地和大地之间有一个较大电阻，可能具有数百兆欧姆。但是，人体的电阻要比该电阻低好几个数量级，一旦人接触设备，后果不堪设想，请画出等效电路模型并分析原因。(提示：利用电阻串并联分压和分流原理进行分析。)

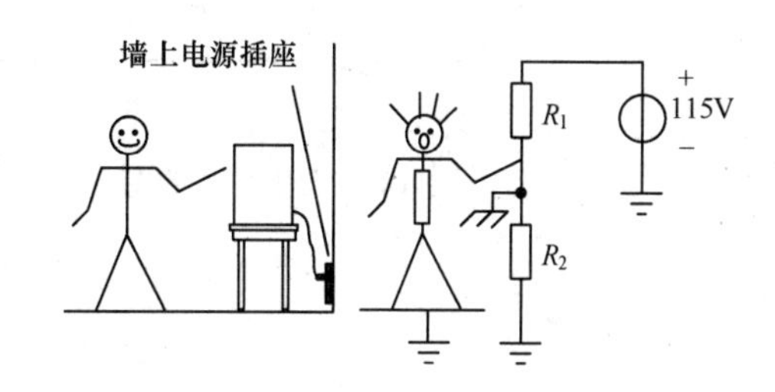

题图 2-15 习题 2-24 的图

2-25 有一个电池箱，箱内有 4 个蓄电池，正极与正极相连，负极与负极相连。蓄电池的开路电压和内阻分别是 5V 和 1Ω、10V 和 2Ω、6V 和 3Ω、12V 和 6Ω，(1)画出电路模型，并化简成最简等效电压源电路和电流源电路；(2)求电池箱的戴维南等效电路。

2-26 电路如题图 2-16 所示，其中 $U_1=140\text{V}$，$U_2=90\text{V}$，$R_1=20\Omega$，$R_2=5\Omega$，$R_3=6\Omega$，应用戴维南定理求电路中 R_3 的支路电流 I_3。

*2-27 分析题：如题图 2-17 所示，由光敏三极管构成的路灯自动控制系统，分析工作原理。

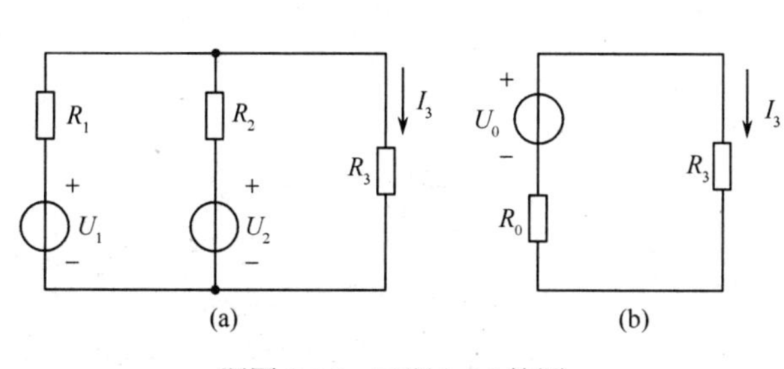

题图 2-16 习题 2-26 的图

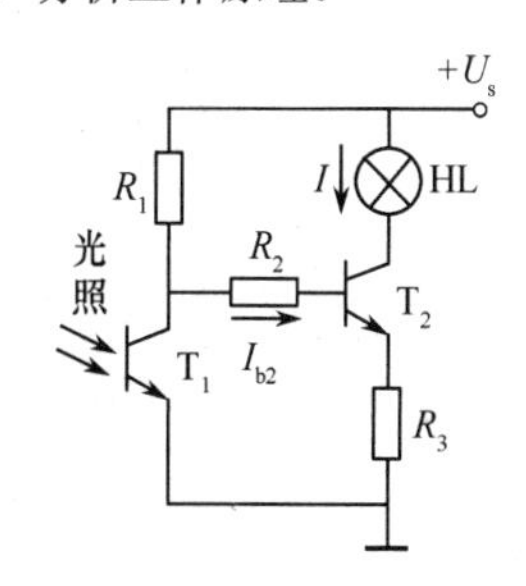

题图 2-17 习题 2-27 的图

军事知识

2-28 题图 2-18 所示的是航空直流电动机的一种调速电阻，它由 4 个固定电阻串联而成。利用几个开关的闭合或断开，可以得到多种电阻值。设 4 个电阻都是 1Ω，试求在下列 3 种情况下 a、b 间的电阻值：(1) S_1 和 S_5 闭合，其他断开；(2) S_2、S_3 和 S_5 闭合，其他断开；(3) S_1、S_3 和 S_4 闭合，其他断开。

2-29 航空蓄电池给飞行照明灯提供 10A 电流时，端电压为 12.1V，当启动电动机切入时，需要取用 250A，使电池端电压降到 10.6V，求此蓄电池的戴维南等效电路。

*2-30 分析题：分析题图 2-19 中所示测量飞行器载荷的电位器式线加速度传感器的工作原理。(提示：利用电位器进行分压的原理。)(载荷是飞行员正确操纵飞机所需了解的重要参数，载荷因数表是测量飞行器升力与重力之比的仪表，它通过测量飞机立轴方向的加速度，指示飞机的载荷因数，其核心元件是加速度传感器。)

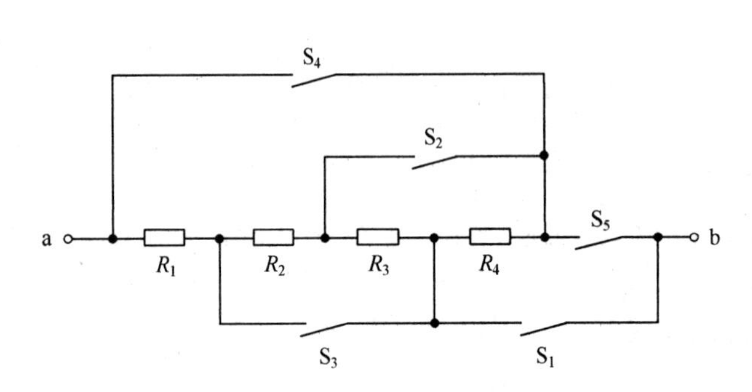

题图 2-18 习题 2-28 的图

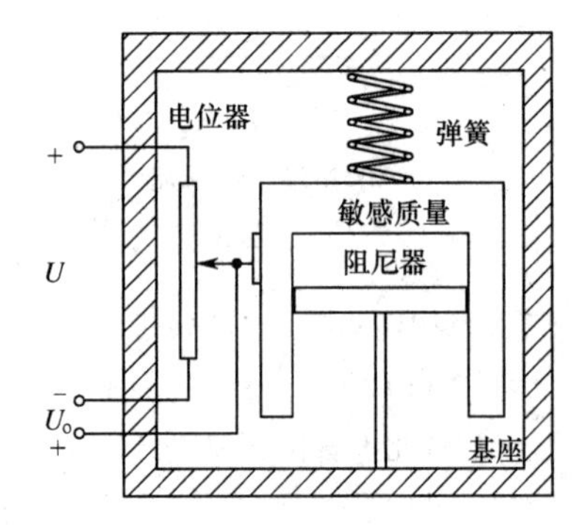

题图 2-19 习题 2-30 的图

第 3 章　电路的暂态分析

引言

在自然界中，各种事物的运动过程通常存在着不同稳态之间的暂态，如图 3-1(a)所示，高铁列车从静止加速到匀速运动的过程，图3-1(b)所示的某型飞机从地面上升到某一高度匀速飞行的过程，相对于稳态来讲都属于暂态过程。

(a)高铁列车出站

(b)某型飞机起飞

图 3-1　暂态过程

在电路中，同样存在着暂态过程，又称为暂态。前面各章讨论的线性电路中，当电源(激励)电压为恒定值时，电路中各部分电压或电流(响应)也是恒定的，电路的这种工作状态称为稳定状态，简称稳态。当电路中含有储能元件时，电路从一个稳态过渡到另一个稳态会出现暂态过程，简称暂态。暂态电路被广泛应用在航空军事、生产生活等各个领域。如飞机电路中，可以用来实现延时控制，以及通信信号特殊波形产生等，但在电力系统中，暂态过程的出现可能产生比稳定状态大得多的过电压或过电流，若不采取一定的保护措施，则会损坏电气设备，引起不良后果。因此研究电路的暂态过程，目的在于掌握规律以便在实际应用中用其“利”，克其“弊”。

学习目标：

1. 掌握换路定则及暂态过程初始值的确定方法；
2. 了解一阶电路的零输入响应、零状态响应和全响应的分析方法；
3. 明确一阶电路的暂态响应与时间常数的关系；
4. 熟悉微分电路和积分电路的工作原理；
5. 熟练掌握三要素法求解一阶电路的方法。

3.1　储 能 元 件

根据元件储存能量(电场能和磁场能)形式的不同，储能元件分为电容元件和电感元件。

3.1.1　电容元件

电容是储存电场能量的元件。电容的基本结构由两个平行的金属极板中间加绝缘介质组成。电容器的种类繁多，结构、材质、用途各异，广泛地应用在电子、通信、计算机和电力系统、飞机仪表设备等许多领域，图 3-2 所示为常见电容。

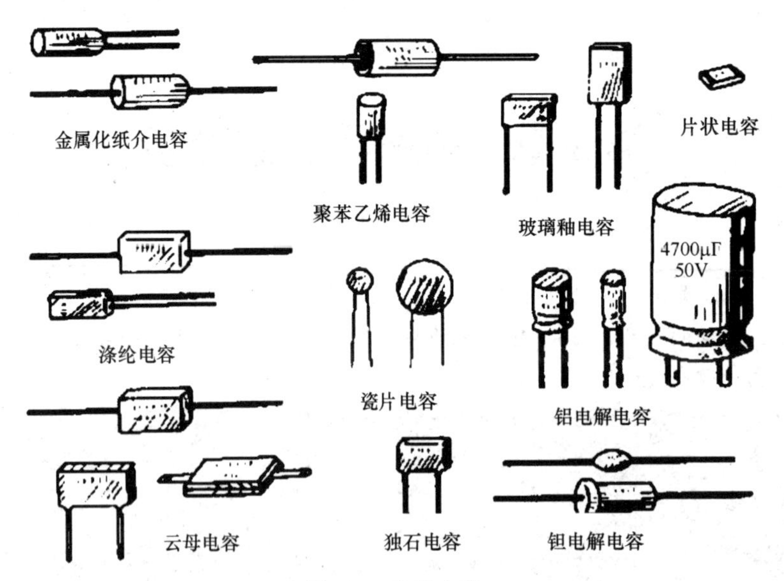

图 3-2　常见电容

电容的电路符号如图 3-3 所示。在电容的两端加电压 u，两个极板上聚集的电荷量 q 与电容两端电压 u 之比为电容，用 C 表示，即

$$C=\frac{q}{u} \tag{3-1}$$

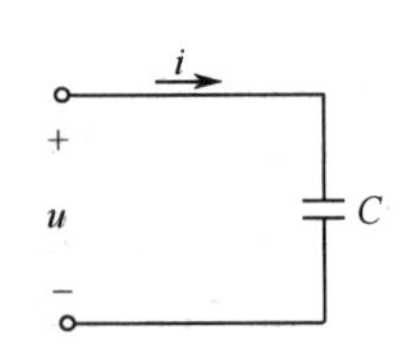

图 3-3　电容的电路符号

上式中电容 C 为常数，即 q 与电压 u 成线性关系，满足此条件的电容为线性元件。本书只讨论线性电容。

在国际单位制中，电容的单位为法拉(F)，常用微法(μF)或皮法(pF)作单位。它们的换算关系为

$$1\mu\text{F}=10^{-6}\text{F}, \qquad 1\text{pF}=10^{-12}\text{F}$$

1．电容电压与电流的关系

在电压、电流为关联参考方向时，有

$$i=\frac{\mathrm{d}q}{\mathrm{d}t} \tag{3-2}$$

将式(3-1)代入可得

$$i=C\frac{\mathrm{d}u}{\mathrm{d}t} \tag{3-3}$$

从电压与电流的关系可以看出：

① 任何时刻线性电容的电流与该时刻电压的变化率成正比。电压变化得越快，变化率越大，电流就越大，如果电压不变，即加上直流电压，则电流 $i=0$，电容相当于开路。所以，电容具有“隔直流、通交流”的作用。

② 在实际电路中，通过电容的电流 i 总为有限值，这意味着电压的变化率为有限值，那么，电容两端的电压 u 必定是时间 t 的连续函数，所以电容两端电压是不能跃变的。

当电容的电压和电流为非关联参考方向时，电容电压与电流的关系为

$$i=-C\frac{\mathrm{d}u}{\mathrm{d}t} \tag{3-4}$$

2．电容的储能特性

某型飞机高能点火电路如图 3-4 所示，U 为电源电压，BH 为电压变换器，D 为二极管，BDZ 为电咀，点火电路中关键的元件就是电容，电容将内部所储存的电场能量通过电咀放电产生火花，从而使发动机点火。

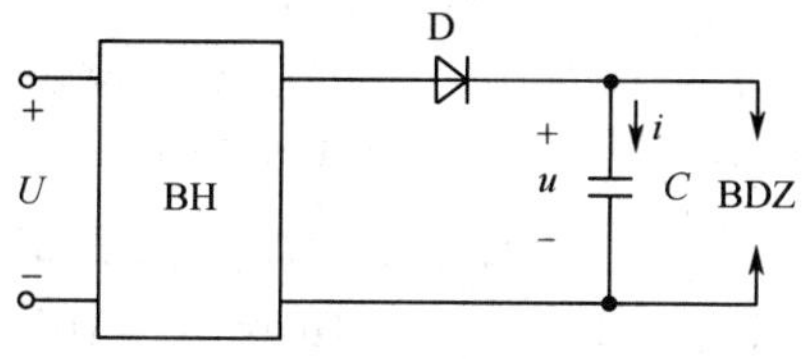

图 3-4　某型飞机高能点火电路

电容储存的能量为

$$
\begin{aligned}
W &= \int_{-\infty}^{t} p\mathrm{d}\xi = \int_{-\infty}^{t} ui\mathrm{d}\xi = \int_{-\infty}^{t} Cu\frac{\mathrm{d}u}{\mathrm{d}\xi}\mathrm{d}\xi = C\int_{u(-\infty)}^{u(t)} u\mathrm{d}u \\
&= \frac{1}{2}Cu^2(t) - \frac{1}{2}Cu^2(-\infty)
\end{aligned}
\tag{3-5}
$$

式中，u 和 i 为电容的端电压和流过的电流。图 3-4 中所示的电流 i 方向为电容充电时的方向，放电时则正好相反。一般认为 $u(-\infty)=0$，得电容的能量为

$$
W = \frac{1}{2}Cu^2(t) \tag{3-6}
$$

电容电压反映了电容的储能状态，不管电容上的电压是正值还是负值，电容所储存的能量一定大于或等于零。式(3-5)表明，当电容电压升高时，说明电容储存的电场能量增加，称为“电容充电”；当电容电压降低时，电场能量减小，释放充电时存储的能量，称为“电容放电”。由于理想电容只储存或释放电场能量而不消耗能量，因此称电容为储能元件。

3.1.2　电感元件

电感是储存磁场能量的元件。在发电机、变压器和电动机中，电感线圈扮演着极其重要的角色，同时在通信(如收音机、电视机等)、控制(如继电器、飞机点火电路等)等许多领域都有着重要的用途。常用电感如图 3-5 所示。

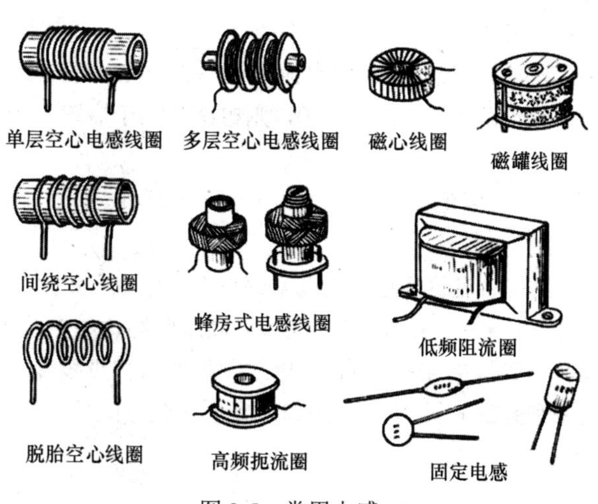

图 3-5　常用电感

如图 3-6(a)所示为电感(线圈)结构示意图，由电磁感应定律可知，当线圈中有电流 i 流过时，产生磁通 Φ，若线圈的匝数为 N，则穿过线圈各匝的总磁通量为 $\psi = N\Phi$，ψ 称为线圈的磁通链。磁通的参考方向与电流的参考方向应满足右手螺旋定则，在此规定下，磁通链与电流的比值为

$$L = \frac{\psi}{i} \tag{3-7}$$

L 为一正数，称为线圈的电感，或称为自感，电感的大小反映了线圈通电以后产生磁通链能力的强弱。电感的电路符号如图 3-6(b)所示。在国际单位制中，磁通 Φ 和磁通链 ψ 的单位是韦伯(Wb)，电感 L 的单位是亨利(H)，此外，还有毫亨(mH)、微亨(μH)，它们之间的关系是

$$1\text{mH}=10^{-3}\text{H}, \qquad 1\mu\text{H}=10^{-3}\text{mH}$$

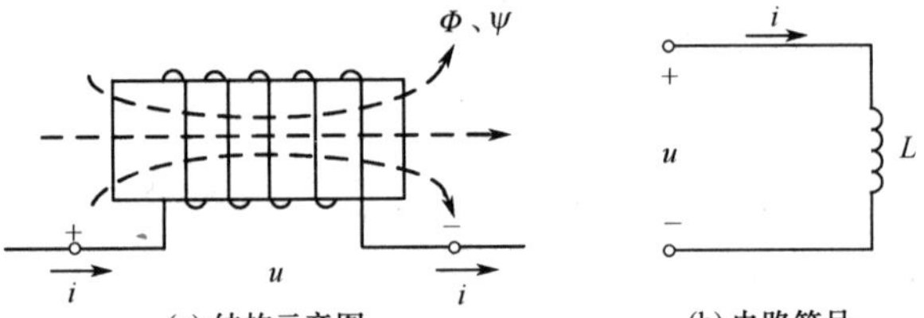

(a) 结构示意图　　(b) 电路符号

图 3-6　电感结构示意图及电路符号

1. 电感电压与电流关系

在图 3-6(a)中，当电感中通有随时间变化的电流 i 时，穿过线圈的磁通也要随时间变化，这时在这个线圈中产生感应电压，由电磁感应定律可知其大小为

$$|u| = \left|\frac{\mathrm{d}\psi}{\mathrm{d}t}\right|$$

为了将电感中产生的感应电压的大小和方向用一个公式来统一表达，规定感应电压的参考方向与产生磁通的电流的参考方向为关联参考方向(见图 3-6)，感应电压可表示为

$$u = \frac{\mathrm{d}\psi}{\mathrm{d}t} \tag{3-8}$$

将式(3-7)代入得

$$u = L\frac{\mathrm{d}i}{\mathrm{d}t} \tag{3-9}$$

从电压与电流的关系可以看出：

① 任何时刻，电感两端的电压与该时刻的电流变化率成正比，电流变化率越大，感应电压就越大。若电流不变化，即在直流电路中，电压 $u=0$，则电感相当于短路。因此，电感具有“通低频、阻高频”的作用。

② 由于电感两端的电压为有限值，故电感中的电流不能跃变。

2. 电感的储能特性

飞机电感式点火系统就是利用电感储存磁场能量的特性使电咀产生火花的，其原理电路如图 3-7 所示，系统输入的是直流低压，经电感线圈将其变换为高压脉冲，使电咀上产生火花放电，而火花能量就是由电感线圈中储存的磁场能转换来的。电感线圈主要由初级线圈、铁心及电磁断续器组成。电磁断续器包括触点、衔铁和弹簧片。电容 C 的作用是削弱触点间的电弧。

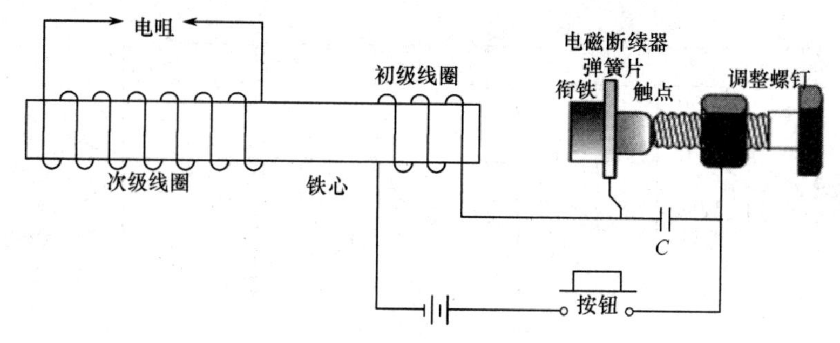

图 3-7　飞机电感式点火系统

电感从 $-\infty$ 到 t 时间内吸收的能量为

$$
\begin{aligned}
W &= \int_{-\infty}^{t} p\mathrm{d}\xi = ui\mathrm{d}\xi = \int_{-\infty}^{t} Li\frac{\mathrm{d}i}{\mathrm{d}\xi}\mathrm{d}\xi = L\int_{i(-\infty)}^{i(t)} i\mathrm{d}i \\
&= \frac{1}{2}Li^2(t) - \frac{1}{2}Li^2(-\infty)
\end{aligned} \tag{3-10}
$$

一般认为 $i(-\infty)=0$，得电感的储能为

$$
W = \frac{1}{2}Li^2(t) \tag{3-11}
$$

式(3-11)表明，无论 i 是正值还是负值，电感所储存的能量一定大于或等于零。当 i 增大时，电感吸收能量，磁场能上升；当 i 减小时，电感释放磁场能，储能下降；当 $i = 0$ 时，储能为零。可见，线性电感不产生能量，也不消耗能量，而是以磁场能的形式储存在电感线圈形成的磁场中，因此，称电感为储能元件。

3.2　暂态过程与换路定则

3.2.1　暂态过程

在日常生活中，经常会遇到应用暂态过程工作的电路。比如家用电冰箱在断电后 5min 内又恢复通电的情况，这时电冰箱压缩机会因系统内压力过大而出现启动困难，严重时会烧毁压缩机，影响电冰箱的使用寿命，而电冰箱延时保护电路能在恢复供电时自动延时 5～8min 再接通电源，以达到保护压缩机的目的。

图 3-8(a)为电冰箱延时保护电路原理图，图 3-8(b)为电冰箱延时保护电路的等效电路，RC 串联电路组成延时启动电路。

RC 电路的输入端接 12V 直流电源，输出端接电路系统。当通电时，从 RC 电路的输入电压 u_{i} 和输出电压 u_{C} 的波形中看到，u_{i} 从 0V 瞬间上升到 12V，而 u_{C} 则从 0V 缓慢上升到 12V，输出电压 u_{C} 在时间上相对于输入电压 u_{i} 出现了延时，实现了电路系统的延时启动。改变 R 的数值，可改变延时通电的时间。

一般来说，电路由一个稳态向另一个稳态的变化过程称为暂态过程。由于电路的暂态过程暂时存在，因此简称暂态。

电路产生暂态过程的因素为：

① 外因——电路的接通或断开、电路参数或电源的变化、电路的改接等，这些能引起电路暂态过程的所有外因统称为换路。

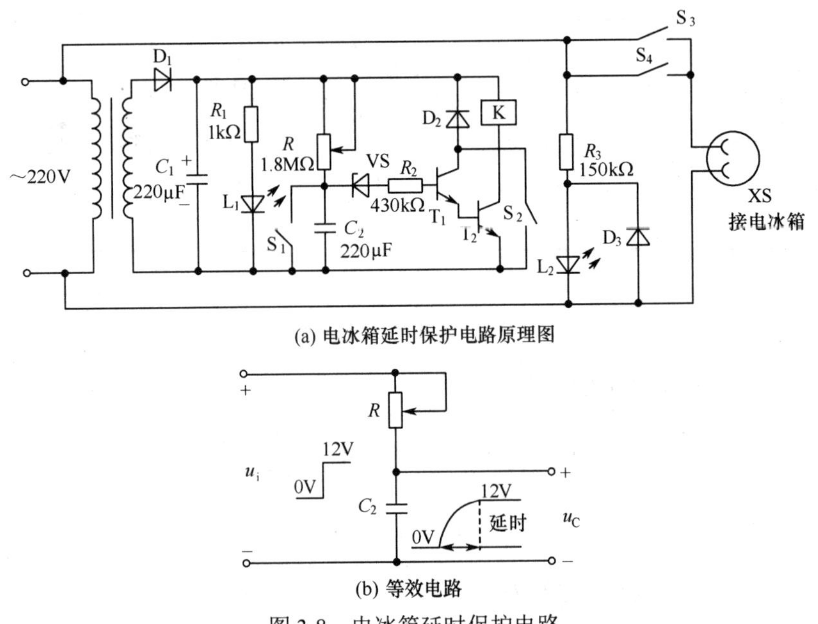

图 3-8　电冰箱延时保护电路

② 内因——电路中含有储能元件电感或电容。

因为能量的储存和释放不是一瞬间完成的，所以储能元件的能量在换路时是不能跃变的，这是电路产生暂态过程的根本原因。

3.2.2　换路定则

要对暂态过程进行分析，首先需要确定的就是暂态过程的初值，确定初值的重要依据就是换路定则。

电容的能量与其电压有关，电感的能量与其电流有关，而能量是不能跃变的，也就是说，电容上的电压 u_C 不能跃变，电感中的电流 i_L 也不能跃变。

为便于分析，通常认为换路是在瞬间完成的。设 $t=0$ 为换路瞬间，用 $t=0_-$ 表示换路前的终了瞬间，$t=0_+$ 表示换路后的初始瞬间。0_- 和 0_+ 在数值上都等于 0，但两者的含义不同。从 $t=0_-$ 到 $t=0_+$，电容上的电压和电感上的电流不能跃变，这称为换路定则，可表示为

$$u_C(0_+)=u_C(0_-)\text{，}\quad i_L(0_+)=i_L(0_-) \tag{3-12}$$

换路定则说明：在换路前后，电容电压 u_C 和电感电流 i_L 在 0_+ 时刻的值等于 0_- 时刻的值，其值具有连续性。需要注意的是，换路定则只揭示了换路前后电容电压 u_C 和电感电流 i_L 不能发生突变的规律，对于电路中的其他电压、电流，包括电容电流 i_C 和电感电压 u_L，在换路瞬间都是可以突变的。

3.2.3　暂态过程初始值的计算

根据换路定则对时间 t 的表示规定，将 $t=0_+$ 时刻的电压、电流值称为暂态过程的初始值，用 $f(0_+)$ 表示。初始值可按以下步骤确定：

① 先求 $t=0_-$ 时刻的 $u_C(0_-)$ 或 $i_L(0_-)$（这一步要用 $t=0_-$ 时刻的等效电路进行求解，此时电路尚处于稳态，若电路为直流电源激励，则电容开路、电感短路）。

② 根据换路定则确定 $u_C(0_+)$ 或 $i_L(0_+)$。

③ 以 $u_C(0_+)$ 或 $i_L(0_+)$ 为依据，应用欧姆定律、基尔霍夫定律和直流电路的分析方法确定电路中

其他电压、电流的初始值(这一步要用$t=0_+$时刻的等效电路进行求解，此时，电容等效为电压值为$u_C(0_+)$的电压源，电感等效为电流值为$i_L(0_+)$的电流源)。

【例 3-1】 在图 3-9 中，已知$E=20\text{V}$，$R_0=30\Omega$，$R_1=20\Omega$，$R_2=40\Omega$。开关 S 闭合前电路已处于稳态，求S 闭合后各电压和电流的初始值。

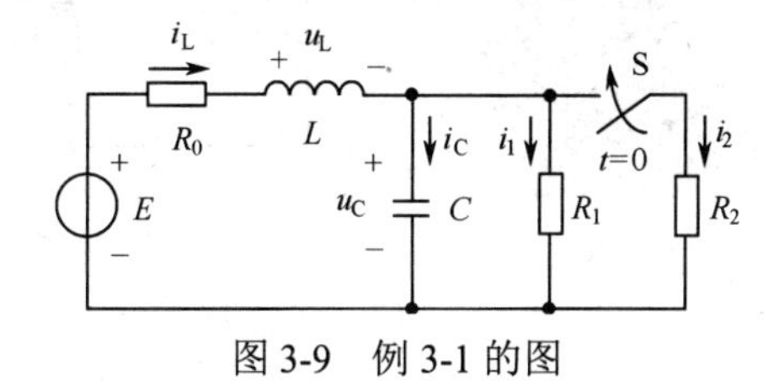

图 3-9 例 3-1 的图

解 $t=0_-$时为直流电路，电感相当于短路，电容相当于开路，于是得等效电路如图 3-10(a)所示。由图可得

$$i_L(0_-)=\frac{E}{R_0+R_1}=\frac{20}{30+20}=0.4\text{A}$$

$$u_C(0_-)=R_1 i_L(0_-)=20\times0.4=8\text{V}$$

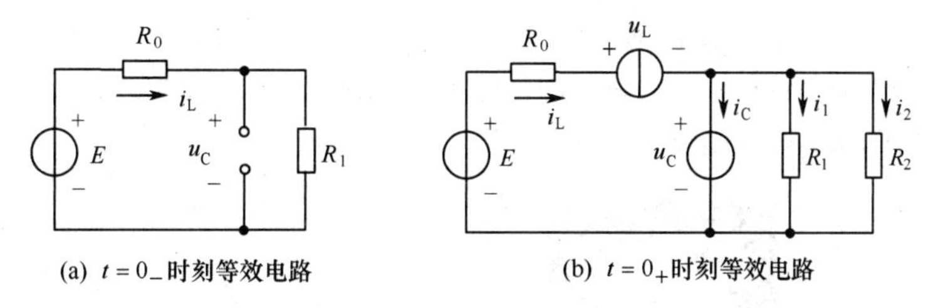

图 3-10 例 3-1 的等效电路图

根据换路定则

$$i_L(0_+)=i_L(0_-)=0.4\text{A}$$

$$u_C(0_+)=u_C(0_-)=8\text{V}$$

求其他初始值时，可画出$t=0_+$时的等效电路，如图 3-10(b)所示，由图可得

$$u_L(0_+)=E-R_0 i_L(0_+)-u_C(0_+)=20-30\times0.4-8=0\text{V}$$

$$i_1(0_+)=\frac{u_C(0_+)}{R_1}=\frac{8}{20}=0.4\text{A}$$

$$i_2(0_+)=\frac{u_C(0_+)}{R_2}=\frac{8}{40}=0.2\text{A}$$

$$i_C(0_+)=i_L(0_+)-i_1(0_+)-i_2(0_+)=0.4-0.4-0.2=-0.2\text{A}$$

换路前后，电容上的电流和电感上的电压以及电阻上的电压、电流是可以跃变的。

3.3 RC 电路的响应

只含有一个电容或可等效为一个电容的线性电路，不论是简单的还是复杂的，都可以利用戴维南定理等效为最简的 RC 电路。RC 电路的结构虽然简单，在生产生活和军事领域却有着广泛的应用。闪光灯就是利用 RC 电路的暂态响应原理进行工作的。

如图 3-11(b)所示为闪光灯等效电路，它由直流电源 U_S、限流电阻 R_1 和闪光灯等效电阻 R_2 及其并联的电容 C 组成。

(a) 带闪光灯的照相机

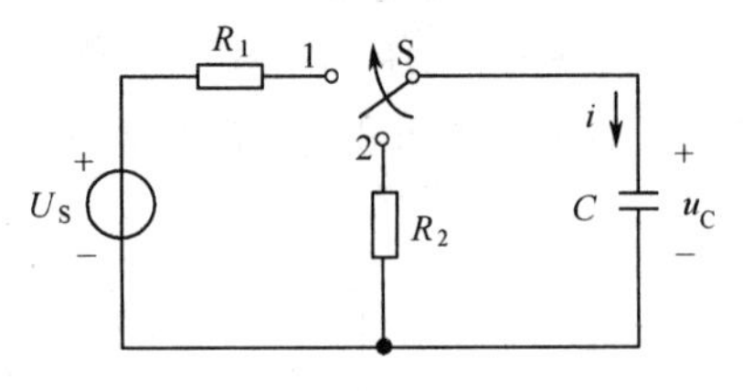

(b) 闪光灯等效电路

图 3-11　闪光灯电路

假设电容上已充有电压 $u_C(0_-)=U_0$，当按下照相机快门时，相当于开关从 1 合向 2，此时电容通过电容放电，这一过程可看作零输入响应；在闪光灯闪烁过后，电容放电完毕，电源马上开始对电容充电，这相当于开关从 2 合向 1，这一过程可看作零状态响应。下面分别对这两种响应展开定量分析。

3.3.1　RC 电路的零输入响应

RC 电路的零输入响应：指无外加激励，即输入信号为零，仅由储能元件的初始储能 $u_C(0_+)$ 所产生的响应。其实质就是 RC 电路的放电过程。

如图 3-12 所示为闪光灯放电等效电路图。此处 R 为放电电阻，即图 3-11 中的闪光灯等效电阻 R_2，根据换路定则，$u_C(0_+)=u_C(0_-)=U_0$。

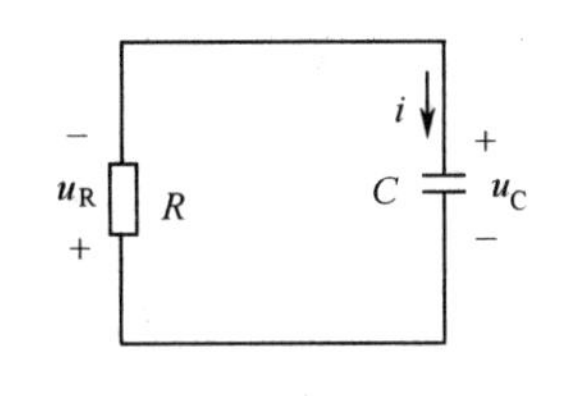

图 3-12　闪光灯放电等效电路图

1．电容电压 u_C 的变化规律

利用 KVL 列出换路后 $t \geqslant 0$ 的电路方程为

$$u_R + u_C = 0$$

将 $u_R = iR$，$i = C\dfrac{du_C}{dt}$ 代入上式得

$$RC\frac{du_C}{dt} + u_C = 0 \tag{3-13}$$

上式是一阶线性常系数齐次微分方程，其通解为

$$u_C = Ae^{pt}$$

代入式(3-13)并消去公因子 Ae^{pt}，便得出该微分方程的特征方程

$$RCp + 1 = 0$$

其根为

$$p = -\frac{1}{RC}$$

于是式(3-13)的通解为

$$u_C = Ae^{-\frac{1}{RC}t} \tag{3-14}$$

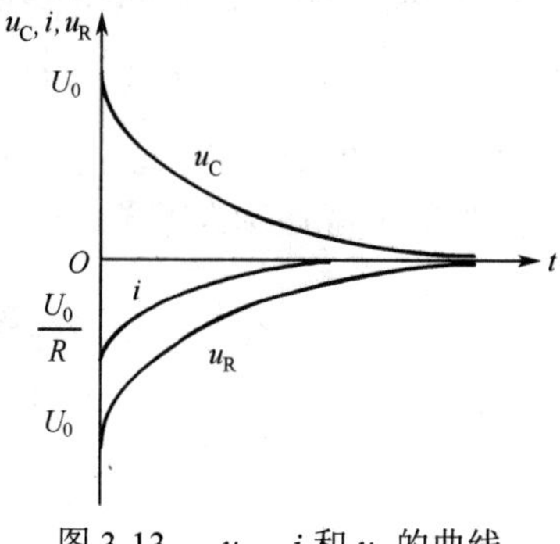

图 3-13　u_C、i 和 u_R 的曲线

由初始值确定积分常数 A。根据换路定则，$u_C(0_+)=u_C(0_-)=U_0$，代入上式得 $u_C(0_+)=A$，因此可确定积分常数 $A=U_0$，则电容电压 u_C 的变化规律为

$$u_C(t)=U_0e^{-\frac{1}{RC}t} \tag{3-15}$$

$u_C(t)$ 随时间的变化曲线如图 3-13 所示，它按指数规律从初始值 U_0 衰减到零，电路达到新的稳态。

2．电流 i 及电阻电压 u_R 的变化规律

以 u_C 为依据，可求出换路后其他电压、电流的变化规律。

放电电流为

$$i=C\frac{du_C}{dt}=-\frac{U_0}{R}e^{-\frac{t}{RC}} \tag{3-16}$$

根据式(3-16)，电阻电压为

$$u_R=Ri=-U_0e^{-\frac{t}{RC}} \tag{3-17}$$

如图 3-13 所示，换路后电路中的电压、电流都是按照指数规律变化的。

3．时间常数

式(3-15)中，$\tau=RC$ 称为 RC 电路的时间常数，具有时间的量纲(s)，它反映了电路暂态过程变化的快慢。τ 越大，暂态过程进行得越慢；反之，τ 越小，暂态过程进行得越快。由表达式 $\tau=RC$ 可以看出，RC 电路的时间常数由电路的参数 R 和 C 决定，R 是指换路后电容两端的等效电阻。当 R 越大时，电路中放电电流越小，放电时间就越长，暂态过程进行得就越慢；当 C 越大时，电容储存的电场能量越多，放电时间也就越长。下面以电容电压 u_C 为例说明时间常数 τ 的物理意义。

在式(3-15)中，分别取 $t=\tau,2\tau,3\tau,\cdots$，求出对应的 u_C 值如表 3-1 所示。

表 3-1　不同时刻对应的 u_C 值

t	0	τ	2τ	3τ	4τ	5τ	∞
$u_C(t)$	U_0	$0.368U_0$	$0.135U_0$	$0.050U_0$	$0.018U_0$	$0.007U_0$	0

从表 3-1 可以看出：

① 当 $t=\tau$ 时，$u_C=U_0e^{-1}=0.368U_0$，可见时间常数 τ 等于电压 u_C 衰减到初始值 U_0 的 36.8% 所需的时间。

② 理论上只有当 $t=\infty$ 时电路才能达到稳定，但是当 $t=3\tau$ 和 $t=5\tau$ 时，电容电压 $u_C(3\tau)=0.05U_0$ 和 $u_C(5\tau)=0.007U_0$，已经很小，所以工程上一般认为经历 $3\tau\sim5\tau$ 的时间后，暂态过程结束，电路进入新的稳态。

需要指出的是，在大多数电子设备中，RC 电路的时间常数 τ 很小，放电过程不过几十毫秒甚至几微秒。闪光灯就是利用了时间常数短的特点，瞬间产生强电流，发出强烈的闪光。但在电力系统中，高压电力电容放电时间比较长，可达几十分钟，因此，检修具有大电容的高压设备时，一定要让电容充分放电以保证安全。

3.3.2 RC 电路的零状态响应

RC电路的零状态响应：指储能元件的初始状态 $u_C(0_+)$ 为零，只由外加激励所产生的响应。其实质就是 RC 电路的充电过程。

如图 3-14 所示为闪光灯充电等效电路图。此处 R 为充电电阻，即图 3-11 中的限流电阻 R_1。

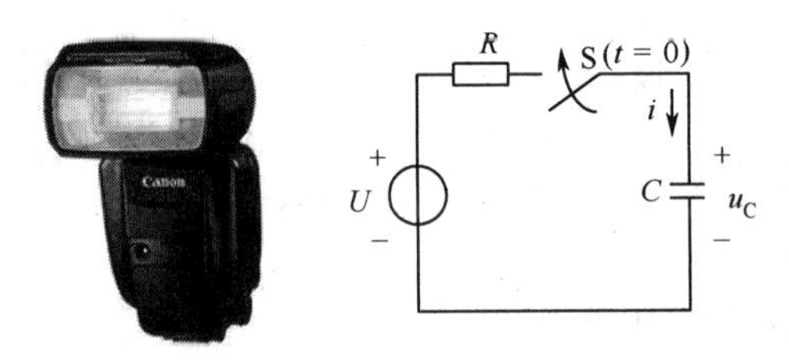

图 3-14　闪光灯充电等效电路图

1．电容电压 u_C 的变化规律

图 3-14 所示为图 3-11(b)中开关从 1 合到 2 时的电路，换路前 C 无储能。在 t=0 时将开关 S 闭合，于是电源对电容充电。

t≥0 时电路的电压方程为

$$RC\frac{\mathrm{d}u_C}{\mathrm{d}t}+u_C=U \tag{3-18}$$

上式是一阶线性常系数非齐次微分方程。此方程的通解由两部分组成：特解 u_C' 和补函数 u_C''。特解是满足原方程的任意一个解，令 $u_C'=K$，代入上式得 U=K，因而可求得特解为

$$u_C'=U$$

补函数是原方程所对应的齐次方程的通解，即 u_C'' 应满足

$$RC\frac{\mathrm{d}u_C'}{\mathrm{d}t}+u_C''=0$$

在前面分析零输入响应时已知此方程的通解为

$$u_C''=A\mathrm{e}^{-\frac{t}{RC}}=A\mathrm{e}^{-\frac{t}{\tau}}$$

所以式(3-18)的通解为

$$u_C=u_C'+u_C''=U+A\mathrm{e}^{-\frac{t}{\tau}} \tag{3-19}$$

由换路定则，$u_C(0_+)=u_C(0_-)=0$，代入上式可确定积分常数 A=−U。最后可得电容两端电压

$$u_C=U-U\mathrm{e}^{-\frac{t}{\tau}}=U(1-\mathrm{e}^{-\frac{t}{\tau}}) \tag{3-20}$$

2．电流 i 及电阻电压 u_R 的变化规律

t≥0 时的充电电流和 R 上的电压为

$$i=C\frac{\mathrm{d}u_C}{\mathrm{d}t}=\frac{U}{R}\mathrm{e}^{-\frac{t}{\tau}} \tag{3-21}$$

$$u_R=Ri=U\mathrm{e}^{-\frac{t}{\tau}} \tag{3-22}$$

u_C、i 和 u_R 随时间的变化曲线如图 3-15 所示。

3．时间常数

u_C 由初始值零按指数规律上升，电容的端电压由零逐渐趋于稳态值 U。

当$t=\tau$时，有

$$u_C = U(1-e^{-1}) = 0.632U$$

所以，时间常数τ等于u_C上升到稳态值U的63.2%所需的时间。

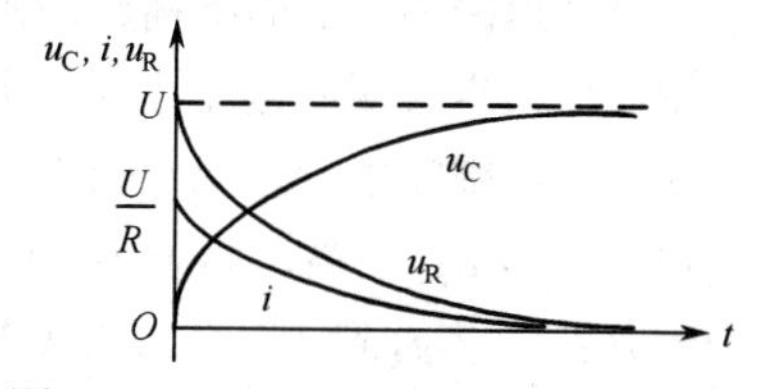

图 3-15 u_C, i 和 u_R 随时间的变化曲线

在图 3-11(b)中，开关处于位置 1 时，由于R_1是限流电阻，通常很大，所以时间常数$\tau_充 = R_1C$很大，电容充电缓慢。而其电流逐渐由$I_1 = U_S / R_1$下降到零，充电时间近似地为

$$t_充 = 5R_1C$$

当开关 S 由 1 切换到 2 时，电容通过R_2放电，闪光灯等效电阻R_2很小，使该电路在短时间内产生很大的电流，使闪光灯闪亮，其峰值电流$I_2 = U_S / R_2$，放电时间常数为$\tau_放 = R_2C$。

图 3-11 所示的简单 RC 电路能产生短时间的大电流，这一类电路还可用于电子枪、电子点焊机和雷达放射管等装置中，其工作原理是相同的。

3.3.3 RC 电路的全响应

理论上来讲，经过$t=\infty$的时间，电容才会放电结束，一般对此极少剩余电量可忽略不计，因此把闪光灯电容的充电过程看成零状态响应，但若剩余电量不能忽略，则称为全响应。

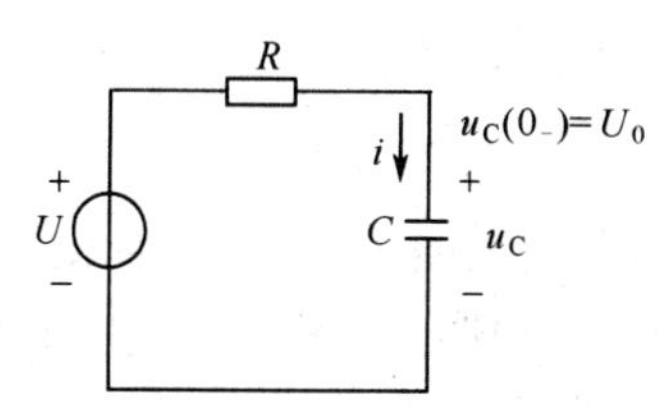

图 3-16 RC 全响应等效电路

全响应：指既存在电源激励，又有初始储能(即电容的初始电压$u_C(0_-)$不为零)时的电路响应。

图 3-16 为 RC 全响应等效电路，$u_C(0_-) = U_0$。其电路形式与图 3-14 相同，因此$t \geqslant 0$时电路的微分方程与式(3-18)相同，其通解也是

$$u_C = u'_C + u''_C = U + Ae^{-\frac{t}{\tau}}$$

但积分常数A与零状态响应时不同。由于$u_C(0_+) = u_C(0_-) = U_0$，则$A = U_0 - U$，所以

$$u_C = U + (U_0 - U)e^{-\frac{t}{\tau}} \tag{3-23}$$

或

$$u_C = U_0e^{-\frac{t}{\tau}} + U(1-e^{-\frac{t}{\tau}}) \tag{3-24}$$

显然，式(3-24)右边第一项即为式(3-15)，是零输入响应；第二项即为式(3-20)，是零状态响应。可见，全响应是零输入响应和零状态响应之和，这体现了线性电路的叠加性。如果将$u_C(0_+)$看作电压源，这正是叠加原理。式(3-23)表示了响应的另一种分解方法。其中第一项是电路到达稳态时的值，称为稳态分量，它与电源电压U有关；第二项仅存在于暂态过程中，称为暂态分量。因此全响应也可表示为稳态分量与暂态分量之和。

3.4 RL 电路的响应

只含有一个电感或可等效为一个电感的线性电路，不论是简单的还是复杂的，都可以等效为最简的 RL 电路。与 RC 电路一样，RL 电路的结构虽然简单，在生产生活和军事领域却有着广泛的应用。在飞机电气系统中广泛应用的航空电磁继电器，基本原理就是 RL 电路的暂态响应。如图 3-17(a)

所示为航空电磁继电器的结构原理图，在给线圈通电后，衔铁、线圈等及工作气隙所组成的磁路内就产生磁通，当线圈内电流达到一定值时，电磁吸力克服恢复弹簧的反力，使常闭触点断开，常开触点闭合。线圈断电后，电磁吸力消失，触点恢复到原来的状态。对于其电磁过程的分析，可以将其电路等效为 RL 电路，如图 3-17(b)所示。通过电信号来控制触点的开合，当信号电压不为零时，相当于开关由 2 合到 1，电源向线圈充电，当电流达到一定值时，产生的磁力克服弹簧反力，触点断开，这一过程可看作零状态响应；当电压信号为零时，相当于开关从 1 合到 2，电感通过 R 放电，电磁吸力消失，触点在弹簧力的作用下回到常闭触点，这一过程可看作零输入响应。下面分别对这两种响应展开定量分析。

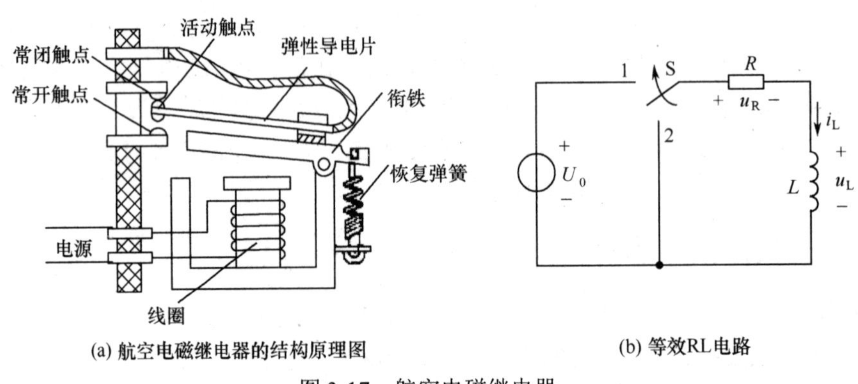

(a) 航空电磁继电器的结构原理图　　(b) 等效RL电路

图 3-17　航空电磁继电器

3.4.1　RL 电路的零输入响应

在航空电磁继电器磁力消失时，外施激励值为零，线圈释放所储存的磁场能量，此时即为 RL 电路的零输入响应。其过程相当于如图 3-17(b)所示，开关原来接在位置 1，电路已经稳定，电感中电流 $i_L(0_-)=I_0$。$t=0$ 时，将开关 S 从 1 合到 2，使电路脱离电源，输入为零。

1．i_L、u_L、u_R 的变化规律

$t\geqslant 0$ 时，电路的方程为

$$u_L + Ri_L = 0$$

而 $u_L = L\frac{di_L}{dt}$，电路的微分方程为

$$L\frac{di_L}{dt} + Ri_L = 0 \tag{3-25}$$

参照式(3-13)的结果，可知其通解为

$$i_L = I_0 e^{-\frac{t}{\tau}} \tag{3-26}$$

式中

$$\tau = \frac{L}{R} \tag{3-27}$$

τ 称为 RL 电路的时间常数。

电感电压和电阻电压的变化规律分别为

$$u_L = L\frac{di_L}{dt} = -RI_0 e^{-\frac{t}{\tau}} \tag{3-28}$$

$$u_R = Ri_L = RI_0 e^{-\frac{t}{\tau}} \tag{3-29}$$

2．i_L、u_L、u_R 的变化曲线

零输入响应时电路中电流和电压随时间变化的曲线如图 3-18 所示。

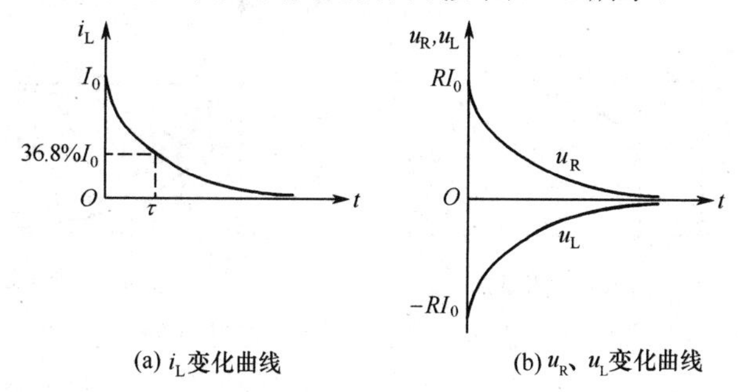

(a) i_L 变化曲线　　(b) u_R、u_L 变化曲线

图 3-18　零输入响应时电路中电流和电压随时间变化的曲线

通过式(3-26)和图 3-18(a)所示的曲线可知，RL 电路的零输入响应 i_L 是一个按指数规律衰减的过程，由此可以得出航空电磁继电器的释放时间(线圈断开电源起至衔铁返回常闭触点)。

由于是线性线圈，磁通 Φ_L 与电流 i 成正比，因此磁通的变化规律也同电流一样，即

$$\Phi_L = \Phi_0 e^{-\frac{t}{\tau}}$$

则电磁继电器释放触动时间为

$$t = \tau \cdot \ln \frac{\Phi_0}{\Phi_L}$$

3.4.2　RL 电路的零状态响应

在航空电磁继电器的吸合过程中，假设线圈已经放电完毕，此时外施激励信号不为零，将对电感线圈充电，产生磁力，此时即为 RL 电路的零状态响应。其过程相当于如图 3-17(b)所示，开关原来接在位置 2，电路已经稳定，电感中电流 $i_L(0_-) = 0$ 。$t = 0$ 时，将开关 S 从 2 合到 1。接通电路后，根据基尔霍夫电压定律，$t \geqslant 0$ 时电路微分方程为

$$L\frac{di_L}{dt} + Ri_L = U \tag{3-30}$$

参照式(3-18)的求解过程和方法，可得式(3-30)的通解为

$$i_L = \frac{U}{R} - \frac{U}{R} e^{-\frac{R}{L}t} = \frac{U}{R}(1 - e^{-\frac{t}{\tau}}) \tag{3-31}$$

令 $I = i(\infty) = \dfrac{U}{R}$，它是线圈的稳定电流，$\tau = \dfrac{L}{R}$ 是线圈的时间常数。当 $i_L = I_1$，$t = t_1$ 时，在不考虑铁心涡流的作用时，可得电磁继电器的吸合触动时间为

$$t_1 = \tau \cdot \ln\left(\frac{I}{I - I_1}\right)$$

由此式可以看出，电磁继电器的吸合触动时间与继电器线圈的时间常数成正比，与 $I/(I - I_1)$ 的自然对数成正比。

根据式(3-31)可得电阻和电感上的电压分别为

$$u_R = Ri_L = U(1 - e^{-\frac{t}{\tau}}) \tag{3-32}$$

$$u_L = L\frac{di_L}{dt} = Ue^{-\frac{t}{\tau}} \tag{3-33}$$

零状态响应时电流和电压随时间变化的曲线如图 3-19 所示。

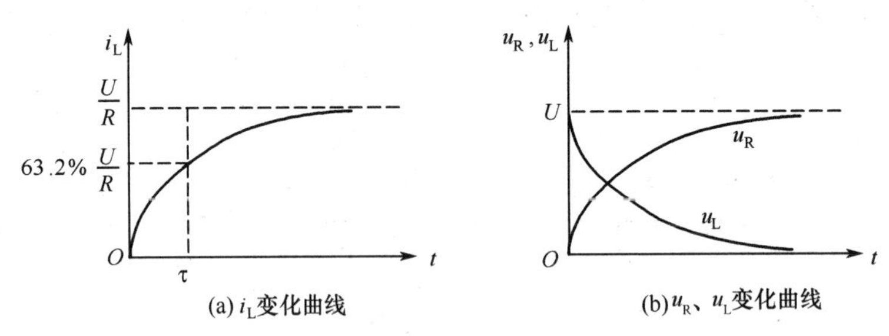

图 3-19 零状态响应时电流和电压随时间变化的曲线

3.4.3 RL 电路的全响应

对于航空电磁继电器的工作过程，若线圈没有放电完毕(电流不为零)，就有外施激励进行充电，则此时为全响应。根据 RC 电路分析所得出的结论，全响应可以看成零输入响应与零状态响应的叠加，则 $t \geqslant 0$ 时，RL 电路的全响应表达式为

$$i_L = I_0 e^{-\frac{R}{L}t} + \frac{U}{R}(1 - e^{-\frac{R}{L}t}) \tag{3-34}$$

还可以写成稳态分量与暂态分量和的形式，即

$$i_L = \frac{U}{R} + \left(I_0 - \frac{U}{R}\right)e^{-\frac{R}{L}t} \tag{3-35}$$

式中，右边第一项为稳态分量，第二项为暂态分量。

3.5 一阶电路的三要素法

前面所讨论的 RC 电路和 RL 电路，是仅含有一个或可等效为一个储能元件的电路，描述其电压、电流的方程是一阶微分方程，故称其为一阶电路。如果所遇到的是一阶电路，即使不是最简形式，也可以把该储能元件以外的电阻电路用戴维南定理进行等效，从而变换为最简 RC 电路或 RL 电路。因此前面的结论具有普遍性，在此基础上，总结出适合所有一阶电路暂态分析的三要素法。

一阶电路的响应由稳态分量和暂态分量两部分组成，写成一般公式，则为

$$f(t) = f'(t) + f''(t) = f(\infty) + Ae^{-\frac{t}{\tau}} \tag{3-36}$$

式中，$f(t)$是待求的电压或电流，$f(\infty)$是稳态分量(即稳态值)，$Ae^{-\frac{t}{\tau}}$是暂态分量。将初始值$f(0_+)$代入上式，可确定积分常数 $A = f(0_+) - f(\infty)$。于是

$$f(t) = f(\infty) + [f(0_+) - f(\infty)]e^{-\frac{t}{\tau}} \tag{3-37}$$

可见，只要求得初始值$f(0_+)$、稳态值$f(\infty)$和时间常数τ这 3 个要素，就可以直接写出电路的响应，这种方法称为三要素法。下面举例说明三要素法的应用。

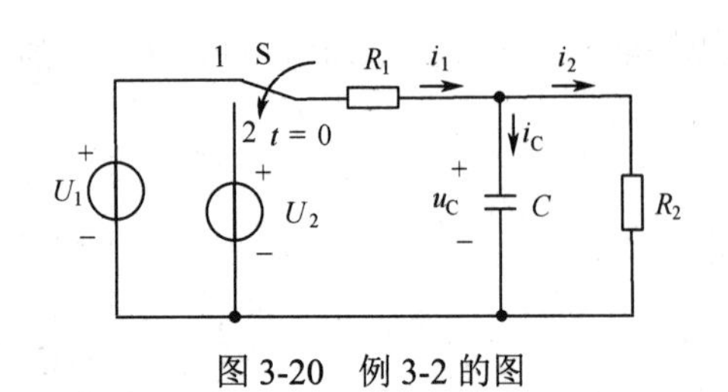

图 3-20 例 3-2 的图

【例 3-2】 在图 3-20 所示电路中，开关长期合在位置 1。t=0 时将开关合到位置 2，求电容电压u_C。已知 $R_1 = 1\text{k}\Omega$，$R_2 = 2\text{k}\Omega$，$C = 3\mu\text{F}$，$U_1 = 3\text{V}$，$U_2 = 5\text{V}$。

解 (1) 求初始值

$$u_C(0_+) = u_C(0_-) = \frac{R_2}{R_1+R_2}U_1 = \frac{2}{1+2}\times 3 = 2\text{V}$$

(2) 求稳态值

$$u_C(\infty) = \frac{R_2}{R_1+R_2}U_2 = \frac{2}{1+2}\times 5 = 3.33\text{V}$$

(3) 求时间常数

$$\tau = RC = \frac{R_1R_2}{R_1+R_2}C = \frac{1\times 2}{1+2}\times 10^3\times 3\times 10^{-6} = 2\times 10^{-3}\text{s}$$

所以

$$u_C = u_C(\infty) + [u_C(0_+) - u_C(\infty)]\text{e}^{-\frac{t}{\tau}}$$
$$= 3.33 + (2-3.33)\text{e}^{-\frac{t}{2\times 10^{-3}}} = 3.33 - 1.33\text{e}^{-500t}\text{V}$$

在求时间常数 $\tau = RC$ 时，R 是等效电阻，为电路换路后从 C 两端向电路看进去(电源不作用)的等效电阻。

【例 3-3】 图 3-21 所示为汽车自动点火装置及其等效电路，其中，RL 电路为点火线圈的等效电路，R_L 为火花塞的等效电阻。若 $R_L = 20\text{k}\Omega$，L=4H，$R = 5\Omega$，汽车电池的直流电压 $U_S = 10\text{V}$，$t = 0$ 时断开开关 S。

试求：(1)t≥0 时的 u_{R_L}；(2)说明汽车点火原理。

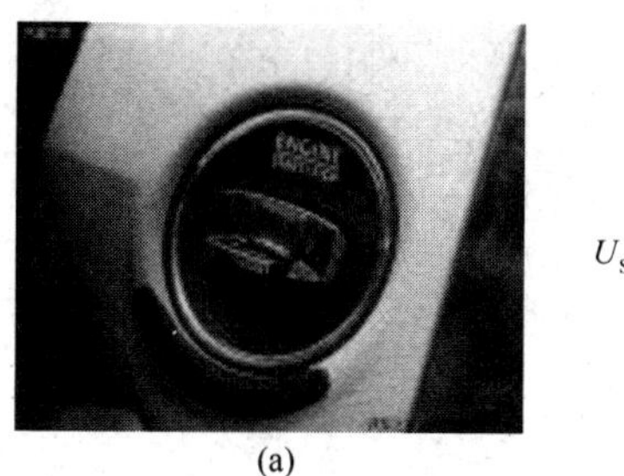

(a)

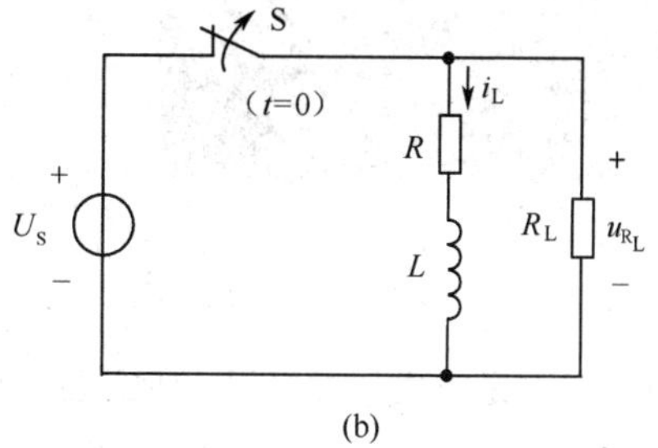

(b)

图 3-21 汽车自动点火装置及其等效电路

解 (1) $t < 0$ 时，电路处于直流稳态，电感相当于短路，故

$$i_L(0_-) = \frac{10}{5} = 2\text{A}$$

由换路定则有

$$i_L(0_+) = i_L(0_-) = 2\text{A}$$

换路后 $R_L >> R$，等效电阻为 $R_0 = R + R_L \approx R_L = 20\text{k}\Omega$

时间常数 $\tau = \frac{L}{R_0} = \frac{4}{20\times 10^3}\text{s} = 2\times 10^{-4}\text{s}$

$$i_L(\infty) = 0\text{A}$$

$$i_L(t) = 2\text{e}^{-5\times 10^3 t}\text{A}$$

$$u_{R_L}(t) = -R_L i_L(t) = -40\text{e}^{-5\times 10^3 t}\text{kV}$$

(2) 当 $t=0$ 时，$u_{R_L}(0)=-40\text{kV}$。可见，当点火线圈在 t=0 断开时，根据换路瞬间电感电流不能突变的特点，在很短的时间内产生很大的感应电动势加在两个电极间，从而产生火花点燃发动机。

从上例分析可见，电感线圈的直流电源断开时，火花塞两端会产生很高的电压，从而出现火花甚至电弧，如果电路不是以点火为目的设计的，轻则损坏开关设备，重则引起火灾，因此工程上都采用一些保护措施，常用的方法是在线圈两端并联续流二极管或接入阻容吸收电路，如图 3-22 所示。

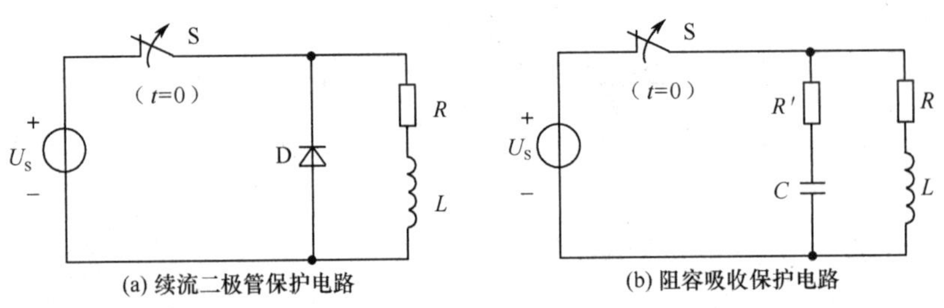

(a) 续流二极管保护电路　　(b) 阻容吸收保护电路

图 3-22　RL 电路切断电源时的保护电路

【例 3-4】　图 3-23 所示为测子弹速度的电路原理图，测速时电路处于稳态，已知 $U=100\text{V}$，$R=50\text{k}\Omega$，$C=0.2\mu\text{F}$，$l=3\text{m}$，子弹先撞开开关 S_1，经距离 l 后又撞开开关 S_2，同时将 S_3 关闭，此时电荷测定计 G 测得电容 C 上面的电荷为 $Q_1=7.65\mu\text{C}$，试求子弹的速度 v。

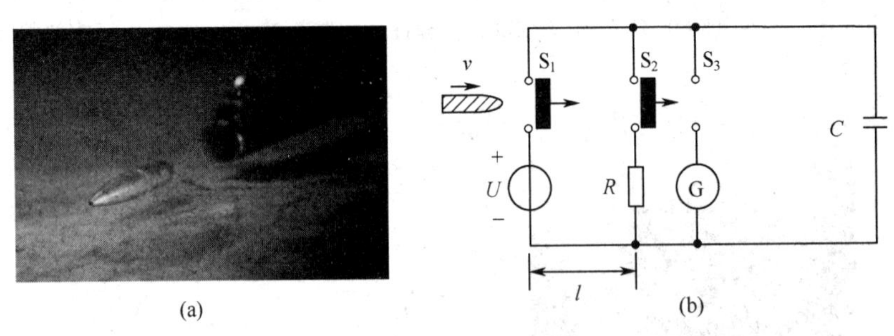

(a)　　(b)

图 3-23　例 3-4 的图

解　求速度 v 的关键是求出子弹经过 l 所需要的时间 t_1。设子弹撞开 S_1 的瞬间为 t=0，可以看出

$$u_C(0_+)=u_C(0_-)=U=100\text{V}$$

S_1 断开后，C 开始经过 R 放电，且 $u_C(\infty)=0$，$\tau=RC=10\text{ms}$，所以

$$u_C(t)=100\text{e}^{-10^2 t}\text{V}$$

当 $t=t_1$ 时，S_2 断开的同时 S_3 闭合，此时，电容的端电压为

$$u_C(t_1)=100\text{e}^{-10^2 t_1}\text{V}$$

电容 C 上的电荷量为

$$Q(t_1)=Cu_C(t_1)=0.2\times10^{-6}\times100\text{e}^{-10^2 t_1}=7.65\times10^{-6}\text{C}$$

解出

$$t_1=9.61\text{ms}$$

于是，子弹速度为

$$v=\frac{l}{t_1}\approx312.2\text{m/s}$$

3.6 微分电路和积分电路

前面几节中详细介绍了一阶电路的零输入响应、零状态响应和全响应的分析方法，本节介绍由RC电路组成的微分电路和积分电路。所谓微分电路和积分电路，是指在特定的条件下，电路的输出与输入之间近似为微分关系和积分关系，实质上是RC充放电电路。微分电路和积分电路在工程上应用广泛，可将输入脉冲转换为三角波、锯齿波、尖脉冲等。

3.6.1 微分电路

图3-24所示的RC电路，输入电压u_1是幅度为U、宽度为t_P的矩形脉冲，如图3-25所示。输出电压为电阻R的两端电压u_2。通过选择R、C的值，使电路的时间常数$\tau = RC \ll t_P$。

设电容C无初始储能，$u_C(0_-)=0$。$t=0$时换路，输入电压由零变到U，对C充电。由于$\tau \ll t_P$，相对于t_P而言，充电很快，u_C从初始值$u_C(0_+)=0$迅速上升到稳态值U。而输出电压$u_2=u_1-u_C$，因此u_2从初始值$u_2(0_+)=U$迅速下降到零。这样在电阻两端就输出一个正的尖脉冲，如图3-25所示。

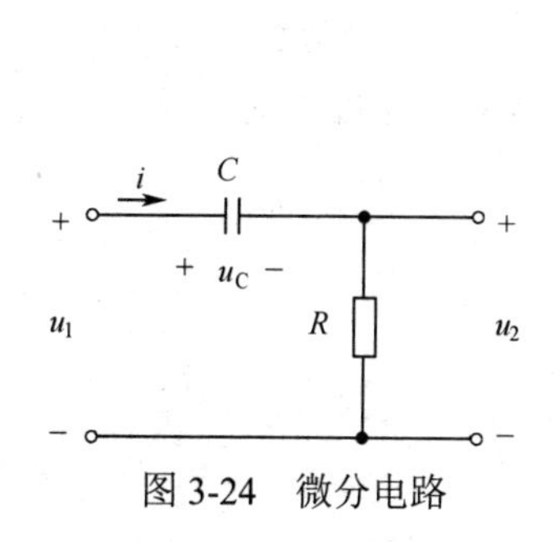

图3-24　微分电路

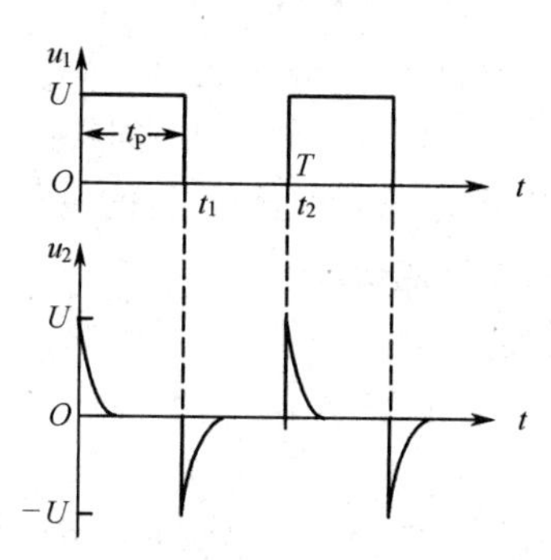

图3-25　微分电路的输入电压和输出电压的波形

在$t=t_1$时，电容上已充有电压U，这时输入电压u_1由U变为零，电容开始放电。同样由于τ很小，所以u_C很快地从初始值U衰减到零，而u_2也很快地从初始值$-U$上升到零。这样，就输出一个负的尖脉冲。

当输入电压u_1为周期性的矩形脉冲时，输出电压u_2为周期性的正负尖脉冲，如图3-25所示。从波形形状上看，输出的尖脉冲近似于对输入的矩形脉冲的微分，因此这种电路称为微分电路。

3.6.2 积分电路

如果将图3-24所示微分电路中的R和C对调，并且满足电路的时间常数$\tau = RC \gg t_P$，且从电容两端输出，则该电路就成为积分电路，如图3-26所示。

图3-27是积分电路的输入电压u_1和输出电压u_2的波形。由于$\tau \gg t_P$，电容充电缓慢，其电压u_2增大得也缓慢。在$0 \leqslant t \leqslant t_1$时，$u_2$的上升曲线只是指数曲线起始部分的一小段，可以认为近似于一条直线。$t \gg t_1$后，电容开始放电，同样放电速度也很缓慢，u_2将近似线性下降。

这样，在周期性矩形脉冲的作用下，此电路输出一个锯齿波信号，如图3-27所示。u_2近似地与u_1成积分关系，因此这种电路称为积分电路。

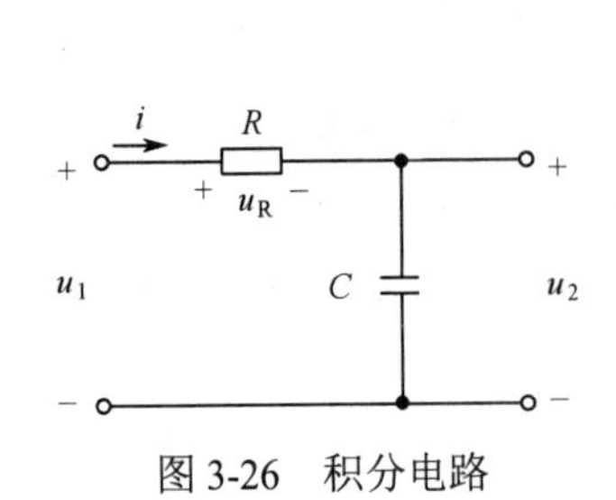

图 3-26　积分电路

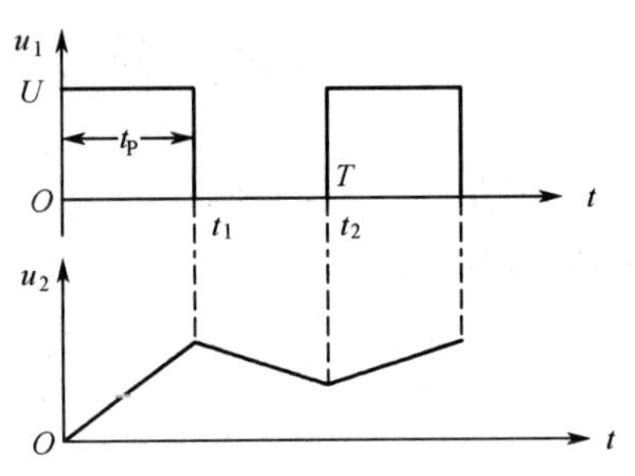

图 3-27　积分电路的输入电压和输出电压的波形

小　　结

本章主要介绍了暂态过程、时间常数等基本概念。利用经典法分析一阶电路的零输入响应、零状态响应和全响应，从而归纳出分析一阶电路的三要素法。

1．换路、暂态过程和时间常数的概念

换路：由于电路结构或参数变化引起的电路状态的变化称为换路。

暂态过程：电路从一种稳态变换到另一种稳态所经历的过程。

时间常数：一阶 RC 电路的时间常数 $\tau = RC$ ；一阶 RL 电路的时间常数 $\tau = L/R$ 。

时间常数反映了暂态过程进行的快慢。时间常数越大，暂态过程进行得就越慢；时间常数越小，暂态过程进行得就越快。

2．换路定则

$$u_C(0_+) = u_C(0_-)$$

$$i_L(0_+) = i_L(0_-)$$

换路定则主要用于求换路后电容电压和电感电流的初始值。

3．一阶电路的三要素法

全响应=稳态分量+瞬态分量

$$f(t) = f(\infty) + [f(0_+) - f(\infty)]e^{-\frac{t}{\tau}}$$

式中，$f(0_+)$ 为待求响应的初始值；$f(\infty)$ 为待求响应的稳态值；τ 为电路的时间常数。

习　题　3

基础知识

3-1　暂态过程是由于储能元件的能量不能跃变而产生的，具体来说，就是_____元件中储有的磁场能不能跃变，反映在元件中的_____不能跃变；_____元件中储有的电场能不能跃变，反映在元件上的_______不能跃变。

3-2　换路定则就是指从 t=0- 到 t=0+瞬间，电感的_____和电容的_____不能跃变，具体可以用公式表示为__________________，__________________。

3-3　已知一阶 RC 串联电路的响应 $u_C(t) = 6(1 - e^{-20t})$V，电容 C=2μF，则电路时间常数 τ=______s，电路的电阻 R=______kΩ。

3-4　在脉冲电路中，常用微分电路把_____脉冲变换为_____脉冲，作为触发信号。

3-5　在 RC 串联电路中，输入脉冲宽度为 t_P 的矩形脉冲，当时间常数 τ 满足___________时，从电阻输出尖脉冲信号，此时电路称为_________电路；当时间常数 τ 满足____________时，从电容输出锯齿波信号，此时电路称为____________电路。

3-6 题图 3-1 中，开关 S 闭合前电感和电容未储能，闭合开关瞬间发生跃变的是(　　)。

a. i 和 i_1　　b. i 和 i_3　　c. i_2 和 u_C　　d. i_1 和 u_C

3-7 在电路暂态过程中，时间常数 τ 愈大，则电流和电压的增长或衰减就(　　)。

a. 愈慢　　b. 愈快　　c.无影响

3-8 电路的暂态过程从 t=0 大致经过(　　)时间，就可认为到达稳态了。

a. τ　　b. 3τ~5τ　　c.10τ

3-9 如题图 3-2 所示电路，开关 S 闭合前电路已处于稳态，开关 S 闭合后，(　　)。

a. i_1、i_2、i_3 均不变　　b. i_1 不变，i_2 增大为 i_1，i_3 衰减为零　　c. i_1 增大，i_2 增大，i_3 不变

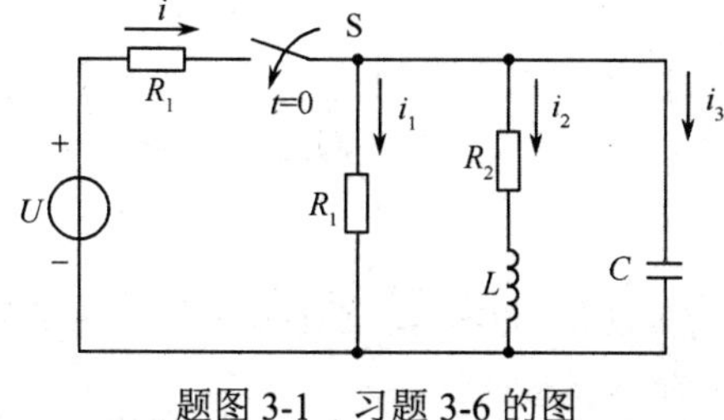

题图 3-1　习题 3-6 的图

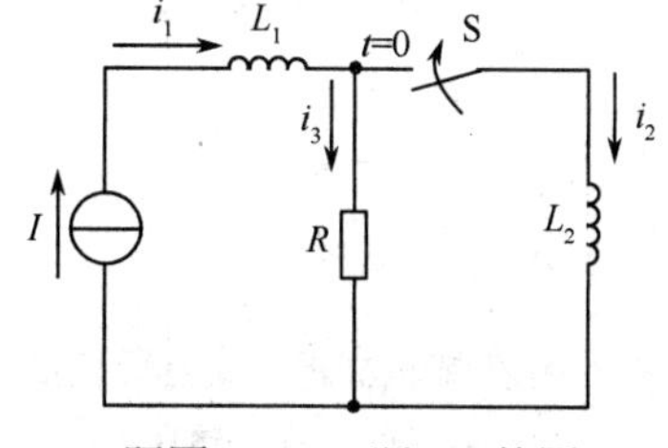

题图 3-2　习题 3-9 的图

3-10 电路如题图 3-3 所示，开关 S 闭合前电路已处于稳态，试求闭合开关 S 的瞬间 $u_L(0_+)$。

3-11 电路如题图 3-4 所示，开关 S 闭合前电路已处于稳态，试求闭合开关瞬间的初始值 $i_L(0_+)$ 和 $i(0_+)$，在换路瞬间流过电感的电流为什么不能突变？

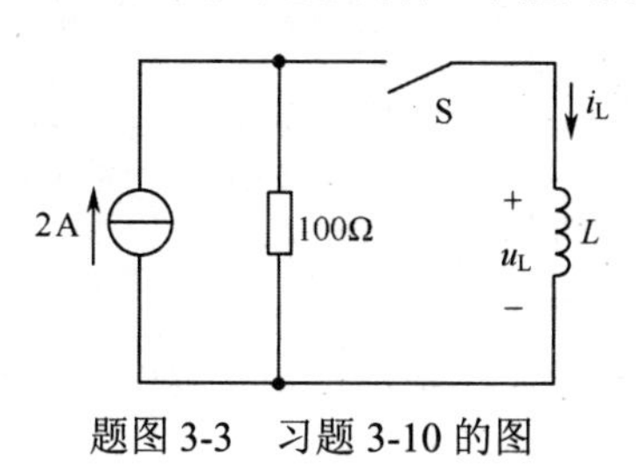

题图 3-3　习题 3-10 的图

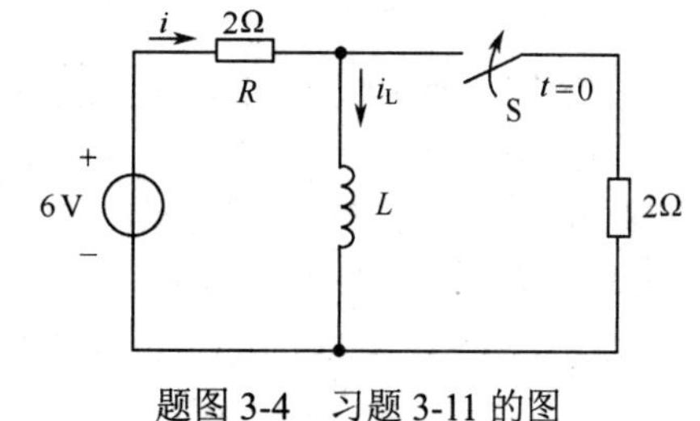

题图 3-4　习题 3-11 的图

3-12 如题图 3-5 所示各电路在换路前都处于稳态，试求换路后电流 i 的初始值 $i(0_+)$ 和稳态值 $i(\infty)$。

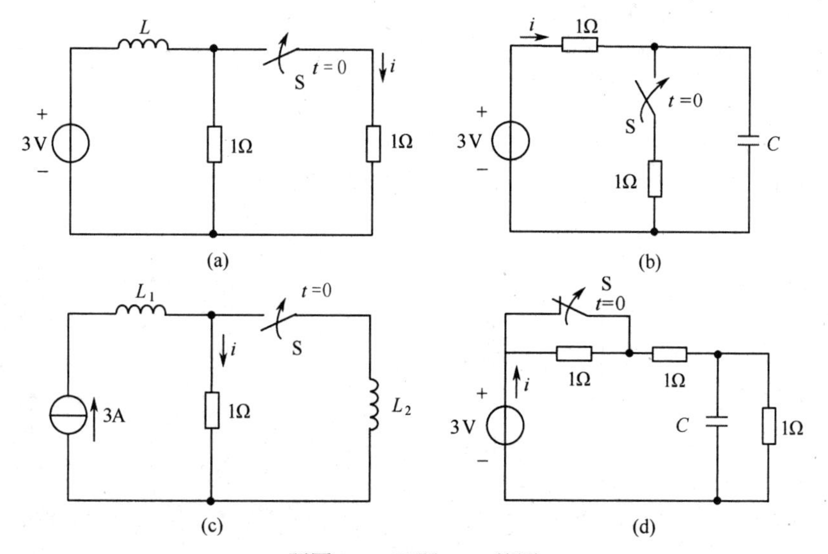

题图 3-5　习题 3-12 的图

3-13 电路如题图 3-6 所示，$I = 20\text{mA}$，$R_1 = R_2 = 6\,\text{k}\Omega$，$R_3 = 12\,\text{k}\Omega$，$C = 4\,\mu\text{F}$，开关 S 闭合前电路已处于稳态。求 $t \geqslant 0$ 时 u_C 和 i_1，并作出它们随时间变化的曲线。

3-14 电路如题图 3-7 所示，开关 S 闭合前电路已处于稳态，求开关闭合后的电压 u_C。电路的暂态过程取决于什么？如何改变暂态过程的长短？

3-15 电路如题图 3-8 所示，$u_C(0_-) = 10\text{V}$，试求 $t \geqslant 0$ 时的 u_C 和 u_o，并画出它们的变化曲线。

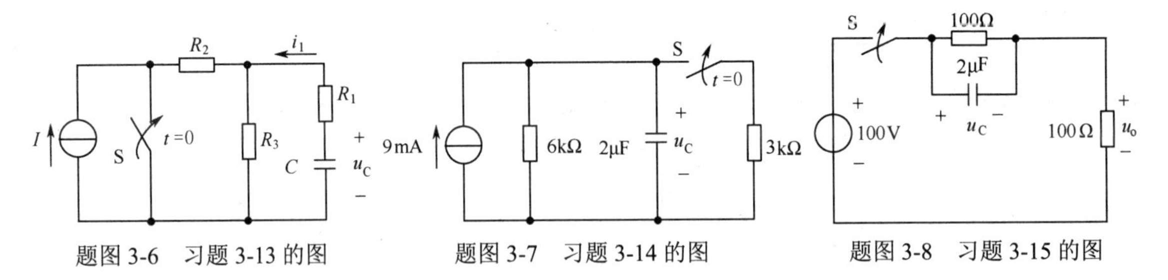

题图 3-6 习题 3-13 的图　　题图 3-7 习题 3-14 的图　　题图 3-8 习题 3-15 的图

应用知识

3-16 用模拟万用表(即机械指针式万用表)的 $R \times 1\text{k}$ 挡检查容量较大的电容器，指针摆动后，再回到刻度原始处(即 ∞)，说明电容器没有损坏；指针摆动后，返回速度的快或慢说明了电容量的小与大。试用 RC 电路的暂态分析解释上述现象，并说明什么是电路的暂态及产生暂态的原因。

3-17 电路如题图 3-9 所示，$u_C(0_-) = U_0 = 20\text{V}$，试问闭合开关 S 后需多长时间 u_C 才能增长到 40V？

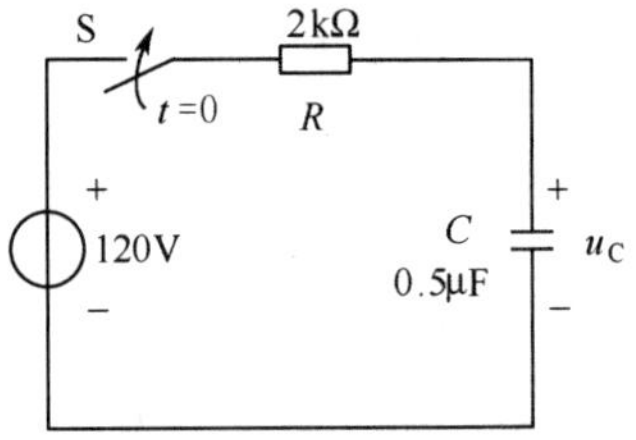

题图 3-9 习题 3-17 的图

3-18 在 Multisim 仿真软件中设计一个电路来控制房间的电灯，要求开关断开后电灯还能亮 5s。

3-19 设计一个 RC 微分电路，要求画出电路图，确定电路参数，设信号源输出方波脉冲的频率为 200Hz，幅度为 5V，脉冲的宽度为 $t_P = 2.5\text{ms}$。

3-20 如题图 3-10 所示，R、L 是一线圈，和它并联一个二极管 D，设二极管的正向电阻为零，反向电阻为无穷大。试问二极管在此起什么作用？

3-21 一个线圈的电感 $L = 0.2\text{H}$，通有直流 $I = 5\text{A}$，现将此线圈短路，经过 $t = 0.01\text{s}$ 后，线圈中电流减小到初始值的 36.8%。试求线圈的电阻 R。

3-22 有一电容 C，对 2.5kΩ 的电阻 R 放电，如 $u_C(0_-) = U_0$，并经过 0.1s 后电容电压降到初始值的 1/10，试求电容 C。

3-23 如题图 3-11 所示，a、b 间的电压为 25V，$R = 9\text{k}\Omega$，$C = 20\mu\text{F}$，起开关作用的电子器件 T 处于断开状态，当电容 C 上的电压充至 10V 时，T 将闭合，继电器 J 将有电流通过而动作。问充电至 10V 需要多长时间？

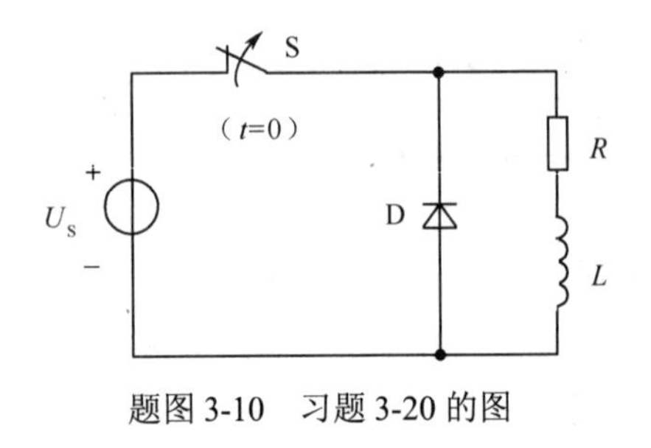

题图 3-10 习题 3-20 的图

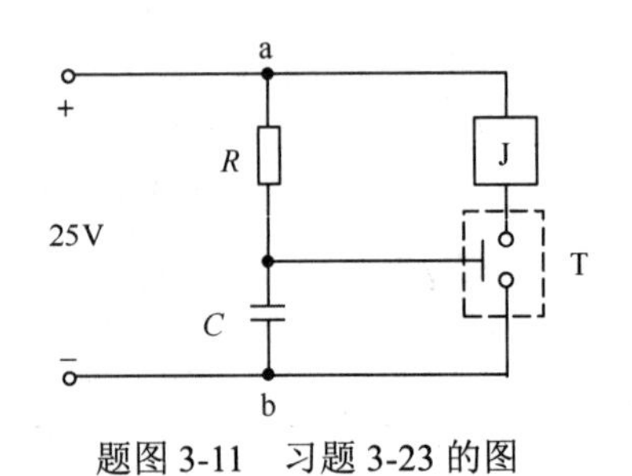

题图 3-11 习题 3-23 的图

3-24 实际电容器可等效为一个电容 C 与一个漏电阻 R_C 并联。如题图 3-12 所示，S 闭合前电路为零输入状态，S 闭合时间 t 后，电容两端电压达到 u_C，试求电容器的漏电阻 R_C。

军事知识

3-25 有一台直流电机，其励磁线圈的电阻为 10Ω，在加上额定励磁电压 0.1s 后，励磁电流增长到稳态值的 63.2%。试求线圈的电感。

3-26 在题图 3-13 中，RL 为电磁铁线圈，R_1 为限流电阻，r' 为泄放电阻。当电磁铁未吸合时，继电器的触点 KT 是闭合的，R_1 被短接，使电源电压全部加在线圈上以增大吸力，在电磁铁吸合后，触点 KT 断开，将电阻接入电路以减小线圈中的电流，试求触点 KT 断开后线圈中的电流 i_L 的变化规律。设 $U = 220\text{V}$，$L=20\text{H}$，$R = 55\Omega$，$R_1 = 50\Omega$，$r' = 500\Omega$。

3-27 一阶电路不仅在人们生活中有着广泛的应用，在军事领域也有着突出的作用。请查阅资料，简要说明一阶电路在军用 PEMFC 氢能发电机参数确定中的应用。

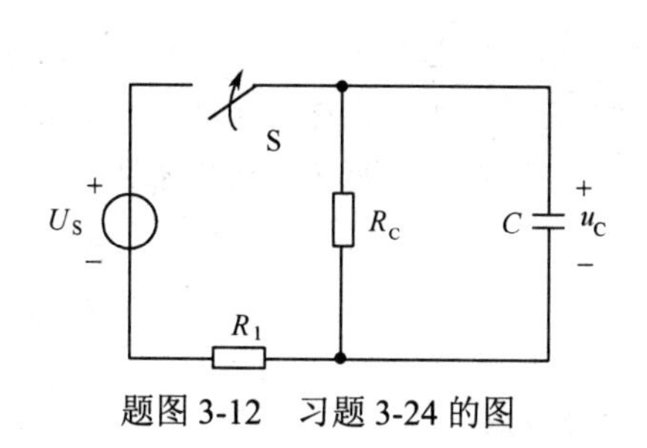

题图 3-12　习题 3-24 的图

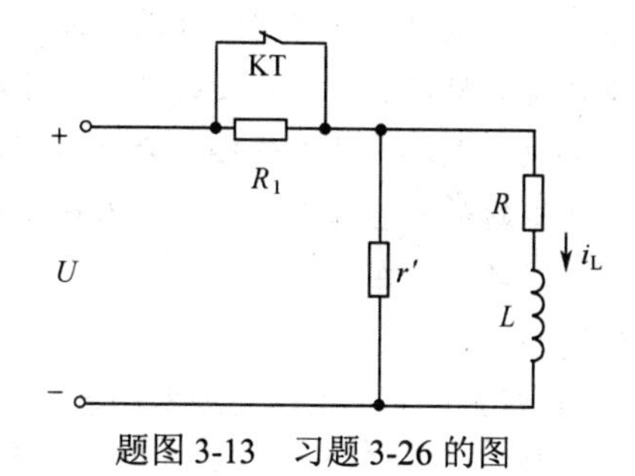

题图 3-13　习题 3-26 的图

第4章　正弦交流电路

引言

自从交流电之父——麦克·法拉第发现了交流电，并将它无私地奉献给全人类以来，世界上大多数国家都采用交流供电系统。我国的工业和生活用电都是交流电，很多直流用电器的供电也是由交流电转换而来的。在航空军事领域，交流电也同样扮演着重要角色。最初飞机采用的电源是低压直流电源，仅仅用于发动机点火。随着飞机性能和自动化程度的提高，直流电源系统已经无法满足现代飞机高空、高速飞行和机载设备用电需求，交流电源系统逐渐成为现代飞机电源的主流，目前绝大多数现役飞机都采用交流电源系统。

交流电之所以有如此广泛的应用，其原因主要在于其发电、输电及配电等方面的突出优势。由交流电供电的电路，其内部各部分电压和电流按正弦规律变化，称为正弦交流电路。本章主要讨论正弦交流电路的一些基本概念、基本理论和基本分析方法，同时还为后续学习航空电机、电器和电子技术打下理论基础。

学习目标：

1. 理解正弦交流电路的基本概念；
2. 理解“变换”的思想，掌握应用相量法分析正弦交流电路；
3. 掌握单一参数在交流电路中的特点及由单一参数组合成一般电路的分析计算；
4. 理解有功功率、无功功率、视在功率的物理意义，了解功率因数提高的意义和方法；
5. 理解滤波电路、谐振电路的工作原理、特点，了解其在生产、生活及航空军事领域的应用。

4.1　正弦交流电的基本概念

4.1.1　正弦交流电压和电流

所谓交流电，是指大小和方向随时间作周期性变化的电压和电流，且在一个周期内的平均值为零。如果这些物理量是按照正弦规律周期性变化的，则称为正弦交流电。以电流为例，图4-1(a)为某段正弦交流电路，正弦电流 i 的参考方向如图所示，图4-1(b)为正弦电流 i 的波形图。

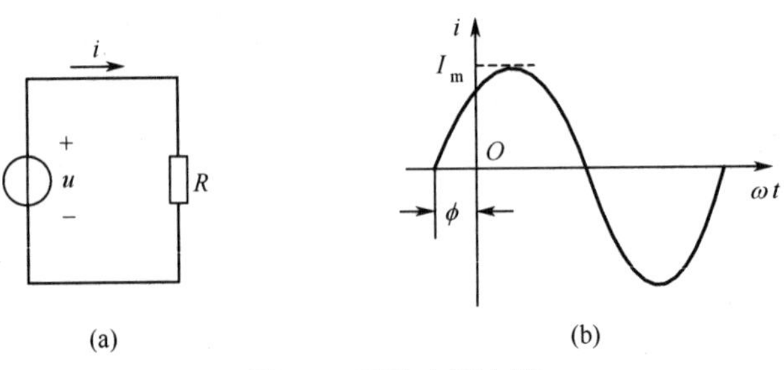

图4-1　正弦交流电路

正弦交流电简称为正弦量，其数学描述可以采用 sin 函数，也可以采用 cos 函数。本书采用 sin 函数，图4-1所示正弦电流 i 的表达式为

$$i = I_{\mathrm{m}} \sin(\omega t + \phi) \tag{4-1}$$

当I_{m}、ω和ϕ这几个量确定时，正弦量就被唯一地确定。幅值、角频率和初相位，常称为正弦量的三要素，下面逐一展开讨论。

4.1.2 交流电的幅值和有效值

式(4-1)描述了正弦电流在任意瞬时的实际值，称为瞬时值。瞬时值用小写字母表示。瞬时值中最大的值称为幅值或最大值，用带下标 m 的大写字母I_{m}来表示。

有效值是从热效应的角度与直流量相比较来规定的。如果某一周期电流i通过电阻 R 在一个周期内产生的热量，和另一个直流电流 I 通过同样大小的电阻在相同的时间内产生的热量相等，那么这个周期性变化的电流i的有效值在数值上就等于这个直流电流I。

由上述定义得

$$\int_0^T Ri^2 \mathrm{d}t = RI^2 T$$

由此可得

$$I = \sqrt{\frac{1}{T}\int_0^T i^2 \mathrm{d}t} \tag{4-2}$$

周期电流的有效值又称为均方根值，适用于周期性变化的量，但不能用于非周期量。按照规定，有效值都用大写字母表示。

当周期电流为正弦量时，将式(4-1)代入式(4-2)，则

$$I = \sqrt{\frac{1}{T}\int_0^T I_{\mathrm{m}}^2 \sin^2(\omega t + \varphi)\mathrm{d}t}$$

因为

$$\int_0^T \sin^2(\omega t + \phi)\mathrm{d}t = \int_0^T \frac{1 - \cos 2(\omega t + \phi)}{2}\mathrm{d}t = \frac{1}{2}\int_0^T \mathrm{d}t - \frac{1}{2}\int_0^T \cos 2(\omega t + \phi)\mathrm{d}t = \frac{T}{2} - 0 = \frac{T}{2}$$

所以

$$I = \sqrt{\frac{1}{T} I_{\mathrm{m}}^2 \frac{T}{2}} = \frac{I_{\mathrm{m}}}{\sqrt{2}} \tag{4-3}$$

同理，正弦电压和电动势的有效值与最大值之间的关系分别为

$$U = \frac{U_{\mathrm{m}}}{\sqrt{2}}, \quad E = \frac{E_{\mathrm{m}}}{\sqrt{2}} \tag{4-4}$$

一般工程中所讲的正弦电压或电流的大小，都是指它的有效值。例如，生产生活中的交流电压 220/380V，飞机交流电源系统的 115/200V 电压，大型飞机的 230/400V 电压，由交流电流表和电压表测量出来的数值也都是有效值。

4.1.3 交流电的周期、频率与角频率

正弦量是随时间按正弦规律变化的，为了衡量其变化的快慢，通常用周期、频率、角频率这 3 个物理量来描述。正弦量变化一周所需的时间称为周期 T，它的单位是秒(s)。每秒内变化的周期数称为频率f，它的单位是赫兹(Hz)。正弦量每秒变化的弧度数称为角频率ω，单位是弧度每秒(rad/s)。这 3 个物理量从不同的角度描述了正弦量变化快慢这一物理现象，它们之间还可以互相转换。

频率是周期的倒数，即

$$f = \frac{1}{T} \tag{4-5}$$

因为正弦量在一个周期内经历了 2π 弧度(见图 4-2)，也就是交流电每交变一次变化了 2π 弧度，所以有

$$\omega T = 2\pi \tag{4-6}$$

故角频率与周期、频率的关系为

$$\omega = \frac{2\pi}{T} = 2\pi f \tag{4-7}$$

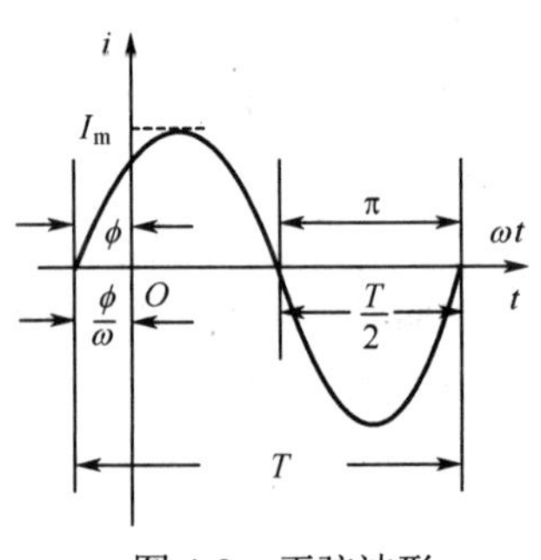

图 4-2　正弦波形

在我国和一些国家采用 50Hz 作为电力标准频率，也有些国家(如美国)采用 60Hz。这种频率在工业上应用广泛，习惯上也称为工频。对于飞机来说，采用交流电源供电系统的额定频率与工频不同，如我国自主研发某型战斗机的主电源是由恒频恒速组合式液压传动发电机提供的 115/200V、400Hz 三相交流电。某些飞行器，如有的导弹采用 500Hz、800Hz 甚至更高的频率。选择飞机电源的频率的主要因素是：电气系统重量、电源与用电设备性能、材料与成件(轴承)的技术水平和历史继承性等。

【例 4-1】 已知国产某型飞机的变频交流电源供电系统基本参数为：电压 115/200V，频率 300～900 Hz，试求其电压幅值以及周期和角频率的变化范围。

解　正弦电压幅值是有效值的 $\sqrt{2}$ 倍，因此幅值为 163/283V。

当 $f_1 = 300\text{Hz}$ 时，得

$$T_1 = \frac{1}{f_1} = 3.33\times10^{-3}\text{s},\quad \omega_1 = 2\pi f_1 = 1.88\times10^{3}\,\text{rad/s}$$

当 $f_2 = 900\text{Hz}$ 时，得

$$T_2 = \frac{1}{f_2} = 1.11\times10^{-3}\text{s},\quad \omega_2 = 2\pi f_2 = 5.65\times10^{3}\,\text{rad/s}$$

即周期的变化范围是：$1.11\times10^{-3} \sim 3.33\times10^{-3}\,\text{s}$，角频率的变化范围是：$1.88\times10^{3} \sim 5.65\times10^{3}\,\text{rad/s}$。

4.1.4　交流电的相位、初相位与相位差

正弦交流电流的表示式为 $i = I_m \sin(\omega t + \phi)$，其波形图如图 4-2 所示，对应不同的时间 t，具有不同的($\omega t + \phi$)，正弦交流电也就变化到不同的数值，所以($\omega t + \phi$)反映了交流电变化的进程，($\omega t + \phi$)称为相位角或相位。$t = 0$ 时的相位 ϕ 则称为初相位或初相角，它与计时起点($t = 0$)的选取有关，通常在主值范围内取值，即$|\phi| \leqslant 180°$。原则上，计时的起点是可以任意选择的。

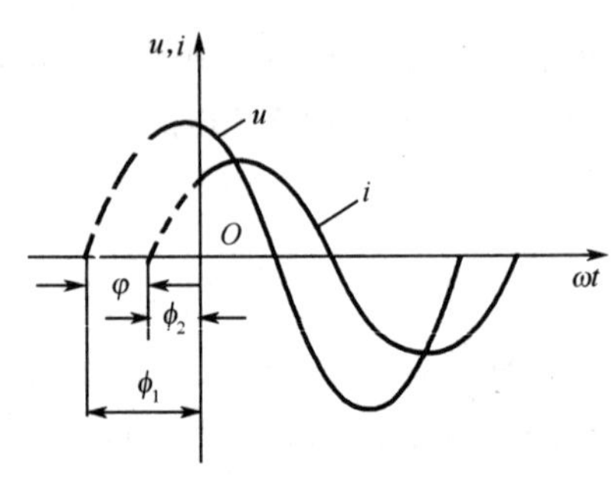

图 4-3　同频率正弦量的相位差

两个同频率正弦量的相位角之差，称为相位差角或相位差，用 φ 表示，相位差也是在主值范围内取值的。如图 4-3 所示为同频率的正弦电压和电流，其表达式为

$$\begin{cases} u = U_m \sin(\omega t + \phi_1) \\ i = I_m \sin(\omega t + \phi_2) \end{cases} \tag{4-8}$$

它们的初相位分别为 ϕ_1 和 ϕ_2。

在式(4-8)中，u 和 i 的相位差为

$$\varphi = (\omega t + \phi_1) - (\omega t + \phi_2) = \phi_1 - \phi_2 \tag{4-9}$$

当两个同频率正弦量的计时起点($t=0$)改变时，它们的相位和初相位即跟着改变，但是两者之间的相位差仍保持不变，等于初相位之差。

由图 4-3 的正弦波形可见，因为 u 和 i 的初相位不同(不同相)，所以它们的变化步调是不一致的，即不是同时到达幅值或零值。图中，$\phi_1 > \phi_2$，所以 u 较 i 先到达正的幅值。此时，在相位上 u 比 i 超前 φ 角，或者说 i 比 u 滞后 φ 角。

图 4-4 描述了同频率正弦量的几种特殊相位关系。如图 4-4(a)所示，u 与 i 始终同步，相位关系为同相，此时相位差 $\varphi = 0°$；当$|\varphi| = 180°$时，如图 4-4(b)所示，称为 u 与 i 反相；当$|\varphi| = 90°$时，如图 4-4(c)所示，称为 u 与 i 正交。

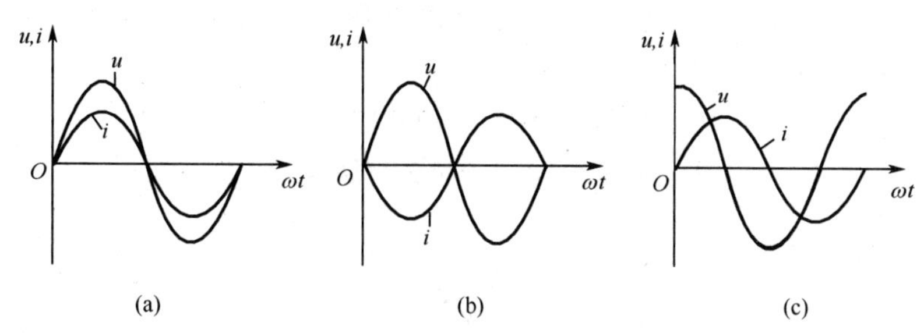

图 4-4　同频率正弦量的几种特殊相位关系

4.2　正弦量的相量表示法

上节讨论的正弦量的三角函数式[如式(4-1)]、波形图(见图 4-2)清楚地反映了正弦量的大小和相位，是表示正弦量的基本方法。但在分析计算正弦交流电路时，经常需要将几个同频率的正弦量进行加、减等运算。如果直接用上述两种表示法进行运算是非常烦琐的。因此，为了使运算简便，我们引入数学变换的思想，把正弦函数的运算转换为复数的运算，从而使电路的求解大大简化。

4.2.1　复数

令一直角坐标系的横轴表示复数的实部，称为实轴，以+1 为单位；纵轴表示虚部，称为虚轴，以+j 为单位。由实轴与虚轴构成的平面称为复平面。复数由实部和虚部组成，也可用复平面内的有向线段 A 来表示，如图 4-5 所示。

图 4-5 表示的复数实部为 a，虚部为 b，于是有向线段 A 可表示为

$$A = a + \mathrm{j}b \tag{4-10}$$

式中，$\mathrm{j} = \sqrt{-1}$ 为虚数；复数 A 的大小(即有向线段的长度)r 称为复数的模，显然 $r = \sqrt{a^2 + b^2}$；复数与正实轴的夹角 ϕ 称为复数的辐角，即

$$\phi = \arctan \frac{b}{a}$$

因为 $a = r\cos\phi$ 和 $b = r\sin\phi$，所以

$$A = a + \mathrm{j}b = r\cos\phi + \mathrm{j}r\sin\phi = r(\cos\phi + \mathrm{j}\sin\phi) \tag{4-11}$$

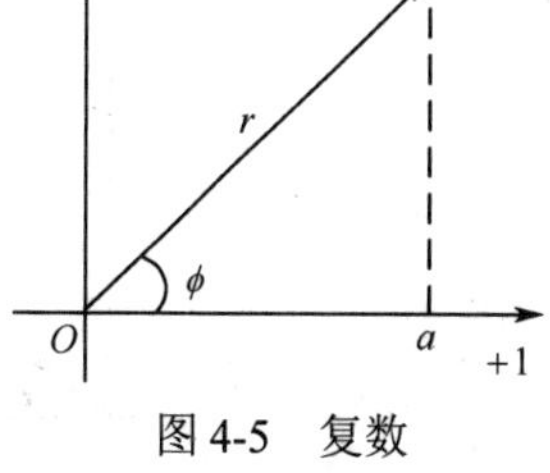

图 4-5　复数

根据欧拉公式

$$\mathrm{e}^{\mathrm{j}\phi} = \cos\phi + \mathrm{j}\sin\phi$$

式(4-11)可写为

$$A = r\mathrm{e}^{\mathrm{j}\phi} \tag{4-12}$$

或简写为

$$A = r\angle\phi \tag{4-13}$$

由此得到复数的几种表示式：代数式(4-10)或三角函数式(4-11)、指数式(4-12)和极坐标式(4-13)。上述几种表示式可以根据需要进行转换。

4.2.2 相量

对于线性电路来说，当外加正弦交流电源的频率一定时，各部分的电流、电压的频率与电源的频率相同，所以可以把频率这一要素作为已知量，此时，正弦量仅需幅值和初相位这两个要素就能确定。

把复数的模和辐角与正弦量的两个要素一一对应起来，取复数的模为正弦量的幅值或有效值，取复数的辐角为正弦量的初相位，该复数就称为正弦量的相量。其表示方法为在大写字母上加“·”。

式(4-8)所示的正弦电压、电流的相量为

$$\begin{aligned} \dot{U}_{\mathrm{m}} &= U_{\mathrm{m}}(\cos\phi_1 + \mathrm{j}\sin\phi_1) = U_{\mathrm{m}}\mathrm{e}^{\mathrm{j}\phi_1} = U_{\mathrm{m}}\angle\phi_1 \\ \dot{I}_{\mathrm{m}} &= I_{\mathrm{m}}(\cos\phi_2 + \mathrm{j}\sin\phi_2) = I_{\mathrm{m}}\mathrm{e}^{\mathrm{j}\phi_2} = I_{\mathrm{m}}\angle\phi_2 \end{aligned} \tag{4-14}$$

或

$$\begin{aligned} \dot{U} &= \frac{U_{\mathrm{m}}}{\sqrt{2}}\mathrm{e}^{\mathrm{j}\phi_1} = U\angle\phi_1 \\ \dot{I} &= \frac{I_{\mathrm{m}}}{\sqrt{2}}\mathrm{e}^{\mathrm{j}\phi_2} = I\angle\phi_2 \end{aligned} \tag{4-15}$$

$\dot{U}_{\mathrm{m}}$、$\dot{I}_{\mathrm{m}}$为最大值相量；$\dot{U}$、$\dot{I}$为有效值相量。有效值相量是最常用的形式，若不加说明，相量指的是有效值相量。注意，相量只是表示正弦交流电的复数，而正弦交流电本身是时间的正弦函数，相量并不等于正弦量。另外，相量只能表示正弦量，而不能表示非正弦量。

4.2.3 相量图

在复平面内画出表示复数的有向线段，如果该复数为正弦量的相量，则称为正弦量的相量图，如图4-6所示。与波形图相比，相量图在大小和相位的表示上更加直观方便。从图4-6中容易看出，在相位上$\dot{U}$超前$\dot{I}$，相位差$\varphi = \phi_1 - \phi_2$。不仅如此，几个同频率正弦量的加、减、乘、除四则运算，可以在同一复平面内通过相量图用平行四边形法则或多边形法则进行计算。

【例4-2】 在图4-7所示电路中，已知

$$\begin{aligned} i_{\mathrm{R}} &= I_{\mathrm{Rm}}\sin(\omega t + \varphi_1) = 3\sqrt{2}\sin(314t + 0°)\mathrm{A} \\ i_{\mathrm{L}} &= I_{\mathrm{Lm}}\sin(\omega t + \varphi_2) = 4\sqrt{2}\sin(314t - 90°)\mathrm{A} \end{aligned}$$

试求总电流 i。

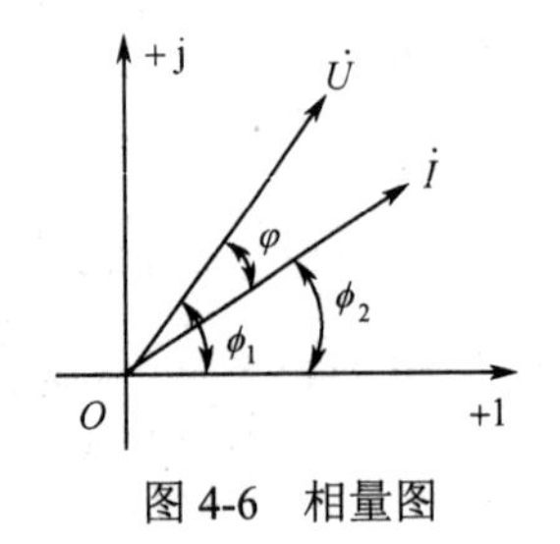

图4-6 相量图

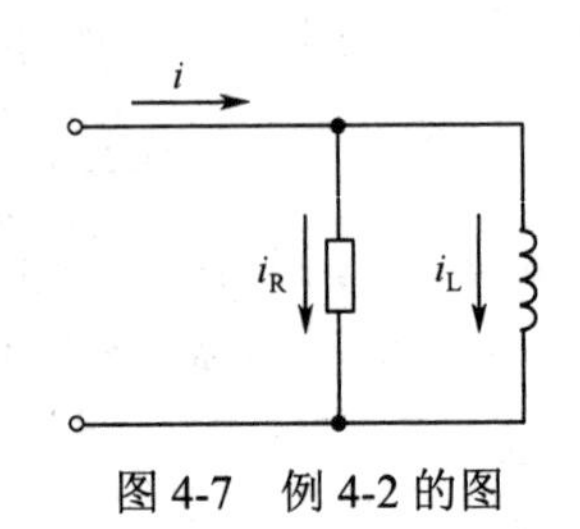

图4-7 例4-2的图

解　各电流的相量分别为

$$\dot{I}_{\mathrm{R}} = 3\angle 0° = 3\cos 0° + \mathrm{j}3\sin 0° = 3\mathrm{A}$$

$$\dot{I}_{\mathrm{L}} = 4\angle -90° = 4\cos(-90°) + \mathrm{j}4\sin(-90°) = -\mathrm{j}4\mathrm{A}$$

基尔霍夫电流定律$i = i_{\mathrm{R}} + i_{\mathrm{L}}$的相量形式为$\dot{I} = \dot{I}_{\mathrm{R}} + \dot{I}_{\mathrm{L}}$，因此总电流的相量为

$$\dot{I} = \dot{I}_{\mathrm{R}} + \dot{I}_{\mathrm{L}} = 3 - \mathrm{j}4 = 5\angle -53.1°\mathrm{A}$$

于是总电流

$$i = 5\sqrt{2}\sin(314t - 53.1°)\mathrm{A}$$

相量图如图 4-8 所示。在相量图上通过几何作图的方法也可以求出总电流相量，其结果与解析法的结果相同。

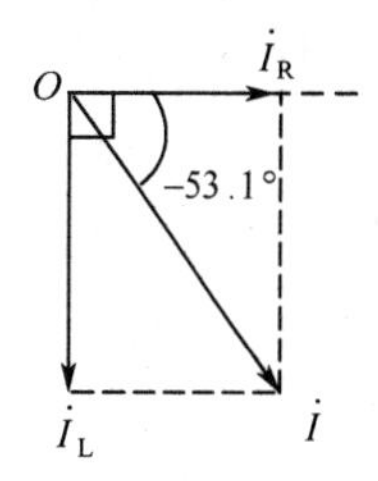

图 4-8　例 4-2 相量图

上例也可以用三角函数运算和正弦波形叠加的方法求出总电流，但很烦琐。这里用相量法进行求解，把正弦函数烦琐的运算转化为较为简便的复数运算，同时相量图也很直观，它作为一种辅助手段很常用。

4.3　单一参数元件的正弦交流电路

实际电路中常常同时存在着电阻、电感、电容 3 种元件的作用，在不同的条件下这 3 种元件的作用大小也不同，当一个元件起主要作用、另外两个元件忽略不计时，元件就成为单一参数元件。对于正弦交流电路中的元件特性，先从单一参数元件开始，以它为基础，其他的情况就可以看成单一参数元件的组合。

4.3.1　电阻元件交流电路

生活中的日光灯、白炽灯等照明设备(见图 4-9)，是针对 220V、50Hz 交流电设计的；对于飞机照明设备，某些机型的仪表照明灯是由飞机上 115V、400Hz 交流电源供电的。这些设备主要实现的是电能向光能、热能的转化，是能量消耗的过程，可以用单一参数的电阻元件来构建其模型。下面来分析交流电阻电路的电磁特性。

线性电阻的伏安特性符合欧姆定律。当流过电阻的电流为正弦交流电时，即电流为

$$i = I_{\mathrm{m}}\sin\omega t = \sqrt{2}I\sin\omega t$$

取电流为参考正弦量，即设它的初相位为零。这样的处理可以简化分析过程，在下面电感的分析中也采用这样的处理。则在图 4-10(a)所示参考方向一致的情况下，有

$$u = Ri = RI_{\mathrm{m}}\sin\omega t = U_{\mathrm{m}}\sin\omega t = \sqrt{2}U\sin\omega t$$

其波形如图 4-10(b)所示。

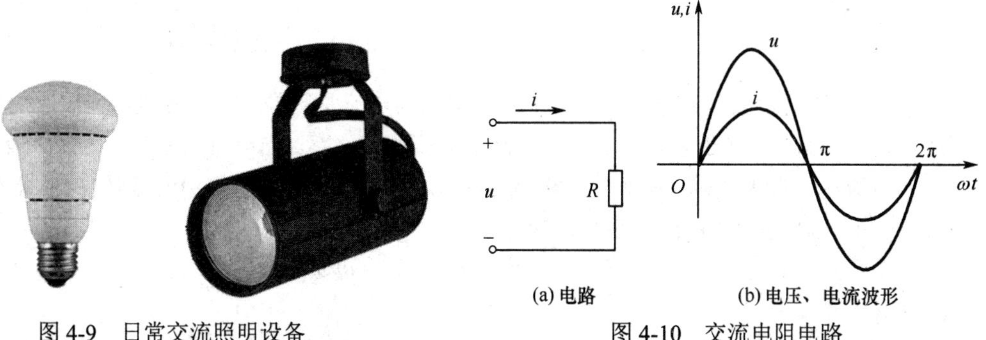

图 4-9　日常交流照明设备

图 4-10　交流电阻电路

比较 u、i 的瞬时值表达式可以发现，电阻的电压与电流是同频率的正弦量，初相位相同，即相位差为零，并且最大值之间和有效值之间的关系分别为

$$U_{\mathrm{m}} = RI_{\mathrm{m}},\quad U = RI \tag{4-16}$$

根据电阻伏安关系，利用瞬时值与相量的对应变换关系，可得到伏安关系的相量形式。先写出电压和电流相量

$$\begin{cases} \dot{U} = U\mathrm{e}^{\mathrm{j}0^\circ} = U\angle 0^\circ \\ \dot{I} = I\mathrm{e}^{\mathrm{j}0^\circ} = I\angle 0^\circ \end{cases} \tag{4-17}$$

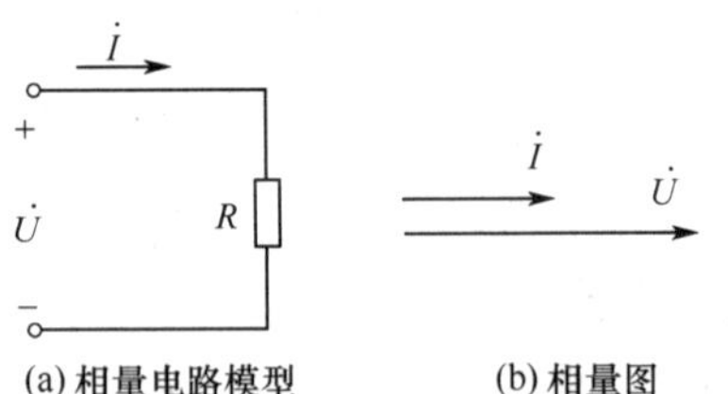

图 4-11　电阻电路的相量形式

再将式(4-16)代入可得

$$\dot{U} = R\dot{I} \tag{4-18}$$

式(4-18)为电阻伏安关系的相量形式，它的模体现了电压和电流的大小关系，辐角体现了电压和电流的同相位关系。电阻电路的相量电路模型和相量图如图 4-11(a)、(b)所示。

4.3.2　电感元件交流电路

用导线密绕的线圈，如荧光灯的电感镇流器(见图 4-12)，当导线电阻和分布电容忽略不计时，可以看成单一的电感。线性电感(线圈)的交流电路如图 4-13(a)所示。设流过电感的电流为参考正弦量，即

$$i = I_{\mathrm{m}} \sin \omega t$$

则在关联参考方向的情况下，电感两端的电压

$$\begin{aligned} u &= L\frac{\mathrm{d}i}{\mathrm{d}t} = L\frac{\mathrm{d}(I_{\mathrm{m}} \sin \omega t)}{\mathrm{d}t} \\ &= \omega L I_{\mathrm{m}} \cos \omega t = U_{\mathrm{m}} \sin(\omega t + 90^\circ) \end{aligned} \tag{4-19}$$

其波形如图 4-13(b)所示。

图 4-12　电感镇流器

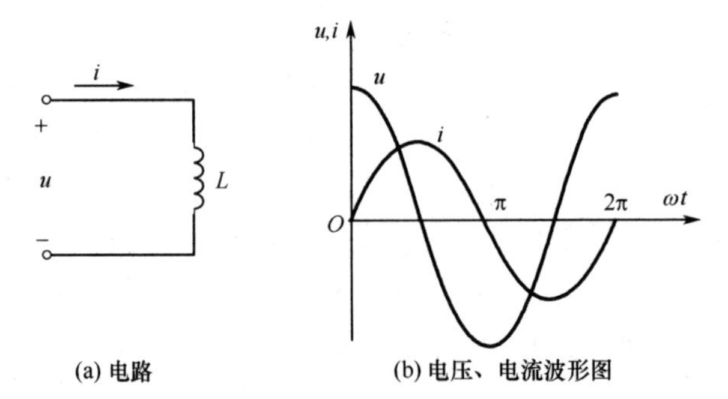

图 4-13　交流电感电路

比较 u、i 的瞬时值表达式可以看出，电感的电压与电流是同频率的正弦量，电压超前电流，相位差为90°，究其原因，在于电感上的电压正比于电流的变化率。当电流为零时，变化率最大，故电压最大；当电流达到最大值时，变化率为零，故此时电压也为零。从式(4-19)还可以看出，电感电压、电流最大值之间和有效值之间的关系分别为

$$U_{\mathrm{m}} = \omega L I_{\mathrm{m}},\quad U = \omega L I \tag{4-20}$$

整理式(4-20)，可得

$$\frac{U_{\mathrm{m}}}{I_{\mathrm{m}}}=\frac{U}{I}=\omega L$$

令

$$X_{\mathrm{L}}=\omega L=2\pi fL \tag{4-21}$$

则

$$\frac{U}{I}=X_{\mathrm{L}} \quad 或 \quad U=X_{\mathrm{L}}I \tag{4-22}$$

式(4-22)中 X_{L} 为电感的电抗，简称感抗，感抗与电阻具有相同的量纲。在工程技术中，常用感抗来表征电感对电流的阻碍作用。由式(4-21)可知，感抗 X_{L} 与电感 L、电源频率 f 的乘积成正比。在频率一定时，电感 L 越大，感抗 X_{L} 越大，因为 L 越大，同样电流下建立的磁场越强，阻碍电流变化的作用也越大。在电感 L 一定时，频率 f 越高，感抗 X_{L} 越大，当 $f\to\infty$ 时，$X_{\mathrm{L}}\to\infty$，电感相当于开路；当 $f\to 0$ 时，$X_{\mathrm{L}}\to 0$，电感相当于短路。因此电感具有“通直流、阻交流；通低频、阻高频”的作用。

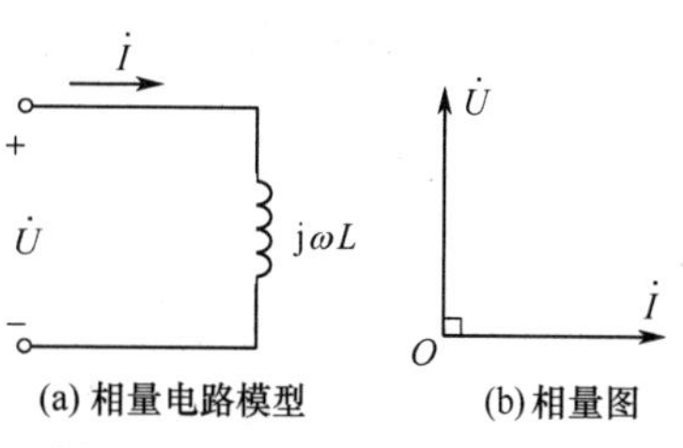

图 4-14　电感电路的相量形式

若用相量表示电压、电流的关系，则 $\dot{U}=U\mathrm{e}^{\mathrm{j}90^\circ}=U\angle 90^\circ$，$\dot{I}=I\mathrm{e}^{\mathrm{j}0^\circ}=I\angle 0^\circ$，则

$$\frac{\dot{U}}{\dot{I}}=\frac{U\angle 90^\circ}{I\angle 0^\circ}=\mathrm{j}X_{\mathrm{L}} \quad 或 \quad \dot{U}=\mathrm{j}X_{\mathrm{L}}\dot{I}=\mathrm{j}\omega L\dot{I} \tag{4-23}$$

上式同时表明了交流电感电路中电压与电流的大小和相位关系。相量电路模型如图 4-14(a)所示，相量图如图 4-14(b)所示。

4.3.3　电容元件交流电路

对于实际电容器，忽略它的漏电阻与分布电感，可以看成单一参数的电容。线性电容的交流电路如图 4-15(a)所示，在图示的参考方向下，有

$$i=\frac{\mathrm{d}q}{\mathrm{d}t}=C\frac{\mathrm{d}u}{\mathrm{d}t} \tag{4-24}$$

为了分析方便，设电压 u 为参考正弦量，即设

$$u=U_{\mathrm{m}}\sin\omega t$$

将其代入式(4-24)，可得流过电容的电流为

$$i=C\frac{\mathrm{d}u}{\mathrm{d}t}=C\frac{\mathrm{d}(U_{\mathrm{m}}\sin\omega t)}{\mathrm{d}t}=\omega CU_{\mathrm{m}}\cos\omega t=I_{\mathrm{m}}\sin(\omega t+90^\circ) \tag{4-25}$$

由以上两式可见，电容的电压和电流之间有如下关系：二者都是同频率的正弦量，电流在相位上超前电压 90°(电压和电流的相位差 $\varphi=-90^\circ$)，其波形如图 4-15(b)所示。

从式(4-25)中还可以看出 $I_{\mathrm{m}}=\omega CU_{\mathrm{m}}$，因此

$$\frac{U_{\mathrm{m}}}{I_{\mathrm{m}}}=\frac{U}{I}=\frac{1}{\omega C}$$

令

$$X_{\mathrm{C}}=\frac{1}{\omega C}=\frac{1}{2\pi fC} \tag{4-26}$$

则

$$\frac{U}{I}=X_{\mathrm{C}} \quad 或 \quad U=X_{\mathrm{C}}I \tag{4-27}$$

式中，称 X_C 为电容的电抗，简称容抗，它的单位同样是欧姆，在工程技术中，常用来表征电容对电流的阻碍作用。

容抗 X_C 与电容 C、电源频率 f 的乘积成反比。在频率一定时，电容 C 越大，容抗 X_C 越小，因为 C 越大，充放电过程中电荷量的变化越大，电流越大，也就是阻碍电流的作用即容抗 X_C 越小；在电容 C 一定时，容抗与频率 f 成反比，这个特点正好与前面叙述的感抗 X_L 相反，因此电容具有"通交流、阻直流；通高频、阻低频"的作用。

若用相量表示电压、电流的关系，则为 $\dot{U}=U\mathrm{e}^{\mathrm{j}0°}=U\angle 0°$，$\dot{I}=I\mathrm{e}^{\mathrm{j}90°}=I\angle 90°$。则

$$\frac{\dot{U}}{\dot{I}}=\frac{U\angle 0°}{I\angle 90°}=-\mathrm{j}X_{\mathrm{C}}$$

或

$$\dot{U}=-\mathrm{j}X_{\mathrm{C}}\dot{I}=\frac{\dot{I}}{\mathrm{j}\omega C} \tag{4-28}$$

上式表明了交流电容电路中电压与电流的大小和相位关系。相量电路模型如图 4-16(a)所示，相量图如图 4-16(b)所示。

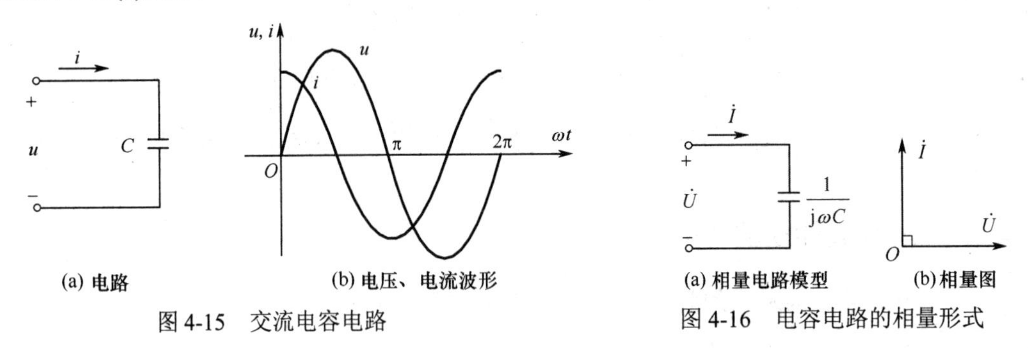

(a) 电路　(b) 电压、电流波形

图 4-15　交流电容电路

(a) 相量电路模型　(b) 相量图

图 4-16　电容电路的相量形式

【例 4-3】 我们日常照明用的荧光灯，可以看成是由各单一元件连接所构成的，灯管是电阻，镇流器是电感，如图 4-17 所示。假设电阻值为 300Ω，电感量为 2H，跳泡的电容量近似为 0.01 μF，若将其分别单独接入频率为 50Hz、电压有效值为 220V 的正弦电源上，问电流是多少?若电压值保持不变，频率改为 500Hz，则这时电流为多少?

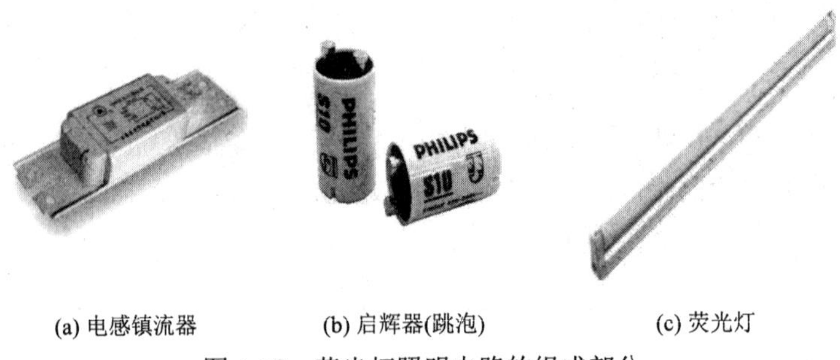

(a) 电感镇流器　(b) 启辉器(跳泡)　(c) 荧光灯

图 4-17　荧光灯照明电路的组成部分

解　(1) 当 f=50Hz 时

电阻：$I_{\mathrm{R}}=\dfrac{U}{R}=\dfrac{220}{300}=0.73\mathrm{A}$

电容：$X_C = \dfrac{1}{2\pi fC} = \dfrac{1}{2\times3.14\times50\times(0.01\times10^{-6})}\Omega = 318.5\text{k}\Omega$

$$I_C = \frac{U}{X_C} = \frac{220}{318.5}\text{mA} = 0.69\text{mA}$$

电感：$X_L = 2\pi fL = 2\times3.14\times50\times2\Omega = 628\Omega$

$$I_L = \frac{U}{X_L} = \frac{220}{628}\text{A} = 0.35\text{A}$$

（2）当 f =500Hz 时

电阻：电阻值不随电源频率而改变，因此电流仍然为 0.73A。

电容：$X_C = \dfrac{1}{2\pi fC} = \dfrac{1}{2\times3.14\times500\times(0.01\times10^{-6})}\Omega = 31.85\text{k}\Omega$

$$I_C = \frac{U}{X_C} = \frac{220}{31.85}\text{mA} = 6.9\text{mA}$$

电感：$X_L = 2\pi fL = 2\times3.14\times500\times2\Omega = 6280\Omega$

$$I_L = \frac{U}{X_L} = \frac{220}{6280}\text{A} = 0.035\text{A}$$

可见，在交流电路中，电阻电压和电流的大小与频率无关，而电感和电容则不同，在电压有效值一定时，频率愈高，电容的电流越大，电感的电流则越小。

4.4 RLC 串联电路

前面研究了单一参数元件的交流电路，实际电路往往是几种单一参数元件的组合。电阻、电感和电容串联（RLC）的交流电路就是最为典型的多参数元件正弦交流电路。比如，机载无线电通信系统中涉及对交流信号的处理，其中信号接收的调谐电路及信号处理的选频电路等都会用到 RLC 串联电路。其电路模型如图 4-18 所示。

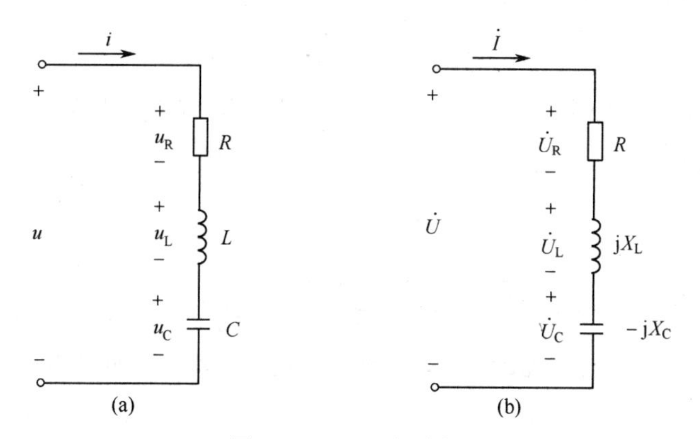

图 4-18　RLC 串联电路

4.4.1　阻抗、阻抗模和阻抗角

首先介绍阻抗。它是交流电路中非常重要的概念，在很多机载设备中也是重要的参数，在此以机载雷达天线的输入阻抗为例来说明阻抗的概念，并且推广到所有交流电路中。

如图 4-19 为国产某型机载雷达固定式天线，它的作用是实现电磁波的自由空间传播与波导传播之间的转换。之所以输入阻抗是一个重要参数，是因为天线的输入阻抗与天线的电气长度、粗细、馈电点的选择及周围的环境等有关，而且输入阻抗的电抗部分会随频率的改变而改变。为了使发射机产生的高频电磁能最有效地供给天线，必须使天线的输入阻抗同高频传输线的特性阻抗匹配。对于宽频带天线，要求当频率改变时天线的输入阻抗变化小，这样，天线与馈线间的匹配状况才不随频率的改变而发生显著变化。

图 4-19　某型机载雷达固定式天线

输入阻抗定义为输入端电压(相量)与电流(相量)的比值，对于一般正弦交流电路，定义为端电压相量 $\dot{U}=U\angle\phi_u$ 与电流相量 $\dot{I}=I\angle\phi_i$ 的比值，表达式为

$$Z=\frac{\dot{U}}{\dot{I}}$$

由于 $\dot{U}$ 、$\dot{I}$ 都是相量，是复数，因此 Z 也是复数，称为复阻抗，简称阻抗，单位为欧姆(Ω)。阻抗也可以表示成代数式，即 $Z=R+\mathrm{j}X$，实部 R 称为电阻，虚部 X 称为电抗，阻抗的定义式也被称为欧姆定律的相量形式。作为复数，阻抗还可以表示成模和辐角的形式

$$Z=|Z|\mathrm{e}^{\mathrm{j}\varphi}=|Z|\angle\varphi \tag{4-29}$$

复阻抗 Z 的模，称为阻抗模，用 $|Z|$ 表示，即

$$|Z|=\sqrt{R^2+X^2}=\frac{U}{I} \tag{4-30}$$

阻抗模 $|Z|$ 就是电压与电流的有效值之比，它具有对电流起阻碍作用的性质，其单位也是欧姆。阻抗 Z 的辐角 φ 称为阻抗角，即

$$\varphi=\arctan\frac{X}{R}=\phi_u-\phi_i \tag{4-31}$$

由式(4-31)可知，阻抗角 φ 就是电压与电流的相位差。

需要说明的是，阻抗是复数，不是相量，并不代表正弦量，所以 Z 上不加点。

对于 RLC 串联的正弦交流电路的分析，下面从它的阻抗入手。如图 4-18(b)所示，根据基尔霍夫电压定律，其电压相量表达式为

$$\dot{U}=\dot{U}_{\mathrm{R}}+\dot{U}_{\mathrm{L}}+\dot{U}_{\mathrm{C}} \tag{4-32}$$

上节已经得出了单一参数元件正弦交流电路中电压与电流的相量关系，即式(4-18)、式(4-23)和式(4-28)，将它们代入式(4-32)，可得

$$\dot{U}=R\dot{I}+\mathrm{j}X_{\mathrm{L}}\dot{I}-\mathrm{j}X_{\mathrm{C}}\dot{I}=[R+\mathrm{j}(X_{\mathrm{L}}-X_{\mathrm{C}})]\dot{I} \tag{4-33}$$

则

$$\frac{\dot{U}}{\dot{I}}=R+\mathrm{j}(X_{\mathrm{L}}-X_{\mathrm{C}})=Z \tag{4-34}$$

式中，Z 是总电压相量与电流相量的比值，实部 R 是串联电阻，虚部电抗 $X = X_{\mathrm{L}}-X_{\mathrm{C}}$，为感抗与容抗的差值。

4.4.2　电压与电流的关系

由前面的分析可知，RLC 串联电路的总电压相量和各个分电压(电阻电压、电感电压和电容电压)相量符合基尔霍夫电压定律，即 $\dot{U}=\dot{U}_{\mathrm{R}}+\dot{U}_{\mathrm{L}}+\dot{U}_{\mathrm{C}}$。它的有效值关系(大小关系)可以通过相量图来分析，如图 4-20 所示，考虑到串联电路中各元件通过同一电流，故选电流 $\dot{I}$ 为参考相量。从相量图可以看出，电压 $\dot{U}$ 、$\dot{U}_{\mathrm{R}}$ 及 $(\dot{U}_{\mathrm{L}}+\dot{U}_{\mathrm{C}})$ 三者构成了直角三角形，称为电压三角形，如图 4-21 所示。

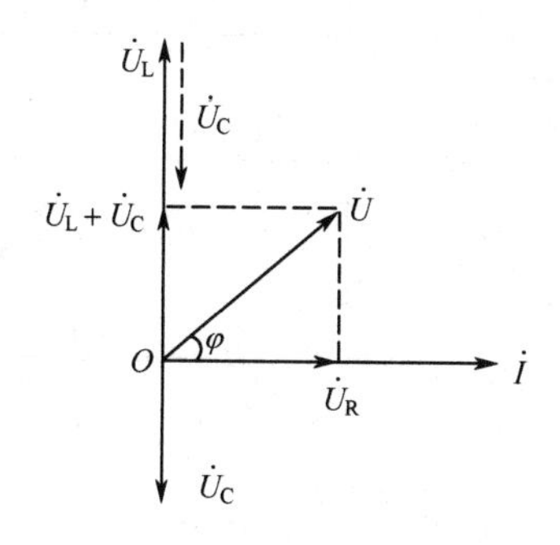

图 4-20　电流与电压的相量图

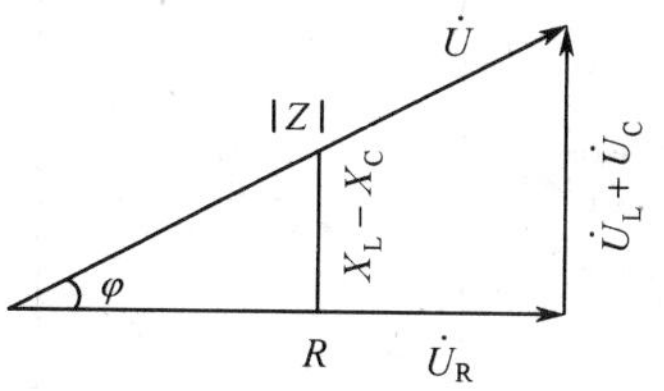

图 4-21　电压三角形、阻抗三角形

利用这个电压三角形可求得总电压的有效值，即

$$U=\sqrt{U_{\mathrm{R}}^{2}+(U_{\mathrm{L}}-U_{\mathrm{C}})^{2}}$$

由相量图还不难看到，由于总电压是各部分电压的相量和而不是代数和，当各电压相量不同相时，$U \neq U_{\mathrm{R}}+U_{\mathrm{L}}+U_{\mathrm{C}}$。

由阻抗的定义可知，阻抗的模 $|Z|$ 、实部 R 及虚部 $(X_{\mathrm{L}}-X_{\mathrm{C}})$ 三者也构成直角三角形，称为阻抗三角形。由于阻抗角就是电压和电流的相位差，因此它与电压三角形相似，见图 4-21。利用这种相似关系，只要将电压三角形各边长度同时除以总电流大小就得到了阻抗三角形，同时阻抗角 φ 也可以利用电压三角形来求得，即

$$\varphi=\arctan\frac{U_{\mathrm{L}}-U_{\mathrm{C}}}{U_{\mathrm{R}}}=\arctan\frac{X_{\mathrm{L}}-X_{\mathrm{C}}}{R} \tag{4-35}$$

4.4.3　电路性质讨论

由式(4-35)可见，在 RLC 串联电路中，电压与电流的相位差 φ 的正负完全由感抗 X_{L} 和容抗 X_{C} 的大小来决定，也就是取决于电路的参数及电源频率。改变这两个因素，电路的性质也随之发生变化，有以下 3 种情况。

① 如果 $X_{\mathrm{L}}>X_{\mathrm{C}}$，则 $\varphi>0$，说明电压超前电流 φ 角，感性元件占主导地位，这种电路称为电感性电路，或者说电路是呈电感性的。对于飞机而言，航空电机等大部分用电设备都属于电感性负载。

② 如果 $X_{\mathrm{L}}<X_{\mathrm{C}}$，则 $\varphi<0$，说明电压滞后电流 $|\varphi|$ 角，容性元件占主导地位，这种电路称为电

容性电路，或者说电路是呈电容性的。

③ 如果 $X_L = X_C$，则 $\varphi = 0$，这时电压与电流同相，电路为纯电阻性或简称为电阻性。这一特殊现象称为串联谐振。关于谐振的问题将在 4.7 节详细讨论。

上面讨论的 RLC 串联电路，包含了 3 种性质不同的参数，是具有一般意义的典型电路。表 4-1 列出了单一参数元件与 RLC 串联正弦交流电路中电压与电流的关系。

表 4-1　单一参数元件与 RLC 串联正弦交流电路中电压与电流的关系

电路	一般关系式	相量式	相位关系	大小关系
R	$u = Ri$	$\dot{I} = \dfrac{\dot{U}}{R}$	$\dot{U}$、$\dot{I}$ 同向　$\varphi = 0$	$I = \dfrac{U}{R}$
L	$u = L\dfrac{di}{dt}$	$\dot{I} = \dfrac{\dot{U}}{jX_L}$	O，$\dot{U}$ 向上，$\dot{I}$ 向右　$\varphi = +90^\circ$	$I = \dfrac{U}{X_L}$
C	$u = \dfrac{1}{C}\int i dt$	$\dot{I} = \dfrac{\dot{U}}{-jX_C}$	O，$\dot{I}$ 向右，$\dot{U}$ 向下　$\varphi = -90^\circ$	$I = \dfrac{U}{X_C}$
RLC 串联	$u = Ri + L\dfrac{di}{dt} + \dfrac{1}{C}\int i dt$	$\dot{I} = \dfrac{\dot{U}}{R + j(X_L - X_C)}$	$\varphi > 0$；$\varphi = 0$；$\varphi < 0$	$I = \dfrac{U}{\sqrt{R^2 + (X_L - X_C)^2}}$

有了复阻抗 Z 的定义后，对照表 4-1 可知，单一参数元件的阻抗分别为

$$Z_R = R,\ Z_L = j\omega L,\ Z_C = \frac{1}{j\omega C}$$

RLC 串联电路分析可以看成 Z_R、Z_L、Z_C 的串联，比较时域和复数域内两大定律(欧姆定律和基尔霍夫定律)

$$u = iR \Rightarrow \dot{U} = \dot{I}R$$

$$\sum u = 0,\ \sum i = 0 \Rightarrow \sum \dot{U} = 0,\ \sum \dot{I} = 0$$

不难发现它们的运算关系完全相同，不同之处在于一个是时域变量，另一个是相量。因此阻抗的串联也同电阻串联的运算形式相同，即

$$Z = Z_R + Z_L + Z_C = R + j\left(\omega L - \frac{1}{\omega C}\right)$$

该结果与前面的结论相同。同理可以推广到阻抗的并联及混联电路。对于前面介绍的支路电流法、节点电压法等直流电阻电路分析方法，都是基于这两个电路基本定律推导出来的，所以可以直接将运算形式移植于相量法中。

【例 4-4】 在 RLC 串联电路中，已知 $R = 90\Omega$，$L = 32\text{mH}$，$C = 5\mu\text{F}$，电源电压 $u = 750\sqrt{2} \cdot \sin(5000t + 30^\circ)\text{V}$。(1)求 RLC 串联电路阻抗；(2)求电流相量、有效值与瞬时值的表示式；(3)求各部分电压相量；(4)作相量图。

解 (1) $X_L = \omega L = 5000 \times 32 \times 10^{-3} = 160\Omega$

$$X_C = \frac{1}{\omega C} = \frac{1}{5000 \times (5 \times 10^{-6})} = 40\Omega$$

$$Z = R + j(X_L - X_C) = 90 + j(160 - 40)$$
$$= 90 + j120 = 150\angle 53.1°\Omega$$

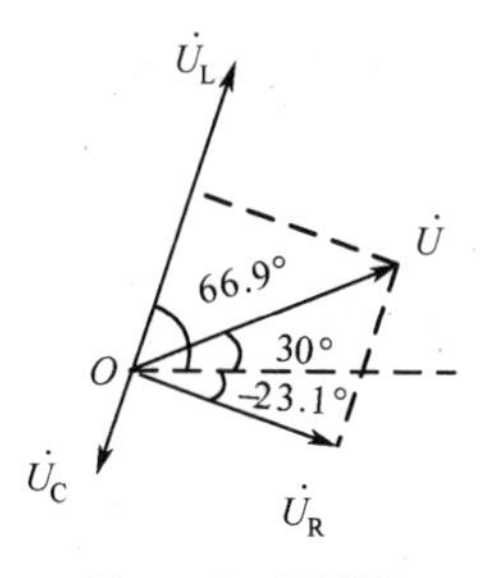

图 4-22　相量图

(2) $\dot{I} = \dfrac{\dot{U}}{Z} = \dfrac{750\angle 30°}{150\angle 53.1°} = 5\angle -23.1°\text{A}$

$I = 5\text{A}$

$i = 5\sqrt{2}\sin(5000\,t - 23.1°)\text{A}$

(3) $\dot{U}_R = R\dot{I} = 90 \times 5\angle -23.1° = 450\angle -23.1°\text{V}$

$\dot{U}_L = jX_L\dot{I} = j160 \times 5\angle -23.1° = 800\angle 66.9°\text{V}$

$\dot{U}_C = -jX_C\dot{I} = -j40 \times 5\angle -23.1° = 200\angle -113.1°\text{V}$

(4) 相量图如图 4-22 所示。

【例4-5】 某型飞机的机载航空电台接收机的检波部分电路如图 4-23 所示，为 RC 混联电路，已知 $R = X_C = 10\Omega$，正弦电源电压 $U = 9\text{V}$，试求：(1)电压 U_2；(2)$\dot{U}_2$ 与 $\dot{U}$ 之间的相位差 φ。

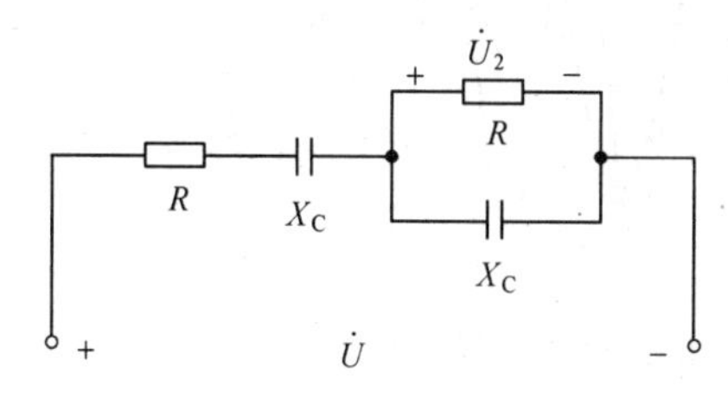

图 4-23　例 4-5 的图

解　设 $\dot{U} = 9\angle 0°\text{V}$。

RC 串联部分的等效阻抗

$$Z_1 = R - jX_C = 10 - j10\Omega$$

RC 并联部分的等效阻抗

$$Z_2 = R//(-jX_C) = \frac{10 \times (-j10)}{10 - j10} = \frac{-j10}{1 - j} = 5 - j5\Omega$$

由分压公式

$$\dot{U}_2 = \frac{Z_2}{Z_1 + Z_2}\dot{U} = \frac{5 - j5}{10 - j10 + 5 - j5} \times 9\angle 0° = 3\angle 0°\text{V}$$

所以

$$U_2 = 3\text{V}$$

$\dot{U}_2$ 与 $\dot{U}$ 之间的相位差 $\varphi = 0$ (同相)。

4.5　正弦交流电路的功率

在很多交流用电器的铭牌上，都可以看到关于功率的标示，如图 4-24 所示。对于正弦交流电路的分析，除了要确定电路的电压和电流关系，还要研究电路中的能量转换及功率问题，这对于飞机的供电系统及实际生产和生活中电能的利用具有重要的意义。

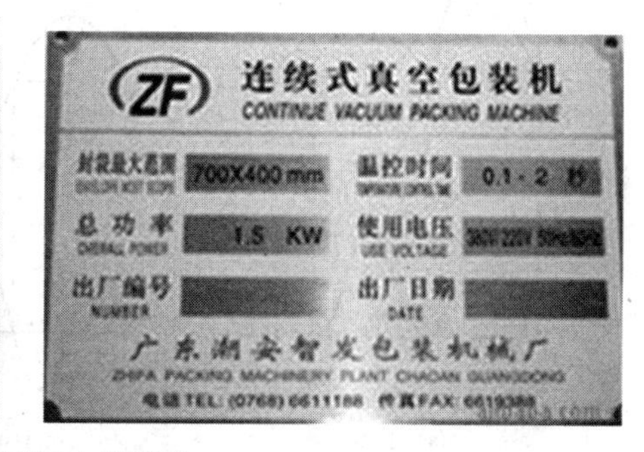

图 4-24　某交流用电器铭牌

4.5.1 瞬时功率

对于任意无源一端口网络(N)，端口电压和电流都是正弦量，参考方向如图 4-25 所示。令

$$u = \sqrt{2}U\sin(\omega t+\varphi)$$

$$i = \sqrt{2}I\sin(\omega t)$$

这里取电流 i 为参考正弦量。端口网络(N)所吸收的瞬时功率等于正弦电压 u 与电流 i 的乘积，即

$$p = ui = 2UI\sin(\omega t+\varphi)\sin(\omega t) \tag{4-36}$$

其波形图如图 4-26 所示。

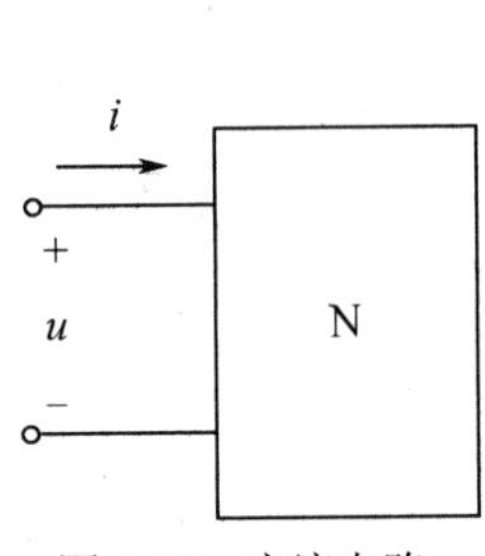

图 4-25　交流电路

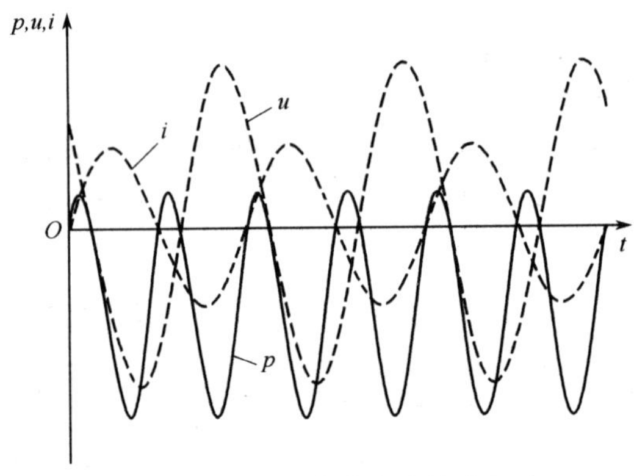

图 4-26　正弦交流电路的功率

从波形图上可以看出，瞬时功率也是一个正弦波，而且它的频率是电压和电流频率的 2 倍。同时还发现瞬时功率在一个周期的某个时间段有可能是负值，这是由于无源网络中的储能元件能量的释放造成的。

下面分析单一参数元件的瞬时功率情况，一般情况一端口网络(N)可以看成单一参数元件的组合。

1．电阻

电阻电压与电流同相，取电流为参考，则瞬时功率为

$$p_{\mathrm{R}} = ui = 2UI\sin^2(\omega t)$$

从表达式可以看出，电阻的瞬时功率是始终大于或等于零的，波形如图 4-27(a)所示，始终位于横轴上方，说明电阻瞬时功率虽然大小存在变化，但始终是吸收能量，充分说明了电阻的耗能特性。

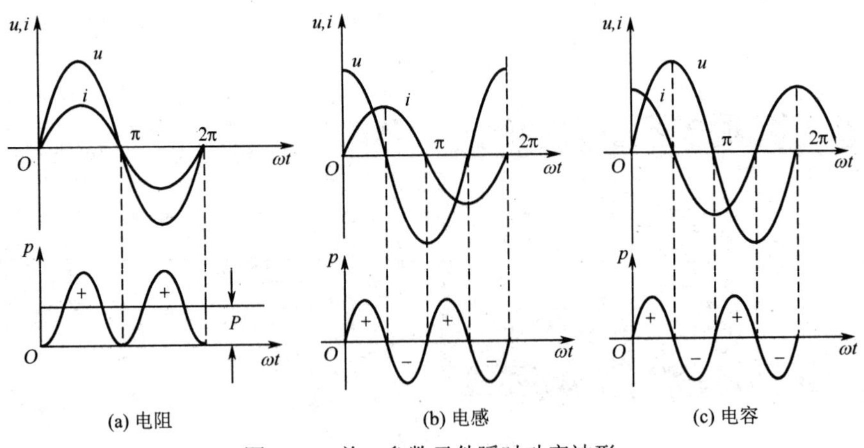

图 4-27　单一参数元件瞬时功率波形

2. 电感

电感电压超前电流 90°，取电流为参考，则瞬时功率为

$$p_L = ui = 2UI\sin(\omega t)\sin(\omega t + 90°) = UI\sin(2\omega t)$$

从表达式和波形图 4-27(b)上可以看出，电感的瞬时功率为标准正弦波，有正有负，且正负相等，说明吸收能量与释放能量相等，充分说明了电感的储能特性。

3. 电容

由于电容电压滞后电流 90°，因此这里特别选取电压为参考，则瞬时功率得到和电感相同的形式，波形图如图 4-27(c)所示，说明了电容的储能特性。

4.5.2 平均功率

瞬时功率的表达式说明交流电路的功率是随时间变化的，这可以用来解释某些电机驱动设备(如电冰箱)的振动。但绝大多数交流用电器上所标示的功率是定值，如图 4-24 的两个用电器铭牌所标示的功率。这个功率是瞬时功率(见图 4-26)的平均值，称为平均功率(有功功率)，它的表达式为

$$P = \frac{1}{T}\int_0^T p\mathrm{d}t \tag{4-37}$$

将式(4-36)变换整理，可得

$$p = UI\cos\varphi - UI\cos(2\omega t + \varphi) \tag{4-38}$$

式(4-38)中，第一项为常数，称为恒定分量，第二项为余弦函数，称为自由分量。将式(4-38)代入式(4-37)，得

$$P = \frac{1}{T}\int_0^T [UI\cos\varphi - UI\cos(2\omega t + \varphi)]\mathrm{d}t = UI\cos\varphi \tag{4-39}$$

有功功率就是瞬时功率的恒定分量，它衡量了无源一端口网络实际所吸收的功率，其单位用 W(瓦)来表示。对于单一参数元件来说，电阻的有功功率 $P_R = I_R^2 R$，而电感和电容的有功功率均为零。这说明，对于一般性负载，它的有功功率其实就是其电阻分量所消耗的功率。

4.5.3 无功功率

有功功率可以表示正弦电路实际所吸收的平均功率，但通过瞬时功率的表达式和波形图发现，瞬时功率会出现负值，也就是说储能元件同电源进行能量交换，用无功功率来衡量能量交换的程度。将瞬时功率的表达式进一步变换整理，得

$$p = UI\cos\varphi\left[1 - \cos(2\omega t)\right] + UI\sin\varphi\sin(2\omega t) \tag{4-40}$$

式(4-40)中，第一项是始终大于零的，也就是始终从电源获得能量，称为不可逆分量；第二项为正弦函数，是围绕横轴上下波动的，称为可逆分量。用可逆分量的振幅来定义无功功率 Q，表达式为

$$Q = UI\sin\varphi \tag{4-41}$$

无功功率是衡量能量交换程度的，因此无功功率的单位用无功伏安表示，简称 Var(乏)。对于单一参数元件来说，电阻的无功功率为零，而电感的无功功率为 $Q_L = U_L I_L = I_L^2 X_L$，电容的无功功率为 $Q_C = -U_C I_C = -I_C^2 X_C$。这说明，对于一般性负载，它的无功功率的存在其实就是其储能元件所造成的，同时电感和电容的无功功率由于正负相反还可以相互抵消。

4.5.4 视在功率

许多电力设备的容量是由它们的额定电压和额定电流的乘积来决定的，如图 4-28 所示为某单相交流稳压电源铭牌。这个功率称为视在功率 S，它的定义式为

$$S=UI \tag{4-42}$$

单位为伏安(VA)或千伏安(kVA)。

飞机电源系统的容量就是用视在功率来定义的。飞机电源系统的容量是指主电源的容量，等于飞机上主发电系统的通道数与单台主发电系统额定容量的乘积，直流电源容量的单位为 kW，交流电源容量的单位为 kVA。低压直流发电机的额定容量有 3kW、6kW、9kW、12kW 和 18kW 等数种。恒频交流电源的额定容量有 6kVA、15kVA、20kVA、30kVA、40kVA、60kVA、75kVA、90kVA、120kVA 和 150kVA 等数种。混合电源的变频交流额定容量有 12kVA、30kVA 和 60kVA 等数种。第四代新型变频交流电源的额定容量目前有 150kVA 和 250kVA 两种。通常飞机电源的设计容量应接近用电量的最大飞行阶段所需容量的 2 倍，以允许负载增加和一旦发生一个电源失效时能继续完成飞行任务。

对于同一电路而言，它的有功功率、无功功率和视在功率之间存在以下关系

$$S=\sqrt{P^2+Q^2} \tag{4-43}$$

这样 P、Q、S 三者也组成一个直角三角形，称为功率三角形，如图 4-29 所示。这里的 φ 角是电压与电流的相位差，也就是无源网络的阻抗角，因此阻抗三角形与功率三角形是相似的。

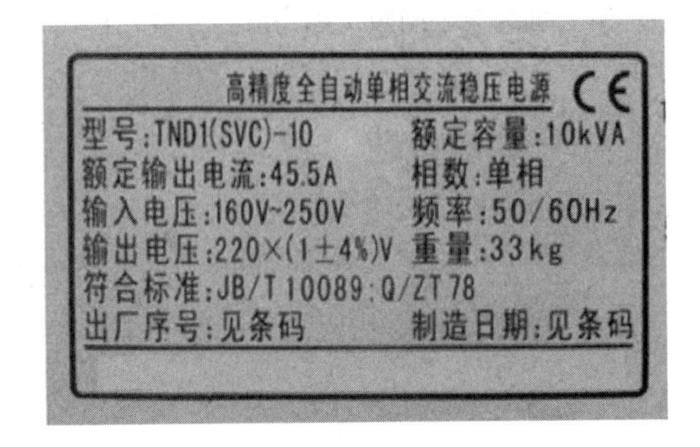

图 4-28 某单相交流稳压电源铭牌

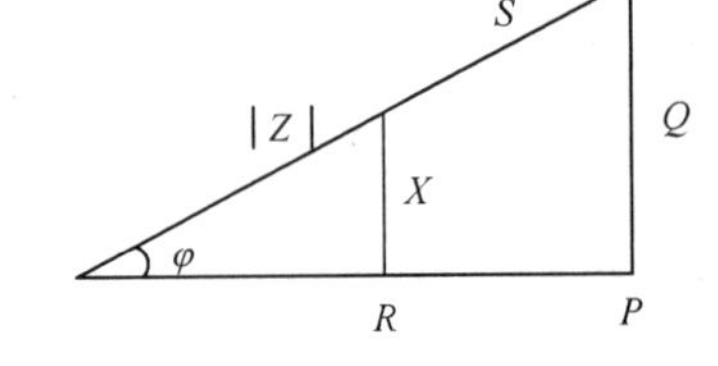

图 4-29 功率三角形、阻抗三角形

【例 4-6】 在图 4-30 中，$\dot{U}=110\angle 45°\text{V}$，$R_1=5\Omega$，$R_2=10\Omega$，$X_L=20\Omega$，$X_C=40\Omega$。试求：(1)等效阻抗 Z；(2)电流 $\dot{I}$、$\dot{I}_1$ 和 $\dot{I}_2$；(3)电路的有功功率和无功功率；(4)验证功率守恒。

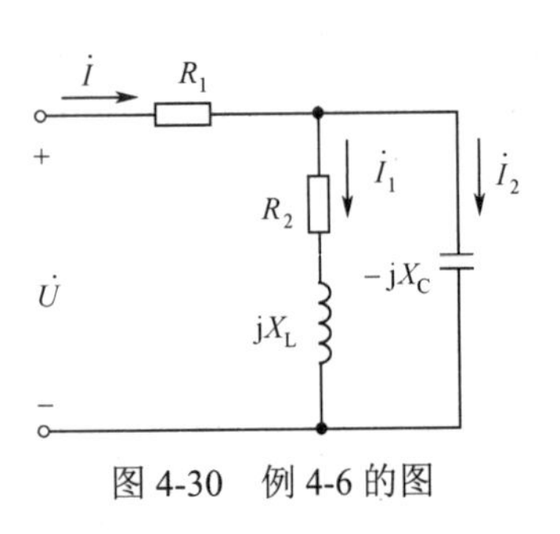

图 4-30 例 4-6 的图

解 (1) 等效阻抗

$$Z=5+\frac{(10+\text{j}20)\times(-\text{j}40)}{10+\text{j}20-\text{j}40}=44\angle 33°\Omega$$

(2) $$\dot{I}=\frac{\dot{U}}{Z}=\frac{110\angle 45°}{44\angle 33°}=2.5\angle 12°\text{A}$$

$$\dot{I}_1=\frac{-\text{j}40}{10+\text{j}20-\text{j}40}\dot{I}$$

$$=\frac{40\angle -90°}{22.4\angle -63.4°}\times 2.5\angle 12°=4.5\angle -14.6°\text{A}$$

$$\dot{I}_2 = \frac{10+\mathrm{j}20}{10+\mathrm{j}20-\mathrm{j}40}\dot{I} = \frac{22.4\angle 63.4^\circ}{22.4\angle -63.4^\circ}\times 2.5\angle 12^\circ = 2.5\angle 138.8^\circ \mathrm{A}$$

(3) $\dot{U}$ 与 $\dot{I}$ 的相位差

$$\varphi = 45^\circ - 12^\circ = 33^\circ \text{(电感性)}$$

故有功功率

$$P = UI\cos\varphi = 110\times 2.5\times\cos 33^\circ = 231\mathrm{W}$$

无功功率

$$Q = UI\sin\varphi = 110\times 2.5\times\sin 33^\circ = 150\mathrm{Var}$$

(4) 验证功率守恒

$$P_{\mathrm{R1}} = I^2 R_1 = 2.5^2\times 5 = 31.25\mathrm{W}$$
$$P_{\mathrm{R2}} = I_1^2 R_2 = 4.5^2\times 10 = 202.5\mathrm{W}$$
$$P_{\mathrm{R1}} + P_{\mathrm{R2}} = 31.25 + 202.5 = 233.75\mathrm{W} \approx P$$
$$Q_{\mathrm{L}} = I_1^2 X_{\mathrm{L}} = 4.5^2\times 20 = 405\mathrm{Var}$$
$$Q_{\mathrm{C}} = -I_2^2 X_{\mathrm{C}} = -2.5^2\times 40 = -250\mathrm{Var}$$
$$Q_{\mathrm{L}} + Q_{\mathrm{C}} = 405 - 250 = 155\mathrm{Var} \approx Q$$

从计算结果可以看出，电源所提供的有功功率和无功功率与负载所消耗的近似相等，说明整个电路有功功率守恒、无功功率守恒。

4.5.5 功率因数及感性负载功率因数的提高

在交流电路中，有功功率和视在功率的比值用 λ 表示，称为电路的功率因数，即

$$\lambda = \frac{P}{S} = \cos\varphi \tag{4-44}$$

因而，电压与电流的相位差 φ 又称为功率因数角，它是由电路的参数决定的。在纯电容和纯电感电路中，$P=0$，$Q=S$，$\lambda = 0$，功率因数最低；在纯电阻电路中，$Q=0$，$P=S$，$\lambda = 1$，功率因数最高。在电感性负载(等效成含 R 和 L)和电容性负载(等效成含 R 和 C)中，$\lambda < 1$。如日光灯电路和异步电动机都是电感性负载。前者的功率因数约为 0.6，后者在满载运行时功率因数约为 0.85。

功率因数是电力系统中一个重要的技术经济指标。功率因数远小于 1 时称为低落。在工程上，许多电气设备都是由铁心线圈构成的，如电动机等，所以大多属于电感性负载；飞机上大功率电动机负载等大部分也是电感性负载。若负载的功率因数太低，则会引起两个方面的问题。

1．降低供电设备的利用率

若飞机的供电设备容量为 S_{N}，它能够输出的有功功率为 $P = S_{\mathrm{N}}\cos\varphi$，$\cos\varphi$ 越小，P 越小，设备越得不到充分利用。这个问题对于电源体积、效率及重量要求更高的飞机电力系统来讲是非常严重的。对于工业和民用供电系统也是如此，我国有关供电规则中规定，高压供电的工业用户必须保证用电功率因数在 0.9 以上，其他用户应保持在 0.85 以上，否则将受到罚款或停电处理。

2．增加供电设备和输电线路的功率损耗

负载从电源取用的电流为 $I = \dfrac{P}{U\cos\varphi}$，在 P 和 U 一定的情况下，$\cos\varphi$ 越小，I 就越大，供电设备和输电线路的功率损耗也就越多。这个问题对于飞机供电系统的影响不太明显，而对于需要远距离输电的工业和民用供电系统来说则是非常严重的问题，会造成大量的能源浪费。

电路的功率因数小，究其原因是因为无功功率大，使得有功功率与视在功率的比值小。由于电

感性无功功率可以由电容性无功功率来补偿，所以提高电感性电路的功率因数除尽量提高负载本身的功率因数外，还可以采取与电感性负载并联适当电容的方法。这时电路的工作情况可以通过图 4-31 所示电路图和相量图来说明。并联电容前，电路的总电流就是负载的电流 $\dot{I}_{\mathrm{L}}$，电路的功率因数就是负载的功率因数 $\cos\varphi_{\mathrm{L}}$。并联电容后，电路总电流 $\dot{I}=\dot{I}_{\mathrm{L}}+\dot{I}_{\mathrm{C}}$，电路的功率因数变为 $\cos\varphi$。由于 $\varphi<\varphi_{\mathrm{L}}$，所以 $\cos\varphi>\cos\varphi_{\mathrm{L}}$。只要 C 选得恰当，就可将电路的功率因数提高到希望的数值。并联电容后，负载的工作未受影响，它本身的功率因数并没有提高，提高的是整个电路的功率因数。如图 4-32 所示为某电力公司安装的电容补偿柜。

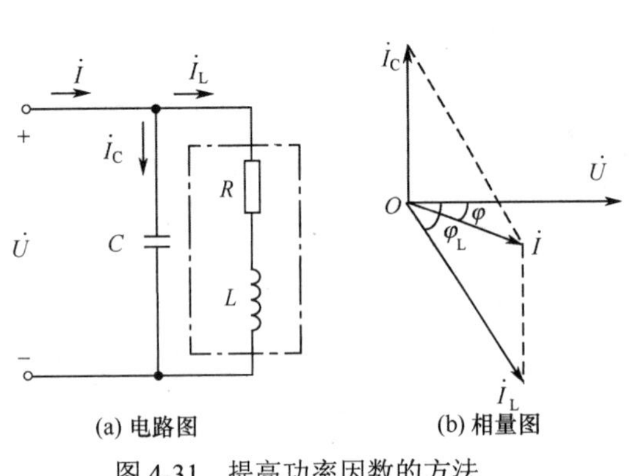

(a) 电路图　　(b) 相量图

图 4-31　提高功率因数的方法

图 4-32　电容补偿柜

4.6　滤 波 电 路

在交流电路中，电感的感抗和电容的容抗都与频率有关。在电源频率一定时，它们有一确定值。当电源电压或电流(激励)的频率改变时，容抗和感抗随之改变，而电路中各部分所产生的电压和电流(响应)的大小和相位也随之变化。响应与频率的关系称为电路的频率特性或频率响应。在电力系统中，频率一般是固定的，但在电子技术和控制系统中，经常要研究在不同频率下电路的工作情况。本节讨论由 RC 电路所组成的滤波电路的频率特性。

所谓滤波就是利用容抗或感抗随频率而改变的特性，对不同频率的输入信号产生不同的响应，让需要的某一频带的信号顺利通过，而抑制不需要的其他频率的信号。滤波电路通常可分为低通、高通、带通和带阻等多种。

4.6.1　低通滤波电路

低通滤波是一种过滤方式，规则为低频信号能正常通过，而超过设定临界值的高频信号则被阻隔、减弱。低通滤波器作为选频器件，它既可以通过有用信号，又能抑制干扰信号和谐波信号，在现代通信和雷达系统中有着广泛的应用。机载雷达被誉为“空中鹰眼”，是飞机重要的信息技术装备，也是决定空战胜负的重要因素，雷达的内部涉及各种不同频率的信号处理，其中低通滤波器就是必不可少的环节，如图 4-33 所示为某跟踪雷达的电路方框图。它采用自动增益控制(AGC)，由一级峰值检波器和低通滤波器组成，构成一个负反馈系统，从而保证对目标的自动方向跟踪。本节介绍最基本的 RC 串联低通滤波电路(见图 4-34)，它是众多的复杂滤波电路的基础。

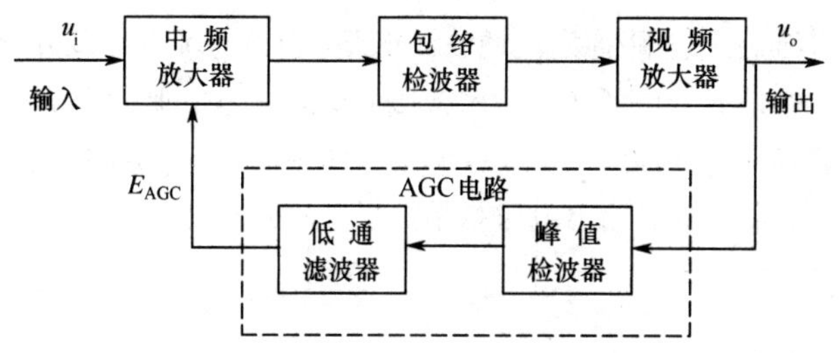

图 4-33　某跟踪雷达的电路方框图

在图 4-34 中，$\dot{U}_1$ 为输入电压，$\dot{U}_2$ 为输出电压，两者都是频率的函数。用相量法可知

$$\dot{U}_2=\frac{\frac{1}{\mathrm{j}\omega C}}{R+\frac{1}{\mathrm{j}\omega C}}\dot{U}_1=\frac{\dot{U}_1}{1+\mathrm{j}\omega RC} \tag{4-45}$$

电路的输出电压与输入电压之比称为电路的传递函数，它是一个复数，用 $N(\mathrm{j}\omega)$ 表示，即

$$N(\mathrm{j}\omega)=\frac{\dot{U}_2}{\dot{U}_1}=\frac{1}{1+\mathrm{j}\omega RC}=\frac{1}{\sqrt{1+(\omega RC)^2}}\angle-\arctan(\omega RC)=|N(\omega)|\angle\varphi(\omega) \tag{4-46}$$

式中

$$|N(\omega)|=\frac{U_2}{U_1}=\frac{1}{\sqrt{1+(\omega RC)^2}} \tag{4-47}$$

是传递函数 $N(\mathrm{j}\omega)$ 的模。它就是输出电压与输入电压的幅值比，是角频率 ω 的函数。

设

$$\omega_0=\frac{1}{RC}$$

则

$$N(\mathrm{j}\omega)=\frac{1}{1+\mathrm{j}\frac{\omega}{\omega_0}}=\frac{1}{\sqrt{1+\left(\frac{\omega}{\omega_0}\right)^2}}\angle-\arctan\left(\frac{\omega}{\omega_0}\right)$$

表示 $|N(\omega)|$ 随 ω 变化的特性称为幅频特性。

$$\varphi(\omega)=-\arctan(\omega RC) \tag{4-48}$$

是 $N(\mathrm{j}\omega)$ 的辐角。它就是输出电压与输入电压的相位差，也是角频率 ω 的函数。表示 $\varphi(\omega)$ 随 ω 变化的特性称为相频特性。幅频特性与相频特性统称为频率特性。它们的曲线如图 4-35 所示。

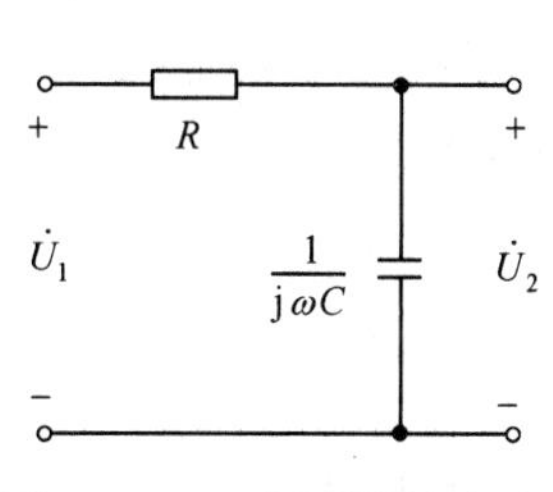

图 4-34　RC 低通滤波电路

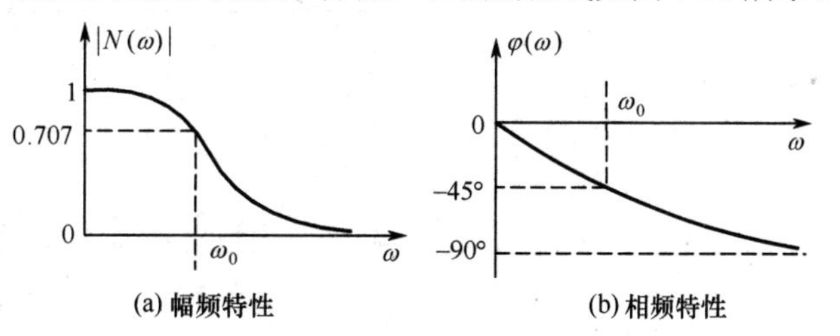

图 4-35　RC 低通滤波电路的频率特性

由式(4-47)和图4-35(a)可知，ω 愈低，$|N(\omega)|$ 愈大。当 $\omega=0$ 时，$|N(\omega)|=1$；而 ω 增加时，$|N(\omega)|$ 则减小，$\omega\to\infty$，$|N(\omega)|\to 0$。故幅频特性随频率而单调连续下降，所以低频信号容易通过，而高

频信号将受到抑制，我们把这种电路称为低通滤波电路。当$|N(\omega)|$下降到其最大值的$1/\sqrt{2}(\approx 0.707)$时，所对应的角频率$\omega_0$称为截止角频率。频率范围$0<\omega\leqslant\omega_0$，则称为通频带。

由图 4-35(b)所示的相频特性曲线可知，随着ω由$0\to\infty$，$\varphi(\omega)$将由$0\to -90°$，当$\omega=\omega_0$时，$\varphi(\omega)=-45°$。φ角总是负值，说明输出电压总是滞后于输入电压的。因此，这种电路又称为相位滞后的 RC 电路。

4.6.2 高通滤波电路

高通滤波器又称低截止滤波器，是一种让某一频率以上的信号分量通过，而对该频率以下的信号分量大大抑制的滤波器。与低通滤波电路的原理类似，只需将 RC 低通滤波电路的输出改为由电阻R两端输出，就构成了最基本的 RC 高通滤波电路，如图 4-36 所示。电路的传递函数为

$$N(\mathrm{j}\omega)=\frac{\dot{U}_2}{\dot{U}_1}=\frac{R}{R+\dfrac{1}{\mathrm{j}\omega C}}=\frac{1}{\sqrt{1+\left(\dfrac{1}{\omega RC}\right)^2}}\angle\arctan\left(\frac{1}{\omega RC}\right) \tag{4-49}$$

所以电路的幅频特性为

$$|N(\omega)|=\frac{U_2}{U_1}=\frac{1}{\sqrt{1+\left(\dfrac{1}{\omega RC}\right)^2}} \tag{4-50}$$

相频特性为

$$\varphi(\omega)=\arctan\frac{1}{\omega RC} \tag{4-51}$$

它们相应的曲线如图 4-37(a)和(b)所示。

由式(4-50)和图 4-37(a)可知，ω愈高，$|N(\omega)|$愈大。当$\omega=0$时，$|N(\omega)|=0$；当$\omega\to\infty$时，$|N(\omega)|\to 1$，幅频特性随角频率单调连续增长，所以高频信号容易通过，而低频信号受到抑制，故称这种电路为高通滤波电路。由于在相位上，输出电压总超前输入电压，所以又称此电路为相位超前的 RC 电路。

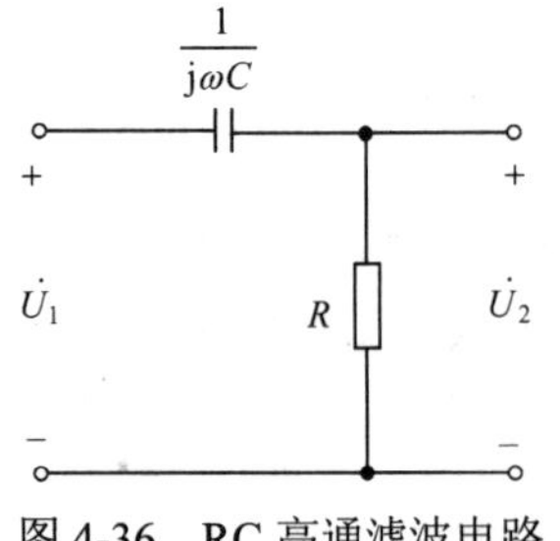

图 4-36 RC 高通滤波电路

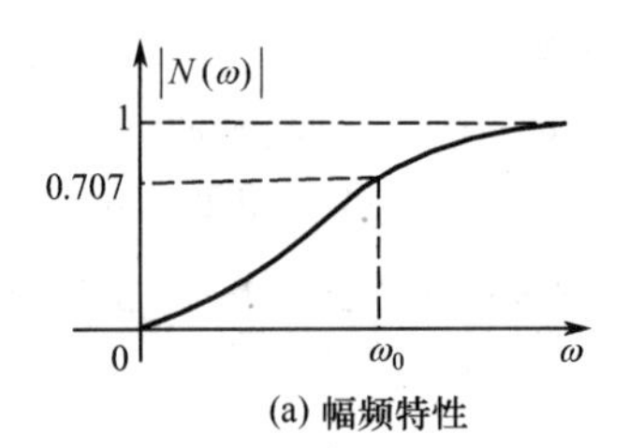

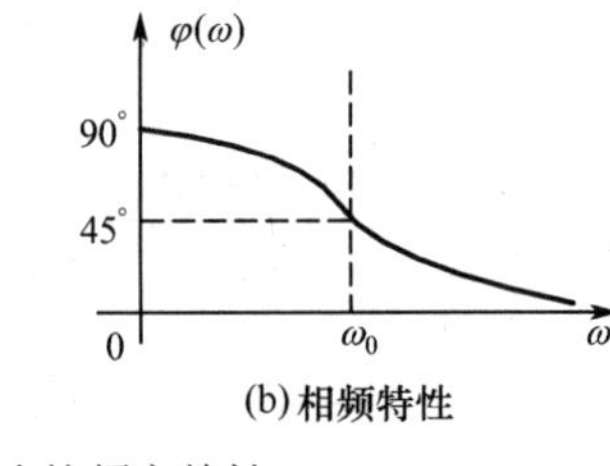

图 4-37 高通滤波电路的频率特性

4.7 电路中的谐振

在含有电感、电容和电阻的电路中，如果等效电路中的感抗作用和容抗作用相互抵消，使整个电路呈电阻性，这种现象称为谐振。在雷达、遥控遥测系统中，发射机的载波信号源是能够产生特定频率的正弦波振荡器，其中的选频网络常用的是 LC 选频电路，就是应用了谐振这一原理，LC 选频电路是高频电路中最基本的也是应用最广泛的选频网络。如图 4-38 所示为 LC 谐振回路。

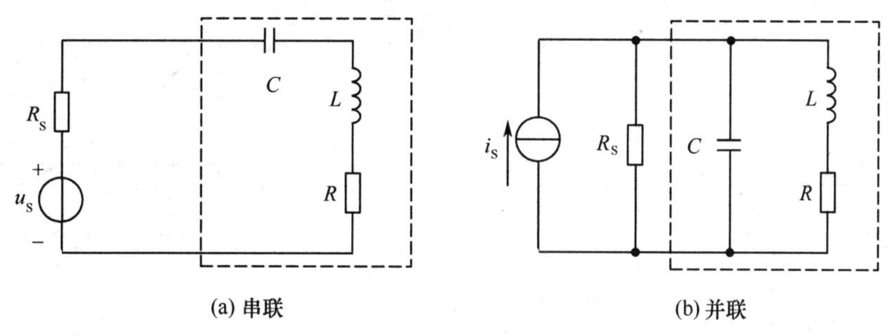

图 4-38　LC 谐振回路

LC 谐振回路分为并联回路和串联回路两种形式，就是由电感 L 和电容 C 并联或串联形成的回路。下面分别就这两种谐振电路进行讨论。

4.7.1　串联谐振

1．串联谐振的条件

图 4-39 为略去信号源部分的 RLC 串联电路及谐振时的相量图，电路的阻抗 $Z = R + \mathrm{j}(X_L - X_C)$。要使电路呈电阻性，阻抗的虚部应等于零。也就是当

$$X_L = X_C \quad 或 \quad 2\pi fL = \frac{1}{2\pi fC} \tag{4-52}$$

时，有

$$\varphi = \arctan\frac{X_L - X_C}{R} = 0$$

即总电压与总电流同相，这时电路中发生串联谐振。式(4-52)是串联谐振的条件，由此可得出谐振频率为

$$f_0 = \frac{1}{2\pi\sqrt{LC}} \tag{4-53}$$

f_0 称为电路的固有频率，它取决于电路参数 L 和 C，是电路的一种固有属性。可见，改变 L、C 或电源频率 f 都能使电路发生谐振。

2．串联谐振的特征

（1）由如图 4-40 所示的阻抗模与电流随频率变化的曲线可知，当电路发生谐振时，电路的阻抗模 $|Z| = \sqrt{R^2 + (X_L - X_C)^2} = R$，为最小值。而当电压 U 不变时，电流 $I_0 = U/R$，达到最大值。

（2）电压与电流同相($\varphi = 0$)，因此电路总无功功率 $Q = 0$。电源提供的电能全部被电阻所消耗，电源与电路之间无能量交换，能量的互换只发生在电感和电容之间。

（3）电感和电容上的电压有可能远大于电源电压。谐振时 $X_L = X_C$，所以 $U_L = U_C$，则 $\dot{U}_L + \dot{U}_C = 0$，即电感电压与电容电压大小相等，相位相反，互相抵消，因此 $\dot{U} = \dot{U}_R$，见图 4-39(b)。当 X_L(或X_C) >> R 时，会出现 U_L(或 U_C)超过外加电压 U 许多倍的现象，因此串联谐振又称电压谐振。前面所说的选频作用就是利用这一特点实现的。U_L(或 U_C)与电源电压 U 的比值称为串联谐振电路的品质因数，其表达式为

$$Q = \frac{U_C}{U} = \frac{U_L}{U} = \frac{1}{\omega_0 CR} = \frac{\omega_0 L}{R} = \frac{1}{R}\sqrt{\frac{L}{C}} \tag{4-54}$$

可见品质因数的大小与电源无关，只与电路参数有关，大小一般在几十到几百之间。

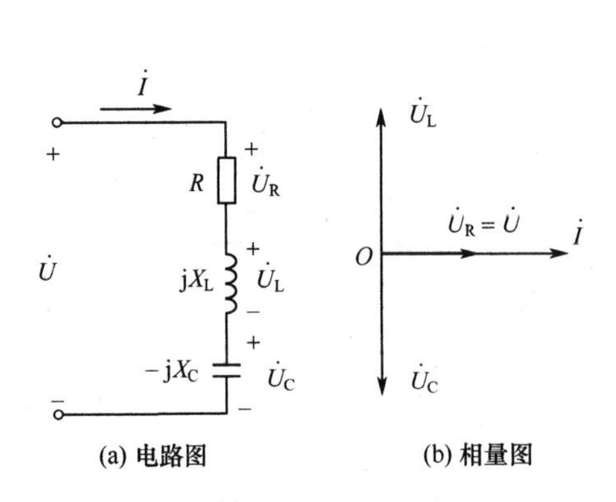

图 4-39　RLC 串联电路及谐振时的相量图

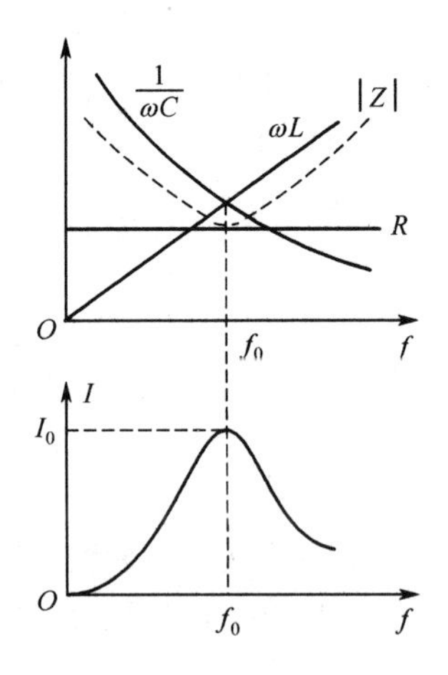

图 4-40　阻抗模与电流随频率变化的曲线

【例 4-7】 某机载无线电台的调谐电路为 RLC 串联谐振电路，其电路模型如图 4-39 所示，$R=20\Omega$，$L=0.25\text{mH}$，为了接收到某电台 560kHz 的信号，试问：

(1) 电容应调至何值？

(2) 当输入电压 U=10μV 时，谐振电流及此时电容上的电压 U_C 各为多少？

(3) 对于 820kHz 电台的信号，电路中的电流及电容上的电压各为多少?

解 (1) 串联谐振时

$$f=f_0=\frac{1}{2\pi\sqrt{LC}}$$

可得

$$C=\frac{1}{(2\pi f)^2L}=\frac{1}{(2\times3.14\times560\times10^3)^2\times0.25\times10^{-3}}=323\text{pF}$$

(2)

$$I_0=\frac{U}{R}=\frac{10\times10^{-6}}{20}=0.5\mu\text{A}$$

$$U_C=\frac{1}{2\pi fC}I_0=\frac{1}{2\times3.14\times560\times10^3\times323\times10^{-12}}\times0.5=440\mu\text{V}$$

(3) 当 f=820kHz 时

$$\omega=2\pi f=2\times3.14\times820\times10^3=5.15\times10^6\text{rad/s}$$

$$|Z|=\sqrt{R^2+\left(\omega L-\frac{1}{\omega C}\right)^2}$$

$$=\sqrt{20^2+\left(5.15\times10^6\times250\times10^{-6}-\frac{1}{5.15\times10^6\times323\times10^{-12}}\right)^2}$$

$$\approx686.7\Omega$$

$$I=\frac{U}{|Z|}=\frac{10\times10^{-6}}{686.7}\approx0.0146\mu\text{A}$$

$$U_C=IX_C=0.0146\times10^{-6}\times\frac{1}{5.15\times10^6\times323\times10^{-12}}\approx8.78\mu\text{V}$$

4.7.2　并联谐振

1．并联谐振的条件

图 4-41 为略去 LC 谐振回路信号源部分的并联谐振电路及谐振时的相量图，电路的等效阻抗为

$$Z=\frac{\frac{1}{\mathrm{j}\omega C}(R+\mathrm{j}\omega L)}{\frac{1}{\mathrm{j}\omega C}+(R+\mathrm{j}\omega L)}=\frac{R+\mathrm{j}\omega L}{1+\mathrm{j}\omega RC-\omega^2 LC}$$

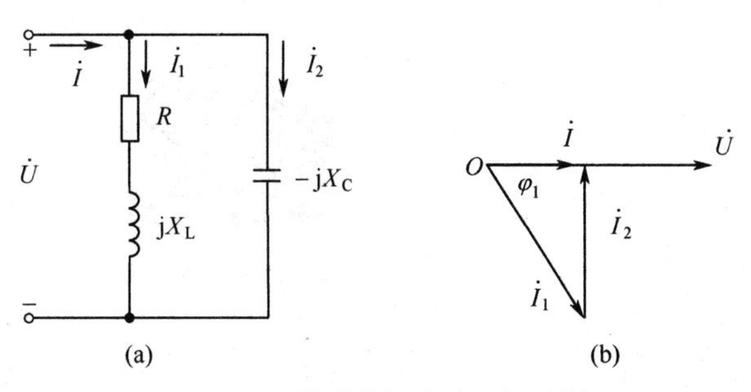

图 4-41　并联谐振电路及相量图

通常电感线圈的电阻很小，即 $R<<\omega L$ ，于是可以忽略上式分子中的 R，则

$$Z\approx\frac{\mathrm{j}\omega L}{1+\mathrm{j}\omega RC-\omega^2 LC}=\frac{1}{\frac{RC}{L}+\mathrm{j}\left(\omega C-\frac{1}{\omega L}\right)}\tag{4-55}$$

谐振时，Z 的虚部应为零，由上式可知谐振条件为

$$\omega C-\frac{1}{\omega L}=0$$

由此得到谐振频率

$$f_0=\frac{1}{2\pi\sqrt{LC}}\tag{4-56}$$

2．并联谐振的特征

（1）谐振时电路阻抗最大。由式(4-55)知阻抗模为

$$|Z_0|\approx\frac{L}{RC}\tag{4-57}$$

因此当电源 U 一定时，电路中的电流为最小值，这与串联谐振电路的特点正相反。阻抗模与电流的谐振曲线如图 4-42 所示。

（2）电压与总电流同相，电路的 $\cos\varphi=1$ ，电路对电源呈电阻性。

（3）谐振时支路电流有可能远大于总电流。由图 4-41(b)的相量图可知，谐振时电流之间有如下关系

$$I_2=I_1\sin\varphi_1,\ \ I=I_1\cos\varphi_1$$

则

$$\frac{I_2}{I}=\tan\varphi_1=\frac{\omega_0 L}{R}$$

当满足 $\omega_0 L>>R$ ，且 $\omega C-\dfrac{1}{\omega L}\approx 0$ 的谐振条件时，$I_1\approx I_2$ 且远大于 I，也就是说，并联谐振时

电感电流与电容电流大小相等，相位相反，互相抵消，且远大于总电流，因此并联谐振又称为电流谐振。I_1(或I_2)与总电流的比值称为并联谐振电路的品质因数，其表达式为

$$Q=\frac{I_2}{I}=\frac{\omega_0 L}{R}=\frac{1}{\omega_0 CR}=\frac{1}{R}\sqrt{\frac{L}{C}} \tag{4-58}$$

可见品质因数的大小与电源无关，只与电路参数有关，大小一般在几十到几百之间。

谐振在生产生活中有着广泛的应用，其中最为典型的就是半导体收音机的调谐电路。图4-43(b)所示是收音机的天线输入回路，主要部分是天线线圈L_1和由电感线圈L(线圈电阻为R)与可变电容C(即调谐电容)组成的串联谐振电路。

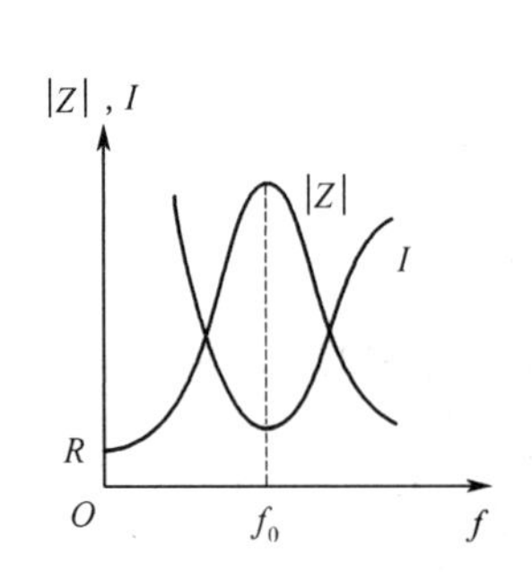

图4-42　|Z|和I的谐振曲线

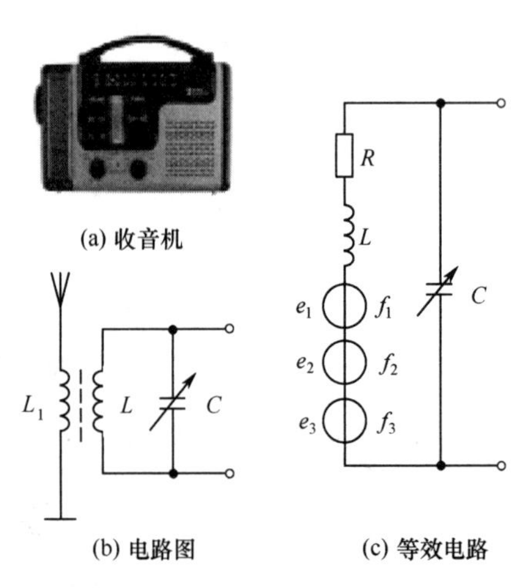

图4-43　收音机的天线输入回路

在各地电台发出不同频率的电波信号被线圈L_1接收后，经电磁感应作用在线圈L上感应出相应的电动势e_1，e_2，e_3，…，其等效电路如图4-43(c)所示。调节C使电路对应于所需频率的某一信号发生谐振，例如f_1，此时只有频率为f_1的电动势e_1在电路中谐振，即在RLC回路中该频率的电流最大，在可变电容两端的这种频率的电压也就较高，把挑选出来的信号通过放大、检波等环节以后，就可以收听该电台的节目。其他各种不同频率的信号虽然也在输入回路里出现，但由于它们没有达到谐振，在回路引起的电流很小，从而被抑制。

飞机在飞行过程中，时刻要与地面保持联系，主要就是依靠无线通信系统。而信号在传播过程中，不可避免地会受到各种噪声(包括闪电、宇宙星体、大气热辐射、其他无线电设备发射的信号或干扰信号等)的干扰，接收设备的主要任务就是把所需的有用信号从众多信号和噪声中选取出来，其原理也是利用谐振。

由上述可知，谐振在工业生产及军事领域有广泛的应用，例如用于无线电通信、雷达、遥感遥测、收音机、电视机、高频淬火及高频加热等；但另一方面，谐振时会在电路的某些元件中产生较大的电压或电流，在电力系统中将致使元件受损，在这种情况下就要避免谐振的发生。

小　　结

1. 大小和方向随时间作周期性变化的电流、电压统称为交流电，可以表示为正弦函数的称为正弦交流电。它的特征由角频率(周期或频率)、振幅(或有效值)和初相位来确定，称其为正弦交流电的

三要素。

2．正弦交流电可以用三角函数式、波形图和相量 3 种方法来表示，本章以三角函数式为基础，以相量法为工具贯穿全章。相量法是一种变换的思想，它将时域的三角函数运算对应到复数域内进行代数运算，使正弦电路的分析大大简化。

3．初相位不同的两个同频率正弦量相比较：①在三角函数式里的 φ 角大者超前于小者；②波形图里先达到最大值或零值者超前于后者；③在相量图里相量沿逆时针旋转，转在前面的超前，后面的滞后。(以上角度均注意不能超过主值范围。)

4．对单一参数元件 R、L 和 C 正弦电路的分析是复杂交流电路的理论基础，要特别注意它们电压和电流的有效值与相位关系，详见表 4-1。

5．引入阻抗的概念后，将单一参数元件的伏安特性统一在一个表达式(欧姆定律的相量形式)中，直流电阻电路的分析方法都可以适用于正弦交流电路的相量法分析，常见公式列于表 4-2 中。RLC 串联电路是最为典型的正弦电路，它在生产生活及军事相关领域中应用得十分广泛，其分析方法就是相量法的一个典型应用。

表 4-2　相量法与直流电阻电路分析方法

公式名称	直流电路	交流电路相量法
欧姆定律	$U=IR$	$\dot{U}=\dot{I}Z$
基尔霍夫定律	$\sum U=0$ $\sum I=0$	$\sum \dot{U}=0$ $\sum \dot{I}=0$
电阻串并联	串联：$R=R_1+R_2+\cdots$ 并联：$\frac{1}{R}=\frac{1}{R_1}+\frac{1}{R_2}+\cdots$	串联：$Z=Z_1+Z_2+\cdots$ 并联：$\frac{1}{Z}=\frac{1}{Z_1}+\frac{1}{Z_2}+\cdots$
节点电压法	$U=\frac{\sum\frac{E}{R}+\sum I}{\sum\frac{1}{R}}$	$\dot{U}=\frac{\sum\frac{\dot{E}}{Z}+\sum\dot{I}}{\sum\frac{1}{Z}}$

6．功率是正弦交流电路的重要参数之一，正弦交流电路的瞬时功率 p 也是一个随时间变化的正弦函数，工程中常用的有：有功功率($P=UI\cos\varphi$，单位 W)，无功功率($Q=UI\sin\varphi$，单位 Var)，视在功率($S=UI$，单位 VA)。其中 $\cos\varphi$ 是功率因数，提高功率因数无论是在军事航空供电还是在工农业生产供电中都有积极的经济意义，比较简单有效的方法是电感性负载并联适当的电容器。

7．滤波电路和谐振电路常用于对各种信号的分析处理，广泛地应用于通信、雷达、遥感遥测等领域，要在已有交流电路分析方法的基础之上掌握电路原理分析、特性及应用。

习　题　4

基础知识

4-1　某机载交流电 f=400Hz，其周期 T=__________s，角频率 ω=__________。

4-2　某电路 $\dot{U}=(3+\mathrm{j}4)$V，$\omega=2$rad/s，则对应的瞬时电压 $u(t)$=______________V。

4-3　两个串联元件的两端电压有效值分别为6V和8V。若两个元件是电阻和电感，则总电压的有效值为______V；若这两个元件是电容和电感，则总电压的有效值为______V。

4-4　RLC 串联电路，已知 R=6Ω，X_L=10Ω，X_C=4Ω，则电路的性质为___________，总电压比总电流____________。

4-5　感性负载两端并联电容(若并联后仍呈感性)，则线路总电流将____________(减小、增加、不变)，负载电流将_______(减小、增加、不变)，线路功率因数将______(提高、降低)。

4-6 $\dot{U}=(\angle 30°+\angle -30°+2\sqrt{3}\angle -180°)$V，则总电压$\dot{U}$ 对应的正弦量为(　　)。

a. $u=\sqrt{3}\sin(\omega t+\pi)$V　　b. $u=-\sqrt{6}\sin\omega t$V　　c. $u=\sqrt{3}\sqrt{2}\sin\omega t$V　　d. $u=\sqrt{6}\sin(\omega t+\pi)$V

4-7 某电感的 X_L=5Ω，其电压 $u=10\sin(\omega t+60°)$V，则电流相量为(　　)。

a. $\dot{I}=50\angle 60°$A　　b. $\dot{I}=2\sqrt{2}\angle 150°$A　　c. $\dot{I}=\sqrt{2}\angle -30°$A　　d. $\dot{I}=50\sqrt{2}\angle 60°$A

4-8 对 RLC 串联的正弦交流电路来说，下列表达式正确的是(　　)。

a. $|Z|=R+(X_L+X_C)$　　b. $U=U_R+U_L+U_C$　　c. $u=u_R+u_L+u_C$　　d. $\varphi=\arctan\dfrac{R}{X_L-X_C}$

4-9 交流电路中提高功率因数的目的是(　　)。

a.提高电动机效率　　b.减小线路损耗，减小电源的利用率

c.增加用电器的输出功率　　d.减小无功功率，提高电源的利用率

4-10 在 RLC 串联电路中，发生串联谐振时，满足(　　)。

a．$X_L=X_C$　　b．$R=X_C$　　c．$R=X_L$　　d．$R=X_L+X_C$

4-11 写出下列正弦电压的相量式，画出相量图，并求其和。

(1) $u=100\sin\omega t$V　(2) $u=20\sin(\omega t+\dfrac{\pi}{2})$V　(3) $u=10\sin(\omega t-\dfrac{\pi}{2})$V　(4) $u=10\sqrt{2}\sin(\omega t-\dfrac{3\pi}{4})$V

4-12 相量法是一种变换的思想，它与正弦量的时域分析有哪些相同与不同之处？它的优势在哪里？

4-13 电容由于其频率特性，可在电子线路中起到交流旁路的作用，如题图 4-1 所示为某电子电路的旁路电容，设 $i=4\sin(2513\,t)$mA，试分析电流在 R 和 C 两个支路之间的分配，并估算电容两端电压的有效值。

4-14 在如题图 4-2 所示电路中，当电源频率升高或降低时，各个电流表的读数有何变动？

4-15 在题图 4-3 所示电路中，$X_L=X_C=2R$，并已知电流表 A_3 的读数为 3A，试问 A_1 和 A_2 的读数为多少？

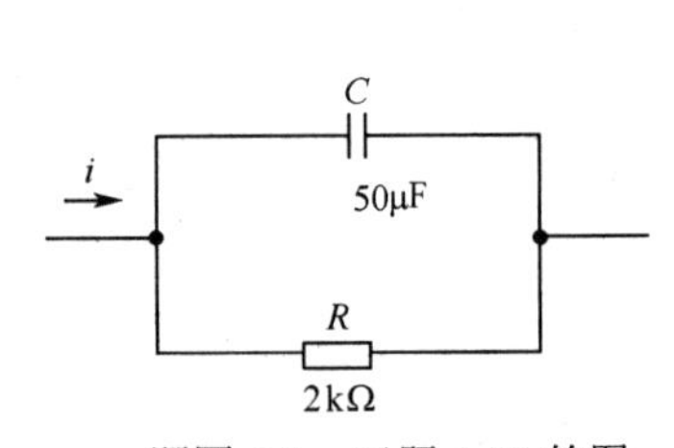

题图 4-1　习题 4-13 的图

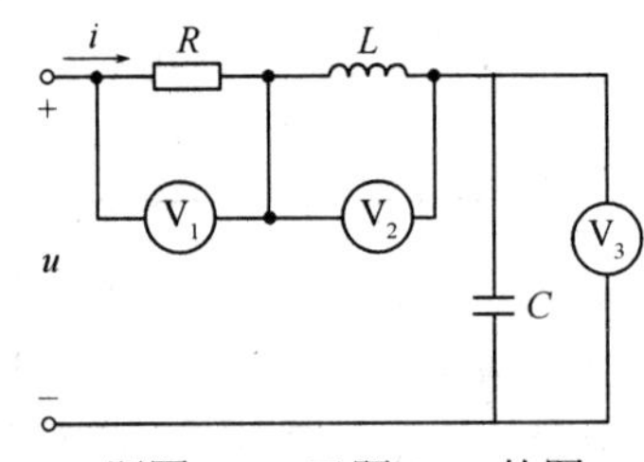

题图 4-2　习题 4-14 的图

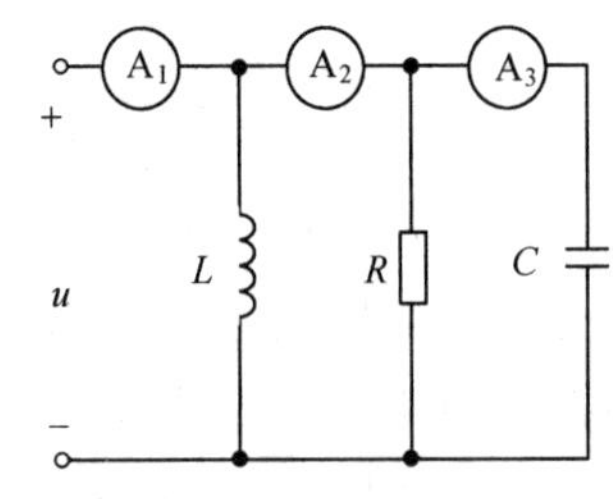

题图 4-3　习题 4-15 的图

4-16 在题图 4-4 所示电路中，已知 $u=100\sqrt{2}\sin 314t$ V，$i=5\sqrt{2}\sin 314t$ A，$R=10\Omega$，$L=0.032$H。试求无源网络内最简等效串联电路的元件参数值，并求整个电路的功率因数、有功功率和无功功率。

4-17 在题图 4-5 所示电路中，电压表 V_1 的读数为多少？

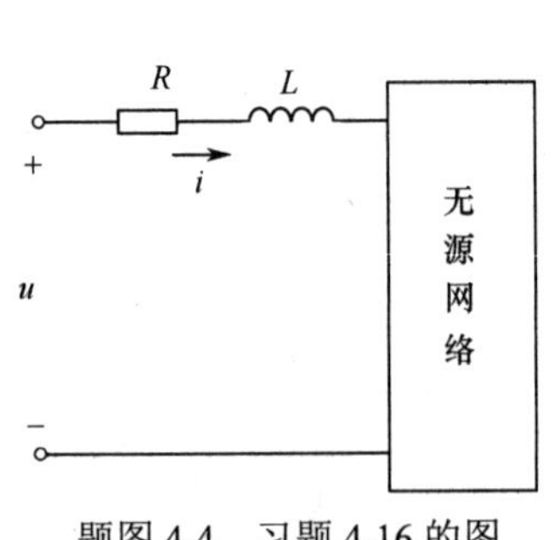

题图 4-4　习题 4-16 的图

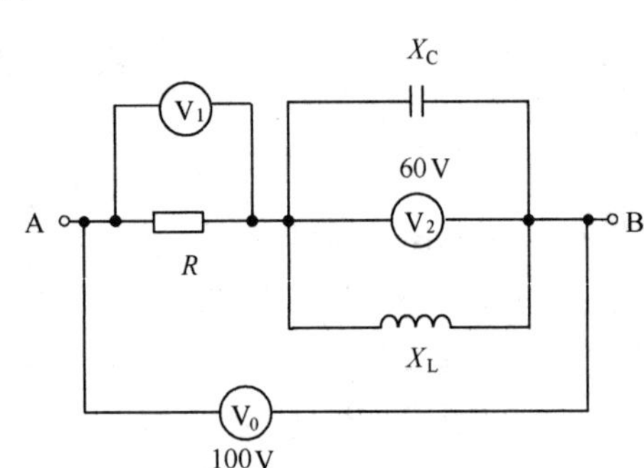

题图 4-5　习题 4-17 的图

4-18　求题图 4-6 所示电路的阻抗 Z_{ab}。

4-19　正弦电路如题图 4-7 所示，已知 $R=5\Omega$，$L=0.01\text{H}$，$C=4\times10^{-4}\text{F}$，$\omega=500\text{rad/s}$，$\dot{I}_s=2\angle20°\text{A}$，求：(1)电路的总阻抗 Z，说明电路性质；(2)总电压 $\dot{U}$。

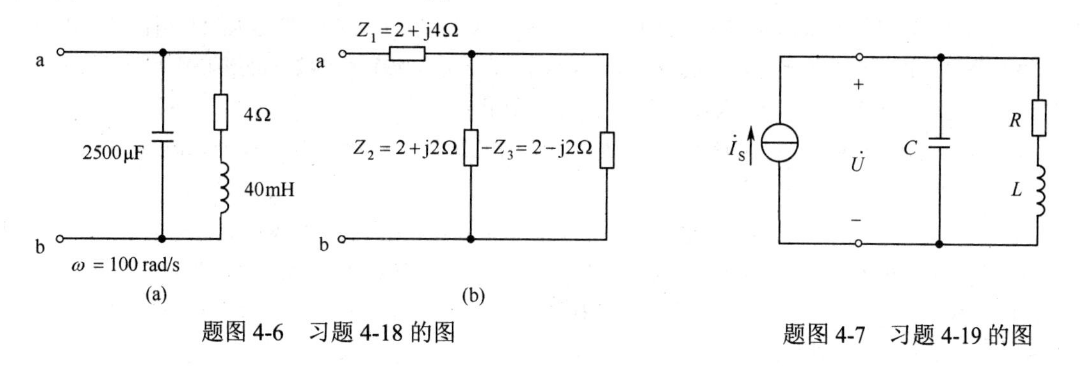

题图 4-6　习题 4-18 的图　　　　题图 4-7　习题 4-19 的图

4-20　在题图 4-8 所示各电路中，除 A_0 和 V_0 外，其余电流表和电压表的读数在图上都已标出，试求电流表 A_0 和电压表 V_0 的读数。

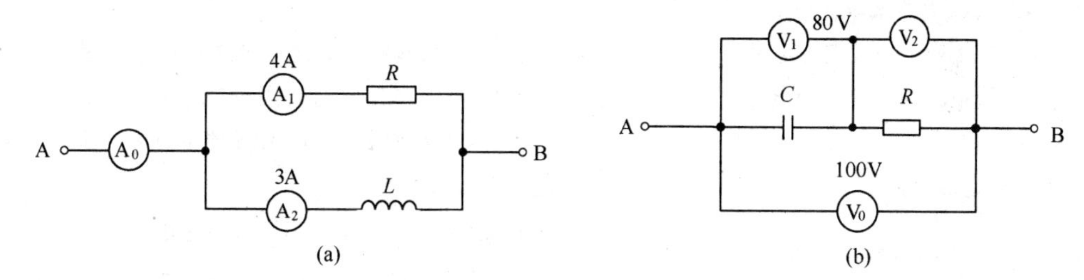

题图 4-8　习题 4-20 的图

4-21　试说明如何调节电路能使 RLC 串联电路发生谐振。

4-22　试比较说明 RLC 电路发生串联谐振和并联谐振时的特点。

4-23　有一 RLC 串联电路，它在电源频率 f 为 500Hz 时发生谐振。谐振时电流 I 为 0.2A，容抗 X_C 为 314Ω，并测得电容电压 U_C 为电源电压 U 的 20 倍。试求该电路的电阻 R 和电感 L。

4-24　题图 4-9 所示是一低通滤波电路，计算电路的截止频率。

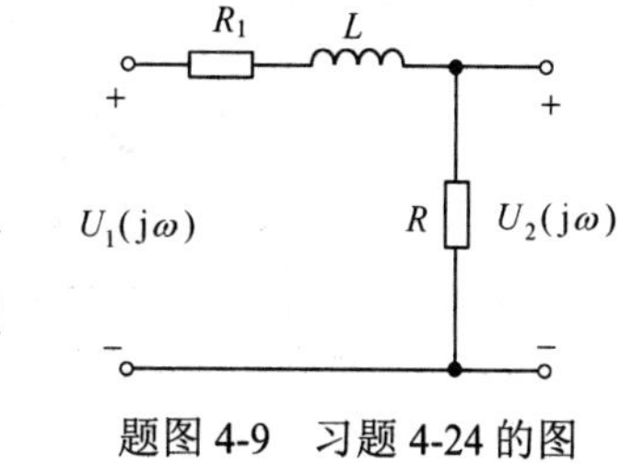

题图 4-9　习题 4-24 的图

应用知识

4-25　我国采用交流供电系统，很多直流用电器也都是利用交流变换而来的直流稳压电源进行供电的。整流电路经常应用在一些直流稳压电源和某些信号处理电路中，如题图 4-10 所示为交流信号半波整流后的波形，试求其均方根值(有效值)。

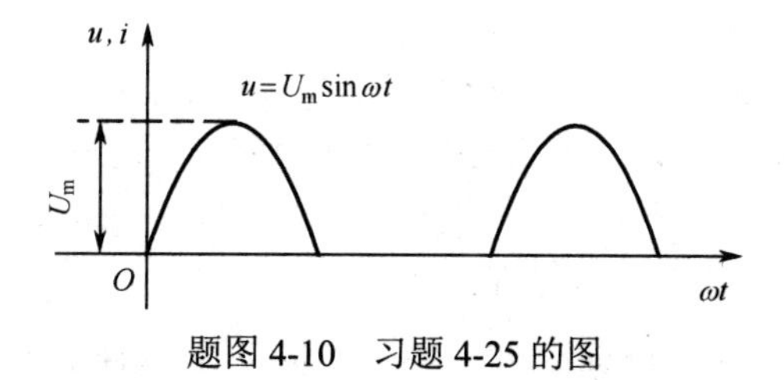

题图 4-10　习题 4-25 的图

4-26　提高功率因数时，如将电容并联在电源端(输电线始端)，是否能取得预期效果？功率因数提高后，线路电流减少了，电能表（瓦时计）的走字速度会慢些(省电)吗？能否用超前电流来提高功率因数？

4-27 某变电所输出的电压为 220V，额定视在功率为 220kVA，如果给电压为 220V、功率因数为 0.5、有功功率为 33kW 的工厂供电，问能供给几个这样的工厂？若把功率因数提高到 0.9，又能为几个这样的工厂供电？

4-28 一个面包房每月用电 200kW，每月无功功率需求为 280kVar。为补偿损失和鼓励用户提高功率因数，某电力公司对超过标准的无功功率罚款 1.4 元/kVar，标准无功功率用量按 0.65 乘以平均功率用量计算，利用上述费率计算用户与功率因数罚款有关的年度费用。

4-29 对于收音机调谐电路，如图 4-43 所示，L 与 C 看上去是并联的，为什么说是串联谐振电路？试分析电路发生谐振时能量的消耗情况。

4-30 在广播、电视、雷达、遥控遥测系统中的发射机载波信号源，各种电子仪器中的正弦波信号源，广泛应用到正弦波振荡器，如题图 4-11 所示电路是 RC 振荡器的一个重要组成部分。已知 R、C 和输入电压 $\dot{U}_1$，试问当频率 ω 与电路参数之间满足什么关系时输出电压 $\dot{U}_2$ 与输入电压 $\dot{U}_1$ 同相？这时它们的有效值之比是多少？试分析电路功能。

4-31 我国民用单相电压为交流 220V，某居民家庭电源总开关上接 20A 的熔断器。假设该居民家的烤箱、电视机、洗衣机、电热水器同时工作，电路会因为负荷太高而断开吗？(设烤箱 1200W、电视机 145W、洗衣机 600W、电热水器 2500W)

4-32 如题图 4-12 所示，教室日常照明用的日光灯电路是由日光灯管和镇流器(可视为纯电感线圈)串联而成，现接在频率为 50Hz 的交流电源上，测得流过灯管的电流为 0.366A，灯管两端电压为 110V，镇流器两端电压为 190V，试求：(1)电源电压 U 为多大？(2)灯管的电阻 R 为多大？(3)镇流器电感 L 为多大？(4)日光灯的功率为多大？

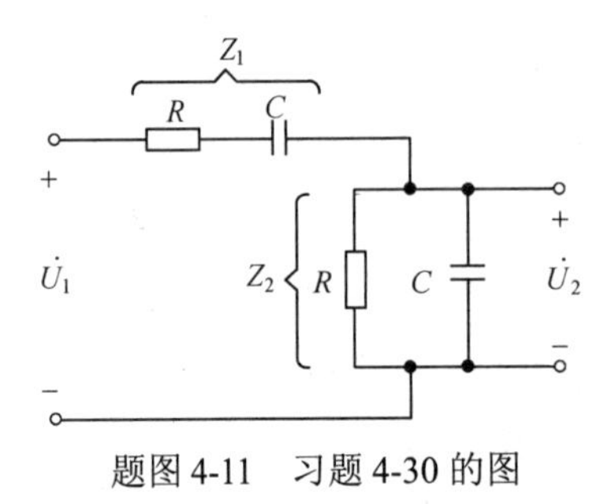

题图 4-11　习题 4-30 的图

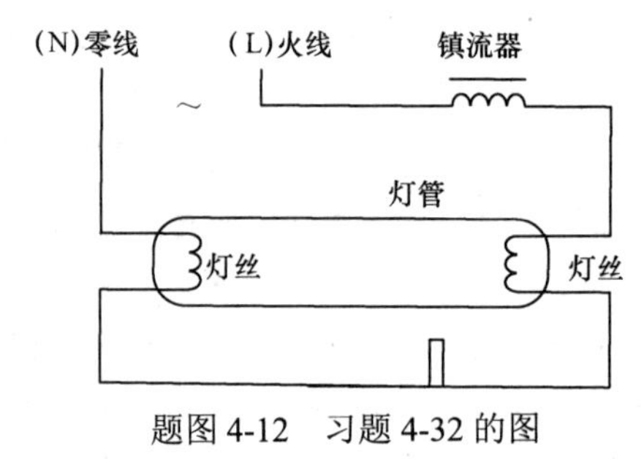

题图 4-12　习题 4-32 的图

军事知识

4-33 某飞机交流电源所提供单相电压瞬时值为 $u = 115\sqrt{2}\sin(2513t - \frac{\pi}{4})$V。(1)试指出它的频率、周期、角频率、幅值、有效值及初相位各为多少；(2)画出波形图；(3)如果 u 的参考方向选得相反，写出它的三角函数式，画出波形图，并问(1)中各项有无改变。

4-34 某大型飞机主电源采用恒频交流电源系统供电，输出单相电压 230V、400Hz，最大耐压为 300V 的机载设备可否直接接入？为什么？

4-35 变速恒频(Variable Speed Constant Frequency)交流电源为第三代飞机主电源，分为交-交型和交-直-交型两类。交-直-交型电源首先将飞机变频交流发电机输出的变频交流电送至三相不可控整流电路，变换为直流电后，再经过逆变电路将直流电转换为恒频交流电，其基本组成框图如题图 4-13(a)所示。当逆变器输出的电压波形为矩形波时，其傅里叶级数展开式为

$$u(t) = \frac{4E}{\pi}(\cos\varphi\sin\omega t + \frac{1}{3}\cos3\varphi\sin3\omega t + \frac{1}{5}\cos5\varphi\sin5\omega t + \cdots)$$

经滤波电路[如题图 4-13(b)所示]滤波后获得基波频率的正弦波，试查阅有关资料，并结合本章所学习的交流电路频率特性说明滤波原理。

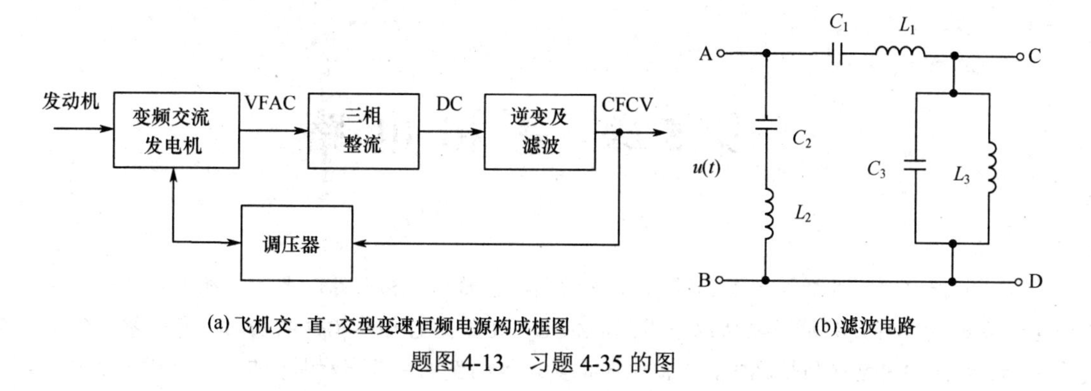

题图 4-13　习题 4-35 的图

4-36　某机载电台接收回路如题图 4-14 所示，可简化为 RLC 串联电路，其可变电容的调节范围是 30~365pF，试问：(1)为了使电路调谐到最低频率 540kHz，应配置多大的电感？(2)这个电路能接收到的最高频率是多大？

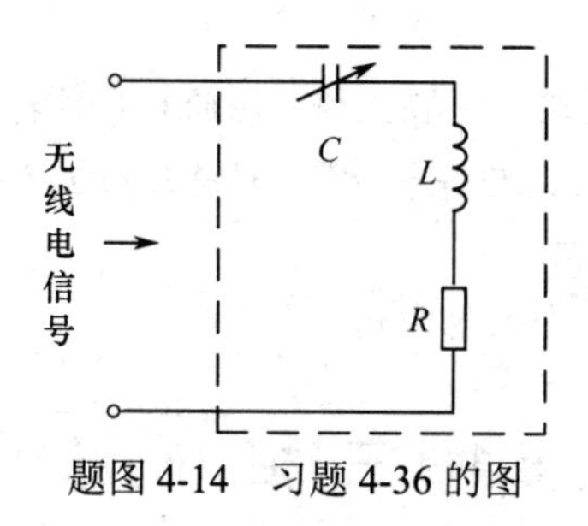

题图 4-14　习题 4-36 的图

4-37　设计一个电感、电容和电阻的组合，要求该组合具有：(1)在 $\omega = 230\text{rad/s}$ 时阻抗为$(1+\text{j}4)\text{k}\Omega$；(2)至少使用一个电容，使得 $\omega = 10\text{rad/s}$ 时阻抗为 $5\text{M}\Omega$；(3) $\omega = 50\text{rad/s}$时阻抗为 $88\angle -22^\circ\ \Omega$；(4)使用最少的元件，使得 $\omega = 3000\text{rad/s}$ 时阻抗为 300Ω。

第5章 三 相 电 路

引言

自从 19 世纪末俄罗斯学者多利沃·多布罗沃利斯基始创三相电源以来，三相电路就一直占据着交流电力系统的大部分领域。之所以采用三相供电，是因为它与单相供电相比具有一系列优势：在发电方面，发出相同电能的情况下，三相发电机要比单相发电机节省材料；在输电方面，相同距离、功率条件下，三相比单相输电节约大量的有色金属，更为经济；在用电方面，三相电动机具有结构简单、运行可靠、维护方便等优点。相比于工业和民用供电系统，飞机对发电设备的重量、体积、结构、效率及电动机启动、力矩、可靠性等有更高的要求，因此交流供电系统的飞机目前基本上都采用三相制。

学习目标：

1. 了解三相电源产生的基本原理，理解三相电源的对称性特点；
2. 理解三相四线制的供电连接方式与特点，掌握对称三相电路的分析方法，理解三相功率概念及电感性负载功率因数提高的意义及原理；
3. 联系生产生活实际，了解安全用电常识。

5.1 三 相 电 源

三相电源是民用、工业用电的主要电源，发电的方式多种多样。发电厂将水能(水力发电)、热能(火力发电)、核能(核能发电)、风能(风力发电)等转换成机械能，然后带动三相发电机旋转，将机械能转换成电能。如图 5-1 所示各种电站，图 5-1(a)为水电站，三相水轮发电机将水能转换为电能；图 5-1(b)为火电站，三相汽轮发电机将燃烧煤炭产生的热能转换为电能；图 5-1(c)为风电站，三相风力发电机将风能转换为电能。最后通过三相输配电系统将电能输送到工厂和千家万户。

(a) 水电站

(b) 火电站

(c) 风电站

图 5-1　各种电站

由交流供电系统供电的飞机电源系统基本上都采用三相制。例如，恒速恒频交流电源系统，主电源是由恒速传动装置和交流发电机构成的 400Hz、115/200V 三相交流电源系统。这种电源系统容量大、重量轻、工作可靠，适合于性能高、用电量大的飞机，如轰炸机、中远程运输机和歼击机等。

5.1.1 三相交流电

图 5-2 为某型飞机三相交流发电机。飞机的交流发电机装在发动机上，由壳体、转子和盖板等

构成。但不论发电机多么复杂，其基本结构都是相似的，如图5-3(a)是一台具有两个磁极的三相发电机的结构示意图。

图 5-2　某型飞机三相交流发电机

发电机的静止部分称为定子，定子铁心由硅钢片叠成，内壁有槽，槽内嵌放着形状、尺寸和匝数都相同，而轴线互差120° 的 3 个绕组(3 组线圈)AX、BY、CZ，称为三相绕组。A、B、C 是每相绕组的首端，X、Y、Z 是每相绕组的末端。图 5-3(b)是绕组的结构示意图。

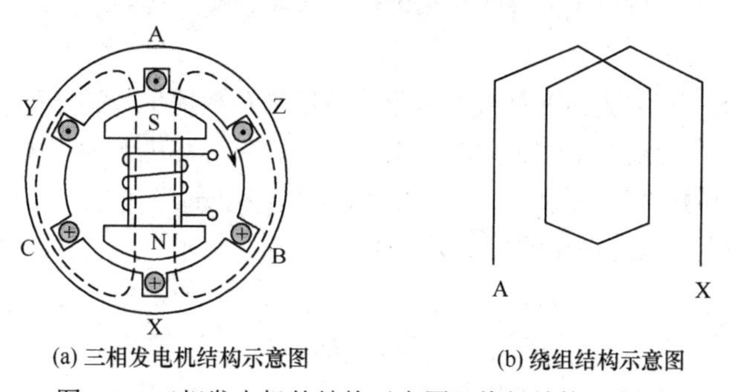

(a) 三相发电机结构示意图　　(b) 绕组结构示意图

图 5-3　三相发电机的结构示意图及绕组结构示意图

发电机的转动部分称为转子，转子铁心上绕有励磁绕组，当励磁绕组上通直流电流时产生磁场。选择合适的极面形状和励磁绕组的布置情况，可使产生的磁场沿空气隙按正弦规律分布。

当原动机(飞机的原动机是靠发动机来带动的)带动转子沿顺时针方向恒速旋转时，定子三相绕组切割转子磁极的磁感线，产生感应电动势，因而在定子三相绕组 AX、BY、CZ 上得出频率相同、幅值相等、初相位依次滞后 120°的三相对称正弦电压，分别用 u_{A} 、u_{B} 和 u_{C} 来表示。

若以 u_{A} 为参考正弦量，则

$$\begin{cases} u_{\mathrm{A}} = \sqrt{2}U\sin\omega t \\ u_{\mathrm{B}} = \sqrt{2}U\sin(\omega t - 120^\circ) \\ u_{\mathrm{C}} = \sqrt{2}U\sin(\omega t + 120^\circ) \end{cases} \tag{5-1}$$

相量式为

$$\begin{cases} \dot{U}_{\mathrm{A}} = U\angle 0^\circ \\ \dot{U}_{\mathrm{B}} = U\angle -120^\circ \\ \dot{U}_{\mathrm{C}} = U\angle 120^\circ \end{cases} \tag{5-2}$$

用正弦波形表示如图 5-4 所示，用相量图表示如图 5-5 所示。

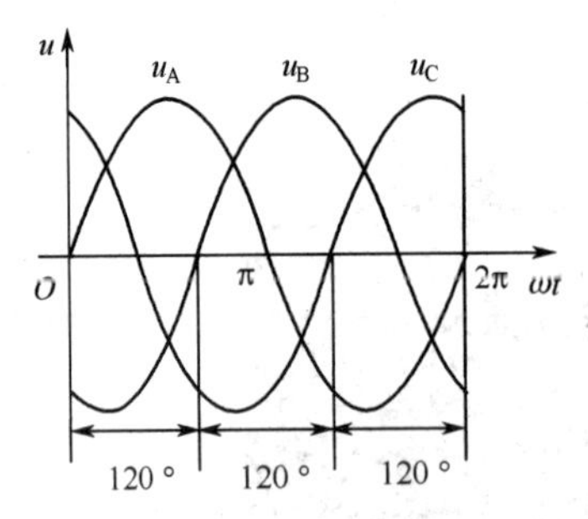

图 5-4　三相电源相电压的波形图

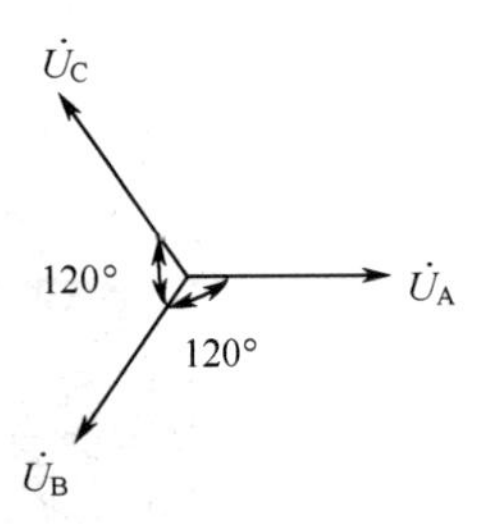

图 5-5　三相电源相电压的向量图

三相电压出现最大值(或零值)的先后顺序，称为相序。这里的相序是 A-B-C。

显然，三相对称电压的瞬时值之和或相量之和都等于零，即

$$\dot{U}_A + \dot{U}_B + \dot{U}_C = 0, \qquad u_A + u_B + u_C = 0 \tag{5-3}$$

5.1.2　三相电源的星形连接

发电机三相绕组通常为星形连接，如图 5-6 所示。即将 3 个绕组的末端连在一起，这个公共点 N 称为中性点或零点，由中点引出的导线称为中线，俗称零线。从绕组始端引出的 3 根导线称为相线，俗称火线。

图 5-6 所示的供电方式称为三相四线制供电，可以给负载提供两类电压，即相电压和线电压。每相绕组两端的电压，即相线与中线之间的电压 u_A、u_B、u_C 称为电源的相电压；每两相绕组端点之间的电压，即相线之间的电压 u_{AB}、u_{BC}、u_{CA} 称为电源的线电压。

由 KVL 可列出线电压与相电压的相量关系式为

$$\begin{cases} \dot{U}_{AB} = \dot{U}_A - \dot{U}_B \\ \dot{U}_{BC} = \dot{U}_B - \dot{U}_C \\ \dot{U}_{CA} = \dot{U}_C - \dot{U}_A \end{cases} \tag{5-4}$$

因为相电压是对称的，可以先画出 $\dot{U}_A$、$\dot{U}_B$、$\dot{U}_C$，再根据式(5-4)分别画出线电压 $\dot{U}_{AB}$、$\dot{U}_{BC}$、$\dot{U}_{CA}$，如图 5-7 所示。

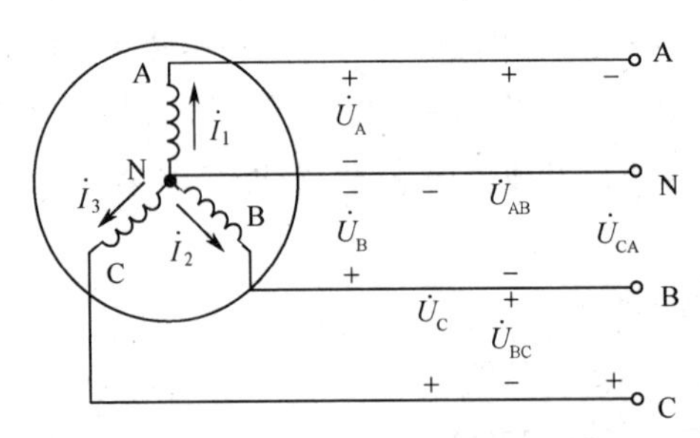

图 5-6　三相电源的星形连接

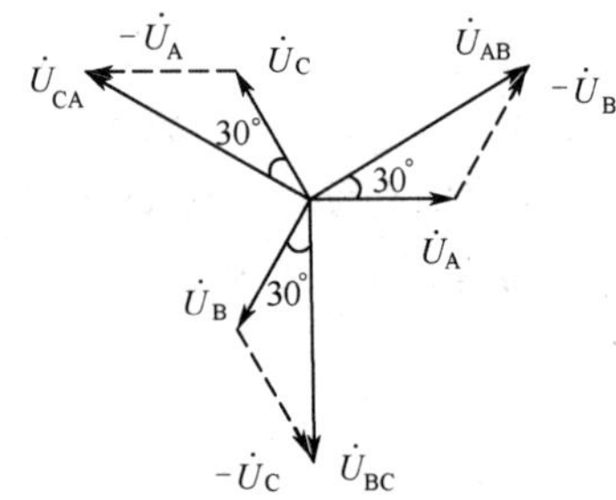

图 5-7　线电压与相电压的相量图

由图 5-7 可见，3 个线电压的大小相等，相位彼此相差 120°，即线电压也是对称的。可得

$$\begin{cases} \dot{U}_{AB} = 2\cos 30°\dot{U}_A\angle 30° = \sqrt{3}\dot{U}_A\angle 30° \\ \dot{U}_{BC} = 2\cos 30°\dot{U}_B\angle 30° = \sqrt{3}\dot{U}_B\angle 30° \\ \dot{U}_{CA} = 2\cos 30°\dot{U}_C\angle 30° = \sqrt{3}\dot{U}_C\angle 30° \end{cases} \tag{5-5}$$

若用 U_P 表示相电压有效值，U_L 表示线电压有效值，则它们之间的大小关系为

$$U_L = \sqrt{3}U_P \tag{5-6}$$

在相位上，$\dot{U}_{AB}$ 超前 $\dot{U}_A$ 30°，$\dot{U}_{BC}$ 超前 $\dot{U}_B$ 30°，$\dot{U}_{CA}$ 超前 $\dot{U}_C$ 30°，即线电压超前相应的相电压30°。

在低压供电系统中，采用三相四线制供电方式，相电压为 220V，线电压为 $\sqrt{3}\times 220 = 380\text{V}$。当发电机的绕组连成星形时，如果不引出中线，则称为三相三线制供电。

飞机的三相四线制供电系统与之类似，它以机体为中性线，可提供两种电压，即线电压与相电压。例如，恒频交流电源系统电压为 115/200V、400Hz，某些大型飞机为 230/400V、400Hz，这里的 115V 和 230V 为相电压，200V 和 400V 为线电压。

5.2 三 相 负 载

由三相电源供电的负载称为三相负载。三相负载可以根据对电压的要求连成星形或三角形。三相负载一般可分为两类：一类负载必须接在三相电源上才能工作，如三相交流电动机、大功率三相电阻炉等，这类负载的特点是三相的阻抗相等，称为对称三相负载；另一类负载如电灯、家用电器等，只需单相电源供电即可工作（单相负载），但是为了使三相电源供电均衡，许多这样的负载实际上是大致平均分配到三相电源的 3 个相上，这类负载 3 个相的阻抗一般不可能相等，属于不对称三相负载。如图 5-8 所示为生产生活中常见的三相负载或与单相负载。

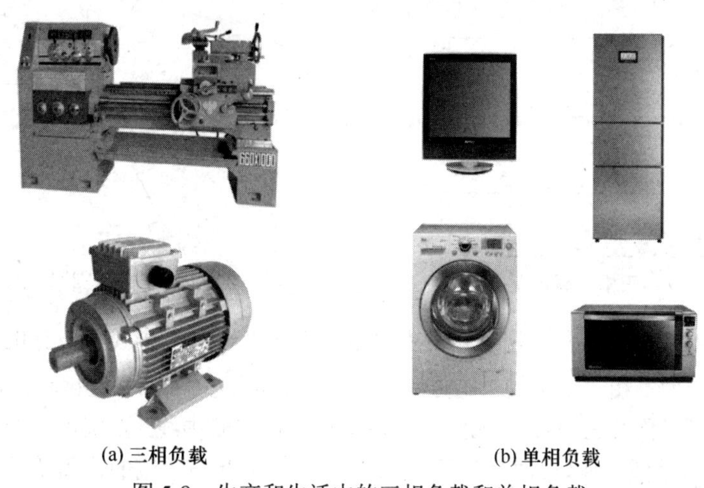

(a) 三相负载　　(b) 单相负载

图 5-8　生产和生活中的三相负载和单相负载

三相负载的基本连接方式有星形连接和三角形连接两种。三相负载采用哪一种连接方式，应根据电源电压和负载额定电压的大小以及设备本身的要求来决定。原则上，应使负载的实际相电压等于其额定的相电压。

5.2.1 三相负载的星形连接

图 5-9 所示的电源为星形连接，三相负载也为星形连接的三相四线制电路。三相负载的 3 个末端连接在一起，接到电源的中线上，三相负载的首端分别接到电源的 3 条相线上。

由图可知，负载作星形连接时，负载的相电压就是电源的相电压，负载的线电压就是电源的线电压，是对称的。因此，负载上相电压与线电压的大小关系同式(5-6)。

在三相电路中，流过每相负载的电流称为相电流，其有效值用I_{P}表示；流过每根相线的电流称为线电流，其有效值用I_{L}表示。显然，负载作星形连接时，线电流等于相电流，即

$$I_{\mathrm{L}}=I_{\mathrm{P}} \tag{5-7}$$

当各相负载的阻抗相等，即三相负载对称时，设$\dot{U}_{\mathrm{A}}=U_{\mathrm{P}}\angle 0°$为参考相量，则由图 5-9 可得各相电流为

$$\begin{cases}\dot{I}_{\mathrm{A}}=\dfrac{\dot{U}_{\mathrm{A}}}{Z}=\dfrac{U_{\mathrm{P}}\angle 0°}{|Z|\angle\varphi}=\dfrac{U_{\mathrm{P}}}{|Z|}\angle-\varphi\\ \dot{I}_{\mathrm{B}}=\dfrac{\dot{U}_{\mathrm{B}}}{Z}=\dfrac{U_{\mathrm{P}}\angle-120°}{|Z|\angle\varphi}=\dfrac{U_{\mathrm{P}}}{|Z|}\angle(-\varphi-120°)\\ \dot{I}_{\mathrm{C}}=\dfrac{\dot{U}_{\mathrm{C}}}{Z}=\dfrac{U_{\mathrm{P}}\angle 120°}{|Z|\angle\varphi}=\dfrac{U_{\mathrm{P}}}{|Z|}\angle(-\varphi+120°)\end{cases} \tag{5-8}$$

可见相电流(线电流)也是一组三相对称电流，如图 5-10 所示。其有效值为

$$I_{\mathrm{P}}=\frac{U_{\mathrm{P}}}{|Z|} \tag{5-9}$$

中线电流可由图 5-9 根据 KCL 列出，即

$$\dot{I}_{\mathrm{N}}=\dot{I}_{\mathrm{A}}+\dot{I}_{\mathrm{B}}+\dot{I}_{\mathrm{C}} \tag{5-10}$$

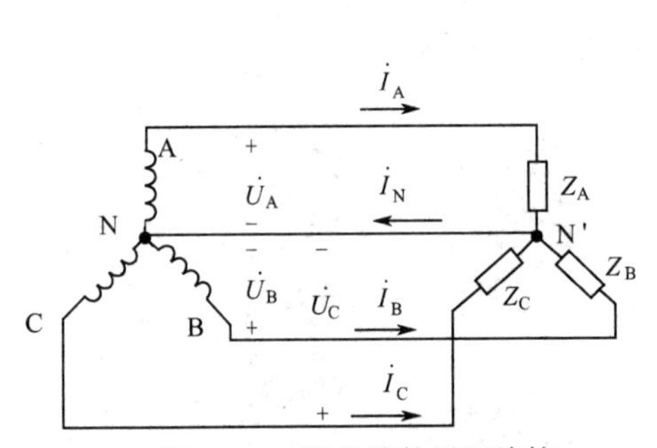

图 5-9　三相负载的星形连接

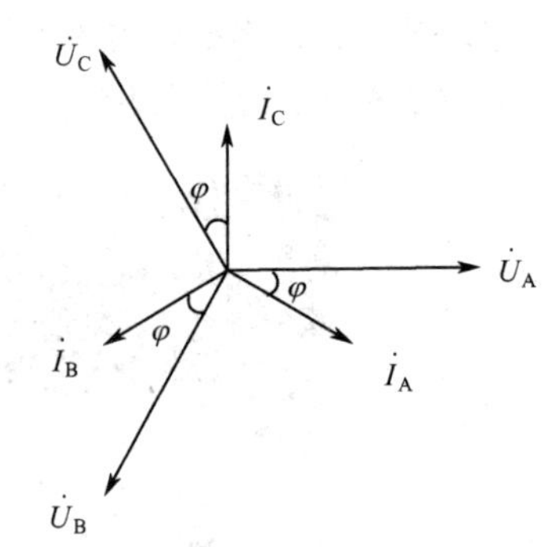

图 5-10　对称负载星形连接的相量图

因为负载对称时相电流对称，所以这时中线电流$\dot{I}_{\mathrm{N}}=0$。既然中线上没有电流通过，就可以把中线去掉，这样便成为三相三线制的供电方式。许多三相负载(如三相交流电动机)都是对称的，可以不接中线。但对于不对称的三相负载(如照明电路)，则不能省略中线，否则就会造成负载中有的相电压过高，有的相电压过低，使负载损坏或不能正常工作。因此，中线的作用就是使星形连接的不对称负载获得对称的相电压。根据同样的道理，中线上不允许接入开关或熔断器。

【例 5-1】 某型航空三相异步电动机，每相绕组的电阻为 25Ω，感抗为 15Ω，星形连接，接在线电压为 200V 的三相电源上。求相电压、相电流、线电流。

解　线电压$U_{\mathrm{L}}=200\mathrm{V}$，故相电压

$$U_{\mathrm{P}}=\frac{U_{\mathrm{L}}}{\sqrt{3}}=115\mathrm{V}$$

相电流为

$$I_{\mathrm{P}}=\frac{U_{\mathrm{P}}}{|Z|}=\frac{115}{\sqrt{25^2+15^2}}\approx 4\mathrm{A}$$

线电流为

$$I_L = I_P \approx 4\text{A}$$

5.2.2 三相负载的三角形连接

图 5-11 所示是三相负载为三角形连接的电路，每相负载的首端依次与另一相负载的末端连接在一起，形成闭合回路，然后将 3 个连接点分别接到三相电源的 3 条相线上。这种连接方式只能是三相三线制。

由图可知，各相负载接在电源的两条相线之间，所以负载的相电压就等于电源的线电压，是对称的，即$U_P = U_L$。

当负载对称，即$Z_{AB} = Z_{BC} = Z_{CA} = Z = |Z|\angle\varphi$时，在图示参考方向下，设$\dot{U}_{AB} = U_L\angle 0°$，则负载的相电流分别为

$$\begin{cases} \dot{I}_{AB} = \dfrac{\dot{U}_{AB}}{Z} = \dfrac{U_L\angle 0°}{|Z|\angle\varphi} = \dfrac{U_L}{|Z|}\angle -\varphi \\ \dot{I}_{BC} = \dfrac{\dot{U}_{BC}}{Z} = \dfrac{U_L\angle -120°}{|Z|\angle\varphi} = \dfrac{U_L}{|Z|}\angle(-\varphi - 120°) \\ \dot{I}_{CA} = \dfrac{\dot{U}_{CA}}{Z} = \dfrac{U_L\angle 120°}{|Z|\angle\varphi} = \dfrac{U_L}{|Z|}\angle(-\varphi + 120°) \end{cases} \tag{5-11}$$

因此，相电流也是对称的。其有效值为

$$I_P = \frac{U_P}{|Z|} = \frac{U_L}{|Z|} \tag{5-12}$$

三相负载为三角形连接时，线电流与相电流不相同，相量图如图 5-12 所示。根据 KCL 可列出

$$\begin{cases} \dot{I}_A = \dot{I}_{AB} - \dot{I}_{CA} = \sqrt{3}\dot{I}_{AB}\angle -30° \\ \dot{I}_B = \dot{I}_{BC} - \dot{I}_{AB} = \sqrt{3}\dot{I}_{BC}\angle -30° \\ \dot{I}_C = \dot{I}_{CA} - \dot{I}_{BC} = \sqrt{3}\dot{I}_{CA}\angle -30° \end{cases} \tag{5-13}$$

显然，线电流也是对称的。线电流与相电流的大小关系为

$$I_L = \sqrt{3}I_P \tag{5-14}$$

在相位上，线电流$\dot{I}_A$滞后相电流$\dot{I}_{AB}$30°，$\dot{I}_B$滞后$\dot{I}_{BC}$30°，$\dot{I}_C$滞后$\dot{I}_{CA}$30°，即线电流滞后相应的相电流30°。

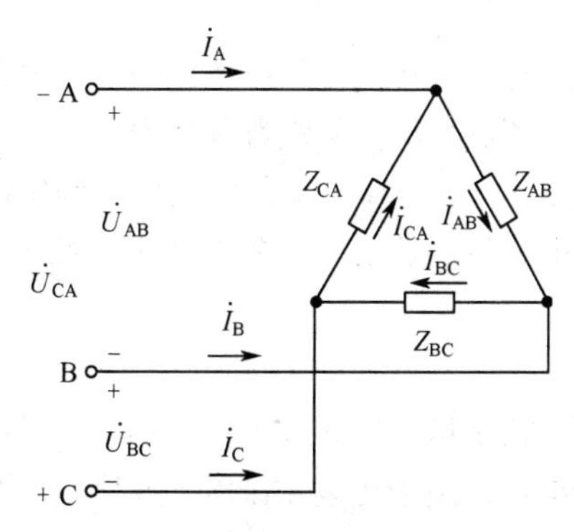

图 5-11　三相负载的三角形连接

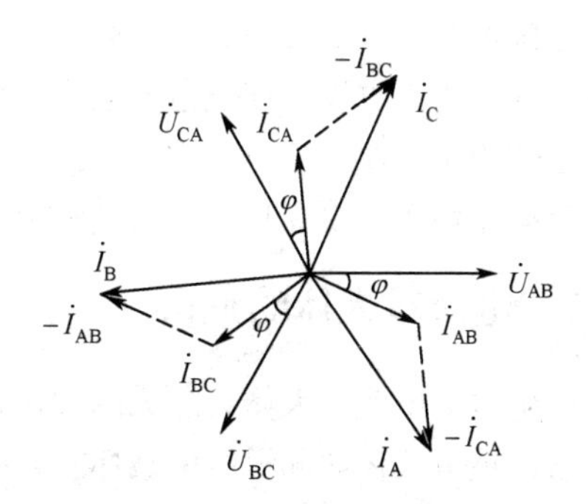

图 5-12　三相负载三角形连接的相量图

5.3 三 相 功 率

无论负载如何连接，三相电路总的有功功率应该等于各相有功功率之和，即

$$P = P_1 + P_2 + P_3$$

当负载对称时，每相的有功功率是相同的。因此三相总功率为

$$P = 3P_1 = 3U_P I_P \cos\varphi \tag{5-15}$$

式中，φ 是相电压与相电流的相位差，即每相负载的阻抗角。

三相功率若以线电压和线电流表示，对于星形连接，$U_L = \sqrt{3}U_P$，$I_L = I_P$；对于三角形连接，$U_L=U_P$，$I_L = \sqrt{3}I_P$，将上述关系代入式(5-15)，又得到负载对称时

$$P = \sqrt{3}U_L I_L \cos\varphi \tag{5-16}$$

式中，φ 仍然是相电压与相电流的相位差。

同理，三相对称负载的总无功功率和总视在功率分别为

$$Q = \sqrt{3}U_L I_L \sin\varphi \tag{5-17}$$

$$S = \sqrt{3}U_L I_L \tag{5-18}$$

【例 5-2】 三相对称电容性负载，每相阻抗 $Z=4-\mathrm{j}3\Omega$，额定电压为 220V，现欲接到线电压为 220V 的三相电源上。问三相负载应如何连接?并求线电流、相电流、有功功率。

解 三相负载应作三角形连接。相电流为

$$I_P = \frac{U_P}{|Z|} = \frac{220}{\sqrt{4^2+3^2}} = 44\text{A}$$

线电流

$$I_L = \sqrt{3}I_P \approx 76\text{A}$$

有功功率

$$P = \sqrt{3}U_L I_L \cos\varphi = \sqrt{3}\times 220\times 76\times \frac{4}{\sqrt{4^2+3^2}} \approx 23.2\text{kW}$$

5.4 安 全 用 电

电能是国民经济和日常生活必不可少的能源，我们每个人在日常生产生活和学习中都不可避免地会和各种各样的用电设备打交道。电给我们带来很多便利，但如果没有掌握安全用电常识，反而会给生产生活带来不便，甚至酿成事故或灾难。飞机是一个机电综合系统，它的各种用电设备也有规定的安全操作规程，掌握基本的电气知识和安全用电常识更是飞行安全的最基本要求。

5.4.1 电流对人体的危害

人体触电时，电流对人体会造成两种伤害：①电击，是指电流通过人体，影响呼吸系统、心脏和神经系统，造成人体内部组织的破坏甚至死亡；②电伤，是指在电弧作用下或熔丝熔断时，对人体外部的伤害，如烧伤、金属溅伤等。

电击所引起的伤害程度与下列因素有关。

（1）人体电阻的大小

人体电阻包括皮肤电阻和体内电阻，皮肤电阻与皮肤角质层的薄厚、潮湿程度以及是否沾有尘埃和化学物质有关，而体内电阻约为500Ω，基本不受外界因素影响。通常人体电阻与人体不同部位间的接触电压之间呈非线性关系，50V 以下时呈现较高的阻值。而接触电压越高，则人体电阻越小。

（2）电流通过时间的长短

当通电时间增加时，则人体电阻会随之下降，因此电流通过人体的时间愈长，则伤害愈大。

（3）电流的大小

人体允许的安全工频电流：30mA，危险工频电流：50mA。触电电压越高，通过人体的电流越大，就越危险。因此，把 36V 的电压定为安全电压。工厂进行设备检修使用的手灯及机床照明都采用安全电压。

（4）电流频率

研究表明，15～100Hz 交流电对人体的危害最大，直流电和频率在 1kHz 以上的高频电流的危害性稍低些。而且高频电流会在人体内产生热效应，可以用于医疗保健，但过大也会引起烧伤及触电死亡。

（5）电流的路径

电流的危险性与在其人体的流动路径有关，右手到背部的危险性最低，从手到脚具有中等危险性，凡是电流路径有可能通过心脏的，危险性就大。通过心脏会导致神经紊乱、心跳停止、血液循环中断等，因此电流路径从左手(或右手)到胸部的危险性最大。

5.4.2 触电类型

对于三相四线制供电方式，触电有下面几种类型。

1．接触正常带电体

（1）电源中性点接地系统的单相触电

如图 5-13(a)所示，这时人体处于相电压下，危险较大。通过人体的电流 $I >> 50\text{mA}$ 。

（2）电源中性点不接地系统的单相触电

如图 5-13(b)所示，人体接触某一相时，通过人体的电流取决于人体电阻与输电线对地绝缘电阻 R' 的大小。若输电线绝缘良好，绝缘电阻 R' 较大，对人体的危害性就小。但导线与地面间的绝缘可能不良(R' 较小)，甚至有一相接地，这时人体中就有电流通过。

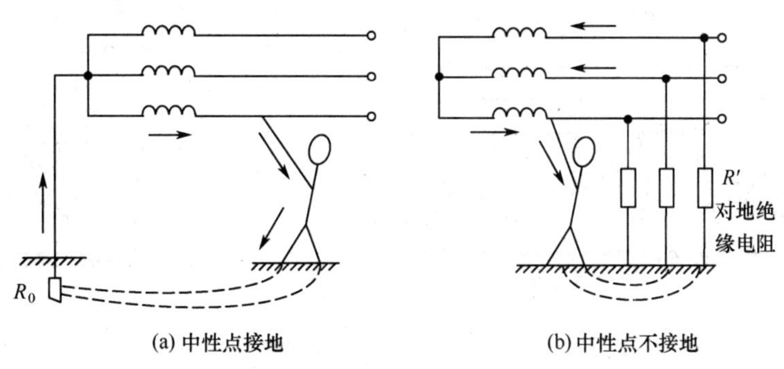

图 5-13 单相触电

（3）两相触电

如图 5-14 所示，这时人体处于线电压下。通过人体的电流 I>>50mA，触电后果更为严重。

2．接触正常不带电的金属体

当电气设备内部绝缘损坏而与外壳接触，将使其外壳带电。当人触及带电设备的外壳时，相当于单相触电。大多数触电事故属于这一种。

3. 跨步电压触电

如图 5-15 所示，在高压输电线断线落地时，有强大的电流流入大地，在接地点周围产生电压降。当人体接近接地点时，两脚之间承受跨步电压而触电。跨步电压的大小与人和接地点距离、两脚之间的跨距及接地电流大小等因素有关。一般约在 20m 之外，跨步电压降为零。

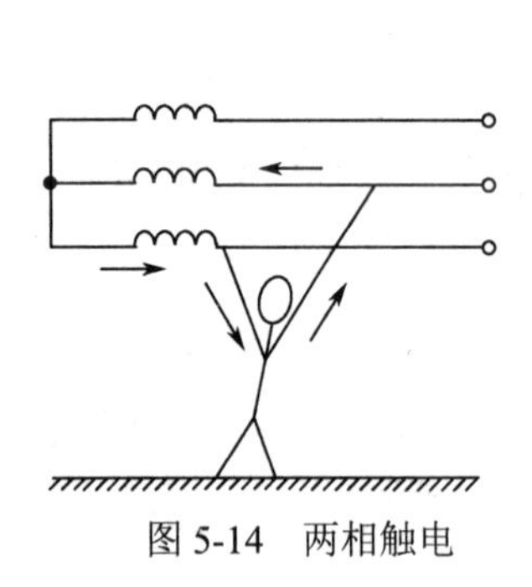

图 5-14　两相触电

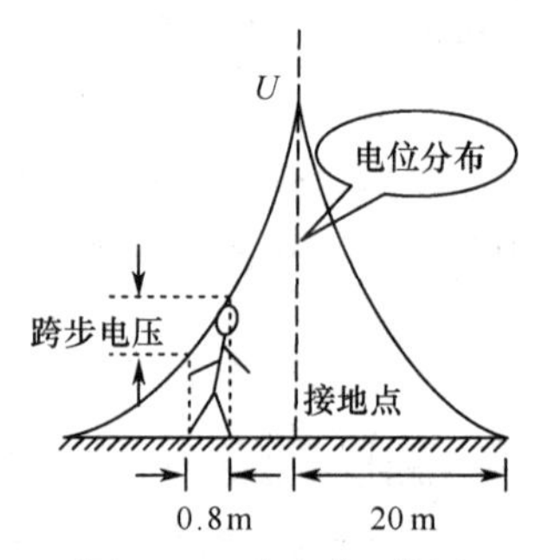

图 5-15　跨步电压触电

5.4.3　接地和接零

无论是工业、民用用电设备还是飞机的机载用电设备，为了人身安全和电力系统工作的需要，都要求电气设备采取接地措施。

1. 保护接地

保护接地是将电气设备的金属外壳(正常情况下是不带电的)或框架，用较粗的金属线与接地体可靠地连接起来，以保护人身安全。它适用于1000V 以下电源中性点不接地的电网等。如图 5-16 所示，某电动机采用保护接地，当电动机由于绕组碰壳漏电时，工作人员触到带电的外壳，则由于接地电阻 R_0 远小于人体电阻，电流绝大部分通过接地电阻 R_0 入地，从而保护了人身安全。

2. 保护接零

在 1000V 以下的中性点接地良好的三相四线制系统中，例如 380/220V 系统，将电气设备的外壳可靠地接到零线上，这就是保护接零。如图 5-17 所示，接零后，若电动机的一相绕组碰壳，则该相短路，立即将熔断器熔断或使其他保护电器动作，迅速切断电源，从而防止了人身触电事故的发生。

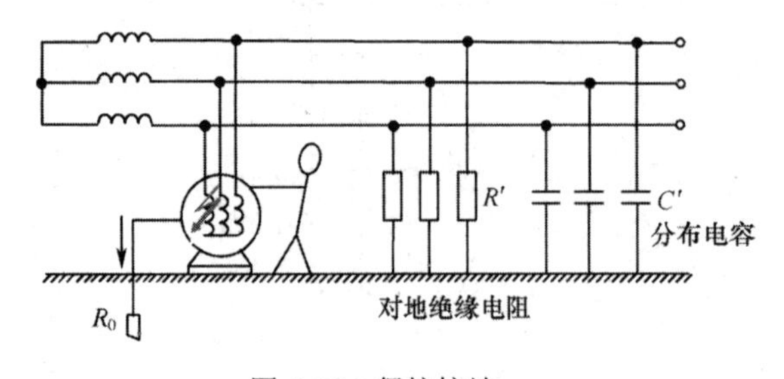

图 5-16　保护接地

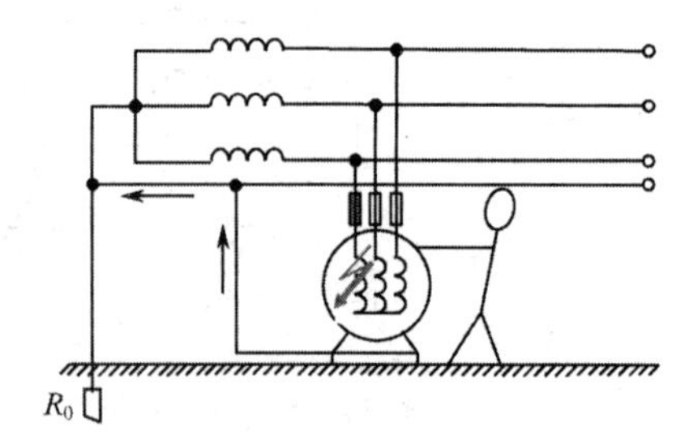

图 5-17　保护接零

由此可见，无论是出于安全起见的保护接零，还是维持不对称负载获得平衡电压，零线都起着至关重要的作用，因此电源零线不允许断开，不允许安装开关和熔断器。

小　结

1．三相发电机可以产生对称的三相电动势。所谓对称是指幅值相等，频率相同，相位互差120°，并且$u_A + u_B + u_C = 0$。星形三相四线制电源可以为负载提供两种电压，即相电压、线电压。它们之间的关系为：$\dot{U}_L = \sqrt{3}\dot{U}_P\angle 30°$（$\dot{U}_L$与$\dot{U}_P$为对应的线电压、相电压，其中$\dot{U}_A$对应$\dot{U}_{AB}$，$\dot{U}_B$对应$\dot{U}_{BC}$，$\dot{U}_C$对应$\dot{U}_{CA}$，表5-1中$\dot{I}_L$和$\dot{I}_P$对应关系与此相同)。

2．对称三相电路电压和电流的关系见表5-1。

表5-1　对称三相电路电压和电流的关系

接法	负载	电网	电压	电流
星形连接	对称负载	三相四线制	$\dot{U}_L = \sqrt{3}\dot{U}_P\angle 30°$	$\dot{I}_L = \dot{I}_P$
		三相三线制	$\dot{U}_L = \sqrt{3}\dot{U}_P\angle 30°$	
	不对称负载	三相四线制	$\dot{U}_L = \sqrt{3}\dot{U}_P\angle 30°$	
		三相三线制	$\dot{U}_L \neq \sqrt{3}\dot{U}_P\angle 30°$	
三角形连接	对称负载	三相三线制	$\dot{U}_L = \dot{U}_P$	$\dot{I}_L = \sqrt{3}\dot{I}_P\angle -30°$
	不对称负载			$\dot{I}_L \neq \sqrt{3}\dot{I}_P\angle -30°$

3．对称三相电路的功率为

$$P = 3U_P I_P \cos\varphi = \sqrt{3}U_L I_L \cos\varphi$$

$$Q = 3U_P I_P \sin\varphi = \sqrt{3}U_L I_L \sin\varphi$$

$$S = 3U_P I_P = \sqrt{3}U_L I_L$$

4．安全用电对生产生活至关重要，流过人体的电流达到50mA就会对人造成伤害，因此要对安全用电引起极高的重视。本章所述的一些安全用电常识，包括触电方式、安全电压、各种防触电的安全措施等，是我们必须清楚的。

习　题　5

基础知识

5-1　三相四线制能提供两种电压，线电压 U_L 是指__________与__________之间的电压；相电压 U_P 是指__________与_______之间的电压，U_L=_____ U_P。

5-2　若已知三相发电机的绕组星形连接，其线电压 $u_{12}=380\sqrt{2}\sin(\omega t-30°)$V，则对应的相电压 u_1=________V，u_2=______________V。

5-3　中线的作用是使星形连接的不对称负载的相电压___________________。

5-4　当三相负载的额定电压等于三相电压的线电压时，应采用___________形连接；当三相负载的额定电压等于三相电压的相电压时，应采用___________形连接。

5-5　下列有关三相电源的说法，错误的是(　　)。

a. 三相交流发电机主要由定子和转子组成

b. 三相对称正弦电压是指3个幅值相等，频率相同，相位互差120°的电压

c. 三相对称电压的瞬时值之和、相量之和和有效值之和都等于零

d. 三相电压依次出现最大值(或零值)的顺序，称为相序

5-6 关于三相交流电的零线，正确的说法是(　　)。

a. 零线不允许安装熔断器　　b. 零线必须安装熔断器

c. 零线必须安装保护开关　　d. 对于对称三相负载，零线不可省去

5-7 在三相四线制照明电路中，忽然有两相电灯变暗，一相变亮，故障的原因是(　　)。

a. 有一相短路　　b. 电源电压突然降低

c. 有一相断路　　d. 不对称负载，中线突然断开

5-8 三相不对称负载接到三相电源，其总有功功率、总无功功率和总视在功率分别为 P、Q、S，则下列关系正确的是(　　)。

a. $S=S_A+S_B+S_C$　　b. $Q=3U_PI_P\cos\varphi$　　c. $Q=3U_PI_P$　　d. $S=\sqrt{P^2+Q^2}$

5-9 在相同线电压作用下，同一台三相异步电动机作三角形连接所取用的功率是作星形连接所取用功率的(　　)倍。

a. $\sqrt{3}$　　b.1/3　　c.3　　d.$1/\sqrt{3}$

5-10 在三相四线制中，人站在地上触及一根相线的触电是(　　)。

a.单相触电　　b.两相触电　　c.三相触电　　d.跨步电压

5-11 什么是三相负载、单相负载和单相负载的三相连接？三相交流电动机有 3 根电源线接到电源的 L_1、L_2、L_3 三端，称为三相负载，电灯有两根电源线，为什么不称为两相负载而称单相负载？

5-12 有 220V/100W 的灯泡 66 个，应如何接入线电压为 380V 的三相四线制电路？求负载在对称情况下的线电流。

5-13 题图 5-1 中，对称感性负载接成三角形，已知电源电压 U_L=220V，电流表读数 I_L=17.3A，三相功率 P=4.5kW，试求：(1)每相负载的等效电阻和感抗；(2)当 L_1 线断开时，图中各电流表的读数和总功率 P。

5-14 有一三相对称负载，其每相的电阻 R=8Ω，感抗 $X_L=6\Omega$。如果将负载接成星形并接在线电压为 380V 的三相电源上，试求相电压、相电流及线电流大小。

5-15 如将 5-14 题的负载接成三角形并接在线电压 220V 的三相电源上，试求相电压、相电流及线电流。将所得结果与上题结果加以比较。

5-16 某交流主电源供电的飞机采用三相四线制，电路如题图 5-2 所示，若电源相电压 U_P=115V，某机载设备电阻性负载接成星形，其电阻分别为 R_A=11Ω，R_B=R_C=22Ω，忽略输电线路阻抗，试求负载相电压、相电流和中线电流。

5-17 某交流供电系统部分电路如题图 5-3 所示，已知线电压 U_L=200V，某对称三相负载设备采用三角形连接，该三相对称负载的每相阻抗 Z=(3+j6)Ω，输电线路阻抗 Z_l=(1+j0.2)Ω。试计算：(1)三相负载的线电流和线电压；(2)电源对该设备所输出的平均功率。(可查阅阻抗星-角变换相关资料)

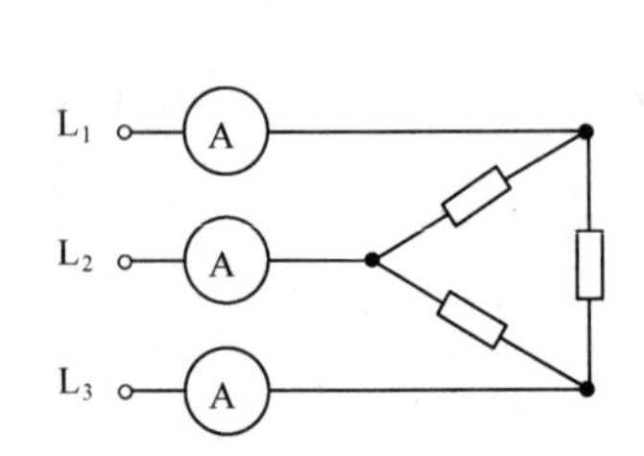

题图 5-1　习题 5-13 的图

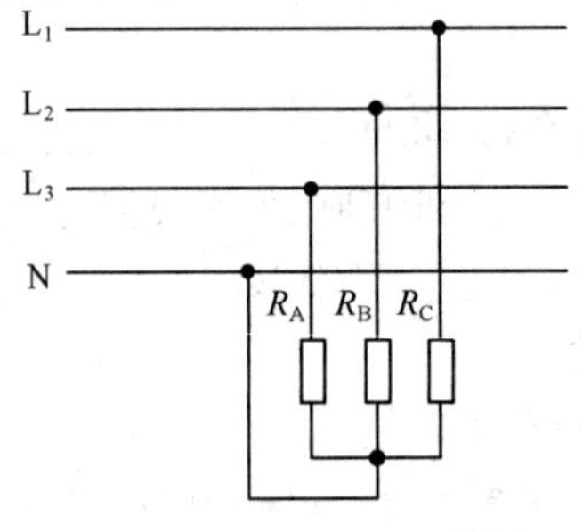

题图 5-2　习题 5-16 的图

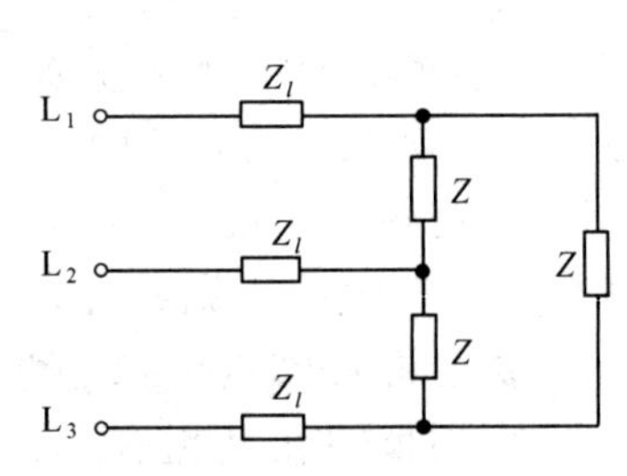

题图 5-3　习题 5-17 的图

应用知识

5-18　为什么电灯开关一定要接在相线(火线)上？

5-19　题图 5-4 所示的三相四线制照明电路中各负载电阻不等，如果中线在“×”处断开，后果将会怎样？

5-20　我国供电系统是交流线电压为 380V 的三相四线制，接两组电阻性对称负载，如题图 5-5 所示，试求线路电流 I。

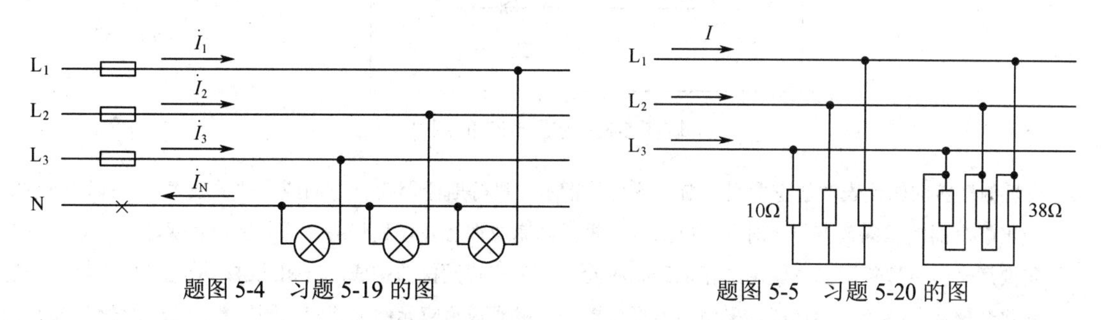

题图 5-4　习题 5-19 的图　　　　题图 5-5　习题 5-20 的图

5-21　有一三相电炉，已知每相电阻为 11Ω，每相额定电压为 220V，现将其接入线电压为 380V 的三相电源上，当电炉错接成三角形时，分析连接错误造成的后果。

5-22　如题图 5-6 所示，若电气设备金属外壳未装保护接地，当电气设备内部绝缘损坏发生一相漏电时，由于外壳带电，当人触及外壳，接地电流将经过人体入地后，再经其他两相对地绝缘电阻 R' 及分布电容 C' 回到电源，试分析人的安全情况。

5-23　对于同一电源供电的三相四线制系统，不同负载能否分别使用保护接地和保护接零？若同时使用，如题图 5-7 所示，则当某相绝缘损坏碰壳时，人若接触到机壳，是否有危险？分析并说明原因。

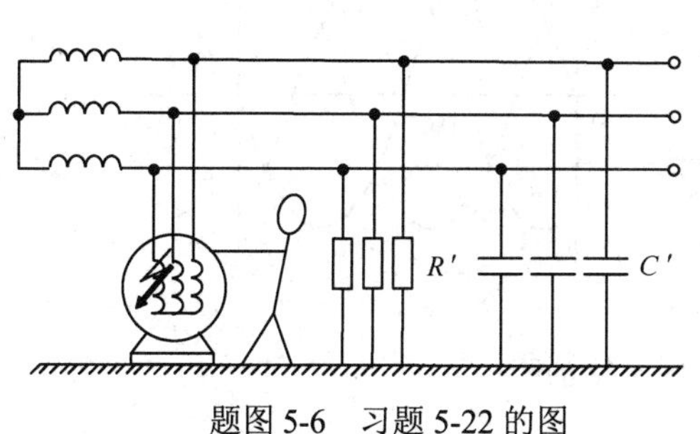

题图 5-6　习题 5-22 的图

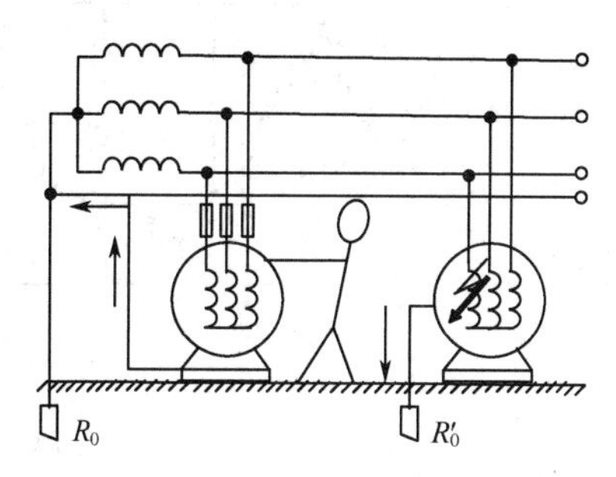

题图 5-7　习题 5-23 的图

5-24　某地发生一起事故，一赶车的农民坐在地面上休息，驴站在一旁吃草，附近 8m 以内有一高压输电线断落到地上，结果驴被电死了，人却没事，为什么？农民怎样才能安全离开？

军事知识

5-25　某飞机交流主电源采用三相对称星形连接，已知 $u_A = 115\sqrt{2}\sin(2513t+60°)$V，试写出其他两相电压和各线电压的瞬时值表达式。

5-26　某航空三相异步电动机，其绕组(负载)接成三角形，接在主电源线电压 $U_L = 200$V 上，从电源所取用的功率 $P = 11.43$kW，功率因数 $\cos\varphi = 0.87$，试求该电动机的相电流和线电流。

5-27　飞机三相交流发电机普遍采用无刷式，无刷式交流发电机广泛采用的是旋转整流器式无刷交流同步电机，它由主发电机、交流励磁机和旋转整流器组成。如题图 5-8 所示为旋转整流器的三相半波整流原理电路图(二极管整流作用参见第 9 章)，试说明产生脉动直流励磁电流的原理。

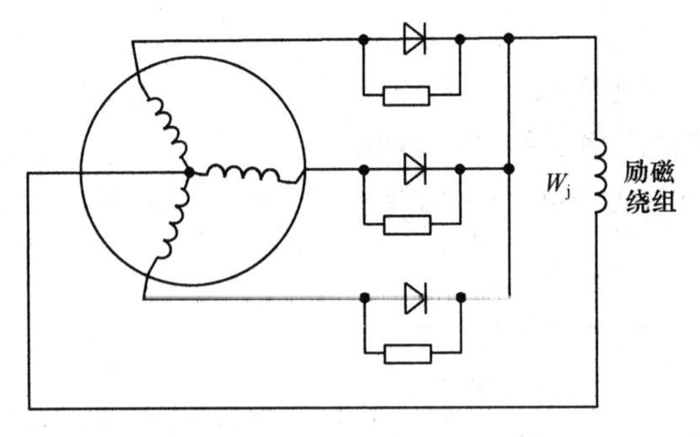

题图 5-8　习题 5-27 的图

5-28　飞机测量航向的仪表叫航空罗盘。航空罗盘是指示飞机等航空器飞行方向或方位的仪表，它能准确地反映出航空器的航向或方位，对于正确操纵飞机顺利完成训练及作战任务、避免迷航、保证飞行安全有着重要意义。某型磁罗盘主要由三相地磁感应元件和感应式同位器构成。三相地磁感应元件由 3 组特殊的磁化金属棒与感应线圈构成，采用三角形连接；三相地磁感应元件与感应式同位器的定子绕组相连，指针刻度盘与定子绕组相连，感应式同位器就是星形连接的 3 个对称线圈，连接电路原理图如题图 5-9(a)所示，当三相地磁感应元件水平置于地磁场中，由于各组线圈的中心线与地磁水平分量的夹角不同，因此，各组测量线圈产生的感应电动势的大小不同，3 个感应电动势数值之间有一定的比例关系，它们的相位依次相差 120°，如题图 5-9(b)所示。试查阅有关资料，用我们所学习过的对称三相电路来分析指示飞机航向的原理。

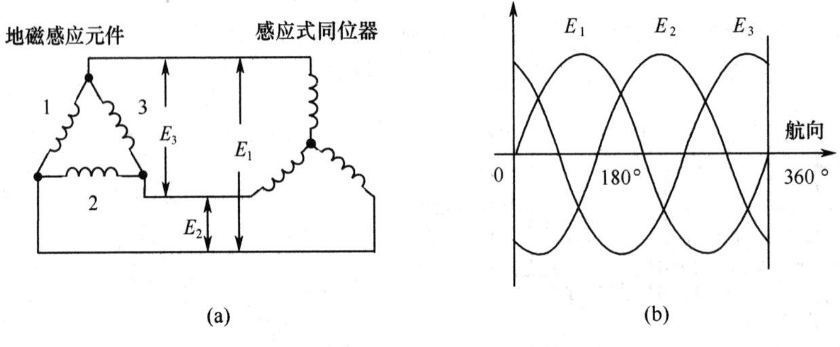

题图 5-9　习题图 5-28 的图

第6章　变　压　器

引言

变压器是一种静止的电机，它是利用电磁感应原理实现电能与电能之间转换的电磁装置。它可以对交流电的电压和电流进行变换，却不能改变交流电的频率。在电力系统中，变压器可用来变换交流电压，先将电能进行高压传输以减少传输过程中的损耗，用电时，再通过变压器降低到符合用电设备要求的电压。在航空领域中变压器也有广泛应用，如变压整流装置和雷达、无线电装置中的电源变压器，各种自动控制装置和电子线路中参数变换和调整的小型变压器。在电子电路中，变压器不但能够提供所需要的脉冲电压，还常用来耦合电路，传送信号，并实现阻抗匹配。在恒速恒频交流电源系统中，二次电源主要包括变压整流器和变压器，前者将主电源的交流电经降压、整流后，变成 27V 直流电，向飞机上的直流用电设备供电；后者将主电源的交流电经过降压后变成 36V、400Hz 的交流电，向飞机上的 36V 交流用电设备供电。

学习目标：

1. 了解变压器的基本结构和工作原理；
2. 理解变压器的 3 种变换；
3. 掌握变压器绕组同极性端的表示方法和实验判断方法；
4. 了解变压器在机载设备中的应用。

6.1　变压器的基本结构

变压器的种类很多，从用途上可分为电源变压器、调压变压器、脉冲变压器等；从冷却方式上分为干式变压器(空气冷却)和油浸式变压器等。如图 6-1 所示。由于飞行器要求重量要轻，因此多采用干式变压器。

(a) 电源变压器

(b) 调压变压器

(c) 脉冲变压器

(d) 三相干式变压器

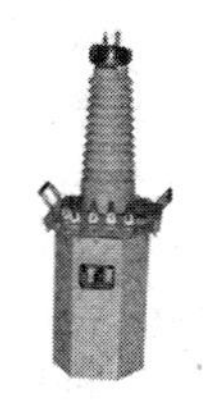

(e) 油浸式变压器

图 6-1　各种变压器

无论哪一种变压器，它们的基本结构都是由铁心和绕组（线圈）构成的，按其结构的不同分为心式变压器和壳式变压器。图 6-2 是变压器的结构和符号。

图 6-2(a)是心式变压器，特点是绕组包围铁心；图 6-2(b)是壳式变压器，特点是铁心包围绕组。无论哪一种变压器，都由闭合铁心和高压、低压绕组等主要部分构成。

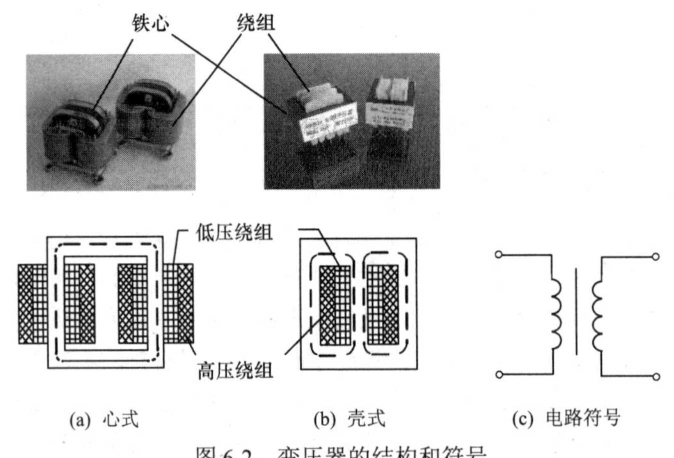

图 6-2　变压器的结构和符号

6.1.1　铁心

变压器铁心的作用是构成磁路。为了减少涡流和磁滞损耗，铁心用 0.35～0.50mm 厚的硅钢片交错叠装而成。如图 6-3 所示，硅钢片的表面涂有绝缘漆，形成绝缘层。在一些小型变压器中，也有采用铁氧体或坡莫合金替代硅钢片的。

6.1.2　绕组

绕组就是线圈，如图 6-4 所示。小容量变压器的绕组多用高强度漆包线绕制，大容量变压器的绕组可用绝缘铜线或铝线绕制。低压绕组对绝缘的要求不高，故低压绕组在里面，高压绕组在外面。各绕组间妥善绝缘，高压绕组、低压绕组间加强绝缘。

图 6-3　变压器铁心

图 6-4　变压器绕组

与电源相连的绕组称为原边绕组(或称初级绕组、一次绕组)，简称原绕组。与负载相连的绕组称为副边绕组(或称次级绕组、二次绕组)，简称副绕组。由于变压器在工作时铁心和线圈都要发热，故需要考虑散热问题。小容量的变压器多数采用空气自冷式；大、中容量的变压器多数采用油冷式，即把铁心和绕组装入有散热管的油箱中。

6.2　变压器的工作原理

变压器利用电磁感应定律，把一种交流电转换成同频率的另一种交流电。图 6-5 所示为具有两个绕组的单相变压器原理图。在原绕组侧，电流通过原绕组时，在铁心中产生磁通，此磁通通过副绕组产生感应电动势为负载供电。本节从变压器的空载运行和有载运行两种状态来进行分析。

6.2.1 空载运行

当变压器的原绕组施加电压而副绕组不接负载时，称为变压器的空载运行。如图 6-5 所示。变压器空载运行时，只有原绕组中有电流 i_{10}，此电流称为空载电流。

空载电流通过原绕组时，在铁心中产生磁通 Φ，此磁通既通过原绕组又通过副绕组，故称主磁通。主磁通在铁心中交变时，在原、副绕组中分别产生感应电动势 e_1 和 e_2。设磁通按正弦规律变化，即

$$\Phi = \Phi_{\mathrm{m}} \sin \omega t \tag{6-1}$$

根据电磁感应定律，得

$$\begin{aligned} e_1 &= -N_1 \frac{\mathrm{d}\Phi}{\mathrm{d}t} = -N_1 \omega \Phi_{\mathrm{m}} \cos \omega t = E_{1\mathrm{m}} \sin(\omega t - 90^\circ) \\ e_2 &= -N_2 \frac{\mathrm{d}\Phi}{\mathrm{d}t} = -N_2 \omega \Phi_{\mathrm{m}} \cos \omega t = E_{2\mathrm{m}} \sin(\omega t - 90^\circ) \end{aligned} \tag{6-2}$$

式(6-1)和式(6-2)中，N_1 和 N_2 分别为原绕组和副绕组的匝数，ω 为电源电压的角频率，$E_{1\mathrm{m}}$ 和 $E_{2\mathrm{m}}$ 分别为 e_1 和 e_2 的最大值，在数值上

$$\begin{aligned} E_{1\mathrm{m}} &= N_1 \omega \Phi_{\mathrm{m}} = 2\pi f N_1 \Phi_{\mathrm{m}} \\ E_{2\mathrm{m}} &= N_2 \omega \Phi_{\mathrm{m}} = 2\pi f N_2 \Phi_{\mathrm{m}} \end{aligned} \tag{6-3}$$

空载电流 i_{10} 除产生主磁通 Φ 外，还有部分磁通不经过副绕组，仅在原绕组周围构成回路，故称为漏磁通。漏磁通的磁路主要是空气，所以它的作用相当于一个电感量恒定的线圈。因此，变压器空载时的等效电路用相量表示，如图 6-6 所示。图中 R_1 为原绕组的电阻，X_{L1} 为原绕组漏磁通所引起的感抗，称为漏感抗，此处并没有考虑变压器的铁心损耗。

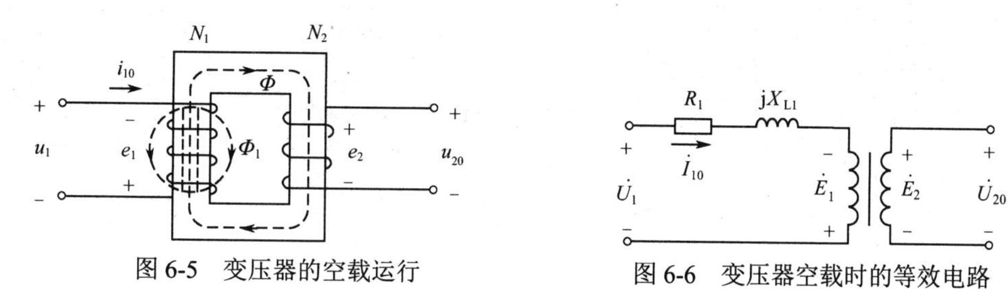

图 6-5　变压器的空载运行

图 6-6　变压器空载时的等效电路

由图 6-6 可知，原绕组的电压方程用相量表示为

$$\dot{U}_1 = (R_1 + \mathrm{j}X_{\mathrm{L1}})\dot{I}_{10} - \dot{E}_1 \tag{6-4}$$

由于空载电流很小，R_1 和感抗 X_{L1}(或漏磁通 Φ_1)也很小，它们两端的电压降就很小，一般情况下可认为

$$U_1 \approx E_1 \tag{6-5}$$

变压器空载时的副绕组电压为

$$U_{20} = E_2 \tag{6-6}$$

故原、副绕组电压的数值关系为

$$\frac{U_1}{U_{20}} \approx \frac{E_1}{E_2} = \frac{E_{1\mathrm{m}}}{E_{2\mathrm{m}}} = \frac{2\pi f N_1 \Phi_{\mathrm{m}}}{2\pi f N_2 \Phi_{\mathrm{m}}} = \frac{N_1}{N_2} = k \tag{6-7}$$

式(6-7)中，k 称为变压器的变比。可见，当变压器的电源电压 U_1 不变时，只要改变匝数比，就可以得到不同的输出电压 U_{20}。

变比在变压器的铭牌上就能够得到，如图 6-7 所示，原绕组和副绕组的额定电压之比就是它的变比。所谓副绕组的额定电压是指原绕组加上额定电压时副绕组的空载电压。由于变压器有内阻抗，

所以副绕组的空载电压一般较满载时的电压高 5%~10%。另外，在无铭牌时，变压器的变比可以通过空载时原、副绕组的端电压来测量。

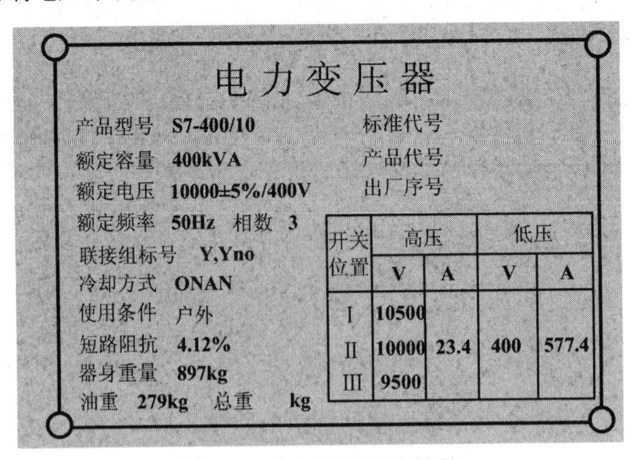

图 6-7　电力变压器的铭牌

6.2.2 有载运行

当变压器原绕组施加电压、副绕组接负载时，称为变压器的有载运行，如图 6-8 所示。等效电路如图 6-9 所示。

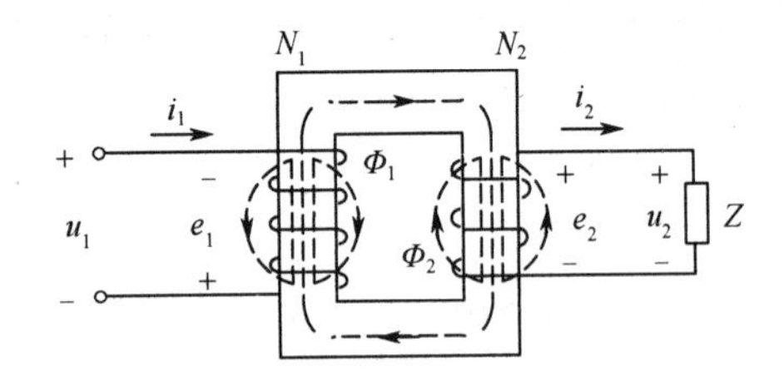

图 6-8　变压器的有载运行

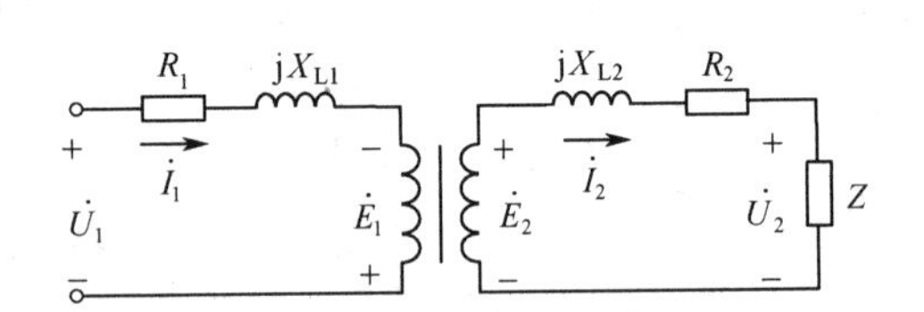

图 6-9　变压器有载时的等效电路

1．电压关系

图 6-9 为变压器有载时的等效电路，图中 R_2 为副绕组的电阻，X_{L2} 为副绕组的漏感抗，副绕组中产生的电流为 $\dot{I}_2$。由此可得变压器有载时的电压方程

$$\dot{U}_1 = (R_1 + jX_{L1})\dot{I}_1 - \dot{E}_1 \tag{6-8}$$

$$\dot{U}_2 = \dot{E}_2 - (R_2 + jX_{L2})\dot{I}_2 \tag{6-9}$$

如果不考虑变压器原、副绕组中电阻和漏感抗的电压降，可以近似地认为

$$\begin{aligned} U_1 &\approx E_1 \\ U_2 &\approx E_2 \end{aligned} \tag{6-10}$$

由此得变压器原、副电压的近似关系为

$$\frac{U_1}{U_2} \approx \frac{E_1}{E_2} = \frac{N_1}{N_2} = k \tag{6-11}$$

2．电流关系

当变压器副绕组接有负载时，在感应电动势 e_2 的作用下，副回路中产生电流 i_2，如图 6-8 所示。

由于原、副绕组之间没有电路相通，仅有主磁通相连。空载时，空载电流 i_{10} 在铁心中产生主磁通 Φ。根据式(6-3)和式(6-5)，当电源电压 u_1 为定值时，可以认为 e_1 为定值，所以 Φ 的最大值 Φ_m 也是定值。

有载时，副绕组电流 i_2 在铁心中也要产生磁通。但是在恒定的电源电压下，e_1 和 Φ_m 维持不变，这样势必使原绕组电流发生变化，由空载时的 i_{10} 变为有载时的 i_1。其结果是电流 i_1 和 i_2 在铁心中共同产生的磁通最大值仍为 Φ_m。

综上所述，空载时的 Φ_m 是电流 i_{10} 在原绕组的 N_1 匝线圈中产生的，有载时的 Φ_m 则由原绕组的电流 i_1 在 N_1 匝线圈及副绕组的电流 i_2 在 N_2 匝线圈中共同产生。由于在两种情况下产生的磁通是相同的，可用相量表示为

$$\dot{I}_{10}N_1 = \dot{I}_1N_1 + \dot{I}_2N_2 \tag{6-12}$$

通常把电流与匝数的乘积(安匝数)称为磁通势，故式(6-12)称为磁通势平衡方程。由于 $\dot{I}_1$ 和 $\dot{I}_2$ 在图 6-9 中所产生的主磁通的正方向是相同的，所以等式的右边为 $\dot{I}_1N_1$ 与 $\dot{I}_2N_2$ 的相量和。式(6-12)可写为

$$\dot{I}_1 = \dot{I}_{10} - \left(\frac{N_2}{N_1}\right)\dot{I}_2 = \dot{I}_{10} - \dot{I}_2' \tag{6-13}$$

可见，有载时的原绕组电流 $\dot{I}_1$ 包含两个分量。其中 $\dot{I}_{10}$ 为空载电流，或称励磁电流。铁心的磁导率越高，空载电流越小。另一分量 $\dot{I}_2'$ 是为了保持 Φ_m 不变、平衡 $\dot{I}_2N_2$ 而在原绕组中产生的，在数值上与负载电流 I_2 成正比，即

$$I_2' = \frac{N_2}{N_1}I_2 \tag{6-14}$$

在变压器中，空载电流很小，往往只是原绕组额定电流的百分之几，一般计算时可以忽略不计，故得原、副绕组电流的大小关系为

$$\frac{I_1}{I_2} \approx \frac{N_2}{N_1} = \frac{1}{k} \tag{6-15}$$

通常，变压器的额定电流 I_{1N} 和 I_{2N} 是指按规定工作方式运行时原、副绕组允许通过的最大电流，它们是根据绝缘材料允许的温度确定的。

3．阻抗变换

变压器除了具有变换电压和变换电流的作用，还有变换阻抗的作用。

对于与原绕组相连的电源来说，变压器及后面的电路可以看成一个阻抗 Z'，如图 6-10 所示。

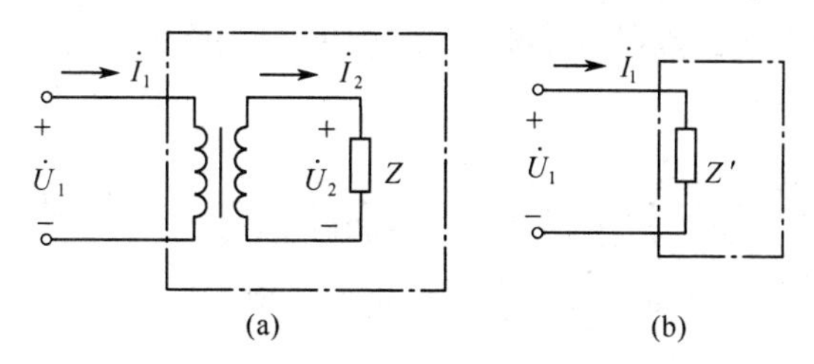

图 6-10　负载阻抗的等效变换

如果把阻抗为 Z 的负载接到变压器的副绕组侧，则

$$|Z| = \frac{U_2}{I_2}$$

而等效阻抗 Z' 的模为

$$|Z'| = \frac{U_1}{I_1}$$

故在忽略原、副绕组阻抗压降的情况下

$$\frac{|Z'|}{|Z|} = \frac{U_1}{U_2} \times \frac{I_2}{I_1} = k^2$$

或写成

$$|Z'| = k^2 |Z| \tag{6-16}$$

可见，如果把阻抗为 Z 的负载接到变压器副绕组侧，对电源而言，相当于接上等效阻抗为 $k^2|Z|$ 的负载。由于变压器具有这种变换阻抗的作用，故在电子线路中常用于前后环节之间的阻抗匹配。当等效阻抗 Z' 与电源内阻大小相等且相位相同时，称输入端处于阻抗匹配状态，此时输出功率最大。

【例6-1】 若有一飞机电源变压器，原绕组侧接入 115V 的交流电源，副绕组侧输出电压为 28V，并接入一个 5W、额定电压为 28V 的发电机的故障信号灯，若不考虑变压器的绕组阻抗，问原、副绕组侧的电流各为多少?(已知信号灯的功率因数为 1。)

解 因为信号灯的功率因数为 1，故副绕组侧电流为

$$I_2 = \frac{P}{U_2} = \frac{5}{28}\text{A} \approx 0.18\text{A}$$

$$k = \frac{U_1}{U_2} = \frac{115}{28} = 4$$

$$I_1 = \frac{1}{k} I_2 = \frac{0.18}{4}\text{A} = 45\text{mA}$$

计算结果表明，变压器在改变电压的过程中，也改变了电流。

【例 6-2】 收音机的扬声器可近似地认为是纯电阻负载，设其值为 8Ω。(1)若直接连接在内阻 R_S 为 800Ω，电动势 E_S 为 10V 的交流信号源上，求交流信号源输给扬声器的功率。(2)若通过变比为 5 的变压器连接在信号源上，求信号源输给扬声器的功率。

解 (1)若将扬声器(R)直接接在信号源上，如图 6-11(a)所示。信号源输给扬声器的功率为

$$P = RI^2 = R\left(\frac{E_S}{R_S + R}\right)^2 = 8 \times \left(\frac{10}{800+8}\right)^2 \text{W} = 0.0012\text{W} = 1.2\text{mW}$$

(2)若将扬声器(R)通过变压器接在信号源上，如图 6-11(b)所示，则根据图 6-11(c)的等效电路，扬声器得到的功率为

$$P = k^2 R I_1^2 = k^2 R\left(\frac{E_S}{R_S + k^2 R}\right)^2 = 5^2 \times 8 \times \left(\frac{10}{800 + 5^2 \times 8}\right)^2 \text{W} = 0.02\text{W} = 20\text{mW}$$

可见，通过变压器进行阻抗变换以后，扬声器可以得到大得多的功率。

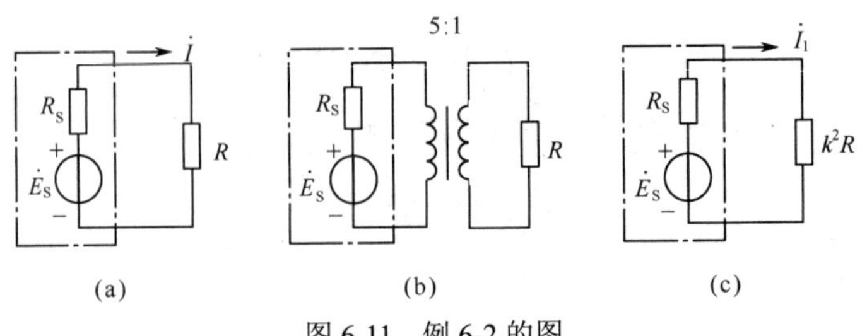

图 6-11 例 6-2 的图

6.3 变压器绕组的极性

要正确地使用变压器，判别变压器原、副绕组端子的极性非常重要。在自动控制系统中，若将反馈电路的变压器极性接反，则负反馈变为正反馈；由变压器供电的电动机，若变压器极性接反，将使电动机反转；电源变压器若极性接反，则会将其烧毁。

我们把原、副绕组电位瞬时极性相同的端点称为同极性端，有时也称为同名端。为了便于分析，把副绕组与原绕组 AX 画在同一铁心柱上，如图 6-12(a)所示。由图可知，因为两个绕组在铁心柱上绕向相同，当磁通 Φ 的变化使绕组中产生感应电动势时，A 与 a 的电位瞬时极性必然相同，所以，A 与 a 是同极性端。当然，X 与 x 也是同极性端。通常在同极性端的旁边标注“•”作为记号，如图 6-13 所示。由于 A 与 a、X 与 x 都是同极性端，所以记号“•”标在 A 与 a 的旁边还是 X 与 x 的旁边都可以。

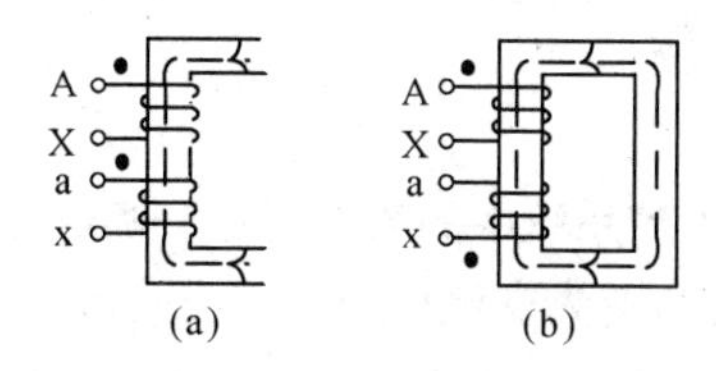

图 6-12　变压器绕组的同极性端

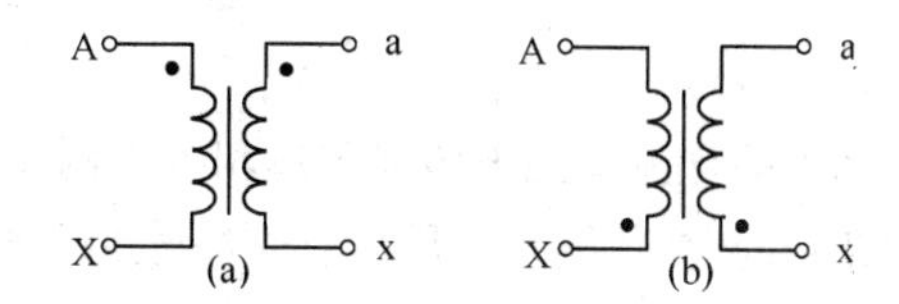

图 6-13　变压器绕组极性的表示

如果副绕组 ax 和原绕组 AX 铁心柱上的绕向相反，如图 6-12(b)所示，那么 A 与 x 就成为同极性端。因此，变压器的同极性端与两个绕组在铁心柱上的绕向有关。对于已经绕制好的变压器，如果不知道同极性端，可通过实验方法加以测定。

图 6-14 是测定变压器绕组极性的电路。图中变压器的一个绕组(图中为 AX)通过开关和电池相连，另一个绕组与直流毫安表相连，a 端接毫安表的正端，x 接负端。当开关 S 接通瞬间，如果毫安表的指针正向偏转，则 A、a 是同极性端。这是因为在 S 接通瞬间，AX 绕组中的电流增长(电流方向从 A 流向 X)，绕组中产生的感应电动势方向是从 X 指向 A，如果 a 与 A 是同极性端，则 ax 绕组中感应电动势的方向也是从 x 指向 a，毫安表的指针正向偏转。如果指针反向偏转，则 A、x 是同极性端。

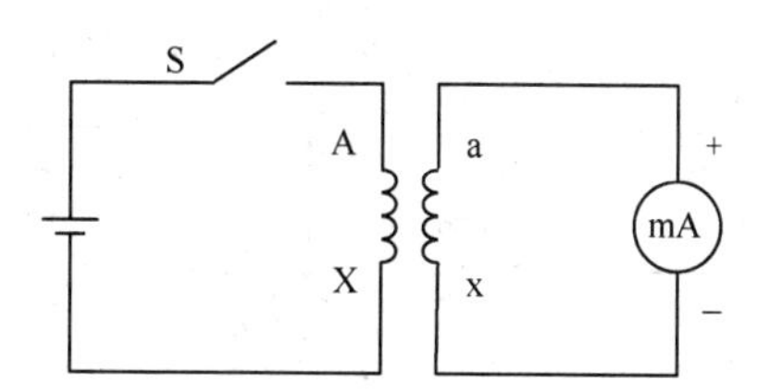

图 6-14　测定变压器绕组极性的电路

变压器接线时，需要考虑同极性端的问题。如图 6-15 所示，在飞机向地面发射通信信号时，振荡变压器的反馈绕组连接时，只有极性正确，才能获得正反馈而形成自激振荡，使得信号发送出去。图 6-15(b)是振荡电路的原理图，变压器的副绕组 N_2 将输出信号反馈回输入端，若输入端电压对地为“正”，根据三极管的特性(见 10.1 节)，在 N_1 绕组未标同名端的一端得到的极性为负，标有同名端的一端为正，根据同名端规则，N_2 绕组的同名端为正，即反馈电压对地为正，与输入电压假设极性相同，满足正弦振荡的相位平衡条件(反馈信号与输入信号同相位)。若极性接反，就会引入负反馈而无法形成自激振荡，产生高频振荡信号发射出去。

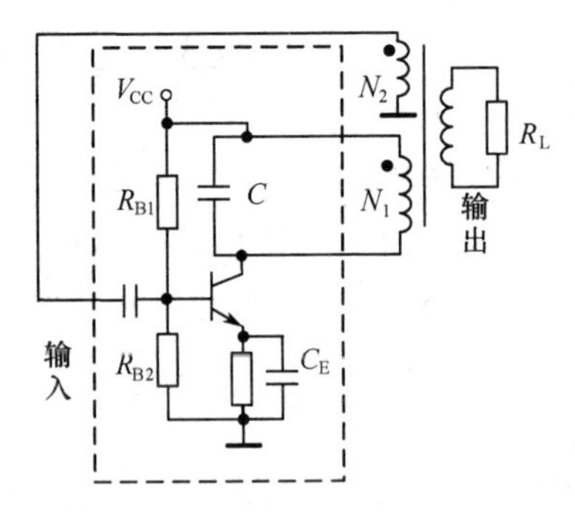

(a) (b)

图 6-15 变压器在振荡电路中的应用

6.4 三相变压器

现代飞机的交流电源大多采用三相制。例如，歼击机火控系统中的软件陀螺，就是用三相变压器将自整角机(自整角机是利用自整步特性将飞机的航姿转角变为交流电压的感应式微型电机)的三相输出转换成正/余弦交流电压。三相变压器在对称负载运行下，各相电流、电压的大小相等，相位互差 120°，就其中一相而言，与单相变压器没有区别。前面对单相变压器的分析方法及其结论都适用于三相变压器。

6.4.1 三相变压器的磁路系统

三相变压器的磁路系统是指主磁通的磁路系统，按铁心结构可分为组式磁路和心式磁路。

1. 三相组式变压器的磁路系统

三相变压器组由 3 台独立的单相变压器按一定的方式作三相连接，构成一台三相变压器，如图 6-16 所示。由于每相的主磁通各沿自己的磁路闭合，彼此独立，当原绕组侧外施三相对称电压时，各相的主磁通必然对称，即磁路三相对称。

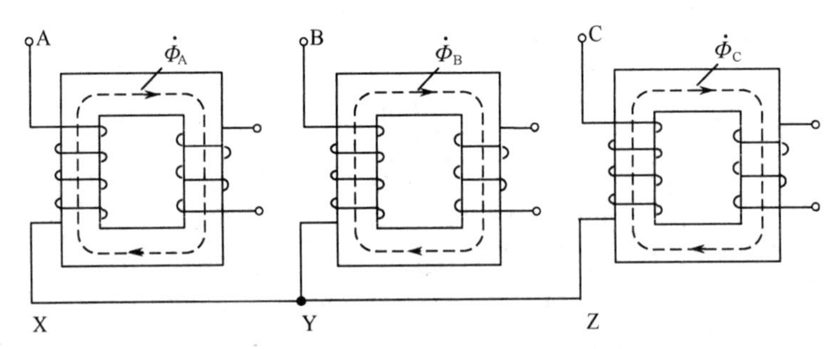

图 6-16 三相组式变压器的磁路系统

2. 三相心式变压器的磁路系统

三相心式变压器的各相磁路彼此相关。这种铁心结构可以视为从 3 个单相铁心演变而成。把 3 个单相铁心合并成如图 6-17(a)所示的结构，则通过中间心柱的磁通，应为三相磁通的总和，由于三相对称，所以其相量和为零，则中间心柱可以省去，成为图 6-17(b)所示的结构。为了使结构简单、制作工艺方便和节省材料，可将 3 个铁心柱安排在同一个平面内，如图 6-17(c)所示，这就是常见的三相心式变压器的铁心结构。

由于三相心式变压器具有价格便宜、用料少、体积小、维护方便等优点，所以应用最为广泛。飞机上也多采用三相心式变压器。超高压、大容量的巨型变压器的运输条件受到很多限制，为了方便运输和减少备用容量，多采用三相心式变压器。

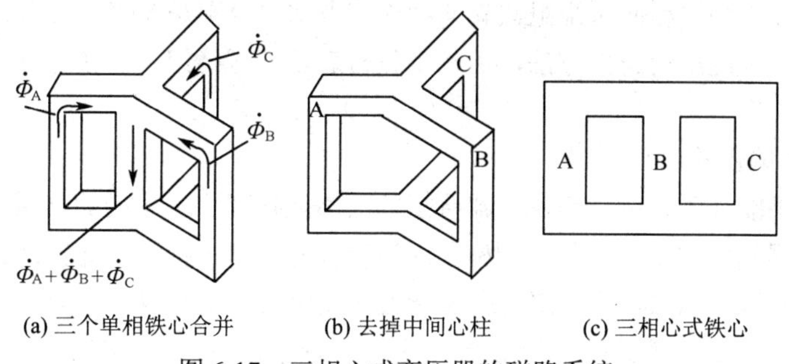

(a) 三个单相铁心合并　　(b) 去掉中间心柱　　(c) 三相心式铁心

图 6-17　三相心式变压器的磁路系统

6.4.2　三相变压器绕组的连接组别

在本书中，绕组的标识为：A、B、C 表示三相高压绕组的首端；X、Y、Z 表示三相高压绕组的末端；a、b、c 表示三相低压绕组的首端；x、y、z 表示三相低压绕组的末端。

1．三相绕组的连接方式

无论是高压侧还是低压侧，变压器三相绕组的常用接法都是星形连接和三角形连接。

（1）星形连接

以高压绕组为例，将 3 个绕组的末端 X、Y、Z 连接在一起，构成中性点，将首端 A、B、C 作为三相引出，称为星形连接，用“Y”表示，如图 6-18 所示。有中性线引出用“Y_0”表示，没有中性线引出用“Y”表示。

（2）三角形连接

以高压绕组为例，依次把一相绕组的首端和另一绕组的末端连接在一起，顺次构成一个闭合的回路，由 3 个连接点引出出线端，便是三角形连接，用“△”表示。若将 3 个绕组按 AX—BY—CZ 的顺序连接成一个三角形，形成闭合回路，称为顺序三角形连接，如图 6-19(a)所示；若将三相绕组按 AX—CZ—BY 的顺序连接成一个闭合回路，称为逆序三角形连接，如图 6-19(b)所示。

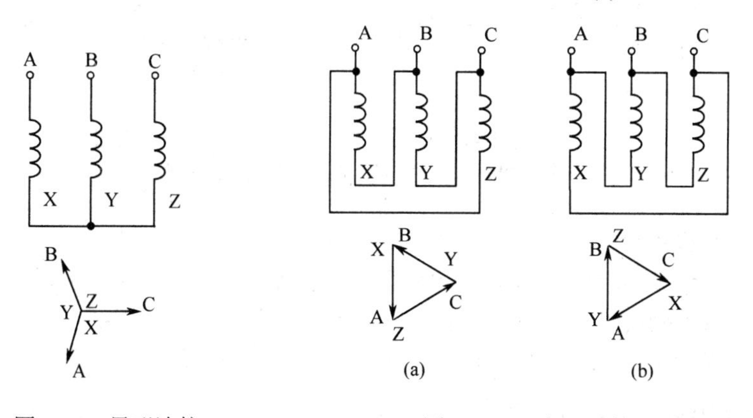

图 6-18　星形连接　　　　图 6-19　三角形连接

在对称三相系统中，当变压器采用星形连接时，线电流等于相电流，线电压等于相电压的 $\sqrt{3}$ 倍，线电压超前对应的相电压 30°。当变压器采用三角形连接时，线电流是相电流的 $\sqrt{3}$ 倍，并且滞后对应的相电流 30°，线电压等于相电压。

变压器除了常见的星形连接和三角形连接，还有曲折连接等特殊连接法，由于比较少见，这里不予介绍。

2．三相变压器的连接组

三相变压器的高压绕组和低压绕组共有 4 种连接方法，分别是 Y/Y、Y/△、△/Y、△/△。每组的第一个符号表示高压绕组的连接方法，后一个符号表示低压绕组的连接方法。绕组的连接方式就是变压器的连接组。

3．三相变压器的连接组别

仅有连接组还不能准确表达三相变压器绕组的实际连接情况。相同的连接组，变压器的高压侧和低压侧可能有不同的相位差，因此必须标注连接组标号，加了标号的连接组称为连接组别。

连接组别采用时钟表示法，即规定将高压绕组的线电压相量看成时钟的长针，并固定指向12 点不动(有的称 0 点)，将低压绕组的同名线电压相量看成时钟的短针，它指向的点数就是该变压器的连接组别号。

由于高、低压侧相电压对于线电压的相位差总是30° 的整数倍，所以可以用低压侧线电压滞后于高压侧线电压的角度除以30°，得到连接组别的点数。

由于三相变压器的连接组标号较多，再加上同一个连接组标号也有多种连接方法，容易造成混乱。为了便于制造和并联运行，国家对变压器作了统一规定。对于三相电力变压器，国家标准规定了 5 种标准连接组别：Y/Y_0–12；Y_0/Y–12；Y/Y–12；Y/△–11；Y_0/△–11，这里只介绍两种。

（1）Y/Y_0–12 连接组别

图 6-20(a)为三相变压器 Y/Y_0–12 连接组别。图中垂直对应的高、低压绕组为同一心柱上的绕组，如 AX 和 ax 绕组。图中，各相高、低压绕组的首端为同名端，因此各相高、低压绕组的相电压同相位，从而线电压也是同相位的。取 A、a 点重合的相量图，如图 6-20(b)所示。可见，$\dot{E}_{AB}$ 指向 12 点，$\dot{E}_{ab}$ 也指向 12 点，所以连接组别就记为 Y/Y_0–12。

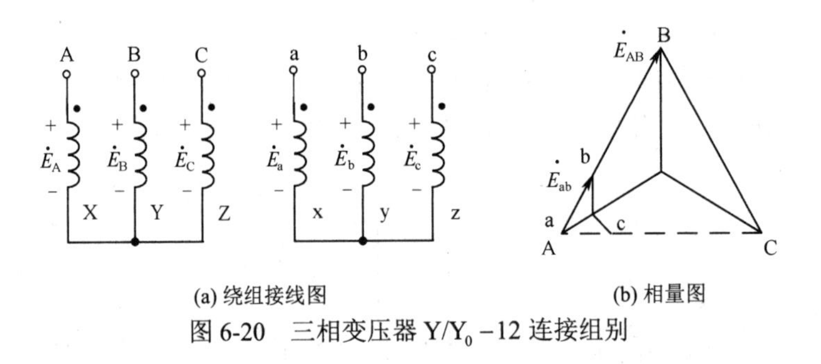

图 6-20　三相变压器 Y/Y_0 –12 连接组别

（2）Y/△–11 连接组别

图 6-21(a)是三相变压器 Y/△–11 连接组别。图中，高、低压绕组的同名端标在对应位置，高压侧接成星形连接，低压侧按照 ax—cz—by 作逆序三角形连接。这时，对应的高、低压侧电压同相位，对应的线电压 $\dot{E}_{AB}$ 超前 $\dot{E}_{ab}$ 330°。如图 6-21(b)所示。$\dot{E}_{AB}$ 指向 12 点方向，$\dot{E}_{ab}$ 指向 11 点方向，所以得到 Y/△–11 连接组别。

航空 SBY 型三相配电用变压器一般为 Y/Y_0–12 连接：航空用三相变压器，为得到更好的输出波形，一般为 Y/△–11 连接。

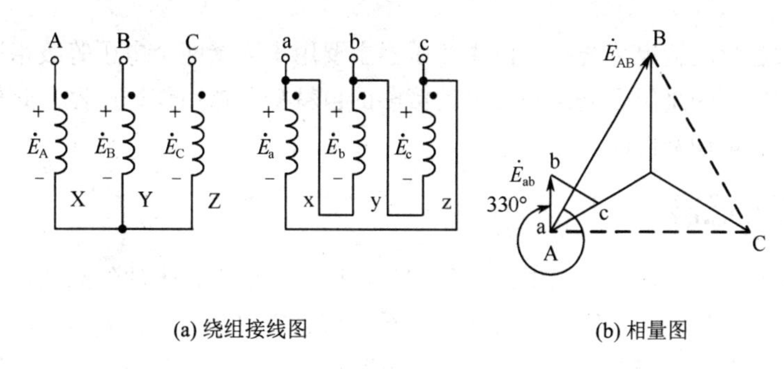

图 6-21　三相变压器 Y/△–11 连接组别

6.5　特殊变压器

航空上除大量应用电源变压器外，在需要测量、交换电气参数和信号的场合，还采用了一些特殊变压器，如自耦变压器和仪用互感器。

6.5.1　自耦变压器

飞机上的变频交流电源系统，为了获得更好的供电性能，多脉波整流器被大量应用，其中的变压器为自耦变压器。下面以降压自耦变压器为例来介绍其特点。

普通双绕组变压器的原、副绕组之间互相绝缘，它们之间只有磁的联系，没有电的联系。而自耦变压器没有独立的副绕组，它将原绕组的一部分作为副绕组。

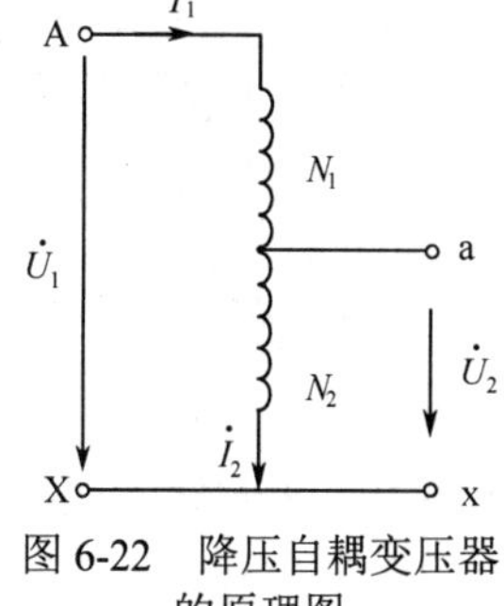

图 6-22　降压自耦变压器的原理图

降压自耦变压器的原理图如图 6-22 所示。AX 绕组称为高压绕组，匝数为 N_1，ax 绕组称为低压绕组，匝数为 N_2。ax 绕组既是副绕组又是原绕组的一部分，又称为公共绕组。可见，自耦变压器原、副绕组间既有磁的联系，又有电的联系。

1．电压关系

在自耦变压器中

$$\frac{U_1}{U_2}=\frac{N_1}{N_2}=k \tag{6-17}$$

式中，k 为自耦变压器的变比。

2．电流关系

在自耦变压器中

$$\frac{I_1}{I_2}=\frac{N_2}{N_1}=\frac{1}{k} \tag{6-18}$$

3．优、缺点和用途

自耦变压器的优点是：可以省去副绕组，且绕组容量小于额定容量；和普通双绕组变压器相比，节省大量材料(硅钢片和铜线)，降低成本，减少变压器的体积和重量，有利于大型变压器的运输和安装；并且内部铜损耗和铁损耗小，提高了效率。

自耦变压器的缺点是：由于原、副绕组之间有电的联系，当高压侧发生电气故障时，将直接涉及低压侧，因此变压器内部绝缘与过电压保护措施要加强。自耦变压器不能作为安全照明变压器使用。

在高电压、大容量的输电系统中，自耦变压器主要用来连接两个电压等级相近的电力网，用作联络变压器。在实验室中采用副绕组侧带滑动接触的自耦变压器用作调压器。此外，自耦变压器还可用作异步电动机的启动补偿器。

6.5.2 仪用互感器

在电力系统中需要对高电压、大电流进行测量和监视，由于仪表的绝缘和量程所限，是不能直接进行测量的。利用变压器的变压和变流转换关系，可生产出专门进行测量用的变压器，称为仪用互感器。仪用互感器分为电流互感器和电压互感器两种。仪用互感器的主要作用体现在以下方面。

● 与测量仪表配合，测量电力线路的电压、电流和电能。它广泛应用于飞机控制系统，如飞机交流电源系统中，电流互感器或电压互感器用来提供与被测电流或电压成正比的控制信号。

● 与继电保护装置、自动控制装置配合，对电力系统与设备过压、过流、过载和单相接地等进行保护。

● 将测量仪表、继电保护装置和自动控制装置等二次装置与线路高电压隔离开，以保护人员和二次装置的安全。

1. 电流互感器

电流互感器是根据变压器原理制成的，主要用来扩大测量交流电流的量程。因为要测量交流电路的大电流时(如测量容量较大的电动机、焊机等的电流时)，通常电流表的量程是不够的。

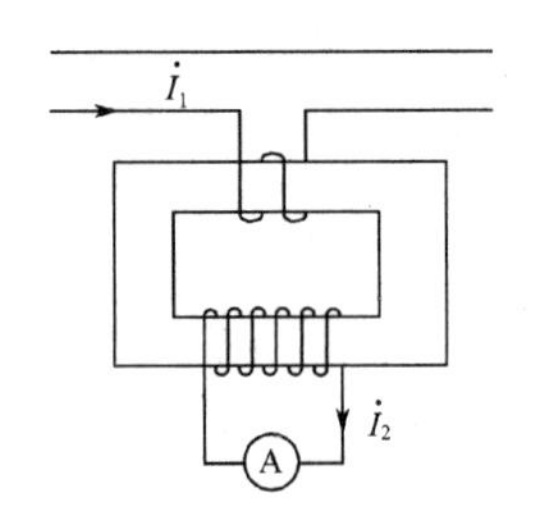

图 6-23　电流互感器的原理图

此外，电流互感器使测量仪表与高压电路隔离开来，以保证人身与设备的安全。电流互感器的原理图如图 6-23 所示。

原绕组的匝数 N_1 很少，它串联在被测电路中，副绕组匝数 N_2 较多，接测量仪表，如电流表、电能表和功率表的电流线圈。在测量高压线路上的电流时，尽管电流互感器副绕组侧电压很高，然而电流互感器副绕组侧所接仪表线圈的阻抗很小，接近短路状态，所以输出电压很低，操作人员和仪表较为安全。

根据变压器原理，可认为

$$I_1 = \frac{N_2}{N_1} I_2 = k_i I_2 \tag{6-19}$$

式中，k_i 为电流互感器的变换系数。

由式(6-19)可见，利用电流互感器可将大电流变换为小电流。电流表的读数 I_2 乘以变换系数 k_i 即为被测大电流 I_1。通常，电流互感器的副绕组的额定电流都规定为 5A 或 1A。

使用电流互感器需注意以下事项。

（1）使用电流互感器时不允许副绕组侧开路

如果开路，原绕组侧被测电流全部成为励磁电流，使铁心中电流急剧增大，一方面使铁损耗增加，引起发热烧坏绕组；另一方面，因副绕组匝数很多，感应出危险的高电压，对操作人员不利。副绕组和铁心应可靠接地，保证测量人员的安全。

（2）副绕组不宜接过多负载，以免影响精度

为了在现场不切断电路的情况下测量电流和便于携带使用，把电流表和电流互感器合起来制成钳形电流表。电流互感器的铁心做成像一把可以开合的钳子，将被测电流的导线嵌入铁心，相当于原绕组只有一匝的电流互感器，即可进行电流的测量，有不同量程可供选择。

2．电压互感器

电压互感器也是一个双绕组变压器，其原理图如图 6-24 所示。它的作用是将高电压转变为一定数值的低电压，以供测量、继电保护及指示电路用。

电压互感器实质上就是一台降压变压器，其基本结构和工作原理与普通变压器没有区别，主要由铁心、副绕组构成。电压互感器有更准确的变比。

根据变压器原理，可认为

$$U_1 = kU_2 \tag{6-20}$$

可见，利用电压互感器可将被测量的高电压U_1变换为低电压U_2，用电压表测量U_2，再乘以变比k，就是被测量的高电压U_1。

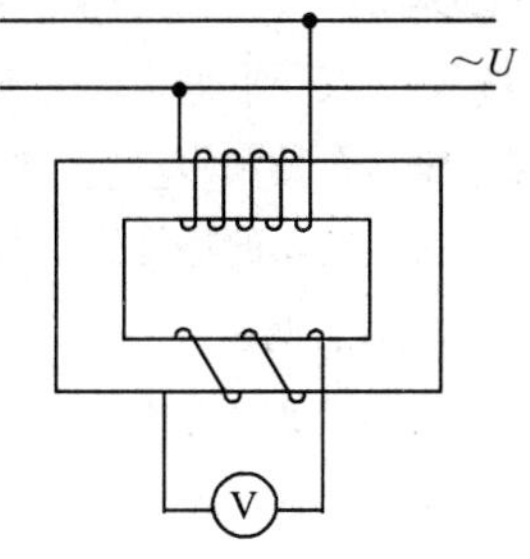

图 6-24　电压互感器的原理图

使用电压互感器必须注意以下事项：

① 使用电压互感器时，副绕组侧不允许短路，否则将产生很大的短路电流而烧坏绕组；

② 副绕组和铁心应可靠接地，保证测量人员安全；

③ 使用时副绕组不能并联过多仪表，以免影响测量精度。

小　　结

1．变压器的基本结构

变压器由铁心和绕组两部分组成，分为心式变压器和壳式变压器。

2．变压器的工作原理

变压器是基于电磁感应定律工作的。原绕组电压等电量的变化，引起穿过副绕组的磁通变化，在副绕组侧产生等电量变化的电压，从而将一种交流电压或电流转换成另一种同频率的交流电压或电流。

3．变压器的电压变换、电流变换和阻抗变换

（1）电压变换

$$\frac{U_1}{U_2} = \frac{N_1}{N_2} = k$$

（2）电流变换

$$\frac{I_1}{I_2} = \frac{N_2}{N_1} = \frac{1}{k}$$

（3）阻抗变换

$$\frac{|Z'|}{|Z|} = k^2$$

4．三相变压器的连接和连接组别

三相变压器的绕组有星形连接和三角形连接两种接法，根据原、副绕组相应的线电压相位的不同，三相变压器接法有很多种。对于三相电力变压器，国家标准规定了 5 种标准连接组别：Y/Y_0–12；Y_0/Y–12；Y/Y–12；Y/△–11；Y_0/△–11。

5．特殊变压器

（1）自耦变压器：它的副绕组是原绕组的一部分，因此两绕组既有电的联系，又有磁的联系。

（2）电压互感器将高电压转换成低电压，电流互感器将大电流转换成小电流，用于测量仪表和继电保护。

习　题　6

基础知识

6-1　各种变压器的构造基本是相同的，主要由__________和__________两部分组成。

6-2　变压器是利用______原理工作的，它的用途有_______ 、________和________等。

6-3　某变压器的原绕组由两个相同的线圈构成，它们的额定电压分别为20V和10V。现欲接到10V的电源上，需要将两者________(同或反)向串联。

6-4　为了降低远距离传送电力所造成的传输损失，一般采用的方法是(　　)。

a.输电电压提高　　b.输电电流提高　　c.传输线径加粗　　d.输出电压降低

6-5　变压器原、副绕组中不能改变的物理量是(　　)。

a.电压　　b.电流　　c.阻抗　　d.频率

6-6　对于理想变压器，下列说法正确的是(　　)。

a.可以变换直流电的电压　　b.变压器原绕组的输入功率由副绕组的输出功率决定

c.变压器能变换输出电流和功率　　d.可以变换交、直流阻抗

6-7　变压器匝数少的原绕组(　　)。

a.电流大，电压高　　b.电流大，电压低　　c.电流小，电压高　　d.电流小，电压低

6-8　下述选项中，变压器额定容量的单位是(　　)。

a.W　　b.Var　　c.VA　　d.Hz

6-9　如题图6-1所示，如图开关S由断开到闭合时，电流表正偏，则(　　)。

a. A与B是同极性端　　b. A与D是同极性端　　c.以上都不是

6-10　如题图6-2所示，则下列说法正确的是(　　)。

a.a与b是同极性端　　b.a与d是同极性端　　c.a与c是同极性端

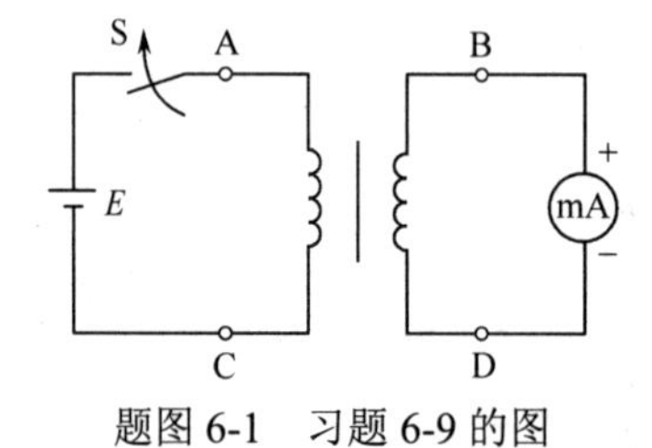

题图6-1　习题6-9的图

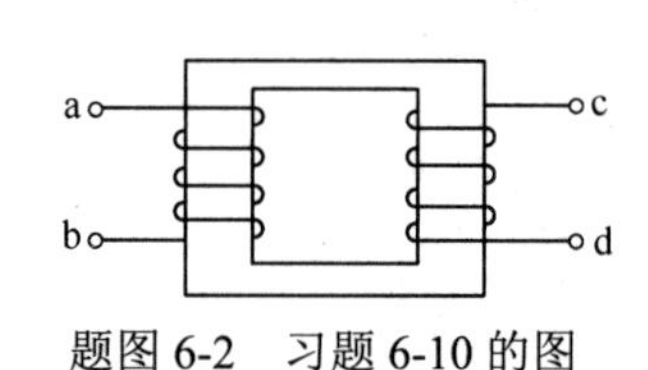

题图6-2　习题6-10的图

6-11　思考互感线圈反向串联和同向串联时电流的表达式。

6-12　3个绕组如题图6-3所示，试定出3个绕组的同名端。

6-13　如题图6-4所示测定变压器绕组极性的电路，图中变压器原绕组外加交流电压U_1，原绕组X和副绕组x用导线连接，今用交流电压表测得A、X之间的电压$U_1 = 220\text{V}$，a、x之间的电压$U_2 = 110\text{V}$，A、a之间的电压$U_3 = 110\text{V}$。试根据这3个电压之间的数值关系确定绕组的同名端。

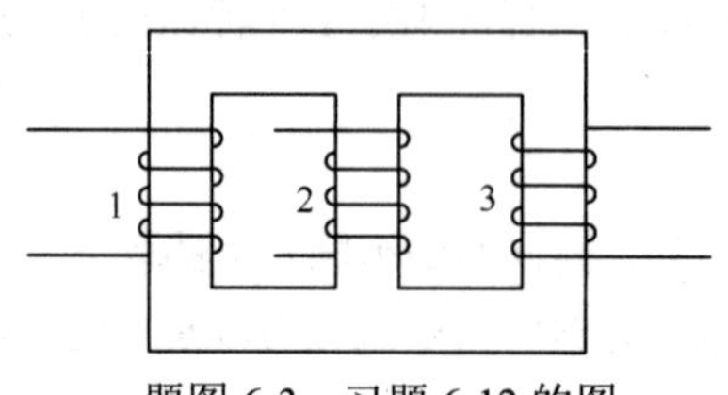

题图6-3　习题6-12的图

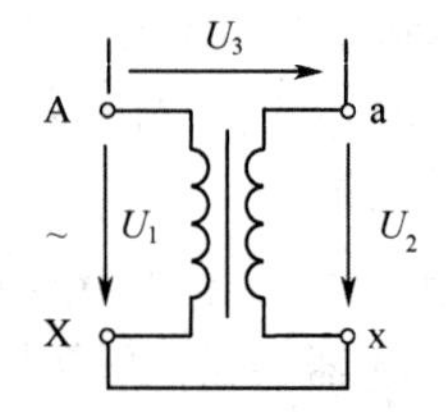

题图6-4　习题6-13的图

6-14 如题图 6-5 所示，理想变压器原、副绕组的匝数比为 10∶1，电压表和电流表均为理想交流电表，从某时刻开始在原绕组两端加上交变电压，其瞬时值表达式为 $u = 220\sqrt{2}\sin(100\pi t)\text{V}$ 。(1)电压表的示数为多少？(2)在滑动变阻器触头 P 向上移动的过程中，电流表 A_2 的示数将如何变化？理想变压器的输入功率又将怎样？

6-15 如题图 6-6 所示，理想变压器副绕组通过导线接两个相同的灯泡 L_1 和 L_2。导线的等效电阻为 R。现将原来断开的开关 S 闭合，若变压器原绕组两端的电压保持不变，则副绕组两端的电压、通过灯泡 L_1 的电流及变压器的输入功率如何变化？

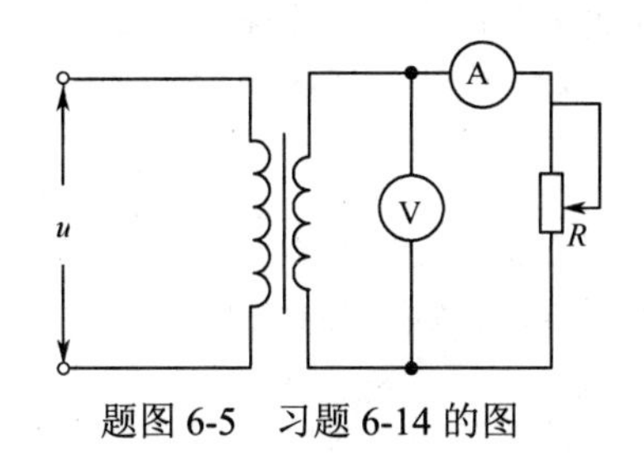

题图 6-5 习题 6-14 的图

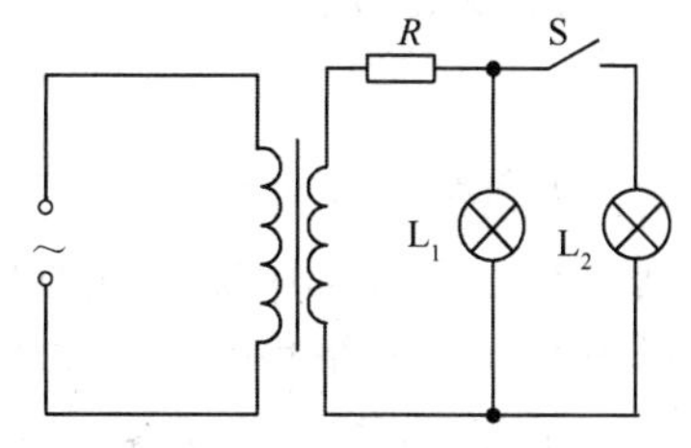

题图 6-6 习题 6-15 的图

6-16 如题图 6-7 所示，有一理想变压器，原、副绕组的匝数比为 k，原绕组接正弦交流电，输出端接有一个交流电压表和一台电动机。电动机的线圈电阻为 R，输入端接通电源后，电流表读数为 I，电压表读数为 U，电动机带动一重物匀速上升。求：(1)电动机消耗的功率；(2)变压器的输入功率。

6-17 理想变压器原、副绕组的匝数比为 4∶1，若原绕组上加 $u=400\sqrt{2}\sin(100\pi t)\text{V}$ 的交变电压，则在副绕组两端，变电压表测得的电压为多少？

6-18 如题图 6-8 所示，一理想变压器原、副绕组的匝数比 N_1∶N_2＝11∶5，原绕组与正弦交变电源连接，输入电压为 220V，副绕组仅接入一个 10Ω 的电阻。则：(1)电压表的示数是多少？(2)变压器的输入功率是多少？

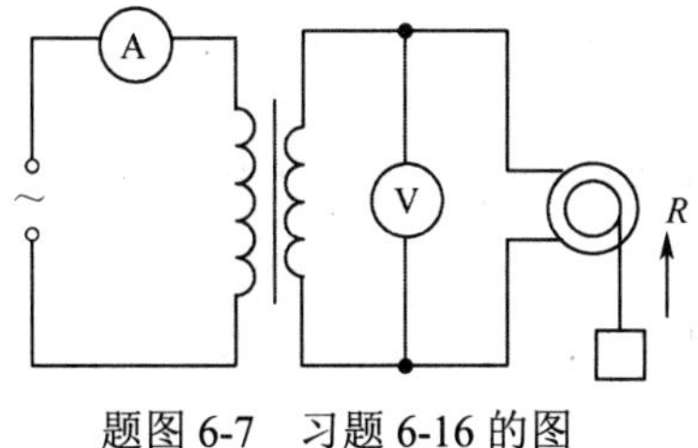

题图 6-7 习题 6-16 的图

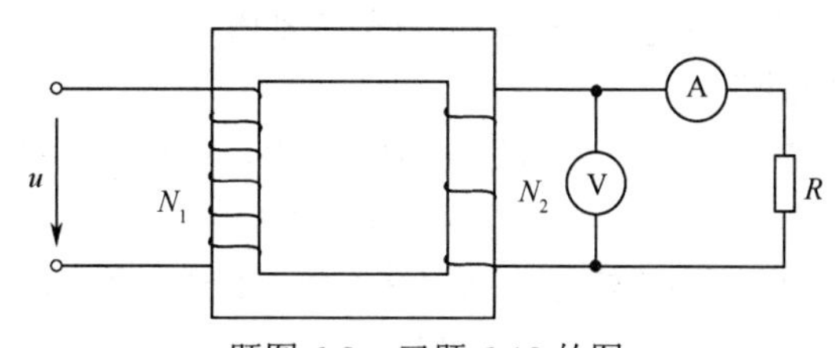

题图 6-8 习题 6-18 的图

6-19 题图 6-9 是一种理想自耦变压器示意图。线圈绕在一个圆环形的铁心上，P 是可移动的滑动触头。A、B 间接交流电压 u，输出端接通了两个相同的灯泡 L_1 和 L_2，Q 为滑动变阻器的滑动触头，当开关 S 闭合，P 处于图示的位置时，两灯均能发光。试分析当 Q 不动、滑动触头 P 滑动时，L_1 和 L_2 的灯光将怎样变化？当 P 不动而 Q 变化时，变压器的输入功率将如何变化？断开开关 S，变压器的输入电流又如何？

6-20 题图 6-10 所示的理想变压器，原绕组 I 接到 220V 的交流电源上，有两个副绕组，副绕组 II 的匝数 N_2＝30，与一个标有“12V，12W”的灯 L 组成闭合回路，且灯 L 正常发光，副绕组III的输出电压 U_3＝110V，与电阻 R 组成闭合回路，通过电阻 R 的电流为 0.4A，求副绕组III的匝数和原绕组 I 中的电流。

6-21 如题图 6-11 所示，理想变压器原、副绕组的匝数比为 4∶1．原绕组接入一电压为 U_0＝220V 的交流电源，副绕组接一个 R＝27.5Ω 的负载电阻，则电压表和电流表的读数为多少？

6-22 三相组式变压器和三相心式变压器在磁路结构上有何区别？

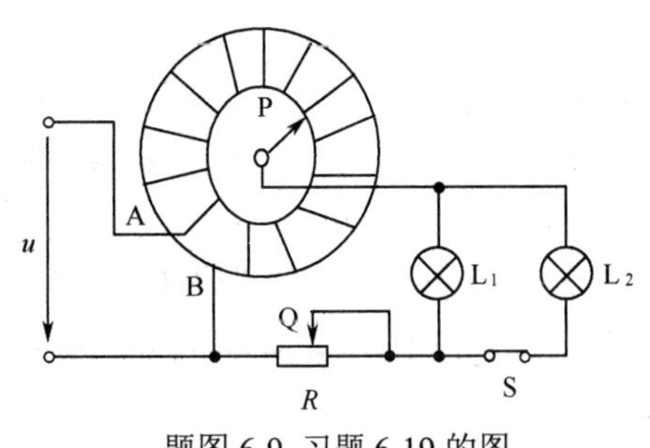

题图 6-9 习题 6-19 的图

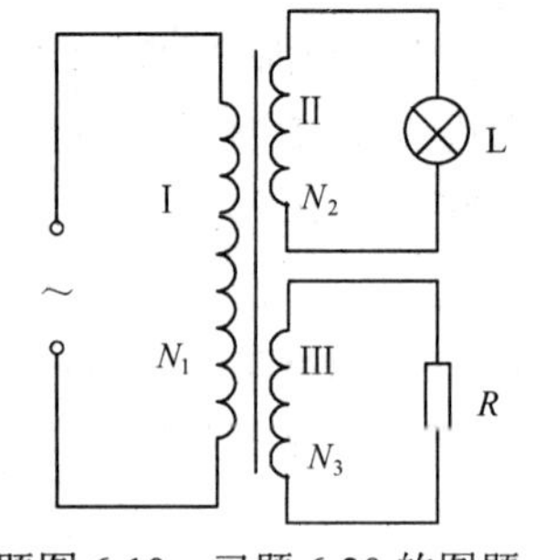

题图 6-10 习题 6-20 的图题

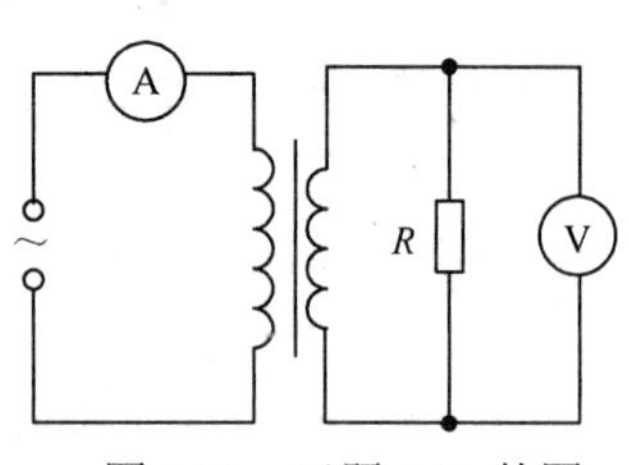

图 6-11 习题 6-21 的图

应用知识

6-23 变压器能够实现直流变换吗？

6-24 某变压器的额定频率为 400Hz，用于 50Hz 的交流电路中，能否正常工作？

6-25 有一台降压变压器，原绕组电压 $U_1 = 380\text{V}$，副绕组电压 $U_2 = 36\text{V}$，如果在副绕组接入一个 36V/60W 的灯泡，求：(1)原、副绕组的电流各是多少?(2)相当于原绕组接上一个多少欧的电阻？

6-26 一台容量为 $s_{\text{N}} = 20\text{kVA}$ 的照明变压器，它的电压为 6600/220V，问它能够正常供应 220V/40W 的白炽灯多少盏？

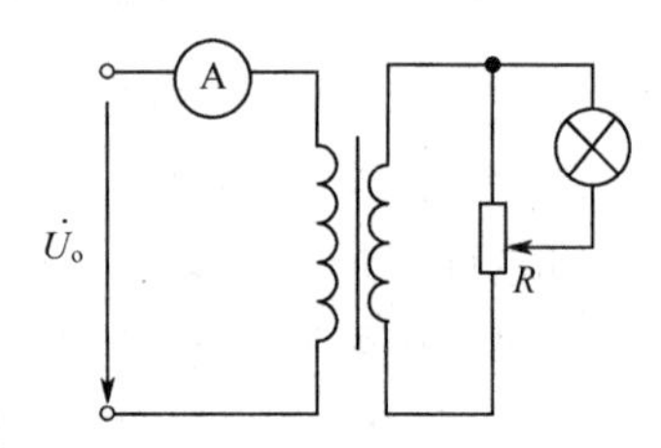

题图 6-12 习题 6-27 的图

6-27 生活中处处用电，而我们需要的电都是通过变压器进行转换的。为了测一个已知额定电压为 100V 的灯泡的额定功率，如题图 6-12 所示，理想变压器的原、副绕组分别接有理想电流表 A 和灯泡，滑动变阻器的电阻值范围为 0~100Ω，不考虑温度对灯泡电阻的影响，原、副绕组的匝数比为 2∶1，交流电源的电压为 $U_o = 440\text{V}$，适当调节滑动变阻器的触片位置，当灯泡在额定电压下正常工作时，测得电流表 A 的示数为 1.2A，则：(1)灯泡的额定功率为多少？(2)灯泡的额定电流为多少？(2)滑动变阻器上部分接入的电阻值为多少？

6-28 试设计出 $\text{Y}/\Delta-5$ 连接组别的接线图。

军事知识

6-29 某运输机上一动压传感器的变压器，将 115V 的交流电变为 80V 的交流电并送给整流器，求变压器的变比。

6-30 飞机某一电源变压器的输入电压为 115V，输出电压为 30V，输出端额定电流为 2.5A，求变压器原绕组所允许的额定电流和负载阻抗。

6-31 某飞机机内通话器的输出变压器，原绕组匝数 $N_1 = 300$ 匝，副绕组匝数 $N_2 = 90$ 匝，副绕组接阻抗为 8Ω 的头盔耳机。若副绕组改接阻抗为 5Ω 的耳机，要求原绕组的等效阻抗保持不变，此时副绕组匝数 N_2 应为多少？

第7章 电　动　机

引言

飞机自动控制系统一般由感知对象状态的传感器、实施控制规律的控制器、驱动被控对象的执行机构组成。执行机构是按控制指令来驱动被控对象以达到控制要求的装置，电动机是最常见的执行机构。所谓电动机是以电能为原动力产生机械转动力的装置。

电动机包括动力电机和控制电机。主要为航空机电控制系统提供动力的电动机，称为动力电机。用于自动控制装置和自动仪器仪表附属设备(例如扰流片、襟翼、导弹等控制系统内的电动舵机)中的这类电动机称为控制电机。电动机按电源性质的不同可以分为交流电动机和直流电动机两大类。交流电动机又分为异步电动机和同步电动机两种。直流电动机根据励磁绕组与电枢绕组的连接方式的不同分为他励式、并励式、串励式、复励式4种。

异步电机、直流电机均既可作电动机，也可作发电机，但异步电机作发电机时性能较差，故很少采用。但异步电动机结构简单、运行可靠、坚固耐用、易于控制，因而是应用最广泛的一种。在飞机电源系统中，飞机异步电动机与飞机直流电动机一样，用以驱动传动设备、油泵和风扇，安装形式和结构尺寸二者基本一致。对于采用交流供电系统的飞机，三相异步电动机广泛应用于燃油和滑油系统(燃油泵、滑油泵)、冷却系统(风扇)、操作系统(驱动舵面、襟翼、副翼等)及其他各种机构中；而单相异步电动机应用在应急开关、应急放油、大气通风活门、冲压空气排风、温度控制阀门等电动机构中。在采用直流电源系统的飞机上，诸如飞机发动机的启动、起落架的收放(部分机型)、各种翼面和舵面的调整、油泵和风扇的拖动等，都采用直流电动机。

学习目标：

1. 了解电动机的工作原理；
2. 掌握三相异步电动机的转动原理；
3. 了解三相异步电动机的铭牌和额定数据；
4. 了解三相异步电动机的转矩和机械特性；
5. 熟悉三相异步电动机的启动、调速和制动方法及直流电动机的换向方法；
6. 了解直流电动机的基本工作原理；
7. 了解电动机在航空军事领域的应用。

7.1 三相异步电动机的结构和铭牌数据

学习三相异步电动机，要从它的外形和内部结构开始，了解它的特点，然后依据三相异步电动机的铭牌数据了解其运行的各项技术指标。

7.1.1 三相异步电动机的结构和转动原理

1. 三相异步电动机的结构

三相异步电动机主要由定子(固定部分)和转子(旋转部分)两个基本部件组成。一般转子装在定子内腔里，借助轴承支撑在两个端盖上。为了保证转子能够在定子内自由转动，定子和转子之间必须有一定间隙，称为气隙。图 7-1 所示是三相异步电动机的典型结构图。

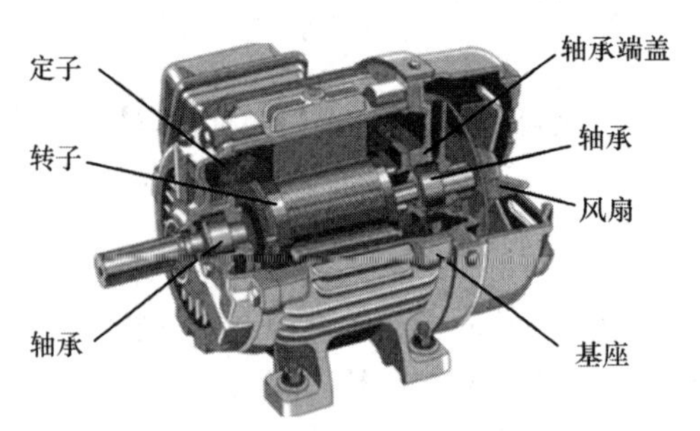

图 7-1　三相异步电动机的典型结构图

（1）定子

三相异步电动机的定子在转子的外面，而飞机陀螺仪表中的三相陀螺电机，其定子在转子里面。但不论哪种结构，定子主要由定子铁心、定子绕组和机座构成。铁心一般采用导磁良好且损耗较小的 0.35～0.5mm 厚的硅钢片叠压而成；铁心的内圆周表面冲有凹槽(见图 7-2)，三相定子绕组 AX、BY 和 CZ 对称地安放于铁心的凹槽中，A、B、C 称为三相绕组的始端，X、Y、Z 称为末端。6 个线端再引到机座外侧的接线盒上，接在三相电源上，可以根据三相电源电压的不同，方便地接成 Y 形或△形，分别如图 7-3 所示。机座为了保证机械强度，一般由铸铁或铸钢制成，通常机座的外表面要求散热性能好，一般都有散热片。

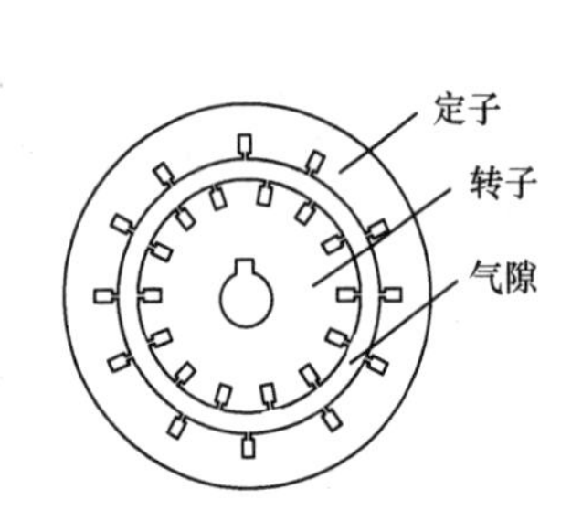

图 7-2　定子和转子铁心硅钢片

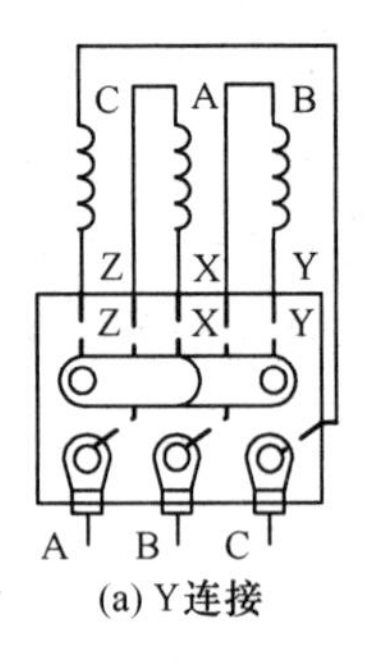

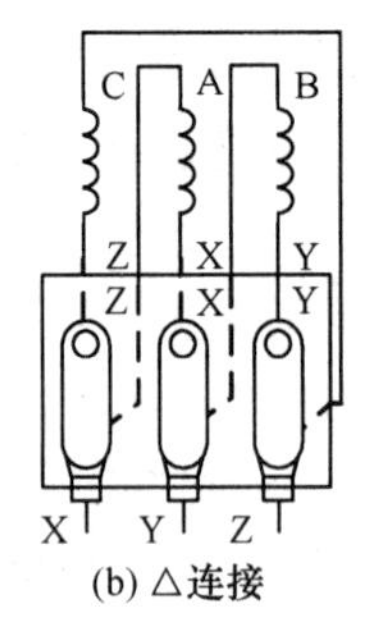

图 7-3　三相异步电动机接线端的连接

（2）转子

三相异步电动机的转子根据构造的不同分为两种：鼠笼式转子和绕线式转子。鼠笼式转子结构如图 7-4 所示，转子主要由转子铁心和转子导体(绕组)构成。铁心也是由 0.35～0.5mm 厚的硅钢片制成，外表面有槽，用于安放转子导体，铁心叠压装在转轴上。转子导体由铜条做成，两端焊上铜环(称为端环)，自成闭合路径。为了简化制造工艺和节省铜材，目前，中、小型异步电动机常将转子导体、端环连同冷却用的风扇一起用铝液浇铸而成。具有这种转子的异步电动机称为鼠笼式异步电动机。

绕线式转子结构如图 7-5 所示，其特征是具有集电环(滑环)和电刷组成的换向器。绕线式异步电动机的转子绕组与定子绕组相似。它用绝缘导线嵌于转子槽内，绕组相数和极对数均与定子绕组相等。其 3 个出线端接在转轴一端的 3 个滑环上，然后通过 3 个滑环滑动接触静止的电刷，与外电路相连。这样，绕线式异步电动机可通过滑环和电刷，在转子绕组回路中接入附加电阻，用以改善启动和调速性能。

鼠笼式转子与绕线式转子只是转子的结构不同，它们的工作原理是一样的。鼠笼式转子由于结构简单、价格低廉、工作可靠、使用方便等特点，已经成为飞机上交流电源系统应用最为广泛的一种转子。

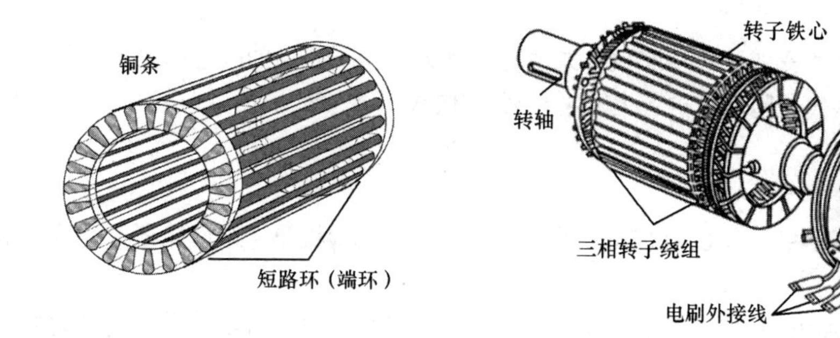

图 7-4　三相异步电动机的鼠笼式转子结构

图 7-5　三相异步电动机的绕线式转子结构

7.1.2　三相异步电动机的铭牌

电动机在航空电器制造商所拟定的情况下工作时，称为电动机的额定运行，通常用额定值来表示运行条件，这些数据大部分都标明在电动机的铭牌上。铭牌是用户正确使用电动机的依据。以下以某三相异步电动机的铭牌为例，说明主要技术数据的含义。

三相异步电动机			
型号 70SJD01-B		功率 2.2kW	
电压 115V	电流 14A	频率 400Hz	$\cos\varphi = 0.85$
转速 2850 r/min	绝缘等级 H级	接法 Y	工作方式 连续
年　月		xx电器有限公司	

1. 型号

航空三相异步电动机的型号由机座号、产品名称代号、性能参数序号和改进派生代号 4 部分组成。

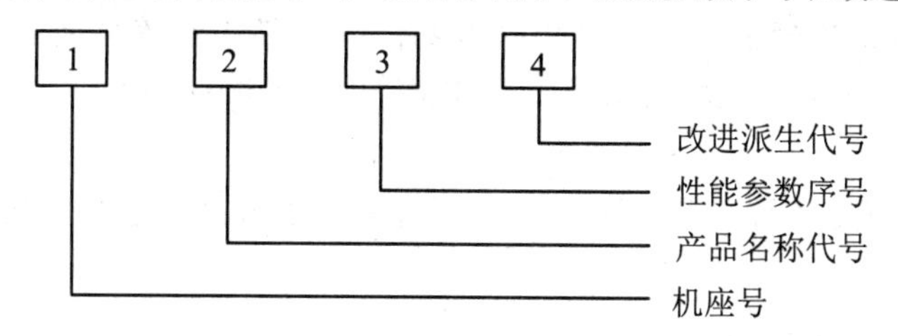

（1）机座号

机座号由 2～3 位阿拉伯数字表示。飞机直流微型驱动电动机的机座较小，如 20、24 号机座(100 号以内)，而异步电动机难以做得很小，还要受空间的限制，所以规定从 28 号机座开始，一直到 160 号。按照军用部颁 GBn94—1980《微特驱动电机型号命名办法》标准规定制表，如表 7-1 所示。

表 7-1　机座号与机座外壳的关系

机座号	28	70	90	…	130	160
机壳外径/mm	28	70	90	…	130	160

（2）产品名称代号

产品名称代号按照 HBO—73—79《航空电机电器专业产品型号命名办法》标准规定，用汉语拼音大写字母 SJD(三、交、电)表示飞机三相异步电动机。

（3）性能参数序号

性能参数序号用阿拉伯数字 0～99 表示。

（4）改进派生代号

当基本型产品性能有所改变或结构安装尺寸改变时，则为基本型产品的改进型派生产品。基本型产品不予表示，改进派生代号用汉语拼音大写字母表示(依次用 A、B、…)，改进派生代号与性能参数序号之间用“-”隔开。

型号示例：

【例 7-1】 55SJD01 表示机壳外径为 55mm 的飞机三相异步电动机第 1 个性能参数型号的基本产品。

【例 7-2】 130SJD05-A 表示机壳外径为 130mm 的飞机三相异步电动机第 5 个性能参数型号的第 1 次改进型派生产品。

2．额定数据

（1）额定功率 P_N

额定功率是指电动机在额定状态下运行时电动机轴上输出的机械功率，单位为 kW。

为了使飞机电动机与国内外有关电动机标准一致，三相异步电动机按照欧洲电工委员会标准划分功率等级，确定功率从 0.06～7.5kW。

（2）额定电压 U_N

额定电压是指电动机在规定接法下，定子绕组对应的线电压，单位为 V。采用交流供电系统的电动机(一般 7.5kW 以下)，额定电压为 200/115V，连接方式为 Y/△，表示当线电压为 200V 时，电动机三相定子绕组应接成 Y 形；而当线电压为 115V 时，应接成△形。民用电动机与此类似。

（3）额定电流 I_N

额定电流是指电动机在额定电压下运行、输出额定功率时，流过定子绕组的线电流，单位为 A。当电动机定子绕组有两种接法时，便有两个相对应的额定电流。

（4）额定频率 f_N

额定频率是指电动机定子绕组所接交流电源的频率，单位为 Hz。有些采用交流供电系统的飞机一次电源频率为 400Hz。在我国工频为 50Hz，而欧美等国家工频为 60Hz。

（5）额定转速 n_N

额定转速是指电动机定子绕组施加额定电压，电动机轴上输出额定功率时转子的旋转速度，单位为 r/min。

（6）额定功率因数 $\cos\varphi_N$

额定功率因数是指电动机在额定状态下运行时定子电路的功率因数。一般飞机三相异步电动机的额定功率因数为 0.7～0.9，空载时功率因数为 0.2～0.3。

（7）额定效率 η_N

额定效率是指电动机在额定频率、额定电压和轴上输出额定功率时，输出机械功率与输入功率之比。

此外，接线方式是指定子三相绕组的接法；工作方式是指电动机的运行方式，一般分为连接、短时和断续 3 种。

7.2　三相异步电动机的转动原理

为了理解三相异步电动机的转动原理，可以用一个演示实验装置来说明。图 7-6 所示是一个装有手柄的马蹄形磁铁，磁极间放有可以自由转动的、由铜条组成的转子。铜条两端分别用铜环连接起来，形成鼠笼式结构，作为鼠笼式转子。磁极与转子之间没有机械联系，当演示者转动手柄带动马蹄形磁铁转动时，我们发现转子就会跟随着磁极一起转动。而且磁极转动得快，转子也转动得快，反之亦然；当磁极反转时，转子也跟着反转。

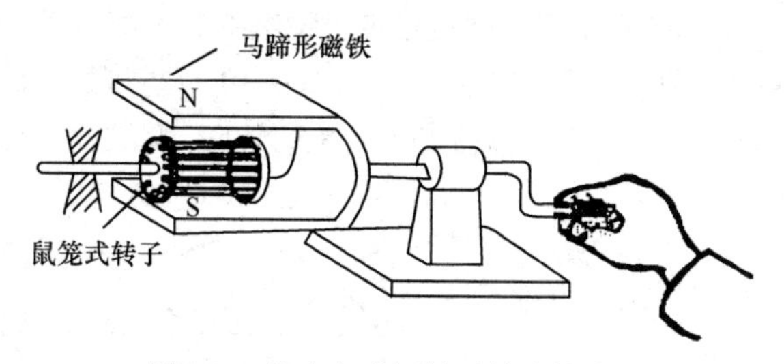

图 7-6　异步电动机转子转动的演示

异步电动机转子转动的原理与上述演示实验相似，转子之所以会转动，就是由于旋转磁场的作用。那么，在三相异步电动机中，磁场从何而来？又是怎样旋转的呢？

7.2.1　旋转磁场的产生

1．旋转磁场的产生

设定子三相绕组连接成星形，分别接于三相电源，如图 7-7 所示，绕组中的电流波形及三相电流产生的旋转磁场如图 7-8 所示。当$\omega t=0°$时，$i_A=0$，i_C为正，i_B为负，因此 AX 绕组中无电流，BY 绕组中电流由 Y 端流入(用符号×表示流入)，由 B 端流出(用符号 • 表示流出)，CZ 绕组中电流由 C 端流入，由 Z 端流出，应用右手螺旋定则可判断，三相绕组电流共同作用产生的磁场如图 7-8 中虚线所示，此时磁场有两个磁极(或称一对磁极)，上方为 N 极，下方为 S 极。当$\omega t=60°$时，$i_C=0$，i_A为正，i_B为负，这时，三相电流产生的磁场仍形成一对磁极，但其位置相对于$\omega t=0°$时已按顺时针方向旋转了 60°。当$\omega t=120°$时，$i_B=0$，i_A为正，i_C为负，这时，磁场旋转了 120°。当$\omega t=180°$时，$i_A=0$，i_B为正，i_C为负，这时，磁场旋转了 180°。同理，当$\omega t=360°$时，磁场旋转了一周。

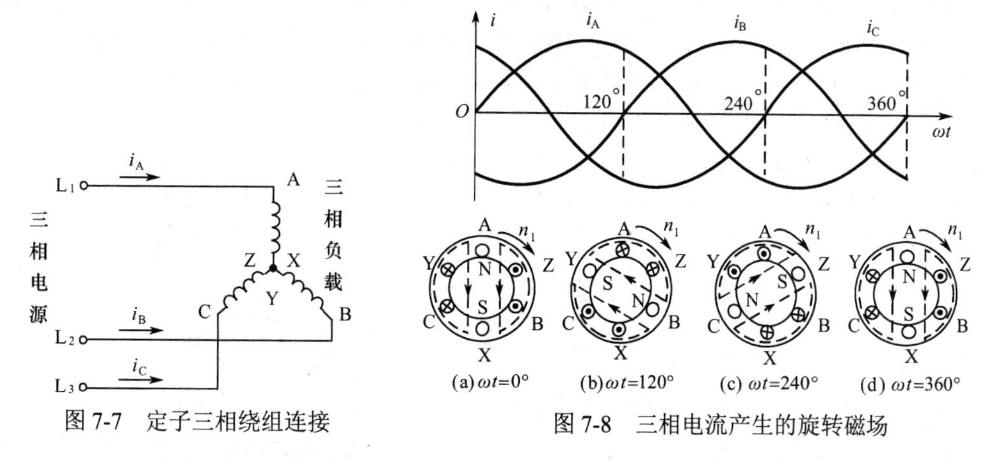

图 7-7　定子三相绕组连接

图 7-8　三相电流产生的旋转磁场

通过上述分析可知，在定子绕组产生的磁场只有一对磁极的情况下，电流经过一个周期时，磁场在空间正好旋转了一周，电动机转子在定子绕组产生的旋转磁场的作用下，也顺时针方向旋转。

定子绕组产生的旋转磁场通过定子铁心和转子铁心而闭合，在转子绕组(导条)中产生感应电动势和感应电流，因而产生电磁转矩，驱动转子与旋转磁场同方向旋转。

2．旋转磁场的反转

由图 7-7 和图 7-8 可见，旋转磁场的转动方向与通入定子绕组的三相电流的相序有关，即转向是 A-B-C 或 L_1-L_2-L_3 相序。如果将三相绕组连接的 3 根导线中的任意两根对调位置，例如将三相异步电动机对调 B、C 两相，如图 7-9 所示，则三相定子绕组中的 B 端改为与 L_3 相连，C 端与 L_2 相连，此时三相电流产生的旋转磁场如图 7-10 所示。由图 7-10 分析可知，此时磁场将沿逆时针方向旋转，转子也将按逆时针方向旋转。因此，欲改变电动机的转向，只要对调任意两相电源接线即可。

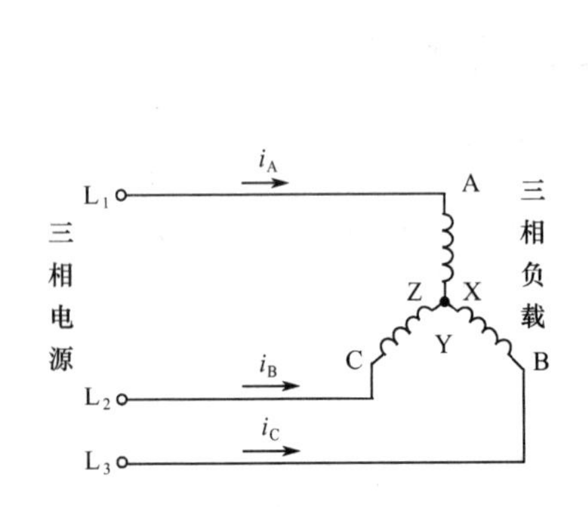

图 7-9　交换 B、C 两相电源后的三相负载连接

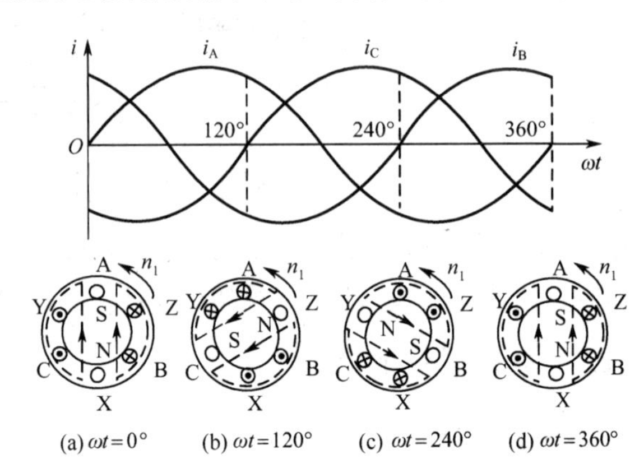

图 7-10　三相异步电动机的反转原理

3．旋转磁场的磁极对数 p

图 7-7 中的电动机，定子每相绕组只有一个线圈，绕组的始端 A、B、C 之间在空间相差 120°，产生的磁场只有一对磁极(一个 N 极，一个 S 极，磁极对数 p=l)。如果改变定子绕组的绕法，将每相绕组分成 2 段，即将 A 相绕组分为 AX 和 A_1X_1 串联，B 相绕组分为 BY 和 B_1Y_1 串联，C 相绕组分为 CZ 和 C_1Z_1 串联，如图 7-11(a)所示。绕组在定子中的绕法如图 7-11(b)所示，例如 A 相绕组从 A 端入、从 X 端出，再从 A_1 入、从 X_1 出。3 个绕组的末端 $X_1Y_1Z_1$ 接在一起，使三相绕组为 Y 接法。

图 7-11 中绕组的分布，使绕组始端之间在空间相差 60°(120°/2)，绕组中电流波形如图 7-8 所示，则三相电流产生的旋转磁场如图 7-12(a)、(b)所示。通过对图 7-12 的分析可知，此时将产生 2 对磁极(p=2)，而且当电流从 $\omega t = 0°$ 到 $\omega t = 60°$ 时，磁场沿顺时针方向转过了 30°。以此类推，当电流经过一个周期($\omega t = 360°$时)后，磁场转过了 180°(即半周)。

同样，若改变电流的相序，磁场将反方向旋转。

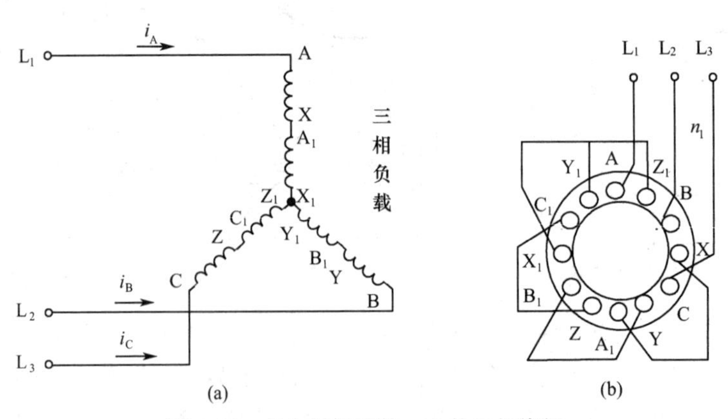

图 7-11　产生磁极对数 p=2 的三相绕组

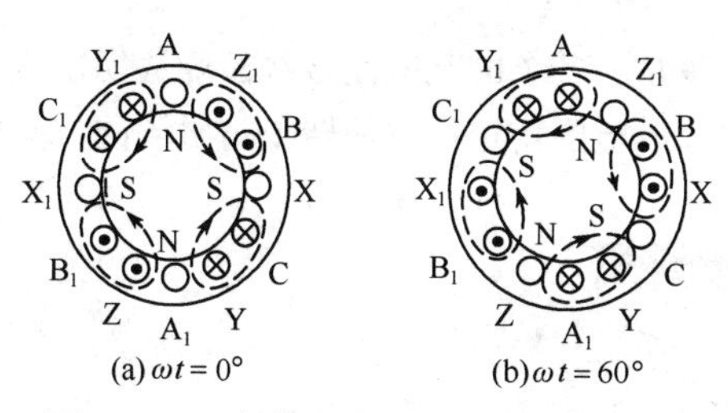

图 7-12　三相绕组产生的旋转磁场(p=2)

以此类推，如果将每相绕组平均分成 3 段串联，而且绕组始端之间在空间相差 40°(120°/3，机械角度)，则产生 3 对磁极(p=3)。如果将每相绕组平均分成 4 段串联，而且绕组始端之间在空间相差 30°(120°/4)，则产生 4 对磁极(p=4)。磁极对数、机械角度与电角度之间的关系是：电角度=机械角度×磁极对数。

4．旋转磁场的转速 n_1

旋转磁场的转速（又称为同步转速）n_1 与电流频率 f_1 有关，与旋转磁场的磁极对数 p 有关。当 $p=1$ 时，在电流一个周期 T_1 ($T_1=1/f_1$)内磁场转过了一周，则磁场的转速为 $1/T_1$ 或 f_1 (单位：转 / 秒，r/s)，或 $60f_1$ (单位：转 / 分，r/min)；当 p=2 时，在电流一个周期 T_1 内磁场转过了半周，则磁场的转速为 $\frac{1}{2T_1}$ 或 $f_1/2$(单位：r/s)，或 $\frac{60f_1}{2}$ (单位：r/min)。由此推知，当旋转磁场的磁极对数为 p 时，磁场的转速 n_1 为

$$n_1 = \frac{60f_1}{p}\text{(r/ min)} \tag{7-1}$$

在我国，三相异步电动机一般都使用工频电源供电，f_1=50Hz；而大多数飞机上电源为 f_1=400 Hz。对于一台电动机，磁极对数 p 是一定的，所以旋转磁场的转速 n_1 是一个常数。根据我国民用部颁标准和军用部颁《飞机异步电动机额定功率、电压及转速》标准要求，民用和军用异步电动机产品的磁极对数及对应同步转速的对比见表 7-2。

表 7-2　民用和军用异步电动机产品的磁极对数及对应同步转速的对比

磁极对数 p	1	2	3	4	5	6
同步转速 $n_1(f_1 = 50\text{Hz})/\text{r}\cdot\text{min}^{-1}$	3000	1500	1000	750	600	500
同步转速 $n_1(f_1 = 400\text{Hz})/\text{r}\cdot\text{min}^{-1}$	24000	12000	8000	6000	4800	4000

7.2.2　电动机的转动原理

现在我们回到本节开始的演示实验。当手动顺时针方向旋转永久磁铁时，便产生旋转磁场，放置在磁场中支架上的闭合线圈就会切割磁力线，在闭合线圈中就会产生感应电动势 e(根据右手定则，可判断 e 的正方向如图 7-13 中箭头所示)，因而在闭合线圈中产生感应电流 i。磁场又对电流 i 产生电磁力 F(根据左手定则可判断 F 的方向，如图 7-13 中箭头所示)。在由电磁力 F 产生的电磁转矩的作用下，闭合线圈也沿顺时针方向旋转。此实验的结果是：线圈与磁场的旋转方向相同。若磁铁反方向转动，线圈也反方向转动；磁铁转得快，线圈转得也快，但线圈总比磁场的转速慢。

从上述实验可知，要使转子旋转有两个条件：一是转子中的线圈是闭合的，二是有旋转磁场。如果将转子放于旋转磁场中(见图 7-14)，那么对于绕线式转子，它的 3 个绕组出线端在外部接在一起，构成闭合线圈；而对于鼠笼式转子，鼠笼式转子中的任一根导条和对侧的一根导条都通过端环

构成一个闭合线圈。当磁场旋转时，转子的某些闭合线圈能够切割磁力线，就会受到电磁力，产生电磁转矩，这些电磁力产生的合成电磁转矩将驱使转子与磁场同方向旋转。

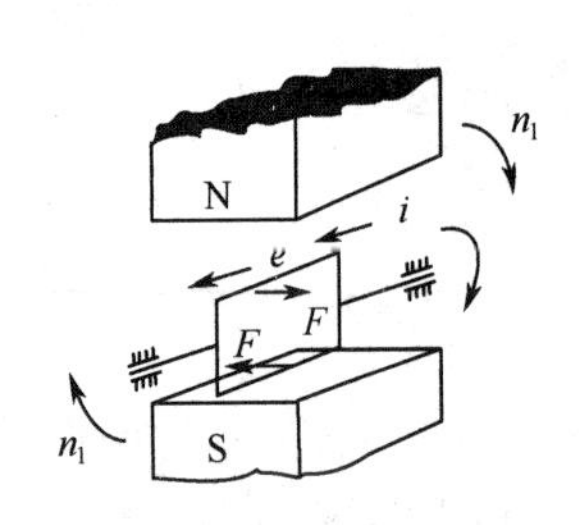

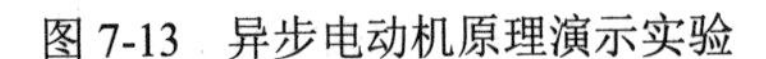
图 7-13 异步电动机原理演示实验

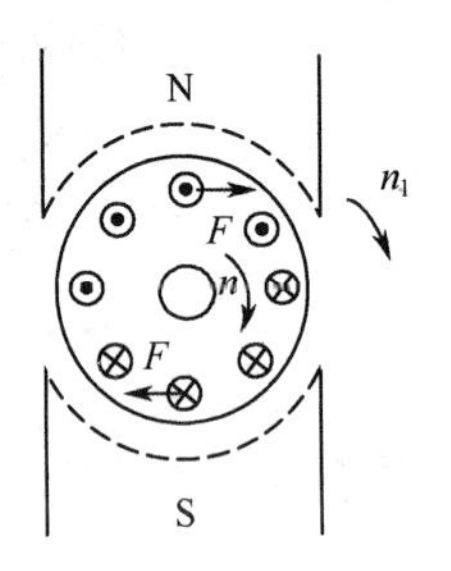

图 7-14 转子转动原理

7.2.3 转差率

三相异步电动机工作时，尽管转子与磁场的旋转方向相同，但转子的转速 n 总比磁场的转速 n_1 要慢，即 $n<n_1$。这是因为三相异步电动机的工作原理决定了它的转速一般低于同步转速。如果三相异步电动机的转子转速达到同步转速，则旋转磁场与转子导条(绕组)之间不再有相对运动，因而不可能在导条(绕组)内产生感应电动势，也不会产生电磁转矩来拖动机械负载。也就是说，转子的转速一定会小于磁场的转速，且处于动态平衡中，这称为异步，异步电动机由此而得名。

转子的转速与磁场的转速相差不大。例如，在飞机交流供电系统下工作时，一台具有 3 对磁极的三相异步电动机，其磁场转速为 8000r/min，而其转子的额定转速为 7850r/min。磁场的转速与转子的转速之差(n_1-n)称为转差，转差与磁场转速之比称为转差率 s，即

$$s=\frac{n_1-n}{n_1}\times 100\% \tag{7-2}$$

转差率反映转子转速与磁场转速相差的程度，它是一个没有量纲的量，为异步电动机运行的重要参数。

当一台异步电动机刚合闸启动时，磁场转速 n_1 立即建立，但转子转速 n=0，这时 s=1。随着转子转速的升高，转差率变小。极端情况下，当 $n=n_1$ 时，s=0。所以，异步电动机转差率的变化范围是 $0<s\leqslant 1$。异步电动机在额定负载下的转差率一般为 0.01～0.09。需要说明的是，转差率直接反映了异步电动机的运行状态。如果 $s<0$，表明异步电动机运行在发电状态；如果 $s>1$，表明异步电动机运行在电磁制动状态。

已知电动机的磁场转速 n_1，转子转速 n 及磁极对数 p，就可以求出转子感应电动势和感应电流的频率 f_2。从式(7-1)得 $f_1=\frac{n_1}{60}p$，故

$$f_2=\frac{n_1-n}{60}p=\frac{n_1-n}{n_1}\times\frac{n_1}{60}p=sf_1 \tag{7-3}$$

可见，转子频率 f_2 与转差率 s 有关，也就是与转子转速 n 有关。

当电动机接入电源瞬间，转子静止不动(即 n=0)，转子相对旋转磁场的转速为 n_1，s=1，转子导条被旋转磁通切割得快，这时 f_2 最高，即 $f_2=f_1$。

【例 7-3】 某机载传动设备用三相异步电动机，额定转速为 n_N=5850r/min，求该电动机的磁极对数 p、额定转速时的转差率 s_N 及转子感应电动势的频率 f_2。电源频率 f_1 =400Hz。

解 由于异步电动机的转速略小于同步转速，而 5850r/min 最接近的同步转速是 n_1=6000r/min。

查表 7-2 可知，同步转速 6000r/min 对应的磁极对数是 p=4(磁极数为 8)。因此，额定转速时的转差率为

$$s_{\mathrm{N}}=\frac{n_1-n_{\mathrm{N}}}{n_1}=\frac{6000-5850}{6000}=0.025$$

转子感应电动势的频率为

$$f_2=s_{\mathrm{N}}f_1=0.025\times400=10\mathrm{Hz}$$

7.3　三相异步电动机的转矩和机械特性

异步电动机的定子与转子的电磁关系与变压器类似，电动机定子绕组相当于变压器的原边绕组，而电动机转子绕组相当于变压器的副边绕组，每相定子绕组和每相转子绕组的等效电路图(忽略定子绕组和转子绕组的漏磁通)如图 7-15 所示。图 7-15 中，在定子绕组接通三相电源后，每相定子绕组的相电压为 u_1，相电流为 i_1，频率为 f_1。三相定子电流产生的旋转磁场在转子绕组(导条)中产生感应电动势 e_2 和感应电流 i_2，而 e_2 和 i_2 的频率为 f_2。

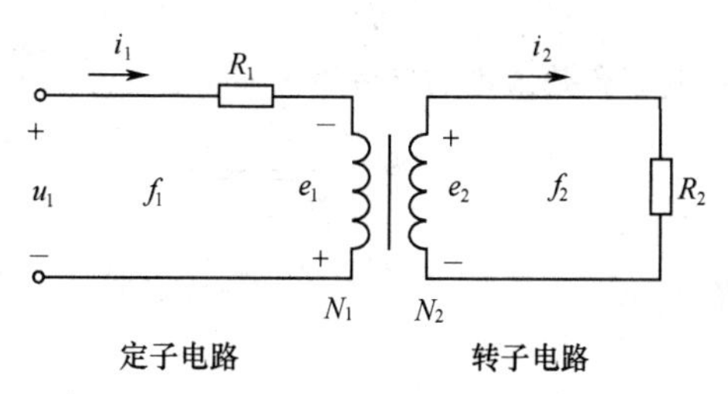

图 7-15　三相异步电动机的每相等效电路

7.3.1　定子电路

旋转磁场以同步转速在空间旋转，同时与定子绕组和转子交链。定子绕组在定子电路中产生的感应电动势频率就是电源频率。与变压器一次电路分析相似，定子绕组产生的磁通最大值 Φ_{m} 由式(7-4)决定[推导过程参考式(6-7)]。

$$\Phi_{\mathrm{m}}\approx\frac{U_1}{4.44N_1f_1}\tag{7-4}$$

式中，U_1 为定子绕组相电压有效值；N_1 为每相定子绕组的匝数；f_1 为 u_1 的频率。

7.3.2　转子电路

1. 转子电动势

转子绕组(对于鼠笼式转子，每根导条相当于一相绕组)产生的感应电动势有效值为

$$E_2\approx4.44N_2f_2\Phi_{\mathrm{m}}\tag{7-5}$$

式中，N_2 为每相转子绕组的匝数；f_2 为转子绕组感应电动势的频率。

因为 $f_2=sf_1$，所以

$$E_2\approx4.44N_2sf_1\Phi_{\mathrm{m}}=sE_{20}\tag{7-6}$$

式中，E_{20} 是 s=1 时(电动机刚启动时)的 E_2，因此 E_{20} 是 E_2 的最大值，且

$$E_{20}\approx4.44N_2f_1\Phi_{\mathrm{m}}\tag{7-7}$$

2．转子电流

每相转子绕组中的电流有效值为

$$I_2 = \frac{E_2}{\sqrt{R_2^2 + X_2^2}} \tag{7-8}$$

式中，R_2 和 X_2 分别为每相转子绕组的电阻和感抗。若每相转子绕组的电感为 L_2，则

$$X_2 = 2\pi f_2 L_2 \tag{7-9}$$

因为 $f_2 = sf_1$，所以

$$X_2 = 2\pi f_2 L_2 = 2\pi s f_1 L_2 = sX_{20} \tag{7-10}$$

式中，X_{20} 是 s=1 时(电动机刚刚启动时)的 X_2，因此 X_{20} 是 X_2 的最大值，且式(7-10)说明转子感抗与转差率有关。

$$X_{20} = 2\pi f_1 L_2 \tag{7-11}$$

每相转子绕组中的电流有效值可写为

$$I_2 = \frac{sE_{20}}{\sqrt{R_2^2 + (sX_{20})^2}} \tag{7-12}$$

上式表明，每相转子绕组中的电流有效值也与转差率 s 有关。当 s=1 时，有

$$I_{20} = \frac{E_{20}}{\sqrt{R_2^2 + X_{20}^2}} \tag{7-13}$$

3．转子电路的功率因数

转子电路的功率因数为

$$\cos\varphi_2 = \frac{R_2}{\sqrt{R_2^2 + X_2^2}} = \frac{R_2}{\sqrt{R_2^2 + (sX_{20})^2}} \tag{7-14}$$

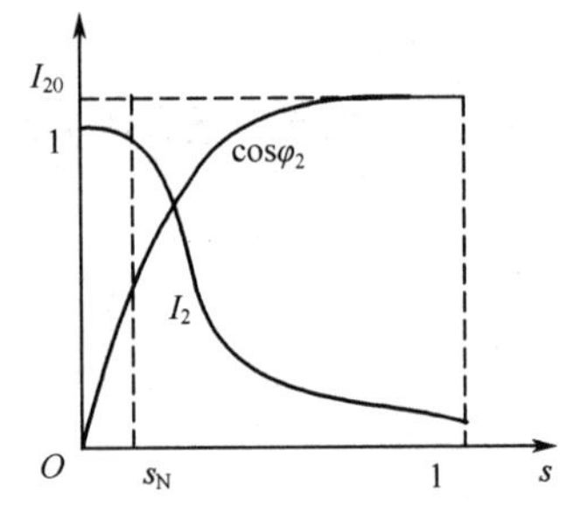

图 7-16　I_2、$\cos\varphi_2$ 与 s 的关系曲线

式(7-14)表明，转子电路的功率因数 $\cos\varphi_2$ 也与转差率 s 有关。

I_2、$\cos\varphi_2$ 与 s 的关系曲线如图 7-16 所示。从曲线上可以看出，当电动机刚启动时，n=0，s=1，转子绕组切割磁力线的运动最大，因而感应电流 I_2 最大(为 I_{20})，此时转子绕组的感抗最大(为 X_{20})，因此此时功率因数 $\cos\varphi_2$ 最小。一般三相异步电动机在启动时，转子电流 I_{20} 能达到额定转速(s=0.01～0.09)时转子电流的 4～7 倍。

因为电动机的定子绕组和转子绕组相当于变压器的原边绕组和副边绕组，因此当电动机启动时，定子绕组的电流(称为电动机的启动电流 I_{st})也会达到额定转速时定子电流的 4～7 倍。在电动机的技术数据中，不是给出启动电流 I_{st} 的值而是给出启动电流 I_{st} 与额定电流 I_N 的比值 I_{st}/I_N。

电动机启动后，转子转速 n 变大，转差率 s 变小，转子电流 I_2 变小，转子电路的功率因数 $\cos\varphi_2$ 变大。当转子转速 n 接近同步转速 n_1 时，s 接近于 0，$\cos\varphi_2$ 接近于 1。

7.3.3　三相异步电动机的转矩

三相异步电动机的转矩公式为

$$T = K_T \Phi_m I_2 \cos\varphi_2 \tag{7-15}$$

式中，转矩的单位为牛(顿)·米（N·m）；磁通为

$$\Phi_m \approx \frac{U_1}{4.44 f_1 N_1}$$

转子电流

$$I_2 = \frac{sE_{20}}{\sqrt{R_2^2 + (sX_{20})^2}}$$

转子电路的功率因数

$$\cos\varphi_2 = \frac{R_2}{\sqrt{R_2^2 + (sX_{20})^2}}$$

又由式(7-7)得

$$E_{20} \approx 4.44 f_1 N_2 \Phi_m \approx 4.44 f_1 N_2 \frac{U_1}{4.44 f_1 N_1} = \frac{N_2}{N_1} U_1$$

进一步，三相异步电动机的转矩公式变为

$$T = K_T \frac{U_1}{4.44 f_1 N_1} \frac{s\dfrac{N_2}{N_1}U_1}{\sqrt{R_2^2 + (sX_{20})^2}} \frac{R_2}{\sqrt{R_2^2 + (sX_{20})^2}}$$

$$= \frac{K_T N_2}{4.44 f_1 N_1^2} \frac{sR_2}{R_2^2 + (sX_{20})^2} U_1^2$$

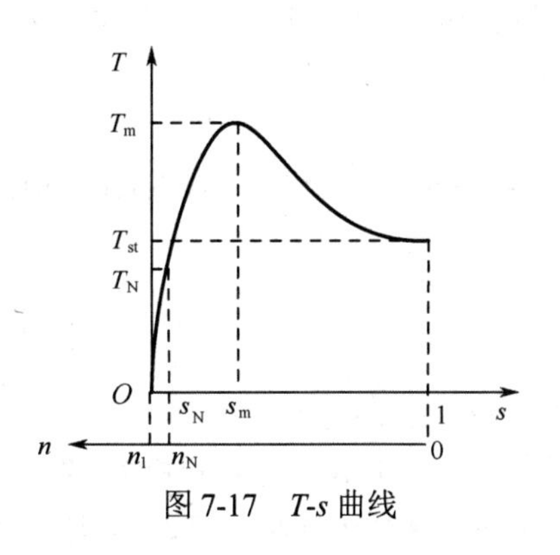

图 7-17　T-s 曲线

令 $K = \dfrac{K_T N_2}{4.44 f_1 N_1^2}$，得

$$T = K \frac{sR_2}{R_2^2 + (sX_{20})^2} U_1^2 \tag{7-16}$$

从式(7-16)可以看出，转矩 T 与定子电压 U_1 的平方成比例。当定子电压 U_1 一定时，转矩 T 是转差率 s 的函数。另外，转矩 T 还与转子电阻 R_2 有关。

T 随 s 变化的函数曲线 $T = f(s)$ 称为 T-s 曲线，如图 7-17 所示。如果用公式 $s = n_1 - n/n_1$ 将横坐标变换为 n，则 T-s 曲线就变换成 T 与 n 的关系曲线。

7.3.4　三相异步电动机的机械特性

转差率与转矩的关系曲线 $s=f(T)$ 或转速与转矩的关系曲线 $n=f(T)$ 称为三相异步电动机的机械特性曲线。将图 7-17 的 T-s 曲线顺时针旋转 90°，就得到 $n=f(T)$ 曲线，如图 7-18 所示。

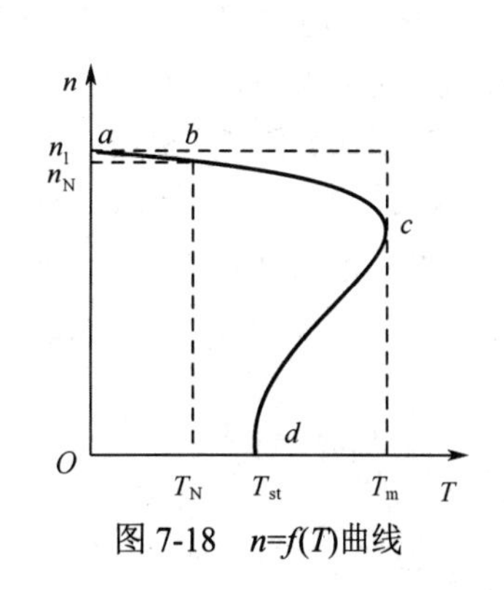

图 7-18　$n=f(T)$ 曲线

在图 7-18 的 $n=f(T)$ 曲线上，有 3 个特定转矩：额定转矩 T_N，最大转矩 T_m，启动转矩 T_{st}。

（1）额定转矩 T_N

额定转矩 T_N 是在额定电压 U_{1N} 和额定负载下的转矩，此时电

动机的转速为额定转速 n_N，电动机输出功率为额定输出功率 P_N。

额定转矩 T_N 可以根据电动机铭牌上给出的额定功率 P_N 和额定转速 n_N 计算得到，即

$$T_N = 9550\frac{P_N}{n_N}(\mathrm{N \cdot m}) \tag{7-17}$$

式中，P_N 的单位是 kW，n_N 的单位是 r/min。

注意：电动机铭牌上给出的额定功率 P_N 是电动机转轴输出的机械功率，而不是电动机的电功率。

（2）最大转矩 T_m

$n = f(T)$曲线上转矩的最大值，即 c 点对应的转矩值，称为最大转矩 T_m。对应于最大转矩 T_m 的转差率为 s_m，s_m 可以用式(7-16)求得，即 $\partial T / \partial s = 0$，得

$$s_m = \frac{R_2}{X_{20}} \tag{7-18}$$

将式(7-18)代入式(7-16)，可求得 T_m，即

$$T_m = K\frac{U_1^2}{2X_{20}} \tag{7-19}$$

式(7-19)表明，三相异步电动机的最大转矩 T_m 与转子电阻 R_2 无关，只与定子绕组相电压 U_1 的平方成正比。若 U_1 固定，则 T_m 是一个固定值。

在电动机的技术数据中，不是给出最大转矩 T_m 的值，而是给出最大转矩 T_m 与额定转矩 T_N 的比值 λ(λ称为过载系数)，即

$$\lambda = \frac{T_m}{T_N} \tag{7-20}$$

过载系数λ是电动机的一个重要参数，表明一台电动机短时过载的能力。对于三相异步电动机，过载系数λ一般为 1.8～2.2。

（3）启动转矩 T_{st}

电动机刚启动时的转矩称为启动转矩。电动机刚启动时，n=0，s=1，因此将 s=1 代入式(7-16)就得到启动转矩 T_{st}，即

$$T_{st} = K\frac{R_2}{R_2^2 + X_{20}^2}U_1^2 \tag{7-21}$$

从式(7-21)可以看出，启动转矩 T_{st} 与 U_1 的平方成正比，与转子电阻 R_2 有关。

在电动机的技术数据中，不是给出启动转矩 T_{st} 的值而是给出启动转矩 T_{st} 与额定转矩 T_N 的比值 T_{st}/T_N，比值 T_{st}/T_N 称为电动机的启动能力。对于鼠笼式异步电动机，这个比值为 1～2.2。启动转矩 T_{st} 一定要不小于负载转矩(负载转矩≤额定转矩)，否则电动机就不能启动。对于比值 T_{st}/T_N 较小的电动机，常采用空载启动的方法。如果需要满载启动，则采用比值 T_{st}/T_N 较大的电动机。

【例7-4】某型飞机用三相异步电动机，额定功率 P_N=5.5kW，额定转速 n_N=2680r/min，启动能力 T_{st}/T_N=2，过载系数λ=2.2。求该电动机的额定转矩 T_N、启动转矩 T_{st} 和最大转矩 T_m。

解 电动机的额定转矩为

$$T_N = 9550\frac{P_N}{n_N} = 9550 \times \frac{5.5}{2680} \approx 19.6(\mathrm{N \cdot m})$$

启动转矩为

$$T_{st} = 2T_N = 2 \times 19.6 = 39.2(\mathrm{N \cdot m})$$

最大转矩为

$$T_{\rm m} = \lambda T_{\rm N} = 2.2\times19.6 \approx 43.12({\rm N\cdot m})$$

由式(7-16)可知，转矩 T 与定子电压 U_1 的平方成正比，从而可画出定子电压 U_1 变化(转子电阻 R_2 为常数)时对 $n=f(T)$ 曲线的影响，如图 7-19 所示。可以看出，当定子电压 U_1 变小时(变为 U_1')，电动机的最大转矩 $T_{\rm m}$ 和启动转矩 $T_{\rm st}$ 都随之变小(变为 $T_{\rm m}'$ 和 $T_{\rm st}'$)。

用式(7-16)也可画出转子电阻 R_2 变化(定子电压 U_1 为常数)时对 $n=f(T)$ 曲线的影响，如图 7-20 所示。可以看出，当转子电阻 R_2 变大时(变为 R_2')，电动机的最大转矩 $T_{\rm m}$ 不变，但启动转矩 $T_{\rm st}$ 随之变大(变为 $T_{\rm st}'$)。在一定范围内 R_2 增大会使启动转矩增加，绕线式异步电动机启动时，通常在转子绕组中串接电阻(称为启动电阻)，从而提高启动转矩，同时也能降低启动电流。

图 7-20 所示的两种特性曲线中，对于转子电阻小的一种，当负载转矩 $T_{\rm L}$ 变化时，转子转速变化不大，这种特性曲线称为硬特性曲线；而对于转子电阻大的一种，当负载转矩 $T_{\rm L}$ 变化时，转子转速变化较大，这种特性曲线称为软特性曲线。

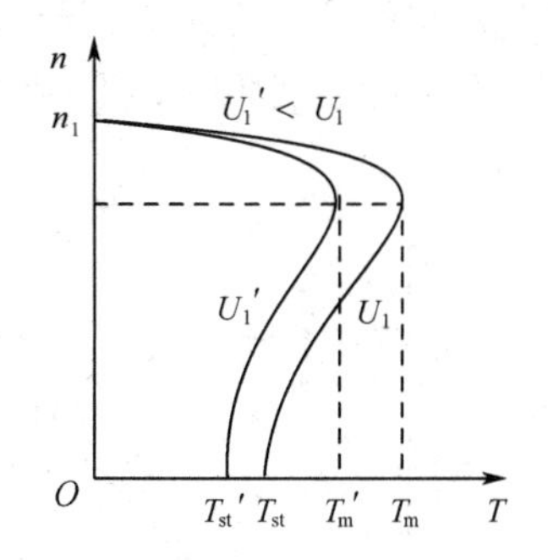

图 7-19　U_1 变化时(R_2 为常数)对 $n=f(T)$ 曲线的影响

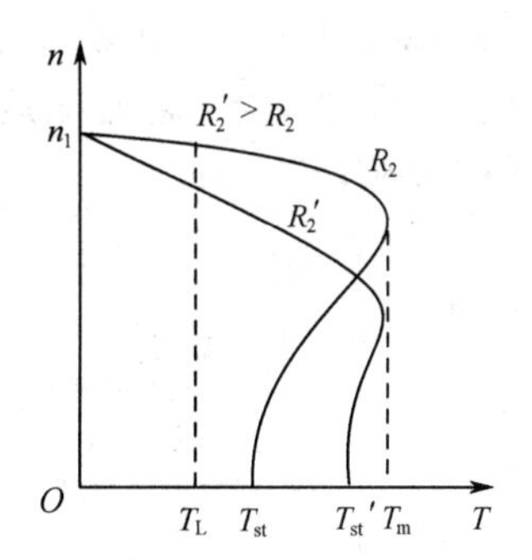

图 7-20　R_2 变化时(U_1 为常数)对 $n=f(T)$ 曲线的影响

电动机在带动负载工作时，电动机的转矩能够根据负载转矩的大小而自动调整，这称为电动机的自适应负载能力。

电动机启动过程的 $n=f(T)$ 曲线如图 7-21 所示。当电动机接通电源时，电动机转矩 $T=T_{\rm st}$，若启动转矩 $T_{\rm st}>$负载转矩 $T_{\rm L}$，电动机就转动起来，其转速和转矩沿着 $n=f(T)$ 曲线上的 dc 段变化，转速上升，转矩增大，到达 c 点时转矩达到最大转矩 $T=T_{\rm m}$。之后，电动机的转速和转矩沿着 cb 段变化，转速继续上升，但转矩减小。到达 b 点后，电动机转矩 $T=$负载转矩 $T_{\rm L}$，这时电动机的转速不再继续升高，而是稳定在某一转速 n 下等速运行。

电动机进入正常工作后的 $n=f(T)$ 曲线如图 7-22 所示。以转速 n 等速运行的电动机，如果负载转矩 $T_{\rm L}$ 变小了，变成 $T_{\rm L}'$，此时电动机的转矩还没变化，仍为 T，因为 $T>T_{\rm L}'$，所以电动机的转速就会升高，沿着 ba 段变化。转速升高，转差率就会减小，转子电流就会减小，从而导致转矩减小，直到电动机转矩与新的负载转矩 $T_{\rm L}''$ 平衡为止，这时电动机将在一个新的转速下运行(f 点)。反之，如果负载转矩 $T_{\rm L}$ 变大了，但是未超过电动机的额定转矩 $T_{\rm N}$，此时电动机的转速和转矩将沿着 be 段变化(e 点是额定转矩 $T_{\rm N}$ 对应的点)。

电动机过载运行的 $n=f(T)$ 曲线如图 7-23 所示。在 b 点附近正常工作的电动机，如果负载转矩 $T_{\rm L}$ 变得超过了电动机的额定转矩 $T_{\rm N}$，称为过载。这时电动机的转速和转矩就沿着 ec 段变化。此时电动机转速降低，转差率增大，转子电流增大，转矩增加，电动机还能暂时带动负载。如果是短时过载，电动机的转速和转矩仍能回到正常工作点 b。但是过载时定子电流会增大，时间长了定子绕组会过热而导致烧坏，所以电动机不允许长时间过载。如果长时间过载，要通过继电器控制系统及时将电源切断(这一技术将在第 8 章介绍)。

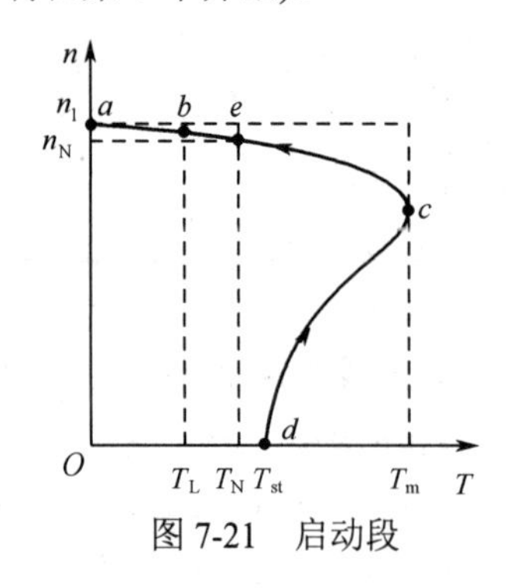

图 7-21　启动段

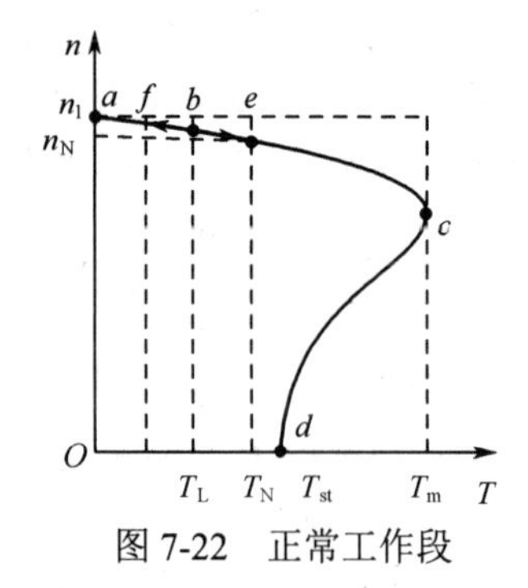

图 7-22　正常工作段

电动机严重过载运行时的 $n=f(T)$曲线如图 7-24 所示。如果负载转矩 T_L 变得超过了电动机的最大转矩 T_m，电动机的转速和转矩就沿着 *cd* 段变化，这时电动机就带不动负载而导致停机事故。停机后，电动机的定子电流会急剧上升(达到额定电流的 6～7 倍)，导致烧坏电动机。此时，要通过继电器控制系统立即将电源切断。

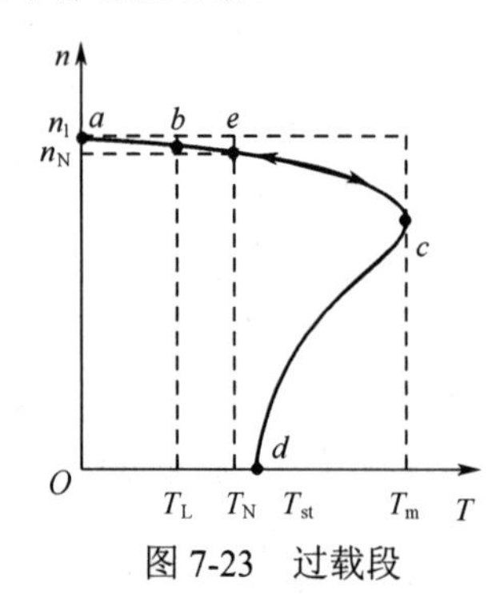

图 7-23　过载段

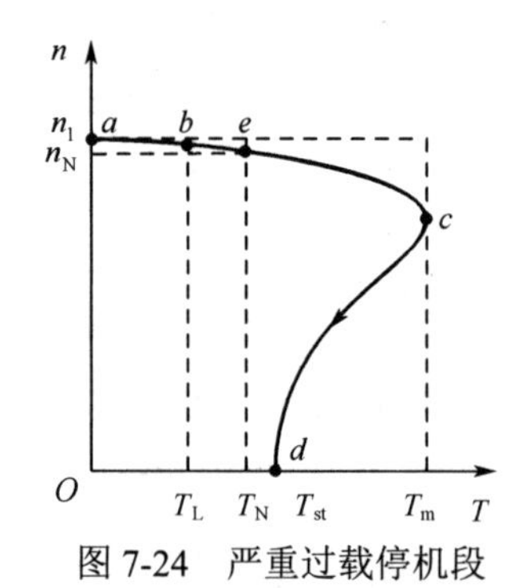

图 7-24　严重过载停机段

7.4　三相异步电动机的使用

1. 三相异步电动机的启动

在电动机启动前，必须先将电动机的定子绕组按照铭牌上规定的额定电压和接法接成 Y 形或△形，然后才能合闸通电。在电动机的定子绕组通电后，若启动转矩 T_{st} 大于负载转矩 T_L，则电动机的转子从静止状态开始运转，转速逐渐升高，一直到稳速运行，这个过程称为启动。中小型电动机启动所需时间为零点几秒到几秒，大型电动机启动所需时间为十几秒到几十秒。

电动机启动时，启动电流 I_{st} 通常为额定电流 I_N 的 4～7 倍。例如，一台 P_N=1.8kW，U_N=115V，I_N=12A 的鼠笼式三相异步电动机，启动电流可达 84A。过大的启动电流会给供电电网造成瞬间的电压降，影响在机载供电线路上其他负载的正常工作。为了降低启动电流，电动机有各种启动方法。对于鼠笼式三相异步电动机，则采用降压启动方法；对于绕线式三相异步电动机，则采用转子绕组串电阻的启动方法。

（1）直接启动

对于中小功率的鼠笼式异步电动机，只要不是频繁启动，常采用直接启动的方法。启动时直接将电动机通过按钮或接触器接到额定电压汇流条上(见图 7-25)，称为直接启动(以下所有图中的接触器都改为开关)。

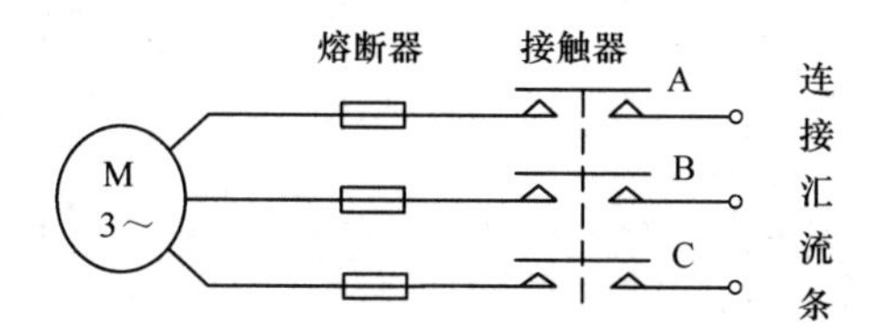

图 7-25　三相异步电动机的直接启动电路图

但是为了不给机载电网电压造成冲击，一般也有一定规定：如果用独立的变压器向电动机供电，只要电动机容量不大于变压器容量的 20%，允许频繁直接启动；如果不是频繁启动，电动机容量不大于变压器容量的 30%，允许直接启动。如果电动机没有独立的变压器，则规定电动机直接启动时给电网造成的电压降不得超过电网电压额定值的 5%。

（2）降压启动

在鼠笼式三相异步电动机启动时，可以降低加在定子绕组上的电压，以减小启动电流，启动后，再将定子电压转换成额定电压，这种方法称为降压启动。降压启动又有 Y-△降压启动和自耦降压启动两种方法。

① Y-△降压启动

Y-△降压启动方法只适用于工作时定子绕组△接法的鼠笼式三相异步电动机。启动时将定子绕组接成 Y 形，启动后，再接成△形正常运行。用一个接触器就可以实现 Y-△降压启动，如图 7-26 所示。

Y-△降压启动的原理是：若额定电压为U_N、△接法的电动机，每相定子绕组的相电压为U_N。当接成Y形时，每相定子绕组的相电压为$U_N/\sqrt{3}$。若U_N=200V，接成Y形时，每相定子绕组的相电压为 115V，这就实现了降压启动。因为△接法时，三相电源线电流为$I_{L\triangle}=\sqrt{3}\dfrac{U_N}{|Z|}$，其中$Z$为每相定子绕组的阻抗。Y接法时，三相电源线电流为$I_{LY}=\dfrac{U_N}{\sqrt{3}|Z|}$，所以$\dfrac{I_{L\triangle}}{I_{LY}}=\dfrac{1}{3}$，此式说明Y接法时的启动电流要减小到△接法时直接启动电流的 1/3。

采用 Y-△降压启动时，启动电流降低到直接启动时的 1/3，启动转矩也降低到直接启动时的 1/3。这是因为转矩与每相定子绕组相电压的平方成正比，采用 Y-△降压启动时，定子绕组的相电压降低到直接启动时的 $1/\sqrt{3}$，因此启动转矩降低到直接启动时的 1/3。这时，启动转矩可能会小于负载转矩，因此不能满载启动，而常采取空载启动，待电动机启动后再加入负载。

② 自耦降压启动

自耦降压启动方法适用于容量较大或工作时定子绕组 Y 接法的鼠笼式三相异步电动机。采用自耦变压器，启动时定子绕组接低电压，待启动后，再换接成额定电压。自耦降压启动电路如图 7-27 所示，用一个三刀双掷刀闸就可以实现电压的转换。通常自耦变压器有多个抽头，便于选择合适的启动电压。

（3）转子绕组串电阻启动

转子绕组串电阻启动方法适用于绕线式三相异步电动机。启动时转子绕组中串入适当的电阻，启动后再将电阻短接，如图 7-28 所示。转子绕组串电阻的启动方法既可以降低启动电流(其原理可用式(7-8)说明，即 $R_2(R_{st})\uparrow\rightarrow I_2\downarrow\rightarrow I_1\downarrow$)，又可以提高启动转矩(其原理可用图 7-20 说明，即随着 R_2 变化，$n=f(T)$曲线随之变化)。

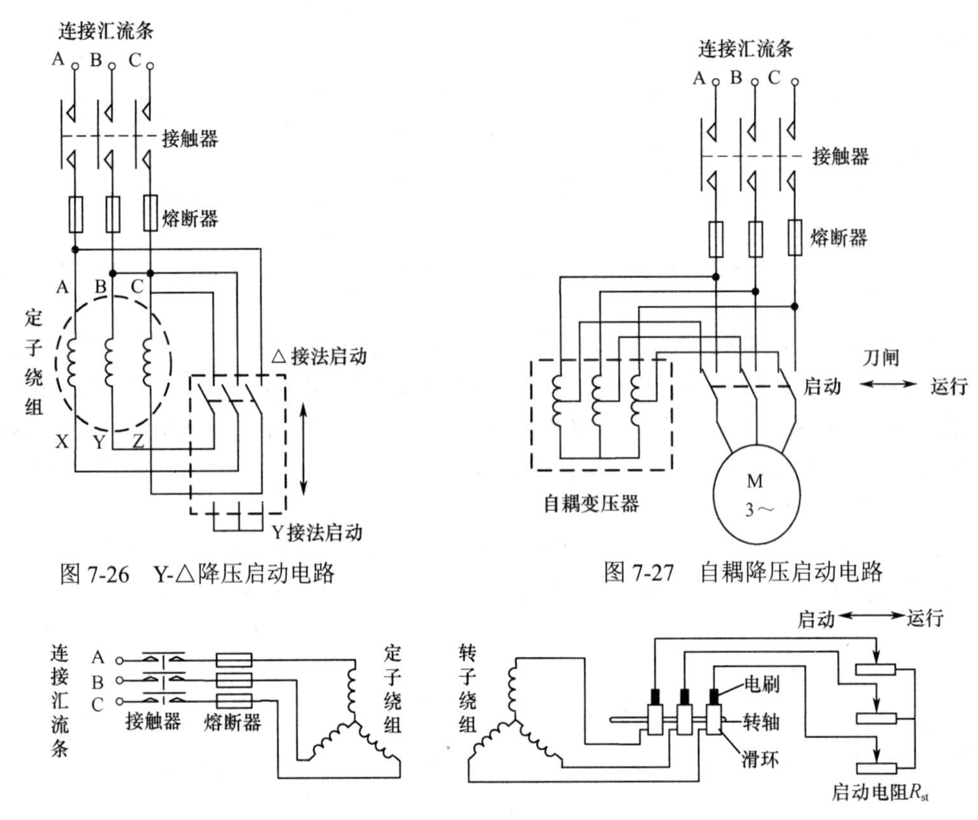

图 7-26　Y-△降压启动电路

图 7-27　自耦降压启动电路

图 7-28　转子绕组串电阻启动电路

2．三相异步电动机的反转

三相异步电动机的转向是由旋转磁场的转向决定的。旋转磁场的转向取决于定子绕组通入的三相电流的相序。因此要改变三相交流电动机的转向很容易，从 7.2.1 节的分析可知，只要将电动机接向电源的 3 根导线中的任意两根对调一下，通入定子绕组的电流相序改变，则旋转磁场的旋转方向改变，电动机的转向与电源相序对调前的转向相反，即电动机反转。

在飞机襟翼、垂直尾翼、水平尾翼、起落架等电传控制系统中，都需要电动机既能正转又能反转，可以用继电器等控制器件对电动机进行正/反转控制，这一控制过程将在第 8 章中介绍。但在很多场合下，需要电动机只按一个方向转动，例如油泵等，不可以换向，也就是不可把电源相序接反。接线时如果并不知道三相电源的相序，不妨先不分相序任意接线，然后合闸使电动机空载转动，若电动机转向正确，则说明相序正确，若电动机转向不正确，则调换任意两相电源线即可。

3．三相异步电动机的调速

由式(7-1)和式(7-2)可推导出三相异步电动机的转速

$$n=(1-s)\frac{60f_1}{p} \tag{7-22}$$

由式(7-22)可知，改变三相异步电动机的转速有 3 种方式，即改变电源频率 f_1、磁极对数 p、转差率 s。前两种是鼠笼式三相异步电动机的调速方法，后者是绕线式三相异步电动机的调速方法。下面分别讨论。

（1）改变电源频率 f_1 调速——变频调速

由式(7-22)可知，三相异步电动机的转速 n 与电源频率 f_1 成正比，因此，改变电源频率 f_1 可实现电动机的无级调速。

近年来变频调速技术发展很快，目前飞机异步电动机主要采用如图 7-29 所示的变频调速装置。它主要由整流器和逆变器两大部分组成。

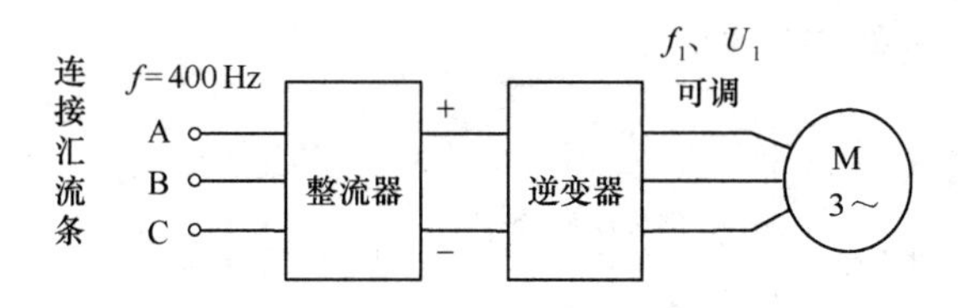

图 7-29　变频调速装置

供给三相异步电动机变频调速用的电源称为逆变电源。先将频率 f=400Hz 的三相交流电变成直流电，再经逆变器变成频率 f_1 和电压有效值 U_1 都可调的三相交流电，供给鼠笼式三相异步电动机。由此可得到电动机的无级调速，并且具有很硬的机械特性。

在从额定转速向低速调节时(即 $f_1 < f_{1N}$)，如果只改变电源频率 f_1 而保持定子电压 U_1 不变，根据式(7-4)和式(7-15)可知，电动机的转矩 T 会发生变化。如果希望转矩保持不变，则在改变 f_1 的同时，也要保持比值 U_1/f_1=常数，这样 Φ_m 和 T 都近似不变。因此在 $f_1<f_{1N}$ 时的变频调速称为恒转矩调速。

在从额定转速向高速调节时(即 $f_1>f_{1N}$)，不能再保持 U_1/f_1=常数，因为 U_1 不能超过额定值 U_{1N}，这时要保持 $U_1=U_{1N}$ 不变。因此当 f_1 增大时，电动机的转速 n 增大，而 Φ_m 和转矩 T 将减小，根据 $T = 9550\dfrac{P}{n}$ 可知，转速增大，转矩减小，将使电动机的输出功率 P 近似不变。因此在 $f_1>f_{1N}$ 时的变频调速称为恒功率调速。

由于变频调速有无级调速和很硬的机械特性等突出优点，当前在国际上变频调速已成为鼠笼式三相异步电动机调速的主要方式。而且变频调速在家用电器中的应用也日益增多，如变频空调、变频冰箱等。

（2）改变磁极对数 p 调速——变极调速

一般三相异步电动机磁极对数 p 是固定的，不能改变。但有一类专门的三相异步电动机，将定子绕组各段的端点都引到机壳外，通过不同连接方式就可改变电动机的磁极对数，从而达到调速的目的。这种调速方法简单，但只能有几种转速。

（3）改变转差率 s 调速——变转差率调速

对于绕线式三相异步电动机，可采用在转子绕组中串电阻改变转差率来调速的方法。从图 7-20 可知，转子绕组电阻 R_2 变化时，$n=f(T)$曲线的位置就随之变化，因而电动机在同一负载转矩下会有不同的转速，此时电动机的同步转速 n_1 没变，只是转差率 s 变化了。这种调速方法线路简单，但转子绕组中串入的电阻要消耗电能。

4．三相异步电动机的制动

正在运转的电动机在切断电源后，由于机械惯性，电动机还要继续转动一段时间才停下来。有时需要电动机快速停机，就需要对电动机进行制动。

制动方法有电气制动方法和机械制动方法两类。常用的电气制动方法有以下 3 种。

（1）能耗制动

在电动机在切断交流电源后，立即将定子绕组接入直流电源，电动机停止后，再将直流电源立即切断，如图 7-30(a)所示。这样，定子绕组产生的磁场是静止的，电动机的转子由于惯性仍然沿原方向转动，转子绕组(导条)切割磁力线，产生感应电动势和感应电流，这个感应电流在磁场中又产生电磁转矩，如图 7-30(b)所示，这个电磁转矩阻止转子的转动，起到制动作用。因为这种制动方法是将动能转换为电能消耗在转子绕组的电阻上，因此称为能耗制动。

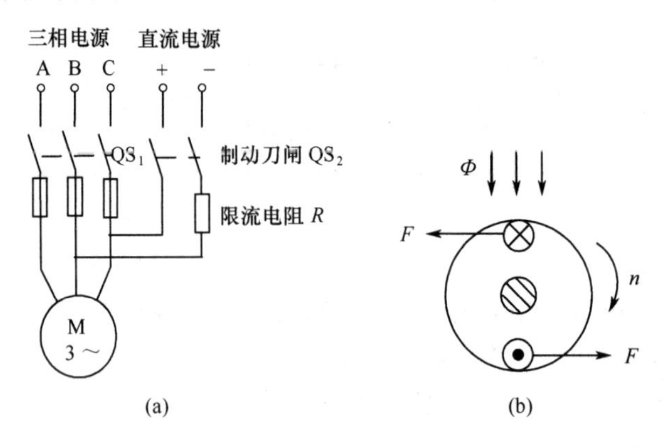

图 7-30　能耗制动线路与原理图

（2）反接制动

正在正转的电动机在按下停止按钮切断正转电源后，立即按下反转按钮接通反转电源(将三相电源的其中任意两相电源相序交换)，在电动机停止后再迅速按下停止按钮切断反转电源，这称为反接制动。因为在接通反转电源后，作用在转子上的转矩与转子的转动方向相反(见图 7-31)，成为制动转矩，起到制动作用。反接制动方法在操作车床时常用。

（3）发电反馈制动

发电反馈制动只出现于电动机转子转速 n 大于磁场转速 n_1 的时候，例如当起重机下放重物时，由于重物的拖动作用，使 $n>n_1$，使转子与磁场的相对运动反向，这时转子绕组产生的电磁转矩与转子的转动方向相反，如图 7-32 所示，从而起到制动作用而使重物等速下降。

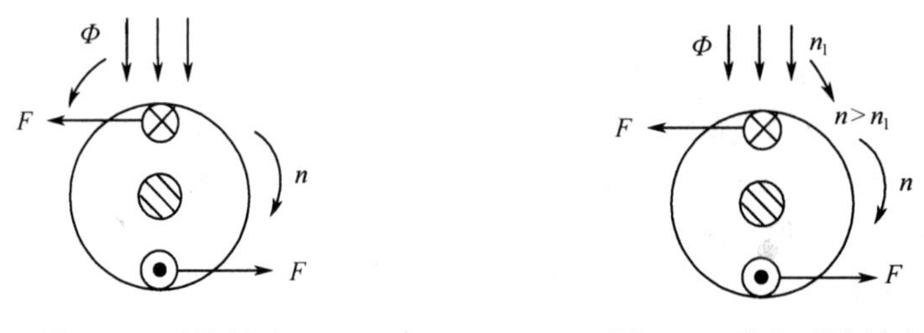

图 7-31　反接制动　　　图 7-32　发电反馈制动

常用的机械制动方法就是抱闸(或刹车片)。当电动机运行时，抱闸松开，当停机时，由手动或自动装置使抱闸抱紧转轴，使电动机快速停机。

5．三相异步电动机的单相运行

如果三相异步电动机运行中三相电源线由于某种原因断了一相(例如接线端子松脱)，成为单相运行，电动机就变成了单相电动机。这时如果合闸，则只有两相绕组通电，不能产生旋转磁场，因此电动机不能启动，只听到嗡嗡声，电流很大，应立即拉闸断电，否则时间长了会烧坏定子绕组。第 8 章中将要介绍的继电器控制系统具有失压保护功能，以防止电动机的单相运行。而且，还应该在电动机的三相电源线中安装电流表，随时检测电源的线电流。

7.5 单相异步电动机

机载单相异步电动机使用单相 115V 电源供电，功率较小(只有几十瓦)，一般制成小型电动机。单相异步电动机的转子都是鼠笼式的，单相异步电动机按定子的结构可分为分相式和罩极式两类。

7.5.1 分相式单相异步电动机

1．分相式单相异步电动机的结构与转动原理

分相式单相异步电动机又分两种：电容分相和电阻分相。

分相式单相异步电动机的定子结构如图 7-33 所示，它的定子有工作绕组(或称主绕组)AX 和启动绕组(或称副绕组)A'X'，两个绕组在空间上相差 90°。

电容分相式单相异步电动机的绕组接线图如图 7-34 所示，启动绕组中串联一个电容 C。当合闸通电时，电压、电流的相量图如图 7-35 所示。由于绕组导线电阻的影响，工作绕组中的电流 $\dot{I}_{A}$ 要落后电压 $\dot{U}$ 一个角度 φ_{A}，由于串联电容的影响(X_C>X_L)，启动绕组的电流 $\dot{I}_{A'}$ 要领先电压 $\dot{U}$ 一个角度 $\varphi_{A'}$，适当选择电容的大小，使这两相电流在相位上相差接近 90°(即 $\varphi_{A}+\varphi_{A'}\approx 90°$)，这称为分相。

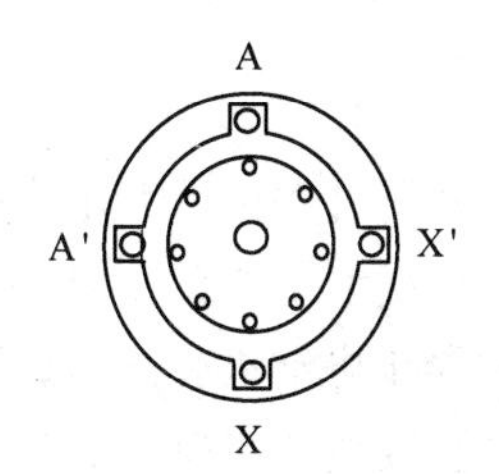

图 7-33 电容分相式单相异步电动机的定子结构

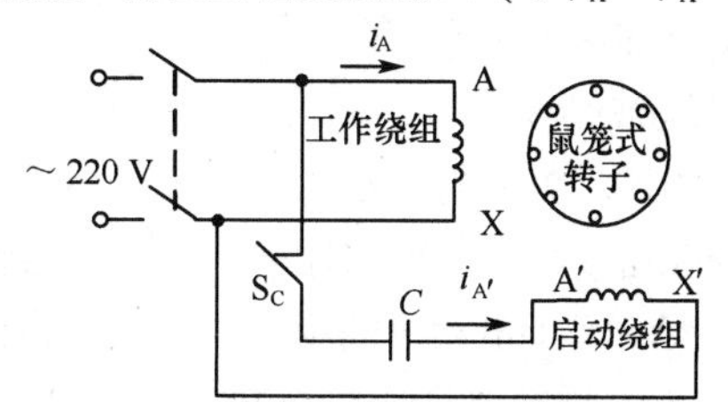

图 7-34 电容分相式单相异步电动机的绕组接线图

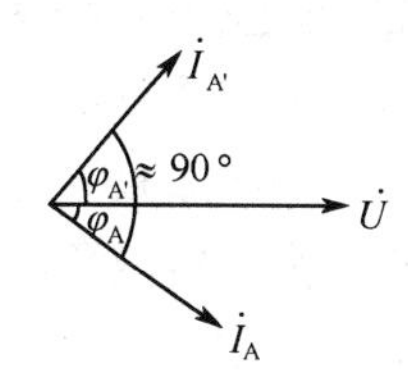

图 7-35 电压、电流的相量图

在空间相差 90° 的两个绕组产生在相位上相差 90° 的两个电流，也能产生旋转磁场。设工作绕组的电流为 $i_{A}=I_{m}\sin\omega t$，启动绕组的电流 $i_{A'}$ 领先 i_{A} 90°，即 $i_{A'}=I_{m}\sin(\omega t+90°)$，它们的波形如图 7-36 所示。这两相电流产生的合成磁场如图 7-37 所示，旋转磁场沿顺时针方向旋转，而且当电流经过一个周期时，磁场旋转了一周。在这个旋转磁场的作用下，转子上产生电磁转矩，驱动转子也沿顺时针方向旋转。

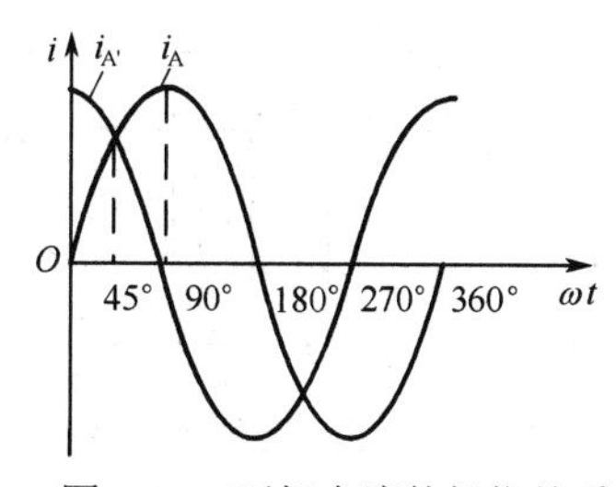

图 7-36 两相电流的相位关系

除用电容分相外，还可以用电阻分相。电阻分相式单相异步电动机的工作绕组的电阻小但电感大，而启动绕组的电阻大但电感小，也能达到分相的目的。

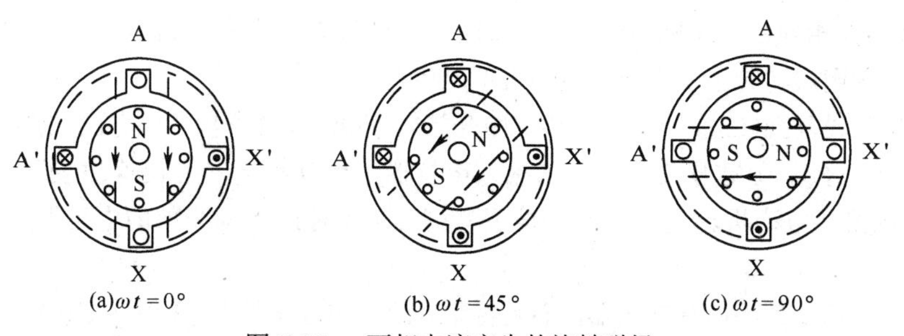

图 7-37 两相电流产生的旋转磁场

有的电容分相式单相异步电动机在转轴上装有一个离心式开关，其常闭触点 S_C 串联在启动绕组中，如图 7-38 所示。当转子的转速达到同步转速的 50%～70%时，离心式开关的常闭触点打开，自动将启动绕组与电源切断。之后，只有工作绕组通电，这样电动机在工作绕组单相电流所产生的脉动磁场的作用下仍能继续运转。

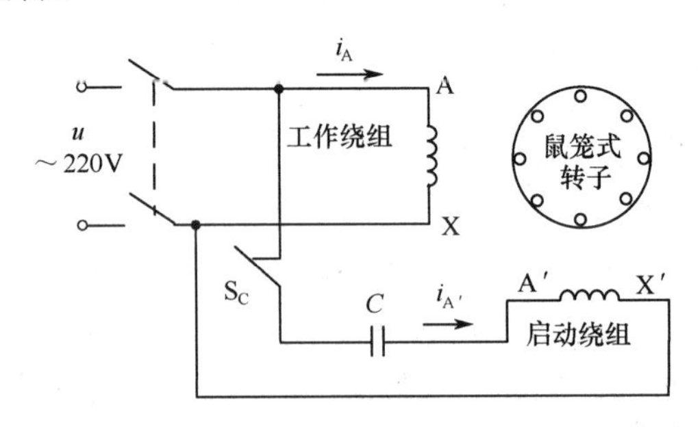

图 7-38　启动绕组中串接离心式开关

但是，很多应用电容分相式单相异步电动机的电器(如电风扇)在电动机正常运转时并不切断分相电容，而是工作绕组和启动绕组都通电工作。

2．电容分相式单相异步电动机的反转

改变分相式单相异步电动机的转动方向有两种方法。一是用一个单刀双掷开关来改变电容的串接位置，即将原来的工作绕组变成启动绕组，而将原来的启动绕组变成工作绕组，如图 7-39 所示，就可以改变旋转磁场的方向，从而实现了电动机的反转。洗衣机中的单相异步电动机就是用这种方式控制正/反转的。二是用一个双刀双掷开关将工作绕组(或启动绕组)的电源接线端交换，如图 7-40 所示，也能改变旋转磁场的方向。

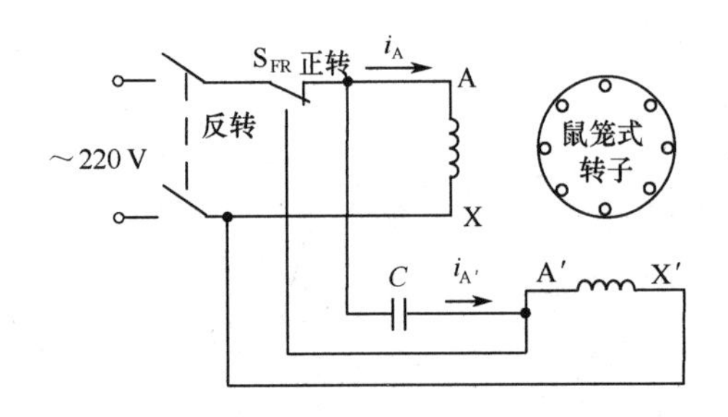

图 7-39　分相式单相异步电功机的正/反转控制(法 1)

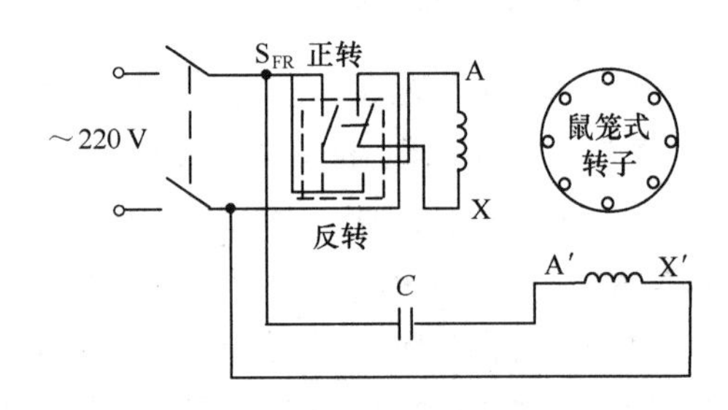

图 7-40　分相式单相异步电功机的正/反转控制(法 2)

3．电容分相式单相异步电动机的调速

在电风扇中，常采用在电路中串联具有抽头的电抗器来调节电容分相式单相异步电动机的转速。由于电抗器有一定的电压降，使电动机的输入电压降低，从而使电动机的转速降低[单相异步电动机的 $n=f(T)$曲线与三相异步电动机类似，调速原理可参照图 7-18 进行分析]。当然，电动机的输入电压也不能太低，否则启动转矩太小而使电动机不能启动。

一般电风扇只设几挡转速，例如快、中、慢 3 挡转速或 5 挡转速。串电抗器的电风扇调速电路如图 7-41(a)所示，按下琴键开关 3 时，未接入电抗器，电动机转速为快速；按下琴键开关 2 时，接入一半的电抗器，电动机转速为中速；按下琴键开关 1 时，接入全部的电抗器，电动机转速为慢速。

有的电风扇调速电路不串联电抗器，而是将副绕组引出若干抽头[见图 7-41(b)]，通过琴键开关选择不同的抽头加电来实现有级调速。这种绕组抽头调速的原理是：当按下琴键开关 3 时，主、副绕组产生的磁通势相等(即主绕组磁通势 $F_1=N_1I_1$ 等于副绕组磁通势 $F_2=N_2I_2$)，合成磁通势是圆形旋转磁场，电磁转矩最大，因此电动机转速最高。当按下琴键开关 2 时，使副绕组的一部分线匝串入主绕组中，F_1 加大，F_2 减小，合成磁通势是椭圆形旋转磁场，电磁转矩减小，因此转速减小。当按下琴键开关 1 时，使更多的副绕组线匝串入主绕组中，因此转速更小。

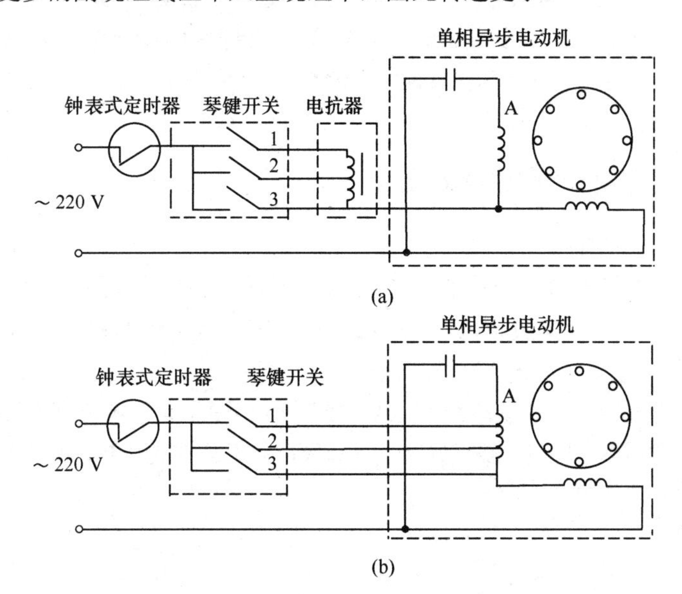

图 7-41　采用电抗器的电风扇调速电路

7.5.2　罩极式单相异步电动机

罩极式单相异步电动机的结构如图 7-42 所示，它的定子只有一相绕组而不是两相绕组，有 4 个或 6 个磁极，为了简化起见只画出 2 个磁极。其磁极的结构如图 7-43 所示，在磁极的一部分套有一个铜环，称为短路环。在定子绕组通入电流后，磁极产生两部分磁通 Φ_1 和 Φ_2，Φ_1 是绕组电流产生的磁通，Φ_2 是穿过短路环的磁通。因为绕组电流产生磁通的其中一部分穿过短路环，在短路环中产生感应电动势和感应电流，由于感应电流的作用，使 Φ_2 的相位滞后 Φ_1 的相位，这称为磁通移动效应。由于 Φ_1 和 Φ_2 存在着相位差，从而形成了一个朝着短路环一边的移动磁场，这个移动磁场使鼠笼式转子产生转矩而启动。

罩极式单相异步电动机的容量小、转矩小、效率较低，但结构简单、价格低廉，因此被广泛应用于启动转矩较小的电器中，例如计算机和仪表中的散热风扇、吹风机等。

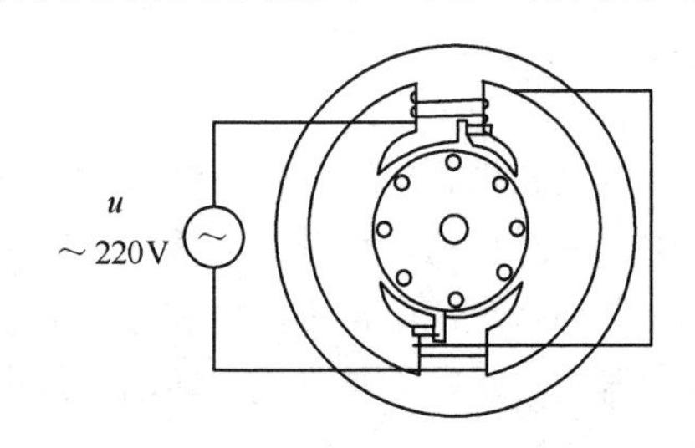

图 7-42　罩极式单相异步电动机的结构(横截面)

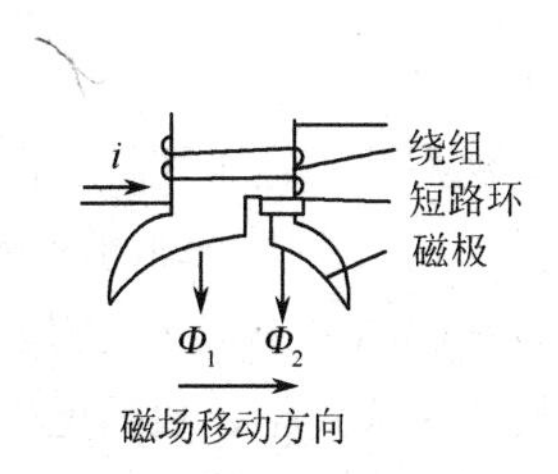

图 7-43　罩极式单相异步电动机的磁极结构及移动磁场

7.6 直 流 电 机

直流电机是直流电能和机械能相互转换的一种旋转电机。一台直流电机既可以作为发电机使用，得到直流电源，也可以作为电动机使用，多被用在对电机的启动和调速性能要求较高的场合。在飞机低压直流电源系统中，直流发电机被用作主发电机，直流电动机则被广泛应用于起落架收放、力臂机构、油泵和风扇的拖动及发动机的启动等场合。本节主要介绍直流电机的基本工作原理与基本构成，以及其基本的工作特性和调速。

7.6.1 直流电机的基本结构和原理

1. 直流电机的基本结构

不同飞机使用的直流发电机的功率不同。目前，我国已制成功率为350W～24kW的一系列航空直流发电机。比如ZF-3型直流发电机，额定功率是3kW；ZF-1.5直流发电机，额定功率为1.5kW；ZF-12D直流发电机，额定功率为12kW。

不同功率的直流发电机，在基本结构上却大同小异。国产典型航空直流发电机的结构如图7-44所示，该发电机的型号为ZF-18，输出功率为18kW，共有8个主磁极，112个换向片。直流电动机的主要结构与直流发电机类似。

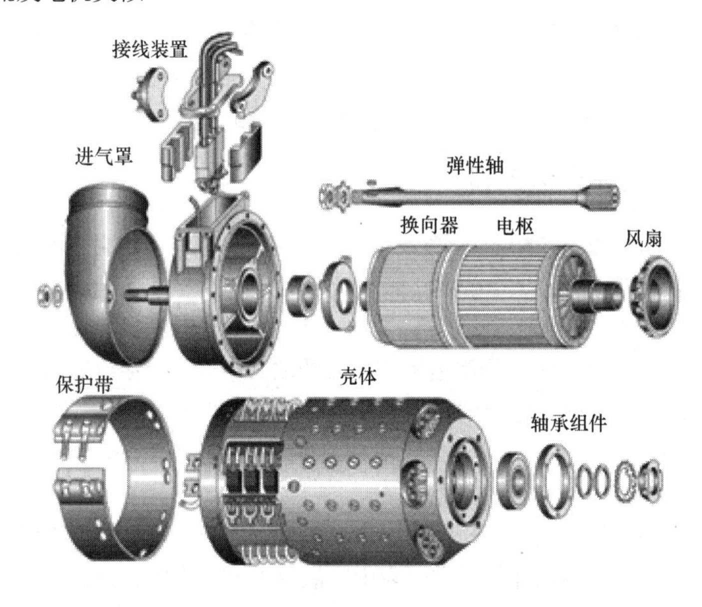

图7-44　直流发电机的结构

直流电机主要由定子和转子两部分组成。定子主要由机壳磁极、电刷组件及接线盒、端盖、通风管等组成，是电机中不动的部分。磁极是用来在电机中产生磁场的，用硅钢片叠成，固定在机座上，机座也是磁路的一部分，它通常用铸钢或铸铁制成。在小型直流电机中，也有用永久磁铁作为磁极的。转子又叫电枢，包括电枢铁心、电枢绕组、换向器、转轴等，是电机中转动的部分。电枢铁心呈圆柱状，由硅钢片叠成，表面冲有凹槽，槽中放电枢绕组。

换向器(整流子)如图7-45所示。换向片用耐磨、强度高、导电好的紫铜或镉铜做成，每个换向片上开有两个燕尾槽。用锥形压圈及压紧螺帽将换向片紧固在带锥形环的钢质套筒上，换向片的燕尾槽卡在锥形压圈和锥形环上。换向片与换向片间、换向片与其他金属部分间用形状相同的云母片绝缘。

12kW以上的飞机发电机，换向器较长。为了保证换向器在高温高速下有良好的机械性能，换向片做成双燕尾槽，采用两个换向器套筒固定，如图 7-45(b)所示。

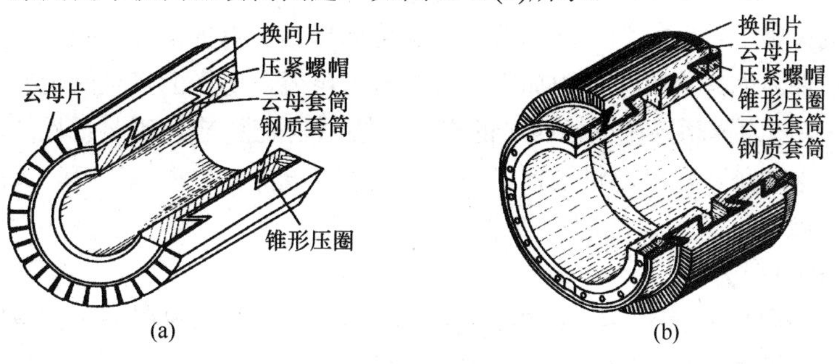

图 7-45　换向器

2. 直流电机的基本工作原理

不论是直流电机还是交流电机，其工作的基本原理都是“机电能量转换”。所谓“机电能量转换”是指将能量从电能转换为机械能，或者将机械能转换为电能的过程。但是，这种转换并不是直接的，而是需要首先将一种形式的能量转换为媒介形式的磁能，然后转换为另一种形式的能量。

为了讨论直流电机的工作原理，我们把复杂的直流电机结构简化为图 7-46 和图 7-47 所示的工作原理图。电机具有一对磁极，电枢绕组只是一个线圈，线圈两端分别连在两个换向片上，换向片上压着电刷 A 和 B。

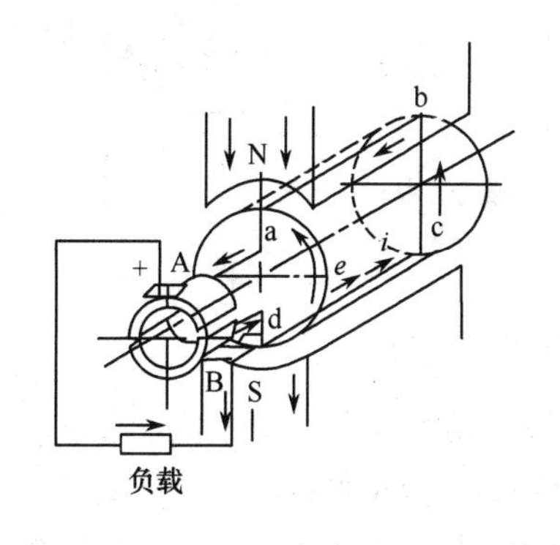

图 7-46　直流发电机的工作原理图

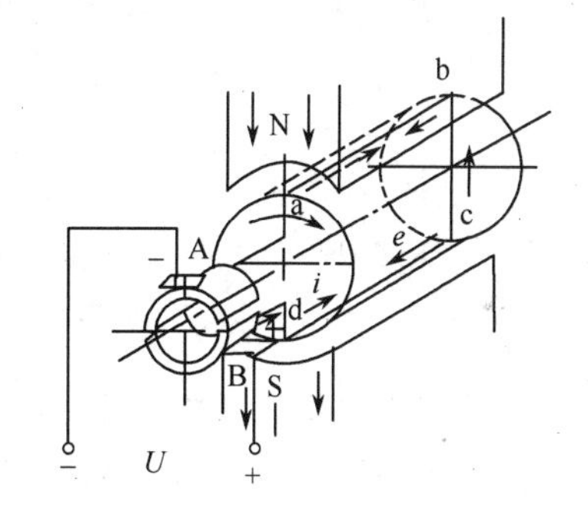

图 7-47　直流电动机的工作原理图

直流电机作发电机运行时(见图7-46)，电枢由原动机驱动而在磁场中旋转，在电枢线圈的两根有效边(切割磁通的部分导体)中便感应出电动势。显然，每一有效边中的电动势是交变的，即在 N 极下是一个方向，当它转到 S 极下时是另一个方向。但是，由于电刷 A 总是同时与 N 极下的一边相连的换向片接触，而电刷 B 总是同时与 S 极下的一边相连的换向片接触，因此在电刷间就出现一个极性不变的电动势或电压。所以换向器的作用在于将发电机电枢绕组内的交变电动势换成电刷之间的极性不变的电动势。当电刷之间接有负载时，在电动势的作用下就在电路中产生一定方向的电流。

直流电机作电动机运行时(见图7-47)，将直流电源接在两电刷之间而使电流通入电枢线圈。电流方向应该是：N 极下的有效边中的电流总是一个方向，而 S 极下的有效边中的电流总是另一个方向。这样才能使两个边上受到的电磁力的方向一致，电枢因而转动。因此，当线圈的有效边从 N(S)极下转到 S(N)极下时，其中电流的方向必须同时改变，以使电磁力的方向不变。而这也必须通过换向器才得以实现。电动机电枢线圈通电后在磁场中受力而转动，这是问题的一个方面。另外，当电枢在磁场中转动时，线圈中也要产生感应电动势。这个电动势的方向(由右手定则确定，图 7-47 中用虚线箭头表示)与电流或外加电压的方向总是相反，所以称为反电动势。因此直流电机电枢绕组中的电流(电枢电流)与磁通产生的电流相互叠加，产生电磁力和电磁转矩。

一台直流电机原则上可以作为电动机运行，也可以作为发电机运行，到底以哪种形式运行，取决于外界不同的条件。如果将直流电源加于电刷，输入电能，电机能将电能转换为机械能，作电动机运行；如果用外部动力拖动直流电机的电枢旋转，输入机械能，电机能将机械能转换为直流电能，从电刷上引出直流电动势，作发电机运行。同一台电机，既能作电动机运行，又能作发电机运行的原理，称为电机的可逆原理。

3．直流电机的励磁方式

直流电机的主磁通是由励磁绕组中的励磁电流所激励的。随着励磁绕组获得励磁电流的方式的不同，直流电机就有不同的工作特性，这是直流电机的突出优点。

直流电机的励磁方式按励磁电流的来源可以分为他励和自励两种。其中，按励磁绕组的连接方式不同又分为串励、并励、复励 3 种方式，如图 7-48 所示。自励利用电机自身所发电功率的一部分供应本身的励磁需要，不需要外界单独的励磁电源，设备比较简单。但如果原先电机内部没有磁场，它就不可能产生电动势，也就不可能进行自励。所以实现自励的条件是电机内部必须有剩磁。

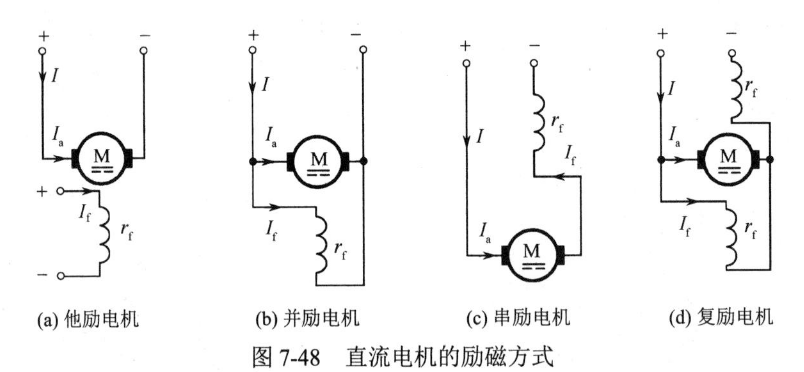

(a) 他励电机　(b) 并励电机　(c) 串励电机　(d) 复励电机

图 7-48　直流电机的励磁方式

励磁方式不论对电机稳态特性还是动态特性都会产生很大的影响。一般情况下，直流电动机的主要励磁方式是并励、串励和复励，直流发电机的主要励磁方式是他励、并励和复励。直流他励电机的励磁电流，由独立的直流电源提供，如图 7-48(a)所示。用永久磁铁作为主磁极的直流电机也可当作直流他励电机。

直流并励电机的励磁绕组和电枢绕组并联，如图 7-48(b)所示，励磁绕组中电流的大小决定于电枢两端电压的高低，和电枢电流无关。直流并励电机的转速很稳定，负载变化时转速变化不大，且能很方便地在宽广的范围内调节直流电机的转速，但启动性能不好，且不便于改变直流电机的转向。因此，直流并励电机适用于要求转速恒定、能很方便调节转速，但不经常启动和反转的场合。例如飞机上定时机构的电机就是直流并励电机。

直流串励电机的励磁绕组和电枢绕组串联，如图 7-48(c)所示，励磁绕组中的电流也就是电枢电流。直流串励电机的启动性能好，易于改变电机的转向，负载变化时电流变化不大，但负载变化时转速变化较大，且调速性能不好。因此，直流串励电机适用于要求迅速启动和能很方便地改变转向，但不要求转速恒定的场合。飞机上的大多数电动机构，要求电机经常迅速启动和反转，所以，飞机上的直流电机绝大多数都是直流串励电机。

直流复励电机有两个励磁绕组，既有与电枢绕组串联的串励绕组，又有与电枢绕组并联的并励绕组，如图 7-48(d)所示。它的特性介于直流串励电机和直流并励电机之间。直流复励电机既有较大的启动转矩(但不如直流串励电机大)，负载变化时转速变化又不大(但并不如直流并励电机那样平稳)，而且能很方便地调节转速。例如，启动发电机、某些油泵电动机，都用直流复励电机。

7.6.2 直流电机的额定值及其型号

额定值是电机长期正常运行时各物理量的允许值。直流电机主要有以下额定值。

（1）额定功率 P_N

额定功率是指电机按照规定的工作方式运行时所能提供的输出功率。对电动机来说，额定功率是指转轴上输出的机械功率；对发电机来说，额定功率是指电枢输出的电功率。单位为 kW(千瓦)。

（2）额定电压 U_N

额定电压是电机电枢绕组能够安全工作的最大外加电压或输出电压，单位为 V(伏)。

（3）额定电流 I_N

额定电流是电机按照规定的工作方式运行时电枢绕组允许流过的最大电流，单位为 A(安)。

（4）额定转速 n_N

额定转速是指电机在额定电压、额定电流和输出额定功率的情况下运行时电机的旋转速度，单位为 r/min(转/分)。

（5）额定励磁电流 I_{fN}

额定励磁电流是电机按照规定的工作方式运行时励磁绕组允许流过的最大电流，单位为 A(安)。

（6）额定效率 η_N

额定效率是电机按照规定的工作方式运行时输出功率与输入功率比值的百分数。

以国产 ZF-18 型直流发电机为例，该发电机主要参数如下：额定电压，28.5V；额定电流，600A；额定功率，18kW；转速范围，4000～9000r/min。

对于航空直流电机，还规定有额定工作方式下的额定值。额定工作方式主要有连续工作、短时工作、短时重复工作等。

飞机直流电机的型号由主称代号、功率值和改型产品代号 3 部分组成。主称代号为 2～3 个汉语拼音字母，表示产品的类别和名称的基本含义；功率值为电机的额定功率(W、kW)；改型产品代号用大写英文字母表示，如 QF-12D，表示改型产品代号为 D 的、功率为 12kW 的启动发电机。

7.6.3 直流电机的换向

直流电机工作时，电枢绕组各元件不断地从一条支路换成另一条支路，元件中的电流也要不断地改变方向，称为直流电机的换向。

图 7-49 表示一个电枢元件的换向过程。元件 1 在图 7-49(a)所示位置时，属于某一支路，此时流过支路的电流 i_a 为一个方向；在图 7-49(b)所示位置时，元件 1 被电刷短路，随着电刷与换向片 1 间的接触面积的逐渐减小，接触电阻逐渐增大，而与换向片 2 间的接触面积逐渐增大，接触电阻逐渐减小，流过元件 1 的电流 i 发生变化，如图 7-50 所示。到图 7-49(c)所示位置时，元件 1 已换成另一条支路，流过的电流已经是 $-i_a$ 了。元件 1 中电流改变方向的过程称为换向过程。处于换向过程中的元件称为换向元件。换向元件经换向片及电刷所构成的回路，称为换向回路。换向过程所经历的时间，称为换向周期 T_k。航空直流电机的换向周期非常短促，约为万分之几秒。T_p 是元件从一种极性电刷下转到另一种极性电刷下所经历的时间。

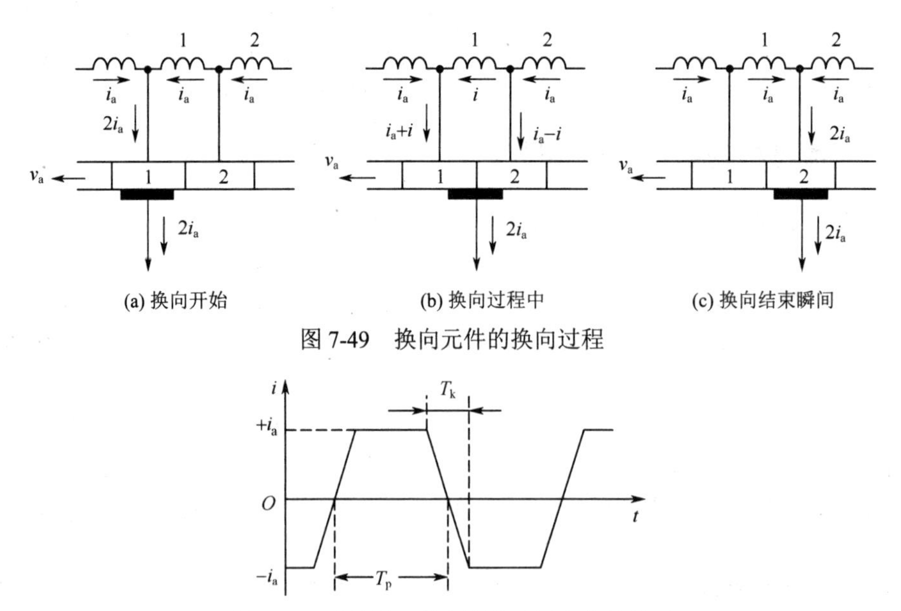

图 7-49　换向元件的换向过程

图 7-50　理想的元件电流随时间变化的波形

实际电机在换向过程中，换向线圈将在换向回路中产生电动势，从而产生附加的换向电流。这个电动势的产生有两个方面的原因：一是换向线圈在换向过程中由于电流变化产生的自感电动势，二是换向线圈在换向过程中切割电枢磁场而产生电枢电动势。这两种电动势的方向都与换向前的电流方向相同，起着阻碍换向的作用。因此，附加换向电流的产生将使电刷与换向片接触面上的电流密度分布变得不均匀，从而产生火花。电枢电流越大，电机转速越高，附加换向电流越大，火花越严重。火花会对无线电设备产生干扰，烧坏电刷和换向器。严重时，沿整个换向器表面形成环火，致使电机烧毁。直流电机运行时会产生火花，这是直流电机突出的致命弱点。消除或减少换向火花的根本方法就在于设法采取措施减小换向过程中的附加换向电流，比如加装换向磁极、采用双叠片电刷、采用短距元件及分布绕组等方法。

7.6.4　无刷直流电机

传统的直流电机均采用电刷和换向器，以机械方法进行换向，因而存在机械摩擦。由此带来噪声、火花、无线电干扰及寿命短等致命弱点，再加上制造成本高及维修困难等缺点，从而大大限制了它的应用。

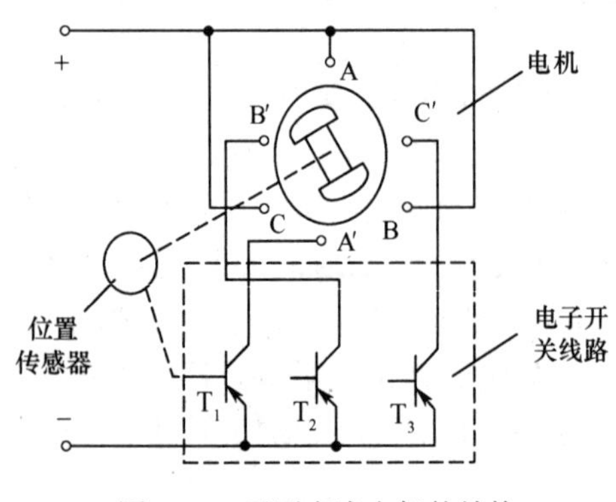

图 7-51　无刷直流电机的结构

无刷直流电机利用电子开关线路和位置传感器来代替电刷和换向器，将电子线路与电机融为一体，使其既具备交流电机的结构简单、运行可靠、维护方便等一系列优点，又具备直流电机的运行效率高、无励磁损耗及调速性能好等诸多优点，它的转速不再受机械换向的限制。因此，无刷直流电机用途非常广泛，既可作为一般直流电动机、伺服电动机和力矩电动机等使用，又可用于高级电子设备、航空航天技术等高新技术领域。

1．无刷直流电机的结构特点

无刷直流电机的结构如图 7-51 所示。它主要由电机本体、位置传感器和电子开关线路 3 部分组成。

电机本体在结构上与永磁式同步电机相似。转子是由永磁材料制成的具有一定磁极对数(p=2，4，…)的永磁体。定子是电机的电枢。定子铁心中安放着对称的多相绕组，可接成Y形或封闭形，各相绕组分别与电子开关线路中的相应晶体管相连接。电子开关线路用来控制电机定子上各相绕组的通电顺序和时间，主要由功率逻辑开关单元和位置传感器信号处理单元两部分组成。

功率逻辑开关单元是控制电路的核心，其功能是将电源的功率以一定逻辑关系分配给定子上的各相绕组，以使电机产生持续不断的转矩。而各相绕组导通的顺序和时间主要由来自位置传感器的信号直接或间接控制。

位置传感器的作用是检测转子磁场相对于定子绕组的位置，是无刷直流电机的关键部件。它有多种结构形式，常用的有电磁式、光电式和磁敏式。

2．无刷直流电机的工作原理

无刷直流电机为了实现无电刷换向，首先要求把一般直流电机的电枢绕组放在定子上，把永磁磁钢放在转子上，这与传统直流永磁电机刚好相反。因为用一般直流电源给定子上各相绕组供电，只能产生固定磁场，它不能与运动中转子磁钢所产生的永磁磁场相互作用，以产生单一方向的转矩来驱动转子转动。无刷直流电机还要有由位置传感器、控制电路和功率逻辑开关单元共同构成的换向装置，使得直流无刷电机在运行过程中定子绕组所产生的磁场和转动中的转子磁钢产生的永磁磁场，在空间始终保持90°左右的电角度。因此，无刷直流电机可以认为是一台由电子开关线路、永磁式直流电机和位置传感器三者组成的“电机系统”。其原理图如图7-52所示。

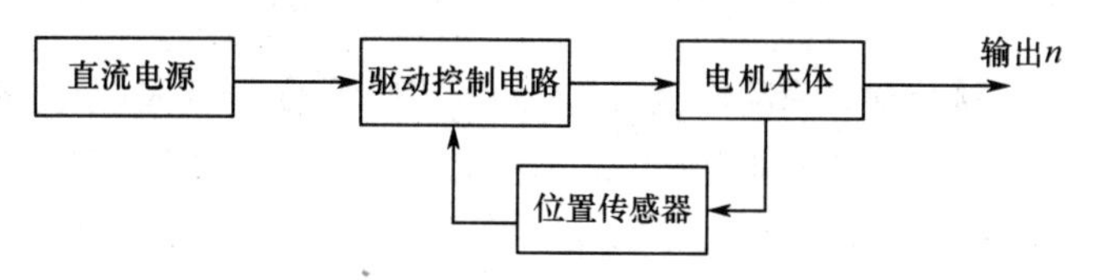

图7-52　无刷直流电机原理图

以图7-53说明三相绕组无刷直流电机的工作原理。图中采用光电式位置传感器，3只功率晶体管T_1、T_2和T_3构成功率逻辑开关单元。

当转子转到如图7-53所示位置，光电管TS_1被光照射，从而使功率晶体管T_1处于导通状态，电流流入绕组A-A′，该相绕组中电流与转子磁极作用所产生的电磁转矩使转子按图中所示的顺时针方向转动。当转子转过120°，与转子同轴安装的遮光盘亦转过120°。此时，光电管TS_1被遮光盘遮住，光电管TS_2被光照射，从而使功率晶体管T_1截止，T_2处于导通状态，电流从绕组A-A′断开而流入绕组B-B′，使得转子继续朝图7-53所示的方向转动。如此连续下去，电机转子便连续不断地旋转。

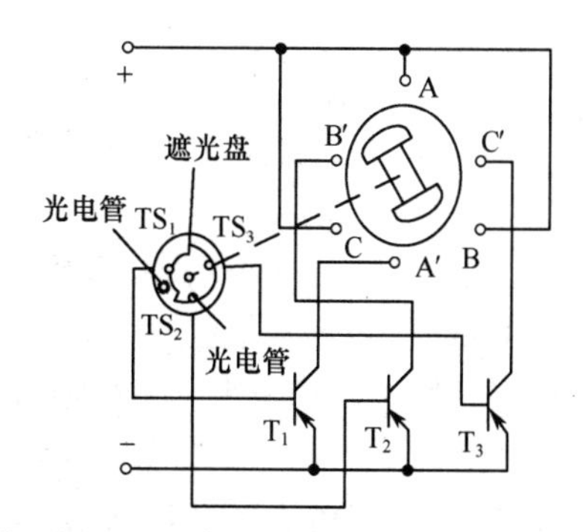

图7-53　三相绕组无刷直流电机的工作原理

小　结

1. 三相异步电动机主要由定子和转子两大部分组成，按转子结构的不同分为鼠笼式转子和绕线式转子。鼠笼式转子结构简单，维护方便，应用最为广泛；绕线式转子可外接变阻器，启动、调速性能好，但价格高，常用于对启动性能和调速性能有较高要求的场合。

2. 电动机的铭牌数据是正确选择和使用电动机的依据。铭牌数据主要包括型号、功率、额定电压、额定电流、额定转速和接线方法等。选择电动机应根据需要选择电动机的类型、容量、外形结构和转速。

3. 三相异步电动机的工作原理是定子绕组通过三相对称交流电产生旋转磁场，旋转磁场与转子感应电流相互作用，产生电磁力和电磁转矩，驱使转子沿旋转磁场方向转动。

旋转磁场转速(同步转速) $n_1=\dfrac{60f_1}{p}$，与电源频率 f_1 成正比，与磁极对数 p 成反比。

旋转磁场的方向与三相定子电流的相序一致，将定子绕组同三相电源连接的 3 根导线中的任意两根对调位置即可使电动机反转。转子转速略小于同步转速，即 $n<n_1$ (这是异步电动机工作的必要条件)；转差率 $s=(n_1-n)/n$ 对分析和计算异步电动机的运行状态及其机械特性有着重要的意义。

4. 三相异步电动机的电磁转矩与电源电压的 2 次方成正比，因此电源电压的波动对电动机的影响很大。三相异步电动机的额定转矩 $T=9550\dfrac{P_N}{n_N}$ (单位：kW)；过载能力 $\lambda_m=\dfrac{T_m}{T_N}$；启动能力 $K_{st}=\dfrac{T_{st}}{T_N}$。

5. 三相异步电动机直接启动时启动电流较大，为额定电流的 4～7 倍。为了减小对电网的冲击，功率较大的鼠笼式三相异步电动机常采用降压启动。鼠笼式三相异步电动机常采用 Y-△降压启动和自耦变压器降压启动；绕线式三相异步电动机常采用转子串接电阻启动和转子绕组串接频敏变阻器启动。

6. 鼠笼式三相异步电动机常采用变极和变频两种调速方法，绕线式三相异步电动机可采用改变转差率的方法调速。其中，变极调速为有级调速，变频和改变转差率为无级调速。三相异步电动机常用的电气制动方法有能耗制动、反接制动和发电反馈制动。

7. 直流电机实质上是装有换向装置的交流电机。一台直流电机既可以当发电机用，又可以当电动机用，这就是直流电机的可逆原理。

8. 直流电机的励磁方式分为串励、并励和复励 3 种。

习　题　7

基础知识

7-1　交流电动机按照工作原理不同，分为______和______两大类；按照供电电源的不同，分为______和______两大类。

7-2　三相异步电动机的构造主要由______和______两部分组成。三相异步电动机的定子三相绕组的接线方式有______和______两种，转子根据构造不同可分为______和______。

7-3　三相异步电动机的______和______的比值，称为转差率，若电动机在我国工频电源下工作，如果转子的转速为 1475r/min，则该电机的磁极对数 p=______。

7-4　单相异步电动机的转子都是鼠笼式的，按定子的结构不同可分为______和______两大类。

7-5　某三相异步电动机接入频率为 50Hz 的三相电源，磁极对数为 2，转差率为 0.04，则转子转速是______。

7-6　下列说法正确的是(　　　　)。

a.异步电动机转子的转速总等于旋转磁场的转速

b.异步电动机转子的转速总高于旋转磁场的转速

c.异步电动机转子的转速总低于旋转磁场的转速

d.异步电动机转子的转速与旋转磁场的转速无关

7-7　某三相四极异步电动机，接在频率 50Hz 的电源上，其同步转速为(　　)。

a. 750r/min　　b. 3000r/min　　c. 1000r/min　　d.1500r/min

7-8　三相异步电动机旋转磁场的转向决定于三相电源的(　　)。

a.相位　　b.频率　　c.相序　　d.幅值

7-9　转差率 s 是反映异步电动机“异步”程度的参数，当电动机工作时，(　　)。

a. s=1　　b. $s > 1$　　c. $s < 0$　　d. $0 < s \leqslant 1$

7-10　三相异步电动机定子的作用是什么?

7-11　三相异步电动机的旋转磁场是如何产生的？怎样确定它的转速和方向？

7-12　什么是三相电源的相序？就三相异步电动机本身而言有无相序?

7-13　f_1=400Hz 的三相异步电动机，转子转速 n=2860r/min 时，转子的频率是多少？

7-14　如图 7-15 所示三相异步电动机单相等效电路，增大转子电路电阻 R_2，会使电动机的最大转矩减小吗？

7-15　三相鼠笼式异步电动机在空载和满载两种情况下的启动转矩哪个大?

7-16　一台直流电机，其额定功率 $P_N = 7.5\text{kW}$，$U_N = 230\text{V}$，$n_N = 1500\text{r/min}$，额定效率 $\eta = 90\%$，求该直流电机的额定电流。

应用知识

7-17　额定电压 200/115V、Y/△连接的机载三相异步电动机，当电源分别为 200V 和 115V 时，各应采用什么接法？它们的额定电流是否相同？若不相同，则相差多少？

7-18　某型电动机的额定功率为 5.5kW，额定转速为 1450r/min，频率为 400Hz，最大转矩为 65.25N·m。试求电动机的过载系数 λ。

7-19　三相异步电动机在正常运行时，如果转子突然被卡住而不能转动，试问这时电动机的电流有何改变?对电动机有何影响?

7-20　为什么三相异步电动机不在最大转矩 T_{max} 处或接近最大转矩处运行?

7-21　直流电机有哪些基本组成部分？试分别叙述直流电机换向器、电刷及定子、转子的铁心和绕组的作用。

7-22　“直流电机实质上是一台装有换向装置的交流电机”，怎样理解这句话？

7-23　无刷直流电机如何实现无电刷换向？

军事知识

7-24　一台飞机用三相异步电动机，电源频率为 400Hz，求：(1)同步转速 n_1；(2)当 $n=0$，$n = 2850$ r/min 时的转差率 s。

7-25　一台飞机用三相异步电动机，额定转速为 6000r/min。(1)电动机是几极的？(2)当 $n=0$，$n = 5850$ r/min 时，转子频率 f_2 分别是多少？

7-26　某机载驱动三相异步电动机的 $n_N = 5750$ r/min，n_1 是多少？p 是多少？

7-27　有一台飞机用 4 对极三相异步电动机，额定转速 n_N =5650r/min，转子每相电阻 $R_2 = 0.02\Omega$，感抗 $X_{20} = 0.08\Omega$，转子电动势 $E_{20} = 20\text{V}$，电源频率 f_1 =400Hz。试求该电动机启动时及在额定转速运行时的转子电流 I_2。

7-28 飞机用 55SJD01 型和 130SDJ05-A 型三相异步电动机各一台，额定功率均为 4.5kW，前者的额定转速为 2850r/min，后者的额定转速为 5770r/min。(1)求这两台电动机的转矩，并说明转矩、转速和磁极对数之间的大小关系；(2)说明铭牌的含义。

7-29 一台机载三相异步电动机，怎样根据结构上的特点判断出它是鼠笼式还是绕线式？

7-30 飞机三相异步电动机在运行时，定子功率 P_1 的表达式是什么？

7-31 某小型飞机的电源频率为 400Hz，这种频率的三相异步电动机在 p–1 和 p–2 时的同步转速各是多少?

7-32 某飞机三相异步电动机的额定转速为 2850r/min，当负载转矩为额定转矩的一半时，电动机的转速约为多少?

第8章　继电器及其控制系统

引言

现代飞机是一个庞大而复杂且自动化程度很高的系统，它含有许多子系统和分系统，在这些系统中需要用到多种电气控制器件。它们不仅用途和功能多种多样，品种和规格繁杂众多，而且工作原理各异。这些控制器件可以根据外界特定的信号和要求，自动或手动接通和断开电路，断续或连续地改变电路参数。按额定电压的高低，电气控制器件可以分为高压和低压器件两种。低压器件通常是指用于交流额定电压 1200V、直流额定电压 1500V 以下的电路中实现对电路或非电路对象的切换、控制、保护、检测、变换和调节等作用的电气设备。简而言之，控制器件就是一种能控制电的工具。

学习目标：

1. 了解电磁铁的基本结构和动作原理；
2. 熟悉常用控制器件的工作原理和图形符号；
3. 熟悉典型的控制电路中常用控制器件的使用；
4. 了解常用控制器件在航空军事领域的应用。

8.1　电磁铁的一般结构和动作原理

飞机上的继电器、接触器、变换器、离合器、调压器及自控、遥控中的各种气阀、油阀的电磁活门等都以电吸力电磁铁(以下简称电磁铁)作为基本组成部分。下面先来了解电磁铁的基本结构和动作原理，然后介绍几种典型的直流电磁铁。

8.1.1　电磁铁的基本结构和动作原理

电磁铁是一种通电后对铁磁物质产生吸力，把电能转换为机械能的电气元件。电磁铁主要由线圈和铁心组成。铁心有两块：一块是静止不动的，称为静铁心；另一块在工作过程中要发生运动而称为活动铁心或衔铁。为了减轻运动部分——衔铁的负担及便于安装，线圈总是装在静铁心上。用于自动电器中的电磁铁，还装有返回装置，常用的返回装置是弹簧，如图 8-1 所示。当线圈未通电时，衔铁在返回弹簧的作用下，使衔铁和静铁心之间保持一个比较大的气隙，使电磁铁处于释放位置。在线圈通电后，铁心就被磁化，在衔铁与铁心之间产生吸力，当吸力大于返回弹簧的反作用力时，衔铁开始运动使气隙减小，最后达到闭合，使电磁铁处于闭合位置。当线圈中的电流减小或中断时，铁心的磁化减弱，吸力减小，当吸力小于返回弹簧的反作用力时，衔铁在反作用力的作用下返回原来位置。

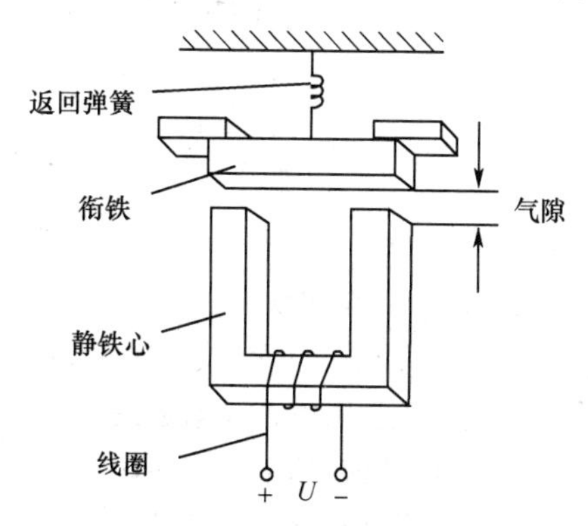

图 8-1　电磁铁结构示意图

可见，在结构上，电磁铁既不同于变压器的静止铁心，也不同于旋转电机的不变的均匀磁气隙，而是一种具有可动铁心和可变气隙的电磁装置。按照通入线圈电流的性质不同，电磁铁有直流电磁铁和交流电磁铁之分。直流电磁铁与交流电磁铁相比有许多优点，所以飞机电气元件所使用的电磁铁大多为直流电磁铁。交流电磁铁目前在飞机上很少采用，不仅操作交流电路的航空交流接触器中，电磁系统是直流控制的，而且某些保护及控制继电器，当需要反应交流电量时，也往往是用整流器将交流变成直流后再输给线圈的。

8.1.2 典型的直流电磁铁

直流电磁铁与交流电磁铁相比，具有体积小、重量轻、性能好、结构牢固、使用寿命长等优点，所以飞机上普遍采用直流电磁铁结构的各种电气元件。按照产生吸力的原理不同，直流电磁铁大体上有 3 个类型，即拍合式、吸入式和旋转式。

在直流电磁铁中采用直流励磁，通过其磁路的是恒定的磁通，即不会随时间做周期性的变化。因此，铁心中没有磁滞损耗和涡流损耗，也不会产生热量，即没有铁损。直流电磁铁中产生热量的热源只是线圈，即励磁电流通过线圈导线电阻产生的热量，这种损耗称为铜损。因此，直流电磁铁的导磁体可以用整块的软钢或工程纯铁加工而成。为了把线圈产生的热量通过铁心顺利地发散到周围介质中去，线圈采用无骨架的结构并直接套在铁心柱上，使线圈与铁心之间交换热量，以增大散热效果，同时也便于加工。因此，直流电磁铁的外形一般都是“瘦长型”的。

1. 拍合式电磁铁

拍合式电磁铁的特点是：衔铁做成片状，称为吸片。线圈通电后，吸片在吸力作用下沿着磁力线的方向移动(或转动)一个不大的距离(或转角)，使气隙减小。图 8-2 是 3 种典型的拍合式电磁铁，图中虚线表示主磁通 Φ_δ 和漏磁通 Φ_∂ 的平均路径。图 8-2 所示的 U 形和 E 形拍合式电磁铁用得比较多，其衔铁位于线圈端部，漏磁通不通过衔铁，因此不会直接对吸片产生吸力。图 8-2(c)所示的电磁铁，其衔铁位于线圈的侧面，漏磁通能通过吸片，因此也对吸片产生吸力。以上几种电磁铁中衔铁转轴两边质量并不相等，因此抗振动和抗加速度的能力较差。拍合式电磁铁结构简单，制造和调整都比较方便，因此广泛应用在各种小型和灵敏继电器中。

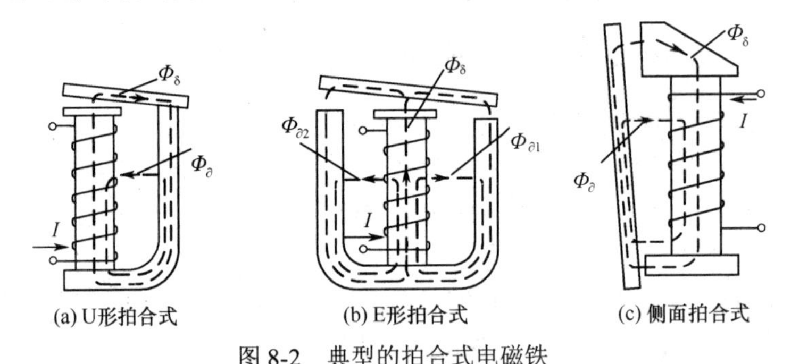

图 8-2　典型的拍合式电磁铁

2. 吸入式电磁铁

吸入式电磁铁的特点是：被吸动部分是一个圆柱形的铁心，称为可动铁心，它位于螺管线圈之中。因此，也称为螺管式电磁铁。线圈通电后，可动铁心被更深地吸进线圈，产生直线运动。

吸入式电磁铁的主要部件如图 8-3(a)所示。铁心分成可动部分 1(称为可动铁心，也称为衔铁)和不动部分 4(称为台座)。其壳体 6 通常呈圆形，线圈 3 包在其中，结构比较坚固。壳体 6、上端盖 2 和下端盖 7 均由软磁材料制成。非磁性套管 5 是用作导引可动铁心的。显然，吸入式电磁铁的衔铁不易做成平衡式衔铁。

在吸入式电磁铁中，除通过主磁通Φ_δ对可动铁心产生端面吸力外(这是主要的)，通过可动铁心侧面的漏磁通Φ_∂也产生吸力，使铁心吸入线圈，这部分吸力称为螺管吸力。吸入式电磁铁可以在较大气隙下产生较大的吸力，因此特别适用于较大的行程和较大吸力的场合，例如在接触器、电磁阀及各种牵引电磁铁中用得较多。改变铁心和台座端面的几何形状，例如将端面做成锥顶形，如图 8-3(b)所示，可以有效地改变吸力特性，使其适应不同行程和不同吸力的要求。

3．旋转式电磁铁

旋转式电磁铁的线圈通电后，衔铁的运动方向不是沿着磁力线的方向，而是垂直于磁力线的方向，如图 8-4 所示。

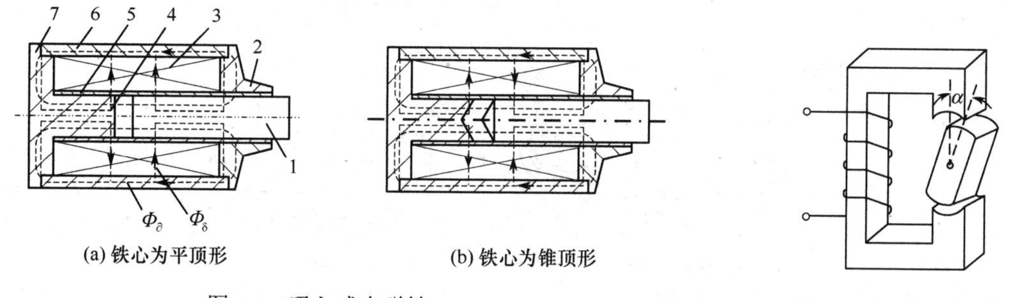

(a) 铁心为平顶形　(b) 铁心为锥顶形

图 8-3　吸入式电磁铁

1—动铁心；2—上端盖；3—线圈；4—静铁心(台座)；

5—非磁性套管；6—壳体；7—下端盖

图 8-4　旋转式电磁铁

旋转式电磁铁能得到较大的转角(可达 60°～90°)，并且可以通过改变极面形状来改变其吸力和转角的关系。因此，在某些特殊用途的电磁元件中得到应用，例如力矩电机和线性电磁铁等。

4．新型电磁系统

近年来，为了适应高速飞机及航天飞行器对抗振动、耐冲击的苛刻要求，发展了两种新式的电磁系统，即平衡衔铁式电磁铁和平衡力式电磁铁。

（1）平衡衔铁式电磁铁

平衡衔铁式电磁铁是一种衔铁绕其重心轴线做旋转运动，以闭合两个或多个气隙的电磁系统。衔铁的结构一般有 S 形、菱形和平行四边形，如图 8-5 所示，由于旋转时两边衔铁的质量保持平衡，故具有较强的抗振动、耐冲击能力。这种电磁铁目前广泛应用于航空航天控制设备中。

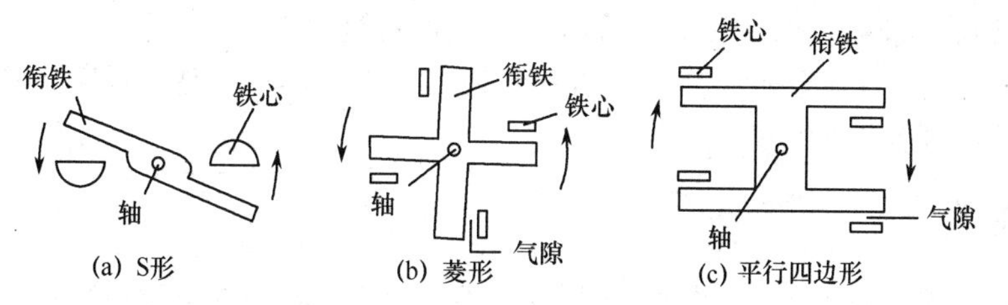

(a) S形　(b) 菱形　(c) 平行四边形

图 8-5　平衡衔铁式电磁铁

（2）平衡力式电磁铁

平衡力式电磁铁是以永久磁铁作为返回装置，在线圈断电时永久磁铁对衔铁的吸力与通电时衔铁所承受的电磁吸力大致相等的电磁系统，如图 8-6 所示。由图 8-6(a)可见，在磁路中加设了一块永久磁铁。在线圈断电状态下，永久磁铁产生的吸力使衔铁牢牢吸合在磁极上，如图 8-6(b)所示。当线圈通电时，铁心中由线圈产生的磁通与永磁磁通方向相反，使磁极 A 的吸力减小而磁极 B 的吸力增大，从而使衔铁吸向磁极 B，如图 8-6(c)所示。在上述两种情况下，由永久磁铁产生的吸力和由电磁铁产生的电磁吸力相近，这种“相近”也就是所说的“平衡力”。具有平衡力特点的电传磁铁，其抗振动和耐冲击能力都要比平衡衔铁式电磁铁强。

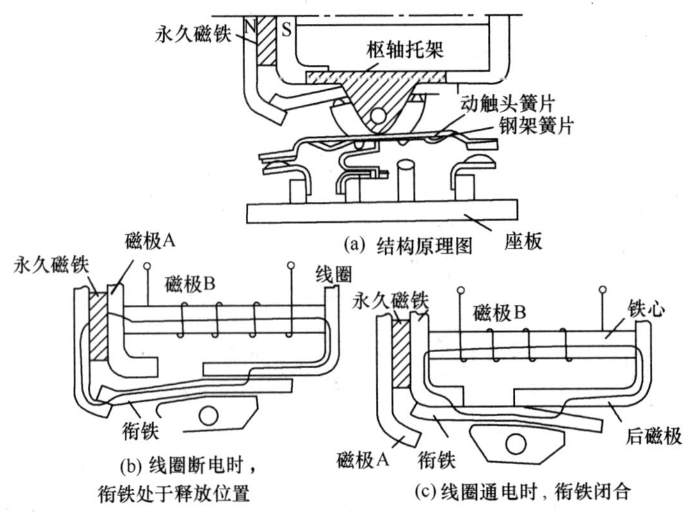

图 8-6　平衡力式电磁系统

另外，电磁式控制电路中导体之间相连接的地方，称为电接触。构成电接触的导体称为触点(或称触头)。触点按其接触形式的不同，可分为点接触、线接触和面接触。无论是哪种接触类型，尤其是当电磁继电器或接触器的主触点断开时，都会在其间产生电弧。电弧会烧坏触点，甚至会引起火灾，因此在电磁式控制器件中都会采取一些灭弧措施，甚至在大电流(20A 以上)的电磁控制器件中还要设置灭弧罩，来确保触点或设备的安全工作。

8.2　常用电磁控制器件

在飞机控制电路系统中，各类电磁式低压控制器件的工作原理和结构基本相同，主要由检测部分(电磁铁)和执行部分(触点)组成。检测部分接收外界输入的信号，并通过转换、放大和判断，作出有规律的反应，使执行部分动作，发出相应的指令实现控制的目的。

电磁控制器件在飞机上应用非常广泛，主要用于控制受电设备，使其达到预期要求的工作状态，这类电器常用的有接触器和继电器。

8.2.1　接触器

接触器是一种利用电磁铁原理工作的控制电器。它适用于远距离频繁接通和断开交、直流电路及大容量控制电路，具有比工作电流大数倍乃至几十上百倍的接通和分断能力。飞机上广泛采用接触器作为远距离大功率控制器件，主要控制对象是电动机及电力负荷。接触器可按其主触点所控制电路中电流的种类分为直流接触器和交流接触器，它们的线圈电流既有与各自主触点电流相同的，也有不同的，如对于重要场合使用的交流接触器，为了工作可靠，其线圈可采用直流激磁方式。飞机上采用的交流接触器，大多是采用直流激磁的。接触器种类很多，结构和工作原理都有差异，但各种接触器的基本组成和原理大致相同。下面介绍接触器的基本工作原理。

如图 8-7 所示，接触器主要由电磁铁和接触装置组成。电磁铁为吸入式，由线圈、固定铁心、恢复弹簧及导磁壳体等组成，接触装置则由固定触点、活动触点和缓冲弹簧组成。活动触点与活动铁心连接在一起，恢复弹簧装在活动铁心与固定铁心之间。恢复弹簧的弹力试图向上推开铁心，使触点分离；线圈通电后电磁铁所产生的电磁力，又试图把活动铁心吸下，使触点闭合，接触器正是由于作用在活动铁心上的电磁力和弹簧力这两个方向相反力的变化，才引起触点接通和断开的。

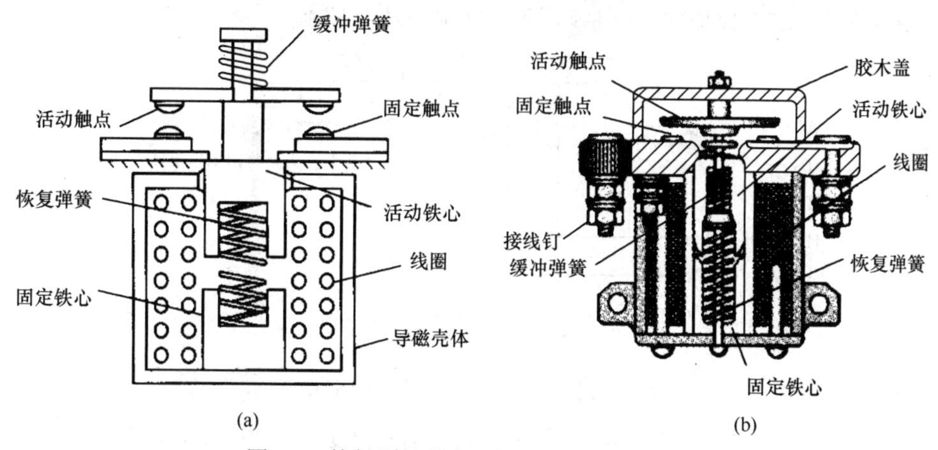

图 8-7　接触器的基本结构组成和工作原理

线圈未通电时，活动铁心只受到恢复弹簧弹力的作用，活动铁心与活动触点处于图 8-7(a)所示位置。铁心之间和触点之间保持一定的间隙，触点是断开的。

线圈通电后，活动铁心上除受到恢复弹簧方向向上的弹力作用外，还受到一个方向向下的电磁力作用，该电磁力随线圈两端的电压升高而增加。当电压达到一定的数值，使电磁力大于弹力时，活动铁心便带动活动触点向下移动，触点随之闭合，接通电路。这个刚刚能使触点闭合的(最低)电压，称作接触器的接通电压。降低线圈两端的电压，电磁力减小。当电压降低到一定的数值，电磁力小于弹力时，活动铁心便带动活动触点被弹起，回到原来位置，触点随之分离，将电路切断。这个刚刚能使触点断开的(最高)电压，称作接触器的断开电压。

断开电压比接通电压要小得多，一般接通电压为十几伏，断开电压只有几伏，接通电压为断开电压的 3～4 倍。这是因为接触器接通后，活动铁心与固定铁心靠拢了，铁心之间随着间隙减小使磁阻大为减小，因而使电磁力增加较多，此时恢复弹簧的弹力虽然有所增加，但远不如电磁力增加得多，因此较小的电压就可以产生足够的电磁力来克服弹簧弹力，维持活动铁心处于吸下状态。这样，只有在线圈两端的电压比接通电压低得多时，触点才会断开，所以断开电压比接通电压要小得多。活动触点向下运动时具有一定的速度，当它和固定触点碰撞时，会发生弹跳现象，这会使触点间反复出现电弧，很容易使触点烧坏，甚至熔结。为了减少这种现象，接触器一般还装有缓冲弹簧，它的弹力比恢复弹簧的弹力要大。在接触器工作线圈两端的电压达到接通电压而使活动铁心开始移动后，恢复弹簧被压缩，弹簧弹力增大，同时电磁力也因铁心间隙减小而增大，而且电磁力比弹簧弹力增大得多，所以活动铁心要继续不断地向下移动，直至两铁心接触时为止。由于铁心之间的间隙要大于触点之间的间隙，所以在触点接触后，活动铁心要继续下移，势必压缩缓冲弹簧。缓冲弹簧的弹力，一端作用在活动铁心上，另一端作用在活动触点上。作用在触点上的弹力，就形成触点的接触压力。这个压力使触点闭合后迅速静止下来，因而电弧大为减小。当两铁心接触时，缓冲弹簧被压缩到最大限度，此时触点的接触压力最大，可保证触点接触良好。

当线圈断电时，缓冲弹簧就会和恢复弹簧一起使活动铁心向上活动，从而增大触点断开的速度，有利于电弧的迅速熄灭。

飞机上常用的直流接触器有 KZJ 型、MZJ 型和 HZJ 型，交流接触器有 JLJ 型、HJJ 型等。KZJ 型与 MZJ 型直流接触器的区别是 MZJ 型多了一组保持线圈和控制保持线圈工作的一对触点。HZJ 型接触器用来转换大电流的工作电路，与 MZJ 型接触器的构造与基本工作原理相同，区别是 HZJ 型接触器多了一对固定(常闭)触点。JLJ 型与 HJJ 型交流接触器的区别类似。图 8-8 所示为接触器的型别含义和数字含义，其线路原理如图 8-9 所示，文字符号为 KM。

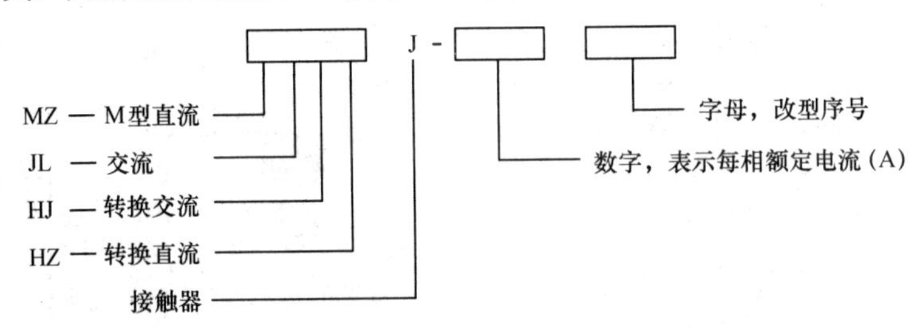

图 8-8　接触器的型别含义和数字含义

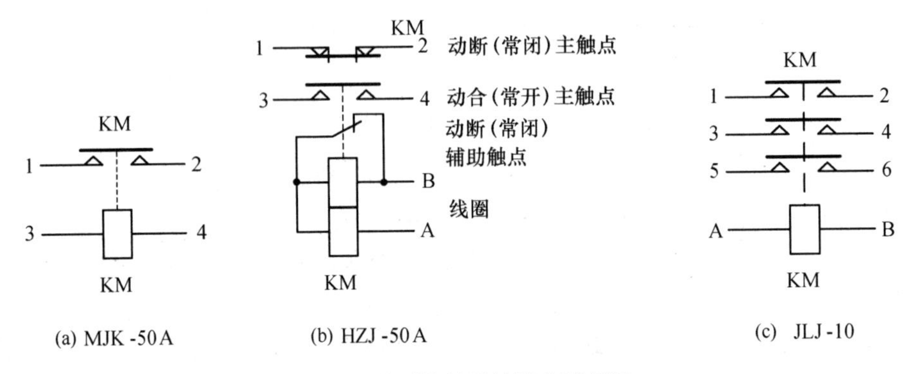

图 8-9　典型接触器的线路原理图

接触器的主要指标有线圈额定电压、主触点的额定电压和额定电流，使用时要注意一定使线圈工作在额定电压下。

飞机上的接触器，通常作为机载电源系统的发电机连接汇流条连接开关，它可以安装在远离驾驶员的任何地方，而驾驶员通过操纵安装在驾驶舱里的手动开关或按钮来控制它的线圈电路，实现接通、断开电力线路的目的。图 8-10 所示为控制一台单独供电的机载交流发电机输出的接触器。

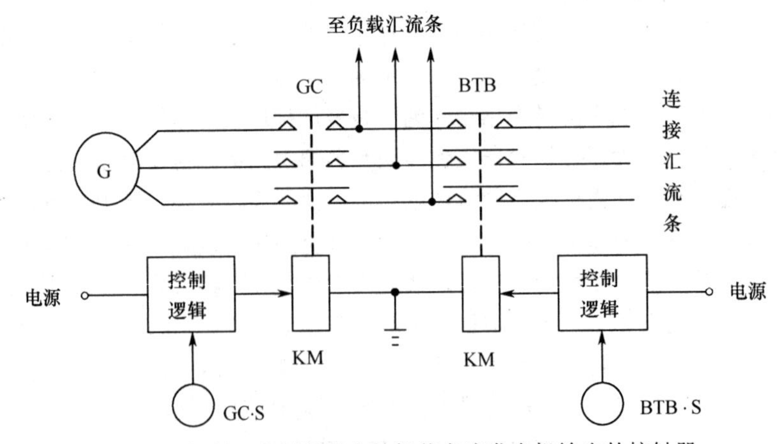

图 8-10　控制一台单独供电的机载交流发电机输出的接触器

图 8-10 中，GC 是发电机接触器(Generator Contactor)；BTB 是汇流条连接断路器(Bus Tie Breaker)，它是一对具有互锁作用的电磁接触器；GC·S 和 BTB·S 是安装在驾驶舱内的操纵 GC 和 BTB 的两个开关。当发电机 G 正常发电时，驾驶员只要接通 GC·S，就可以使 GC 动作，将发电机投入电网向负载汇流条供电。这时，由于 BTB 被 GC 接通时的互锁作用而锁定在断开状态，即使接通 BTB·S 也不能使 BTB 接通。这样，可以防止由于误动作而使发电机与连接汇流条上的其他电源并联供电。

当发电机停车或断开 GC·S 时，才能解除 GC 对 BTB 的互锁作用，使得 GC 断开后，BTB 才能接通，这时才能由连接汇流条上的电源向负载汇流条供电；同时由于 BTB 对 GC 的互锁作用，保证在 BTB 接通时 GC 不能接通，防止发电机与连接汇流条上的电源并联供电。

发电机发生故障时，通过其控制电路能够自动断开 GC 和接通 BTB。负载汇流条自动地由发电机供电转换成为由连接汇流条上的电源供电。

从这个例子我们可以清楚地看到接触器在飞机供电系统中所起的作用。

8.2.2 继电器

继电器的拉丁文原意是“驿站”，即传递信息的中继场所，一开始就和电讯联系在一起。继电器就其在被控电路中的作用来讲，就相当于一个“开关”。但非人工直接操纵，而是自动和远距离操纵。

继电器用在电流不太大，且需要自动控制或自动转换的电路中。继电器可以同时控制和转换多个工作电路。一般来说，继电器由承受(反应)机构、中间机构和执行机构 3 部分组成。如图 8-11 所示。

图 8-11　继电器的基本结构

承受机构的作用是接收输入信号，将信号变换成使继电器动作的物理量，例如在电磁继电器中的电磁铁便是它的承受机构。中间机构提供控制的标准化比较量，电磁继电器的恢复弹簧便是中间机构。弹簧弹力与电磁铁吸力这两者进行比较，决定继电器的动作状态。执行机构用来改变输出回路的电参数，电磁继电器触点的闭合或断开便可以改变触点控制的回路(输出回路)的电压和电流。可见，继电器是一种反映与传递信号的电气元件。

继电器的特点是具有跳跃式的输入/输出特性。如图 8-12 所示，这一矩形曲线称为继电器的特性曲线。当继电器获得一个输入信号 x 时，不论信号幅值多大，只要尚未达到动作值 x_2，继电器不动作，输出信号 y 等于零，这时继电器的工作点在 O～a 之间。当输入信号达到动作值 x_2 时，继电器立即动作，其工作点瞬时地从 a 点跳到 b 点，输出一个 y_1 的信号。在此之后，即使继续增大输入信号，输出信号仍为 y_1 不变。在继电器动作后，如果输入信号减弱了，工作点并不沿折线 b-a-O 变化，而沿 b-c 变化，即在 x 略小于动作值 x_2 时，继电器并不释放，继续输出信号 y_1，只有当 x 减小到继电器的释放值 x_1 时，它才释放，不再有信号输出。此时，继电器的工作点沿折线 b-c-d-O 变化，恢复原状。可见，继电器是一种具有自动完成继电特性功能的电气元件。

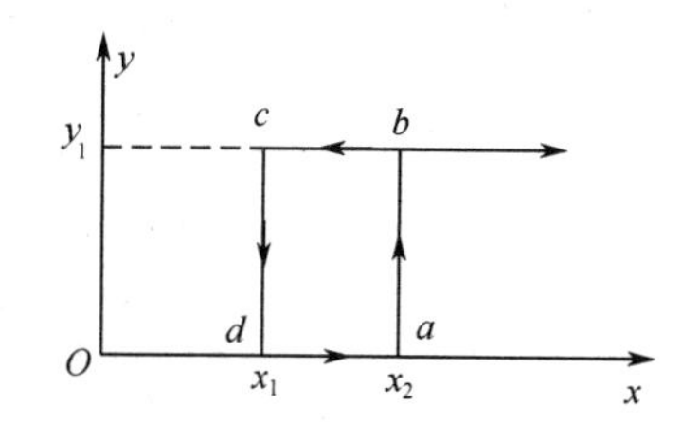

图 8-12　继电器的特性曲线

根据继电器的作用，要求继电器反应灵敏准确、动作迅速、工作可靠、结构坚固、使用耐久。$k = x_1/x_2$ 称为继电器的返回系数，它是继电器的重要参数之一，k 值可通过调节恢复弹簧的松紧程度或调整铁心与衔铁间非磁性垫片的厚度来改变。一般继电器要求低的返回系数，k 应在 0.1～0.4

之间；欠压继电器则要求高的返回系数，k 应在 0.6 以上。

继电器的另外 3 个重要参数是灵敏度、吸合时间与释放时间。灵敏度是使继电器动作所需的最小功率；吸合时间是指从线圈接收电信号到衔铁完全吸合所需的时间；释放时间是指从线圈失电到衔铁完全释放所需的时间。吸合时间与释放时间的大小影响继电器的操作频率。

由于继电器种类较多，下面仅以使用较多的摇臂式继电器为例进行说明。摇臂式继电器的基本结构如图 8-13 所示。它的电磁铁的活动部分，是一块可以转动的平板衔铁，衔铁的支点在支架上。

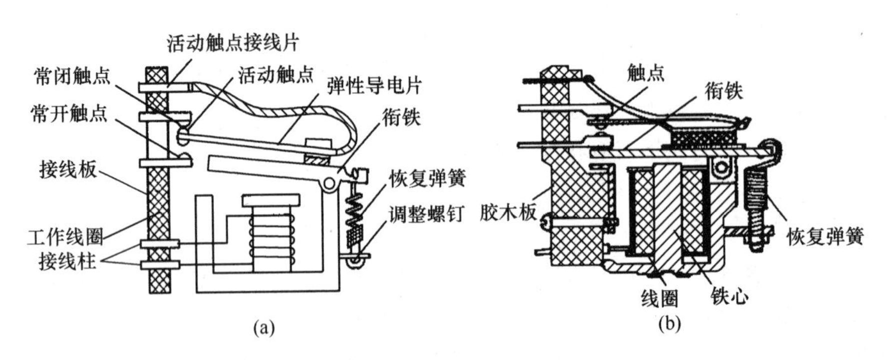

图 8-13　摇臂式继电器的基本结构

在线圈未通电时，恢复弹簧的弹力使活动触点与常闭触点接通，并使弹性导电片变形，以给触点提供一定的接触压力。

线圈通电以后，当两端电压达到其接通电压时，电磁力大于弹簧弹力，衔铁就绕支点转动，使活动触点离开常闭触点，与常开触点接通。活动触点与常开触点接触后，衔铁仍将继续移动一小段距离，使活动触点上的弹性导电片变形，以给触点提供一定的接触压力。

继电器的接通电压和断开电压可以调整。顺时针拧弹簧下端的调整螺钉，弹力增强，接通电压和断开电压都升高；反之，则降低。

飞机用摇臂式继电器包括开关继电器、密封继电器和延时继电器 3 种类型。

1. 开关继电器

图 8-14 所示为开关继电器的型别含义和数字含义。

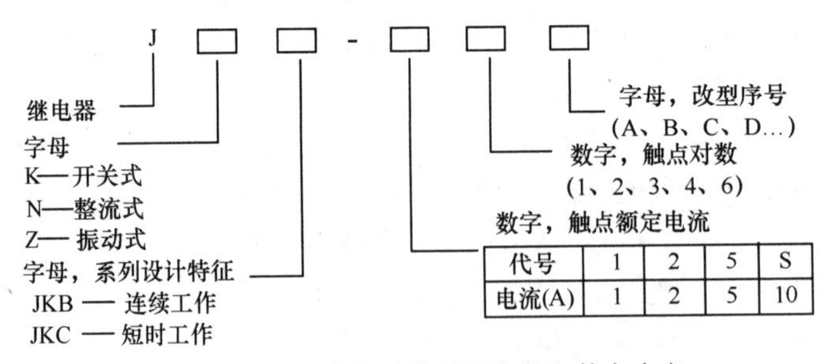

图 8-14　开关继电器的型别含义和数字含义

飞机中常用的开关继电器分 JKA 型、JKB 型和 JKC 型 3 种类型，此外还有 JK 型、JN 型继电器等，其中 JKB 型和 JKC 型继电器都是针对 JKA 型继电器结构上存在的缺陷，加以改进发展而成的。JKB 系列继电器可以连续工作，而 JKC 系列继电器只能短时工作。JN 型继电器的线圈电路中，串联半导体二极管，在直流电路中用来反映信号的极性。

对于 JK 型继电器，JK 后的第一位数字为触点容许电流值，第二位数字为常闭触点对数，第三位为常开触点对数。例如，JK210 表示触点容许电流值为 2A，有一对常闭触点；JK102 表示触点容许电流值为 1A，有两对常开触点。

典型开关继电器的原理电路如图 8-15 所示。

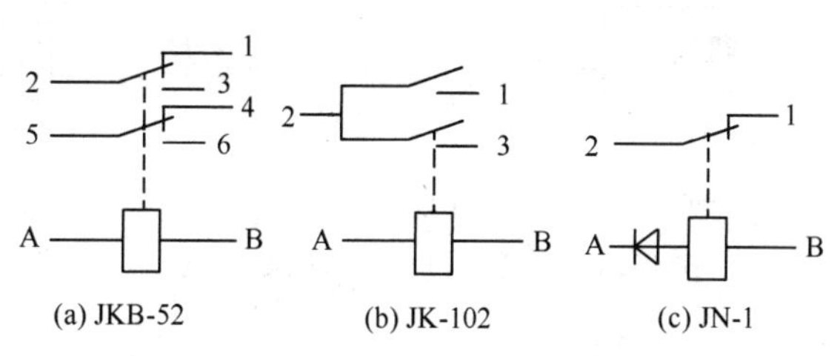

图 8-15　典型开关继电器的原理电路

2．密封继电器

图 8-16 所示为密封继电器的型别含义和数字含义，其典型原理电路如图 8-17 所示。

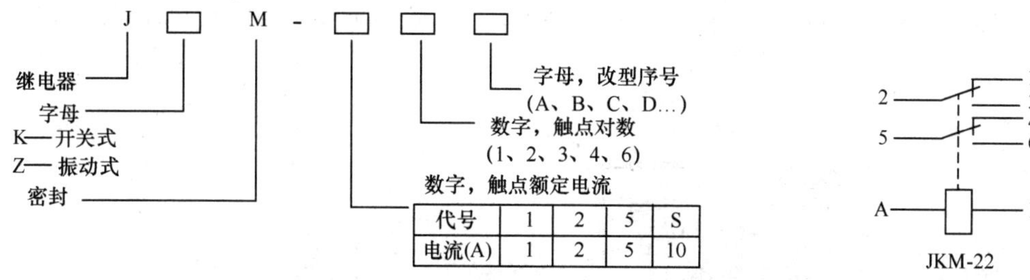

代号	1	2	5	S
电流(A)	1	2	5	10

图 8-16　密封继电器的型别符号和数字含义

图 8-17　典型密封继电器的原理电路

3．时间继电器

从工作线圈通电或断电开始，经过一定的延时，触点才闭合或断开的继电器，称为延时继电器。延时继电器的延时方式有以下两种。

① 通电延时。接收输入信号延迟一定时间后，输出信号才发生变化，在输入信号消失后，输出瞬时复原。

② 断电延时。接收输入信号时，瞬时产生相应的输出信号，在输入信号消失后，延迟一定时间，输出才复原。

延时继电器的种类很多，延时继电器的型别符号和数字含义如图 8-18 所示。

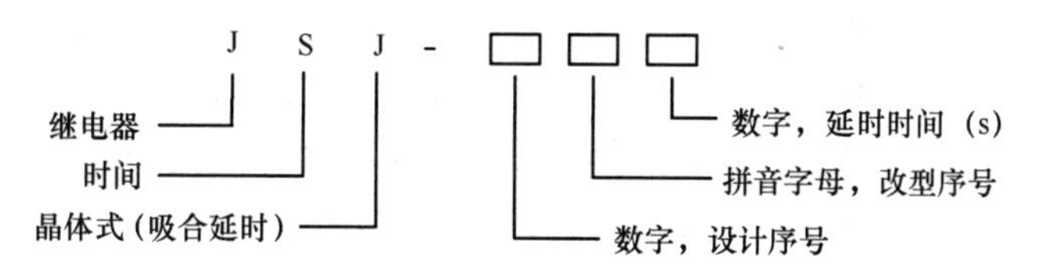

图 8-18　延时继电器的型别符号和数字含义

JS 系列延时继电器为电磁式延时继电器，JSJ 系列延时继电器由晶体时间控制电路与电磁继电器组合而成，其典型原理电路如图 8-19 所示。

JS 型延时继电器是依靠短路线匝来延时的一种断电延时继电器。在结构上，它与一般的开关继电器相似，图 8-20(a)所示为 JS-1 型延时继电器的基本结构。它具有摇臂式电磁铁和一对常开触点，其主要的不同是用套在铁心外面的紫铜套筒作为线圈的框架。正因为有紫铜套筒的存在，才使继电器具有较大的释放延时。

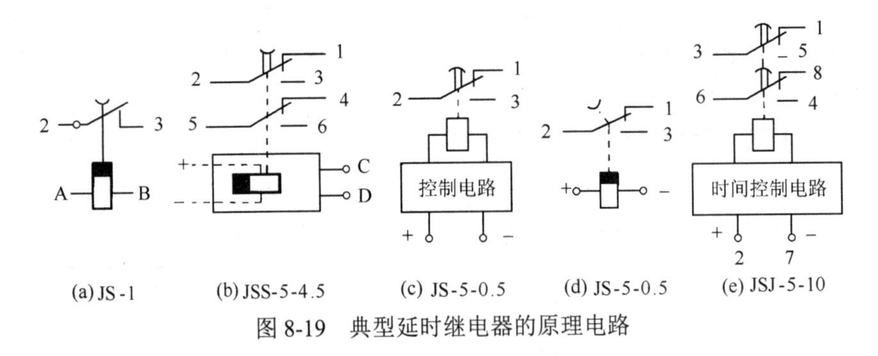

图 8-19　典型延时继电器的原理电路

如图 8-20(b)所示，紫铜套筒实质上相当于绕在铁心外面的一个短路线匝。当继电器线圈断电时，铁心中磁通将减少，紫铜套筒内就会产生互感电动势，其方向可根据螺管线圈右手定则确定，如图中箭头所示，在此感应电动势的作用下，套筒内将形成环绕套筒的短路电流。较强的短路电流产生的磁通，正好与原有磁通方向相同，因而就大大减缓了总磁通的下降速度，使继电器从线圈开始断电，到磁通减小到释放磁通(电磁力减小到等于弹簧弹力时的磁通)的时间大为增加，从而获得足够大的释放延时。

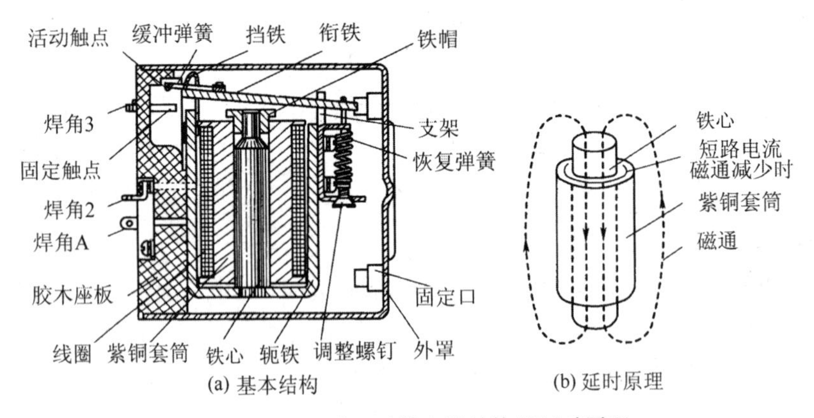

图 8-20　JS-1 型延时继电器结构及延时原理

线圈通电时，套筒也会产生短路电流，阻碍铁心磁通的增加，推迟继电器的吸合。但因衔铁处于释放位置时，气隙较大，其所能达到的稳定磁通就比吸合时要小得多，磁通增加到接近稳定值，也就是增长到吸合磁通的时间也就短得多。因此，吸合时虽能获得一定的吸合延时，但它同释放延时相比就小很多，可以忽略不计。所以，JS 型延时继电器主要是一个延时释放的继电器。

电磁继电器在飞机上的用途很广泛，电源、空调、起落架、照明、燃油、供气、防冰防雨、飞行操纵及发动机的启动、操纵和指示等系统中都要用到，是这些系统的控制、调节、检测、保护和指示等自动化装置中的基本器件。

某运输机上，在飞行员、领航员、通讯员、空投师的工作位置均有开始使用氧气的灯光信号装置，它们组成的用氧高空信号系统用于通知机组人员吸用氧气。正常情况下，当高度达到 3870m 时，用氧高空信号系统自动启动，信号灯亮，通知机组人员吸氧；在机舱内出现烟雾或在大气污染区上空飞行等特殊情况下，可手动接通信号灯，通知机组人员吸氧。用氧高空信号系统由高空信号器、电磁继电器和用氧信号灯等组成，其原理如图 8-21 所示。高空信号器是该系统的核心，由传感器、感应转换器和电子开关组成。传感器用来感受机舱气压输出的线位移，感应转换器用来将线位移转换为电信号。

当座舱高度较低时，机舱气压较大，传感器输出线位移较短，感应转换器输出的电压信号也较小，电子开关处于断开状态，衔铁开关处于“1”位置，电磁继电器不工作，用氧信号灯不亮；当飞机高度达到3870m，即机舱气压为470mmHg时，电压信号增大到将电子开关接通，将有电流流过使电磁继电器内电磁铁线圈产生吸力，吸引衔铁动作而跳到位置“2”，从而接通电源，用氧信号灯亮，向机组人员发出开始用氧信号。

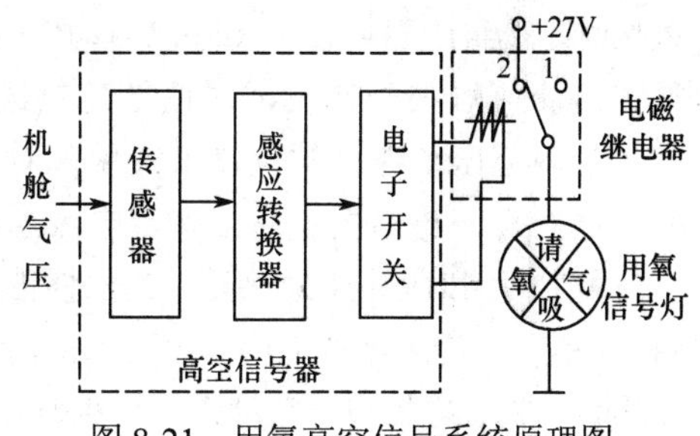

图8-21　用氧高空信号系统原理图

8.3　其他常用低压控制器件

飞机用低压控制器件除电磁式控制器件外，还有湿度、转速及机械力等不同形式非电量信号控制的控制器，以及对电路进行保护的保护电器等。

8.3.1　热继电器

热继电器是利用电流热效应而进行过载保护的，广泛应用于飞机三相异步电动机的长期过载保护。当电动机出现长期带负荷欠电压运行、长期过载运行及长期缺相运行等不正常情况时，会导致电动机绕组严重过热乃至烧坏。为了充分发挥电动机的过载能力，保证电动机的正常运行和转动，当电动机一旦出现长时间过载时又能自动切断电路，从而出现了能随过载程度而改变动作时间的电器，就是热继电器。

热继电器主要由发热元件、双金属片和触点等组成，如图8-22所示。发热元件由发热电阻丝做成。双金属片是由两种热膨胀系数不同的金属碾压在一起形成的，热膨胀系数较大的称为主动层，热膨胀系数较小的称为被动层。当双金属片受热时，产生线膨胀，由于两层金属的热膨胀系数不同，且两层金属片又紧密地贴合在一起，使得双金属片向被动层一面弯曲，由双金属片弯曲产生的机械力又带动触点动作。在使用中，把发热元件串接在电动机主电路中，而常闭触点接在电动机的控制电路中。当电动机正常运行时，发热元件产生的热量不足以使热继电器触点动作；当电动机过载时，双金属片弯曲位移增大，压下压动螺钉，锁扣机构脱开，常闭触点断开，从而切断控制电路以起到保护作用。热继电器动作后，经过一段时间冷却，能自动复位或手动复位。

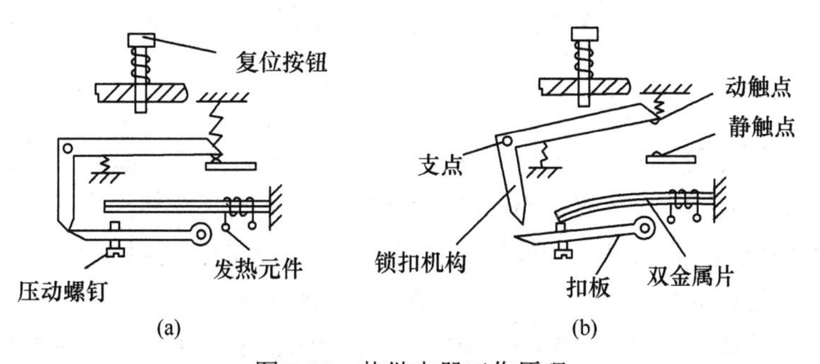

图8-22　热继电器工作原理

热继电器的主要技术数据是发热元件的额定电流及调节(整定)范围。长期通过热继电器发热元件而不致使热继电器动作的电流最大值，称为热继电器的整定电流。当发热元件的电流超过整定电流 20%时，热继电器要在 20min 以内动作。每一台热继电器的整定电流可以在一定范围内调节。热继电器电流的调节可以通过调节压动螺钉的位置来实现，对于图 8-22(b)所示热继电器而言，将扣板上移，整定电流增大。

在发生短路时，由于发热元件的热惯性，热继电器不会立即动作，所以热继电器不能用于短路保护，在电动机启动和短路过载时，热继电器也不会动作，这也避免了不必要的停车。

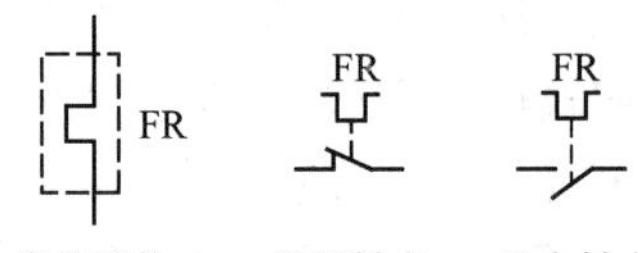

图 8-23　热继电器的图形符号

热继电器的图形符号如图 8-23 所示，文字符号为 FR。

8.3.2　速度继电器

速度继电器是依靠电磁感应原理实现触点动作的，因此，它的电磁系统与一般电磁继电器的电气系统不同，而与交流电动机的电磁系统相似，即由定子和转子组成其电磁系统。速度继电器主要由定子、转子和触点 3 部分组成。转子由永久磁铁制成，固定在转轴上；定子的结构与鼠笼式异步电动机的转子相似，由硅钢片叠成，并装有鼠笼式绕组。定子与转轴同心且能独自偏摆，与转子间有气隙。速度继电器的转轴与电动机的转轴相连接。当电动机旋转时，速度继电器的转子跟着一起转动，永久磁铁产生旋转磁场，定子上的鼠笼式绕组切割磁力线而产生感应电动势和感生电流，导体与旋转磁场相互作用产生转矩，使定子跟着转子的转动方向偏摆，转子速度越高，定子导体内产生的电流越大，转矩也就越大。当定子偏摆到一定角度时，通过定子柄拨动触点，使继电器相应地动断、动合触点。当转子的速度下降到接近 0 时，定子柄在动触点弹簧力的作用下恢复到原来的位置，如图 8-24 所示。

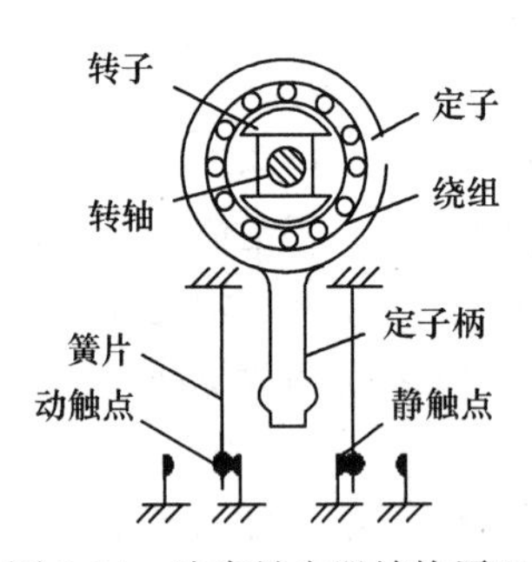

图 8-24　速度继电器结构原理

8.3.3　开关

开关一般主要用于隔离电源，或作不频繁地切断和接通容量不大(电流在35A以下)的电路。飞机电气设备所使用的开关种类很多，一般包括普通开关、组合开关、按钮和微动开关等。各种开关的基本结构和动作原理相同，一般由手柄(顶杆)、弹簧、活动触点、固定触点和接线柱组成。当扳动手柄时，手柄内的弹簧被压缩；当手柄扳过中间位置时，在弹簧的作用下，活动触点便迅速动作，转换(断开一条，接通另一条)电路。弹簧的弹力作用在触点上，可以形成一定的接触压力，保证接触良好。

1. 普通开关

普通开关分为按压开关、接通开关和转换开关，其结构分别如图 8-25(a)、(b)、(c)所示。按压开关的按压手柄的初始位置为中立位置，当向某一方向按压手柄时，将接通中间接线柱和与按压方向相反的接线柱之间的电路，停止按压，按压手柄自动回到中立位置，电路断开。接通开关与按压开关的区别是：当往接通方向扳动接通开关手柄到终止位置时，接通两个接线柱之间的电路；反之，断开两个接线柱之间的电路，手柄不自动回到中立位置，因此，接通开关只有接通和断开两种状态。转换开关与接通开关的区别是：往两个方向扳动转换开关手柄到终止位置时，分别接通中间接线柱和与按压方向相反的接线柱之间的电路，而同时断开中间接线柱和与按压方向相同的接线柱之间的电路。

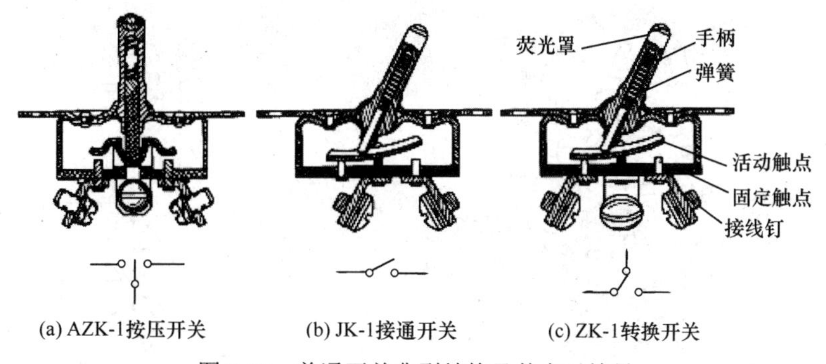

图 8-25　普通开关典型结构及其表示符号

另一种安装于驾驶杆顶部的转换开关的结构较特殊，如图 8-26 所示。它是个单极、三位转换开关，它的杠杆实际上就相当于一般开关的转动手柄，但为了便于飞行员操纵，在杠杆顶部固定一块弧形滑动片。前后拨动弧形滑动片，杠杆即随弧形滑动片转动，接通或断开电路。弧形滑动片实际上是绕杠杆支点转动的，但从开关顶部看去，看不见杠杆的转动，只有弧形滑动片沿开关顶部弧面的滑动，因此习惯上称这种转换开关为滑动开关。

普通开关的主要技术数据有额定电压和额定电流，选用时注意要符合电路要求。开关的额定电压为 28V，额定电流有 2A、5A、20A 和 35A 等 4 种。其型别含义和数字含义如图 8-27 所示。例如，JK-1 表示单极、两位接通开关，可控制一对电路的通、断；JK-2 表示双极、两位接通开关，有 4 个接线柱，可同时控制两对电路的通、断；ZK2-1 表示双极、两位转换开关，有 6 个接线柱，可同时控制两对电路的转换；AZK-1 表示单极、三位按压转换开关，有 3 个接线柱，可控制一对电路的转换；ZZK3-2 表示三极、三中立位置转换开关，有 9 个接线柱，可同时控制 3 对电路的转换。

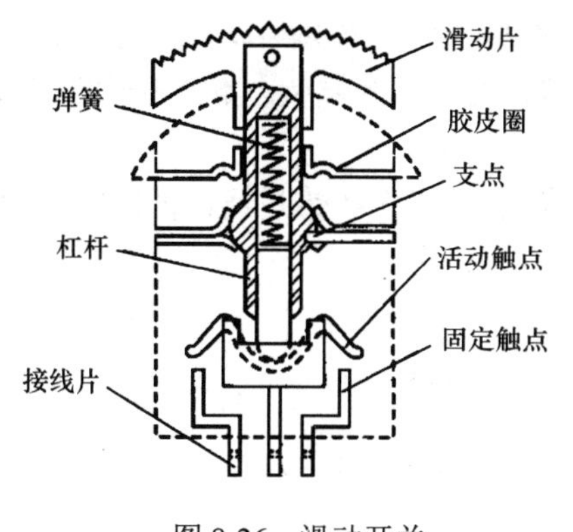

图 8-26　滑动开关

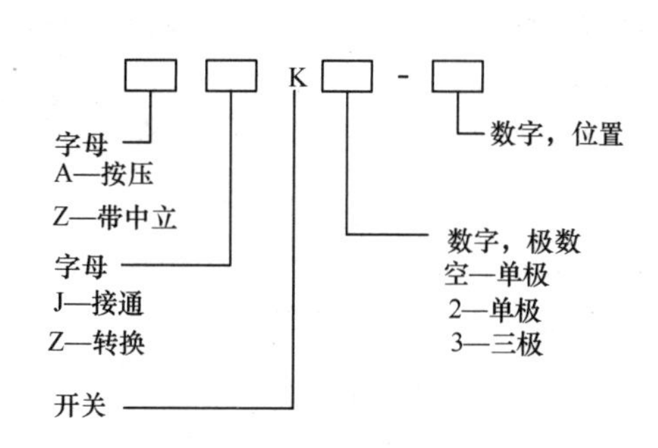

图 8-27　普通开关的型别含义和数字含义

2. 组合开关

在飞机电气控制线路中，组合开关常用来作为电源引入开关，也可以用它来直接启动和停止小容量鼠笼式异步电动机或使电动机正/反转，局部照明电路也常用它来控制。

组合开关的种类很多，常用的有 HZ10 等系列，其结构如图 8-28(a)所示。它有 3 个静触片，每个静触片的一端固定在绝缘垫板上，另一端伸出盒外连在接线柱上。3 个动触片套在装有手柄的绝缘转动轴上，转动转轴就可以将 3 个触点(彼此相差一定角度)同时接通或断开。图 8-28(b)是用组合开关来启动和停止异步电动机的接线图。

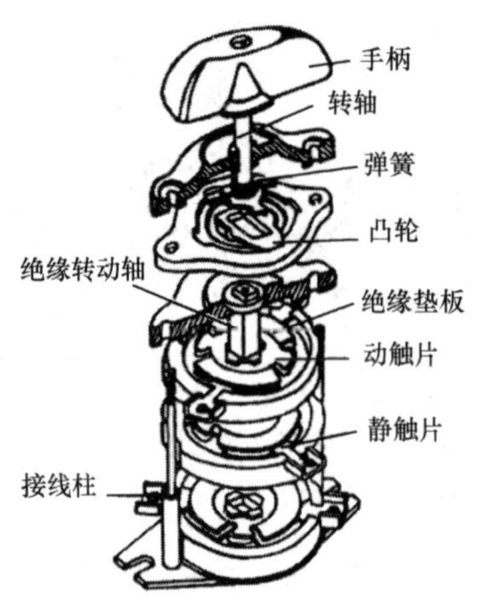

(a) 组合开关的结构示意图

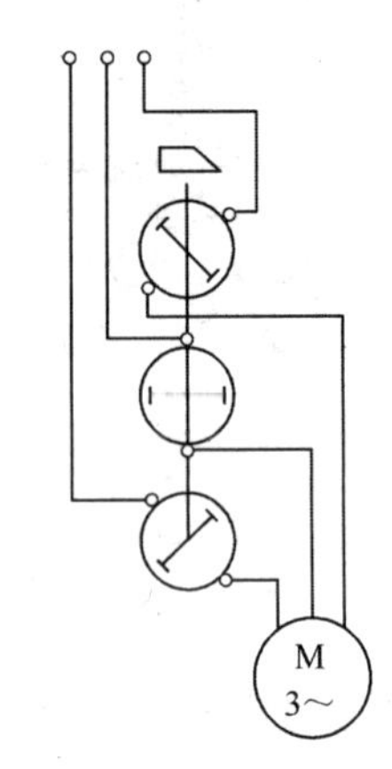

(b) 用组合开关启动和停止电动机的接线图

图 8-28　组合开关的结构及应用

3．按钮

按钮是一种短时接通或断开小电流电路的手动电器，常用于控制电路中发出启动或停止等指令，以控制接触器、继电器等的线圈电流的接通或断开。其工作方式大致有 3 种，即按下工作，松开复位；按下自锁，再按下脱锁复位；按下一次，转换一次。

按钮的结构如图 8-29(a)所示，图形符号如图 8-29(b)、(c)、(d)所示。文字符号为 SB。

图 8-29 中，1、2、5 构成一组动断(常闭)触点，即外力压下按钮帽后，这对触点(1-2)断开；外力消失后，在复位弹簧作用下恢复闭合状态。这对触点在自然状态下是接通的，因此称为动断(或常闭)触点，其电路符号如图 8-29(c)所示。

图 8-29 中，3、4、5 组成一组动合(或常开)触点，在外力压下按钮帽后，这对触点(3-4)接通；外力消失后，在复位弹簧作用下这对触点又断开。动合(常开)触点在自然状态下是断开的，它的电路符号如图 8-29(b)所示。

图 8-29(d)所示为复合按钮符号，两按钮间的虚线表示两个按钮是通过机械方式(如同轴)联动的。

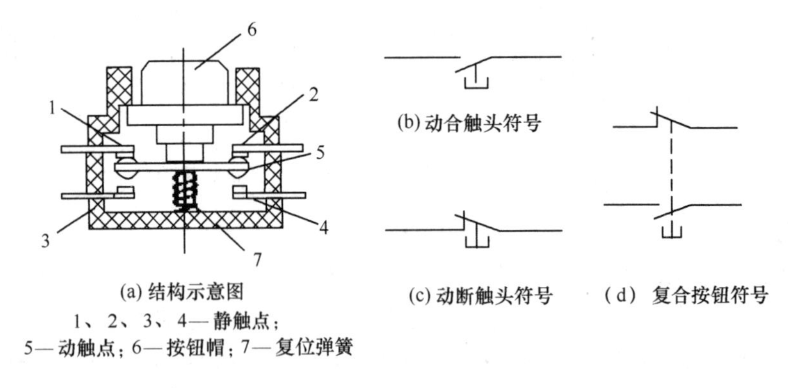

(a) 结构示意图
1、2、3、4—静触点；
5—动触点；6—按钮帽；7—复位弹簧

(b) 动合触头符号

(c) 动断触头符号

(d) 复合按钮符号

图 8-29　按钮的结构示意图及符号

按钮的主要技术数据有额定电压、额定电流、触点对数，选用时要注意符合电路要求。

飞机驾驶舱内为了标明各种按钮的作用，避免误动作，通常将按钮帽做成不同的颜色，以示区别。按钮的颜色有红、绿、黑、黄、蓝、白、灰等多种，供不同场合选用。国标 GB5226—1985 对按钮的颜色有如下规定：“停止”和“急停”按钮必须是红色。当按下红色按钮时，必须使设备停止工作或断电(按钮灯除外)；“启动”按钮的颜色是绿色；“点动”按钮必须是黑色；“复位”按钮(如保护继电器的复位按钮)必须是蓝色，当复位按钮还具有停止作用时，则必须是红色。

4．微动开关

普通开关、组合开关及按钮等是由飞行员用手直接操纵的控制装置，而微动开关不同于机械控制设备，是由机械装置来操纵的一种控制装置，用在要求由机械装置来自动操纵触头通断或转换的电路中。飞机上常用的各种微动开关，大多用在 15A 以下的电路中。它的工作特点是：受到轻微压力即可接通或断开，较为灵敏。

典型的微动开关如图 8-30 所示。其基本组成包括按钮头(顶杆)、接触弹簧片、接触弹簧、恢复弹簧、固定触头、活动触头和焊角等。

按钮头上没有外力作用时，活动触头将下面一对固定触头接通。这时作用在触头上的接触压力由接触弹簧向外的张力通过接触弹簧片加在触头上，这个接触压力为 0.7～1.5N，可保证触头有良好的接触。当按压按钮头时，接触弹簧片就带动活动触点的支撑端下移。当支撑端移动到接触弹簧片所在平面以下位置时，垂直分力就改变方向，而使触头迅速地由下面位置跳到上面位置，断开下面一对触点，连接上面一对触点。去掉外力后，顶杆在恢复弹簧作用下回到原来位置，微动开关又恢复到原来状态。

微动开关的电路符号如图 8-31 所示，文字符号为 SM 或 SS。

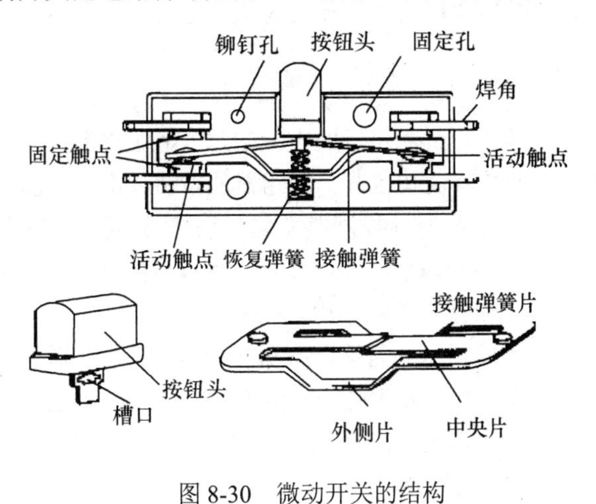

图 8-30 微动开关的结构

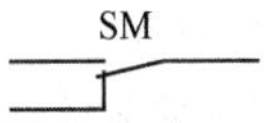

SM

图 8-31 微动开关的电路符号

在飞机飞行过程中，飞行员需要及时了解飞机的油量，对完成飞行任务和保证飞行安全有着重要意义。发电机工作时，燃油不断地消耗，油箱中的油量不断减少，可以通过测量油箱油面的高低来测量油量。

测量油面高度，广泛采用的方法有两种，其中一种是利用浮子将油面的高低转换成浮子位置的浮子式油量表，它的原理如图 8-32 所示。当油量变化时，油面高低发生变化，经传送机构使传感器内的电位器电刷在电阻上滑动，电阻 R_x 和 R_y 一个增大、一个减小，改变了指示器内电流比，并通过执行机构驱动指针转动示出变化后的油量。当剩余油量达到危险数值(如 5～6L)时，电位器电刷轴上的凸轮触动微动开关的顶杆，使微动开关接通，告警灯亮，警告飞行员采取有效措施，保证飞行安全着陆。

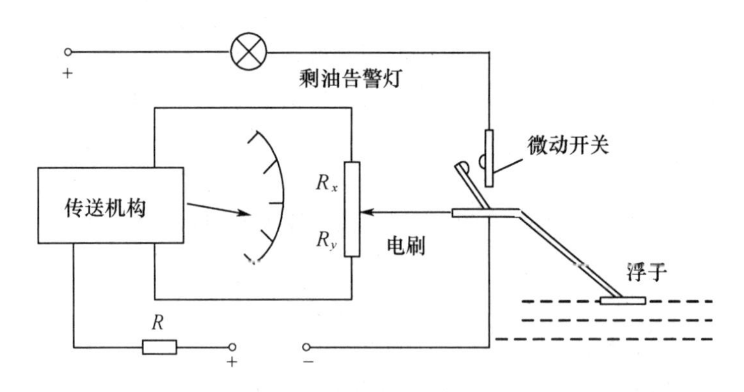

图 8-32　浮子式油量表原理图

8.3.4　保护器件

飞机上用电设备较多，导线比较长，由于摩擦、振动、冲击或其他破坏等原因，很可能使用电设备和输电线路受到损伤，绝缘遭到破坏，从而造成短路。另外，如果用电设备工作不正常，还可能出现长时间过载的情况。为了避免短路和长时间过载所引起的严重后果，必须在飞机输电线路中设置保护设备。当电路中发生短路或长时间过载时，保护设备可自动将短路(或较大过载)的部分立即从电路中断开，从而保证电源的正常供电和其他用电设备的正常工作。

飞机上常用的电路保护设备有断路器、熔断器和自动保护开关 3 类。它们都是利用短路电流或长时间过载电流的热效应来工作的。

1. 断路器

断路器的结构如图 8-33 所示。其工作特点是当流过断路器的电流超过其额定电流的 2 倍并且持续一定时间后，断路器内部的双金属片受热弯曲使其脱扣跳开，断路器的按钮弹出，从而将电路断开，起到保护作用。断路器均为按拔式，可多次重复使用。由于电路故障使断路器断开，待故障排除后，可通过按压恢复按钮使其重新接通。

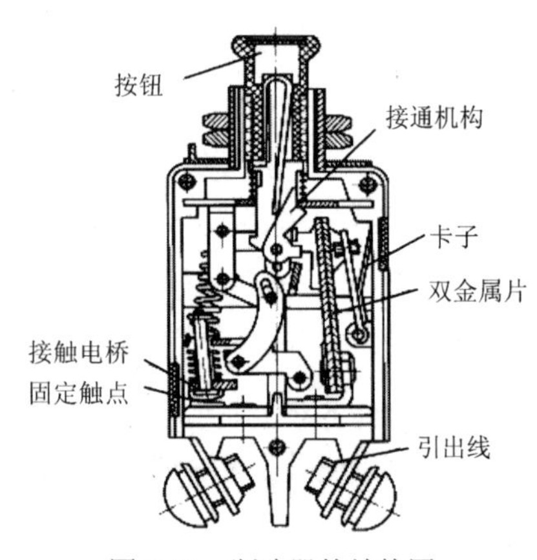

图 8-33　断路器的结构图

断路器分为直流断路器和交流断路器，对于三相交流断路器，当三相中任一相或两相或三相同时通过的电流超过额定电流的 2 倍时，断路器将电路断开，起到保护作用。

2. 熔断器

熔断器俗称保险丝，是最常用的短路保护器件。当被保护电路出现长时间的过载或短路时，熔丝(体)便会发热到熔化温度而熔断，切断电路，从而防止火灾事故的发生。飞机上常用的熔断器有惯性熔断器(GB 型)和特种熔断器(TB 型)。

图 8-34 所示为 GB 型惯性熔断器的内部结构和外形。它是一种对短时较大过载不动作的熔断器（即只有在较长时间过载时才熔断），但在短路时又能很快熔断的熔断器。在结构上包括两大部分，即短路保护部分和过载保护部分。短路保护部分的熔化材料是黄铜熔片，它装在纤维管的左隔腔内，被熄弧用的石膏粉或磷灰石粉包围着。黄铜熔片的熔断电流比额定电流大得多，它只在短路或过载电流很大时才能熔断。

过载保护部分的熔化材料是低熔点的焊料，它将两个 U 形铜片焊接在一起，其作用是在过载电流不很大但超过一定时间时切断电路。熔化易熔焊料所需的热量，主要由装在纤维管的右隔腔中的加温元件经铜板来供给。由于铜板散热面积较大，所以过载电流时，动作延时较长，即有较大的热惯性。

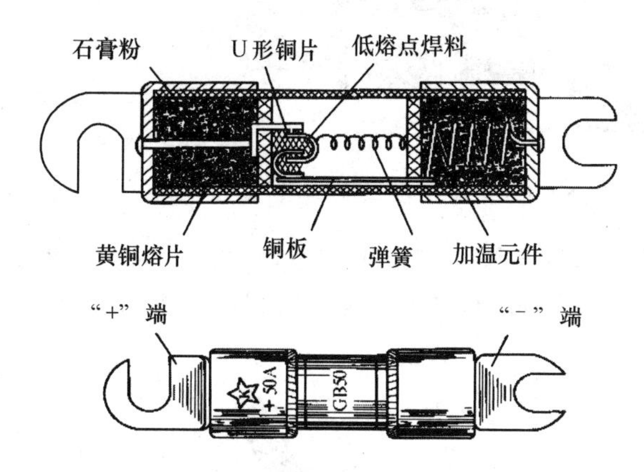

图 8-34　GB 型惯性熔断器的内部结构和外形

惯性熔断器的工作原理：当其有电流通过时，加温元件和黄铜熔片都同时发热。在负载电流不很大的情况下，黄铜熔片由于熔化电流比过载电流大，不会熔断，而易熔焊料在经过一段时间后就被熔化，焊料熔化后，弹簧把一个 U 形铜片拉开，电路就被切断，因为铜板有较大的散热面积，故易熔焊料达到熔化温度需要一定的时间，这就使熔断器具有较大的热惯性，故称为惯性熔断器。

短路或过载电流很大时，易熔焊料因铜板的热惯性较大而不能立即熔化，而黄铜熔片则迅速地熔断，切断了电路。可见，当惯性熔断器过载不大时，是由过载保护部分起保护作用的，具有较长的动作延时；当过载很多或短路时，由短路保护部分起保护作用，其动作延时很短。

需要注意的是，使用惯性熔断器时，必须区分正负极。这是因为正负极接反的惯性熔断器，在电路发生短路或过载时，不能在规定的时间内熔断。电子流具有传导热量作用，惯性熔断器的加温元件在熔断器的负端。电子流通过加温元件时，就将加温元件发出的热量传导给处于熔断器正端的熔断元件，所以，在电路过载时，熔断器能在规定的时间内熔断。如果将正负极接反，电子流就不能把加温元件的热量传导给熔断元件，熔断元件的温度就相对低一些，当发生短路或过载时，熔断元件就不能在规定时间内熔断。因此，在使用惯性熔断器时，熔断器的正端应与汇流条相连接，负端则接用电设备。

TB 型熔断器又称为特种熔断器。它既可用于交流电路，又可用于直流电路。熔丝装在两头有金属套的玻璃管内，如图 8-35 所示。它的工作原理比较简单，在通过的电流超过其额定电流一段时间后，熔丝即受热熔化而断开电路。TB 型熔断器内部的熔丝熔点较低，因此当通过的电流超过额定值时，其熔化断开的时间较短。

无论哪种类型的熔断器，它们的图形符号都如图 8-36 所示，文字符号为 FU。飞机用熔断器的额定电流有 0.5A、1A、5A、10A…以及到几百安多种规格，选用方法如下：

① 照明电路——熔丝额定电流≥线路电流；

② 多台电动机——熔丝额定电流=(1.5～2.5)倍电动机额定电流；

③ 多台电动机同时运转但不是同时启动——熔丝额定电流=(1.5～2.5)倍最大的一台电动机额定的电流+其他电动机的额定电流。

3. 自动保护开关

自动保护开关利用双金属片热变形的原理，在电路发生过载或短路时操纵开关的触点，使之断开以保护电路。它既有保护设备的作用，又具有普通开关的作用。

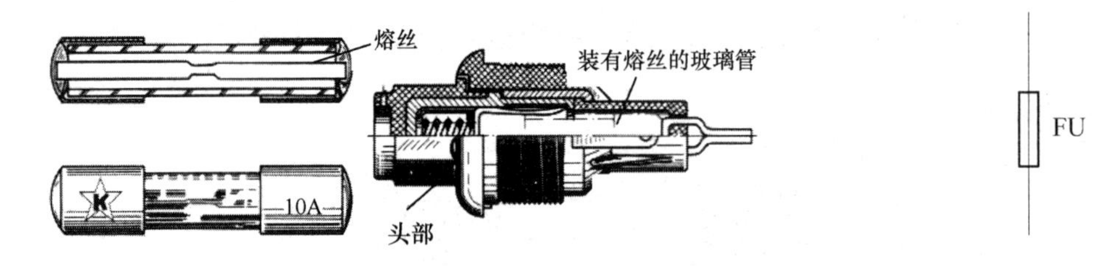

图 8-35　TB 型熔断器　　　　图 8-36　熔断器的图形符号及文字符号

自动保护开关的构造如图8-37所示，包括开关机构和双金属机构两部分。开关机构主要由手柄、活动触点和固定触点组成；双金属机构则主要由双金属片、拨板、恢复弹簧、胶木滑块和胶木滑块下面的金属卡子等组成。

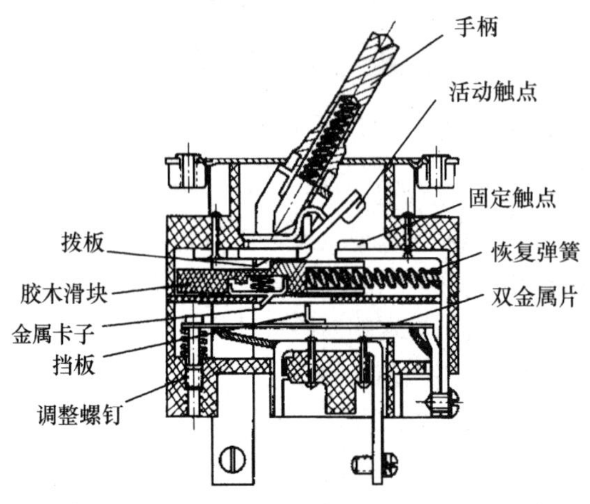

图 8-37　自动保护开关的构造

随着飞机自动化程度的不断提高，系统中所用电气控制器件的数量越来越多。就常用的继电器来说，在早期的某中型运输机上只用到 45 个，到了 20 世纪 50 年代中期，一架大型运输机才用 90 个，20 世纪 70 年代的大型运输机，用到的继电器近 400 个，而三代战机直接装机的和安装在各种机载设备中的继电器达上千个，品种也繁多。这么多的控制器件，只要一个工作不正常，就可能使整个系统发生故障，直接或间接地影响飞行安全。有时甚至是一个器件中的触点失效，也会危及飞行安全。可见，电气控制器件在现代飞机系统中起着十分重要的作用。

一个系统能否正常工作，在很大程度上取决于该系统所用的电气元件是否可靠。由于飞机控制器件在飞机系统中起着重要的作用，而它们的工作条件又很恶劣，为确保飞行安全对飞机控制器件提出了一些基本要求：工作可靠、尺寸小、重量轻、强度高、耐冲击、不受飞行空间位置和飞行状态的影响、不受周围气象条件的影响、易维护、标准化、系列化、便于选用和更换等。可见，设计制造一个满足性能要求的电气元件产品并非易事，要从设计制造、材料工艺和测试检验各个环节上严把质量关，采取先进有效的措施。

8.4　基本继电器控制电路与电气控制原理图

任何一个机载电动机用作电气控制工作时都有这样的要求，即如何将其启动起来、开动后如何保持运转、如何停止运转，这简称为启-保-停控制。它属于最基本的控制，例如机载油泵、风扇等都采用这种简单的控制方式。

为便于理解飞机电气控制电路的工作原理，将电气设备用一些特定符号表示，这种用符号连起来的电气控制电路图，称为电气控制原理图。

8.4.1 三相异步电动机启-保-停控制

图 8-38 为按钮、接触器控制三相异步电动机直接启动的电路图。当按下启动按钮 SB_2 时，接触器 KM 的线圈通电，衔铁吸合，衔铁运动时通过机械机构使接触器 KM 所有的动合触点闭合，动断触点分开。主触点的闭合将电动机接入电源，电动机直接启动。与按钮 SB_2 并联的辅助动合触点在接触器线圈通电后闭合，这对动合触点闭合之后可以保证操作人员松开按钮 SB_2 时，接触器的线圈不会断电，这种利用接触器本身的动合触点使自身线圈保持通电的作用称为自锁(或自保)，这对辅助触点称为自锁触点。

需要停机时，按下 SB_1 按钮，接触器线圈断电，接触器的衔铁在复位弹簧作用下复位，动合触点断开，动断触点闭合，电动机断电停机。该电路启动靠 SB_2，保持靠 KM 辅助动合触点，停机由 SB_1 完成。

图 8-38 中的开关 QS 起隔离作用，开关 QS 断开后，电路与电源隔离，便于线路检修。熔断器 FU 起着短路保护作用。

图 8-38 所示控制电路还具有欠压和失压保护作用，即电路在运行过程中，如果电源电压过低或突然消失，接触器的衔铁将释放恢复原位，动合触点断开，电动机停止运转。在供电恢复正常后，电动机不会自行启动，可避免因电动机突然自行启动而造成事故。若要启动电动机，必须再次按下 SB_2 按钮。

8.4.2 电气控制原理图

在图 8-38 中，各电器均按照实体画出，即属于同一电器的各部分均集中在一起，这种电路图虽然直观，但当电路中电器数量增多、线路复杂时，绘图将变得很困难，而且也不易阅读。为了读图和理解电路控制原理，用电气控制原理图来说明电路的控制原理。

电气控制原理图是将控制电路中使用的电器用它们的符号表示，并将各电器的有关部分依据所属的不同电路分开画出，例如，图 8-39 所示电路就是图 8-38 的电气控制原理图。

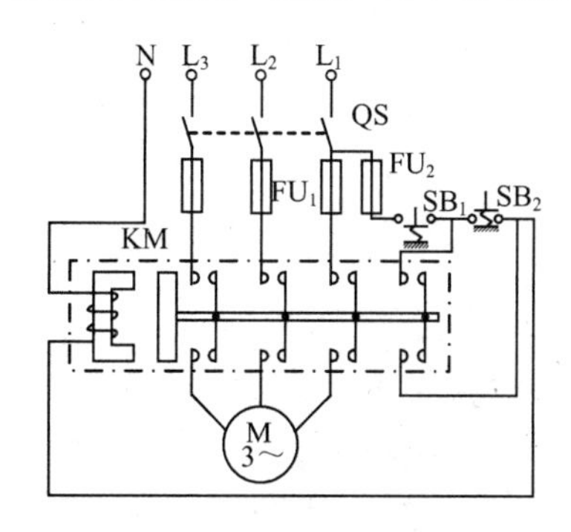

图 8-38 三相异步电动机直接启动控制电路

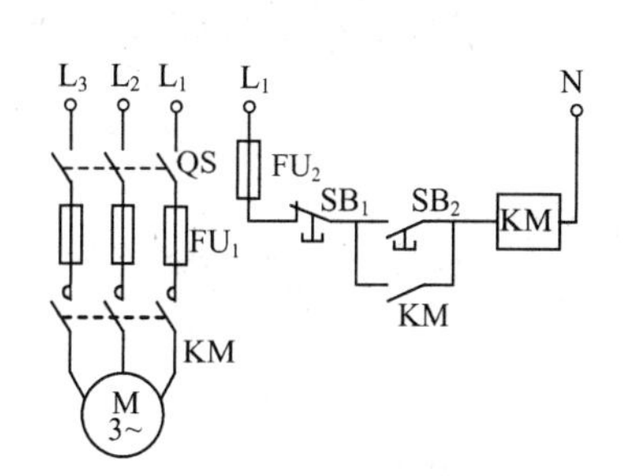

图 8-39 电气控制原理图

图 8-39 中，接触器 KM 的线圈和主触点分别画在两个不同的电路中，接触器的主触点用来通、断电动机的电源，这个电路的电流较大，称为主回路。由接触器的线圈、辅助触头和按钮组合的电路用于控制接触器线圈通、断电，以便完成电动机的启动与停机，这部分电路称为控制回路，控制回路的电流一般都比较小。

在电气控制原理图上，一个电器的不同部分分画在不同电路上，并只画出与导电有关的部分，电器中与导电无关的机械结构在图上不再表示出来。电气控制原理图上属于同一电器的线圈和触点用同一文字符号表示，所有电器的触点均按线圈不通电、按钮无外力作用时的正常位置画出。

8.4.3 继电器控制电路图的阅读方法

继电器控制电路图主要用于表达继电器控制电路的实际连接方式和工作原理，用于分析和计算电路特征，并为绘制接线图提供依据。继电器控制电路图的基本特征是电路中的电气元件等各要素不是以原形，而是采用图形符号和文字符号并按工作顺序排列绘制的，用来详细表示电气设备或成套装置的全部基本组成和连接关系，突出的是电气原理，而不考虑其实际位置。

① 首先，要掌握一定的电工基础和理论知识，并要清楚各种电气元件的功能、结构和工作原理。

② 电路图是根据国家规定的电工图形符号和文字符号绘制而成的，因此要先掌握绘制电路图的基本知识。在识图前，需掌握电气制图标准中的基本概念、基本要求和规则，对电路图中的图形符号、文字符号等所表达的意义要清楚。

③ 控制电路由主回路(被控制负载所在电路，电流较大)和控制回路(控制主回路状态，电流较小)组成。因此，首先要分清主回路和控制回路，然后按照先看主回路再看控制回路的顺序进行识图。看主回路时，通常从电气设备开始，经开关设备到电源，清楚电气设备经哪些开关设备取得电源。看控制回路时，则要从上而下、自左至右看，即从电源开始，顺次看各条电路。清楚控制回路的构成、各回路器件的动作情况、各器件之间的相互关系及各器件与控制回路的关系，进而清楚整个系统的工作原理。

④ 要熟练掌握典型电路，将电路进行分解。电路图种类繁多，很难规定出一个统一的看图和分析图的方法。但是电路图又是有规律可循的。可以将一个复杂的电路图分解为若干个功能部分，这些功能部分又总是由若干个典型电路组成的，如电动机的启动、制动、正/反转控制、过载保护、时间控制、顺序控制、行程控制电路等。然后各个击破，则整个电路也就迎刃而解了。

8.5 典型的控制环节

8.5.1 三相异步电动机点动控制电路

控制要求：

① 点动控制；

② 隔离、短路保护、过载保护、零压保护。

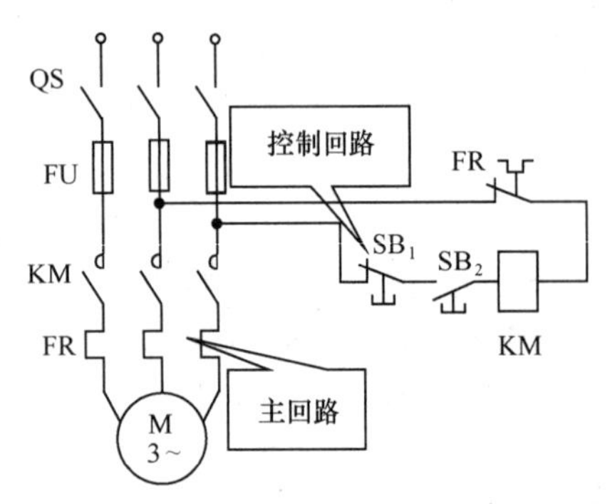

图 8-40 三相异步电动机的点动控制电路

点动控制功能为：按下点动按钮，电动机启动，松开点动按钮则电动机停止。控制回路本身就将操作人员同主回路进行安全隔离。主回路和控制回路还有短路、过载和零压等保护措施。如图8-40 所示为三相异步电动机的点动控制电路。

启动过程为：合上刀闸开关 QS，按下点动按钮 SB_1→控制回路接通→KM 线圈接通→KM 主触点闭合→主回路接通→电动机启动。

停车过程为：松开点动按钮 SB_1→控制回路断开→KM 线圈断电→KM 主触点断开→主回路断开→电动机停车。

保护过程为：当发生短路保护时→FU 熔断→主回路电源切断→电动机停车；当发生过载保护时→FR 触点断开→控制回路断开→电动机停车；当发生零压保护时→电动机停车→主触点断开→重新启动→电动机启动。

对于飞机来说，点动功能主要在现场安装、调试设备及检修设备时使用。

8.5.2 三相异步电动机连续运行控制电路

控制要求：

① 直接启动、连续运行及停止控制；

② 隔离、短路保护、过载保护、零压保护。

电动机在单机工作时一般采用直接启、停控制。按下启动按钮，电动机启动，按下停止按钮电动机停止，电动机能长时间工作。图 8-41 所示为三相异步电动机连续运行控制电路。

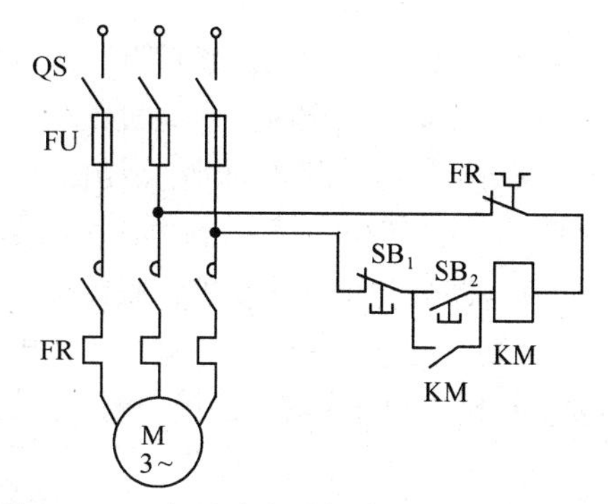

图 8-41 三相异步电动机连续运行控制电路

启动过程为：合上刀闸开关 QS，按下启动按钮 SB_2→控制回路接通→KM 线圈通电→

→KM 主触点闭合→主回路接通→电动机启动。

→KM 常开辅助触点闭合→当启动按钮 SB_2 松开时，控制回路通过 KM 常开辅助触点接通，电动机不会停机，即实现自锁功能。

停车过程为：按下停止按钮 SB_1→控制回路断开→KM 线圈断电→

→KM 主触点断开→主回路断开→电动机停车。

→KM 常开辅助触点断开→当松开停止按钮 SB_1 时，控制回路不会接通。

8.5.3 三相异步电动机既能长期工作又能点动的控制电路

实际电动机既能长期工作又能点动的控制电路如图 8-42 所示。

当选择开关 SA 断开时，电路实现点动功能；当选择开关 SA 闭合时，电路实现长期工作功能。其点动和长期工作实现过程同前面基本一致。图 8-43 所示为采用复合按钮来实现既能长期工作又能点动的控制电路。

点动过程为：按下 SB_3 按钮→其常闭触点首先断开，此时其常开触点还没有闭合，使 KM 常开辅助触点不能闭合，从而保证控制回路不能产生自锁→SB_3 常开辅助触点随后闭合→KM 线圈通电→KM 主触点闭合，主回路接通→电动机启动；松开 SB_3 按钮→其常开触点首先断开，此时其常闭触点仍未闭合→保证 KM 线圈断电→KM 主触点断开，KM 常开辅助触点断开→电动机停止，SB_3 常闭辅助触点闭合。

启动按钮 SB_2 的作用：①使接触器线圈 KM 通电；②线圈 KM 能自锁。

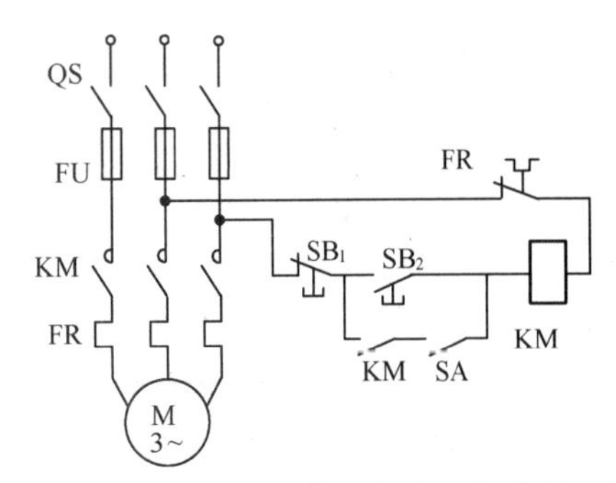

图 8-42　既能长期工作又能点动的控制电路

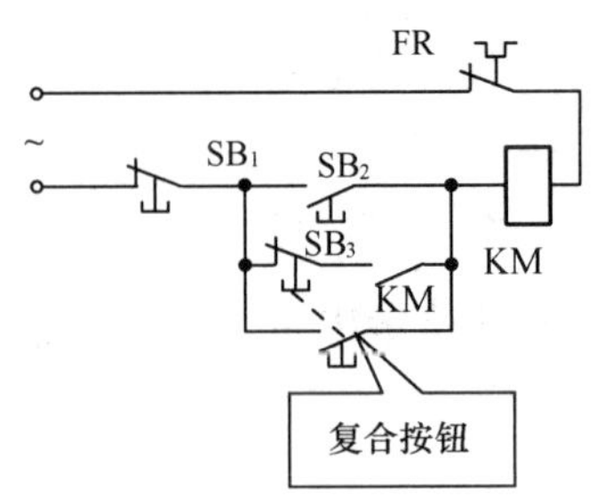

图 8-43　复合按钮实现既能长期工作又能点动的控制电路

点动按钮 SB_3 的作用：①使接触器线圈 KM 通电；②使线圈 KM 不能自锁。

8.5.4　三相异步电动机的正/反转控制电路

根据电动机原理，将电动机接到电源的任意两根连线对调，即可使电动机反转。因此，可以利用两个接触器来实现这一要求。当正转接触器工作时，电动机正转；当反转接触器工作时，将电动机接到电源的任意两根连线对调，电动机反转。图 8-44 所示为电动机正/反控制电路。

图 8-44 所示电路存在缺点，即两个接触器不能同时通电，否则在主回路会发生短路；在控制回路中进行改进，即在控制回路加联锁电路来防止短路发生。联锁又称互锁，采用联锁后，同一时间内两个接触器只允许一个通电工作。联锁有电气联锁和机械联锁。电气联锁是利用接触器的触点实现的联锁控制；机械联锁是利用复合按钮的触点实现的联锁控制。图 8-45 所示为采用电气联锁的正/反转控制电路。

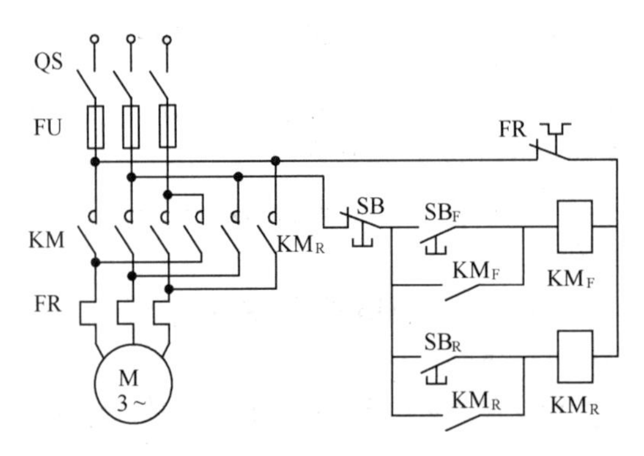

图 8-44　电动机正/反转控制电路

联锁过程为：按下正转按钮 SB_F→KM_F 线圈得电→

→KM_F 常开辅助触点闭合→电动机正转。
→KM_F 常闭辅助触点断开→KM_R 线圈不能得电→锁住电动机反转回路。

但图 8-45 所示电路仍存在缺点，即改变转向时必须先按停止按钮。改进措施为在控制回路中加机械联锁。图 8-46 所示为采用机械联锁的正/反转控制电路。

联锁过程：当电动机正转时，按下反转按钮 SB_R→SB_R 常闭触点首先断开→KM_F 线圈得电→KM_F 主触点断开，KM_F 辅助常闭触点闭合，KM_F 辅助常开触点断开→正转主回路断电→电动机停止正转→SB_R 常开触点随后闭合→KM_R 线圈通电→KM_R 主触点闭合，KM_R 辅助常开触点闭合，KM_R 辅助常闭触点断开(保证电动机不能反转)→电动机反转。当电动机反转时，按下正转按钮的情况类似。

另外，当同时按下 SB_R 和 SB_F 按钮时，其常闭触点同时断开，电动机正转和反转同时被禁止。

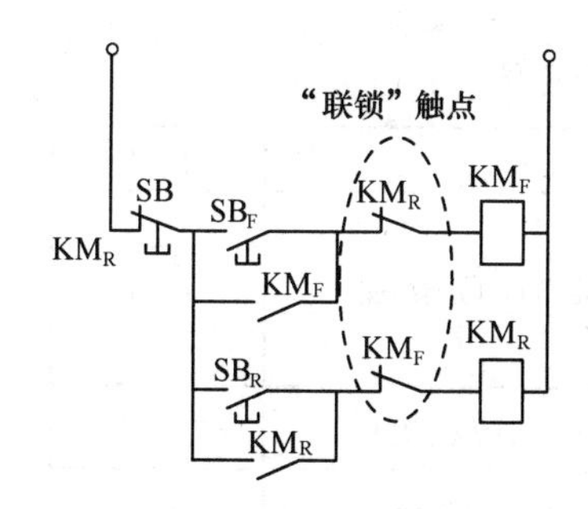

图 8-45　采用电气联锁的正/反转控制电路

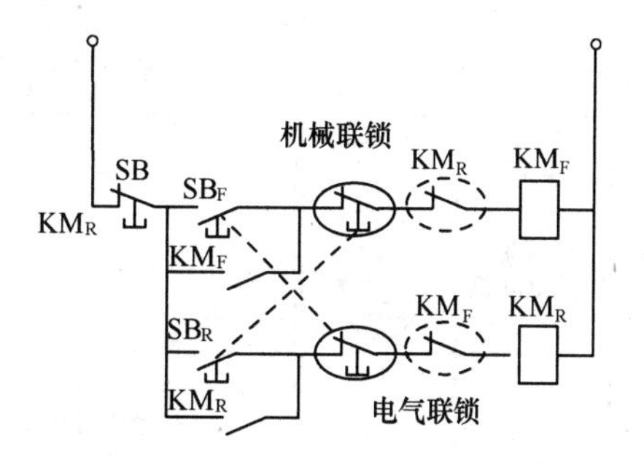

图 8-46　采用机械联锁的正/反转控制电路

8.5.5　三相异步电动机的过载保护电路

由于机载电动机使用的熔断器要考虑启动电流影响，因此，电动机过载后，熔断器不会动作，在继电器控制电路中，可以使用热继电器为电动机进行过载保护。

三相异步电动机用按钮、接触器直接启动与用热继电器进行过载保护的控制电路如图 8-47 所示。

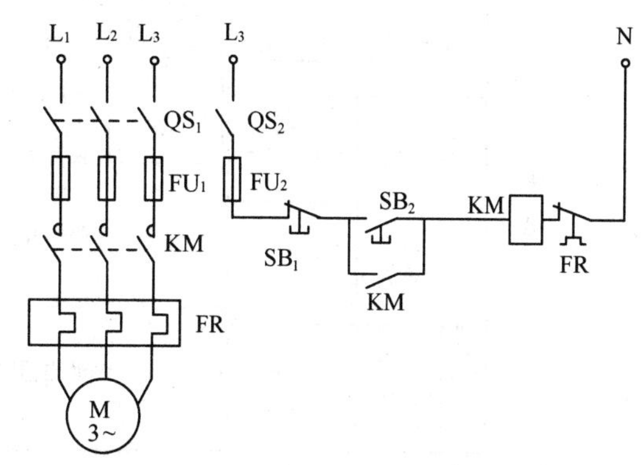

图 8-47　三相异步电动机直接启动与热继电器保护的控制电路

热继电器 FR 的发热元件串入电动机定子电路中(即在主回路内)，热继电器 FR 的动断触点与 KM 接触器的线圈串联。当电动机过载(如机械负载过大或单相运行)，电流超过额定值，经过一定时间，热继电器动作→动断触点分开→KM 接触器的线圈断电→接触器主触点断开→电动机断电停止，从而受到保护。排除故障后，将热继电器复位，可以重新启动。

三相异步电动机用热继电器进行过载或断相保护时，要在定子电路中分别接入 3 个热继电器(每相一个)或使用具有 3 个发热元件及双金属片的热继电器，才能实现完全的保护。

小　　结

1．常用控制电器

常用控制电器及符号见表 8-1。

2．基本的继电器控制电路

(1) 三相异步电动机的启动控制电路——具有点动环节。

(2) 三相异步电动机连续运行的控制电路——具有自锁环节；

(3) 三相异步电动机正/反转控制电路——具有联锁(互锁)环节。

3．读图方法

(1) 首先要清楚控制回路的构成、各回路器件的动作情况、各器件之间的相互关系及各器件与控制回路的关系，进而清楚整个系统的工作原理。

(2) 看主回路时，通常从电气设备开始，经开关设备到电源，清楚电气设备经哪些开关设备取得电源。

(3) 看控制回路时，则要从上而下、自左至右看，即从电源开始，顺次看各条电路。

(4) 若读复杂的电路图，要进行电路分解，化整为零，分解成若干个简单的典型电路，然后各个击破，则整个电路也就迎刃而解了。

表 8-1　常用控制电器及符号

名　称		符　号
三相鼠笼式异步电动机		M 3~
三相绕线式异步电动机		M 3~
三极开关Q（隔离开关QS）		
熔断器FU		
指示灯		
按钮SB	动合（常开）	
	动断（常闭）	

名　称			符　号
接触器(KM)、继电器(KA)、时间继电器(KT)的线圈			
接触器触点KM		动合（常开）	
		动断（常闭）	
接触器(KM)的辅助触点和继电器(KA)触点		动合（常开）	
		动断（常闭）	
时间继电器的触点KT	通电时触点延时动作	动合延时闭合	
		动断延时断开	
	断电时触点延时动作	动合延时断开	
		动断延时闭合	
普通开关		接通开关	
		转换开关	
热继电器FR		动断触点	
		发热元件	

习　题　8

基础知识

8-1　接触器是一种利用_______原理工作的控制电器，主要由_________和_________组成。

8-2　组合开关是一种通过__________作用进行通断控制的开关，常作电源引入开关，也可以用来对小容量电动机进行直接启动或停止控制。

8-3　按钮是一种“发令”电器，常用来接通或断开控制电路，以控制电动机或其他电气设备的运行。通常，停止按钮用_____色，启动按钮用_____色，点动按钮用_____色，复位按钮用_____色。

8-4　熔断器是一种______保护器件。当被保护电路的_______超过规定值时，熔体自身产生的热量将会______熔体，使电路断开，从而对用电系统起到保护作用。

8-5　下列关于电磁铁的描述，错误的是(　　)。

a.电磁铁是一种能将电能转换为机械能的电气元件

b.电磁铁主要由线圈和铁心组成

c.电磁铁是一种具有可动铁心和可变气隙的电磁装置

d.无论电磁铁通电与否，都会对铁磁物质产生吸力

8-6　下列关于继电器的说法，错误的是(　　)。

a.继电器在被控电路中就相当于开关

b.热继电器具有短路保护的作用

c.电磁继电器在飞机上的用途广泛，电源、空调、起落架等都要用到

d.继电器线圈通电后，使得常开触点闭合，常闭触点断开

8-7 关于交流接触器，描述正确的是(　　)。

a.交流接触器的主触点不可频繁通断　　b.主触点具有自锁功能

c.主触点采用灭弧措施　　d.辅助触点有灭弧装置而主触点没有

8-8 下列器件中不属于常用电磁控制器件的是(　　)。

a.接触器　　b.时间继电器　　c.开关继电器　　d.熔断器

8-9 下列所示电路符号中，属于电路保护器件的符号是(　　)。

8-10 既然在电动机的主电路中装有熔断器，为什么还要装热继电器？装热继电器是否可以不装熔断器？为什么？

8-11 继电器控制电路中，一般应设哪些保护？各有什么作用？短路保护和过载保护有什么区别？

应用知识

8-12 有人设计如题图 8-1 所示的具有过载保护的控制电路，要求满足：(1)启动和停止控制；(2)具有过载保护功能。分析该电路图的错误。

8-13 说明题图 8-2 中主回路有哪些保护，控制电路的功能是什么，并分析其工作原理。

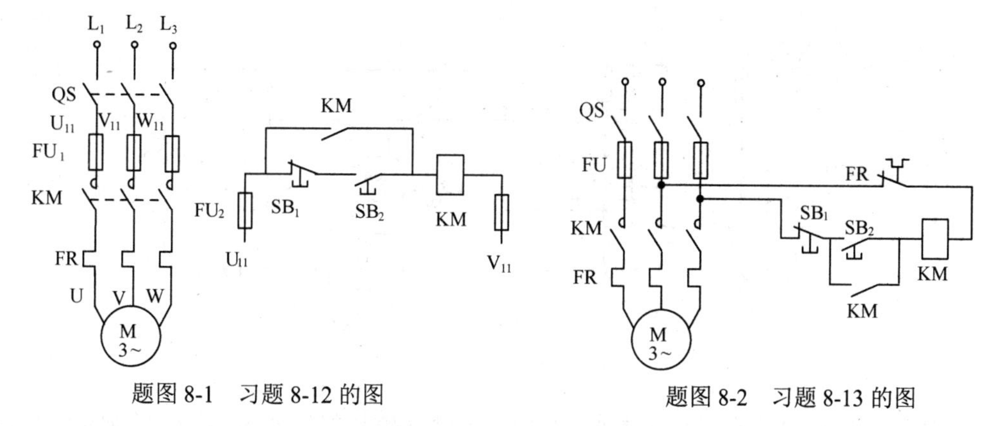

题图 8-1　习题 8-12 的图　　题图 8-2　习题 8-13 的图

8-14 试设计一个电路，既能实现点动控制又能实现长期工作控制。

8-15 试画出三相异步电动机的正/反转控制电路图，并叙述：(1)正转原理；(2)反转原理；(3)欠压保护原理。

8-16 题图 8-3 所示为实现三相异步电动机正/反转的电路图，指出电路中有哪些保护?控制回路中缺什么环节？请回答并改正。

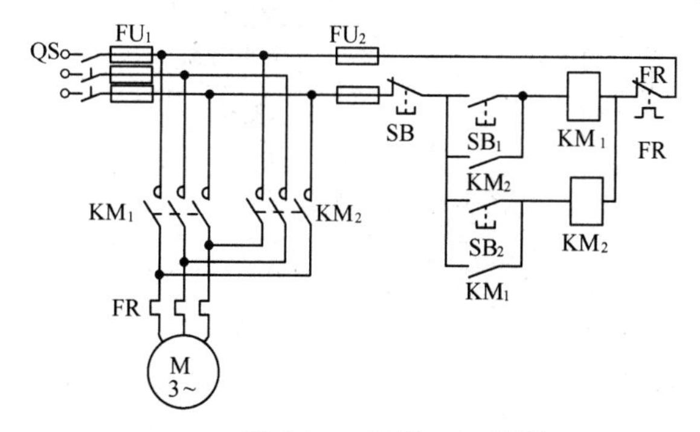

题图 8-3　习题 8-16 的图

8-17　题图 8-4 所示的鼠笼式三相异步电动机正/反转控制线路中有几处错误？请改正。

8-18　题图 8-5 所示为电动机 M_1 和 M_2 的联锁控制电路。(1)试说明 M_1 和 M_2 之间的联锁关系；(2)指出控制电路中的两个自锁触点；(3)电动机 M_1 可否单独运行？(4)M_1 过载 M_2 可否继续运行？

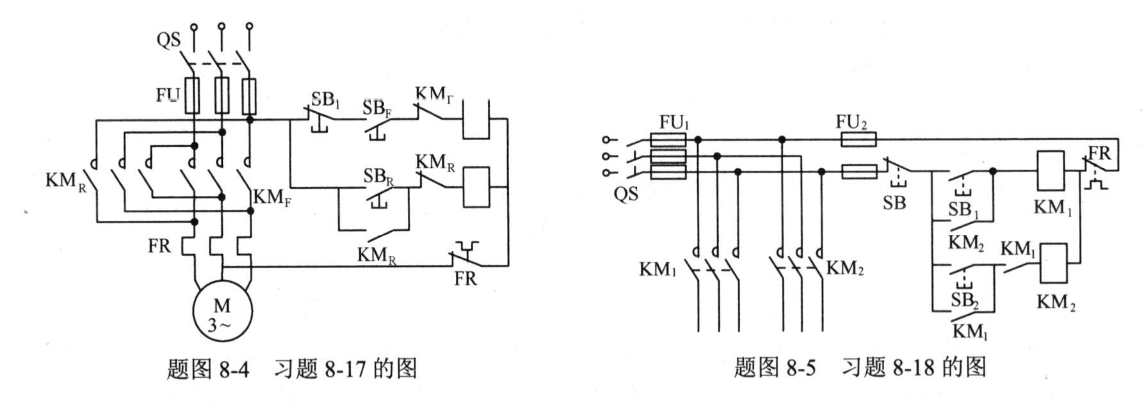

题图 8-4　习题 8-17 的图　　题图 8-5　习题 8-18 的图

军事知识

8-19　某飞机前起落架由一台鼠笼式电动机带动，润滑油泵由另一台鼠笼式电动机带动。题图 8-6 是其控制电路。油泵由 KM_1 控制，KM_2、KM_3 控制主轴。要求：主回路要有保护；主轴要在润滑油的作用下工作。问：主轴和油泵是怎样配合的？主轴电动机有哪些功能？主回路有哪些保护？

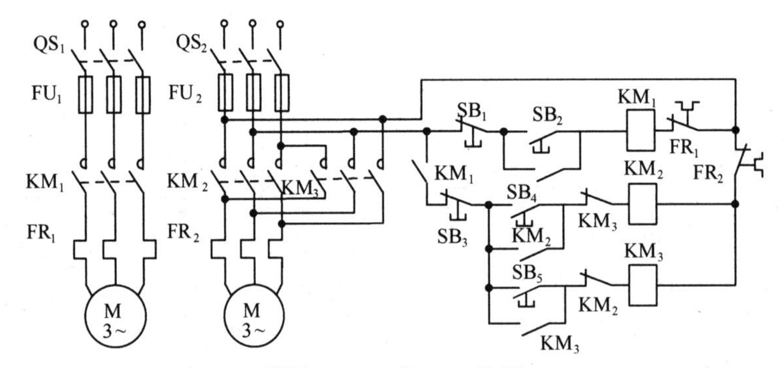

题图 8-6　习题 8-19 的图

8-20　在题图 8-7 中，M_1 是某飞机副翼润滑油泵电动机，M_2 是主轴电动机。要求主轴必须在抽泵开动后才能开动。(1)连接完成主电路；(2)指出电路中有哪些保护；(3)控制回路有错，请改正。

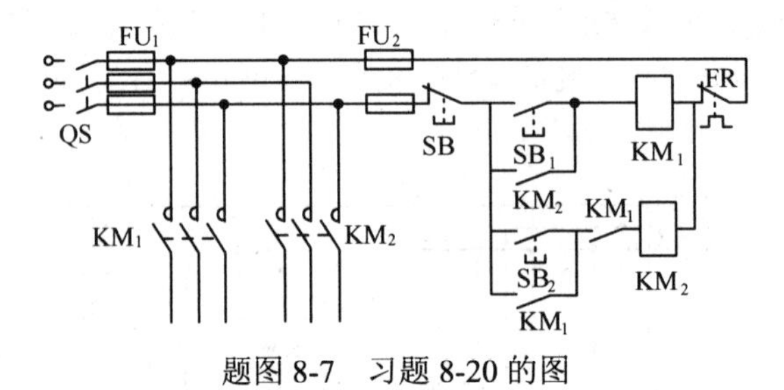

题图 8-7　习题 8-20 的图

下篇

电 子 技 术

第 9 章　半导体二极管及其基本应用电路

引言

海湾战争以来的高技术局部战争表明，现代战争形态正由机械化战争向信息化战争转变。为打赢信息化战争，全球各主要军事大国正在进行军事转型和军事变革。目前，各国军队武器装备趋向智能化，如攻击兵器具有远程打击、精确制导和隐蔽突防等能力，作战平台具有信息传感、目标探测及制导、信息攻击与防护等能力；指挥控制趋向自动化，通过 C4ISR 系统把战场上各军种武器系统、作战平台等结合成有机的整体，构成了陆、海、空、天、电五维一体的战场。在这种一体化的现代战争中，空中力量具有全球到达、速战速决、协同作战、火力强劲、生存率高等显著特点，从而决定了它在夺取制空权和制信息权、对地攻击、快速反应等方面具有重要作用。随着现代电子技术的飞速发展，电子信息技术对空军武器装备的影响越来越大，航电系统也是决定飞机作战性能的关键因素，这一切充分反映了空军武器装备的发展越来越依赖于电子工业的发展。电子技术作为发展电子工业的关键技术起着举足轻重的作用。

本章将介绍电子技术中最基本的器件——半导体二极管。本章首先简要介绍半导体基础知识，接着讨论半导体器件的基础——PN 结，重点讨论二极管的物理结构、工作原理、特性曲线和主要参数，以及二极管基本应用电路分析方法与军事应用；在此基础上，对稳压二极管、发光二极管和光电二极管等半导体器件也做了简要的介绍。

学习目标：

1. 了解半导体的基础知识，理解 PN 结的单向导电性；
2. 掌握半导体二极管的结构、特性、参数、分析模型及应用；
3. 掌握几种特殊二极管的特性及应用；
4. 了解半导体器件在航空航天领域中的主要应用。

9.1　半导体基础知识

自然界中的物质按导电性能可分为导体、绝缘体和半导体 3 大类。一般来说，导体具有良好的导电性，如铜、铝、银等；绝缘体几乎不导电，如陶瓷、橡胶、塑料、云母等；而导电性能介于导体与绝缘体之间的物质称为半导体，如硅、锗及一些金属硫化物、氧化物等。

9.1.1　本征半导体

纯净的具有晶体结构的半导体称为**本征半导体**。通常条件下，纯净的半导体导电能力很弱。但是，当半导体受外界条件刺激时，导电能力会显著增强。如飞机上红外制导系统中的本征型光电导探测器，正是利用本征半导体受到光照射时电导率会发生变化这一特性而制成的。尤为重要的是，如果在纯净的半导体中掺入某种微量的杂质，它的导电能力可增加几十万倍至几百万倍。喷气式飞机发动机的半导体电嘴正是利用这一特性制造而成的。

在本征半导体中，每个原子与其相邻的 4 个原子形成共价键结构，公用一对价电子。共价键中的电子不像绝缘体中的价电子被束缚得那样紧密，在获得一定能量(温度升高或受到光照)后，可挣脱共价键的束缚成为**自由电子**，从而在共价键中留下了一个空位，这个空位称作**空穴**，如图 9-1 所示。因此，空穴和自由电子总是成对出现的。此时，原子因失掉一个价电子而带正电，因此可认为空穴带正电。通常称运载电荷的粒子为**载流子**，空穴和自由电子都是载流子。

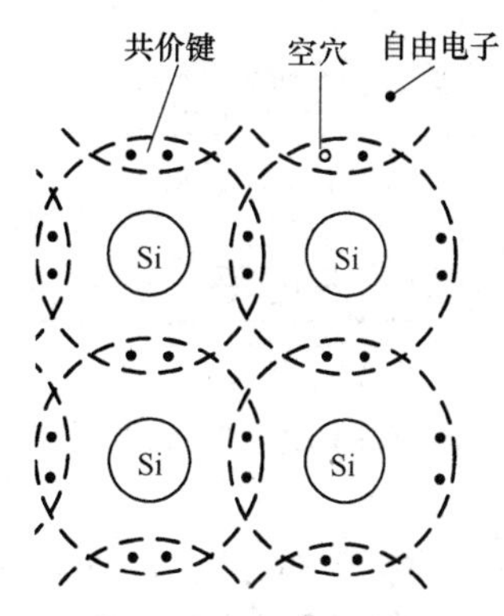

图 9-1　本征半导体中自由电子和空穴的形成

9.1.2　杂质半导体

本征半导体中自由电子和空穴成对出现且数目很少，因此其导电能力很差，如果掺入微量的某种特定元素，就可使半导体的导电能力显著提高，掺入了杂质的半导体称为**杂质半导体**。根据掺入的杂质不同，杂质半导体可以分为 **N 型半导体**和 **P 型半导体**。

1．N 型半导体

如图 9-2 所示，在硅晶体中掺入少量 5 价元素磷(或砷等)，磷原子中的 4 个价电子与周围的 4 个硅原子中的价电子形成共价键，这样就会多出 1 个价电子在共价键之外。由于磷原子的原子核对它的束缚力很弱而很容易使其形成自由电子，于是，杂质半导体中的自由电子浓度就会大大增加，自由电子因此被称为**多数载流子**(简称**多子**)，空穴称为**少数载流子**（简称**少子**)。这种以电子导电为主的半导体称为 **N 型半导体**。同时，在磷原子的位置处留下了一个不可移动的正离子，所以半导体仍然呈现电中性。

2．P 型半导体

同样，如果在硅晶体中掺入少量 3 价元素硼(或铟等)，则空穴的浓度就会大大增加，空穴成为多子，自由电子成为少子。这种以空穴导电为主的半导体称为 **P 型半导体**，如图 9-3 所示。机载设备中的红外探测器通常采用 P 型半导体制成。

红外制导系统中的半导体制冷器用 N 型半导体和 P 型半导体两块半导体材料连接成温差电偶对，形成闭合回路，如图 9-4 所示。在外电场作用下，一个接头处电子与空穴产生分离运动，吸收能量而变冷；另一接头处产生复合，放出能量而变热。其制冷能力取决于半导体材料的性质和回路中电流的大小。

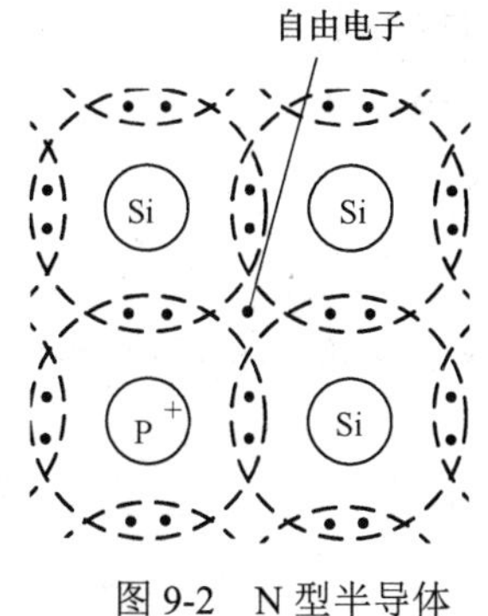

图 9-2　N 型半导体

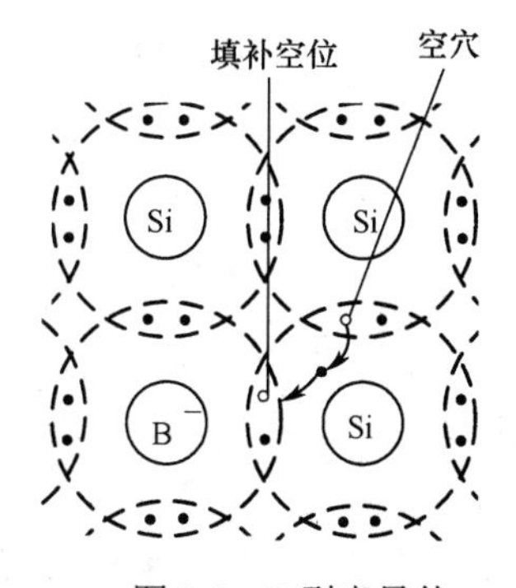

图 9-3　P 型半导体

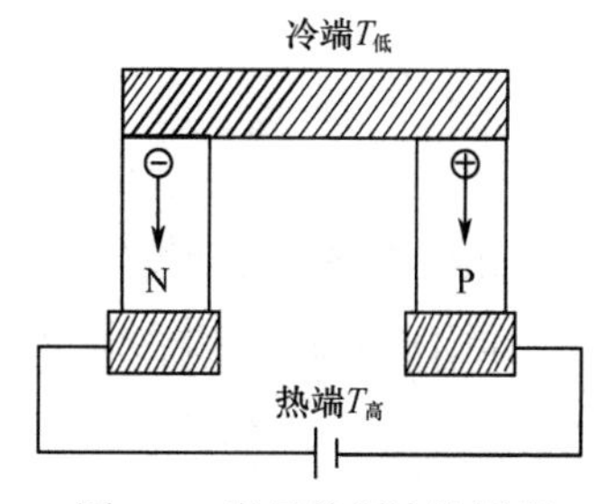

图 9-4　半导体制冷器原理

9.1.3　PN 结

尽管杂质半导体的导电能力远远强于本征半导体的导电能力，但是单一的 N 型半导体或者 P 型半导体通常只能用来制作电阻器件。如果将它们制作在同一块硅片上，在它们的交界面处会形成 PN

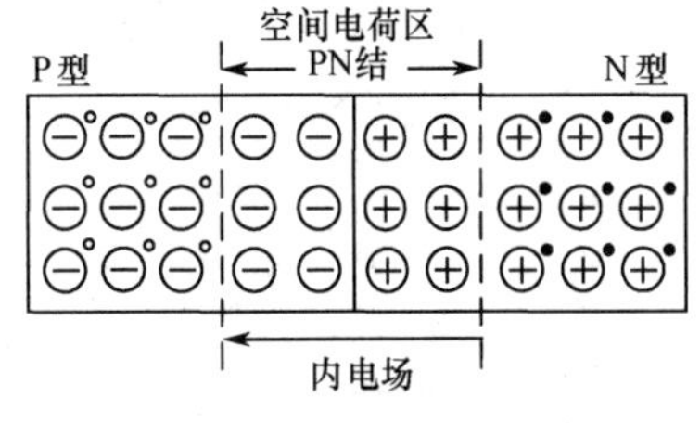

图 9-5　PN 结的形成

结，它是构成半导体器件的基础。

1. PN 结的形成

利用特殊的制造工艺，把 P 型半导体和 N 型半导体结合在一起，交界面两侧由于存在浓度差引起扩散运动。在 P 区和 N 区分别留下不能移动的负离子和正离子，正负离子区中的电荷都不能移动，称为空间电荷区(也称耗尽层或阻挡层)，从而形成了**内电场**，如图 9-5 所示。内电场阻碍多子的继续扩散，但在它的作用下，少子漂移运动增强。当漂移运动与扩散运动达到动态平衡时，空间电荷区相对稳定，形成 PN 结，其宽度一般为微米数量级。

2. PN 结的单向导电性

如果在 PN 结的两端加上不同极性的电压，就会破坏原来的平衡状态，PN 结便会呈现出不同的导电性能，即单向导电性。

（1）正向偏置

电源正极接 P 区，负极接 N 区，称为 PN 结外加**正向电压**，也称为**正向偏置**，如图 9-6(a)所示。P 区的多子空穴和 N 区的多子自由电子在外电场的作用下进入 PN 结后，中和了空间电荷区的部分离子，使空间电荷区的电荷量减少，PN 结变窄。此时，通过 PN 结的电流主要是多子扩散运动引起的扩散电流，而且该电流随外加正向电压 U 的增加而增大，称为**正向电流**。PN 结呈现低电阻，处于**导通状态**。

（2）反向偏置

电源负极接 P 区，正极接 N 区，称为 PN 结外加**反向电压**，也就是**反向偏置**，如图 9-6(b)所示。此时，外电场的方向和内电场的方向一致，多数载流子将远离空间电荷区，使空间电荷区加宽。但该外电场有助于少子的漂移运动，少数载流子可以通过 PN 结进入对方，形成**反向电流**。由于少子数量有限，因此反向电流很小。此时 PN 结呈现高电阻，处于**截止状态**。

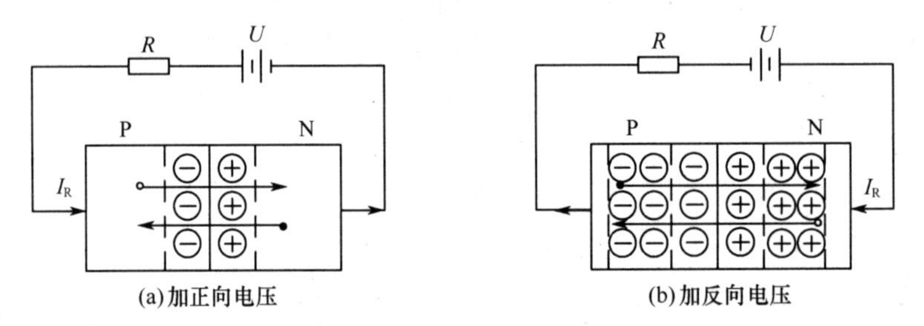

图 9-6　PN 结的单向导电性

由此看来，PN 结具有单向导电性。加正向电压时，电阻值很小，PN 结导通；加反向电压时，电阻值很大，PN 结截止。PN 结是构成各种半导体器件的基础。

9.2　二　极　管

9.2.1　二极管的构造

将 PN 结加上欧姆接触电极、引线和外壳，就构成了半导体二极管。二极管通常有以下几种分类方式：按所用的半导体材料可分为锗二极管(Ge 管)和硅二极管(Si 管)；按用途不同可分为检波二极管、整流二极管、稳压二极管、开关二极管、发光二极管等；按功率大小可分为大功率管和小功率管；按结构分为点接触型二极管和面接触型二极管两类。

点接触型二极管如图 9-7(a)所示，PN 结面积小，因此不能通过较大电流，但其高频性能好，故一般适用于高频小功率的工作状况，也可用于数字电路中的开关元件。面接触型二极管如图 9-7(b)所示，PN 结面积大，故可通过较大电流，但其工作频率低，一般用于整流。图 9-7(c)所示是二极管的图形符号，其中“+”对应二极管的阳极；“-”对应二极管的阴极。

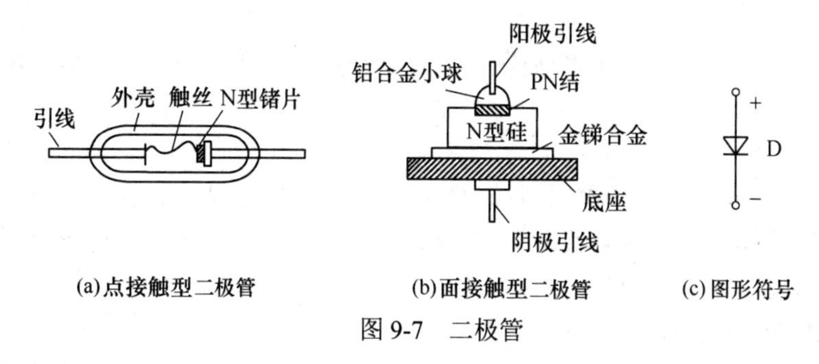

(a)点接触型二极管　(b)面接触型二极管　(c)图形符号

图 9-7　二极管

9.2.2　伏安特性

图 9-8 给出了二极管电流与端电压之间的关系曲线，即二极管的伏安特性曲线。图 9-8(a)为硅二极管的伏安特性曲线；图 9-8(b)为锗二极管的伏安特性曲线。

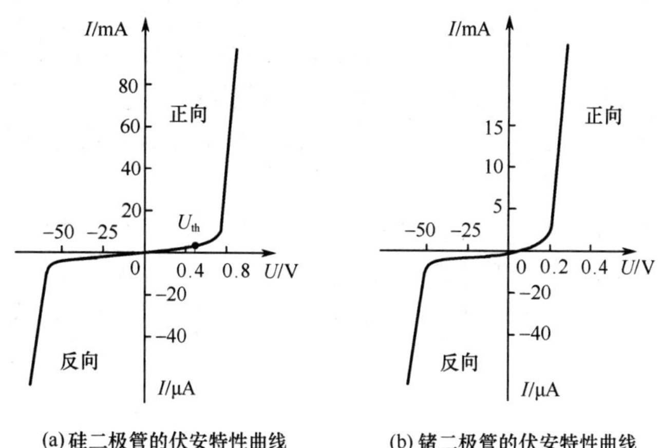

(a)硅二极管的伏安特性曲线　(b)锗二极管的伏安特性曲线

图 9-8　二极管的伏安特性曲线

1. 正向特性

从图 9-8 中可以看出，外加正向电压很低时，二极管中几乎没有电流流过。而当外加电压超过某一数值时，电流增长很快，这个电压称为二极管的死区电压(或门槛电压、开启电压)。一般硅管的死区电压约为 0.5V，锗管约为 0.1V。导通时，硅管的正向压降为 0.6~0.8V，锗管则为 0.2~0.3V。

2. 反向特性

加反向电压时，二极管中仅有很小的反向电流流过。一般该电流值随温度升高而增大，常温下数值大小基本恒定，故常称为反向饱和电流。通常，硅管的反向电流比锗管更小。锗管是微安级(μA)，硅管是纳安级(nA)。

3. 反向击穿特性

当反向电压超过某一数值时，反向电流将急剧增大，二极管失去单向导电性，这种现象称为击穿，产生击穿时的电压称为反向击穿电压。当出现击穿时，若反向电流能被限制在一定范围内，不损坏管子，此时的击穿为电击穿；但如果反向电流超出这一范围，将会因电路电流大、电压高造成管子的永久性损坏，发生热击穿。电击穿可以为人们所利用(如稳压管)，而热击穿则必须避免。

9.2.3 主要参数

电子器件的参数是其特性的定量描述，也是实际工作中正确选择和使用的依据。二极管的主要参数有以下几个。

1. 最大整流电流 I_{DM}

最大整流电流指二极管长时间运行时，允许通过二极管的最大正向平均电流。如果电流太大，将导致 PN 结过热而使管子损坏。点接触型二极管的最大整流电流在几十毫安以下。面接触型二极管的最大整流电流较大，如 2CZ52A 型硅二极管的最大整流电流为 100mA。

2. 反向工作峰值电压 U_{RWM}

二极管反向电压达到反向击穿电压时，反向电流将猛增，破坏了二极管的单向导电性，甚至发生热击穿而损坏二极管。为了确保管子安全工作，一般规定击穿电压的一半或者三分之二为反向工作峰值电压。如 2CZ52A 型硅二极管的反向工作峰值电压为 25V，而反向击穿电压为 50V。点接触型二极管的反向工作峰值电压一般是几十伏，面接触型二极管可达数百伏。

3. 反向峰值电流 I_{RM}

I_{RM} 是指在二极管上加反向工作峰值电压时的反向电流值。反向峰值电流越小，二极管的单向导电性能越好。温度增加，反向峰值电流会明显增加。硅管的反向峰值电流较小，一般在几微安以下，锗管的反向峰值电流较大，是硅管的几十到几百倍。如 2CZ52A 型硅二极管的反向峰值电流为 5μA。

4. 工作频率

二极管除具有单向导电性外，还具有一定的电容效应。因此，对管子的正常工作频率范围也有一定要求，如果超出这个数值，二极管的单向导电性能将会受到影响。点接触型二极管的工作频率较高，可达几百兆赫兹；面接触型二极管的工作频率较低，仅为几千赫兹。如 2CZ52A 型硅二极管的最高工作频率为 3kHz。

9.2.4 主要应用

在电子电路中，二极管的应用极其广泛，主要都是利用它的单向导电性，常用于整流、检波、限幅、隔离、元件保护及在数字电路中作为开关元件等。下面介绍几种简单的应用。

1. 整流

整流是二极管最重要的应用之一。整流电路的主要作用是把交流电压转换成单向的直流脉动电压。常见的小功率整流电路(1kW 以下的)有单相半波、单相全波、桥式和倍压整流电路。整流电路在航电设备中的应用非常多，例如，飞机交流电源系统的二次电源中的变压整流器电路、飞机中的旋转整流器等，都是二极管整流电路。下面主要介绍单相半波整流电路和单相桥式整流电路。

（1）单相半波整流电路

单相半波整流电路是最简单的整流电路，整流电路只在输入信号的半个周期内导电，输出电压脉动大、效率低，仅适用于输出电流小、对电压脉动要求不高的场合。

【例 9-1】单相半波整流电路如图 9-9 所示，设输入电压 $u_i = 5\sqrt{2}\sin\omega t\text{V}$。(1)若二极管 D 为理想器件，试画出输出电压 u_o 的波形。(2)若二极管 D 为硅材料，二极管正向导通时管压降为 0.7V，重新画出输出电压 u_o 的波形。

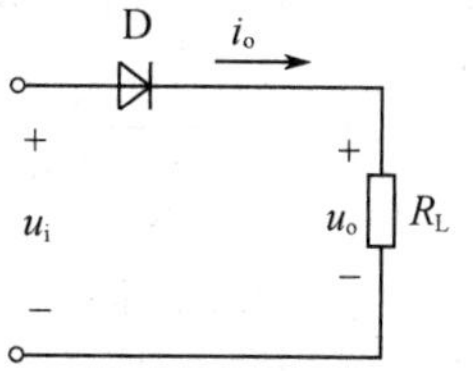

图 9-9　单相半波整流电路

解　(1) 图中给出的二极管为理想器件，在正向导通时理想二极管的电压降为 0V，而在反向截止时，流过二极管的电流等于 0A。

在 u_i 的正半周期内，二极管处于导通状态，因此输出电压 $u_o = u_i$。

在 u_i 的负半周期内，二极管处于截止状态，流过电路的电流为 0，输出电压 $u_o = 0\text{V}$，波形如图 9-10(a)所示。

(2) 若二极管正向导通时有管压降。

在 u_i 的正半周期内，输入电压若不足 0.7V，则电路中无电流流过，当输入电压大于 0.7V 时，二极管处于导通状态，因此输出电压 $u_o = u_i - 0.7\text{V}$。

在 u_i 的负半周期内，二极管处于截止状态，流过电路的电流几乎为 0，因此输出电压 $u_o = 0\text{V}$，波形如图 9-10(b)所示。

由图 9-10 可以看出，负载电阻 R_L 两端的电压是单方向的，即实现了整流，由于输入信号的一半波形被消除，因此称为半波整流。

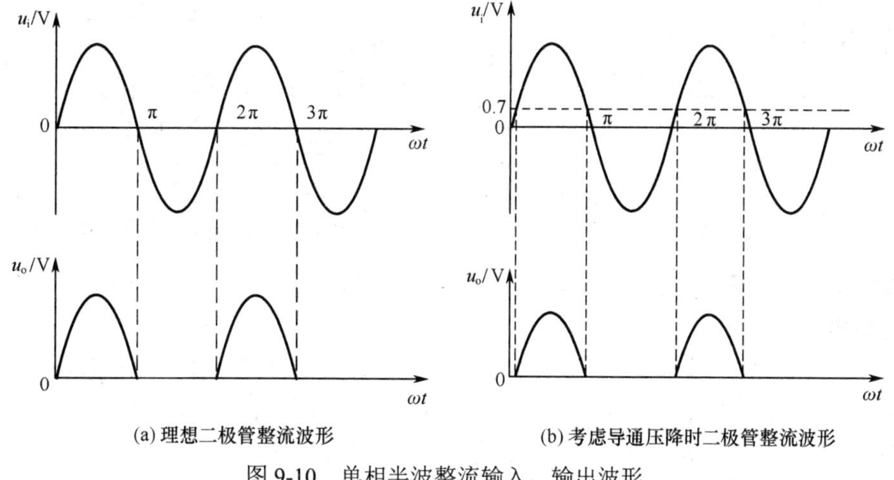

(a) 理想二极管整流波形　　(b) 考虑导通压降时二极管整流波形

图 9-10　单相半波整流输入、输出波形

常见的飞机三相交流发电机由主发电机、交流励磁机和旋转整流器 3 部分构成。其中，旋转整流器的三相半波整流电路及工作波形如图9-11 所示，其整流原理与单相半波整流电路的原理相同，同一时刻 3 个二极管只有一个是导通的，两端电压最高者导通，其他两个二极管处于截止状态。输出波形如图 9-11(b)中粗黑线所示。

半波整流电路的优点是：结构简单，元器件个数少；缺点是：输出波形脉动大，直流成分(即平均值)比较低，只利用了输入信号的半个周期。因此，实际电路中常采用全波整流。全波整流的电路种类很多，这里主要介绍常用的单相桥式整流电路。

（2）单相桥式整流电路

飞机电源系统中加装馈线接地保护电路以避免电流过大烧毁设备，图 9-12 所示为某型飞机发电机控制盒内的馈线接地保护电路。它是利用两个电流互感元件 W_1 和 W_2 作为接地元件，用整流桥对其信号整流后经 C_0 滤波，由晶体管 T 进行放大而配合过压过励功放电路来控制磁场继电器产生保护的。这里的整流桥就是桥式整流电路。下面通过举例来介绍馈线接地保护电路中桥式整流电路的工作原理。

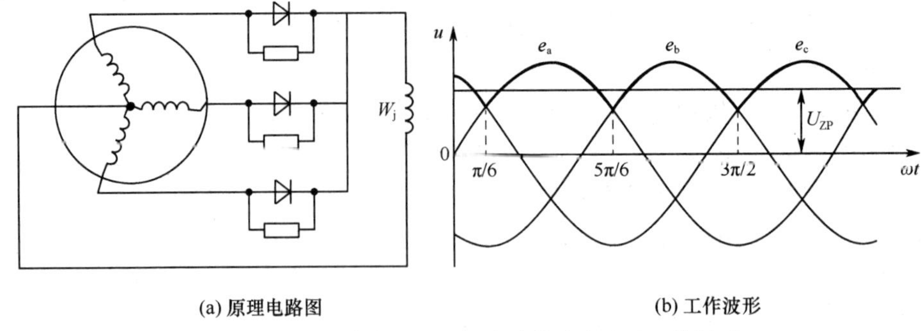

(a) 原理电路图　　(b) 工作波形

图 9-11　旋转整流器的三相半波整流电路及工作波形

【例 9-2】单相桥式整流电路如图 9-13 所示，设输入电压 $u_i = 5\sqrt{2}\sin\omega t\text{V}$，二极管均为理想器件，试画出输出电压 u_o 和电流 i_o 的波形。

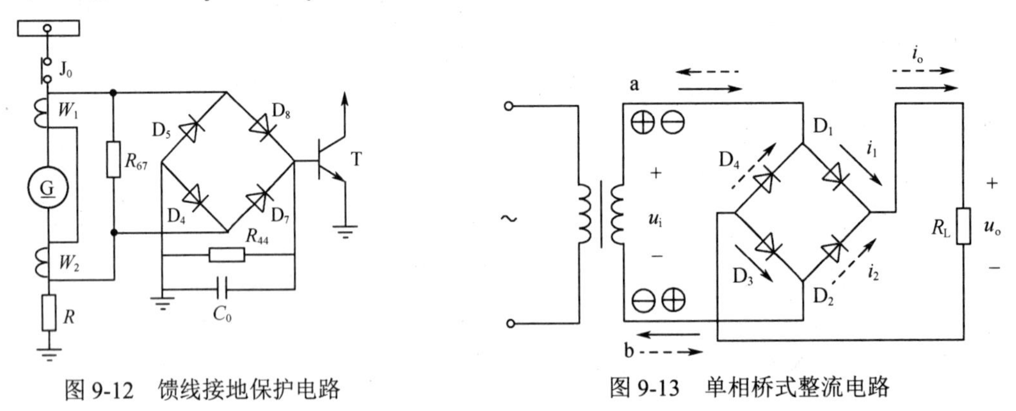

图 9-12　馈线接地保护电路　　图 9-13　单相桥式整流电路

解　图中给出的二极管为理想器件，在正向导通时理想二极管的电压降为 0V，而在反向截止时，流过二极管的电流等于 0。

在 u_i 的正半周期内，即 a 端为正、b 端为负，二极管 D_1、D_3 因承受正向电压而导通，D_2、D_4 因承受反向电压而截止，电流 i_1 的通路是 a→D_1→R_L→D_3→b，如图 9-13 中实线箭头所示。负载电阻 R_L 上得到一个半波电压，如图 9-14(b)中的 0 ~ π 及 2π~3π 段所示。

在 u_i 的负半周期内，即 a 端为负、b 端为正，二极管 D_1、D_3 因承受反向电压而截止，D_2、D_4 因承受正向电压而导通，电流 i_2 的通路是 b→D_2→R_L→D_4→a，如图 9-13 中虚线箭头所示。负载电阻 R_L 上又得到一个半波电压，如图 9-14(b)中的 π~2π 及 3π~4π 段所示。

可见，在 u_i 的整个周期内，通过负载 R_L 的电流 i_o 及其两端电压 u_o 的方向都不变，但脉动程度较大。u_o 及 i_o 波形如图 9-14(b)所示。

2. 检波

检波电路是二极管另一个重要的应用，检波电路广泛应用于信息通信等领域，在军事装备中也存在着各种检波电路。例如在电子对抗领域中，检波电路作为雷达速度跟踪系统中鉴频器的关键部分，其组成原理如图 9-15 所示，这里二极管作为检波器，其功能是从调制信号中不失真地解调出原调制信号。R_L 为负载电阻，它的数值较大；C 为负载电容，它为高频电容，在电路信号频率较高时，可视其为短路。由于二极管的单向导电性，当载波正半周时，二极管导通，给电容充电，因为充电时间非常短，所以很快充电到输入信号的峰值。当输入信号下降时，电容上的电压大于输入信号电压，二极管反向偏置，因此二极管截止，电容通过电阻 R_L 放电。当下一个正半周时，输入信号电压大于电容上的电压时，二极管重新导通，再一次对电容充电，直到新周期的峰值为正。由此可见，该电路的检波过程主要是利用二极管的单向导电性和检波负载 R_LC 的充放电过程。其中二极管起到了检波的作用。

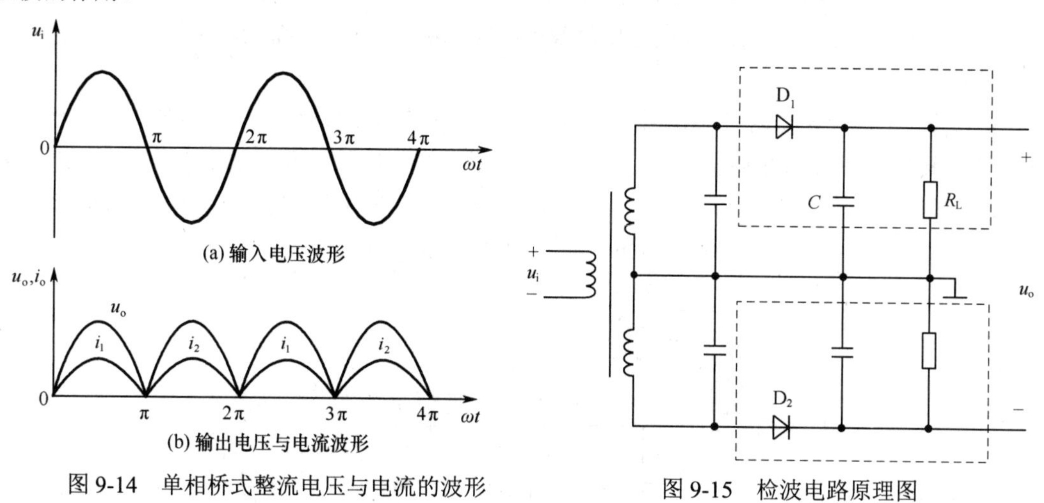

图 9-14　单相桥式整流电压与电流的波形　　图 9-15　检波电路原理图

3．限幅

将输出电压的幅度限制在某一数值的作用称为限幅。

【例 9-3】 如图 9-16(a)所示电路，设 $u_i = 10\sin\omega t$V，U=5V，二极管的正向压降可忽略不计，试画出输出电压 u_o 的波形。

解　由二极管的特性可知：

在 u_i 的正半周内，当 $u_i < 5$V 时，D 截止，$u_o = u_i$；当 5V<u_i<10V 时，D 导通，$u_o = 5$V。

在 u_i 的负半周内，D 截止，$u_o = u_i$。

最后画出 u_o 的波形如图 9-16(b)所示，由于该电路将输出电压的大小限制在+5V 以下的范围内，所以起到限幅作用，这种电路称为限幅电路。

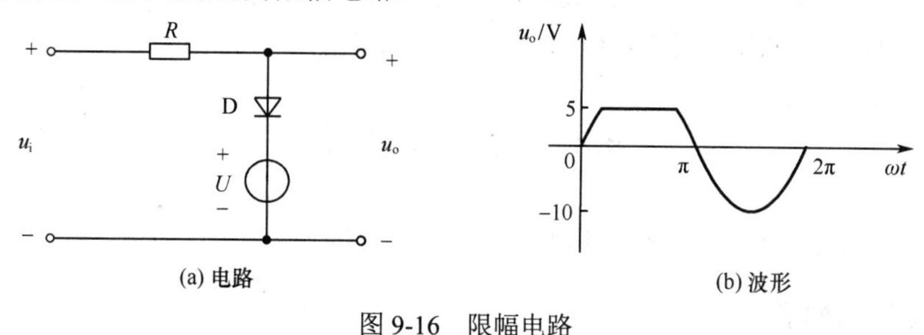

图 9-16　限幅电路

4．钳位

将电路某点的电位钳制在某一数值的作用称为钳位。

【例 9-4】 如图 9-17 所示，D_A 和 D_B 为锗二极管，其正向压降为 0.3V，它们的阴极通过电阻 R 接在−12V 电源上，而它们的阳极分别接输入端。当输入电位 $V_A = +3$V，$V_B = 0$V 时，求输出端电位 V_Y。

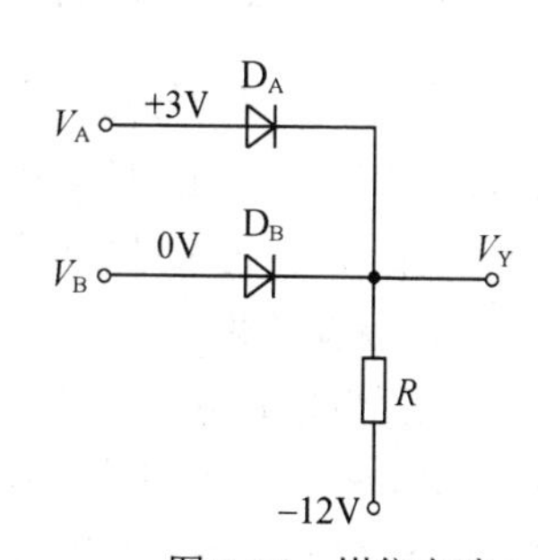

图 9-17　钳位电路

解　因为 V_A=+3V，V_B=0V，V_A>V_B，即加在二极管 D_A 上的正向电压比加在二极管 D_B 上的正向电压大，所以 D_A 优先导通，这样 D_B 上加的就是反向电压，因而D_B截止。所以输出端的电位$V_Y=V_A-V_D=(3-0.3)V=+2.7V$，即$V_Y$被钳制在+2.7V，故$D_A$起钳位作用，这种电路称为钳位电路。

5．隔离

利用二极管截止时相当于开路的特点，来隔断电路或信号之间的联系称为隔离。如图 9-17 所示电路中，D_A导通后，使得D_B承受反向电压而截止，从而隔断了V_A和V_B的联系，所以D_B在电路中起到隔离作用。

在某型教练机进行着陆期间，无线电罗盘利用本场远距或近距导航台信号，引导飞机对准跑道。“远-近”台转换电路主要通过适时转换自身的工作频率，达到“远-近”台转换的目的。如图 9-18 所示为某型教练机的水平指示延迟电路即“远-近”台转换电路的辅助电路，以保证“远-近”台转换电路工作的可靠性，其中二极管 1BG26 同样也起到了隔离作用。

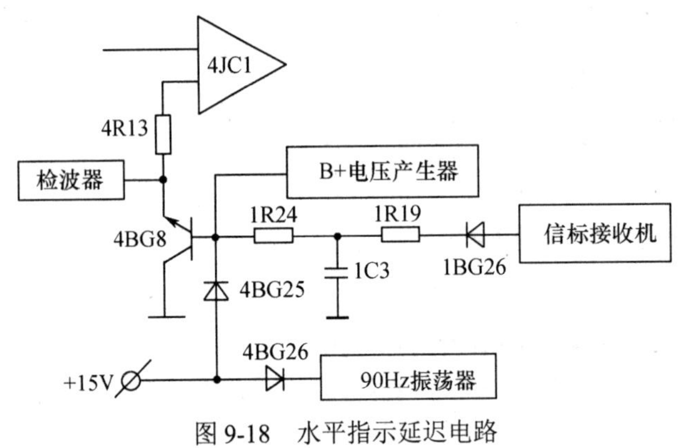

图 9-18　水平指示延迟电路

具体原理：当飞机飞达导航台顶空盲区时，B+电压产生器不产生电压，而此刻信标接收机提供+27V 电压。当飞机飞达导航台上空时，机上信标接收机输出信标信号，经过二极管 1BG26 输至三极管 4BG8，使其处于饱和状态，从而将检波器输出电压斩掉。飞机飞离地面信标台的波束范围后，机上信标接收机不再提供信标信号，利用 1C3 对信标信号有一定时间的保持作用，检波器将被继续闭塞。直到这段延迟时间结束，罗盘正常地接收导航台信号，B+电压产生器正常产生电压，将检波器继续闭塞。所以，航向指示器能正常地指示导航台的方位。

9.3　特殊二极管

除上节讨论的普通二极管外，还有几种常见的特殊二极管。

9.3.1　稳压二极管

稳压二极管简称稳压管。它是一种特殊的面接触型硅二极管。稳压管是利用二极管的反向击穿特性来稳定直流电压的。由于它在电路中与适当数值的电阻配合后能起稳定电压的作用，故称为稳压管。图 9-19 为常见稳压管的外形图。稳压管在电路中的图形符号如图 9-20(a)所示。

1．伏安特性

稳压管的伏安特性和普通二极管相似，如图 9-20(b)所示。由于稳压管反向击穿区的伏安特性曲线十分陡峭，电流在较大的范围内变化时，稳压管两端的电压变化很小，所以稳压管工作在反向击穿区时，能起到稳压和限幅作用，这时稳压管两端的电压U_Z称为稳定电压，由伏安特性可知，稳压管的稳定电流范围是 I_{Zmin}~I_{Zmax}。如果电流小于最小稳定电流 I_{Zmin}，则电压不能稳定；如果电流大于最大稳定电流 I_{Zmax}，稳压管将会因为过热而损坏。但是由于采用了特殊的设计和工艺，如果反向电流在一定的范围内，PN 结的温度不超过允许值，则不会造成永久性击穿。因此，使用时要根据负载和电源电压的情况设计好外部电路，以保证稳压管工作在这一范围内。

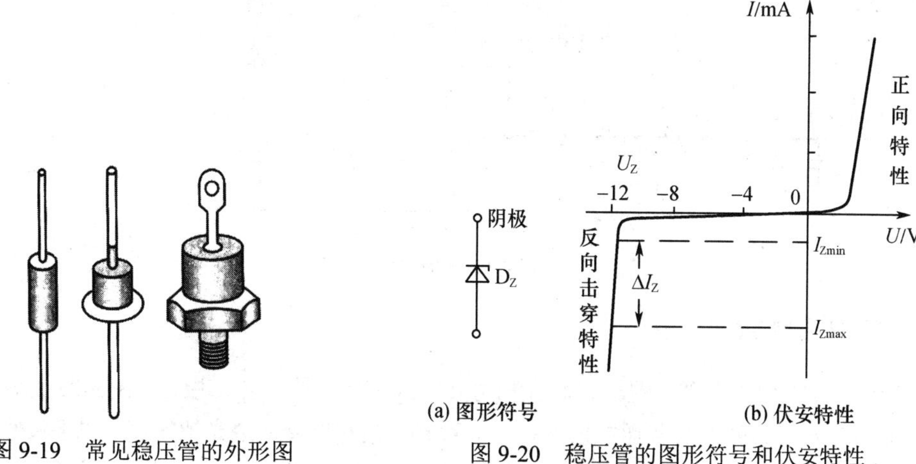

图 9-19 常见稳压管的外形图

图 9-20 稳压管的图形符号和伏安特性

2. 主要参数

（1）稳定电压 U_Z

稳压管在稳压状态下管子两端的电压称为稳定电压 U_Z。

（2）动态电阻 r_Z

动态电阻是指稳压管端电压的变化量与相应的电流变化量的比值，即 $r_Z = \Delta U_Z / \Delta I_Z$。稳压管的反向伏安特性曲线愈陡，则动态电阻愈小，稳压性能愈好。

（3）稳定电流 I_Z

稳压管的稳定电流只是一个作为依据的参考数值，设计选用时要根据具体情况(例如工作电流的变化范围)来考虑。但对每一种型号的稳压管，都有一个规定的最大稳定电流 I_{ZM}。

（4）最大允许耗散功率 P_{ZM}

稳压管不致发生热击穿的最大功率损耗，$P_{ZM} = U_Z I_{ZM}$。

【例 9-5】 如图 9-21 所示电路，通过稳压管的电流 I_Z 等于多少？R 是限流电阻，其值是否合适？

解 根据电路图示的已知条件知

$$I_Z = (20-12)/(1.6\times10^3) = 5\times10^{-3}\,\text{A} = 5\text{mA}$$

此时 $I_Z < I_{ZM}$，电阻值合适。

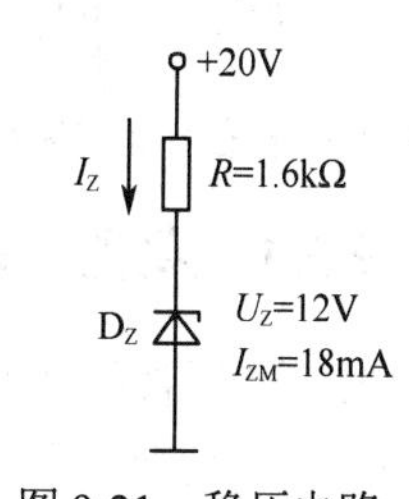

图 9-21 稳压电路

注意：利用稳压管稳压时，一定要有一个适当数值的电阻与其配合使用，以限制稳压管的反向电流，防止因反向电流过大而烧毁稳压管。

某型教练机的无线电通信设备主要配有超短波电台和机内通话器。该设备主要完成空-空、空-地通信联络，飞机前座舱与后座舱飞行员之间进行对话，监听飞机上的音频信号和切断电台接收信号等功能。超短波电台发射机+27V 稳压电路如图 9-22 所示。稳压管 D_{15} 的稳压作用是避免场效应管 T_3 因栅源之间电压过高而损坏。

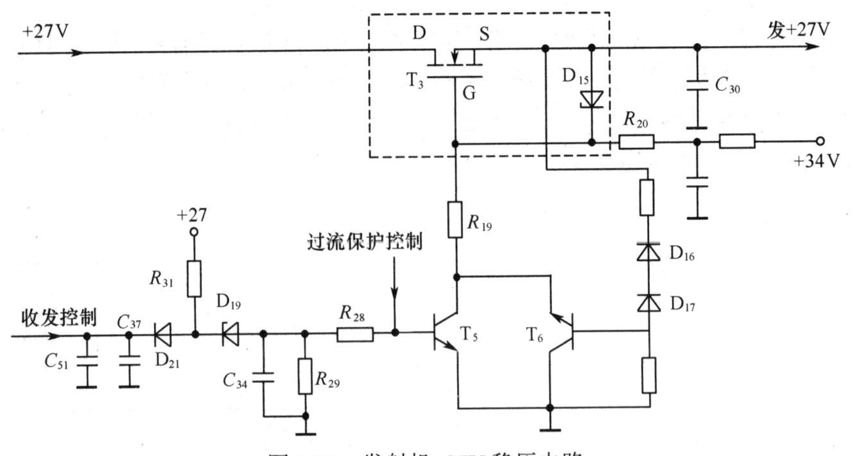

图 9-22　发射机+27V 稳压电路

9.3.2　光电二极管

光电二极管又称光敏二极管，是一种将光信号转换成电信号的特殊二极管。图 9-23 为常见光电二极管的外形和符号，其外形与普通二极管相似，管壳上装有玻璃或透光塑料窗口以便接收光照。光电二极管工作在反向偏置状态，基本应用电路如图 9-24 所示。无光照时，反向电流很小，称为暗电流；有光照时，电流会急剧增加，称为光电流。光电二极管可用于光的测量，当制成大面积的点阵形式时，可作为一种能源——光电池。某型国产平视显示器多采用硅光电池作为背景亮度传感器，其原理如图 9-25 所示。当光线透过 P 型半导体的薄膜照射到 PN 结上时，光子将能量传给价带中的电子，使它们受到激发，从价带跃迁到导带，称为光生载流子，在电场作用下形成电流。硅光电池的结面积较大，不需要外加电源，其短路电流和光照基本成正比。

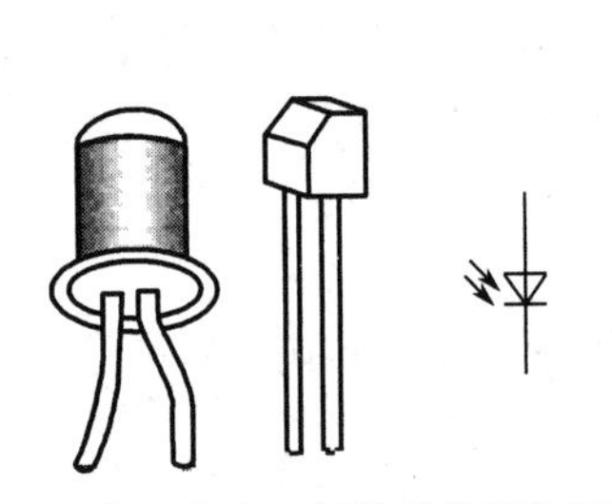

图 9-23　常见光电二极管的外形与符号

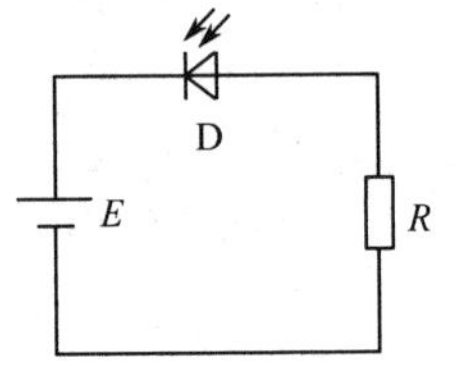

图 9-24　光电二极管基本应用电路

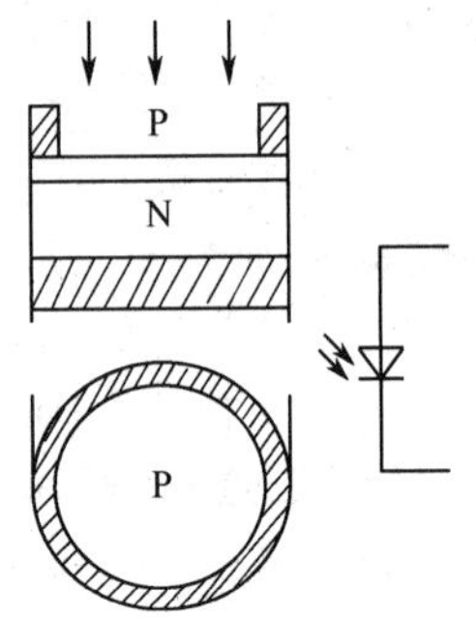

图 9-25　硅光电池原理图

9.3.3　发光二极管

发光二极管简称 LED，是一种将电能转换为光能的特殊二极管。图 9-26 为常见发光二极管的外形和符号。发光二极管工作在正向偏置状态，正向电流通过发光二极管时，它会发出光亮，光的颜色视发光二极管的制造材料而定，有红光、黄光、绿光等。正向工作电压一般不超过 2V，正向电流为 10mA 左右。发光二极管常用作数字仪表和音响设备中的显示器，在光纤通信系统中也有广泛的应用。

随着科学技术的不断发展，发光二极管显示技术已经广泛地应用在头盔显示器、作战飞机的显示系统中，如发光二极管阵列显示器、平板显示器等。发光二极管阵列显示器是一种采用发光二极管阵列显示技术安装在头盔上的小型平视显示器（HMD）。平板显示器一般采用液晶显示技术、发光二极管显示技术、场致发光显示技术、真空荧光显示技术和气体等离子显示技术。

飞行员头盔上的小型平视显示器如图 9-27 所示。美国在 F-15 模拟器上进行了“灵活眼”头盔瞄准系统一对一飞行格斗模拟，装备“灵活眼”与不装备的情况相比要好得多：第一，对付相同的威胁，杀伤/损失率从 1.8∶1 提高到 3.8∶1；第二，使用 HMD 发射 AIM-9 响尾蛇导弹比不用 HMD 要多发射一倍；第三，虽然不戴 HMD 也能首先发现敌机，但首先开火的是戴 HMD 的飞行员；第四，HMD 有助于同时完成并存的多种任务。

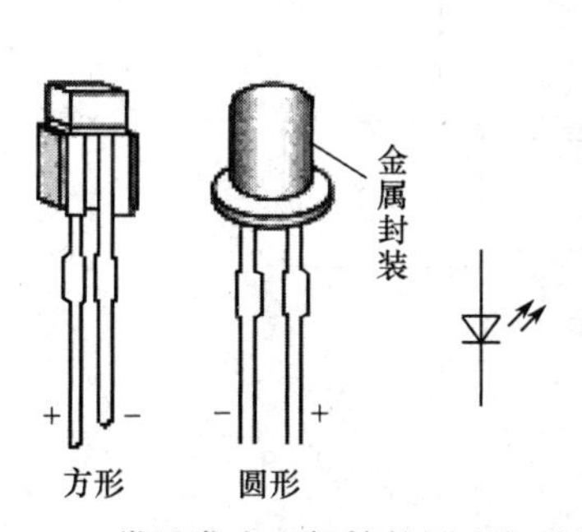

图 9-26　常见发光二极管的图形与符号

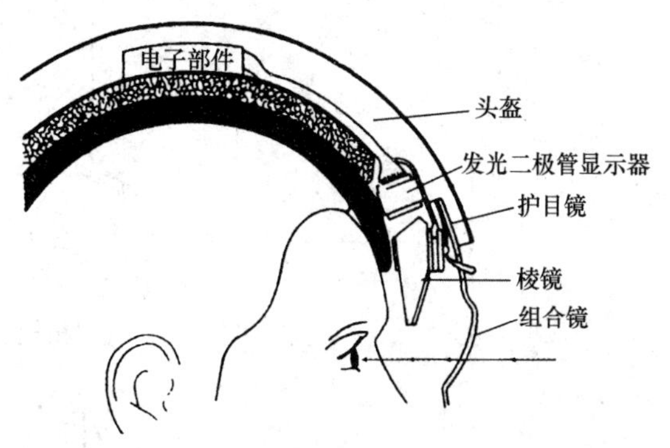

图 9-27　小型平视显示器

9.3.4　光电耦合器

光电耦合器又称光电隔离器，图 9-28 为某光电耦合器的外形图。它是发光器件和受光器件的组合体。发光器件采用发光二极管，受光器件采用光电二极管，两者封装在同一外壳内，由透光的绝缘材料隔开，其工作原理示意图如图 9-29 所示。

图 9-28　光电耦合器的外形图

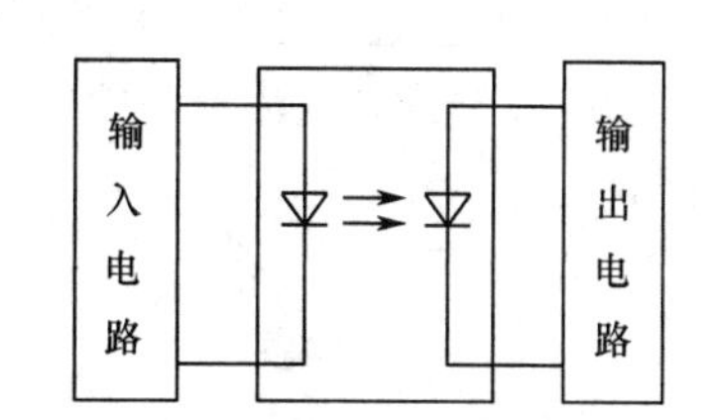

图 9-29　光电耦合器的工作原理示意图

目前，战斗机一般都装有航空相枪以连续给目标拍照和瞄准画面；先进的战斗机装有视频磁带记录器，摄录的图像便于监控和重放；部分先进战斗机还装有系统信息记录设备，记录飞行员的飞行动作和火控设备工作状况等参数信息。系统信息记录设备有磁带记录器、数据采集器和系统信息记录装置等。其中航空相枪、磁带记录器就是利用光电耦合器来控制磁带换向转动的。工作时，发光二极管将输入电路的电信号转换为光信号，光电二极管再将光信号转换为输出电路的电信号。这样输入电路与输出电路之间没有直接的电的联系，可以实现两电路之间的电气隔离，不会相互影响，从而使系统具有良好的抗干扰性。图 9-30 为航空相枪光圈无级调节原理图，光敏感受器 R_1 感受外界的光强。当外界光强增大(减小)时，光敏电阻增大(减小)，改变了桥式电路的平衡而有电流向晶体管输出，进而使光电二极管 D_3(D_4)发光，光被光敏二极管 D_1(D_2)接收，控制电子件输出，通过电桥使电机 M_1 工作，带动光圈缩小(扩大)，同时通过机械遮挡使 D_3(D_4)的光强减小，直至光圈缩小(扩大)到一定程度，M_1 停止转动。不需给外部目标拍照时，“I_K 不工作”信号使光圈完全关闭。如果外部空间光强太大(或太小)，即使光圈转到最小(或最大)，电桥仍不能平衡，这时采取机械转动使 D_1(D_2)

停止接收光照，使 M_1 停止转动。

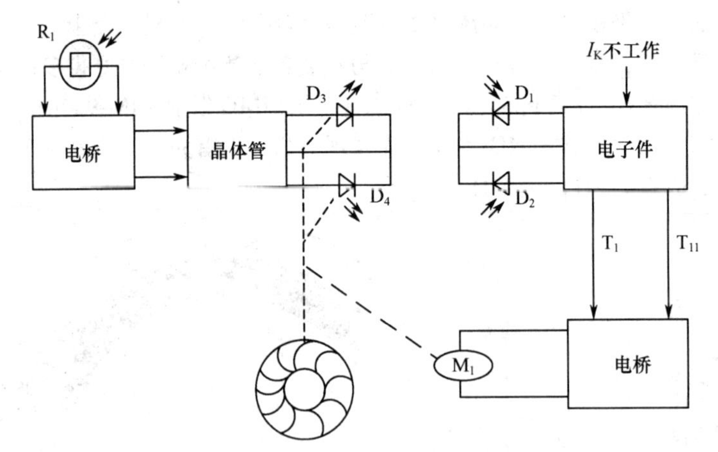

图 9-30　航空相枪光圈无级调节电路

小　　结

1. 半导体材料中有两种载流子：自由电子和空穴。自由电子带负电，空穴带正电。在纯净的半导体中掺入不同的杂质，可以得到 N 型半导体和 P 型半导体。N 型半导体中多数载流子为自由电子，P 型半导体中多数载流子是空穴。

2. PN 结的基本特点是具有单向导电性，PN 结正向偏置时导通，反向偏置时截止。

3. 二极管由 PN 结构成，也具有单向导电性。其特性可以用伏安特性和一系列参数来描述。硅管死区电压为 0.5V，锗管死区电压为 0.1V。

4. 二极管可用于整流、检波、开关和限幅等电路。稳压二极管稳压时，要工作在反向击穿区。使用稳压管时，一定要配合限流电阻使用，保证稳压管中流过的电流不超过最大整流电流，避免因过热损坏管子。

习　题　9

基础知识

9-1　半导体是一种导电能力介于__________与____________之间的物质。

9-2　在本征半导体中掺入少量的三价元素，将形成________________ 型半导体。掺入少量的五价元素，将形成____________型半导体。

9-3　PN 结正偏时，PN 结_____；PN 结反向偏置时，PN 结_____。二极管具有__________特性。

9-4　PN 结加正向电压，是指 P 区电位______ N 区电位。

9-5　当二极管外加正向电压时，处于________状态。当二极管的反向电压增大到一定数值时，反向电流会突然增大，此现象称为_____________现象。

9-6　对半导体而言，其正确的说法是(　　)。

a. P 型半导体中由于多数载流子为空穴，所以它带正电

b. N 型半导体中由于多数载流子为自由电子，所以它带正电

c. P 型半导体和 N 型半导体本身都不带电

d. P 型半导体带负电和 N 型半导体本身带正电

9-7 少数载流子的数目主要取决于(　　)，多数载流子的数目主要取决于(　　)。

a. 本征激发　　b. 掺杂浓度　　c. 半导体材料　　d. 制造工艺

9-8 PN 结加正向电压时，空间电荷区将(　　)。

a. 变窄　　b. 基本不变　　c. 变宽　　d. 不一定

9-9 稳压管的稳压区是其工作在(　　)。

a. 正向导通区　　b. 反向截止区　　c. 反向击穿区　　d. 以上都不是

9-10 稳压管的稳定电压 U_Z 是指(　　)。

a. 反向偏置电压　　b. 正向导通电压　　c. 死区电压　　d. 反向击穿电压

应用知识

9-11 二极管具有什么特性？怎样用万用表判断二极管的正负极及二极管的好坏？二极管有哪些功用？

9-12 如题图 9-1 所示为某战机整流器部分的两个电路，已知 $u_i = 30\sin\omega t$ V，二极管的正向压降可忽略不计，试分别画出输出电压 u_o 的波形。

9-13 如题图 9-2 所示是输入电压 u_i 的波形。试画出对应于 u_i 的输出电压 u_o、电阻 R 上电压 u_R 和二极管 D 上电压 u_D 的波形，并用基尔霍夫电压定律检验各电压之间的关系。二极管的正向压降忽略不计。

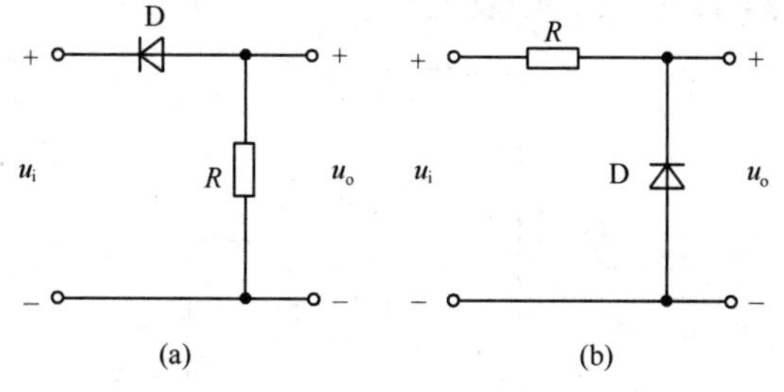

题图 9-1　习题 9-12 的图

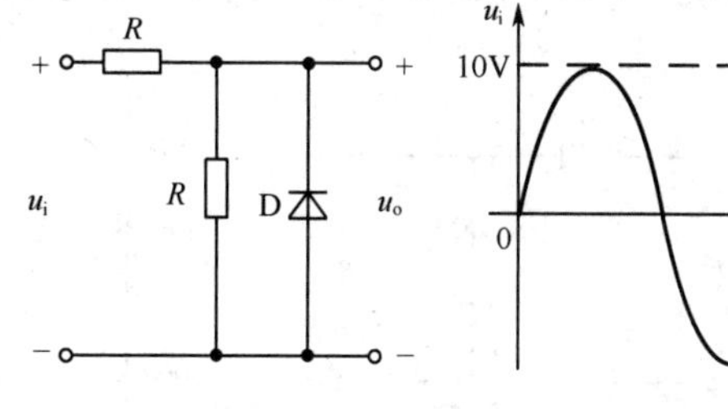

题图 9-2　习题 9-13 的图

9-14 如题图 9-3 所示各电路，$U = 5$V，$u_i = 10\sin\omega t$ V，二极管的正向压降可忽略不计，试分别画出输出电压 u_o 的波形。这 4 种电路均为二极管削波电路。

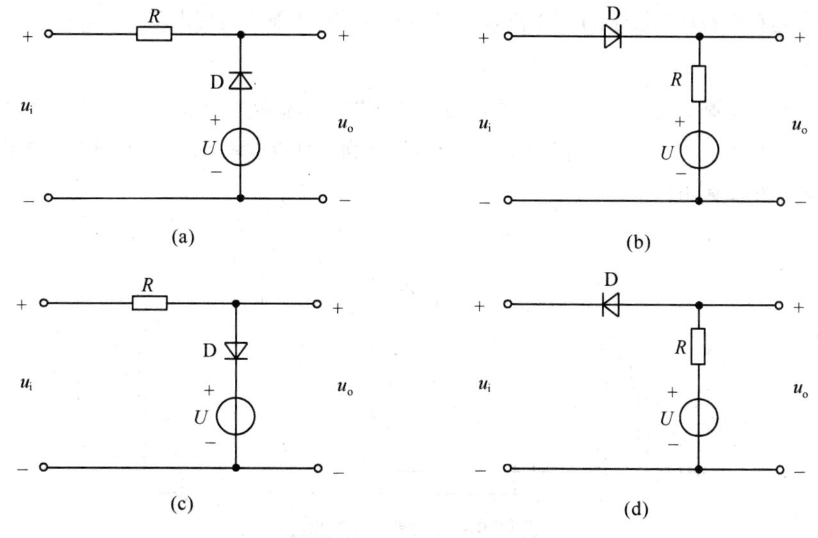

题图 9-3　习题 9-14 的图

9-15 如题图 9-4 所示，二极管的正向压降可忽略不计，试求下列几种情况下输出端 Y 的电位 V_Y 及各元器件(R、D_A、D_B)中通过的电流：(1) $V_A = V_B = 0$V；(2) $V_A = +5$V，$V_B = 0$V。

9-16 如题图 9-5 所示，试求下列几种情况下输出电位 V_Y 及各元器件中通过的电流：(1) $V_A = +10V$，$V_B = 0V$；(2) $V_A = +6V$，$V_B = +5.8V$；(3) $V_A = V_B = +5V$。设二极管的正向电阻为零，反向电阻为无穷大。

9-17 如题图 9-6 所示，$U = 10V$，$u_i = 20\sin\omega t$ V。试画出二极管 D 两端电压 u_D 的波形。

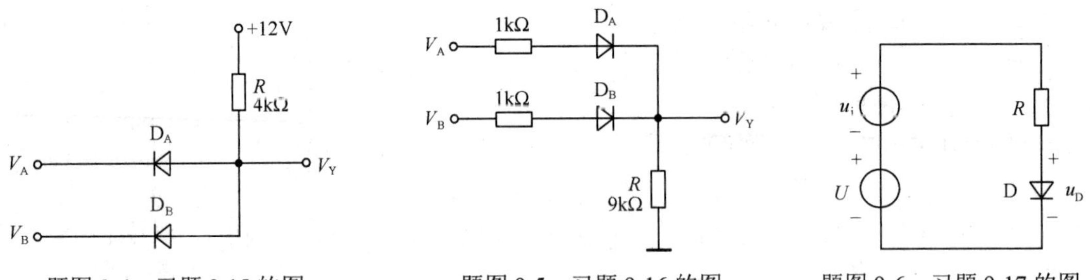

题图 9-4 习题 9-15 的图　　题图 9-5 习题 9-16 的图　　题图 9-6 习题 9-17 的图

9-18 稳压二极管与普通二极管有何区别？为什么稳压二极管的动态电阻愈小，稳压效果愈好？

9-19 如题图 9-7 所示是一稳压二极管削波电路，设稳压二极管 D_{Z1} 和 D_{Z2} 的稳定电压均为 5V，两管的正向压降均可忽略不计。当输入正弦电压 $u_i = 10\sin\omega t$V 时，试画出输出电压 u_o 的波形。

9-20 如题图 9-8 所示，U=20V，$R_1 = 900\Omega$，$R_2 = 1100\Omega$。稳压二极管 D_Z 的稳定电压 $U_Z = 10V$，最大稳定电流 $I_{ZM} = 8mA$。试求稳压二极管中通过的电流 I_Z，是否超过 I_{ZM}？如果超过，怎么办？

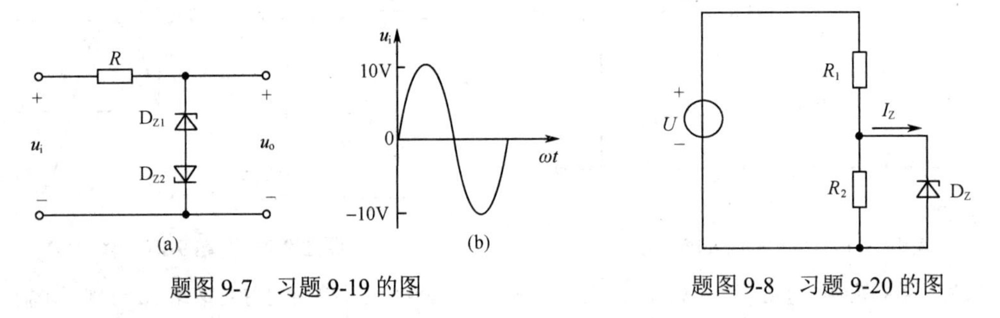

题图 9-7 习题 9-19 的图　　题图 9-8 习题 9-20 的图

9-21 有两个稳压二极管 D_{Z1} 和 D_{Z2}，其稳定电压分别为 5.5V 和 8.5V，正向压降都是 0.5V。讨论能得到几种稳定电压，这两个稳压二极管(还有限流电阻)应该如何连接？画出对应电路。

军事知识

9-22 如题图 9-9 所示为某战机的一台整流器原理图，它们将主电源系统提供的三相 115V、400Hz 的交流相电压转换为 28.5V 的直流电。正常情况下，3 台整流器并联向直流汇流条供电。现分析二极管的作用并画出电流流过负载的实际方向。

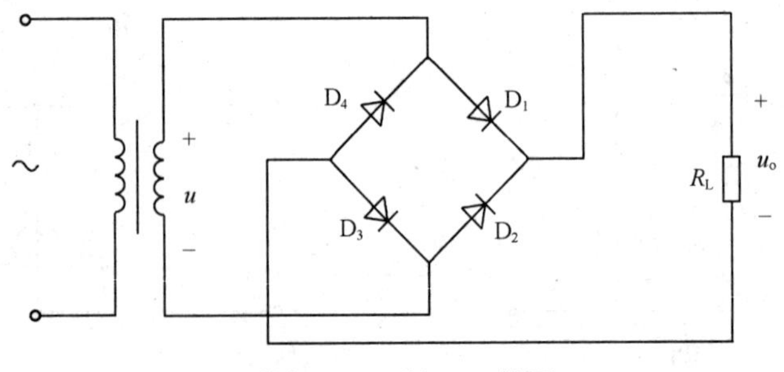

题图 9-9 习题 9-22 的图

第 10 章　双极结型晶体管及其放大电路

引言

在第二次世界大战之前，电子管一直占据电子技术领域的统治地位，它的发明者德福雷斯特曾惊喜地认为“发现了一个看不见的空中帝国”，然而电子管在第二次世界大战中却将自己的缺点暴露无遗，体积大、能耗高、寿命短、噪声强，都严重制约着它的使用。因此基于迫切的战时需要，各国科学家都开始了更加深入的研究。1947 年 12 月 23 日，美国贝尔电话实验室的巴丁博士、布莱顿博士和肖克莱博士发现了晶体管的电流放大作用，这一发现在人类科技史上具有划时代意义。正是晶体管的产生，推动了全球范围内半导体电子工业的发展，集成电路及超大规模集成电路应运而生，使电子技术进入了飞速发展的时代。3 位杰出的科学家也因此获得了 1956 年诺贝尔物理学奖。

晶体管是双极结型晶体管(Bipolar Junction Transistor，BJT)的简称，又称三极管，它由两个背靠背连接的 PN 结(发射结和集电结)构成。在两个 PN 结上加不同的偏置电压，PN 结所处状态也会随之改变，从而导致晶体管呈现出不同的特性和功能。在模拟电路中利用它的放大作用放大微弱信号，而在数字电路中则常把它作为开关元件来使用。

本章主要介绍 BJT 的结构、工作原理、伏安特性曲线和主要参数，并以固定偏置电路为例介绍放大电路的静态和动态分析方法；然后讨论静态工作点的稳定问题及射极输出器的主要工作特点；接着以放大电路的输出功率、效率和非线性失真为主线，逐步提出解决功率放大电路矛盾的措施，着重分析互补对称功率放大电路的工作原理；最后简要介绍多级放大电路的组成和特点。

学习目标：

1. 了解双极结型晶体管的结构和工作原理，掌握其伏安特性曲线及主要参数；
2. 掌握共射极基本放大电路的静态和动态分析方法；
3. 了解基本放大电路稳定静态工作点原理；
4. 了解共集电极电路的基本特点和工作原理；
5. 理解功率放大电路的组成原则和工作原理，掌握 OCL 和 OTL 互补对称式功率放大电路的特点，了解集成功率放大电路的主要应用；
6. 了解多级放大电路的耦合方式。

10.1　双极结型晶体管

双极结型晶体管是最重要的半导体器件之一，因工作时多数载流子和少数载流子同时参与导电而得名。它的分类方式有很多，按照所使用的半导体材料分，有硅管和锗管；按照工作频率分，有低频管和高频管；按照功率分有小、中、大功率管等。

10.1.1　基本结构

如图 10-1 所示，在一个硅(或锗)片上生成 3 个杂质半导体区域，根据每个区域杂质半导体类型的不同，晶体管又可分为 NPN 型和 PNP 型两种。当前国内生产的硅管多为 NPN 型(3D 系列)，锗管多为 PNP 型(3A 系列)。3 个杂质半导体区域分别称为发射区、基区、集电区，其中发射区的掺杂浓度最高，基区很薄(几微米至几十微米)，而集电区的面积最大，便于收集发射区过来的载流子。基区与发射区之间的 PN 结称为发射结，基区与集电区之间的 PN 结称为集电结，两个 PN 结通过很薄的基区联系着。3 个区域各自引出的 3 个电极(引脚)分别称为发射极(E)、基极(B)、集电极(C)。图 10-2 给出了两种类型晶体管的符号和结构示意图，发射极上的箭头表示发射结加正向偏压时发射极电流的实际方向。

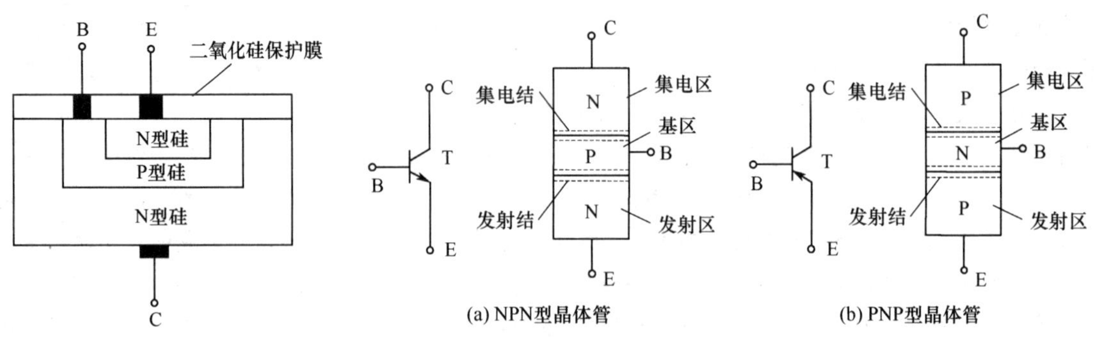

图 10-1　NPN 型晶体管结构　　图 10-2　晶体管的符号和结构示意图

10.1.2　工作原理

在模拟电路中，晶体管的主要作用就是放大，这里所说的放大，既可以是电压、电流放大，也可以是功率放大。但是，总的能量还是守恒的，这主要是由于它从直流电源中获取了能量。例如，某型飞机无线电罗盘中接收电路的输入音频信号能量很小，通过音频电压放大器和音频功率放大器放大后，驱动 600Ω的耳机进行工作，要求输出功率不小于 100mW，这里的输出能量大部分来源于直流电源。

当由晶体管构成放大电路时，可采用 3 种连接方式——共射极、共基极和共集电极，即把发射极、基极、集电极分别作为输入回路和输出回路公共端。下面以 NPN 型晶体管共射极电路为例来介绍晶体管的电流放大原理。

1．载流子的运动

图 10-3(a)所示为 NPN 型晶体管共射极放大电路，基极为输入端，基极电流 I_B 为输入电流；集电极为输出端，集电极电流 I_C 为输出电流。电路中基极电源 U_{BB} 使发射结正向偏置，集电极电源 U_{CC} 大于基极电源 U_{BB}，它的作用是使集电结反向偏置，从而保证了晶体管处于放大状态。

发射结正偏，发射区的多数载流子自由电子和基区的多数载流子空穴产生扩散运动。发射区的电子不断地越过发射结到达基区形成发射极电流 I_E，与此同时，基区空穴也会扩散至发射区。但由于制造时发射区的自由电子浓度远大于基区的空穴浓度，因此与电子电流相比，空穴电流可以忽略不计，晶体管中的载流子运动和电流分配如图 10-3(b)所示。

基区很薄且掺杂浓度低，发射区扩散到基区的自由电子只有很少一部分与基区的空穴复合形成基极电流 I_B，大部分电子在基区内继续扩散到达集电结。

由于集电结反向偏置，空间电荷区增厚，内电场增强，刚好有利于把从基区扩散过来的电子收集到集电区，形成集电极电流 I_C。实际上，集电极电流 I_C 中还包含了基区的少数载流子自由电子和集电区的少数载流子空穴形成的反向漂移电流，即反向饱和电流 I_{CBO}。它既流过集电极，也流过基极，因此 I_B 中也包含了 I_{CBO}。因为漂移电流很小，计算时常忽略不计。

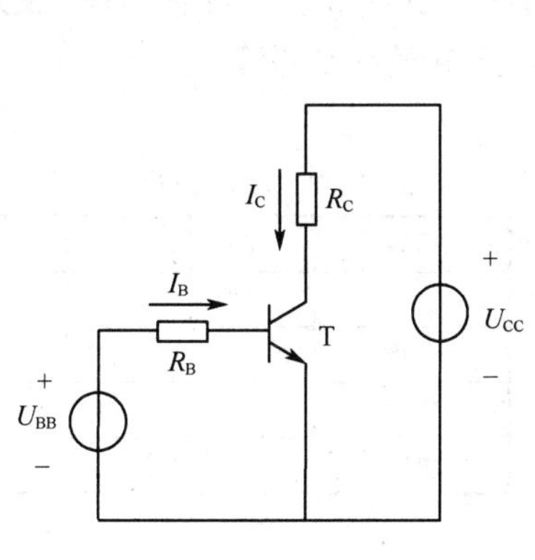

(a) NPN型晶体管共射极放大电路

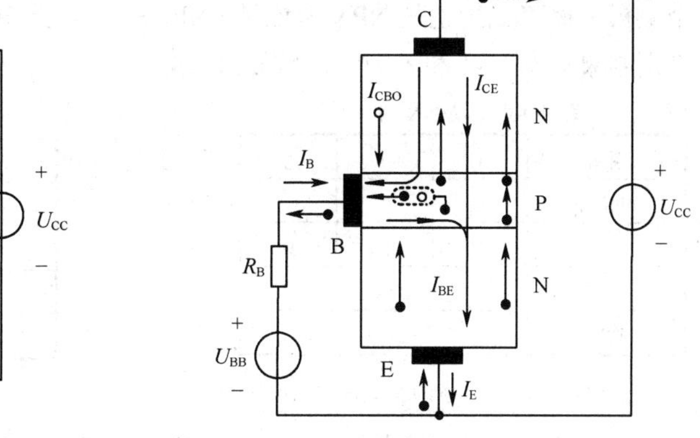

(b) 内部载流子运动及电流分配

图 10-3　共射极放大电路基本放大原理

2．电流分配和放大作用

从图 10-3(b)中可得

$$I_E = I_C + I_B \tag{10-1}$$

如果视晶体管为一个广义节点，式(10-1)是符合基尔霍夫电流定律的。基极电流 I_B 很小，但控制了比它大很多的集电极电流 I_C。通常，从基极到集电极的电流增益是基本确定的，这个参数称为晶体管共发射极直流电流放大系数 $\overline{\beta}$，且

$$\overline{\beta} = \frac{I_C}{I_B} \tag{10-2}$$

因此，式(10-1)可以写为

$$I_E = I_C + I_B = (1+\overline{\beta})I_B \tag{10-3}$$

如果考虑基区多子扩散运动和集电区少子漂移运动，则有

$$I_C = \overline{\beta}I_B + (1+\overline{\beta})I_{CBO} = \overline{\beta}I_B + I_{CEO} \tag{10-4}$$

电流 I_{CEO} 为穿透电流，在常温下 I_{CEO} 很小，一般 $I_{CEO} < 1\mu A$，通常可忽略不计。但是温度对它的影响较大，温度增加，I_{CEO} 将会明显增加。

图 10-4 给出了处于放大状态的 NPN 型和 PNP 型晶体管的发射结与集电结的实际极性及各极电流的实际方向。此外还可看到：NPN 型晶体管的 U_{CE} 和 U_{BE} 都是正值；而 PNP 型晶体管的 U_{CE} 和 U_{BE} 都是负值。

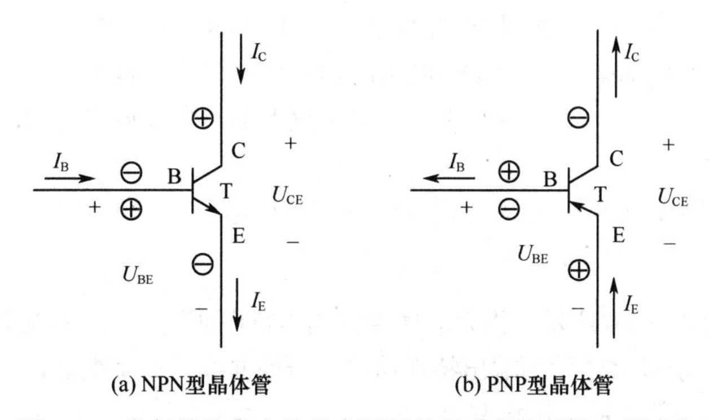

(a) NPN型晶体管　　(b) PNP型晶体管

图 10-4　发射结和集电结的实际极性及各极电流的实际方向

【例 10-1】放大电路中两个晶体管的各个引脚对地电位见表 10-1 和表 10-2 前两行，试判别：(1)管子的 3 个电极名称；(2)管型是 NPN 型还是 PNP 型；(3)属于硅管还是锗管。

解 判别结果见表 10-1 和表 10-2。解题过程略。

表 10-1 晶体管Ⅰ

引脚	1	2	3
电位/V	10	3	3.7
电极	C	E	B
类型	NPN 型		
材料	硅管		

表 10-2 晶体管Ⅱ

引脚	1	2	3
电位/V	9	8.7	3.7
电极	E	B	C
类型	PNP 型		
材料	锗管		

由例 10-1 可知，当晶体管处于放大状态时：

① NPN 型晶体管的集电极电位最高，发射极电位最低；PNP 型晶体管的发射极电位最高，集电极电位最低；

② NPN 型硅管基极电位比发射极电位大约高 0.7V，PNP 型锗管发射极电位比基极电位大约高 0.3V。

10.1.3 共射极电路特性曲线

晶体管的性能可以通过各极电流和极间电压关系来反映，表示这种关系的曲线称为晶体管的特性曲线，通过特性曲线可以了解晶体管的性能和参数，同时它还是分析计算放大电路的重要依据。下面介绍最常用的共射极放大电路的晶体管输入特性曲线和输出特性曲线。

1．输入特性曲线

当集-射极电压 U_{CE} 为某个常数时，输入回路(基极电路)中基极电流 i_B 与基-射极电压 u_{BE} 之间的关系为

$$i_B = f(u_{BE})\Big|_{U_{CE}=常数} \tag{10-5}$$

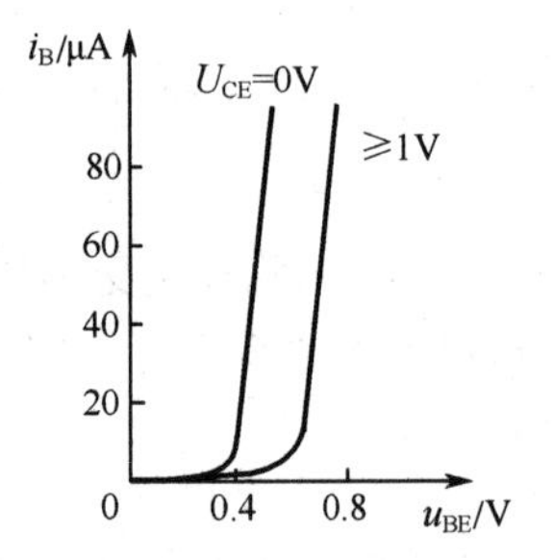

图 10-5 晶体管的输入特性曲线

上式描述的曲线如图 10-5 所示，称为晶体管的输入特性曲线。由图可见，晶体管输入特性曲线的形状与二极管的正向伏安特性相似，也有一段死区。只有在发射结外加电压大于死区电压时，晶体管才完全进入放大状态，这时特性曲线很陡，在正常工作范围内，U_{BE} 变化范围很小，NPN 型硅管的发射结电压 U_{BE} 为 0.7V 左右，PNP 型锗管的 U_{BE} 为−0.3V 左右。当 U_{CE}≥1V 时，晶体管处于放大状态，由于晶体管各极电流受 U_{CE} 的影响不大，故 U_{CE}>1V 以后的输入特性曲线基本上是重合的。但温度会影响输入特性曲线，如温度升高，曲线向左移动。

2．输出特性曲线

若基极电流 I_B 为常数，输出回路(集电极电路)中集电极电流 i_C 与集-射极电压 u_{CE} 之间的关系为

$$i_C = f(u_{CE})\Big|_{I_B=常数} \tag{10-6}$$

上式描述的曲线如图 10-6 所示，称为晶体管的输出特性曲线。由图可见，I_B 取值不同，可得到不同的输出特性曲线，所以晶体管的输出特性曲线是一簇曲线。通常把晶体管的输出特性曲线分为 3 个工作区，对应晶体管的 3 种工作状态。

（1）放大区

放大区处于输出特性曲线的等距平直部分，在此区域工作的晶体管发射结正向偏置，集电极反向偏置，输入/输出电流关系满足$I_C = \overline{\beta} I_B$，晶体管具有电流放大作用，处于放大状态，因此称其为放大区，也称为线性区。此时，发射结电压U_{BE}约为0.7V，集-射极电压$U_{CE}>U_{BE}$，即该电路各点的电位$V_C > V_B > V_E$(若是 PNP 型晶体管，各点电位关系为$V_C < V_B < V_E$)。

（2）截止区

截止区位于特性曲线接近横轴部分，晶体管处于截止状态时，发射结和集电结均反向偏置。基极电流$I_B = 0$，$I_C = I_{CEO}$。基极虽然没有电流，但是集电极有一个很小的电流，就是穿透电流I_{CEO}。穿透电流是由少子漂移造成的，温度升高，I_{CEO}增加。对于 NPN 型硅管，当$U_{BE} < 0.5V$时，管子已经开始截止，但是，为了可靠截止，可使$U_{BE} \leqslant 0$。

（3）饱和区

饱和区位于特性曲线迅速上升和弯曲部分之间的区域，是非线性区域。晶体管处于饱和状态时，发射结和集电结均正向偏置，这时U_{CE}很小，I_B与I_C之间不存在比例关系。此时，集-射极电压$|U_{CE}| < |U_{BE}|$。

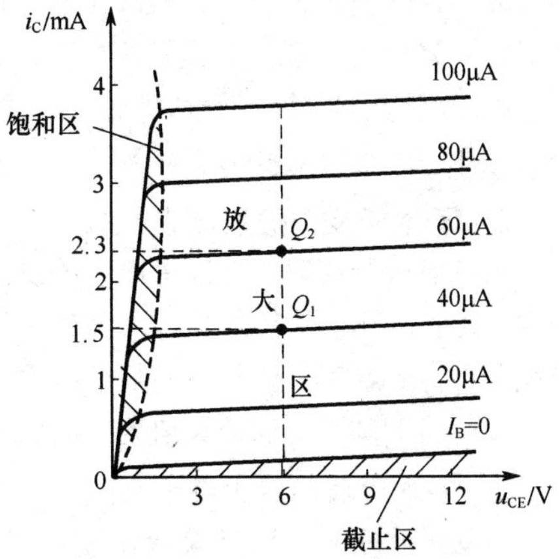

图 10-6　晶体管的输出特性曲线

10.1.4　主要参数

除用曲线描述晶体管的特性外，还可用一些参数来表明它的性能和适用范围，同时，这些参数也是设计电路和选用器件的重要依据。晶体管的主要参数有下面几个。

1. 电流放大系数$\overline{\beta}$，β

前面介绍了共射极直流(静态)电流放大系数$\overline{\beta}$，它是无交流输入信号时集电极电流I_C与基极电流I_B的比值，即

$$\overline{\beta} = \frac{I_C}{I_B} \tag{10-7}$$

当晶体管工作在有交流输入信号u_i的情况下，基极电流将在I_B基础上叠加一个动态电流i_b，由它引起集电极电流的变化量Δi_C，二者也是成一定比例关系的，这个比值称为交流电流(动态)放大系数

$$\beta = \frac{\Delta i_C}{\Delta i_B} \tag{10-8}$$

【例 10-2】根据图 10-6 所给出的晶体管 3DG100 的输出特性曲线。(1)计算Q_1点处的$\overline{\beta}$；(2)利用Q_1和Q_2两点，计算β。

解 (1)在Q_1点处，$U_{CE} = 6V$，$I_B = 40\mu A = 0.04mA$，$I_C = 1.5mA$，故

$$\overline{\beta} = \frac{I_C}{I_B} = \frac{1.50}{0.04} = 37.5$$

(2)由Q_1和Q_2两点($U_{CE} = 6V$)得

$$\beta = \frac{\Delta i_C}{\Delta i_B} = \frac{2.30 - 1.50}{0.06 - 0.04} = \frac{0.80}{0.02} = 40$$

通过上面这个例题，不难发现$\overline{\beta}$和β虽含义不同，但是数值相近。今后在估算时，常用$\overline{\beta} \approx \beta$这个近似关系，无论直流还是交流均用$\beta$表示电流放大倍数。

晶体管的整个输出特性曲线是非线性的，只有在特性曲线的近于水平部分(线性区)I_C随I_B成正比变化，β值才可以认为是基本恒定的。

由于制造工艺的分散性，即使同一型号的管子，β值也有一定的差异。常用晶体管的β值在20～200之间。β值受温度影响很大，一般温度每升高1℃，β值增大0.5%～1%。

2. 集-基极反向截止电流 I_{CBO}

当发射极开路时，流经集电结的反向电流称为集-基极反向截止电流I_{CBO}。与二极管的反向电流一样，其值很小。在室温下，小功率锗管的I_{CBO}约为微安级，硅管的I_{CBO}在纳安级。I_{CBO}受温度影响较大，I_{CBO}随温度变化越小越好，硅管在温度稳定性方面好于锗管。2N4123是常规的NPN型硅晶体管，常温下其I_{CBO}的最大值为50nA。

3. 集-射极反向截止电流 I_{CEO}

当基极开路时，集电极电流为集-射极反向截止电流I_{CEO}，也称为穿透电流。它是I_{CBO}的$(1+\beta)$倍，并且和I_{CBO}一样，随温度的增加而增加。常温下硅管的I_{CEO}约为几微安，锗管的约为几十微安，其值也是越小越好。

4. 集电极最大允许电流 I_{CM}

集电极电流I_C超过一定值时，晶体管的β值要下降。当β值下降到正常数值的2/3时，集电极电流称为集电极最大允许电流I_{CM}。因此，在使用晶体管时，I_C若超过I_{CM}，会令管子的性能变坏，甚至烧毁。如在收音机及各种放大电路中经常看到的9014型号晶体管，是NPN型小功率晶体管，其集电极最大允许电流$I_{CM} = 0.1\text{A}$。

5. 集-射极反向击穿电压 $U_{(BR)CEO}$

基极开路时，加在集电极和发射极之间的最大允许电压，称为集-射极反向击穿电压$U_{(BR)CEO}$。此时，集电结处于反向偏置状态，发射结处于正向偏置状态，当晶体管的集-射极电压U_{CE}大于$U_{(BR)CEO}$时，I_{CEO}突然大幅度上升，说明晶体管已被击穿。如8050型号晶体管是常见的适用于高频放大的晶体管，其U_{CEO}一般为25V左右。

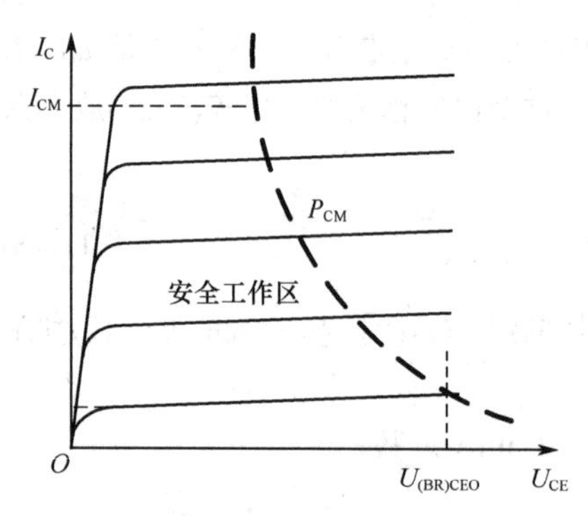

图10-7　晶体管的安全工作区

6. 集电极最大允许耗散功率 P_{CM}

晶体管发生电压击穿后，电路中的管子就无法正常工作，但是只要不超过最大功率损耗，管子不一定会损坏。P_{CM}表示集电极上允许耗散功率的最大值。它主要受结温的限制，一般锗管允许结温为70～90℃，硅管约为150℃。

根据$P_{CM} = I_C U_{CE}$，可在晶体管的输出特性曲线上作出P_{CM}曲线。由I_{CM}、$U_{(BR)CEO}$和P_{CM}三者共同确定晶体管的安全工作区，如图10-7所示。

上面讨论的几个参数，其中I_{CBO}、I_{CEO}和β是表明晶体管优劣的主要指标；I_{CM}、$U_{(BR)CEO}$和P_{CM}是极限参数，用来说明晶体管的使用限制。

【例10-3】超短波电台的发射机电路中有一放大电路，电源电压为27V，现有3只晶体管的参数如表10-3所示，请选用一只晶体管，并阐述理由。

表 10-3　例 10-3 晶体管参数

晶体管参数	T_1	T_2	T_3
I_{CBO} / μA	0.01	0.05	0.05
$U_{(BR)CEO}$ / V	50	50	20
β	15	80	100

解　T_1 管虽然 I_{CBO} 最小，温度稳定性最好，但 β 很小，放大能力差，所以不宜选用。T_3 管虽然 β 较大，但是 $U_{(BR)CEO}$ 仅为 20V，低于电源电压，工作过程中有可能被击穿，故也不适合。综合各项参数，T_2 管最适合。

10.2　共射极基本放大电路

在模拟电路中，晶体管的主要用途就是构成放大电路。放大电路的应用是极其广泛的，无论是民用电子设备还是军用电子装备，常常都需要把微弱信号放大。比如机载火控雷达接收机所接收的信号非常微弱，必须放大到足够大才能推动后续电路工作，从而在显示器上将雷达获得的各种目标信息显示给操作人员，进而提供对雷达的各种控制；再如，电子对抗中用来侦察的设备侦察接收机，它也必须先将空间中存在的微弱电磁信号收集起来，经过放大、处理后方能识别出这些信号的特征。

如前所述，放大电路有共射极、共集电极和共基极 3 种连接形式，本节主要介绍共射极基本放大电路——固定偏置共射极放大电路。

10.2.1　放大电路的组成

固定偏置共射极放大电路如图 10-8 所示，晶体管的基极作为输入端连接信号源或前级放大电路，输入电压为 u_i；集电极作为输出端接负载 R_L 或下级放大电路，输出电压为 u_o。电路中各个元器件的作用如下所述。

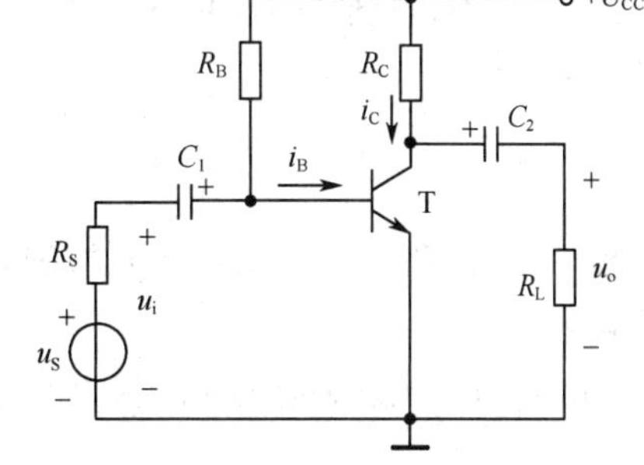

图 10-8　固定偏置共射极放大电路

① 晶体管 T：放大电路的核心部件，具有电流放大作用。输入交流电压 u_i 引起基极电流的变化，而此时晶体管工作在放大区，因此在集电极可获得放大的交流电流。

② 直流电源 U_{CC}：主要有两个作用，一是提供直流电压，保证发射结正向偏置，集电结反向偏置，使晶体管处于放大状态；另一个作用是为输出负载提供能量。在放大电路中，输出信号的电流、电压变化量远大于输入信号的变化量，即输出信号能量大于输入信号能量，显然输出信号的能量不可能由输入信号提供，而是直流电源 U_{CC} 为输出信号提供了能量。U_{CC} 取值一般从几伏到几十伏。

③ 基极电阻 R_B：直流电源 U_{CC} 通过电阻 R_B 为晶体管提供合适的基极电流 I_B（常称为偏流）。

④ 集电极负载电阻 R_C：R_C 可以把集电极电流的变化转换成电压的变化反映在输出端，即实现了把晶体管的电流放大转换成电压放大的作用。

⑤ 耦合电容 C_1 和 C_2：起到传递交流信号，隔离直流信号的作用。C_1 隔断了输入信号与放大电路之间的直流通路，C_2 隔断了输出信号与放大电路之间的直流通路；同时，又能使交流信号通过电容 C_1、C_2 进行传递。因此，把电容 C_1 和 C_2 称为**耦合电容或隔直电容**。由于耦合作用，要求 C_1 和 C_2 的容抗值很小，即电容值很大，一般为几微法至几百微法。

上述电路采用的是 NPN 型晶体管，如果改用 PNP 管，只需改变电源U_{CC}和电解电容C_1及C_2的极性即可。

10.2.2 静态分析

对一个放大电路进行分析时，总围绕着两个方面的工作展开：第一是静态分析，即放大电路中无交流输入信号，只有直流电源单独作用；第二是动态分析，只考虑放大电路的交流输入信号，分析计算电路的放大倍数、输入阻抗、输出阻抗、通频带、最大输出功率等参数。前者讨论的对象是直流成分，后者讨论的对象则是交流成分。

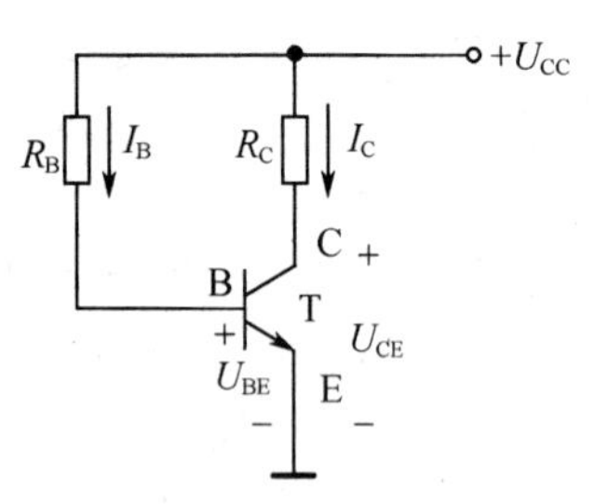

图 10-9 共射极基本放大电路直流通路

静态分析时，无交流输入信号，即 u_i=0，电路中各处的电流和电压均为直流量，因此电路中的所有电容可视为开路，电感可以视为短路，这样就获得了放大电路的直流通路，如图 10-9 所示。

放大电路的静态分析就是确定放大电路的静态值(直流值) I_B、I_C和U_{CE}，一组确定的静态值对应着输入/输出特性曲线上的一个点，通常称为静态工作点 Q(Quiescent 的首字母)。对于放大电路来说，设置合适的静态工作点是非常重要的。静态工作点设置得过高或者过低，都容易引起电路的非线性失真，导致电路无法正常工作，这一问题将在后面的叙述中详细讨论。通常有两种确定静态工作点的方法：一种是估算法，对I_B、I_C和U_{CE}进行数值求解；另一种是图解法，在特性曲线上大致标出静态工作点 Q。下面先讨论估算法。

1. 估算法求静态工作点

图 10-9 所示的直流通路中，基极电流为

$$I_B = \frac{U_{CC} - U_{BE}}{R_B} \tag{10-9}$$

式中，由于U_{BE}(硅管约为 0.7V，锗管仅为 0.3V) 与U_{CC}(几伏到几十伏) 相比数值较小，故可忽略不计。因此有

$$I_B \approx \frac{U_{CC}}{R_B} \tag{10-10}$$

显见，U_{CC}和R_B一经确定，偏流I_B的大小是固定的，因此，该共射极基本放大电路又被称为**固定偏置电路**。

由I_B可得出静态时的集电极电流I_C为

$$I_C = \beta I_B \tag{10-11}$$

由图 10-9 可得，静态时集-射极电压U_{CE}则为

$$U_{CE} = U_{CC} - R_C I_C \tag{10-12}$$

式(10-10)、式(10-11)和式(10-12)共同确定了放大电路的静态值。

【例 10-4】在图 10-8 中，已知$U_{CC} = 12\text{V}$，$R_C = 3\text{k}\Omega$，$R_B = 240\text{k}\Omega$，$\beta = 40$，晶体管为硅管。试求放大电路的静态值。

解 根据直流通路可得出

$$I_B \approx \frac{U_{CC}}{R_B} = \frac{12}{240 \times 10^3}\text{A} = 0.05 \times 10^{-3}\text{A} = 0.05\text{mA} = 50\mu\text{A}$$

$$I_C = \beta I_B = 40 \times 0.05\text{mA} = 2\text{mA}$$

$$U_{CE} = U_{CC} - R_C I_C = 12 - (3\times10^3)\times(2\times10^{-3})\text{V} = 6\text{V}$$

2. 图解法确定静态工作点

图解法就是根据给定的电路参数和晶体管伏安特性曲线，用作图的方法来确定放大电路的静态工作点。静态工作点既与所选用的晶体管的特性曲线有关，也与放大电路的结构参数有关。

图解法确定静态工作点的一般步骤如下：

（1）确定基极电流 I_B

在基本放大电路中，有输入回路电压方程

$$I_B R_B = U_{CC} - U_{BE}$$

由前面叙述可知上式可简化为

$$I_B \approx \frac{U_{CC}}{R_B}$$

这样，近似计算出 I_B 的取值，也就可以在输出特性曲线上找出相对应的一条曲线。

（2）作出直流负载线

图 10-10 给出了共射极基本放大电路中晶体管的输入特性和输出特性曲线。无论何时晶体管处于何种状态，晶体管的电流和电压一定会位于特性曲线上。

在图 10-9 所示的输出回路中，必然满足回路方程

$$U_{CE} = U_{CC} - R_C I_C$$

所以，I_C 和 U_{CE} 呈线性关系，我们把这条代表外电路的电压与电流关系的直线称作输出回路的**直流负载线**。I_C 与 U_{CE} 之间既要满足晶体管的输出特性曲线，又要满足方程 $U_{CE} = U_{CC} - I_C R_C$ 所确定的直流负载线，因而只能工作在两者的交点上。

（3）确定静态工作点 Q

输出回路直流负载线和用确定的 I_B 选取的一条输出特性曲线的交点，就是所求的静态工作点。

可见，求静态工作点也就是要确定 I_B、I_C 和 U_{CE} 这 3 个静态值。

【例 10-5】 在例 10-4 中，试用图解法作出放大电路的静态工作点。

解 由输出特性作出直流负载线

$$U_{CE} = U_{CC} - R_C I_C$$

$$I_C = 0\text{时，} U_{CE} = 12\text{V}\text{；} \quad U_{CE} = 0\text{V 时，} I_C = \frac{U_{CC}}{R_C} = 4\text{mA}$$

于是，过(12,0)和(0,4)两点可作直线(见图 10-11)，即为直流负载线。又知 $I_B = 50\mu\text{A}$，可得 Q 点坐标为(6,2)，即 $U_{CE} = 6\text{V}$，$I_C = 2\text{mA}$。

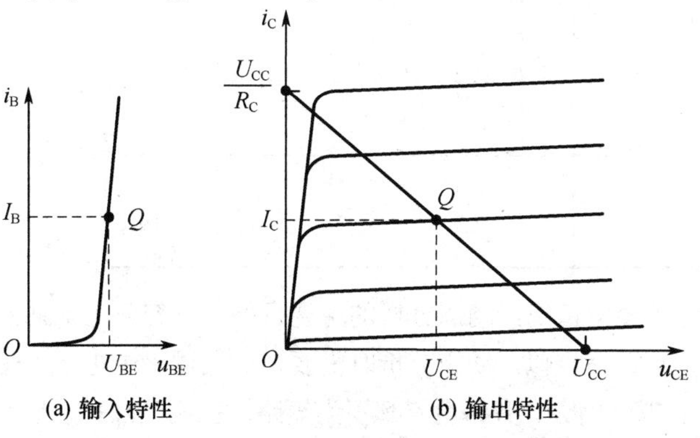

图 10-10 用图解法确定放大电路的静态工作点

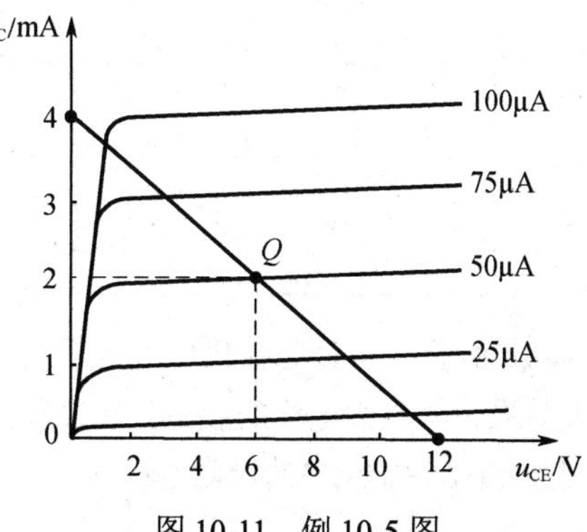

图 10-11 例 10-5 图

10.2.3 动态分析

在放大电路有交流输入信号后，电路中各处的电压、电流会在原有静态值的基础上叠加一个与输入信号波形相似的变化量(即交流量)，对放大电路中这些变化量的分析，称为放大电路的动态分析。

图 10-8 所示放大电路中，当有交流信号 u_i 输入时，u_i 通过电容 C_1 耦合到晶体管的发射结，叠加在静态工作电压 U_{BE} 上，这样，晶体管的基极与发射极之间的总电压 u_{BE} 和基极总量电流 i_B 都在原有静态值(又称直流分量)的基础上叠加了一个交流分量(见图 10-12)。基极电流的变化必然引起集电极电流的变化，集电极电流的改变又导致了集电极与发射极之间电压的改变，若忽略耦合电容的阻抗，各总量的表达式如下

$$u_{BE} = U_{BE} + u_i \tag{10-13}$$

$$i_B = I_B + i_b \tag{10-14}$$

$$i_C = I_C + i_c \tag{10-15}$$

其中，$i_C = \beta i_B$，$I_C = \beta I_B$，$i_c = \beta i_b$，式中 u_{BE}、i_B 和 i_C 表示直流分量叠加交流分量后的电压或电流总量，字母小写下标大写；U_{BE}、I_B 和 I_C 表示直流分量，字母和下标均大写；u_{be}、i_b 和 i_c 表示交流分量，字母下标均小写。电路中的其他电流和电压符号表示见表 10-4。

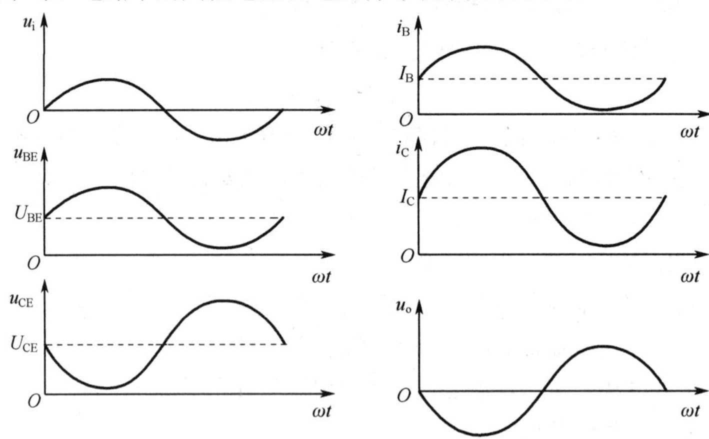

图 10-12 电压、电流直流量和交流量之间关系

表 10-4 放大电路中电压和电流的符号

名 称	静态值	交流分量		总电压或总电流		直流电源	
		瞬时值	有效值	瞬时值	平均值	电动势	电压
基极电流	I_B	i_b	I_b	i_B	$I_{B(AV)}$		
集电极电流	I_C	i_c	I_c	i_C	$I_{C(AV)}$		
发射极电流	I_E	i_e	I_e	i_E	$I_{E(AV)}$		
集-射极电压	U_{CE}	u_{ce}	U_{ce}	u_{CE}	$U_{CE(AV)}$		
基-射极电压	U_{BE}	u_{be}	U_{be}	u_{BE}	$U_{BE(AV)}$		
集电极电源						E_C	U_{CC}
基极电源						E_B	U_{BB}
发射极电源						E_E	U_{EE}

动态分析是在静态值确定后分析交流信号的传输情况，动态分析的主要目的是研究放大电路的放大效果。与放大电路的静态分析需要采用直流通路类似，动态分析时需要在交流通路中进行。画交流通路(见图 10-13)的原则是：放大电路中的耦合电容、旁路电容都视为短路；直流电源 U_{CC} 也可视为短路。

放大电路的动态分析主要用于计算电压放大倍数 A_u、输入电阻 r_i 和输出电阻 r_o。通常采用小信号模型分析法和图解法来分析。

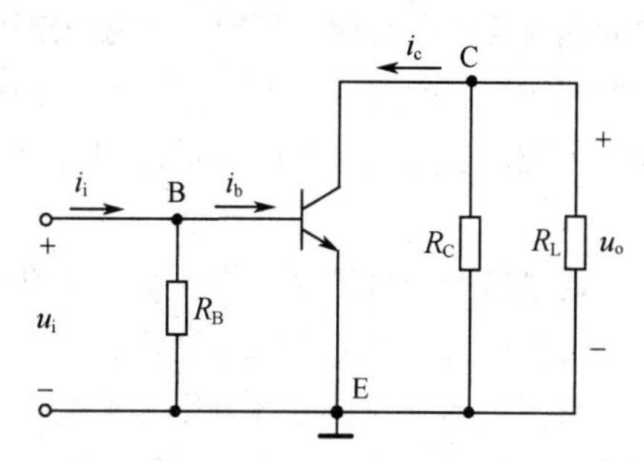

图 10-13　固定偏置放大电路的交流通路

1. 小信号模型分析法

小信号模型分析法(又称微变等效电路法)是指在放大电路的输入信号较小的情况下，晶体管仅在特性曲线上的静态工作点 Q 附近的很小范围内工作，这时可以把非线性曲线近似看作是线性的，即把非线性器件晶体管转换为线性器件来进行求解。转换前、后要保证各端口的电流、电压的关系不变。下面首先介绍晶体管的小信号模型，然后用此模型代替放大电路中的晶体管，从而把一个非线性电路转换为线性电路来求解。需要强调的是，使用这种分析方法的条件是放大电路的输入信号为小信号。

（1）晶体管的小信号模型

晶体管共射极电路如图 10-14(a)所示，输入端的电压与电流的关系如图 10-14(b)所示，显然，晶体管的输入特性曲线是非线性的。但当输入信号很小时，在静态工作点 Q 附近的工作段可认为是线性的。当 U_{CE} 为常值时，Δu_{BE} 与 Δi_B 之比

$$r_{be}=\left.\frac{\Delta u_{BE}}{\Delta i_B}\right|_{U_{CE}}=\left.\frac{u_{be}}{i_b}\right|_{U_{CE}} \tag{10-16}$$

称为晶体管的输入电阻，它表示晶体管的输入特性，由它确定 u_{be} 与 i_b 之间的关系。因此，晶体管的输入电路可用 r_{be} 等效代替。r_{be} 一般为数百至数千欧，低频小功率晶体管的输入电阻在工程上常用下面的公式估算

$$r_{be}\approx 200(\Omega)+(1+\beta)\frac{26(\text{mV})}{I_E} \tag{10-17}$$

式中，200Ω为晶体管基区的体电阻，与掺杂浓度和制造工艺有关；β 为晶体管的电流放大倍数；26mV 为温度的电压当量；I_E 是晶体管的发射极直流电流，单位为 mA；r_{be} 是对交流而言的一个动态电阻。

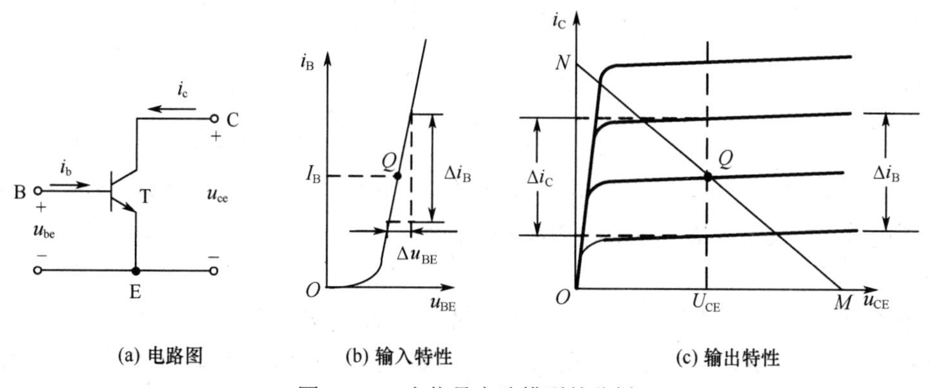

图 10-14　小信号电路模型的分析

输出端的电压与电流的关系可由晶体管的输出特性来确定。图 10-14(c)所示是晶体管的输出特性曲线簇，在放大区是一组近似与横轴平行的直线。当 U_{CE} 为常值时，Δi_C 与 Δi_B 之比

$$\beta=\left.\frac{\Delta i_C}{\Delta i_B}\right|_{U_{CE}}=\left.\frac{i_c}{i_b}\right|_{U_{CE}}$$

即为晶体管的电流放大倍数，由它确定了 Δi_C 受 Δi_B 控制的关系。因此，晶体管的输出电路可用一受控电流源 $i_c = \beta i_b$ 代替，以表示晶体管的电流控制作用。当 $i_b = 0$ 时，βi_b 不复存在，所以它不是一个独立电源，而是受输入电流 i_b 控制的受控源。在输入信号为正弦交流信号时，可表示为

$$\dot{I}_c = \beta \dot{I}_b$$

通过以上分析讨论，得到晶体管的小信号等效模型，如图 10-15 所示。

（2）放大电路的小信号等效电路

将交流通路中的晶体管用它的交流小信号等效模型代替，便得到在小信号(即微变信号)情况下对放大电路进行动态分析的等效电路，称为放大电路的小信号等效电路(见图 10-16)。利用小信号等效电路，便可根据公式得到放大电路的主要动态性能指标。

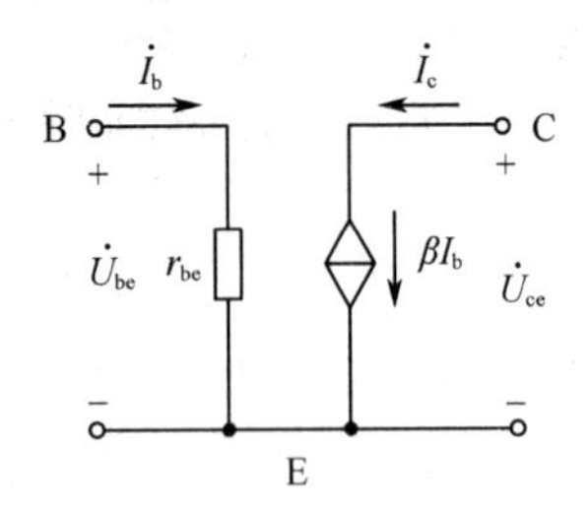

图 10-15　晶体管的小信号等效模型

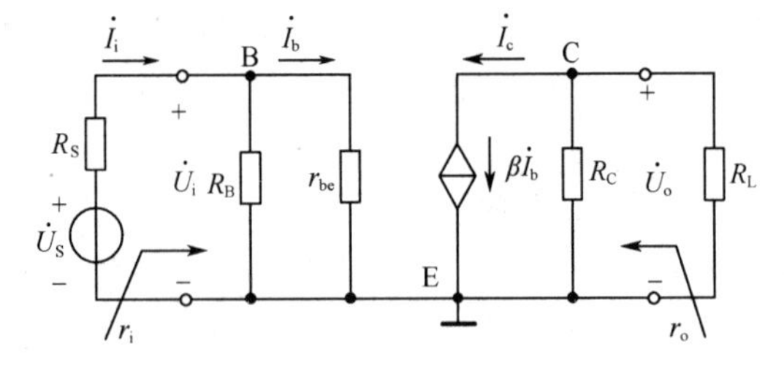

图 10-16　放大电路的小信号等效电路

① 电压放大倍数

设图 10-16 中的输入信号为正弦交流信号，图中的电压和电流都可用相量表示，可得

$$\dot{U}_i = r_{be} \dot{I}_b$$

$$\dot{U}_o = -R'_L \dot{I}_c = -\beta R'_L \dot{I}_b$$

式中，取负号是因为 $\dot{U}_o$ 与 $\dot{I}_c$ 取非关联参考方向。R'_L 是 R_C 与 R_L 的并联等效电阻，称为总负载电阻或等效负载电阻。输出端接有负载电阻 R_L 时，有

$$R'_L = R_C // R_L \tag{10-18}$$

空载时

$$R'_L = R_C \tag{10-19}$$

由此求得该放大电路的电压放大倍数的计算公式为

$$A_u = \frac{\dot{U}_o}{\dot{U}_i} = -\beta \frac{R'_L}{r_{be}} \tag{10-20}$$

值得注意的是，式中负号说明 $\dot{U}_o$ 与 $\dot{U}_i$ 相位相反，即输出电压与输入电压相差 180°；r_{be} 由放大电路的静态值 I_E 决定，所以电压放大倍数会随着静态工作点的改变而发生变化；而 R'_L 是 R_C 与 R_L 的并联等效电阻，负载电阻 R_L 越小，电压放大倍数越小。

② 放大电路的输入电阻

放大电路的输入信号是由信号源(前级放大电路也可看成本级的信号源)提供的，对信号源来说，放大电路相当于它的负载，如图 10-16 所示，其作用可用一个电阻 r_i 来等效代替。这个电阻就是从放大电路输入端看进去的等效电阻，称为放大电路的输入电阻。由图 10-16 可得输入电压

$$\dot{U}_i = (R_B // r_{be}) \dot{I}_i$$

那么，该放大电路的输入电阻的计算公式为

$$r_i = \frac{\dot{U}_i}{\dot{I}_i} = R_B // r_{be} \tag{10-21}$$

一般来说，由于$R_B \gg r_{be}$，所以$r_i \approx r_{be}$。一般r_{be}为1kΩ左右，可见固定偏置放大电路的输入电阻较小。

③ 放大电路的输出电阻

放大电路的输出电阻可在信号源短路($\dot{U}_S = 0$)和输出端开路的条件下求得。从图10-16来看，当信号源$\dot{U}_S = 0$时，则$\dot{U}_i = 0$，$\dot{I}_i = 0$，$\dot{I}_b = 0$，进而$\dot{I}_c = \beta \dot{I}_b = 0$，受控电流源相当于开路。共射极放大电路的输出电阻是从放大电路的输出端看进去的一个电阻。故

$$r_o \approx R_C \tag{10-22}$$

R_C一般为几千欧，因此，共射极放大电路的输出电阻较高。

【例10-6】 在图10-16中，已知$U_{CC} = 12\text{V}$，$R_C = 5\text{k}\Omega$，$R_B = 300\text{k}\Omega$，$\beta = 37.5$，$R_L = 5\text{k}\Omega$，试求A_u、r_i、r_o。

解 例10-2中已求出$I_E \approx I_C = 1.5\text{mA}$，因此有

$$r_{be} = 200(\Omega) + (1+\beta)\frac{26(\text{mV})}{I_E} = 200 + (1+37.5)\times\frac{26}{1.5} = 0.87\text{k}\Omega$$

$$A_u = -\beta\frac{R_L'}{r_{be}} = -37.5\times\frac{2.5}{0.87} = -107.76$$

$$R_L' = R_C // R_L$$

$$r_i = R_B // r_{be} \approx r_{be} = 0.87\text{k}\Omega$$

$$r_o \approx R_C = 5\text{k}\Omega$$

2．图解法

图解法是利用晶体管的输入和输出特性曲线来分析各处电流、电压波形的一种方法。图解法的步骤一般是先根据输入信号电压u_i的波形变化规律，在输入特性曲线上画出i_B的波形，然后根据i_B的变化在输出特性曲线上画出i_C和u_{CE}的波形，u_{CE}的交流成分即为输出电压u_o。如图10-17所示，设输入信号 u_i=0.02sinωtV，把它加到放大电路的输入端后，引起i_B的变化范围是 20~60μA[见图10-17(a)]，若输出端开路，图10-17(b)中的交流负载线满足方程$u_{CE} = U_{CC} - i_C R_C$，$u_{CE}$和$i_C$一定在交流负载线上变化，交流负载线与$i_B$=60μA的交点为$Q_1$，与$i_B = 20\mu\text{A}$的交点为$Q_2$，直线段$Q_1 Q_2$

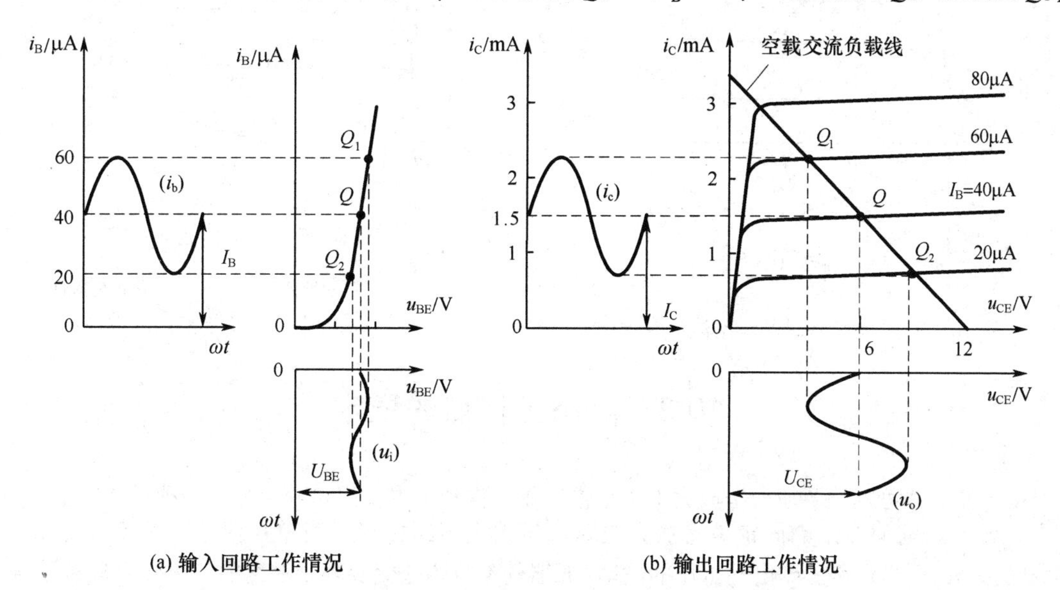

图10-17 加正弦输入信号时无负载放大电路的工作情况图解

就是工作点移动的轨迹，即为动态工作范围。由此可知，i_C的变化范围为0.6~2.2mA，u_{CE}的变化范围为4~8V，u_{CE}中的交流分量为输出电压u_o。

当输出端带有负载R_L时，u_{CE}和i_C应该满足方程

$$u_{CE}=U_{CE}-i_c R_L'=U_{CE}-(i_C-I_C)R_L'=U_{CE}+I_C R_L'-i_C R_L' \tag{10-23}$$

式中$R_L'=R_C//R_L$。该方程是一条经过静态工作点 Q，并且斜率为$-1/R_L'$的直线，称为交流负载线。当电路中接有负载时，动态工作点(u_{CE},i_C)沿着交流负载线移动。带有负载时的输出波形如图10-18所示。

10.2.4 非线性失真

通过上面的分析可知，若使放大电路可以正常工作，必须保证在交流信号整个周期内，晶体管始终工作在放大区，不能进入饱和区或者截止区。如果放大电路静态工作点设置得不合适或者输入信号过大等原因，使晶体管的工作状态进入了特性曲线的非线性区域，将导致输出波形发生畸变，这种现象称为非线性失真。产生非线性失真的晶体管工作波形如图10-19所示，图中非线性失真是由静态工作点设置得不合适引起的。静态工作点过高(如图10-19中的Q_1)，晶体管容易进入饱和状态，导致输出电压u_o负半周波形发生畸变，这类失真叫饱和失真；如果静态工作点设置得过低(如图10-19中的Q_2)，晶体管容易进入截止状态，导致输出电压u_o正半周波形发生畸变，这类失真叫截止失真。

通常，为了得到较大的电压放大倍数，得到不失真的输出信号，静态工作点应该设置在交流负载线中间的位置。

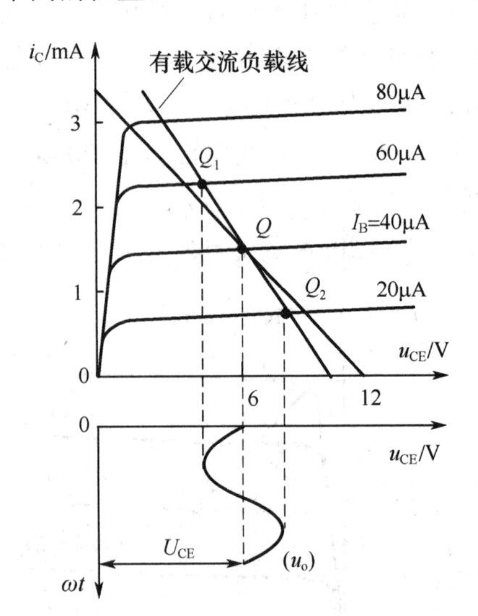

图10-18 带有负载时的输出波形分析

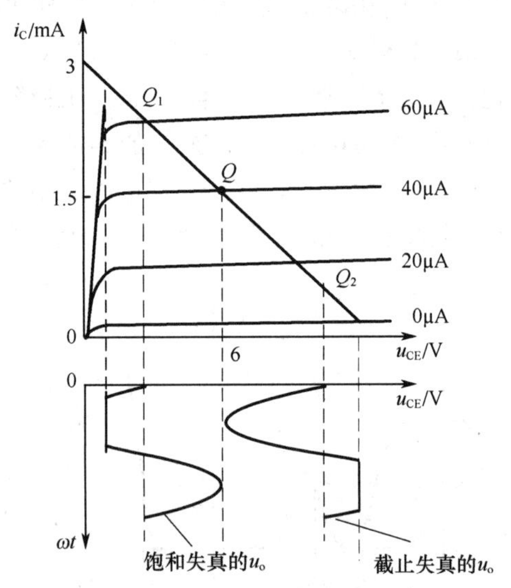

图10-19 非线性失真的图解分析

10.3 静态工作点的稳定

由上节内容可知，要使一个放大电路正常工作，得到不失真的输出信号，必须设置一个合适的静态工作点。前面介绍的固定偏置放大电路，虽然电路结构形式简单，但是因偏流I_B是固定的($I_B\approx U_{CC}/R_B$)，当电路受到电源电压的波动、元器件参数的改变及环境温度的变化等因素的影响时，常常会导致静态工作点发生移动，从而使放大电路无法正常工作。

10.3.1　温度对静态工作点的影响

引起静态工作点不稳定的诸多因素之中，以环境温度的变化影响最为严重。当温度升高时，晶体管的反向电流 I_{CBO}、I_{CEO} 及电流放大系数 β (实验测得，温度每升高1℃，β 要增加 1%左右)都会随之增加。上述参数的变化，都会使放大电路中的静态电流 I_C ($I_C = \beta I_B + I_{CEO}$)增加，引起静态工作点向上移动(见图10-20)；同理，温度降低时，静态工作点也会随之向下移动。静态工作点设置得过高或过低，都容易使放大电路产生非线性失真，而且还会影响到电路的动态性能。为此，必须设计一个能够自动调整静态工作点位置的偏置电路，使静态工作点不会随环境温度等因素的改变而发生变动，始终可以稳定在一个合适的位置。

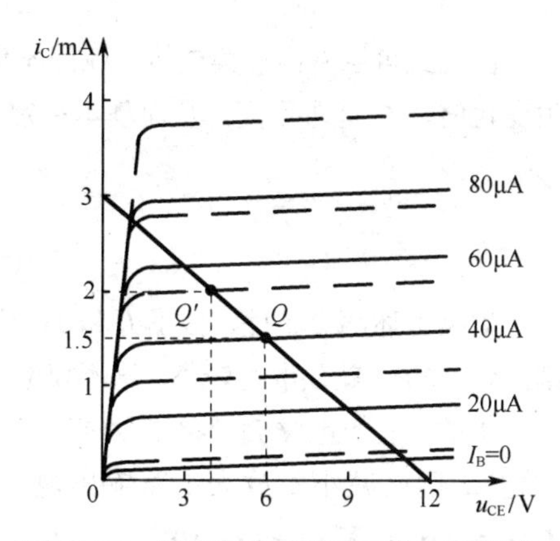

图 10-20　温度变化对静态工作点的影响

下面将讨论能够自动稳定静态工作点的分压式射极偏置电路。

10.3.2　分压式射极偏置电路

1. 静态分析及稳定静态工作点的原理

分压式射极偏置电路如图 10-21(a)所示，相对于固定偏置放大电路主要有以下两个方面的改进。

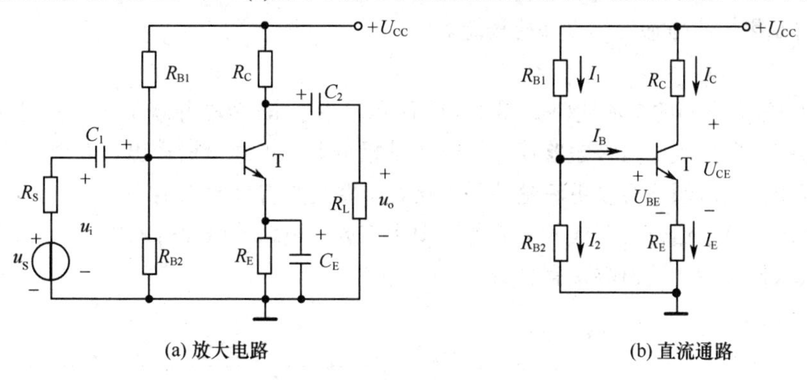

图 10-21　分压式射极偏置电路

（1）基极接上了两个分压电阻 R_{B1} 和 R_{B2}

由图 10-21(b)的直流通路中可以看出：$I_1 = I_2 + I_B$，若 R_{B1} 和 R_{B2} 的阻值大小选择适当，能满足 $I_2 >> I_B$，则静态时有 $I_1 \approx I_2$，便可将基极电位 V_B 基本固定为

$$V_B = R_{B2} I_2 = \frac{R_{B2}}{R_{B1} + R_{B2}} U_{CC} \tag{10-24}$$

因此，可认为基极电位 V_B 与晶体管的参数无关，不受温度影响，仅由 R_{B1} 和 R_{B2} 的分压电路所确定。

（2）增加了发射极电阻 R_E

由图 10-21(b)得

$$U_{BE} = V_B - V_E = V_B - R_E I_E \tag{10-25}$$

若 $V_B >> U_{BE}$，则

$$I_C \approx I_E = \frac{V_B - U_{BE}}{R_E} \approx \frac{V_B}{R_E} \tag{10-26}$$

由上式可以看出，集电极电流静态值 I_C 只与基极电位 V_B 及发射极电阻 R_E 有关，因此，温度发生变化时，I_C 基本不变，从而基本稳定了静态工作点。另外

$$I_B \approx \frac{I_C}{\beta} \tag{10-27}$$

$$U_{CE} \approx U_{CC} - (R_E + R_C)I_C \tag{10-28}$$

根据上述两个条件，似乎 I_2 和 V_B 越大越好。其实不然，还要考虑到其他影响。I_2 不能过大，否则，R_{B1} 和 R_{B2} 就要取得较小，这不仅会增大功率损耗，而且会增加信号源的负担，R_{B1} 和 R_{B2} 一般为几十千欧；基极电位 V_B 也不能太高，否则，由于发射极电位 $V_E(\approx V_B)$ 增高而使 U_{CE} 相对地减小(U_{CC} 一定)，因而减小了放大电路输出电压的变化范围。因此，对于硅管而言，在估算时一般选取 $I_2 = (5 \sim 10)I_B$ 和 $V_B = (5 \sim 10)U_{BE}$ 较为合适。

这种电路稳定静态工作点的实质是：在温度变化时，β 虽然同样会发生变化，但当 I_C 增加时 I_E 也增加，使得 $U_{BE}(U_{BE} = V_B - V_E)$ 下降，I_B 自动减小，保持 I_C 基本不变，从而使静态工作点基本稳定，其稳定静态工作点的过程如下：

$$T(℃)\uparrow \rightarrow I_C\uparrow \rightarrow I_E\uparrow \rightarrow V_E(=I_E R_E)\uparrow \rightarrow U_{BE}\downarrow \rightarrow I_B\downarrow$$
$$\rightarrow I_C\downarrow$$

可见，本电路是通过发射极电阻 R_E 的负反馈(负反馈的概念在第 12 章详细介绍)作用减小了集电极电流 I_C 的变化，使静态工作点保持稳定。

2. 动态分析

图 10-21(a)放大电路的交流通路如图 10-22 所示。由于 R_E 两端并联了一个发射极旁路电容 C_E，所以，交流通路中发射极电阻被短路掉。信号由基极输入，由集电极输出，发射极作为信号输入和输出的公共端。由交流通路可以更清楚地看出这种电路是共射极放大电路。

将晶体管的交流小信号模型代入交流通路得到该放大电路的微变等效电路，如图 10-23 所示，图中输入端接入信号源，输出端接有负载。

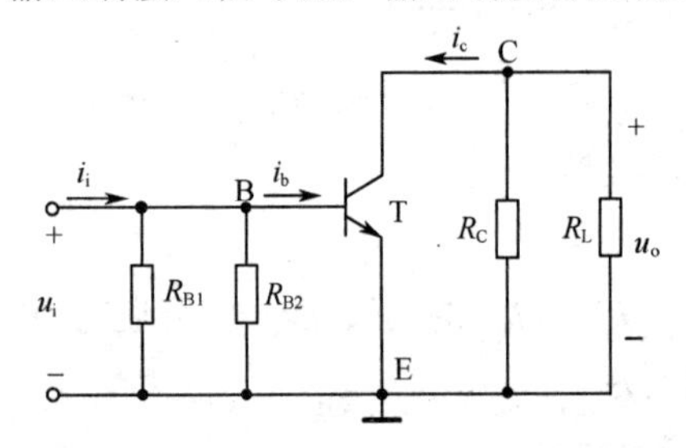

图 10-22　分压式偏置电路的交流通路

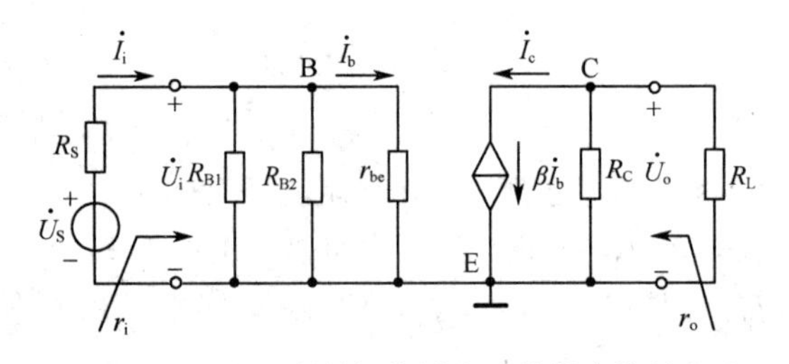

图 10-23　分压式射极偏置电路的微变等效电路

由微变等效电路可以推导出如下计算公式

$$A_u = -\beta \frac{R'_L}{r_{be}} \text{(其中 } R'_L = R_C // R_L\text{)} \tag{10-29}$$

电路的输入电阻为

$$r_i = R_{B1} // R_{B2} // r_{be} \tag{10-30}$$

电路的输出电阻为

$$r_o \approx R_C \tag{10-31}$$

R_E两端并联了一个发射极旁路电容 C_E，以免放大电路的电压放大倍数下降。

如果没有 C_E，则 $u_{be}=u_i-R_Ei_e$，与图 10-21(a)相比，在 u_i 不变时，u_{be} 减小，使得 i_b 和 i_c 减小，u_{ce} 减小，u_o 减少，$|A_u|$下降。添加 C_E 时，发射极电流的交流分量 i_e 被 C_E 短路(旁路)，$u_{be}=u_i$，$|A_u|$不会降低。C_E 大小一般为几十微法。

综上所述，共射极放大电路是放大电路中最基本、最常用的电路，信号由基极输入，集电极输出，输出电压与输入电压的相位相反，对电压有放大作用。

某型教练机的救生接收机中，中频电路的缓冲放大器采用的是本节所述的分压式射极偏置电路，如图 10-24 所示。救生接收机专门用于接收由飞行员救生电台自地面发出的呼救信标和语音信号，由高频电路、中频电路和辅助电路等组成。其中，中频电路由缓冲放大器、晶体滤波器、三级中频放大器和检波器组成，这里缓冲放大器采用共射极放大电路，它的输出回路中的 C_{18} 和 L_6 构成串联谐振回路，调谐频率为 10.7MHz，用于选择中频信号。经缓冲放大器放大后的中频信号加至带通滤波器 ZC_1 进行滤波，然后送至中频放大器进行放大。

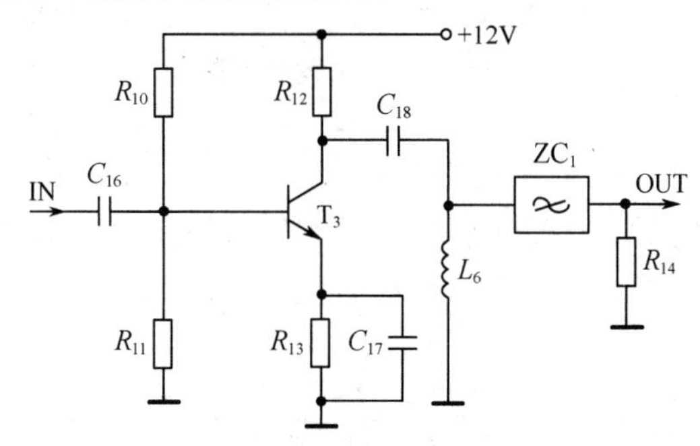

图 10-24　缓冲放大器电路

【例 10-7】 在图 10-24 所示电路中，现有两个 2kΩ 的电阻、一个 10kΩ 和一个 20kΩ 的电阻，晶体管的 β=37.5。如何分配电阻，使电路能够稳定工作并求静态值。

解　静态值

$$V_B=\frac{R_{11}}{R_{10}+R_{11}}\times 12=\frac{10}{20+10}\times 12=4\text{V}$$

$$I_C\approx I_E=\frac{V_B-U_{BE}}{R_{13}}=\frac{4-0.7}{2\times 10^3}=1.65\text{mA}$$

$$I_B=\frac{1.65}{37.5}=0.044\text{mA=}44\mu\text{A}$$

$$U_{CE}=12-(R_{13}+R_{12})I_C$$
$$=12-(2+2)\times 10^3\times 1.65\times 10^{-3}=5.4\text{V}$$

选择各电阻为 $R_{10}=20\text{k}\Omega$，$R_{11}=10\text{k}\Omega$，$R_{12}=R_{13}=2\text{k}\Omega$，可满足稳定工作要求。

10.4　共集电极放大电路——射极输出器

前面介绍的共射极放大电路(固定式与分压式偏置电路)虽然能够获得较高的电压放大倍数，但输入电阻较小，输出电阻较大。因此，在多级放大电路中，它可作为中间级以提供较高的电压放大倍数，但在多级放大电路中的输入级和输出级却很少使用它。

下面介绍的放大电路具有较高的输入电阻和较低的输出电阻，可以用作多级放大器的输入级或输出级，以适应信号源和负载对放大电路的要求(详细内容可参见 10.6 节)。

电路如图 10-25(a)所示，从电路结构上看，与固定式偏置电路的显著不同之处在于：

① 去掉了集电极电阻 R_C，加入了发射极电阻 R_E，R_E 可以起稳定静态工作点的作用，稳定静态工作点的物理过程同分压式偏置电路；

② 改集电极输出为发射极输出，故该放大电路又称射极输出器。

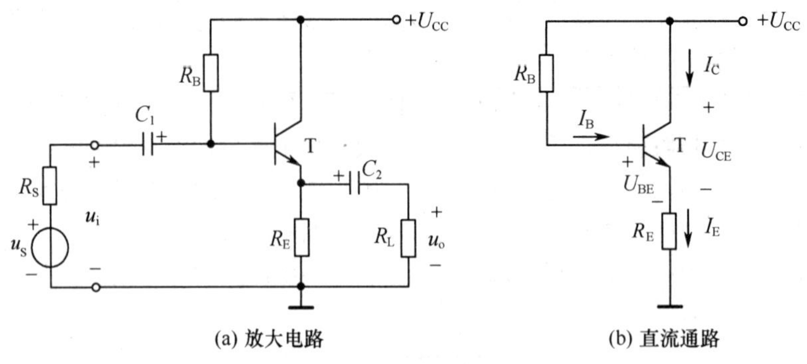

(a) 放大电路　　(b) 直流通路

图 10-25　射极输出器

10.4.1　静态分析

射极输出器的直流通路如图 10-25(b)所示，由直流通路可以求得静态值。由于

$$U_{CC}=R_B I_B+U_{BE}+R_E(1+\beta)I_B$$

由此解得

$$I_B=\frac{U_{CC}-U_{BE}}{R_B+(1+\beta)R_E} \tag{10-32}$$

$$I_C\approx I_E=(1+\beta)I_B \tag{10-33}$$

$$U_{CE}=U_{CC}-R_E I_E \tag{10-34}$$

10.4.2　动态分析

射极输出器的交流通路如图 10-26 所示。由交流通路可以清楚地看出：输入信号加在基极和集电极(地)之间，而输出信号从发射极和地之间取出，所以集电极是输入、输出的公共端，因此这种电路是共集电极接法，是共集电极放大电路。

射极输出器的微变等效电路如图 10-27 所示。

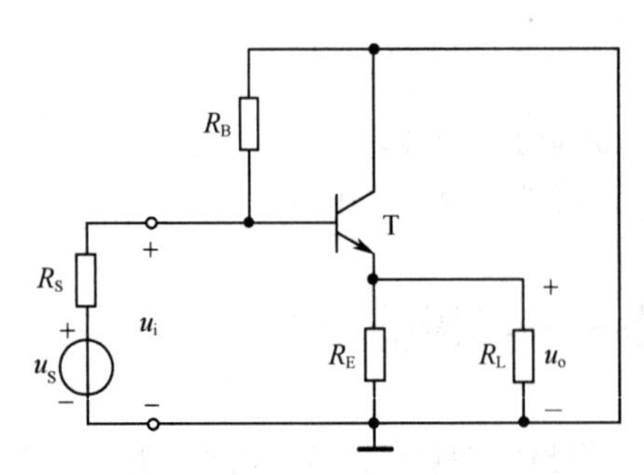

图 10-26　射极输出器的交流通路

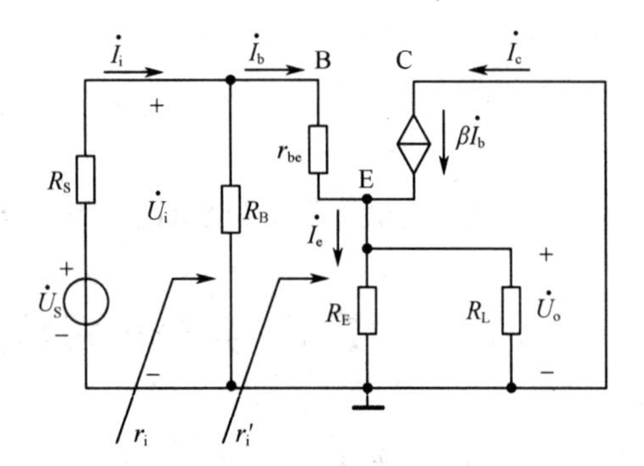

图 10-27　射极输出器的微变等效电路

1. 电压放大倍数

由射极输出器微变等效电路有

$$\dot{U}_o=(R_E // R_L)\dot{I}_e=(1+\beta)R_L'\dot{I}_b \quad (\text{其中，} R_L'=R_E // R_L)$$

$$\dot{U}_{\mathrm{i}} = r_{\mathrm{be}}\dot{I}_{\mathrm{b}} + \dot{U}_{\mathrm{o}} = r_{\mathrm{be}}\dot{I}_{\mathrm{b}} + (1+\beta)R_{\mathrm{L}}'\dot{I}_{\mathrm{b}}$$

故电压放大倍数

$$A_u = \frac{\dot{U}_{\mathrm{o}}}{\dot{U}_{\mathrm{i}}} = \frac{(1+\beta)R_{\mathrm{L}}'}{r_{\mathrm{be}} + (1+\beta)R_{\mathrm{L}}'} \tag{10-35}$$

式(10-35)表明：① 射极输出器的电压放大倍数 $A_u < 1$，但因 $(1+\beta)R_{\mathrm{L}}' >> r_{\mathrm{be}}$，故又接近于 1；② 输出电压与输入电压同相，$\dot{U}_{\mathrm{o}} \approx \dot{U}_{\mathrm{i}}$，因此射极输出器又称为射极跟随器。它虽然没有电压放大作用，但因 $\dot{I}_{\mathrm{e}} = (1+\beta)\dot{I}_{\mathrm{b}}$，故仍具有电流放大和功率放大作用。

2．输入电阻 r_{i}

由图 10-27 可得

$$r_{\mathrm{i}}' = \frac{\dot{U}_{\mathrm{i}}}{\dot{I}_{\mathrm{b}}} = \frac{r_{\mathrm{be}}\dot{I}_{\mathrm{b}} + (1+\beta)R_{\mathrm{L}}'\dot{I}_{\mathrm{b}}}{\dot{I}_{\mathrm{b}}} = r_{\mathrm{be}} + (1+\beta)R_{\mathrm{L}}'$$

考虑偏置电阻 R_{B} 之后，放大电路的输入电阻为

$$r_{\mathrm{i}} = R_{\mathrm{B}} // r_{\mathrm{i}}' = R_{\mathrm{B}} // [r_{\mathrm{be}} + (1+\beta)R_{\mathrm{L}}'] \tag{10-36}$$

式中，$(1+\beta)R_{\mathrm{L}}'$ 可理解为折算到基极回路的发射极等效电阻。如果把发射极电阻等效地看作接在基极回路，由于 $\dot{I}_{\mathrm{e}} = (1+\beta)\dot{I}_{\mathrm{b}}$，为了维持发射极电位不变，则基极等效电阻应为原发射极电阻的 $(1+\beta)$ 倍。比较式(10-36)和式(10-30)可知，射极输出器的输入电阻比共射放大电路的输入电阻高。

3. 输出电阻 r_{o}

用外加电压法计算输出电阻。令 $\dot{U}_{\mathrm{s}} = 0$，断开 R_{L}，在输出端外加一电压 $\dot{U}$，得到求输出电阻 r_{o} 的等效电路。为分析方便，将图 10-27 稍作调整，画成图 10-28，这两个等效电路本质上是一样的，一般在多级放大电路中常采用图 10-28 的画法。

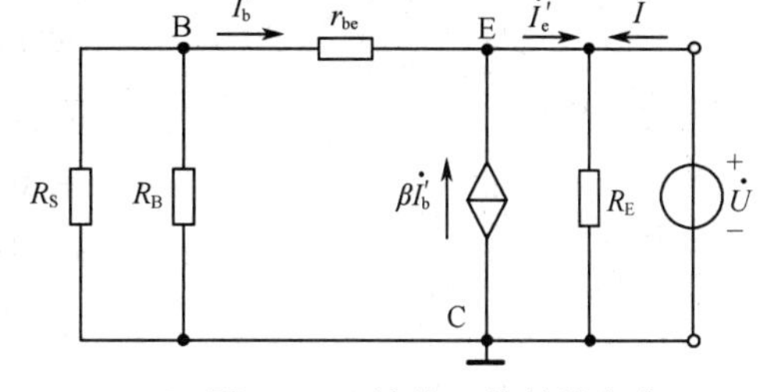

图 10-28　计算 r_{o} 的等效电路

由图 10-28 可得

$$\dot{I} = -\dot{I}_{\mathrm{e}}' + \frac{\dot{U}}{R_{\mathrm{E}}} = -(1+\beta)\dot{I}_{\mathrm{b}}' + \frac{\dot{U}}{R_{\mathrm{E}}}$$

而

$$\dot{I}_{\mathrm{b}}' = -\frac{\dot{U}}{r_{\mathrm{be}} + R_{\mathrm{S}} // R_{\mathrm{B}}} = -\frac{\dot{U}}{r_{\mathrm{be}} + R_{\mathrm{S}}'}$$

式中，$R_{\mathrm{S}}' = R_{\mathrm{S}} // R_{\mathrm{B}}$，所以

$$\dot{I} = \frac{(1+\beta)\dot{U}}{r_{\mathrm{be}} + R_{\mathrm{S}}'} + \frac{\dot{U}}{R_{\mathrm{E}}}$$

因此

$$\frac{1}{r_{\mathrm{o}}} = \frac{\dot{I}}{\dot{U}} = \frac{1}{\dfrac{r_{\mathrm{be}} + R_{\mathrm{S}}'}{1+\beta}} + \frac{1}{R_{\mathrm{E}}}$$

$$r_{\mathrm{o}} = \frac{r_{\mathrm{be}} + R_{\mathrm{S}}'}{1+\beta} // R_{\mathrm{E}}$$

一般地，$R_{\mathrm{E}} \gg \dfrac{r_{\mathrm{be}} + R_{\mathrm{S}}'}{1+\beta}$，$R_{\mathrm{B}} \gg R_{\mathrm{S}}$，则

$$r_{\mathrm{o}} \approx \frac{r_{\mathrm{be}} + R_{\mathrm{S}}'}{1+\beta} \approx \frac{r_{\mathrm{be}} + R_{\mathrm{S}}}{1+\beta} \tag{10-37}$$

由式(10-37)可知，射极输出器的输出电阻是很小的，一般为几十到几百欧。综上所述，射极输出器与共射极放大电路相比，输入电阻 r_{i} 增加了几十倍到几百倍，而输出电阻 r_{o} 减少了很多，因此

在各种电子设备中得到了广泛的应用。例如在测量仪器中用作输入级，可以减小信号源的负担，保证测量的准确度；在负载电阻较小的情况下用作输出级，可以提高放大器带负载的能力；由于它具有恒压输出的特性，可用作简单的恒压装置。

10.5 差分放大电路

差分放大电路也称差动放大电路，简称差放。它是模拟集成电路中应用最广泛的基本电路之一。如机载测控电路、通信仪器等几乎所有模拟集成电路中的多级放大电路，都采用它作为输入级。在集成电路中，制作大电容是比较困难的，因此各级电路间的耦合都采用直接耦合方式，但是直接耦合存在零点漂移问题(详细介绍参见 10.7 节)，特别是多级放大电路中的第一级电路的零点漂移，经过后级电路的放大，将使输出端的电压远远偏离零点。因此，如何抑制零点漂移就成为提高直接耦合放大电路性能所必须解决的首要问题。

下面的讨论将会告诉我们，抑制零点漂移最为有效的方法就是使用差分放大电路，该电路也是集成运算电路的输入级。本节将专门讨论差分放大电路的结构及其抑制零点漂移的原理。

10.5.1 基本差分放大电路

差分放大电路有多种电路形式，图 10-29 所示为一种最基本的电路形式，下面讨论其特点和工作原理。

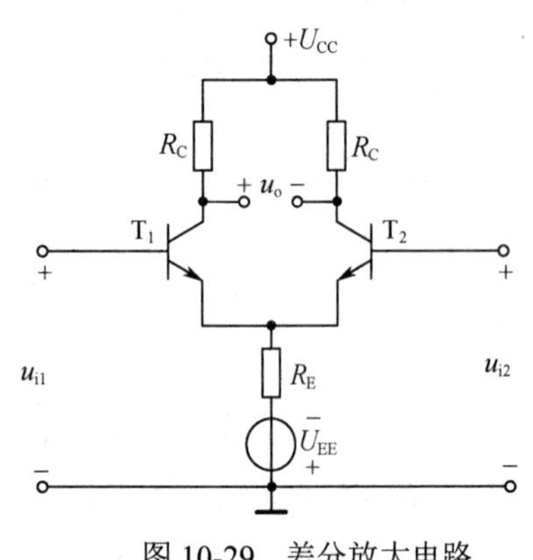

图 10-29 差分放大电路

1. 电路特点

如图 10-29 所示电路就是用双极型晶体管组成的差分放大电路的基本电路。它由两个对称的晶体管放大电路组成。T_1 和 T_2 是特性相同的两个晶体管，左、右两边的集电极电阻 R_C 阻值相等，R_E 是两边公用的发射极电阻。该电路采用双电源供电，信号分别从两个基极与地之间输入，从两个集电极之间输出。

2. 抑制零点漂移原理

静态时，$u_{i1}=u_{i2}=0$，两输入端与地之间可视为短路，电源 U_{CC} 和 $-U_{EE}$ 通过 R_C 和 R_E 向两晶体管提供偏流以建立合适的静态工作点，因而不必像前面介绍的共射极放大电路那样设置基极偏置电阻。由于电路对称，输出电压 $u_o=V_{c1}-V_{c2}=0$。

动态时，分以下两种信号来分析。

（1）共模输入信号

一对大小相等、相位相同的输入信号称为共模输入信号，即

$$u_{i1}=u_{i2} \tag{10-38}$$

这对共模信号通过电源 $-U_{EE}$ 和 R_E 加到左、右两个晶体管的发射结上，由于电路对称，因而两管的集电极电位变化相同，即$\Delta V_{c1}=\Delta V_{c2}$，差分放大电路的输出电压 $u_o=V_{c1}+\Delta V_{c1}-(V_{c2}+\Delta V_{c2})=0$，这说明该电路对共模信号无放大作用，即共模电压的放大倍数 $A_c=0$。差分放大电路正是利用这一点来抑制零点漂移的。因为由温度变化等原因在两边电路中引起的漂移量是大小相等、极性相同的，这与输入端加上一对共模信号的效果相同。因此，左、右两单管放大电路因零点漂移引起的输出端电压的变化量相等，整个电路的输出漂移电压为零。但是实际两个放大电路不可能绝对相同，因此

完全依靠电路的对称性来抑制零点漂移，其抑制作用有限。为了进一步提高电路对零点漂移的抑制作用，可以在尽可能提高电路对称性的基础上，通过减小两单管放大电路本身的零点漂移来抑制整个电路的零点漂移。发射极公共电阻 R_E 正好能起这一作用，它抑制零点漂移的原理如下：

R_E 的主要作用是限制每个管子的漂移范围，进一步减小零点漂移，稳定电路的静态工作点。例如，当温度升高使 I_{C1} 和 I_{C2} 均增加时，则有如下的抑制零点漂移的过程：

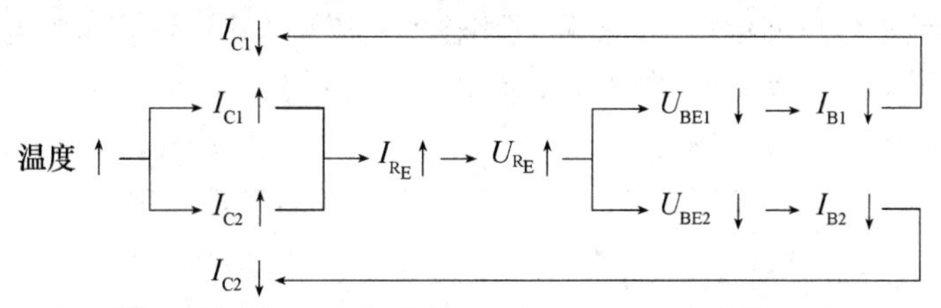

可见，由于 R_E 上电压 U_{R_E} 的增高，使每个管子的漂移得到抑制。虽然 R_E 越大，抑制作用越显著；但是，在 $+U_{CC}$ 一定时，过大的 R_E 会使集电极电流过小，从而影响静态工作点和电压放大倍数。为此，接入负电源 $-U_{EE}$ 来抵偿 R_E 两端的直流电压降，从而获得合适的静态工作点。

（2）差模输入信号

一对大小相等、相位相反的输入信号称为差模输入信号，即

$$u_{i1} = -u_{i2} \tag{10-39}$$

在这对差模信号的作用下，由于电路对称，$\Delta V_{c1} = -\Delta V_{c2}$，因此差分放大电路的输出电压

$$u_o = \Delta V_{c1} - \Delta V_{c2} = 2\Delta V_{c1}$$

这说明该电路对差模信号有放大作用，即差模电压放大倍数 $A_d \neq 0$。差分放大电路正是利用这一点来放大有用信号的。也就是说，在实际电路中，只要将待放大的有用信号 u_i 分成一对差模信号，即令 $u_i = u_{i1} - u_{i2} = 2u_{i1}$，分别从左、右两边输入即可得到放大。由于其输出信号是对两输入信号之差的放大，因此这种电路称为差分放大电路。

对差分放大电路而言，差模信号是有用信号，因而要求对它有比较大的电压放大倍数；而共模信号则是零点漂移或干扰等原因产生的无用的附加信号，对它的电压放大倍数越小越好。为了衡量差分放大电路放大差模信号和抑制共模信号的能力，通常把差分放大电路的差模电压放大倍数 A_d 与共模电压放大倍数 A_c 的比值作为评价其性能优劣的主要指标，称为共模抑制比，用 K_{CMRR} 表示

$$K_{CMRR} = \left|\frac{A_d}{A_c}\right| \tag{10-40}$$

显然 K_{CMRR} 越大越好，在电路完全对称的情况下，$A_c = 0$，$K_{CMRR} \to \infty$。但实际上，电路完全对称是无法实现的，所以 K_{CMRR} 不可能无穷大。

10.5.2 输入和输出方式

差分放大电路的信号输入和输出方式，可以根据使用情况的不同，采用下列 4 种方式：单端输入—单端输出、单端输入—双端输出、双端输入—单端输出、双端输入—双端输出。现在已经掌握了双端输入—双端输出电路，只要再了解单端输入—单端输出电路，其余电路也就不难理解了。单端输入—单端输出的差分放大电路有以下两种情况。

1. 反相输入

电路如图10-30(a)所示，输入信号 u_i 可以看成一半作用在左边电路中，另一半作用在右边电路中，从而形成一对差模输入信号。设 u_i 增加，则

$$\Delta u_i > 0 \rightarrow \Delta u_{BE1} > 0 \rightarrow \Delta i_{c1} > 0 \rightarrow \Delta u_o < 0$$

可见，输入和输出电压的相位相反，故称反相输入。

2. 同相输入

电路如图 10-30(b)所示。设 u_i 增加，则

$$\Delta u_i > 0 \rightarrow \Delta u_{BE1} < 0 \rightarrow \Delta i_{c1} < 0 \rightarrow \Delta u_o > 0$$

可见，输入和输出电压相位相同，故称同相输入。双端输出时，$u_o - 2\Delta V_{c1}$；而单端输出时，$u_o = \Delta V_{c1}$，另一半未用上，故在 u_i 相同时，u_o 较双端输出时减小一半。

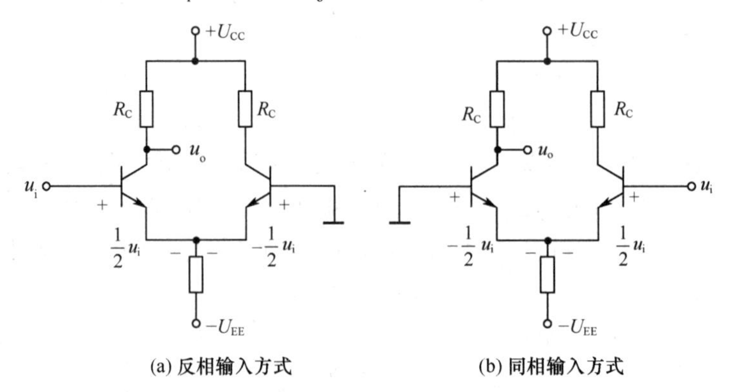

(a) 反相输入方式　　(b) 同相输入方式

图 10-30　单端输入—单端输出差分放大电路

10.6　功率放大电路

在实际工程上，往往要利用放大后的信号去控制某种执行机构。例如，使扬声器的音圈振动发出声音；执行电动机的转动；记录仪表的动作；继电器的闭合；雷达显示器上，光点随信号的偏转等。为了驱动这些负载，不仅要求有较大的电压输出，而且要求有较大的电流输出，也就是要求有较大的功率输出。因此，多级放大电路最后一级通常是以输出大功率为目的的放大电路，称为功率放大电路。

10.6.1　功率放大电路的一般概念

功率放大电路和电压放大电路从本质上说并没有什么区别，它们都是在进行能量转换，即输入信号通过晶体管的控制作用把直流电源的电压、电流和功率转换成随输入信号做相应变化的交流电压、电流和功率。但是，它们也有不同的地方。电压放大电路输入的信号通常是很小的，也就是在小信号情况下工作，以放大电压信号为主，即要求得到较高的电压放大倍数。而功率放大电路输入的是大信号，也就是在大信号情况下工作，以获得尽可能大的、不失真的输出功率和尽可能高的效率为主，这就形成了它的特殊要求。

① 晶体管往往工作在接近极限状态，因此需要注意晶体管参数不超过极限参数。要求输出功率尽可能大，即输出交流电压和交流电流都要有足够大的幅度。

② 功率放大器工作在大信号情况下，动态范围大，容易产生失真，要求输出波形基本不失真。

③ 由于输出功率大，则消耗在电路中的能量和电源提供的能量也大，这就要求提高效率。所谓效率，就是负载得到的交流信号功率 P_o 和电源提供的功率 P_E 的比值，即 $\eta = P_o / P_E \times 100\%$。

因此，效率、失真和输出功率是功率放大电路要考虑的主要问题。

功率放大电路要输出较大的功率，也必然要求较大的输入信号，即工作在大信号下。因此，不

适合用小信号等效电路来分析，通常采用图解法来分析其工作情况。根据对晶体管静态工作点设置的不同，功率放大电路分为甲类、乙类和甲乙类3种工作状态，如图10-31所示。在图10-31(a)中，放大器集电极静态电流I_C大于或等于交流分量的最大值I_{cm}，即$I_C \geqslant I_{cm}$，晶体管在输入信号的整个周期内都处于放大状态，这种工作方式称为甲类放大。可以证明，在理想情况下，甲类放大电路的效率最高只能达到50%，因此甲类放大电路效率低。

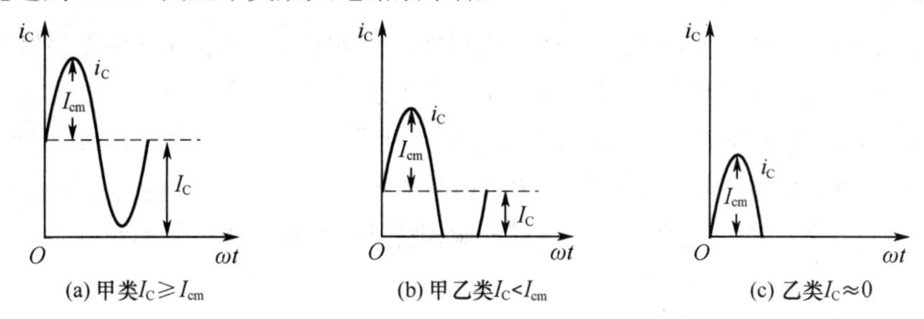

图10-31　功率放大电路的工作状态

在U_{CC}一定的条件下，甲类放大电路效率低的原因是静态电流I_C较大。为提高效率，可以降低静态电流I_C，如图10-31(b)所示，在这种工作情况下$I_C < I_{cm}$，晶体管在输入信号的半个多周期内处于放大状态，其余时间处于截止状态，这种工作方式称为甲乙类放大。若静态电流I_C进一步降低到$I_C \approx 0$，则管耗更小，如图10-31(c)所示，在理想情况下，乙类放大电路的效率可以提高到78.5%。

功率放大电路工作在甲乙类或乙类时，虽然可以提高效率，但会产生严重的失真。为解决这一矛盾，可以用两个晶体管轮流工作于信号的正、负半周的方法来解决，这就是下面要介绍的互补对称功率放大电路。

10.6.2　乙类互补对称功率放大电路

1. 电路组成

图10-32(a)所示电路是两个独立的射极输出器，由于它们取消了基极偏置电阻R_B，所以它们工作于乙类放大状态。将两个晶体管T_1(NPN型)和T_2(PNP型)的基极和发射极连在一起，信号从两管基极输入，并从两管射极输出给负载R_L。电路中正、负电源大小相等，T_1和T_2管互补对方不足，工作性能对称，因此称该电路为乙类互补对称功率放大电路。

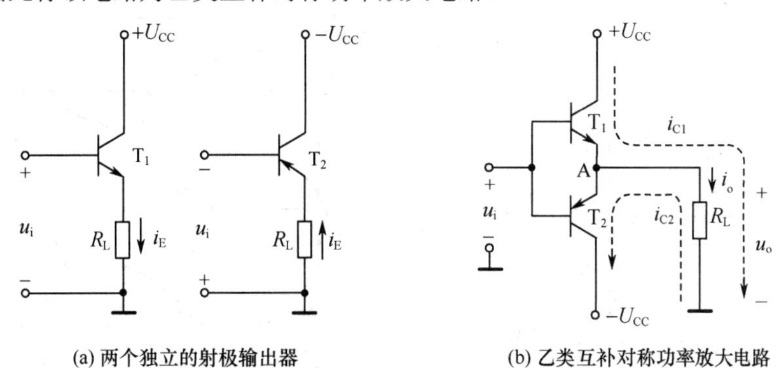

图10-32　乙类互补对称功率放大电路

2. 工作过程

静态时，$u_i = 0$，由于没有基极偏流，故T_1和T_2均处于截止状态，$I_{C1} = I_{C2} = 0$，两管的发射极电位$V_A = 0$。

动态时，在输入信号u_i的正半周，两管的基极电位为正，故T_1导通，T_2截止，电流i_{C1}自正电源

$+U_{CC}$ 经 T_1 流过负载 R_L 到地，$i_o = i_{C1}$；在 u_i 的负半周，两管的基极电位为负，T_1 截止，T_2 导通，仍有电流通过负载 R_L，$i_o = -i_{C2}$。每当输入信号交变一周，T_1 和 T_2 轮流导通半周，i_{C1} 和 i_{C2} 流过负载 R_L 的方向正好相反，因而在负载上合成了一个完整的输出波形。其波形如图 10-33 所示。由于它工作在乙类放大状态，效率较高，称为功率放大电路的基本电路。

3. 交越失真

在图10-32(b)所示电路中，晶体管工作于乙类状态，静态时 $I_{C1} = I_{C2} = 0$。由于晶体管输入特性的非线性，当 u_i 的绝对值小于晶体管的死区电压时，晶体管 T_1 和 T_2 实际上都还处于截止状态，晶体管集电极电流 i_{C1} 和 i_{C2} 基本为零，负载上无电流输出，出现一段死区，如图 10-34 所示，这种现象称为**交越失真**。为了消除交越失真，必须向 T_1 和 T_2 提供一定的偏置电流，也就是偏流 I_B 和静态电流 I_C 不宜为零，应将静态工作点提高一点，以避开输入特性的死区，所以采用甲乙类放大的互补对称电路。

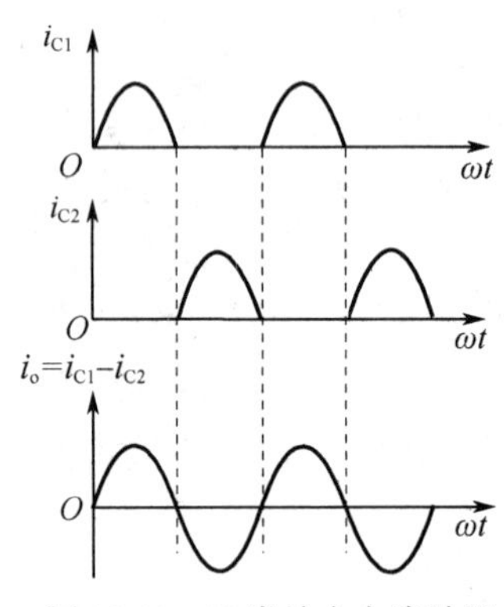

图 10-33　乙类放大电流波形

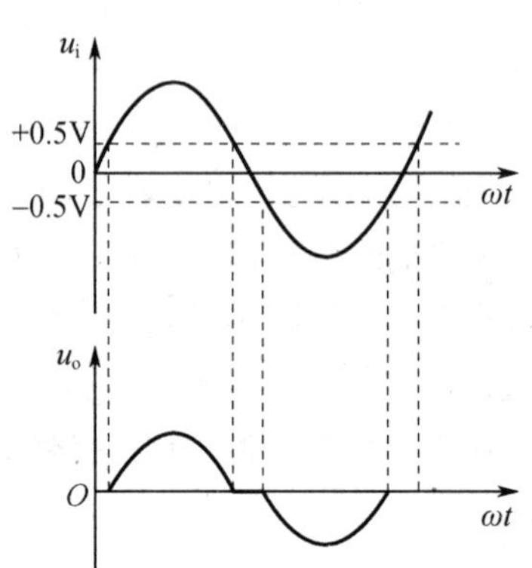

图 10-34　乙类放大的交越失真

10.6.3　甲乙类无输出电容互补对称功率放大电路(OCL 电路)

OCL 电路如图 10-35(a)所示。在上述电路的基础上，在两个晶体管 T_1 和 T_2 的基极之间加上二极管 D_1 和 D_2 及电阻 R_1(阻值很小)，利用 R_1、D_1、D_2 的直流电压降为 T_1 和 T_2 的发射结提供一定的正向偏流，使 T_1 和 T_2 有一个较小的静态偏流，通过调整 R_1 的阻值大小可以调整 T_1 和 T_2 的静态工作点。

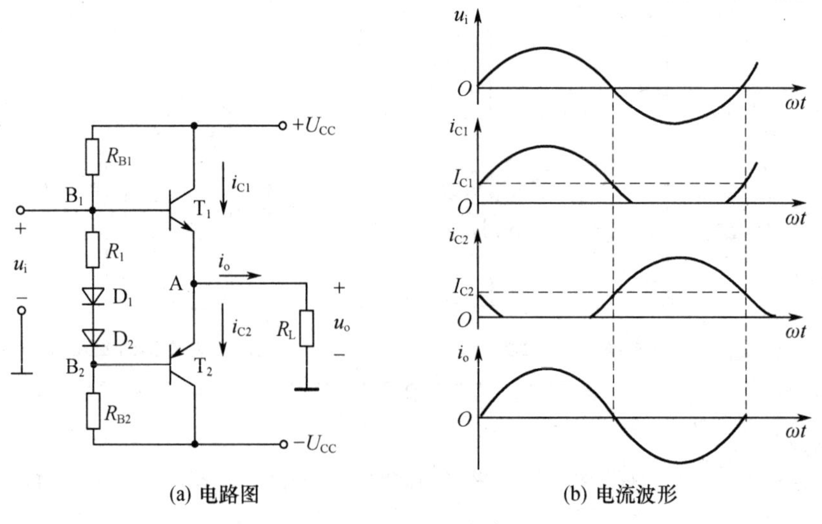

图 10-35　OCL 电路

加上交流输入电压后，因晶体管的动态电阻很小，R_1数值也很小，故 T_1和 T_2之间的交流电压很小，可以认为加在两管基极的交流电压都等于u_i。在u_i过零附近，T_1和 T_2将同时导通，但一个晶体管的集电极电流随u_i的变化而增加，另一个晶体管的集电极电流却随着u_i的变化而减小。例如，在u_i过零后并不断增加时，由于$u_i > 0$，T_1发射结电压在静态偏置的基础上不断增大，所以 T_1的集电极电流随u_i的增加在不断增大，而 T_2的发射结电压却在静态偏置的基础上不断减小，直至反偏，因此 T_2的集电极电流随u_i的增加在不断减小，直至为零。i_{C1}和i_{C2}的波形如图 10-35(b)所示，负载电流i_o为i_{C1}和i_{C2}之差。由图 10-35(b)可以看出，负载电流及电压波形得到了明显改善，克服了交越失真。

10.6.4 甲乙类无输出变压器的互补对称功率放大电路(OTL 电路)

1. 电路组成与工作原理

双电源互补对称功率放大电路因无耦合电容，因而低频响应好，便于集成化。但它工作时需要两个独立的直流电源，使用起来不方便。当电路中只有一个直流电源时，常采用图 10-36 所示的单电源互补对称功率放大电路。与图 10-35(b)相比，它去掉了负电源，却接入一个大电容C_L。

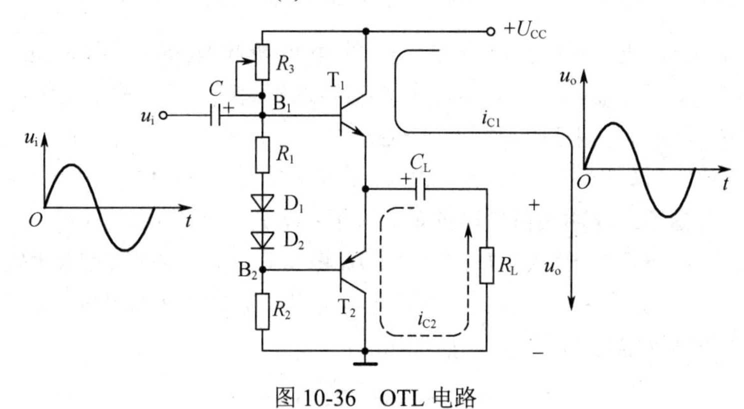

图 10-36 OTL 电路

为了使输出电压u_o的正、负半周完全对称，应选择 T_1和 T_2的特性和参数尽可能相同，并且在静态时应调节R_3使两管上的电压$|U_{CE1}|=|U_{CE2}|$，各为电源电压U_{CC}的一半，即

$$|U_{CE1}|=|U_{CE2}|=\frac{1}{2}U_{CC}$$

因此，输出端电容C_L上的电压U_C也等于$U_{CC}/2$。

当输入信号u_i在正半周时，T_1导通，T_2截止，电流如图中实线所示，因此形成输出电压u_o的正半周波形。

当输入信号u_i在负半周时，与上述情况相反，T_1截止，T_2导通。这时，电容C_L作为电源通过T_2对负载电阻R_L放电，电流经过负载电阻R_L，如图中虚线所示，因此形成输出电压u_o的负半周波形。

这样，在输入信号u_i的整个周期里，两个晶体管交替工作，结果在负载电阻R_L上就可以得到一个完整的正弦波输出电压u_o。

从以上分析可见，输出端电容C_L实际上起了一个负电源的作用。如果电容C_L的值取得足够大，以致其充放电时间常数R_LC_L远大于信号周期，就可以近似地认为在信号变化过程中，电容两端电压基本保持不变。在单电源互补对称功率放大电路中，每个晶体管的工作电压只有$U_{CC}/2$，输出电压幅值最大也只能达到$U_{CC}/2$。

2. 实用的单电源互补对称功率放大电路

图 10-37 是一实用的单电源互补对称功率放大电路，图中 T_3构成前置放大级，它给输出级提供

足够大的推动电压和电流，适当调节 R_1 的阻值，可调整 T_3 的集电极电流 I_{C3},从而改变 V_B、V_C 的大小，使 $V_E = U_{CC}/2$ 。T_1 和 T_2 组成单电源互补对称功率放大电路，调节 R_4 的阻值，可调整 T_1、T_2 的偏流，使其工作在甲乙类状态以消除交越失真。R_{E1}、R_{E2} 一方面限制负载短路时流过 T_1、T_2 的电流；另一方面引入负反馈以改善 T_1、T_2 的温度稳定性和非线性失真，一般 R_{E1}、R_{E2} 的阻值很小，在零点几欧姆到几欧姆范围内。

T_3 的偏置电阻 R_1 不接在电源 U_{CC} 的正端而接在图中 E 点，是为了取得直流负反馈以便使 E 点的直流电位稳定在 $U_{CC}/2$，同时对输出电压 u_o 也有稳定作用，属于并联电压负反馈。C_2、R_5 组成“自举”电路，其作用是提高互补对称功率放大电路的正向输出电压幅度。从输出级来看，该电路是一射极输出器，其电压放大倍数略小于 1，如果忽略 T_1 和 T_2 的饱和压降，负载上可能得到的最大输出电压幅度可达 $U_{CC}/2$。因此，为了充分发挥输出级的潜力，激励电压的幅度也应能达到 $U_{CC}/2$，即 T_3 的集电极电位最高应能达到 U_{CC}。但若无 C_2 和 R_5，则 T_3 的集电极电位最大值达不到 U_{CC}。这是因为当输出电压 u_o 处于正半周(即 u_i 处于负半周)并不断增大时，T_3 的集电极电位 V_C 和 T_1 的基极电位 V_B 也在不断上升，当 T_3 截止时，V_C 和 V_B 升至最大值，i_{C3} 等于零，同时 T_1 的基极电流也达到其峰值 i_{BM}。

由图 10-37 可以看出，由于 i_{BM} 流过 T_3 的集电极电阻 R_3，所以此时 T_1 基极电位 $V_B = U_{CC} - R_3 i_{BM} < U_{CC}$，所以输出电压 u_o 的正向幅值将达不到 $U_{CC}/2$。输出电压负向幅值则由于 T_3 和 T_2 处于饱和状态，基本上能达到 $U_{CC}/2$。在电路中加上 C_2 和 R_5 后，由于 R_5 的阻值一般较小，所以 C_2 两端电压 U_{C2} 近似为 $U_{CC}/2$，因 C_2 容量很大，故在信号变化过程中，U_{C2} 基本保持不变。这样，当 u_o 为正半周时，T_1 导通，V_E 将由静态时的 $U_{CC}/2$ 不断增大，因 $V_A = U_{C2} + V_E$，故随着 V_E 的增加，A 点电位 V_A 也在不断上升，当 V_E 大于 $U_{CC}/2$ 时，V_A 将大于 U_{CC}，这样可使最大输出电压幅值接近 $U_{CC}/2$。所谓“自举”就是当 E 点电位升高时，电路能自动地提升 A 点电位。电路中 R_5 是必要的，若无 R_5，则 A 点电位被固定为 U_{CC}，不可能大于 U_{CC}。

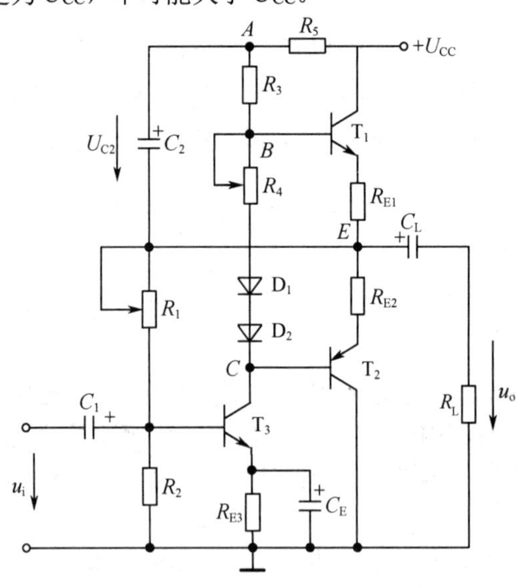

图 10-37　实用的单电源互补对称功率放大电路

10.6.5　集成功率放大器

随着电子技术的发展，目前已有多种不同型号、可输出不同功率的集成功率放大器供使用者选用。集成功率放大器的种类和型号繁多，下面以 LM386 为例简单介绍。该集成功率放大器本身是由多级放大电路组成的，输入级一般都采用射极输出器(或差分放大电路)，中间级为电压放大电路，输出级为 OTL 电路(见图 10-37)，但一般输出电容 C_L 外接。其电路结构与下一章讨论的集成运算放大器基本相同。

如图 10-38 所示，是由 LM386 组成的一种应用电路。图中 R_2、C_4 是电源去耦电路，滤掉电源中的高频交流分量；R_3、C_3 是相位补偿电路，以消除自激振荡并改善高频时的负载特性；C_2 也用于防止电路产生自激振荡。

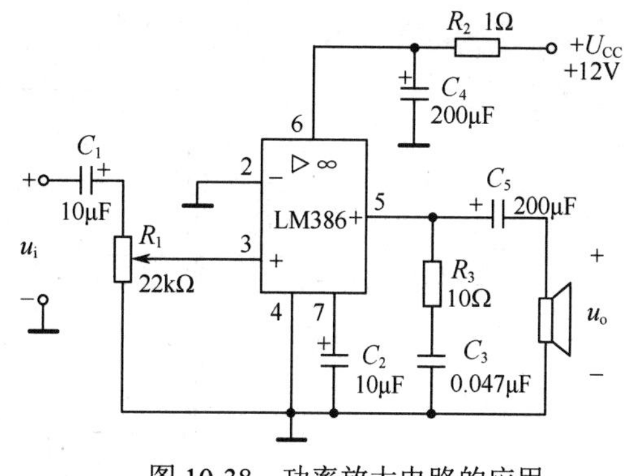

图 10-38　功率放大电路的应用

10.7　多级放大电路

前面讨论的放大电路都属于单级放大电路，但是，在实际应用中它对微弱的电压信号进行放大时电压放大倍数往往不够高。这时，就必须采用多级放大电路以满足要求。多级放大电路都是由单级放大电路组成的，信号从前一级传到后一级，称为信号的耦合。低频放大电路常用的级间耦合方式有阻容耦合、直接耦合、光电耦合和变压器耦合 4 种。变压器耦合是用变压器作为耦合元件，由于变压器体积大，质量大，目前已很少采用。对耦合方式的基本要求是：信号的损失要尽可能小，各级放大电路都有合适的静态工作点。

一个典型的多级放大电路的组成框图如图 10-39 所示，输入级用来连接信号源至中间级，要求有较高的输入电阻，因此常用射极输出器；中间级应具有较大的电压放大倍数，一般采用共射极放大电路；输出级应有一定的输出功率以推动负载，一般采用功率放大电路。

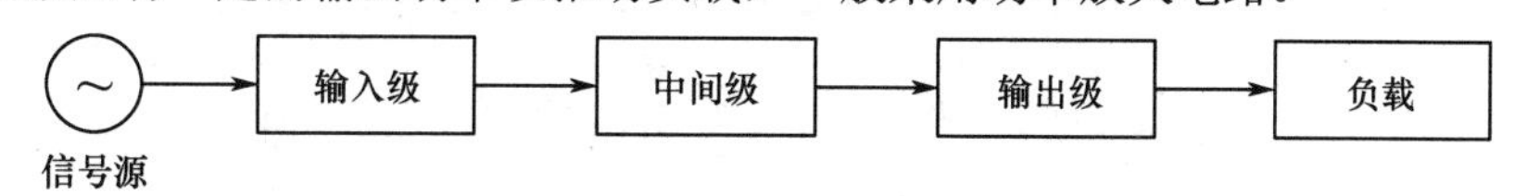

图 10-39　典型多级放大电路的组成框图

10.7.1　阻容耦合多级放大电路

放大电路的阻容耦合是用电容作为耦合元件，例如图 10-40 所示就是一个两级阻容耦合放大电路，前级为共射极放大电路，后级为共集电极放大电路。利用 C_2 将前一级的输出信号耦合到后一级的输入电阻上，故名阻容耦合。实际上，在前面各节介绍的放大电路中，放大电路与信号源或负载之间就是采用阻容耦合方式连接起来的。

1. 静态分析

由于电容的隔直作用，在阻容耦合放大电路中，前、后两级的静态工作点是彼此独立的，互不影响，可按 10.3.2 节、10.4.1 节介绍的方法计算。

2. 动态分析

无论是阻容耦合还是直接耦合，只要将各级的微变等效电路级联起来，即为多级放大电路的微变等效电路。因而不难得出以下结论：

① 多级放大电路的总电压放大倍数 A_u 等于各级电压放大倍数 A_{u1}，A_{u2}，…的乘积。当为两级放大电路时，有

$$A_u = A_{u1} \cdot A_{u2} \tag{10-41}$$

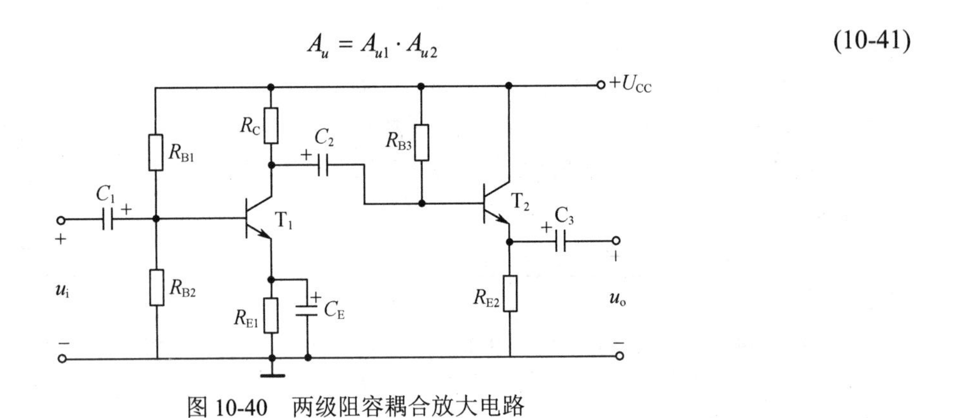

图 10-40　两级阻容耦合放大电路

A_{u1} 和 A_{u2} 的计算公式视该级的具体电路而定，但要注意后级的输入电阻 r_{i2} 就是前级的负载电阻 R_{L1}，前级的输出电阻 r_{o1} 就是后级的信号源内阻 R_{S2}，即

$$R_{L1} = r_{i2}$$

$$R_{S2} = r_{o1}$$

② 多级放大电路的输入电阻 r_i，一般就是第一级的输入电阻 r_{i1}，即

$$r_i = r_{i1} \tag{10-42}$$

③ 多级放大电路的输出电阻 r_o，一般就是最后一级的输出电阻 r_{o2}，即

$$r_o = r_{o2} \tag{10-43}$$

【例 10-8】 在图 10-40 所示电路中，已知 $R_{B1} = 33\text{k}\Omega$，$R_{B2} = R_{B3} = 10\text{k}\Omega$，$R_C = 2\text{k}\Omega$，$\beta_1 = \beta_2 = 60$，$R_{E1} = R_{E2} = 1.5\text{k}\Omega$，两个晶体管的 $r_{be1} = r_{be2} = 0.6\text{k}\Omega$。试求总电压放大倍数 A_u。

解　第一级为共射极放大电路，它的负载电阻即第二级的输入电阻

$$r_{i2} = R_{L1} = R_{B3} // [r_{be2} + (1+\beta)R_{E2}] = \frac{10 \times [0.6 + (1+60) \times 1.5]}{10 + [0.6 + (1+60) \times 1.5]}\text{k}\Omega = 9.02\text{k}\Omega$$

$$R'_{L1} = R_C // R_{L1} = \frac{2 \times 9.02}{2 + 9.02} = 1.64\text{k}\Omega$$

$$A_{u1} = -\beta \frac{R'_{L1}}{r_{be1}} = -60 \times \frac{1.64}{0.6} = -164$$

第二级为射极输出器，可取 $A_u \approx 1$。因此

$$A_u = A_{u1} \cdot A_{u2} = -164 \times 1 = -164$$

由于耦合电容的隔直作用，阻容耦合只能用于放大交流信号，不适合传递变化缓慢的信号，更不能传递直流信号。在集成电路中，由于制作工艺的限制，也无法采用阻容耦合。因此，在集成电路中一般都采用直接耦合方式。

10.7.2　直接耦合多级放大电路

直接耦合不需另加耦合元件，而是直接将前后两级连接起来，如图 10-41 所示为直接耦合的两级放大电路。

直接耦合放大电路有很多优点，它既可以放大和传递交流信号，也可以放大和传递变化缓慢的信号甚至直流信号，且便于集成。实际的集成运算放大器的内部就是一个高增益的直接耦合多级放大电路。

但是，在直接耦合放大电路中，由于前后级之间存在着直流通路，使得各级静态工作点互相制约、互相影响，因此，在设计时必须采取一定的措施，以保证既能有效地传递信号，又要使各级有

合适的静态工作点。直接耦合放大电路存在的另一个突出问题是零点漂移问题。

在直接耦合放大电路中，当输入端无输入信号时，输出端的电压不是零，而是缓慢地、无规则地变化，这种现象称为**零点漂移**，如图 10-42 所示。零点漂移是由于温度的变化、电源电压的不稳定等原因引起的，这与 10. 3 节中讨论的静态工作点不稳定的原因是相同的。例如，当温度增加时，I_{C1} 增加，U_{CE1} 下降，前级电压的这一变化直接传递到后一级而被放大，使得输出电压远远偏离了初始值而出现严重的零点漂移现象，放大电路无法正常工作。因此，必须采取适当的措施减小漂移电压，通常利用 10.5 节所介绍的差分放大电路来解决这一普遍存在的问题。

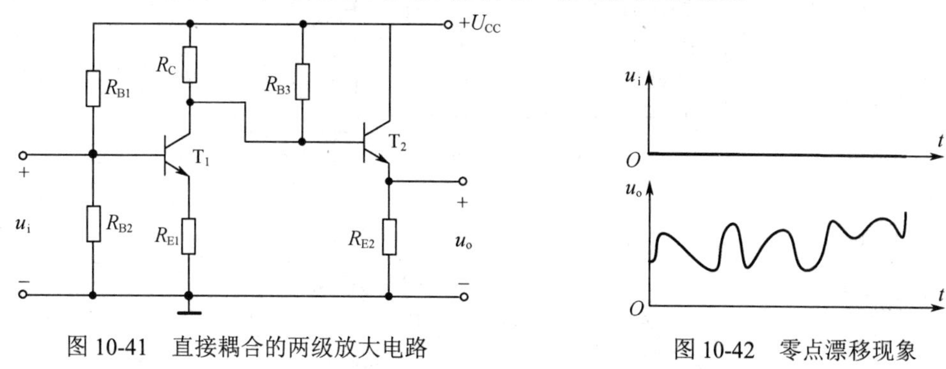

图 10-41　直接耦合的两级放大电路

图 10-42　零点漂移现象

下面通过介绍机载对讲机的例子来说明放大器在机载设备中的应用。

1. 对讲机的结构

机载对讲机如图 10-43 所示，是一种能使双座教练机前后舱内 2 人进行通话的装置。实现此功能的主要组成电路就是前面所介绍的放大器。

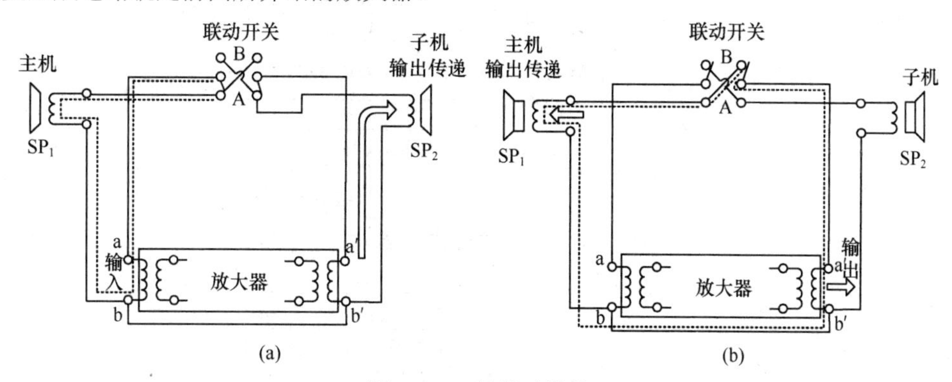

图 10-43　机载对讲机

工作时，将主机的联动开关切换到 A，主机对子机讲话。接下来，要从主机听子机的回答时，将联动开关切换到 B。这样，对着子机话筒(以扬声器代用)所讲的话就会被传递到主机。

不管是从主机讲话还是从子机讲话，此时的输入信号总是由主机一侧的输入端 ab 输入，由子机一侧的输出端 a′ b′输出，而这正是使用联动开关的原因。

2. 对讲机电路与操作

对讲机是一种低频放大器的应用，其实际的电路与连接如图 10-44 所示。

操作如图 10-45 所示，说明如下：

① 对着 SP_1 说话时，输入信号被加载到 ab 端(事先将开关切换到 A)。

② 输入信号经 T_1、T_2 放大后，出现于 a′ b′端，然后被加载到 SP_2。

③ 从 SP_2 的通话先将开关切换到 B，然后进行。

④ 从 SP_2 输入的信号同样被加载到 ab 端，然后出现于 a′ b′端。在电路图上进行跟踪，可知被输出到了 SP_1。$SP_1 \to SP_2$ 和 $SP_2 \to SP_1$ 均为低频放大。

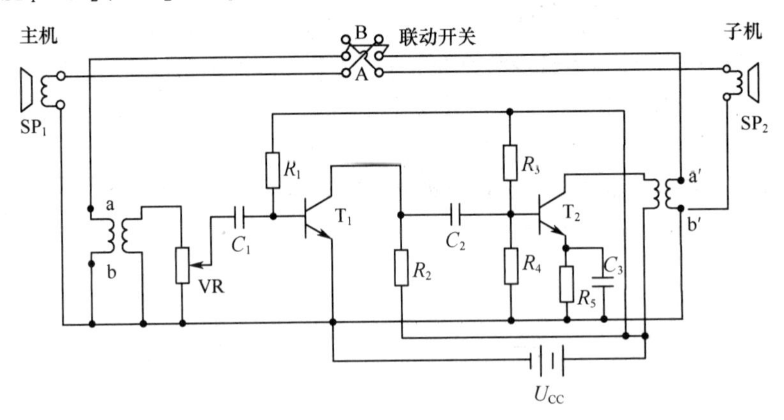

图 10-44 放大器(用作对讲机)的电路

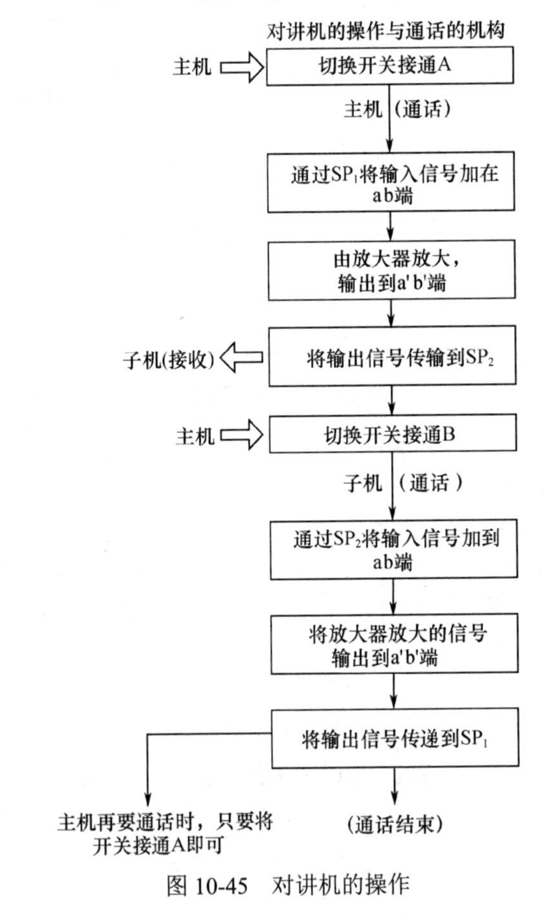

图 10-45 对讲机的操作

小　结

1. 放大电路的分析包括静态和动态两个方面。静态分析常采用估算法和图解法；动态分析则常采用微变等效电路和图解法。

其中，图解法可以形象、直观地看出电路参数对静态工作点的影响以及非线性失真与静态工作点的关系。但是，图解法也有其缺陷：首先，为了得到较准确的结果，必须采用晶体管的实测特性曲线，所以图解法麻烦且费事；其次，无法用图解法分析放大电路的某些动态指标，如输入电阻、输出电阻；另外，对于较复杂的反馈放大电路，也无法用图解法分析。所以一般用图解法分析放大电路处于大信号状态下的非线性失真和动态工作范围。

而动态分析中的小信号模型等效电路法适用于分析低频小信号放大电路，一般放大元件工作在线性范围。用小信号模型等效电路法分析放大电路的动态性能指标简单方便，因而它成为分析放大电路的主要方法。其缺陷是不适于分析大信号状态下的工作电路。

2. 对放大电路的基本要求是对信号进行不失真的放大，因此必须给放大电路设置合适的静态工作点。如果静态工作点设置得过高或过低，将有可能引起输出信号发生饱和或截止失真。

3. 晶体管的参数易受温度影响，当环境温度变化时会引起静态工作点的改变，所以在实际中常采用具有稳定静态工作点作用的分压式射极偏置电路或射极输出器。

4. 在低频电子线路中，放大电路常采用共射极放大和共集电极放大两种形式。共射极放大电路的电压放大倍数大，但是输入电阻小，输出电阻大；共集电极放大电路的输入电阻大，输出电阻小，但没有电压放大能力。在实际电路中，常将这两种电路组合应用，以发挥它们各自的优势。

5. 功率放大电路由于工作在大信号状态下，不但要求具有较高的输出功率和效率，而且要求非线性失真要小。采用甲乙类双电源互补对称放大电路，可以解决效率与非线性失真之间的矛盾。

6. 多级放大电路的级间耦合方式有阻容耦合、直接耦合、光电耦合和变压器耦合 4 种形式。直接耦合方式中各级静态工作点互相影响，存在零点漂移现象；阻容耦合方式中各级静态工作点互相没有影响。

习　题　10

基础知识

10-1　晶体管的控制方式为输入______(电流、电压)控制输出_______(电流、电压)。

10-2　晶体管放大电路，除共射极连接方式外，还有______和______连接方式。

10-3　分析放大电路静态工作点时，应看放大电路的______通路；分析放大电路电压放大倍数时，应看______通路。

10-4　晶体管电压放大电路设置合适静态工作点的目的是(　　)。

a.减小静态损耗　　b.使放大电路不失真地放大

c.增加放大电路的 β　　d.提高放大电路的输出电阻

10-5　在晶体管放大电路中，当输入电流一定时，静态工作点设置太高，将产生(　　)。

a.饱和失真　　b.截止失真　　c.正常放大，但放大倍数会减小

10-6　以下关于共集电极放大电路特性的描述，不正确的是(　　)。

a.具有电流放大作用　　b.输入电阻大　　c.无电压放大作用　　d.输出电阻大

10-7　放大电路产生零点漂移的主要原因是(　　)。

a.放大倍数太大　　b.采用了直接耦合方式

c.晶体管的噪声太大　　d.环境温度变化引起参数变化

10-8　差动放大电路的主要特点是(　　)。

a.有效地放大差模信号，强有力地抑制共模信号

b.既可放大差模信号，也可放大共模信号

c.只能放大共模信号，不能放大差模信号

d.既抑制共模信号，又抑制差模信号

10-9　关于功率放大电路，以下说法正确的是(　　)。

a.甲类功率放大电路的效率最高

b.在 3 种功率放大电路中，甲乙类功率放大电路的静态工作点是最低的

c.在不失真的情况下输出尽可能大的功率

d.功率放大电路一般作为多级放大电路的中间放大级

10-10　采用多级放大电路的主要目的是(　　)。

a.提高信号的工作频率　　b.提高放大倍数

c.稳定静态工作点　　d.减小放大信号的失真

应用知识

10-11　如何用万用表判断出一个晶体管是 NPN 型还是 PNP 型？如何判断出晶体管的 3 个引脚？又如何通过实验来区别是锗管还是硅管？

10-12　在放大电路中，若测得某晶体管 3 个极的电位分别为 9V 、2.5V 、3.2V ，试判断哪个是基极、发射极、集电极，并说明理由。

10-13　测得工作在放大电路中两个晶体管的两个电极电流如题图 10-1 所示。(1)求另一个电极电流，并在图中标出实际方向；(2)判别它们是 PNP 型还是 NPN 型，并标出 E、B、C 电极；(3)估算它们的电流放大倍数。

10-14　如题图 10-2 所示电路，试问晶体管工作于何种状态。

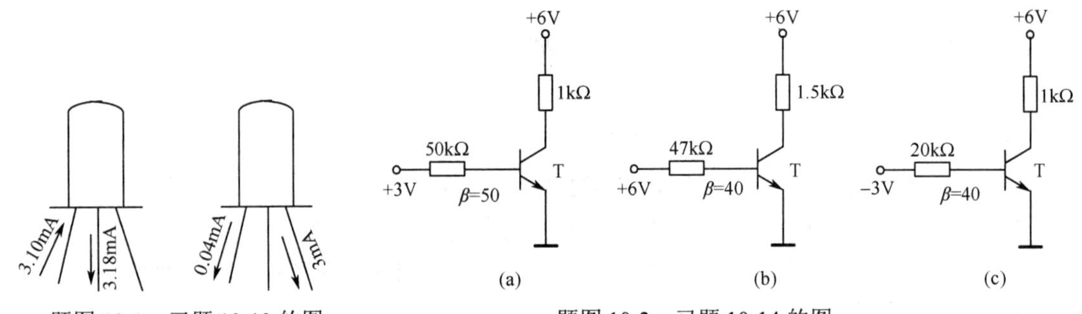

题图 10-1　习题 10-13 的图　　题图 10-2　习题 10-14 的图

10-15　如题图 10-3 所示是一声光报警电路。在正常情况下，B 端电位为 0V ；若前接装置发生故障，B 端电位上升到 +5V 。试分析电阻 R_1 和 R_2 起何作用。

10-16　根据题图 10-4 描述单管放大电路的工作原理，并指出各元器件的作用。

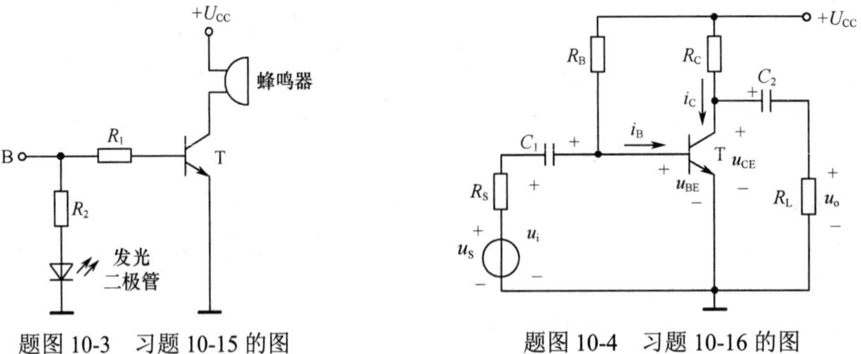

题图 10-3　习题 10-15 的图　　题图 10-4　习题 10-16 的图

10-17　题图 10-5 中各个电路能不能放大交流信号？请说明原因。

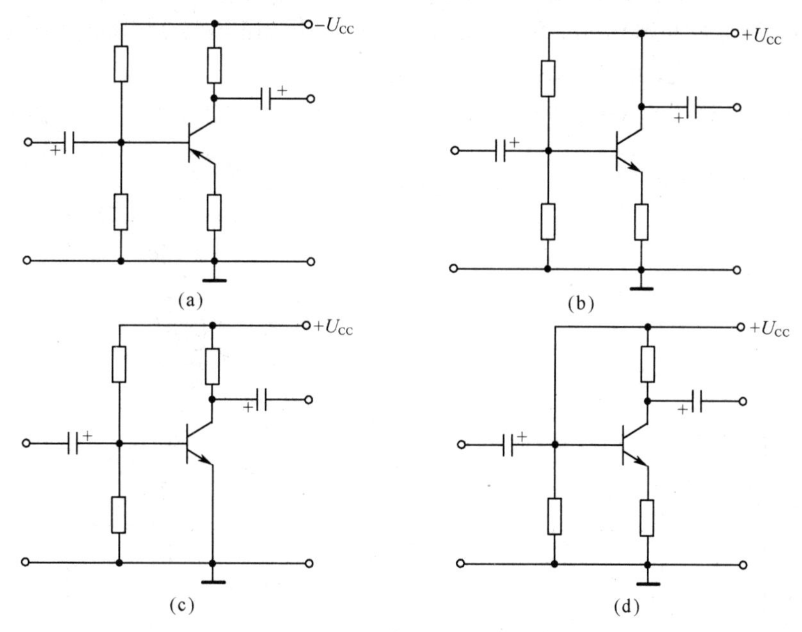

题图 10-5　习题 10-17 的图

10-18　在题图 10-6 所示放大电路中，晶体管是 NPN 锗管。(1)设 $U_{CC}=12V$，$R_C=3k\Omega$，$\beta=75$，如果要将静态值 I_C 调到 1.5mA，R_B 应调到多大？(2)在调整静态工作点时，如不慎将 R_P 调到零，对晶体管有无影响？为什么？通常采取什么措施来防止发生这种情况？(3)如果是 PNP 锗管，U_{CC}、C_1 和 C_2 的极性如何考虑？请在图上标出。

10-19　电路如题图 10-7 所示，U_{CC}=12V，β=50，R_B=400kΩ，R_C=2kΩ，R_L=2kΩ，r_{be}=1kΩ，且电容足够大。(1)求静态值；(2)画出放大电路的微变等效电路；(3)求电路的动态放大倍数 A_u。

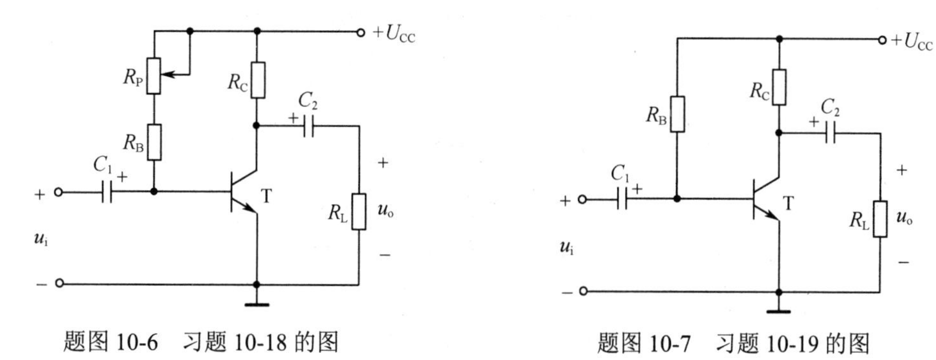

题图 10-6　习题 10-18 的图　　题图 10-7　习题 10-19 的图

10-20　电路如题图 10-8 所示，U_{CC}=15V，β=50，R_{B1}=20kΩ，R_{B2}=10kΩ，R_C=2kΩ，R_E=2kΩ，R_L=2kΩ，r_{be}=0.8kΩ，U_{BE}=0.6V，且电容足够大。(1)求静态值；(2)画出放大电路的微变等效电路；(3)求电路的动态放大倍数 A_u。

10-21　在题图 10-8 中，如将图中的发射极交流旁路电容 C_E 除去。(1)试问静态值有无变化？(2)画出微变等效电路；(3)计算电压放大倍数 A_u，并说明发射极电阻 R_E 对电压放大倍数的影响；(4)计算放大电路的输入电阻和输出电阻。

10-22　射极输出器又称为射极跟随器，跟随什么？有何特点？有何用途？

10-23 (1)为什么阻容耦合放大电路只能放大交流信号，不能放大直流信号？直接耦合放大电路是否只能放大直流信号而不能放大交流信号？(2)什么是零点漂移？为什么阻容耦合放大电路不强调零点漂移问题，而在直接耦合放大电路中却要重视零点漂移问题？

10-24 如题图 10-9 所示为功率放大电路原理图，说明二极管 D_1、D_2 和晶体管 T_1、T_2、T_3 的作用，并指出 E 点电位。

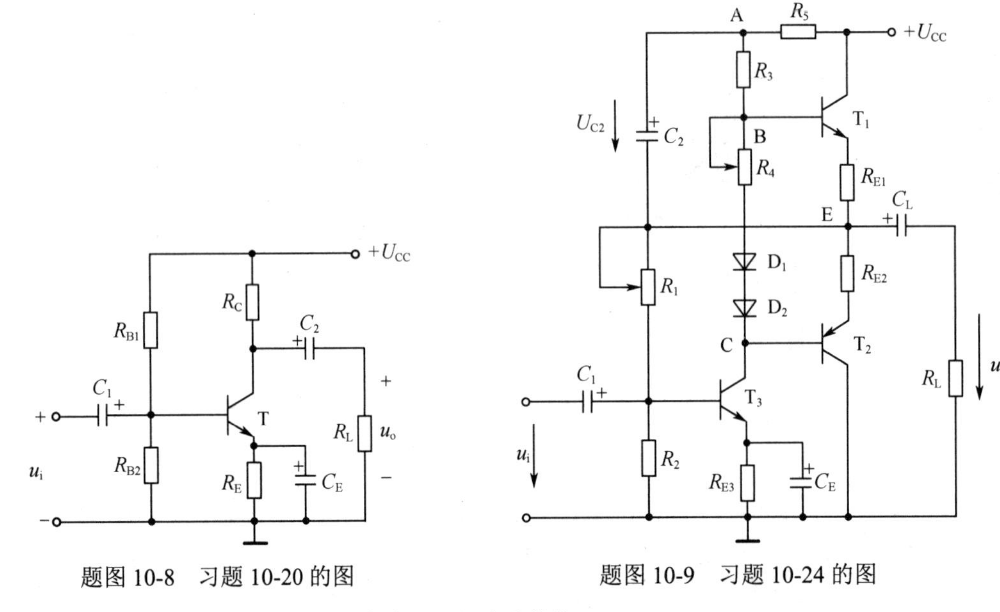

题图 10-8　习题 10-20 的图　　　　题图 10-9　习题 10-24 的图

10-25 如题图 10-10 所示为两级放大电路，已知硅晶体管 $\beta_1 = 40$，$\beta_2 = 50$，$r_{be1} = 1.7\text{k}\Omega$，$r_{be2} = 1.1\text{k}\Omega$，$R_{B1} = 56\text{k}\Omega$，$R_{B2} = 20\text{k}\Omega$，$R_{B3} = 10\text{k}\Omega$，$R_{E1} = 5.6\text{k}\Omega$，$R_C = 3\text{k}\Omega$，$R_{E2} = 1.5\text{k}\Omega$，求该放大电路的总电压放大倍数、输入电阻和输出电阻。

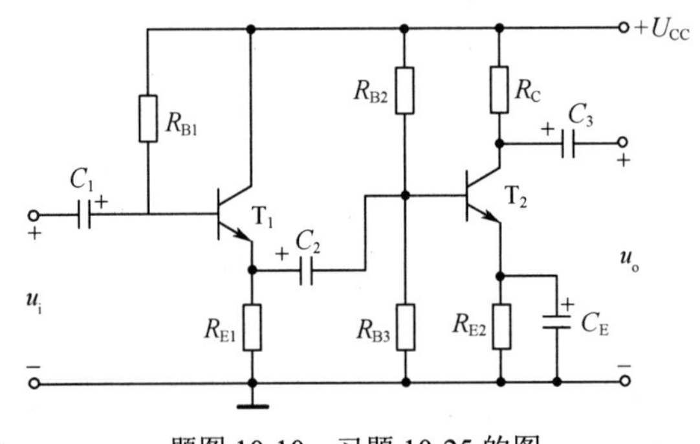

题图 10-10　习题 10-25 的图

军事知识

10-26 如题图 10-11 是机载 TKR-122 超短波电台的频率合成器中的环路放大器电路，说出晶体管所组成放大电路的名称，分析电路工作原理及信号的放大过程。

10-27 如题图 10-12 所示电路是 WL-8 型无线电罗盘接收电路的逻辑控制电路，输入小信号电平，控制输出电平的高低，分析工作过程。

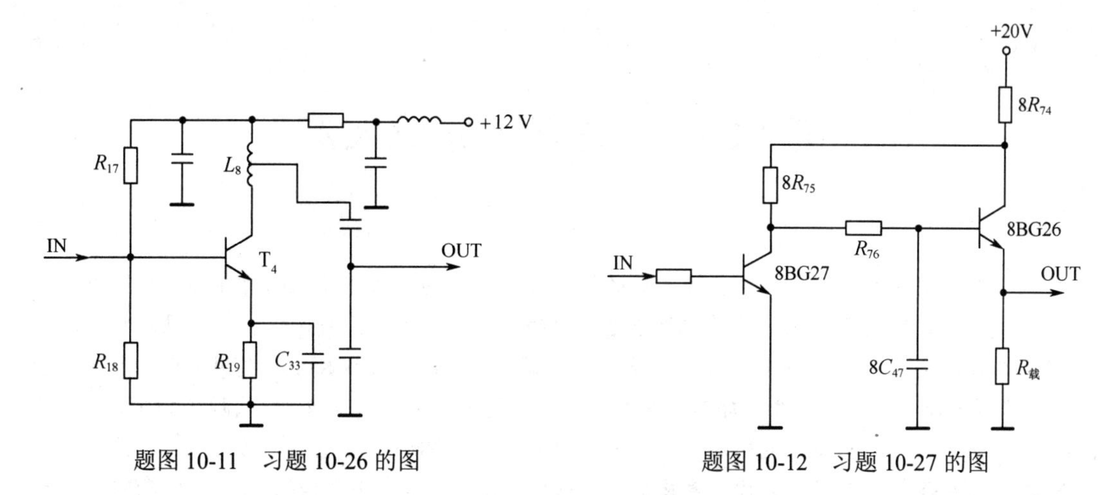

题图 10-11　习题 10-26 的图　　　　题图 10-12　习题 10-27 的图

10-28　教八型飞机的救生接收机专门用于接收由飞行员救生电台自地面发出的呼救信标和语音信号，它是由高频电路、中频电路和辅助电路等组成的，中频电路的缓冲放大器采用的就是分压式偏置放大电路，已知 U_{CC}=12V，β=50，R_{10}=20kΩ，R_{11}=10kΩ，R_{12}=2kΩ，R_{13}=2kΩ，U_{BE}=0.6V，且电容足够大，求电路放大倍数。(电路参照题图 10-8。)

第11章　集成运算放大器

引言

前面介绍的电路都是由单个元器件构成的，也就是常说的分立电路。而现在实际应用中大多采用的是集成电路，所谓集成电路就是把整个电路中的元器件和连线同时制作在一块硅基片上，构成具有特定功能的电子电路。1958年，在美国德州仪器公司工作的Jack Killby发明了世界上第一个集成电路。集成电路的出现和应用，标志着电子技术发展到了一个新的阶段，它实现了材料、元器件、电路三者之间的统一。与分立电路相比较，集成电路具有体积小、质量小、功耗低、可靠性高等优点。随着集成电路制造工艺的进步，集成度越来越高，集成电路有小规模(SSI)、中规模(MSI)、大规模(LSI)和超大规模(VLSI)之分。目前的超大规模集成电路可以把上亿个元器件集成在一块小于指甲面积的硅片上。

集成电路分类方式有很多，如果按导电类型分，有双极型、单极型和二者兼容型；按功能分，有数字集成电路、模型集成电路以及二者混合型。模拟集成电路中主要包含集成运算放大器、集成功率放大器、集成稳压电源和集成A/D（或D/A）转换器等。其中，集成运算放大器简称集成运放，是集成电路中应用极为广泛的一种。由于这种放大器早期在模拟计算机中实现数学运算，故名运算放大器。现在它的应用已远远超出了模拟计算的范畴，在信号处理、测量及波形转换、自动控制等领域都得到了十分广泛的应用。

本章首先介绍集成运放的组成、电压传输特性和理想集成运放的工作情况，然后讨论集成运放在信号运算和信号处理方面的应用，最后介绍集成运放实际应用过程中需要注意的主要事项。

学习目标：

1. 掌握集成运放的组成、电压传输特性及电路符号；
2. 掌握集成运放的基本运算电路；
3. 了解电压比较器的工作原理；
4. 了解使用集成运放应注意的问题。

11.1　集成运放概述

11.1.1　集成运放的组成

集成运算放大器简称集成运放，是一种高电压增益、高输入电阻和低输出电阻的多级直接耦合放大电路，它的种类很多，电路也不一样，但在基本结构上具有共同之处。其组成原理图如图11-1所示，集成运放内部电路有输入级、中间级、输出级和偏置电路4个基本组成部分。

集成运放的输入级有同相和反相两个输入端，一般都采用差分放大电路，主要是利用它的对称特性来提高电路抑制零点漂移及抗共模干扰信号的能力，从而提高电路性能。另外，集成运放具有输入电阻高(一般可达几十千欧到几兆欧)、静态电流小和差模电压放大倍数高等特点。

中间级是电压放大级，可以获得很高的电压增益，通常高达几千到几十万倍。

输出级是指功率输出级，由互补功率放大电路或电压跟随器组成。它与输出负载相连，要求输出电阻低(通常为几十到几百欧)，带负载能力强，并能够提供足够大的电压和电流。

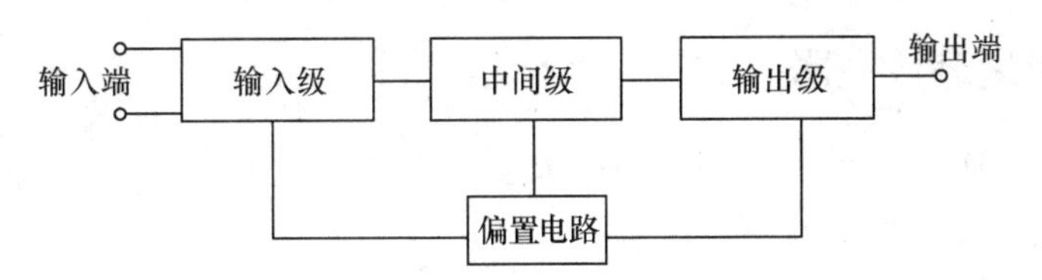

图 11-1　集成运放的组成原理图

偏置电路是为上述各级提供合适的静态工作电流，在集成电路体积小的情况下，为了降低功耗以限制温度升高，需要减小各级的静态工作电流，常采用恒流源来构成。

总之，集成运放是一种电压放大倍数很高，输入电阻很大，输出电阻很小，零点漂移小，抗干扰能力强，可靠性高，体积小，质量轻，耗电少的通用电子器件。另外，由于制造工艺的原因，集成电路中一般不包含电感；制造容量大于 200pF 的电容也很困难，需要大电容时通常采取外接的方式；高阻值电阻可用恒流源代替，或者采用外接方式；集成电路中的二极管都采用晶体管。如图 11-2 所示为常用集成运放外形实物。

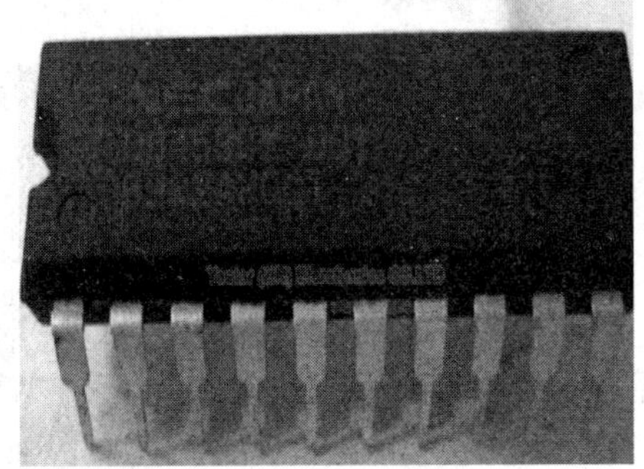

图 11-2　集成运放的外形实物

目前，集成运放常见的两种封装方式是金属封装和塑料封装，例如，集成运放 CF741 的引脚示意图如图 11-3 所示。

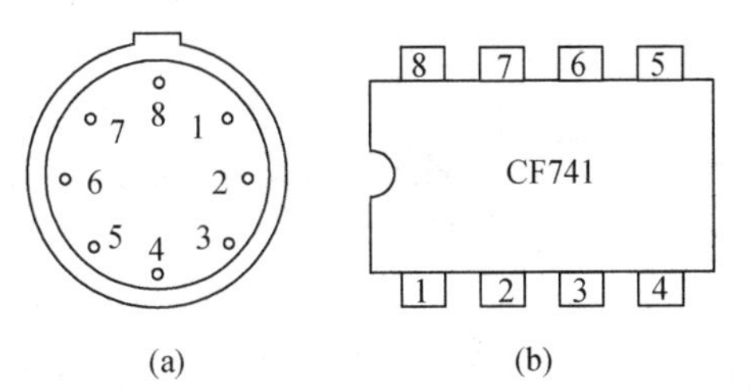

图 11-3　集成运放 CF741 的引脚示意图

引脚 4、7 分别是电源 $-U_{EE}$ 和 $+U_{CC}$。

引脚 1、5 外接调零电位器，其滑动触头端与电源 $-U_{EE}$ 相连。如果输入为零、输出不为零，调节调零电位器使输出为零。

引脚 6 为输出端；引脚 2 为反相输入端；引脚 3 为同相输入端；引脚 8 为空脚。

运算放大器符号如图 11-4 所示。图中 A_{uo} 表示电压放大倍数；“▷”表示信号从左(输入端)向右(输出端)传输的方向。两个输入端中，标有“−”号的输入端称为反相输入端(电压为 u_-)，当信号由此端输入时，输出信号与输入信号相位相反；标有“+”号的输入端称为同相输入端(电压为 u_+)，当信号由此端输入时，输出信号与输入信号相位相同；输出信号为 u_o。

11.1.2 理想运算放大器

为简化分析计算，通常将集成运放看成理想运算放大器（理想运放），理想化的基本条件包括有：

① 开环差模电压放大倍数 $A_{uo}\to\infty$；

② 输入阻抗 $r_{id}\to\infty$；

③ 输出阻抗 $r_o\to 0$；

④ 共模抑制比 $K_{CMRR}\to\infty$。

理想运算放大器的符号如图 11-5 所示，图中的“∞”表示理想运放开环差模电压放大倍数为无穷大。实际上并不存在理想运放，随着制作工艺的日渐提高，实际集成运放的性能指标与理想运放比较接近，在分析它们组成的电路时，将运放当作理想运放处理，已能满足工程精度的要求。

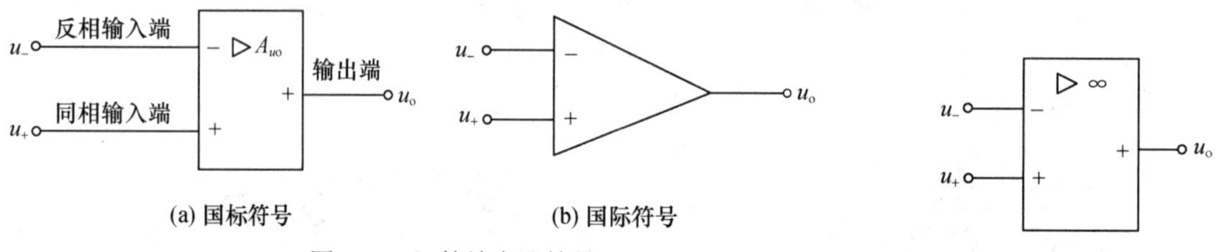

(a) 国标符号　(b) 国际符号

图 11-4　运算放大器符号　　图 11-5　理想运算放大器符号

11.1.3 集成运放的电压传输特性

描述集成运放输出电压 u_o 与两个输入电压差 $(u_+ - u_-)$ 之间关系的特性曲线称为电压传输特性，典型集成运放的电压传输特性如图 11-6 所示。从图中可以看出，该曲线分为线性区和饱和区。

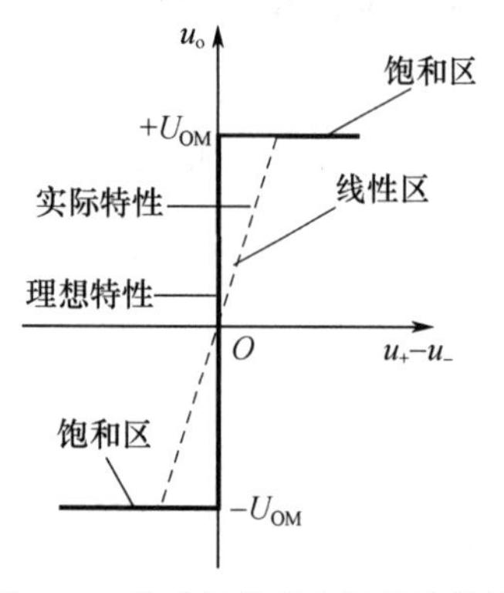

图 11-6　集成运放的电压传输特性

1. 线性区

电压传输特性曲线中过原点的直线部分就是线性区，直线的斜率就是集成运放的开环差模电压放大倍数 A_{uo}。当集成运放工作在线性区时，输出电压 u_o 与两个输入电压之差 $(u_+ - u_-)$ 间满足线性关系，即

$$u_o = A_{uo}(u_+ - u_-) \tag{11-1}$$

在集成运放具有理想化参数后，可以得出集成运放的两个重要特性。

（1）虚短

根据 $u_o = A_{uo}(u_+ - u_-)$，集成运放工作在线性区时输出电压与输入差模电压之间的关系为

$$(u_+ - u_-) = \frac{u_o}{A_{uo}}$$

由于输出电压 u_o 是有限值，$A_{uo}\to\infty$，因而可以得出 $u_+ - u_- \approx 0$，即

$$u_+ \approx u_- \tag{11-2}$$

可见，理想运放的同相输入端和反相输入端的电位相等，也就是两个输入端之间的电压为零，这等效于两个输入端短路，但又不是真正的短路，所以称为“虚短”。

（2）虚断

由输入电阻的定义可得输入电流为

$$i_i = \frac{u_i}{r_i} \tag{11-3}$$

由于理想运放的输入阻抗 r_i 为无穷大，所以输入电流为零，即

$$i_+ = i_- \approx 0 \tag{11-4}$$

这说明两个输入端相当于开路，但不是真正的物理断开，所以称为“虚断”。

2. 饱和区(非线性区)

应当注意的是，上述两个特性只适用于集成运放工作在线性区，如果工作饱和区(即非线性区)时，输出电压只有两种可能，即

$$当 u_+ > u_- 时，\quad u_o = +U_{OM}$$

$$当 u_+ < u_- 时，\quad u_o = -U_{OM}$$

【例 11-1】运算放大器 F007 的正、负电源电压为±15V，开环电压放大倍数 $A_{uo} = 2\times10^5$，输出最大电压($\pm U_{OM}$)为 ±13V 。在图 11-6 中分别加上下列输入电压，求输出电压及其极性：(1) $u_+ = +15\mu V$，$u_- = -10\mu V$；(2) $u_+ = -5\mu V$，$u_- = +10\mu V$；(3)u_+=0V，$u_- = +5mV$；(4) $u_+ = +5mV$，$u_- = 0V$。

解　由式(11-1)得

$$u_+ - u_- = \frac{u_o}{A_{uo}} = \frac{\pm 13}{2\times10^5}V = \pm 65\mu V$$

可见，只要两个输入端之间的电压绝对值超过 65μV，输出电压就达到正或负的饱和值。

(1) $u_o = 2\times10^5 \times (15+10)\times10^{-6}V=+5V$

(2) $u_o = 2\times10^5 \times (-5-10)\times10^{-6}V=-3V$

(3) $u_o = -13V$

(4) $u_o = +13V$

如上所述，理想运放工作在线性区或非线性区时，各有不同的特点。因此在分析各种应用电路的工作原理时，首先必须判断其中的集成运放究竟工作在哪个区域。若其工作在线性区，那么应始终将理想运放工作在线性区的两个特性作为分析问题的重要依据。

11.1.4　主要参数

1. 最大输出电压 U_{OM}

能使输出电压和输入电压保持不失真关系的最大输出电压，称为运算放大器的最大输出电压。

2. 开环电压放大倍数 A_{uo}

在没有外接反馈电路时所测出的差模电压放大倍数，称为开环电压放大倍数。A_{uo} 越高，所构成的运算电路越稳定，运算精度也越高。

3. 输入失调电压 U_{IO}

理想运算放大器，当输入电压 $u_+ = u_- = 0$ (即把两输入端同时接地)时，输出电压 $u_o = 0$。但在实际的运算放大器中，由于制造中元器件参数的不对称性等原因，当输入电压为零时，$u_o \neq 0$。反过来说，如果要 $u_o = 0$，必须在输入端加一个很小的补偿电压，它就是输入失调电压。U_{IO} 一般为几毫伏，显然其值越小越好。

4. 输入失调电流 I_{IO}

输入失调电流是指输入信号为零时，两个输入端静态基极电流之差，即 $I_{IO} = |I_{B1} - I_{B2}|$。$I_{IO}$ 一般为微安级，其值越小越好。

5. 输入偏置电流 I_{IB}

输入信号为零时，两个输入端静态基极电流的平均值称为输入偏置电流，即 $I_{IB} = \frac{I_{B1}+I_{B2}}{2}$。它的大小主要和电路中第一级晶体管的性能有关。该电流也是越小越好，一般为零点几微安。

6. 最大共模输入电压 U_{ICM}

运算放大器对共模信号具有抑制的性能，但该性能在规定的共模电压范围内才具备。若超出这个范围，运算放大器的共模抑制性能就大为下降，甚至造成器件损坏。

11.2 集成运放在信号运算中的应用

集成运放在电子技术的各个领域应用得十分普遍，主要应用电路的分类也多种多样。按照集成运放工作状态来划分，可分为线性应用和非线性应用两类；按应用电路的功能来划分，可分为信号运算电路、信号处理电路、信号发生电路、信号获取电路等。本节主要介绍集成运放在信号运算方面的应用。

集成运放工作在线性区，在引入深度负反馈(见第 12 章)后，可构成比例、加、减、微分和积分等多种运算电路，输入电压与输出电压之间满足相应的运算关系。分析这类电路时，将集成运放视为理想运放，分析电路的主要依据是前面介绍的虚短和虚断两个重要结论。

11.2.1 比例运算电路

1. 反相比例运算电路

电路如图 11-7 所示。输入信号 u_i 经电阻 R_1 加到运放的反相输入端，同相输入端经电阻 R_2 接地，输出信号 u_o 通过电阻 R_F 反馈回运放的反相输入端，形成负反馈，故该电路工作在线性区。电阻 R_2 称为平衡电阻，其作用是保持运放的输入级电路的对称性，且 $R_2 = R_1 // R_F$。由理想运放线性区的虚断可知，电阻 R_2 中电流为零，则 $u_+ = u_- \approx 0$，同相端虽未直接与地相连但其电位为零，这种情况称为“虚地”。同理可得

$$i_1 = i_F$$

$$i_1 = \frac{u_i - u_-}{R_1}$$

$$i_F = \frac{u_- - u_o}{R_F}$$

那么

$$u_o = -\frac{R_F}{R_1}u_i \tag{11-5}$$

因此，图 11-7 所示电路的电压放大倍数为

$$A_F = -\frac{R_F}{R_1} \tag{11-6}$$

由此可见，输出电压与输入电压反相，二者比值只取决于外部电阻 R_F 和 R_1 的大小，与外加负载的大小没有关系。当 $R_1 = R_F$ 时，有 $u_o = -u_i$，此时电路称为反相器，如图 11-8 所示。

2. 同相比例运算电路

电路如图 11-9 所示。输入信号 u_i 经电阻 R_2 送到运放的同相输入端，反相输入端经电阻 R_1 接地，反馈电阻 R_F 连接在输出端和反相输入端之间，形成负反馈(详见第 12 章)。

由理想运放线性区的两个重要结论

$$u_i = u_+ \approx u_- \qquad i_+ = i_- \approx 0$$

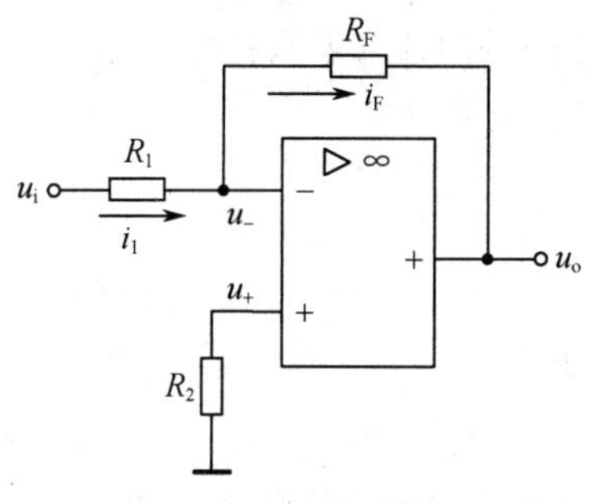

图 11-7 反相比例运算电路

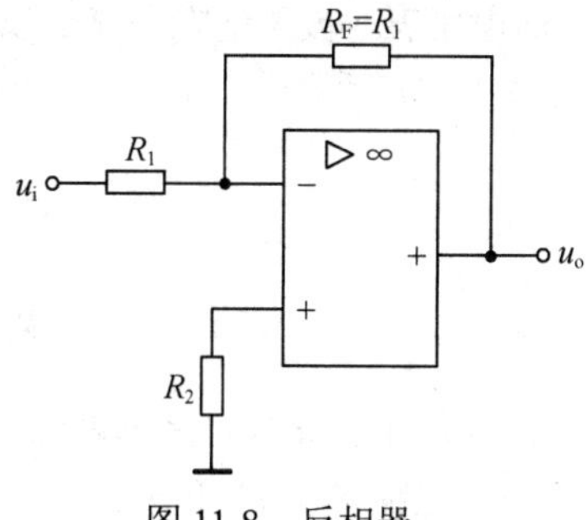

图 11-8 反相器

可得 $i_1 = i_F$，则

$$i_1 = \frac{0 - u_-}{R_1} \qquad i_F = \frac{u_- - u_o}{R_F}$$

则

$$u_o = (1 + \frac{R_F}{R_1})u_i \tag{11-7}$$

$$A_F = 1 + \frac{R_F}{R_1} \tag{11-8}$$

显然，输出电压与输入电压成正比，且比值只取决于外部电阻 R_F 和 R_1 的大小。当 $R_F \to 0$ 或 $R_1 \to \infty$ 时，电路如图 11-10 所示。这时 $u_o = u_i$，该电路称为电压跟随器。

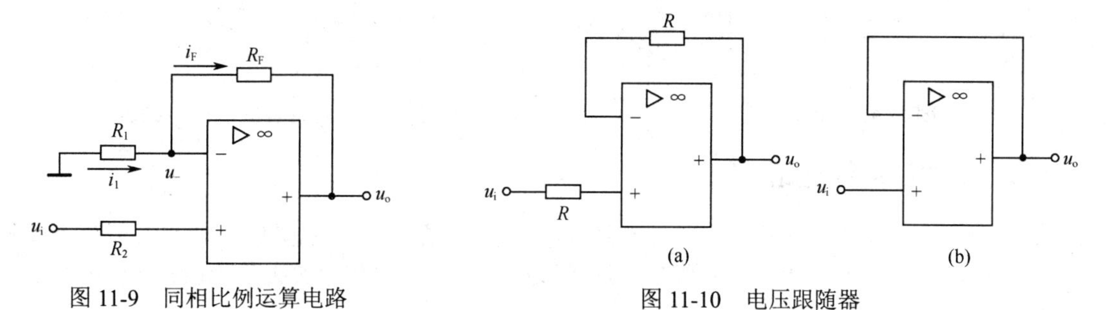

图 11-9 同相比例运算电路

图 11-10 电压跟随器

【例 11-2】 如图 11-11 所示，已知 $R_1 = R_2 = 10\,\text{k}\Omega$，$R_3 = 5\,\text{k}\Omega$，$R_4 = 20\,\text{k}\Omega$，$R_5 = 4\,\text{k}\Omega$，求 u_o 与 u_i 之间的关系式。

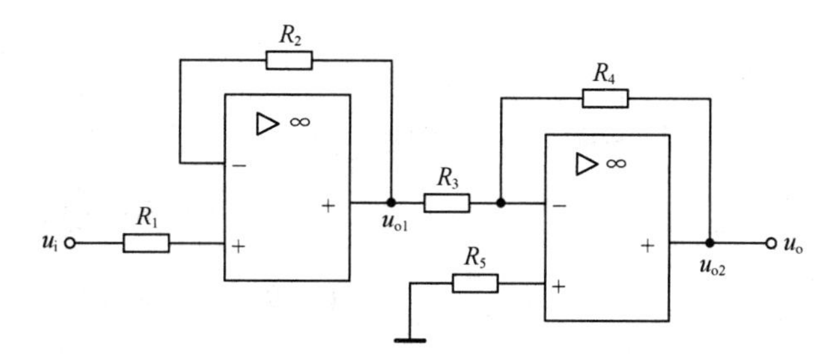

图 11-11 例 11-2 的图

解 图 11-11 所示电路的第一级是电压跟随器，第二级是反相比例运算电路，因此有

$$u_{o1} = u_i，\quad u_{o2} = -\frac{R_4}{R_3}u_{o1} = -4u_{o1}，\quad u_o = u_{o2} = -4u_{o1} = -4u_i$$

【例 11-3】 应用运放来测量电阻的原理电路如图 11-12 所示。其中 $u_i = U = 10\text{V}$，输出端接有满

量程为 5V 的电压表，被测电阻为 R_x。试找出被测电阻 R_x 的阻值与电压表读数之间的关系。

解 如图 11-12 所示电路是一个反相比例运算电路，可得

$$u_o = -\left(-\frac{R_x}{R_1}u_i\right)$$

$$R_x = \frac{R_1}{u_i}u_o = 10^5 u_o(\Omega)$$

如图 11-13 所示，此电路是某教练机的无线电高度信号接收电路，无线电高度信号 u_i 的范围为 0~+20V，这部分接收电路的任务是：把输入的模拟量转换成±10V 范围的输出 u_o。为了防止运放的输入端之间差模输入电压过大而损坏运放，所以利用了+15V 直流电源与 4 个二极管组成的输入端保护电路。

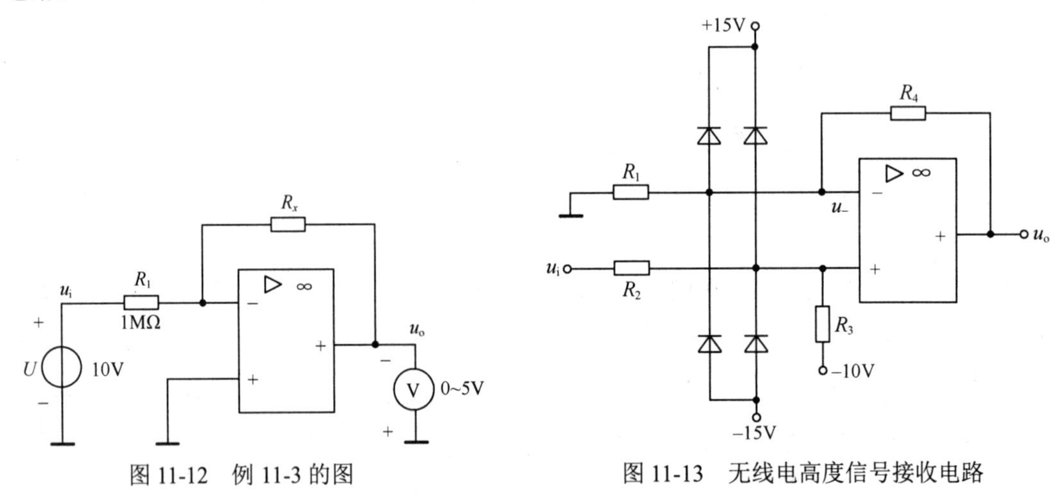

图 11-12 例 11-3 的图

图 11-13 无线电高度信号接收电路

11.2.2 加法运算电路

加法运算电路是实现若干个输入信号求和功能的电路。在反相比例运算电路中增加若干个输入端，就构成了反相加法运算电路。如图 11-14 所示为两个输入端的反相加法运算电路，图中电阻 R_3 为平衡电阻，$R_3 = R_1 // R_2 // R_F$。

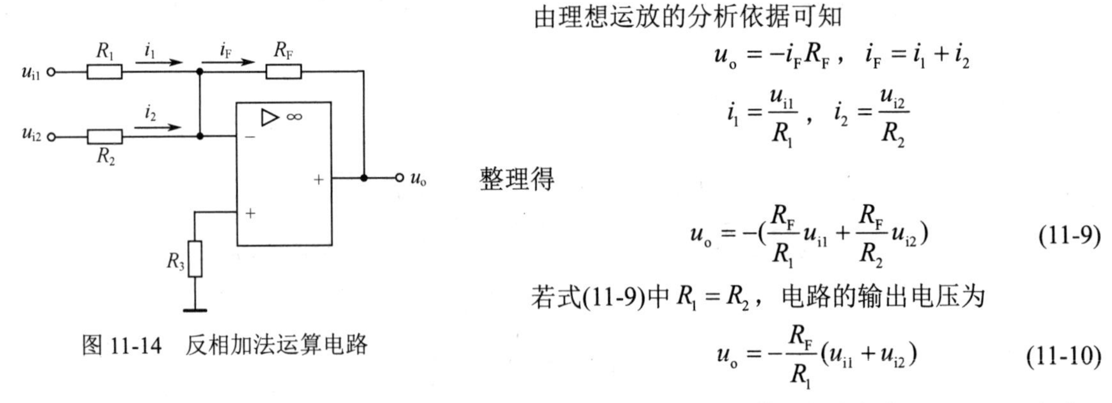

图 11-14 反相加法运算电路

由理想运放的分析依据可知

$$u_o = -i_F R_F,\quad i_F = i_1 + i_2$$

$$i_1 = \frac{u_{i1}}{R_1},\quad i_2 = \frac{u_{i2}}{R_2}$$

整理得

$$u_o = -\left(\frac{R_F}{R_1}u_{i1} + \frac{R_F}{R_2}u_{i2}\right) \tag{11-9}$$

若式(11-9)中 $R_1 = R_2$，电路的输出电压为

$$u_o = -\frac{R_F}{R_1}(u_{i1} + u_{i2}) \tag{11-10}$$

式(11-10)中的输入电压可正可负，该电路实现了对输入电压的求和运算。当改变电阻 R_1、R_2、R_F 时，也就改变了该项输入电压在输出电压中所占的比重。此电路运用叠加原理，可计算得出与上式相同的结果。

11.2.3 减法运算电路

减法运算电路是实现若干个输入信号相减功能的电路，如图 11-15 所示。由理想运放虚断的概念可知

$$u_- = u_{i1} - i_1 R_1$$

$$i_1 = \frac{u_{i1} - u_o}{R_1 + R_F},\quad u_+ = \frac{R_3}{R_2 + R_3} u_{i2}$$

由 $u_+ \approx u_-$，整理可得

$$u_o = \left(1 + \frac{R_F}{R_1}\right)\frac{R_3}{R_2 + R_3} u_{i2} - \frac{R_F}{R_1} u_{i1} \tag{11-11}$$

当 $R_1 = R_2 = R_3 = R_F$ 时，得

$$u_o = u_{i2} - u_{i1} \tag{11-12}$$

显然，电路的输出与两个输入信号的电压差成比例，电路可实现减法的功能。另需注意，当改变电路的比例系数时，由于必须保持电阻匹配，要求 $R_1 = R_2$，$R_3 = R_F$。

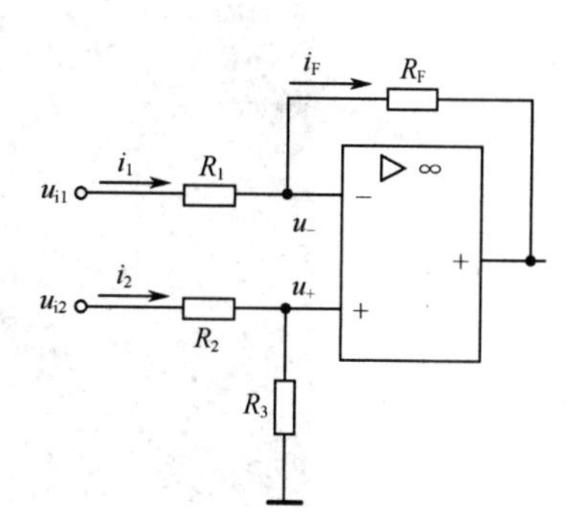

图 11-15 减法运算电路

11.2.4 积分运算电路

将反相比例放大电路的反馈电阻 R_F 用电容 C 代替，即构成一个反相积分运算电路，电路如图 11-16 所示。由理想运放虚短和虚断的概念可得

$$u_+ \approx u_- = 0$$

$$i_F = i_1 = \frac{u_i}{R}$$

$$u_o = -u_C = -\frac{1}{C}\int i_1 \mathrm{d}t = -\frac{1}{RC}\int u_i \mathrm{d}t \tag{11-13}$$

当 u_i 为恒定电压时，电容 C 的充电电流为恒定值，积分电路的输出电压 u_o 将随时间成线性变化，此时输出电压的最高值受运放的电源电压限制。当达到运放的最大输出值 $\pm U_{OM}$ 时，运放此后进入非线性工作区，积分停止，如图 11-16(b)所示。当 u_i 为方波时，输出电压 u_o 为三角波，如图 11-16(c)所示。

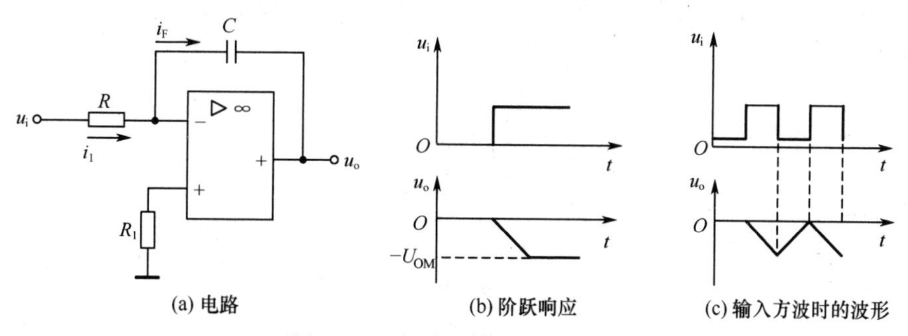

(a) 电路　(b) 阶跃响应　(c) 输入方波时的波形

图 11-16 积分运算电路及波形

积分运算电路还可构成锯齿波发生器，起到波形变换的作用。锯齿波电压在示波器、数字仪表等电子设备中用作扫描。为了使电子按照一定规律运动，以利用荧光屏显示图像，常用锯齿波产生器作为时基电路。例如，要在示波器荧光屏上不失真地观察到被测信号波形，就要在水平偏转板上加随时间作线性变化的电压——锯齿波电压，使电子束沿着水平方向匀速扫描过荧光屏。电视机显

像管荧光屏上的光点，是靠磁场变化进行偏转的，所以需要锯齿波电流来控制。图 11-17 为雷达扫描效果图，雷达显示器电路中包含积分运算电路。

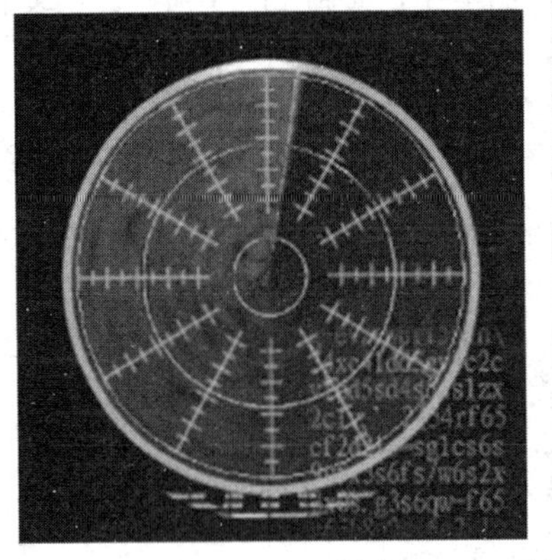
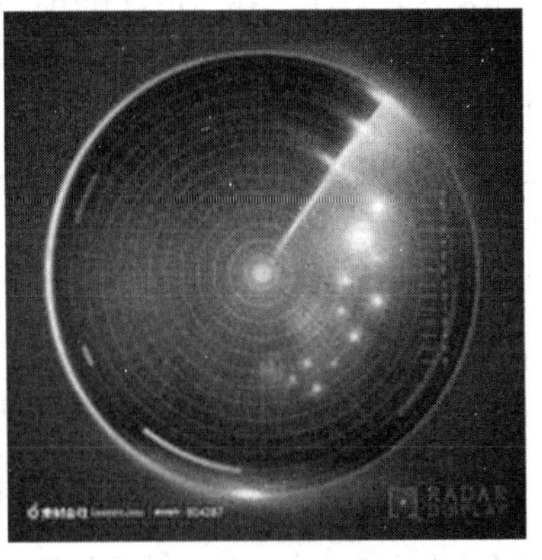

图 11-17　雷达扫描效果图

积分运算电路不仅可作为显示器的扫描电路，还可用于模数转换或数学模拟运算。在自动控制系统中，积分运算电路常用于实现延时、定时和产生各种波形。

11.2.5　微分运算电路

微分运算电路是积分电路的逆运算，将积分运算电路中的电阻和电容调换位置，并选取比较小的时间常数，可获得微分运算电路，如图 11-18(a)所示。图中平衡电阻 $R_1 = R_F$，在这个电路中同样存在虚地

$$u_+ \approx u_- = 0$$

$$i_F = i_1 = C\frac{du_C}{dt} = C\frac{du_i}{dt}$$

$$u_o = -R_F C\frac{du_i}{dt} \tag{11-14}$$

可见，u_o 和 u_i 是微分关系，即 u_o 和 u_i 的变化率成正比。式(11-14)中，$R_F C$ 是微分运算电路时间常数。

【例 11-4】 在图 11-18 中，设输入信号为负向阶跃电压，在 t=0 时，由零跃变到 $-U$，如图 11-19(a)所示。求 u_o 的变化波形。

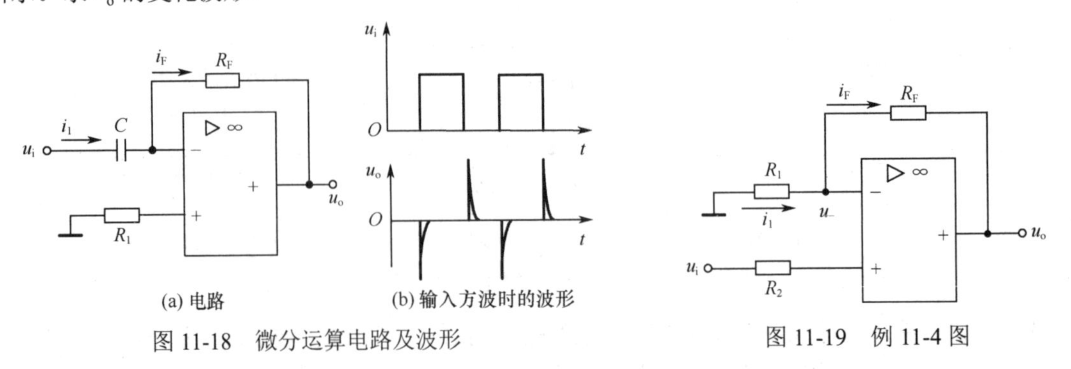

图 11-18　微分运算电路及波形　　　　图 11-19　例 11-4 图

解　若电容的初始电压为零，则 t=0 时的瞬间电流 $i_1 = C\frac{du_i}{dt}$ 和输出电压 $u_o = -R_F C\frac{du_i}{dt}$ 都趋于∞，但实际上由于信号源的内阻，使 u_o 只能是有限值。当 $t \geqslant 0$ 时，u_i 为恒值，于是 u_o 趋于零。u_o 的衰

减过程取决于电容的充电时间常数，即 R_FC 值。R_FC 值越大，u_o 的衰减速度越慢，曲线包含面积越大。u_o 的波形如图 11-19(b)所示。

可见，当微分运算电路的输入电压为阶跃信号时，输出信号随着电容的充电，逐渐衰减为 0。实际电路中，微分运算电路的应用也很广泛，在线性系统中，可作为微分运算，在脉冲数字电路中，常用来作波形变换，如可将矩形波变换为尖顶脉冲波。

上述各种基本运算电路及结论归纳于表 11-1 中，以便读者比较参考和记忆。

表 11-1　各种基本运算电路及结论

名称	电路	运算关系
反相比例运算	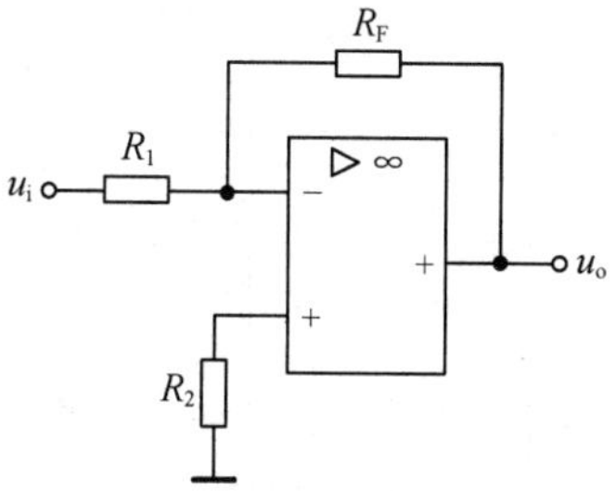 R_F　R_1　u_i　u_o　R_2　▷∞　−　+　+	$u_o=-\frac{R_F}{R_1}u_i$
反相器	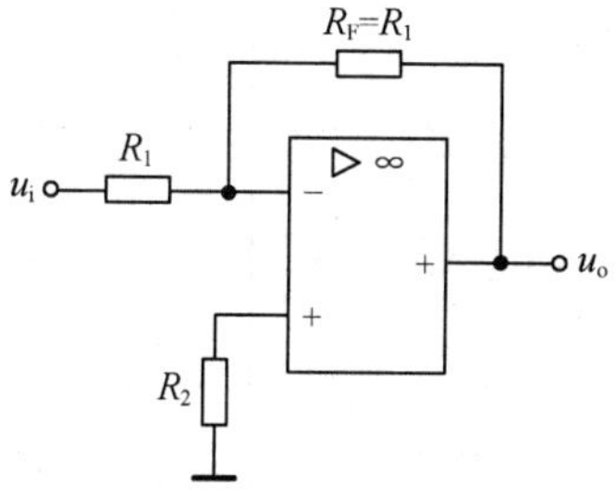 $R_F=R_1$　R_1　u_i　u_o　R_2　▷∞　−　+　+	$u_o=-u_i$
同相比例运算	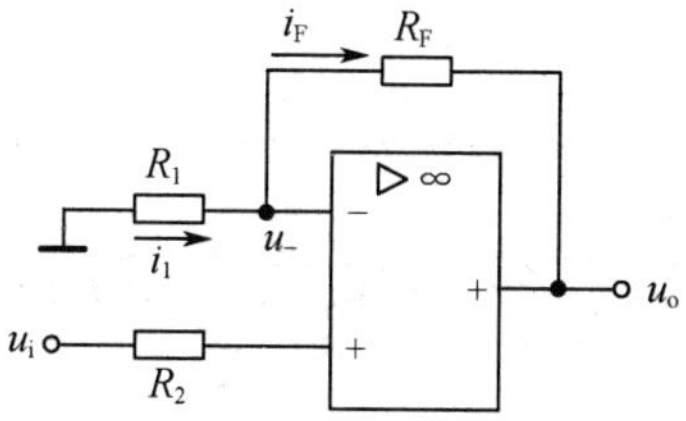 i_F　R_F　R_1　i_1　u_-　u_i　R_2　u_o　▷∞　−　+　+	$u_o=(1+\frac{R_F}{R_1})u_i$
电压跟随器	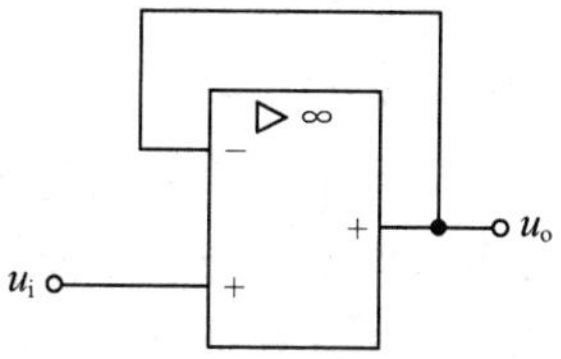 ▷∞　−　+　+　u_i　u_o	$u_o=u_i$
加法运算	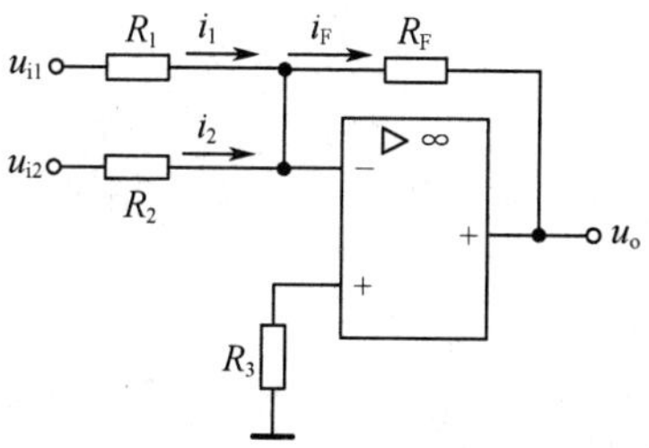 R_1　i_1　i_F　R_F　u_{i1}　i_2　u_{i2}　R_2　R_3　u_o　▷∞　−　+　+	$u_o=-(\frac{R_F}{R_1}u_{i1}+\frac{R_F}{R_2}u_{i2})$

续表

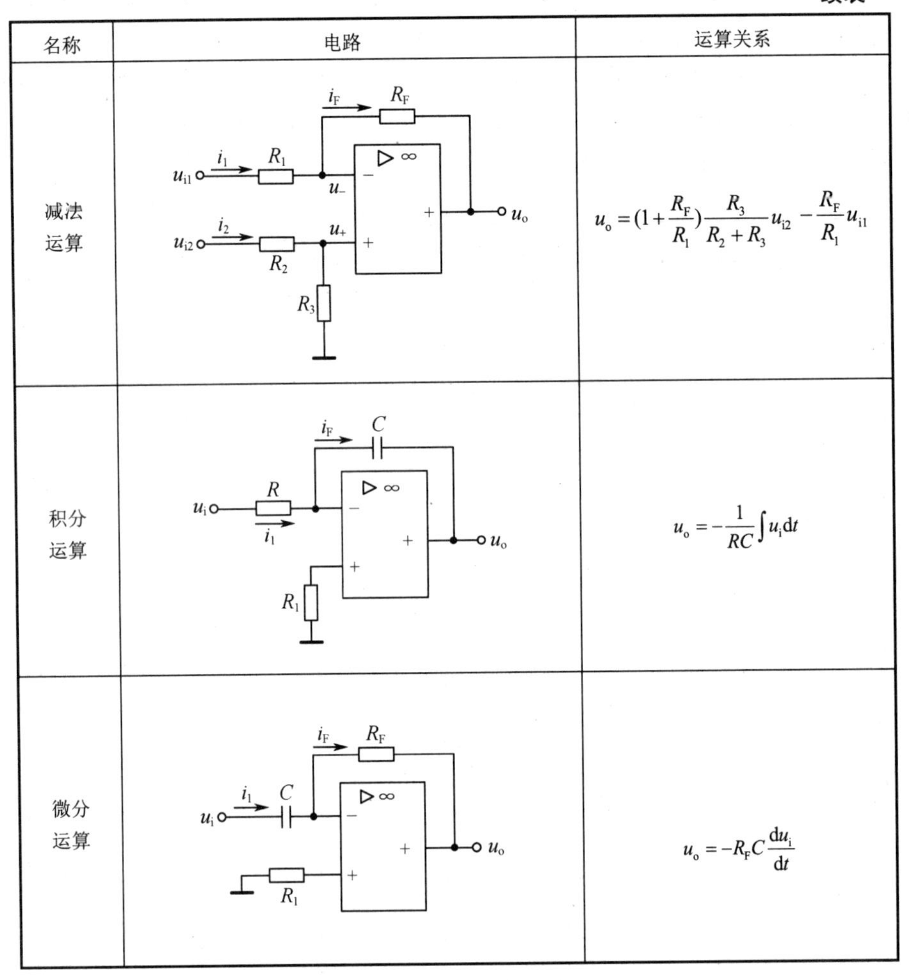

名称	电路	运算关系
减法运算		$u_o = (1+\frac{R_F}{R_1})\frac{R_3}{R_2+R_3}u_{i2} - \frac{R_F}{R_1}u_{i1}$
积分运算		$u_o = -\frac{1}{RC}\int u_i \mathrm{d}t$
微分运算		$u_o = -R_F C\frac{\mathrm{d}u_i}{\mathrm{d}t}$

11.3 集成运放在信号处理中的应用

集成运放在信号处理中的应用主要包括信号比较、信号采样保持及有源滤波等。本节介绍电压比较器。

电压比较器是一种常用的模拟信号处理电路。它将模拟输入电压与参考电压进行比较，并将比较结果输出。电压比较器的输出只有两种可能的状态：高电平或低电平。在自动控制及自动测量系统中，常常将电压比较器应用于越限报警、模数转换及各种非正弦波的发生和转换等。由于电压比较器的输出只有两种状态，所以其中的集成运放常常工作在非线性区。

11.3.1 单门限电压比较器

1. 电路结构和工作原理

如图 11-20(a)所示，其运放的同相输入端接参考电压U_R，而反相输入端加输入信号u_i，就构成了单门限电压比较器。

$$\text{当}u_i > U_R\text{时，}\quad u_o = -U_{OM}$$
$$\text{当}u_i < U_R\text{时，}\quad u_o = +U_{OM}$$

电压比较器输入与输出的关系可以用电压传输特性描述，如图11-20(b)所示。根据参考电压和输入信号接在同相输入端还是反相输入端，电压比较器可以分为同相输入比较器和反相输入比较器。如果不接参考电压，即相应端接地，则称为过零比较器，其电路和传输特性如图 11-21 所示。

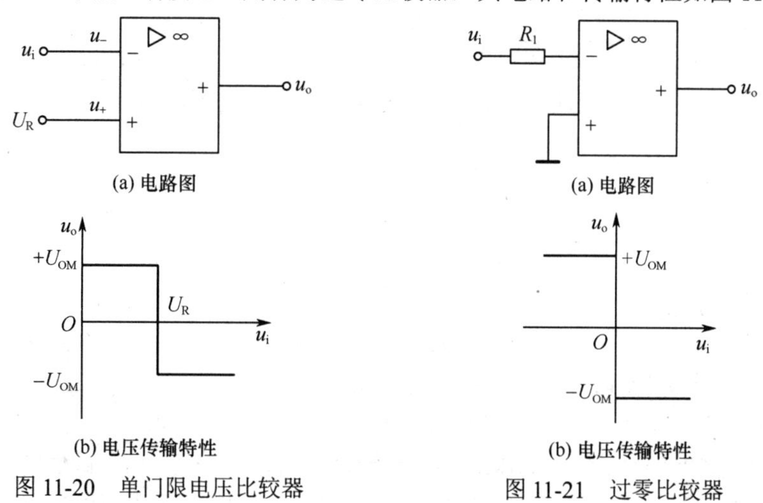

图 11-20　单门限电压比较器　　　图 11-21　过零比较器

2．电压比较器的阈值电压

使电压比较器的输出发生跳变的输入电压称为阈值电压，也称门限电压。一般电压比较器的阈值电压不为零，而过零比较器的阈值电压为 0。由于只有一个阈值电压，故称单值电压比较器或单门限电压比较器。

3．单门限电压比较器的应用

单门限电压比较器主要用于波形变换、整形及电平检测等电路中。例如，利用过零比较器输入信号每次过零时输出电压的极性来确定输入电压的极性，也可以利用这种电路进行波形变换，如把正弦波变换成矩形波。

11.3.2　滞回电压比较器

单门限电压比较器的电路简单，但抗干扰能力差，若输入电压与门限电压相差不多，则稍遇干扰信号，输出电压便会发生误跳变，甚至引起输出电压在正向饱和电压与反相饱和电压间来回变动。要提高电压比较器的抗干扰能力，可采用滞回电压比较器。

滞回电压比较器简称滞回比较器或迟滞比较器，其电路和传输特性如图 11-22 所示。由于电路加有正反馈，运算放大器工作在饱和区，u_o 等于 $\pm U_{OM}$。

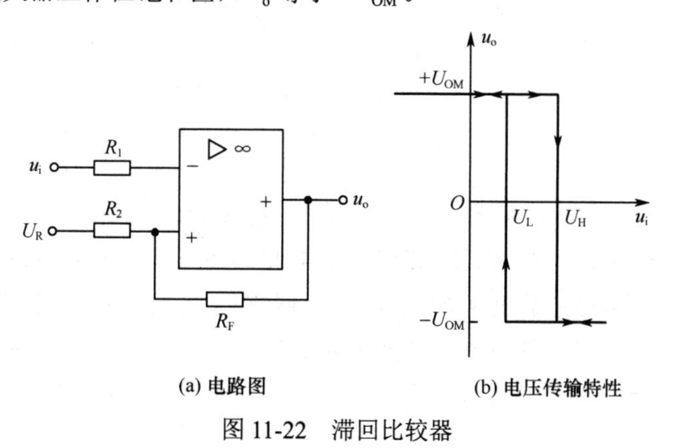

图 11-22　滞回比较器

若$u_o = +U_{OM}$，这时的阈值电压用U_H表示，称为上限触发电压，则

$$u_+ = U_H = \frac{R_2}{R_2 + R_F}(U_{OM} - U_R) + U_R$$

$$= \frac{R_F}{R_2 + R_F}U_R + \frac{R_2}{R_2 + R_F}U_{OM} \tag{11-15}$$

若$u_o = -U_{OM}$，这时的阈值电压用U_L表示，称为下限触发电压，则

$$u_+ = U_L = \frac{R_2}{R_2 + R_F}(-U_{OM} - U_R) + U_R$$

$$= \frac{R_F}{R_2 + R_F}U_R - \frac{R_2}{R_2 + R_F}U_{OM} \tag{11-16}$$

当u_i由小于U_L开始增加时，$u_- < u_+$，$u_o = +U_{OM}$，而$u_+ = U_H$。

当u_i刚大于U_H时，$u_- > u_+$，u_o跳变至$u_o = -U_{OM}$，u_i再增加，$u_o = -U_{OM}$不变，而$u_+ = U_L$。

当u_i由大于U_H开始减小时，$u_- > u_+$，$u_o = -U_{OM}$，而$u_+ = U_L$。

当u_i刚小于U_L时，$u_- < u_+$，u_o跳变至$u_o = +U_{OM}$，u_i再减小，$u_o = +U_{OM}$不变，而$u_+ = U_H$。

可见，电压传输特性应如图 11-22(b)所示。当输入电压u_i由小变大时，阈值电压为U_H，当输入电压u_i由大变小时，阈值电压为U_L，具有“滞回”的特点，故称为滞回比较器。U_H与U_L之差称为滞回宽带。只要干扰信号不超过滞回宽带，输出电压值就是稳定的，因此这种电压比较器的抗干扰能力强。

11.4 使用集成运放应注意的问题

1．选用元器件

集成运放按其技术指标可分为通用型、高速型、高阻型、低功耗型、大功率型、高精度型等；按其导电类型可分为双极型(由晶体管组成)、单极型(由场效应管组成)等；按每一芯片中运放的数目可分为单运放、双运放和四运放等。

通常根据实际要求来选用集成运放。如有些放大器的输入信号微弱，它的第一级应选用高输入电阻、高共模抑制比、高开环电压放大倍数、低失调电压及低温度漂移的集成运放。选好集成运放后，根据引脚图和符号图连接外部电路，包括电源、外接偏置电阻、消振电路及调零电路等。

2．消振

由于集成运放内部晶体管的极间电容和其他寄生参数的影响，很容易产生自激振荡，从而破坏正常工作。为此，在使用时要注意消振。通常是外接 RC 消振电路或消振电容，用它来破坏产生自激振荡的条件。是否已消振，可将输入端接“地”，用示波器观察输出端有无自激振荡。目前由于集成工艺水平的提高，集成运放内部已有消振元件，无须外部消振。

3．调零

由于集成运放的内部参数不可能完全对称，致使当输入信号为零时，仍有输出信号。为此，在使用时要外接调零电路。例如，集成运放 F007 的调零电路由−15V 电源、1kΩ电阻和调零电位器R_P组成。先消振，再调零，调零时应将电路接成闭环。一种是在无输入时调零，即将两个输入端接“地”，调节调零电位器，使输出电压为零。另一种是在有输入时调零，即按已知输入信号电压计算输出电压，而后将实际值调整到计算值。

4．保护

（1）输入端保护

当输入端所加的差模或共模电压过高时，会损坏输入级的晶体管。为此，在输入端接入反向并联的二极管，如图 11-23 所示，将输入电压限制在二极管的正向压降以下。

（2）输出端保护

为了防止输出电压过大，可利用稳压二极管来保护。如图 11-24 所示，将两个稳压二极管反向串联，将输出电压限制在$(U_Z + U_D)$的范围内。U_Z 是稳压二极管的稳定电压，U_D 是它的正向压降。

（3）电源保护

为了防止正、负电源接反，可用二极管来保护，如图 11-25 所示。

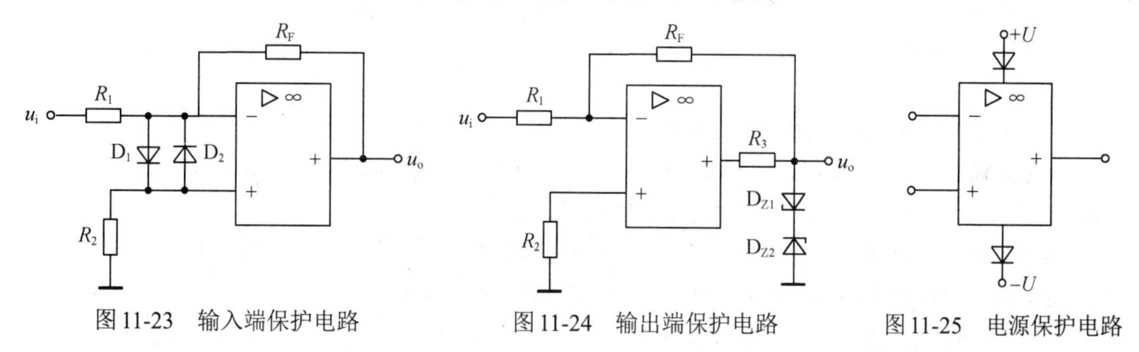

图 11-23　输入端保护电路　　图 11-24　输出端保护电路　　图 11-25　电源保护电路

5．扩大输出电流

由于集成运放的输出电流一般不大，如果负载需要的电流较大，可在输出端加接一级互补对称电路，如图 11-26 所示。

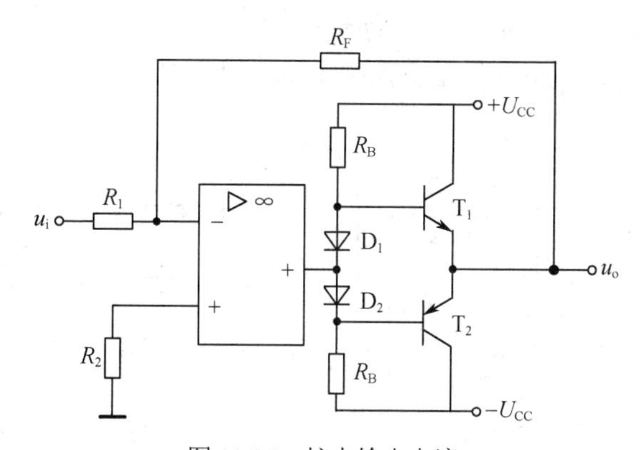

图 11-26　扩大输出电流

小　　结

1.集成运放与分立元件放大器电路相比，在电路结构上具有自己突出的特点。如放大级之间通常都采用直接耦合方式；为了抑制零点漂移和提高共模抑制比，其输入级一般采为差动电路。

2. 理想化的运放是具有理想值(零或无限大)的放大器。由理想运放得出的“虚短”和“虚断”概念是分析运放线性应用的基本出发点，需要很好地掌握。

3. 理想运放是一种高放大倍数的直接耦合放大器，它作为基本的电子器件可以实现多种功能电路，如电子电路中的比例、加、减、积分和微分等运算。这种理想运放组成的线性应用电路，其输出与输入的关系只取决于运放外部电路的元件值，而与运放的内部特性(A_u、r_i、r_o)几乎没有关系。

习 题 11

基础知识

11-1 集成运放两输入端电位相等，接近地电位，又不是真正接地，通常称为________。

11-2 理想运放的开环电压放大倍数趋于___，输入电阻约为____，输出电阻约为____，共模抑制比为_________。

11-3 集成运放由4部分组成，分别是________、________、________、______。

11-4 集成运放的输入级常采用_____电路，目的是_________；中间级一般由______电路构成；输出级一般都是_____电路，偏置电路的作用是决定各级电路的_____。

11-5 集成运放工作在线性区时，流入两个输入端的电流均为_________，称作虚断。

11-6 集成运放的电压传输特性分两个区，分别是______和______；前者主要用于信号的_________，后者主要用于信号的_________。

11-7 一般集成运放内部的级间耦合方式采用(　　)。

a.阻容耦合　　b.变压器耦合　　c.直接(或)通过电阻耦合　　d.光电耦合

11-8 在由集成运放组成的电路中，工作在非线性状态的电路是(　　)。

a.反相比例放大电路　　b.减法电路　　c.电压比较器　　d.加法电路

11-9 若运算电路的函数关系是 $y=(1+a)x$（其中 a 是常数），应该选用(　　)。

a.同相比例运算电路　　b.加法运算电路　　c.积分运算电路　　d.减法运算电路

11-10 某运算电路的函数关系是 $y=a_1x_1+a_2x_2+a_3x_3$（其中 a_1、a_2 和 a_3 是常数，且均为负值），应该选用(　　)。

a.同相比例运算电路　　b.加法运算电路　　c.积分运算电路　　d.减法运算电路

应用知识

11-11 电路如题图11-1所示，试求输出 u_{o1}、u_{o2} 与输入 u_i 的关系。

11-12 电路如图11-2所示，试求输出 u_{o1}、u_{o2} 与输入 u_{i1} 和 u_{i2} 的关系。

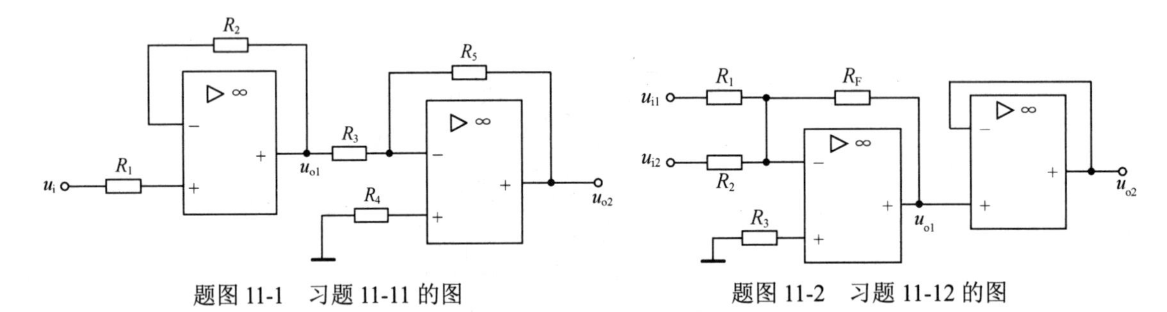

题图11-1　习题11-11的图　　　　题图11-2　习题11-12的图

11-13 电路如题图11-3所示，试求输出 u_{o1}、u_{o2}、u_o 与输入 u_i 的关系。

11-14 电路如题图11-4所示，试求输出 u_{o1}、u_{o2}、u_o 与输入 u_i 的关系。

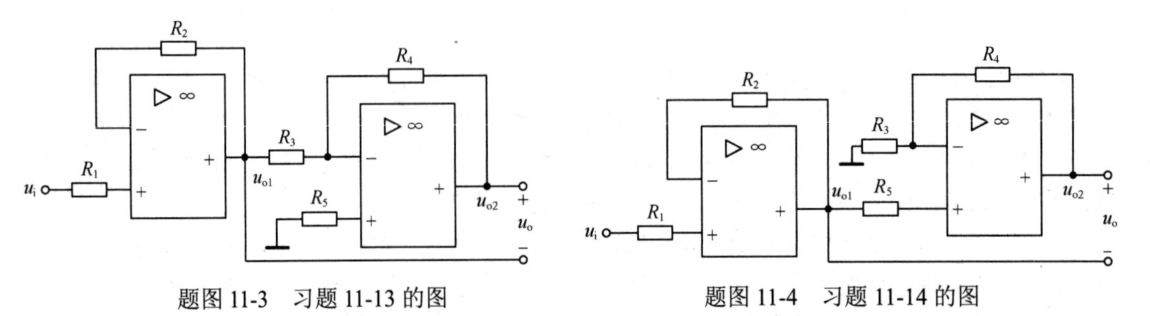

题图11-3　习题11-13的图　　　　题图11-4　习题11-14的图

11-15　电路如题图 11-5 所示，试求输出 u_{o1}、u_{o2} 与输入 u_i 的关系。

11-16　电路如题图 11-6 所示，试求输出 u_{o1}、u_{o2} 与输入 u_i 的关系。

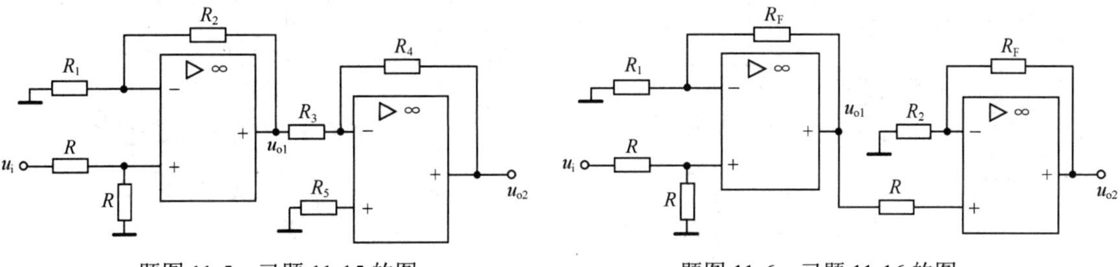

题图 11-5　习题 11-15 的图　　　　题图 11-6　习题 11-16 的图

11-17　题图 11-7 所示电路中，若 $u_i = -0.5\text{V}$，试求输出电压 u_{o1}、u_{o2} 以及输出电流 i_o。

11-18　电路如题图 11-8 所示，试求输出 u_{o1}、u_{o2} 与输入 u_i 的关系。

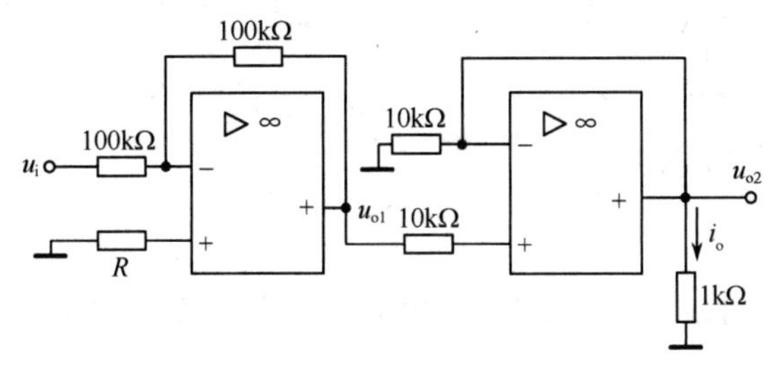

题图 11-7　习题 11-17 的图　　　　题图 11-8　习题 11-18 的图

11-19　求题图 11-9 所示电路的 u_o 与 u_i 的运算关系式。

11-20　求题图 11-10 所示电路中 u_o 与各输入电压的运算关系式。

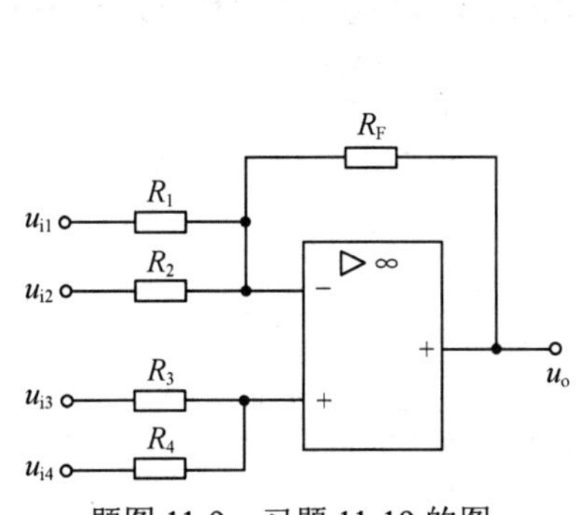

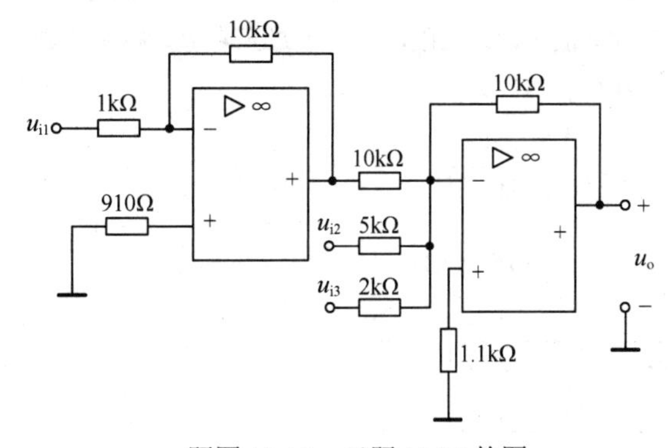

题图 11-9　习题 11-19 的图　　　　题图 11-10　习题 11-20 的图

11-21　为了得较高的电压放大倍数，而又可避免采用高值电阻 R_F，将反相比例运算电路改为题图 11-11 所示电路，并设 $R_F >> R_4$，试证

$$A_{uf} = \frac{u_o}{u_i} = -\frac{R_F}{R_1}\left(1 + \frac{R_3}{R_4}\right)$$

11-22　如题图 11-12 所示为一种电平检测器，图中 U_R 为参考电压且为正值，R 和 G 分别为红色和绿色发光二极管，试判断在什么情况下它们会亮。

11-23　画出如题图 11-13 所示各电压比较器的传输特性。

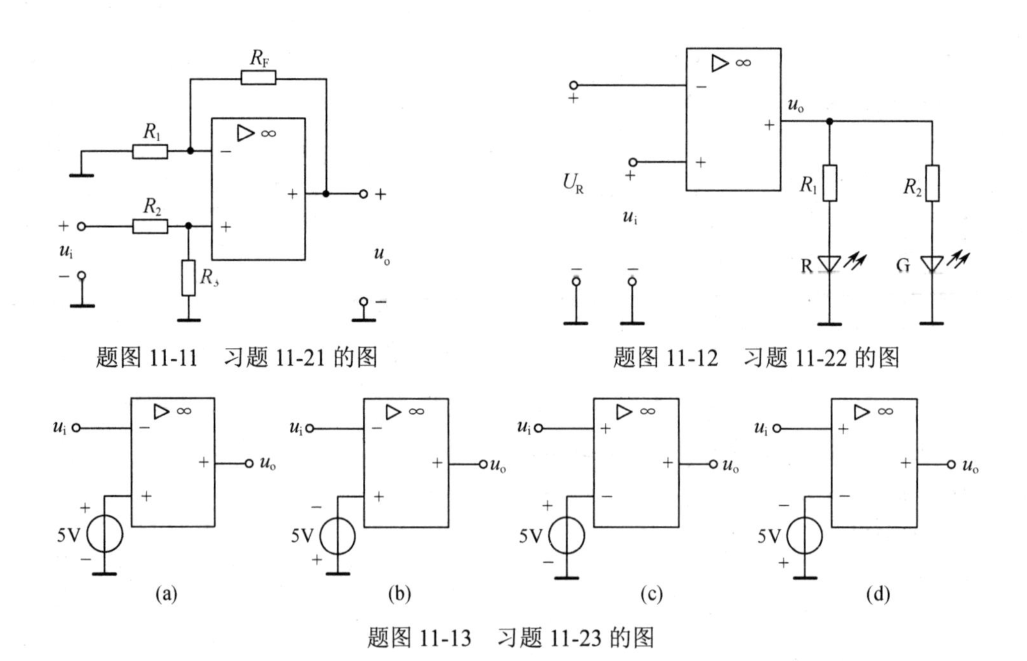

题图 11-11　习题 11-21 的图

题图 11-12　习题 11-22 的图

题图 11-13　习题 11-23 的图

军事知识

11-24　题图 11-14 所示电路是教八型飞机的无线电高度信号接收电路，试分析该电路中运算放大器工作在线性区还是非线性区。

11-25　某型飞机雷达显示器电路中包含积分运算电路，当输入信号 u_i 为方波信号时，试画出输出电压 u_o 的波形。

11-26　题图 11-15 所示为某型飞机的液压报警装置的部分电路，u_i 是液压传感器送来的信号，U_R 是参考电压，如果液压超过上限，即 u_i 超过正常值，报警灯亮。试说明电路的工作原理以及二极管 D 和电阻 R 的作用。

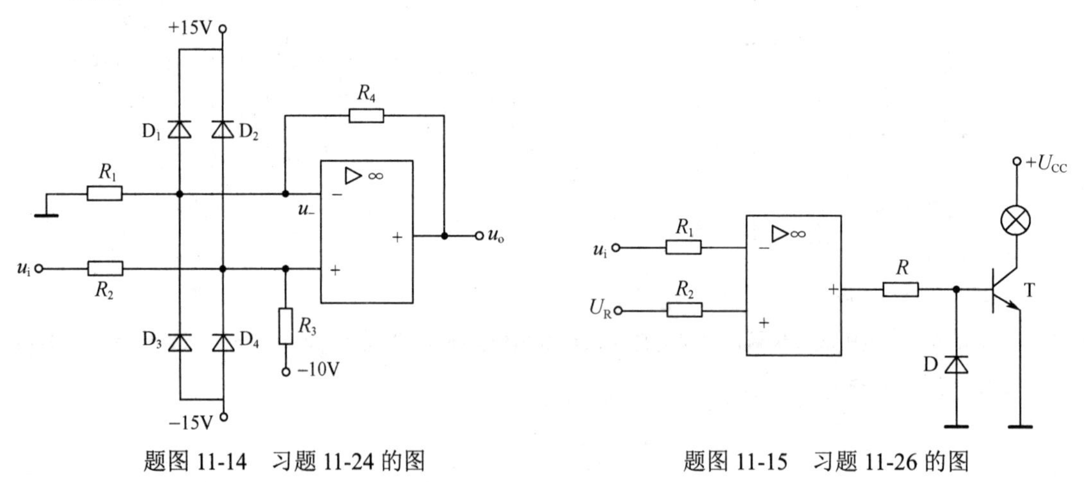

题图 11-14　习题 11-24 的图

题图 11-15　习题 11-26 的图

11-27　在教八型飞机 TKR-122 超短波电台的发射机自动安全保护电路中，利用电压比较器来保证功率放大器安全工作，此时电压比较器是否同时满足虚短和虚断？为什么？

11-28　在轰六 E/F 型飞机的轰炸瞄准参数计算系统中，用到了集成运放，集成运放的输入级采用差分放大电路的目的是什么？

11-29　某型飞机的脉冲宽度调压器采用题图 11-16 所示的比较器电路，它有两个参考电压 u_H 、u_L ($u_H > u_L$)，试分析该电路的工作原理。

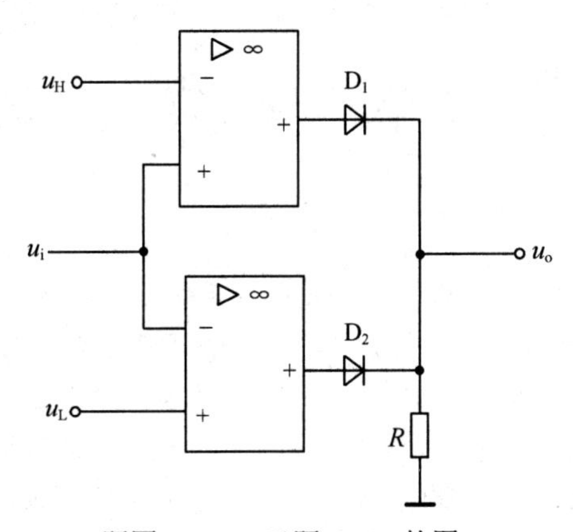

题图 11-16　习题 11-29 的图

第12章　反 馈 电 路

引言

自从20世纪20年代美国的Harold Black发明了反馈放大电路以来，反馈理论已被广泛地应用到电子技术和控制科学、生物科学、人类社会学等多个领域。例如，在行政管理中，通过对执行部门工作效果(输出)的调研，以便修订政策(输入)；在商业活动中，通过对商品销售(输出)的调研来调整进货渠道及进货数量(输入)；在控制系统中，通过对执行机构偏移量(输出量)的监控来修正系统的输入量；在飞机飞行中，根据飞行航线(输出)与期望的差别来修正方向杆等(输入)，等等。上述例子表明，反馈的目的是通过输出对输入的影响来改善系统的运行状况及控制效果。

反馈在电子电路中的应用是极为普遍的。这是由于放大电路中引入负反馈后，虽然以降低放大电路的放大倍数为代价，却换取电路性能的改善，如稳定静态工作点、增加放大倍数的稳定性、减少非线性失真、抑制噪声、拓展频带宽度及改变输入和输出阻抗等。

本章首先介绍反馈的基本概念和分类，接着介绍各种反馈类型的判别方法和负反馈的4种类型电路，然后分析负反馈对放大电路性能的影响，最后讨论引入了正反馈的正弦波振荡电路的工作原理。

学习目标：

1. 掌握反馈的基本概念和主要分类；
2. 掌握负反馈放大电路类型的判别方法；
3. 理解负反馈对放大电路性能的影响；
4. 了解正弦波振荡电路的工作原理。

12.1　反馈的基本概念

所谓反馈，就是将电路(或某个系统)输出信号(电压或电流)的一部分或全部通过反馈电路送回到输入回路，从而改善输出的过程。反馈体现了输出信号对输入信号的影响。

12.1.1　直流反馈和交流反馈

反馈的现象和运用在前面章节已经遇到过，例如静态工作点稳定电路(即分压式射极偏置电路)，存在于直流通路中，为稳定静态工作点而在电路中引入的反馈被称为直流反馈。另外，存在于交流通路中，为改善放大电路的动态性能而引入的反馈，被称为交流反馈。在很多放大电路中，常常是交、直流反馈兼而有之。本章所讨论的内容主要是围绕交流反馈展开的。

【例12-1】试判别图12-1所示电路中，哪些元件引入了直流反馈？哪些元件引入了交流反馈？

解　图12-1(b)、(c)分别是图12-1(a)所示电路的直流通路和交流通路。显然，电阻R_{E1}和R_{E2}组成的反馈通路引入的是直流反馈，而R_{E1}不仅引入了直流反馈，还引入了交流反馈。

12.1.2　负反馈与正反馈

图12-2(a)所示电路为无反馈放大电路的方框图，电路中信号的传递是单一方向的，无反馈网络，这种情况称为开环。图12-2(b)所示是带有反馈的放大电路的方框图，其中A(Amplifier)是基本放大

电路，它可以是单级或多级的放大电路；F(Feedback)是反馈网络，一般由无源元件构成。A 和 F 共同构成了一个闭合系统，这种状态称为闭环。

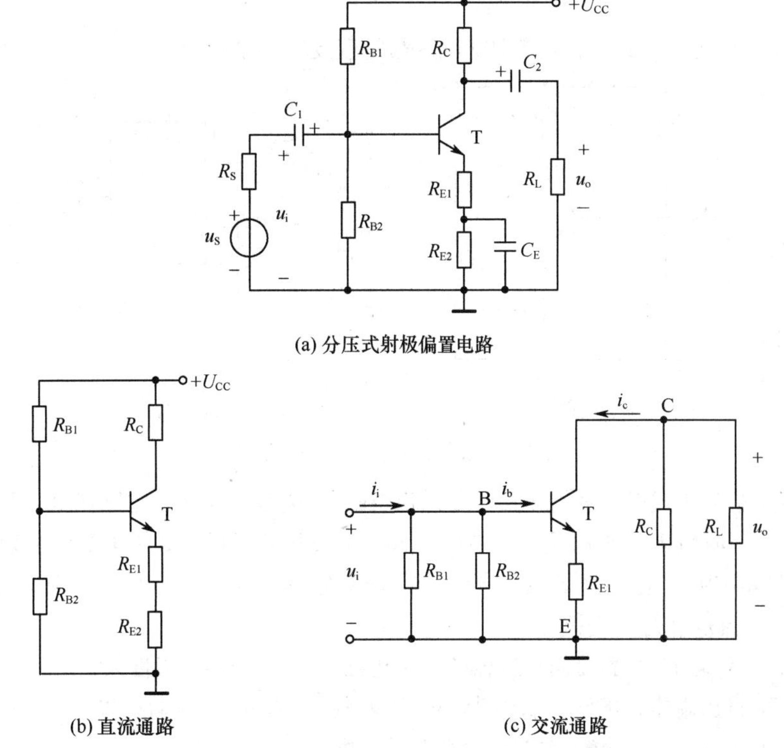

图 12-1　分压式射极偏置电路

图 12-2(b)中的 x 表示信号，它可表示电压，也可表示电流。图中箭头指示了信号的传递方向，x_i、x_o 和 x_f 分别代表了输入、输出和反馈信号。x_f 和 x_i 在输入端进行比较("Σ"是比较环节的符号)，得出净输入信号 x_d。这些信号可以是直流量、交流量或信号总量(含交流分量和直流分量)，交流量也可用相量来表示。

由图 12-2(b)可知，电路中引入反馈信号后，对净输入信号的影响有两种可能：一种情况是引入反馈信号 x_f 后，净输入信号 x_d 比输入信号 x_i 减小了，这种反馈为负反馈，负反馈会使放大倍数降低；第二种情况是反馈信号使净输入信号增大了，这种反馈为正反馈，正反馈令放大倍数升高。

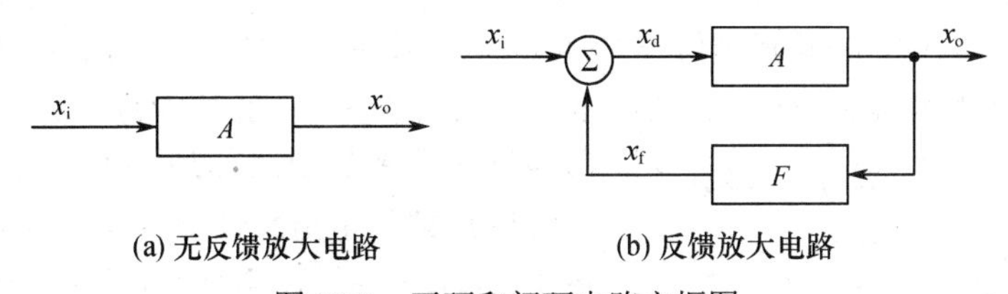

图 12-2　开环和闭环电路方框图

对放大电路进行分析时，首先需要确定电路引入的反馈是正反馈还是负反馈，通常采用瞬时极性法来判断正、负反馈。具体方法如下：

① 假设参考点的电位为零，电路中其他各点在某瞬时的电位高于零电位的，瞬时极性为正(用"⊕"表示)，反之为负(用"⊖"表示)；

② 假设放大电路的输入信号在某一瞬时的极性为⊕或者⊖，然后根据各级电路输出端与输入端信号的相位关系(同相或者反相)，标出电路各点的瞬时极性；

③ 确定从输出回路反馈到输入回路的反馈信号的瞬时极性；

④ 最后判定反馈信号是增强了还是削弱了净输入信号，如果是增强了，则为正反馈，如果削弱了，则为负反馈。

【例 12-2】试判别图 12-3 所示电路中交流反馈是正反馈还是负反馈。

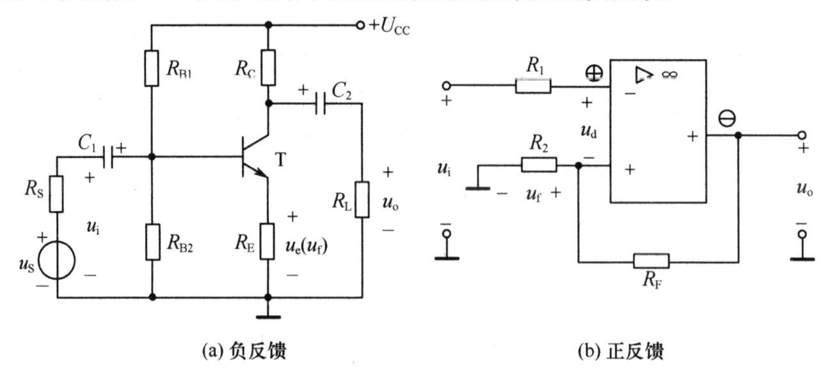

图 12-3　正反馈与负反馈的判别

解　图12-3(a)是分压式射极偏置电路，发射极电阻 R_E 为反馈电阻，它既在输入回路中，也在输出回路中。设某一瞬时输入电压 u_i 为正，则经过晶体管反相放大后，其集电极电位为负，发射极电位 u_e (即反馈信号 u_f)为正，因而使该放大电路的净输入电压 $u_{be}=u_i-u_f$ 比没有反馈时的 u_i 减小了，所以由 R_E 引入的交流反馈是负反馈。

图 12-3(b)所示是第 11 章的滞回比较器的基本电路。设 u_i 的瞬时极性为正，反相输入端电位的瞬时极性为"⊕"，输出端电位的瞬时极性为"⊖"。u_o 经 R_F 和 R_2 分压后在 R_2 上得到反馈电压 u_f 为负。显然，$u_d=u_i-u_f$，u_f 使净输入电压 u_d 增大了，故为正反馈。或者说，输出端电位的瞬时极性为负，通过反馈降低了同相输入端的电位从而增加了净输入电压。滞回比较器工作在运算放大器的饱和区。

对于理想运算放大器，由于 $A_{uo}\to\infty$，即使在两个输入端之间加一微小电压，输出电压就达到饱和值。因此必须引入负反馈，使 $u_+-u_-\approx 0$，才能使理想运算放大器工作在线性区。

对于单级运算放大器电路而言，凡是反馈电路从输出端引回到反相输入端的为负反馈；如果反馈电路引回到同相输入端的，则为正反馈。

12.1.3　串联反馈与并联反馈

在放大电路的输入端，根据反馈信号与输入信号连接方式的不同，可以将反馈分为串联反馈和并联反馈。所谓串联反馈是指反馈网络与基本放大电路串联，如图 12-5(a)、(b)所示，以实现反馈信号和输入信号通过电压的形式进行比较，即 $u_d=u_i-u_f$。而并联反馈就是指反馈网络与基本放大电路并联，如图 12-5(c)、(d)所示，以实现反馈信号和输入信号通过电流的形式进行比较，即 $i_d=i_i-i_f$。

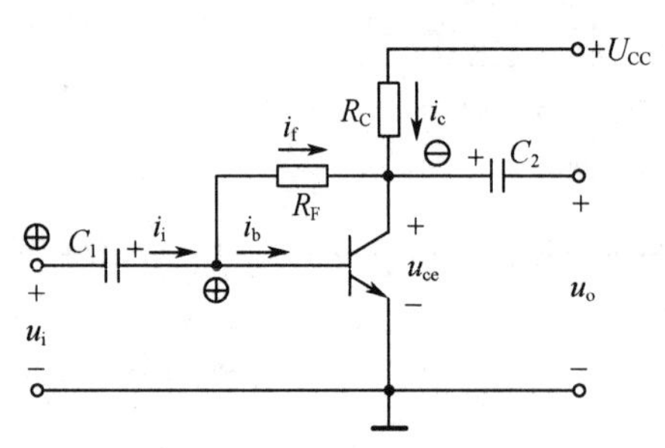

图 12-4　电压并联负反馈

根据反馈网络与放大电路在输入端连接方式的特点，判别串联反馈和并联反馈的方法可总结为：查找输入信号和反馈信号是否存在相同端点，如果输入信号与反馈信号在输入回路无相同端点，则反馈为串联反馈。如果输入信号与反馈信号在输入回路存在相同端点，则该反馈为并联反馈。利用上述方法可判定　图 12-3 所示两个电路皆为串联反馈。在图 12-4 所示电路的输入回路中，反馈电流 i_f 与基极电流 i_b 是两个并联支路的电流，所以是并联形式，即并联反馈。

12.1.4　电压反馈与电流反馈

根据反馈网络在放大电路的输出端采样方式的不同，可将反馈分为电压反馈和电流反馈。若反馈信号 x_f 取自放大电路的输出电压 u_o，即反馈信号和输出电压成正比，$x_f = Fu_o$，称这种反馈为电压反馈，如图 12-5(a)、(c)所示。反之，如果反馈信号 x_f 与输出电流 i_o 成正比，即 $x_f = Fi_o$，则称为电流反馈，如图 12-5(b)、(d) 所示。电压反馈可以稳定输出电压 u_o，电流反馈可以稳定输出电流 i_o。

判定电压与电流反馈的常用方法是输出短路法：将反馈放大电路的输出负载短路，即令 $u_o = 0$，或者令负载电阻 $R_L = 0$，若反馈信号也随之消失，则此反馈为电压反馈；若反馈信号依然存在，则说明此反馈为电流反馈。利用输出短路法判定图 12-3(a)所示电路引入了电流反馈，图 12-4 中，输出电压 u_o (忽略 C_2 的容抗)通过反馈电阻 R_F 反馈到输入端，所以是电压反馈。

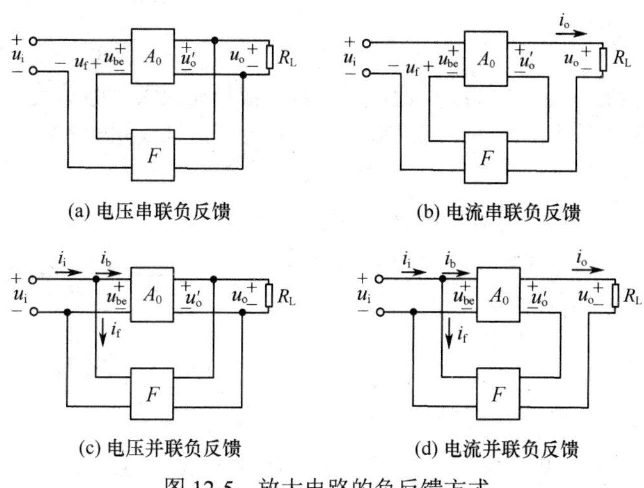

图 12-5　放大电路的负反馈方式

12.2　负反馈放大电路的 4 种组态

通过前面的叙述可知，反馈电路在放大电路的输入端和输出端分别有两种不同的连接方式，因此，负反馈放大电路有 4 种常用组态，即电压串联、电压并联、电流串联和电流并联负反馈放大电路，下面将逐一加以介绍。

12.2.1　电压串联负反馈

图 12-6 是同相比例运算电路。R_F 和 R_1 组成反馈网络，显然反馈信号从输出端引回到运算放大器的反相输入端。设某一瞬时输入电压 u_i 极性为正，则同相输入端电位的瞬时极性为“⊕”，输出端电位的瞬时极性也为“⊕”。由图可知，输出电压 u_o 经 R_F 和 R_1 分压后在 R_1 上得到反馈电压 u_f 为

$$u_f = \frac{R_1}{R_F + R_1} u_o \tag{12-1}$$

则 u_f 瞬时极性亦为正。又因 $u_d = u_i - u_f$，可见输入电压(差值电压) u_d 减小了，即净输入电压减小了，故为负反馈。

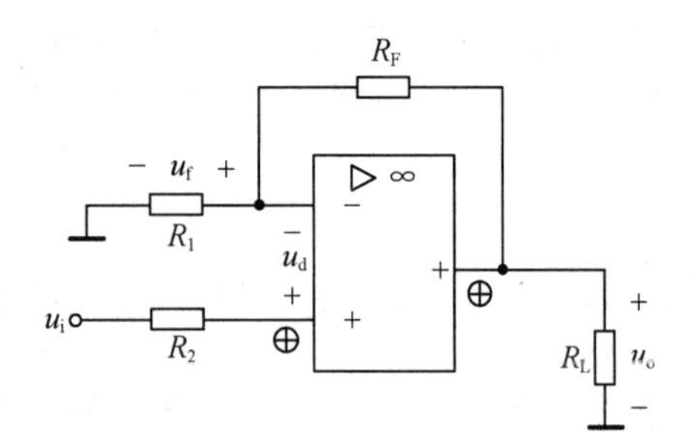

图 12-6　电压串联负反馈放大电路

由式(12-1)可知，反馈电压取自输出电压u_o，并与之成正比，输出电压为0，则反馈消失，故为电压反馈。

在放大电路的输入端，反馈信号与输入信号没有共同端，再以电压的形式进行比较，两者串联，故为串联反馈。

因此，图 12-6 所示电路引入了电压串联负反馈。

电压负反馈可以使放大电路的输出电压保持稳定。例如图 12-6 所示电路中，由于负载电阻R_L减小等原因使得输出电压u_o降低，负反馈稳定输出电压的过程如下：

$$R_L \downarrow \rightarrow u_o \downarrow \rightarrow u_f \downarrow \rightarrow u_d \uparrow \rightarrow u_o \uparrow$$

可见，电压负反馈放大电路的输出具有较好的恒压特性。从上面的分析可以看出，电压串联负反馈放大电路是一个电压控制的电压源。

12.2.2　电压并联负反馈

图 12-7 所示是反相比例运算电路。反馈信号与输入信号在放大电路的反相输入端以电流的形式进行比较，因此属于并联反馈。设某一瞬时输入电压u_i为正，则反相输入端电位的瞬时极性为正，输出端电位的瞬时极性为负。输入电流i_i、反馈电流i_f和净输入电流i_d的瞬时流向如图中箭头所示，且$i_d = i_i - i_f$，反馈电流i_f削弱了净输入电流，故为负反馈。

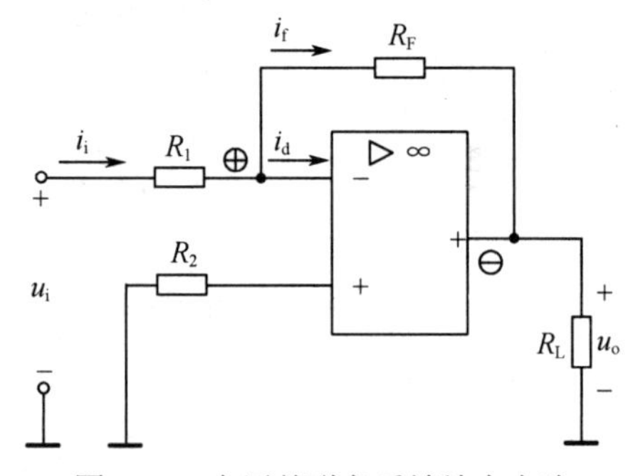

图 12-7　电压并联负反馈放大电路

由图 12-7 可知，反馈电流为

$$i_f = \frac{u_- - u_o}{R_F} = -\frac{u_o}{R_F} \tag{12-2}$$

与输出电压u_o成正比，因此是电压反馈。

综上所述，图 12-7 所示是电压并联负反馈放大电路。经计算可得

$$u_o = -\frac{R_F}{R_1} u_i \tag{12-3}$$

只要输入电压u_i一定，电路的输出电压u_o也就基本保持不变，与负载电阻等因素无关。例如，图 12-7 所示电路中，由于负载电阻R_L减小等原因使得输出电压u_o降低，负反馈稳定输出电压的过程如下：

$$R_L \downarrow \rightarrow u_o \downarrow \rightarrow i_f \downarrow \rightarrow i_d \uparrow \rightarrow u_o \uparrow$$

12.2.3　电流串联负反馈

从电路结构看，图 12-8 是同相比例运算电路的一种，输出电压为

$$u_o = \left(1 + \frac{R_L}{R_F}\right) u_i \tag{12-4}$$

输出电流为

$$i_o \approx \frac{u_i}{R_F} \tag{12-5}$$

反馈电压为

$$u_f = R_F i_o \tag{12-6}$$

这里，参照前述电压串联负反馈中的同相比例运算电路，采用瞬时极性法可判定该电路是负反馈放大电路。

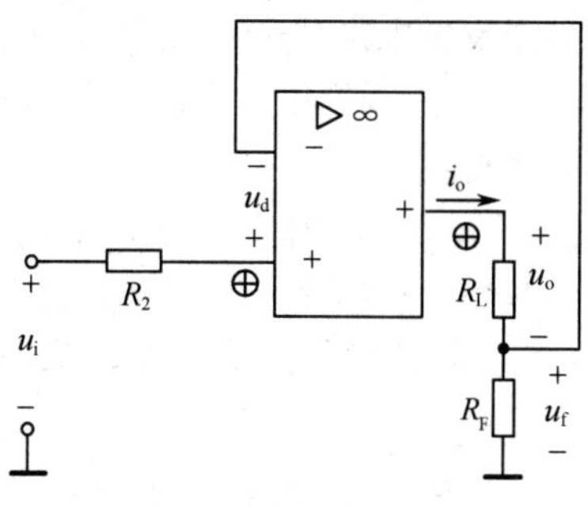

图 12-8 电流串联负反馈放大电路

从输入端来看，反馈信号连在运放的反相输入端，输入信号加在运放的同相输入端，二者以电压的形式进行比较，因此是串联反馈。

从输出端来看，采用输出短路法，令输出电压u_o为 0，反馈信号u_f仍存在，故该反馈是电流反馈。

可见，图 12-8 所示是电流串联负反馈放大电路。电路的输出电压u_o与负载R_L有关，而输出电流i_o与负载电阻R_L无关，该电路是一同相输入恒流源电路，或称为电压-电流变换电路。改变电阻R_F的阻值，就可以改变i_o的大小。当u_i一定时，电路稳定输出电流i_o的具体过程如下：

$$R_L \uparrow \to i_o \downarrow \to u_f \downarrow \to u_d \uparrow \to i_o \uparrow$$

12.2.4 电流并联负反馈

图 12-9 所示电路的反馈网络由R_1和R_F构成，同相输入端接地，所以

$$i_i = \frac{u_i}{R_1}, \qquad i_f = -\frac{u_R}{R_F}$$

在输入端，反馈信号i_f和输入信号i_i接至同一节点，以电流的形式进行比较，因此属于并联反馈。

设某一瞬时，运放反相输入端的电压u_i为正，则输出端的电位为负，输入端各支路电流方向如图中箭头所示，$i_d = i_i - i_f$减小，因此属于负反馈。

又由虚断$i_i \approx i_f$得

$$u_R = -\frac{R_F}{R_1} u_i \tag{12-7}$$

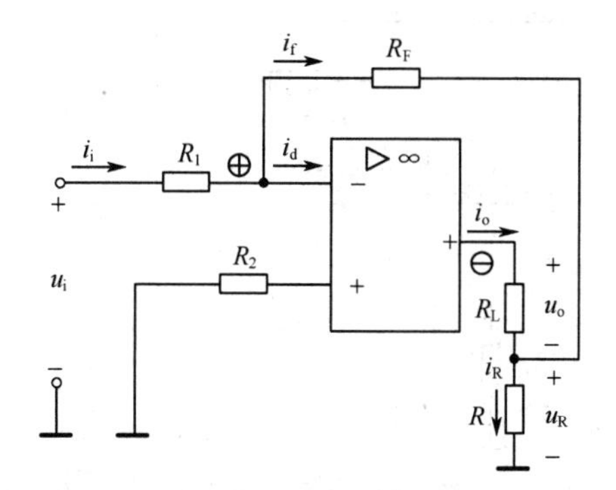

图 12-9 电流并联负反馈放大电路

输出电流为

$$i_o = i_R - i_f = \frac{u_R}{R} + \frac{u_R}{R_F} = -\frac{R_F}{R_1} u_i \left(\frac{1}{R} + \frac{1}{R_F}\right)$$

$$= -\left(\frac{R_F}{R_1 R} + \frac{1}{R_1}\right) u_i = -\frac{1}{R_1}\left(\frac{R_F}{R} + 1\right) u_i \tag{12-8}$$

$$i_f \approx i_i = \frac{u_i}{R_1} = -\left(\frac{1}{\dfrac{R_F}{R} + 1}\right) i_o = -\left(\frac{R}{R_F + R}\right) i_o \tag{12-9}$$

可见，反馈电流i_f是输出电流i_o的一部分，所以是电流反馈。输出电流i_o与负载电阻R_L无关，因此图 12-9 是一反相输入恒流源电路，负反馈使输出电流稳定。

因此，图 12-9 所示是引入电流并联负反馈的电路。当u_i一定时，电路稳定输出电流i_o的具体过程如下：

$$R_L \uparrow \to i_o \downarrow \to i_f \downarrow \to i_d \uparrow \to i_o \uparrow$$

总之，从上述 4 种由运放构成的反馈电路可以得出如下结论：

① 对于单级运算放大器电路而言，凡是反馈电路从输出端引回到反相输入端的，为负反馈；如果反馈电路引回到同相输入端的，则为正反馈。

② 反馈电路直接从输出端引出的，是电压反馈；从负载电阻 R_L 的靠近“地”端引出的，是电流反馈。

③ 输入信号和反馈信号分别加在两个输入端(同相和反相)上的，是串联反馈；加在同一节点(同相端或反相端)上的，是并联反馈。

【例12-3】 试判别图 12-10 所示两级放大电路中从运放 A_2 输出端引至 A_1 输入端的是何种类型的反馈。

解 (1) 反馈电路从 A_2 的输出端引出，故为电压反馈；

(2) 反馈电流 i_f 和输入电流 i_i 加在 A_1 的同一输入端，故为并联反馈；

(3) 设 u_i 为正，则 u_{o1} 为正，u_o 为负。A_1 同相输入端的电位高于 u_o，反馈电流 i_f 的实际方向如图中所示，它使净输入电流

$$i_d = i_i - i_f$$

减小，故为负反馈。

综上所述，图 12-10 所示运放引入的反馈是电压并联负反馈电路。

KS-146 长焦距航空照相机具有分辨率高、相机焦距长等优点，是一种画幅式全自动航空侦察照相机。在该照相机的电源系统中有加速启动器电路，如图 12-11 所示。该电路的反馈类型即为电压并联负反馈，其工作原理为：U_{ab}、U_{cd} 组成加速启动器电路，其作用是加速照相机内陀螺的启动，使陀螺转子在较短时间内达到工作转速。在电阻合理取值后，使得运放增益在 2 左右，相对稳定了加速启动电压。

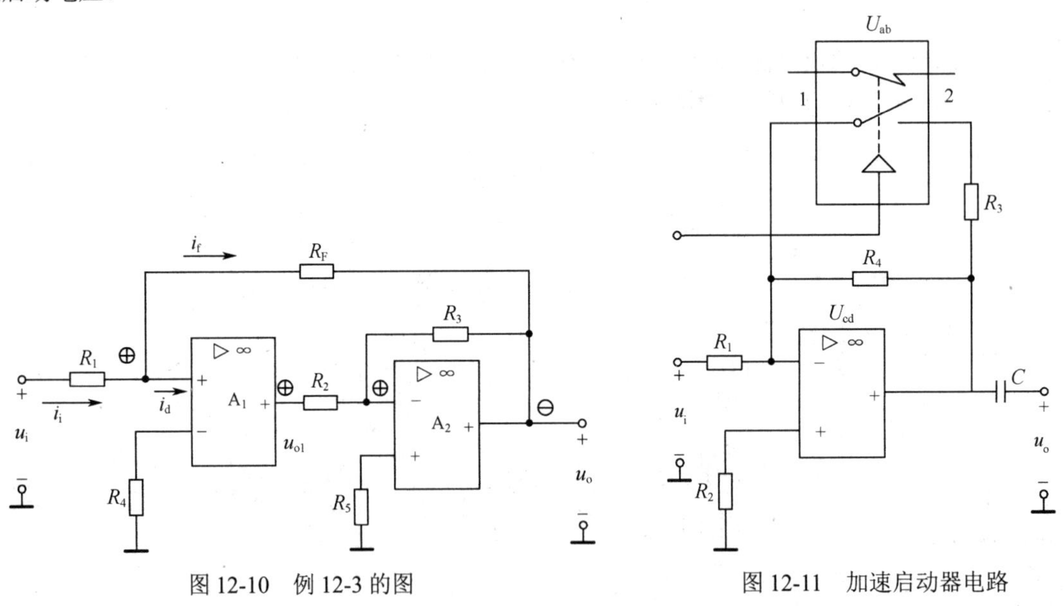

图 12-10　例 12-3 的图　　　　图 12-11　加速启动器电路

12.3　负反馈对放大电路的影响

放大电路引入负反馈后，会使放大倍数降低，但是，同时也会从多个方面改善放大电路的动态性能，下面将分别加以介绍。

12.3.1 降低放大倍数

由图 12-12 所示的负反馈放大电路组成框图可写出下列关系式。

基本放大电路的净输入信号

$$x_d = x_i - x_f \tag{12-10}$$

基本放大电路的放大倍数，即开环放大倍数为

$$A = \frac{x_o}{x_d} \tag{12-11}$$

反馈信号与输出信号之比称为反馈系数，即

$$F = \frac{x_f}{x_o} \tag{12-12}$$

负反馈放大电路的放大倍数即闭环放大倍数为

$$A_f = \frac{x_o}{x_i} \tag{12-13}$$

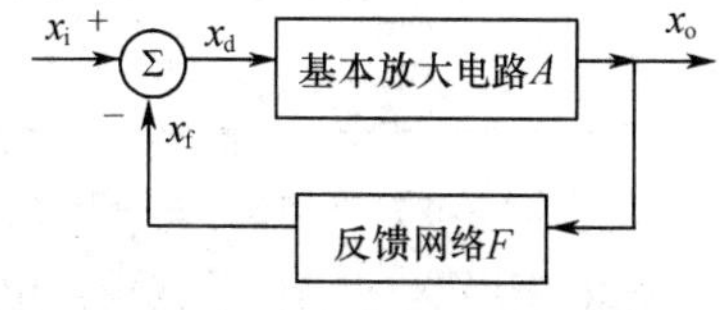

图 12-12　负反馈放大电路的组成框图

将式(12-10)、式(12-11)和式(12-12)代入式(12-13)中，可得负反馈放大电路放大倍数的一般表达式

$$A_f = \frac{x_o}{x_d + x_f} = \frac{x_o / x_d}{1 + x_f / x_d} = \frac{x_o / x_d}{1 + \frac{x_f}{x_o} \cdot \frac{x_o}{x_d}} = \frac{A}{1 + AF} \tag{12-14}$$

由式(12-14)可以看出，负反馈改变了放大电路的闭环放大倍数 A_f，其大小取决于 $(1+AF)$ 这一因素，通常把 $|1+AF|$ 称为反馈深度，AF 称为环路增益。一般情况下，由于电路中存在电抗性元件，所以 A 和 F 都是频率的函数。当考虑到频率对电路的影响时，A、F 和 A_f 分别用 $\dot{A}$、$\dot{F}$ 和 $\dot{A}_f$ 来表示。下面就 $\dot{A}_f$ 的取值问题分 3 种情况讨论。

① 若 $|1+\dot{A}\dot{F}|>1$，则 $|\dot{A}_f|<|\dot{A}|$，显然放大倍数降低了，此时引入的反馈为负反馈。并且在 $|1+\dot{A}\dot{F}|\gg 1$ 时，$|\dot{A}_f| \approx \frac{1}{|\dot{F}|}$。说明在深度负反馈的条件下，闭环放大倍数只取决于反馈系数，与开环放大倍数没有关系。前面介绍的射极跟随器和电压跟随器的输出信号全部反馈到输入端，反馈系数为 1，反馈极深，故 $A_f \approx 1$，无电压放大作用。

② 若 $|1+\dot{A}\dot{F}|<1$，则 $|\dot{A}_f|>|\dot{A}|$，此时电路引入的是正反馈。

③ 若 $|1+\dot{A}\dot{F}|=0$，则 $|\dot{A}_f|\to\infty$，电路产生了自激振荡，即没有外界输入的情况下，也会有输出信号。自激振荡现象通常用于信号发生电路。

引入负反馈后，虽然电压放大倍数下降了，但在很多方面改善了放大电路的工作性能。对于不同的反馈类型，x_i、x_o、x_f 及 x_d 所代表的电量不同，因而 4 种负反馈放大电路的 A、A_f、F 相应地具有不同的含义和量纲。现归纳如表 12-1 所示，其中 A_u、A_i 分别表示电压增益和电流增益(无量纲)；A_r、A_g 分别表示互阻增益(量纲为欧姆)和互导增益(量纲为西门子)，相应的反馈系数 F_u、F_i、F_g 及 F_r 的量纲也各不相同，但环路增益 AF 总是无量纲的。

表 12-1　负反馈放大电路中各种信号量的含义

信号量或信号传递比	反馈类型			
	电压串联	电流并联	电压并联	电流串联
x_o	电压	电流	电压	电流
x_i、x_f、x_d	电压	电流	电流	电压

续表

信号量或信号传递比	反馈类型			
	电压串联	电流并联	电压并联	电流串联
$A=x_o/x_d$	$A_u=u_o/u_i$	$A_i=i_o/i_d$	$A_r=u_o/i_d$	$A_g=i_o/u_d$
$F=x_f/x_o$	$F_u=u_f/u_o$	$F_i=i_f/i_o$	$F_g=i_f/u_o$	$F_r=u_f/i_o$
$A_f=x_o/x_i=\dfrac{A}{1+AF}$	$A_{uf}=u_o/u_i$ $=\dfrac{A_u}{1+A_uF_u}$	$A_{if}=i_o/i_i$ $=\dfrac{A_i}{1+A_iF_i}$	$A_{rf}=u_o/i_i$ $=\dfrac{A_r}{1+A_rF_g}$	$A_{gf}=i_o/u_i$ $=\dfrac{A_g}{1+A_gF_r}$
功能	u_i 控制 u_o，电压放大	i_i 控制 i_o，电流放大	i_i 控制 u_o，电流转换为电压	u_i 控制 i_o，电压转换为电流

【例 12-4】 已知某电压串联负反馈放大电路在中频区的反馈系数 F_u=0.01，输入信号 u_i=10mV，开环电压增益 A_u=10^4，试求该电路的闭环电压增益 A_{uf}、反馈电压 u_f 和净输入电压 u_d。

解 由式(12-14)可求得该电路的闭环电压增益为

$$A_{uf}=\frac{A_u}{1+A_uF_u}=\frac{10^4}{1+10^4\times 0.01}\approx 99.01$$

反馈电压为

$$u_f=F_uu_o=F_uA_{uf}u_i=0.01\times 99.01\times 10\text{mV}\approx 9.9\text{mV}$$

净输入电压为

$$u_d=u_i-u_f=10-9.9=0.1\text{mV}$$

12.3.2 提高放大倍数的稳定性

对于无反馈的放大电路，电路的放大倍数非常容易受环境温度、器件的老化或更换、负载的变化等因素的影响，产生较大的波动，从而影响放大电路的正常工作。引入负反馈后，可以提高放大倍数的稳定性。

放大倍数的稳定性通常用有无反馈时的相对变化率来表示。无反馈时放大倍数的变化率为 $\mathrm{d}A/A$，有反馈时放大倍数的变化率为 $\mathrm{d}A_f/A_f$，将式(12-14)对 A 求导，可得

$$\frac{\mathrm{d}A_f}{\mathrm{d}A}=\frac{(1+AF)-AF}{(1+AF)^2}=\frac{1}{(1+AF)^2}$$

$$\mathrm{d}A_f=\frac{\mathrm{d}A}{(1+AF)^2}$$

将式子两边分别除以 $A_f=\dfrac{A}{1+AF}$，得

$$\frac{\mathrm{d}A_f}{A_f}=\frac{1}{1+AF}\cdot\frac{\mathrm{d}A}{A} \tag{12-15}$$

表明引入负反馈后，放大倍数降低了，可见，$\dfrac{\mathrm{d}A_f}{A_f}<\dfrac{\mathrm{d}A}{A}$，而放大倍数的稳定性却提高了。例如某放大电路 $A=1000$，由于某一原因，其变化率 $\dfrac{\mathrm{d}A}{A}=20\%$，若电路的反馈系数 $F=0.009$，则放大倍数的变化率可降低到

$$\frac{\mathrm{d}A_f}{A_f}=\frac{1}{1+0.009\times 1000}\times 20\%=2\%$$

12.3.3 改善非线性失真

由于静态工作点选择不合适，或由于输入信号过大，都会造成输出波形的非线性失真，如图12-13(a)所示。但引入负反馈后，可将输出端的失真信号反送到输入端，使净输入信号发生某种程度的失真，经过放大之后，即可使输出信号的失真得到一定程度的补偿。从本质上说，负反馈利用失真了的波形来改善波形的失真，因此只能减少失真，不能完全消除失真，其改善过程如图12-13(b)所示。应注意的是，负反馈减小非线性失真所指的是反馈环内的失真。如果输入波形本身就是失真的，这时即使引入负反馈，也是无济于事的。

12.3.4 扩展通频带

频率响应是放大电路的一个重要特性。在多级放大电路中，电路的级数越多，增益越大，通频带就越窄。引入负反馈后，可有效展宽放大电路的通频带。

放大电路的频率特性如图 12-14 所示。无负反馈时，放大电路的幅频特性及通频带如图中上面曲线所示；引入负反馈后，放大倍数由$|A|$降至$|A_f|$，幅频特性变为下面的曲线。由于放大倍数稳定性的提高，在低频段和高频段的电压放大倍数下降程度减小，使得下限频率和上限频率由原来的 f_L 和 f_H 变成了 f_{Lf} 和 f_{Hf}，从而使通频带由 BW 展宽到了 BW_f。

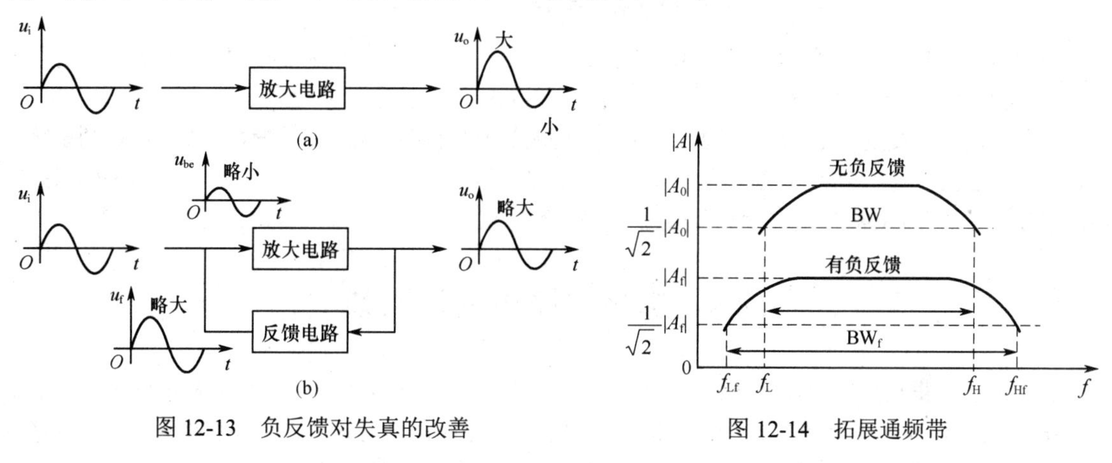

图 12-13 负反馈对失真的改善

图 12-14 拓展通频带

12.3.5 改变输入电阻和输出电阻

负反馈对放大电路输入电阻和输出电阻的影响与反馈的方式有关：

- 串联负反馈在保持 u_i 一定时，会使电路的输入电流 i_i 减少，致使输入电阻 r_i 增加；
- 并联负反馈在保持 u_i 一定时，会使电路的输入电流 i_i 增加，致使输入电阻 r_i 减小；
- 电压负反馈使输出电压趋于稳定，输出电阻 r_o 减小；
- 电流负反馈使输出电流趋于稳定，输出电阻 r_o 增加。

为了更好地掌握引入负反馈对放大电路输入电阻、输出电阻的影响，总结如表 12-2 所示。

表 12-2 4 种负反馈类型对 r_i 和 r_o 的影响

反馈类型	串联电压	串联电流	并联电压	并联电流
r_i	增大	增大	减小	减小
r_o	减小	增大	减小	增大

图 12-15 为电炉箱恒温自动控制系统，其工作原理就是依靠电加热器产生热量，保持系统内温度维持在一个恒定水平。在系统中，温度是由给定信号电压 u_1 控制的。当外界因素引起系统内温度

变化时，作为测量元件的热电偶将测量得出与系统温度相对应的电压信号 u_2，并反馈回去与给定信号 u_1 进行比较。所得结果 $\Delta u = u_1 - u_2$，即为温度的偏差信号。经过电压放大器、功率放大器放大后，去控制执行电机的旋转速度和方向，并通过传动装置拖动调压器的触头。当系统内温度偏高时，使调压器减小加热电流；反之加大电流，直到温度达到给定值为止；此时，偏差信号 $\Delta u = 0$，执行电机停止工作，这样就完成了所要求的控制任务。

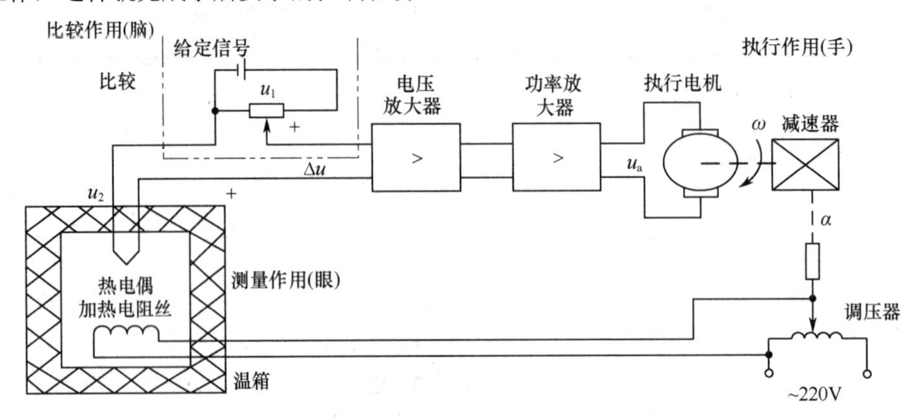

图 12-15　电炉箱恒温自动控制系统

可以看到，被控量(温度)是系统的输出量，给定电压信号是系统的输入量。偏差是通过热电偶将输出量反馈到输入端与输入量比较而得的，其中热电偶引回的反馈信号为负反馈。

当飞机的飞行高度、速度和飞行季节变化时，座舱的散热量要变化，如果没有温度自动控制系统，座舱内的温度也会随之变化。座舱内的温度过高或过低，都会影响飞行员执行任务。为了使座舱保持合适的温度，在飞机上装有座舱温度调节系统，使座舱温度保持在 16～26℃范围内的任一数值上。

12.4　振荡电路中的正反馈

如前所述，根据反馈对净输入信号影响的效果不同，可以将反馈分为负反馈和正反馈。在电子电路中，负反馈是广泛存在的，因为负反馈可以改善放大电路的性能；而正反馈主要用于振荡电路。在通信类电子电路中，振荡电路的身影几乎无处不在，比如在飞机雷达中，振荡电路就不可或缺。本节将介绍正反馈在正弦波振荡电路中的应用。

12.4.1　自激振荡

自激振荡指的是电路在没有外接输入的条件下，仍能产生输出信号的现象。正弦波振荡电路就是利用自激振荡现象来产生一定频率和幅值的正弦交流信号的正反馈放大电路。机载雷达的发射系统也是利用自激振荡现象来产生脉冲信号的。

图 12-16 给出了产生自激振荡的原理图，$\dot{A}$ 是放大电路，$\dot{F}$ 是反馈网络。从图中可以看出，反馈信号就是输入信号。但是，不管是振荡电路还是放大电路，它们的输出信号总是由输入信号引起的。

当接通振荡电路的电源时，在电路中会激起一个微小的扰动信号，这是起始信号。它是一个非正弦信号，含有一系列频率不同的正弦分量，为了得到单一频率的正弦输出信号，电路中必须有选频环节；为了让它的幅值增大，振荡电路中必须有放大和正反馈环节；为了不让它无限增长而逐渐趋于稳定，电路中还必须有稳幅环节。因此，正弦波振荡电路需包含**放大**、**正反馈**、**选频**和**稳幅** 4 个主要部分。下面首先讨论前两个环节。

在图 12-16(a)中，$\dot{X}_i=0$，因此可得图 12-16(b)，基本放大电路的放大倍数为

$$\dot{A}=\frac{\dot{X}_o}{\dot{X}_d}$$

反馈网络的反馈系数为

$$\dot{F}=\frac{\dot{X}_f}{\dot{X}_o}$$

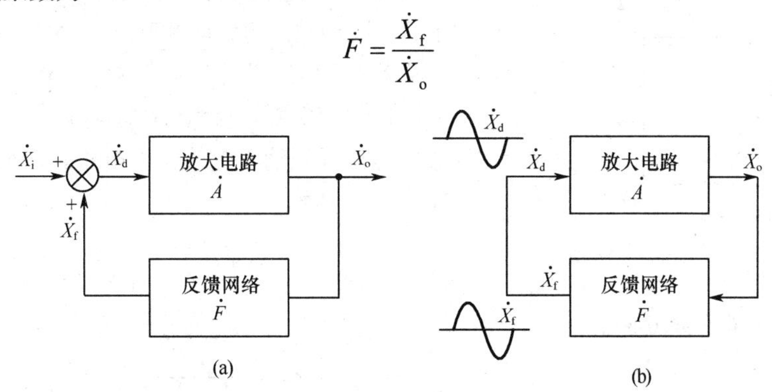

图 12-16　产生自激振荡的原理图

因 $\dot{X}_d=\dot{X}_f$，故 $\dot{A}\dot{F}=1$。因此，振荡电路能产生持续振荡的条件是：

① 相位条件——反馈信号 $\dot{X}_f$ 和输入电压 $\dot{X}_i$ 要同相，也就是必须是正反馈，使 $\varphi_A+\varphi_F=2n\pi$ (n=0，±1，±2，…)；

② 幅值条件——要有足够的反馈量，即 $u_f=u_i$，使 $|A_uF|=1$。

例如，设 $|A_u|=100$，$|F|=0.01$，$|A_uF|=1$，这时，如果输入端电压(设为正弦量)的有效值为 0.01V($U_i=0.01\text{V}$)，那么，输出端电压的有效值为 1V($U_o=1\text{V}$)，而恰好得到反馈电压的有效值为 0.01V($U_f=1\times0.01=0.01\text{V}$)。如果 u_f 和 u_i 的相位也相同，振荡电路就可以持续稳定地工作了。

设 $|A_u|=200$，$|F|=0.01$，即 $|A_uF|>1$。这时，如果输入电压为 0.01V，输出电压就为 2V，得到反馈电压 0.02V，此反馈电压经过放大后得到输出电压 4V，反馈电压变为 0.04V。如此，经过反馈→放大→再反馈→再放大的多次循环过程。由于反馈元件或晶体管的非线性，电压放大倍数 $|A_u|$ 将随着振荡幅度的增大而自动减小，最后达到 $|A_uF|=1$ 时，振荡电路便稳定在某一振荡幅度，即使由于某种原因(如温度或电源电压的变化)使振荡幅度变化时，也能自动稳幅。

从 $|A_uF|>1$ 到 $|A_uF|=1$，这就是自激振荡的建立过程。欲使振荡电路能自行建立振荡，就必须使电路满足 $|A_uF|>1$ 的条件。这样，在接通电源后，振荡电路才有可能自行起振，并经过稳幅最后趋于稳定持续振荡状态。

12.4.2　正弦波振荡电路

正弦波振荡电路必须包含选频网络，根据选频网络的不同，可以把正弦波振荡电路分为 RC 正弦波振荡电路、LC 正弦波振荡电路和石英晶体振荡电路。其中，RC 正弦波振荡电路输出功率小，频率较低；LC 正弦波振荡电路输出较大功率，频率较高；石英晶体振荡电路是高精度和高稳定的振荡器，应用最为广泛，常见于机载雷达设备中的压控振荡器。

1. RC 正弦波振荡电路

RC 正弦波振荡电路有文氏电桥振荡电路、移相式振荡电路和双 T 网络式振荡电路等类型。下面讨论最常用的文氏电桥振荡电路。

（1）电路原理图

图 12-17 是由集成运放和文氏电桥反馈网络组成的文氏电桥振荡电路。图中 Z_1、Z_2 是文氏电桥的两臂，由它们组成正反馈选频网络；电阻 R_F、R_1 组成负反馈网络，为文氏电桥的另外两臂；集成运放和负反馈网络组成了同相比例运算电路。

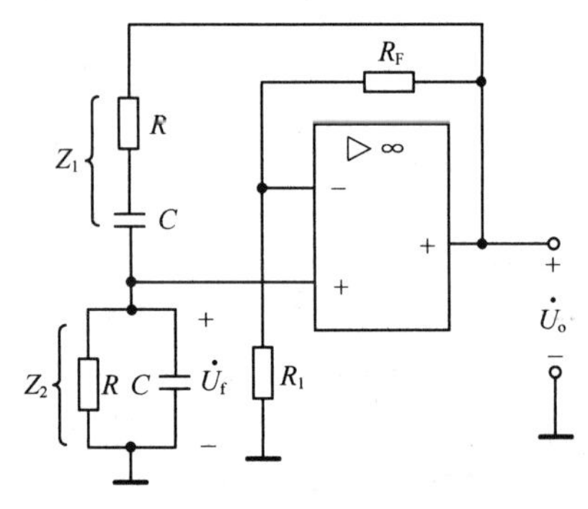

图 12-17　文氏电桥振荡电路

（2）RC 串并联电路选频特性

由 Z_1、Z_2 构成的 RC 串并联选频网络，由于有电容性元件 C，因此输出电压必与频率有关。由图可知，选频网络的输入电压即为集成运放的输出电压 $\dot{U}_o$，选频网络的输出电压 $\dot{U}_f$ 为集成运放同相输入端的输入电压。可见，$\dot{U}_f$ 即为 $\dot{U}_o$ 在 Z_2 上的分压。其中

$$Z_1 = R + \frac{1}{j\omega C}$$

$$Z_2 = \frac{R(\frac{1}{j\omega C})}{R + \frac{1}{j\omega C}} = \frac{R}{1 + j\omega RC}$$

反馈网络的反馈系数为

$$F = \frac{\dot{U}_f}{\dot{U}_o} = \frac{Z_2}{Z_1 + Z_2} = \frac{\frac{R}{1 + j\omega RC}}{R + \frac{1}{j\omega C} + \frac{R}{1 + j\omega RC}} = \frac{1}{3 + j(\omega RC - \frac{1}{\omega RC})} \tag{12-16}$$

若令 $\omega_0 = 1/RC$，则式(12-16)变为

$$F = \frac{1}{3 + j(\frac{\omega}{\omega_0} - \frac{\omega_0}{\omega})} \tag{12-17}$$

由此可得 RC 串并联选频网络的幅频特性及相频特性

$$|F| = \frac{1}{\sqrt{3^2 + (\frac{\omega}{\omega_0} - \frac{\omega_0}{\omega})^2}} \tag{12-18}$$

$$\varphi_F = -\arctan \frac{\frac{\omega}{\omega_0} - \frac{\omega_0}{\omega}}{3} \tag{12-19}$$

由式(12-18)及式(12-19)可知

$$\omega = \omega_0 = \frac{1}{RC} \quad 或 \quad f = f_0 = \frac{1}{2\pi RC} \tag{12-20}$$

幅频特性的幅值为最大，即

$$|F| = \frac{1}{3} \tag{12-21}$$

而相频特性的相位角为零，即

$$\varphi_F = 0 \tag{12-22}$$

这就是说，当输入幅值一定而频率可调时，在 $f = f_0 = 1/2\pi RC$ 处，输出电压的幅值最大，且是输入电压的$1/3$，此时输出电压与输入电压同相。根据式(12-18)、式(12-19)画出的 RC 串并联选频网络的幅频特性和相频特性如图 12-18(a)、(b)所示。

显然，振荡电路的振荡频率为

$$f_0 = \frac{1}{2\pi RC} \tag{12-23}$$

通过改变选频网络的参数 R、C，即可调整输出电压的频率。

（3）振荡的建立与稳定

上述分析表明，在图 12-17 电路中，只有当频率为 $f_0 = 1/2\pi RC$ 时，输出电压 $\dot{U}_o$ 通过选频网络传输到集成运放同相输入端的电压 $\dot{U}_f$ 才与 $\dot{U}_o$ 同相，即 $\varphi_F = 0$ 或 $\varphi_A + \varphi_F = 2n\pi$ 时，满足相位平衡条件，有可能产生振荡，这时反馈电压 $\dot{U}_f$ 的幅值最大，为输出电压的 $1/3$。

要使电路建立振荡，只需要集成运放组成的同相比例运算电路的电压放大倍数 $A_u \geqslant 3$，同相比例运算电路的电压放大倍数为

$$A_u = 1 + \frac{R_F}{R_1} \tag{12-24}$$

即可满足幅值平衡条件和振荡的建立条件，产生频率为 f_0 的正弦波振荡。其他频率的分量则不满足振荡条件而受到抑制。对于同相比例运算电路来说，也就是说，要建立振荡，就要满足 $R_F > 2R_1$。

（4）稳幅措施

建立振荡后，为了不让幅值无限增长而逐渐趋于稳定，需要对图 12-17 电路做适当改进，增加自动稳幅电路。一般可以用非线性元件，如热敏电阻或二极管来实现稳幅，这里主要介绍二极管稳幅电路，如图 12-19 所示。二极管稳幅电路是利用二极管正向伏安特性的非线性来自动稳幅的。图中，R_F 分为 R_{F1} 和 R_{F2} 两部分。在 R_{F2} 上正、反向并联两只二极管，它们在输出电压的正、负半周内分别导通。在起振之初，由于输出电压 $\dot{U}_o$ 幅度很小，尚不足以使二极管导通，此时 $R_F > 2R_1$。而后，随着振荡幅度的增大，两只二极管在正、负半周轮流导通，R_F 逐渐减小，直到 $R_F = 2R_1$ 时，振荡稳定。

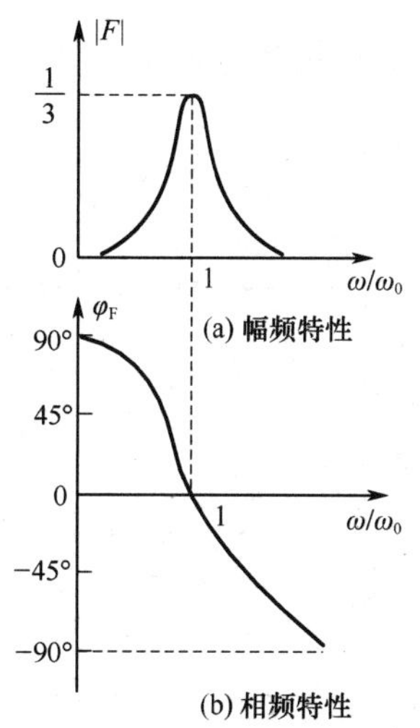

图 12-18　RC 串并联选频网络的频率特性

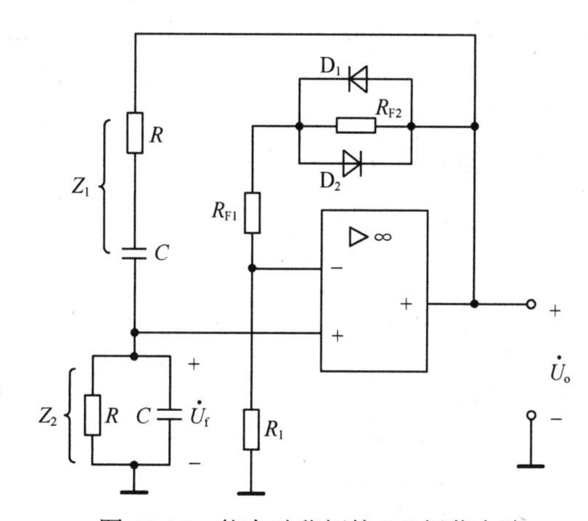

图 12-19　能自动稳幅的 RC 振荡电路

RC 正弦波振荡电路的频率和幅值稳定性较高，波形失真小，其中文氏电桥振荡电路的频率调整方便。但 RC 正弦波振荡电路只适用于低频段工作，如音频信号发生器等，由集成运放构成的 RC 正弦波振荡电路的振荡频率一般不超过 1MHz。若要产生更高的频率，可采用 LC 正弦波振荡电路。

2．LC 正弦波振荡电路

常见的 LC 正弦波振荡电路有变压器反馈式振荡电路和三点式振荡电路两种类型，它们都

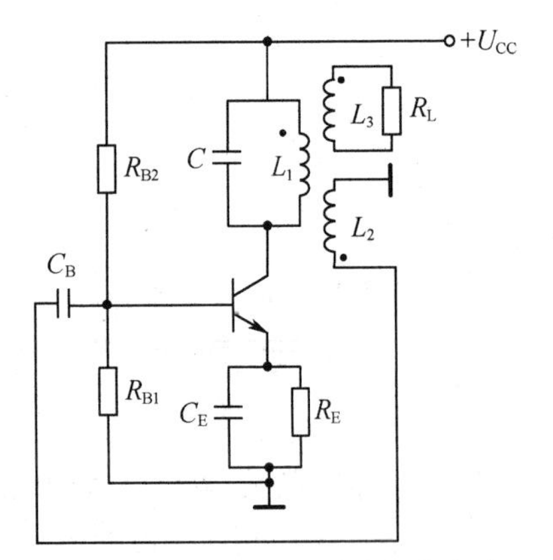

图 12-20　变压器反馈式振荡电路

是由电感 L 和电容 C 组成的选频电路，利用 LC 并联谐振的特性确定振荡电路输出信号的频率。

（1）变压器反馈式振荡电路

图 12-20 是变压器反馈式振荡电路，它由晶体管放大电路、变压器正反馈电路和 LC 选频电路 3 部分组成，稳幅是利用晶体管的非线性来实现的。振荡频率为

$$f_0 = \frac{1}{2\pi\sqrt{LC}}$$

变压器反馈式振荡电路的特点是：只要线圈的同名端正确，调节 L_2 的匝数也是很容易起振的，改变电容 C 的大小，可以在较宽的范围内方便地调节振荡频率，调节范围一般在数百千赫到百兆赫。

（2）三点式振荡电路

三点式振荡电路有电感三点式振荡电路(也称哈特莱振荡电路)和电容三点式振荡电路(也称考毕兹振荡电路)。

① 电感三点式振荡电路

电感三点式振荡电路如图 12-21 所示。

电感三点式振荡电路的振荡频率为

$$f_0 = \frac{1}{2\pi\sqrt{(L_1 + L_2 + 2M)C}} \tag{12-25}$$

式中，M 为线圈 L_1 与 L_2 之间的互感。通常改变电容 C 来调节振荡频率。电感三点式振荡电路的频率范围一般在几十兆赫以下，常用于对输出信号波形要求不高的场合。

② 电容三点式振荡电路

电容三点式振荡电路如图 12-22 所示。电容三点式振荡电路的振荡频率为

$$f_0 = \frac{1}{2\pi\sqrt{L\dfrac{C_1 C_2}{C_1 + C_2}}} \tag{12-26}$$

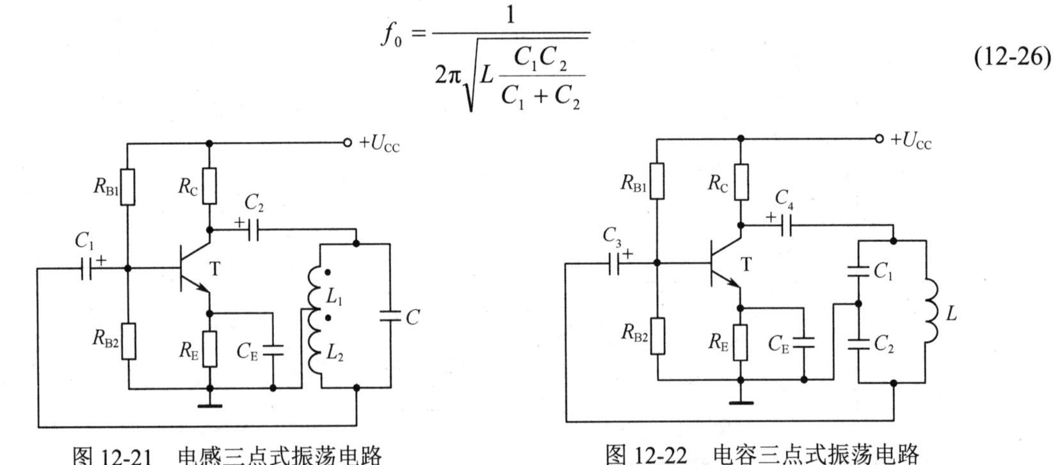

图 12-21　电感三点式振荡电路　　　图 12-22　电容三点式振荡电路

在电容三点式振荡电路中，反馈信号通过电容，频率愈高，容抗愈小，反馈愈弱，所以可以削弱高次谐波分量，输出波形较好，一般应用于对波形要求高、振荡频率高且频率固定的场合，如无线电接收机的高频接收及高频振荡电路中。而电感三点式振荡电路恰恰相反，其频率愈高，线圈的感抗愈大，反馈愈强，输出波形中含有较多的高次谐波分量。

3. 石英晶体振荡电路

振荡电路的振荡频率主要由选频网络的参数来决定。由于受到温度、电源电压波动的影响，无论是 LC 还是 RC 正弦波振荡电路，都存在频率不稳定的现象。实验证明，LC 和 RC 正弦波振荡电路的频率偏移一般为$10^{-4}\sim10^{-3}$。在一些振荡频率要求很高的场合，如通信系统中的射频振荡电路、数字系统中的时钟产生电路等，均需要把频率偏移控制在10^{-5}以内，这时往往采用石英晶体振荡电路。

石英晶体振荡电路就是用石英晶体取代 LC 正弦波振荡电路中的 L、C 元件所组成的正弦波振荡电路。一般石英晶体振荡电路的频率偏移为$10^{-11}\sim10^{-9}$，非常稳定。通常简称石英晶体振荡器为晶振。如图12-23(a)为晶振外形图，(b)为晶振结构图，(c)为晶振符号，(d)为晶振内部的等效电路图。

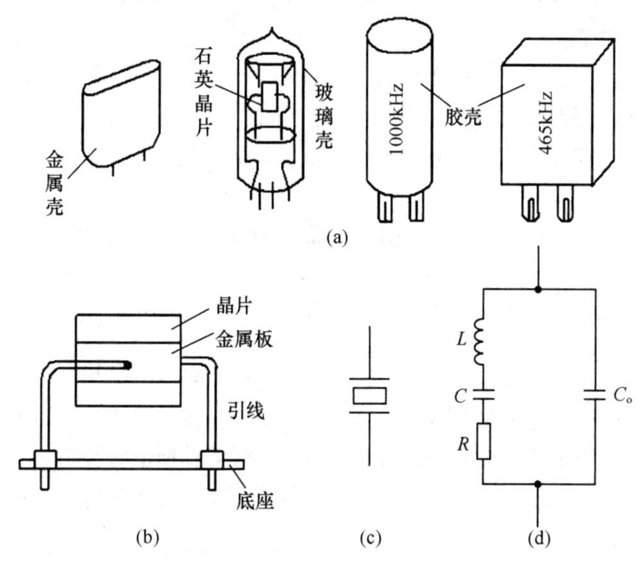

图 12-23　晶振外形、结构、符号及等效电路图

石英晶片用于振荡电路是基于它的压电效应。若在晶片的两个极板间加一电场，会使晶片产生机械变形；反之，若在极板间施加机械力，又会在相应的方向上产生电场，这种现象称为压电效应。若在极板间所加的是交变电压，就会产生机械变形振动，同时机械变形振动又会产生交变电压。一般来说，这种机械变形振动的振幅较小，振动频率稳定。但当外加交变电压的频率与晶片的固有频率(决定于晶片的尺寸)相等时，机械变形振动的幅度将急剧增加，即发生了谐振，这种现象称为压电谐振。

电子干扰机是进行积极干扰的主要工具。图 12-24 所示为应答式雷达干扰机的组成框图。它的接收系统(瞬时测频接收机)对雷达信号进行瞬时测频，同时将压控振荡器的振荡频率调谐到雷达频率上，以保证干扰频率与敌方雷达对准，并且具有干扰持续时间长的优点。振荡电压经行波管功率放大后由天线发射出去，实现对敌方雷达的干扰。

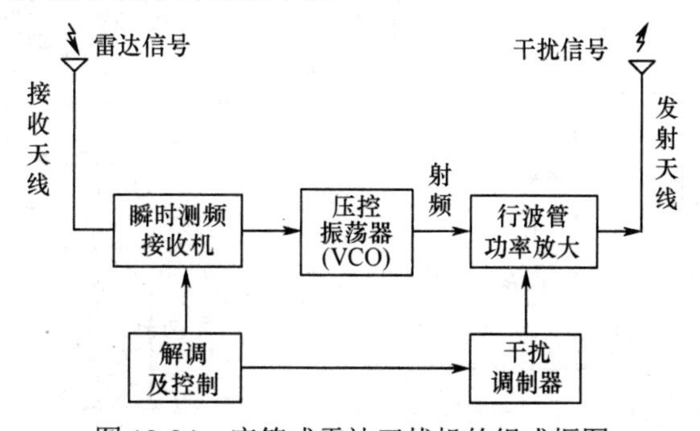

图 12-24　应答式雷达干扰机的组成框图

小　结

1．反馈是指将电路的输出信号(电流或电压)的一部分或者全部通过反馈电路送回到输入回路，从而改善输出的过程。

2．负反馈放大电路有 4 种常用组态，即电压并联、电压串联、电流串联和电流并联负反馈放大电路，集成运放应用电路中常采用电压并联和电压串联两种反馈类型。

3．在电子电路中，负反馈是广泛存在的。引入负反馈可以稳定放大倍数，扩展通频带，改善非线性失真，改变输入电阻和输出电阻。不同类型的负反馈对放大器性能的影响不同，所以对于各种实际的反馈电路要掌握其判别方法。

4．正弦波振荡电路是一个没有输入信号也能产生一定频率和幅度的输出信号的自激振荡电路，通常包含放大、正反馈、选频和稳幅 4 个环节。根据选频网络的不同，可以把正弦波振荡电路分为 RC 正弦波振荡电路、LC 正弦波振荡电路和石英晶体振荡电路等。

习　题　12

基础知识

12-1　反馈就是将放大器的________的一部分或全部，通过一定的反馈电路引回到输入端。

12-2　在反馈放大电路中，如果引入的反馈信号增强净输入信号，从而使放大电路的放大倍数增加，这样的反馈称为________；如果引入的反馈信号削弱净输入信号，从而使放大电路的放大倍数降低，这样的反馈称为________。

12-3　常见负反馈的 4 种组态是________、________、________、________。

12-4　放大电路中按反馈信号与输入信号的连接方式分为______反馈和______反馈。

12-5　为了稳定放大电路的输出电压，可采用______反馈，为了稳定放大电路的输出电流，可采用______反馈。

12-6　在放大电路中引入负反馈后，放大倍数______，放大倍数的稳定性______，非线性失真________，通频带的宽度________。

12-7　引入_____反馈可提高放大电路的输入电阻，引入_____反馈可以降低输出电阻。

12-8　要增大放大电路的输出电阻、减小输入电阻，应在电路中引入_________反馈。

12-9　在频率稳定度要求很高的情况下，大多采用____________振荡电路来实现。

12-10　RC 正弦波振荡电路的幅值平衡条件是_______，相位平衡条件是_______，起振条件是_______。

应用知识

12-11　电路如题图 12-1 所示，试问引入了何种反馈？

12-12　电路如题图 12-2 所示，设 u_i 和 u_o 均为直流电压，试问引入了何种直流反馈？

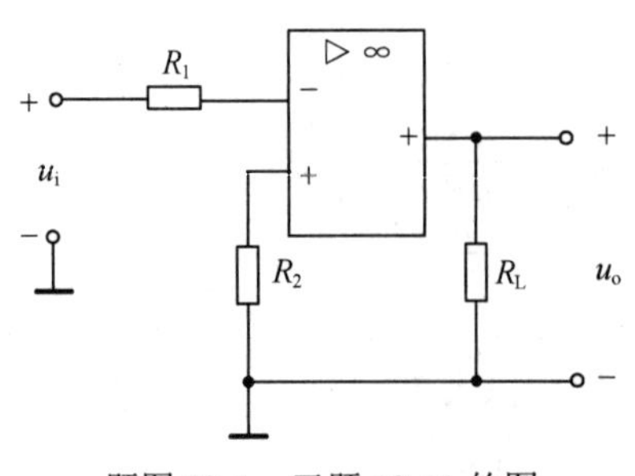

题图 12-1　习题 12-11 的图

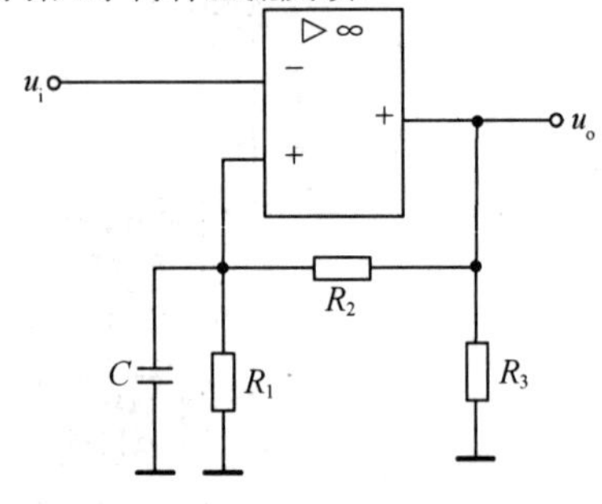

题图 12-2　习题 12-12 的图

12-13　如题图 12-2 所示电路，设输入电压和输出电压为正弦交流分量，且 $R_1 >> X_C$，试问引入了何种交流反馈？

12-14　如题图所示 12-3 电路，反馈电阻 R_F 引入的作用是什么？

12-15　如题图所示 12-4 电路，当 $u_i > 0$ 时，对运算放大器电路，R_F 引入的作用是什么？对晶体管电路，R_E 引入的作用是什么？

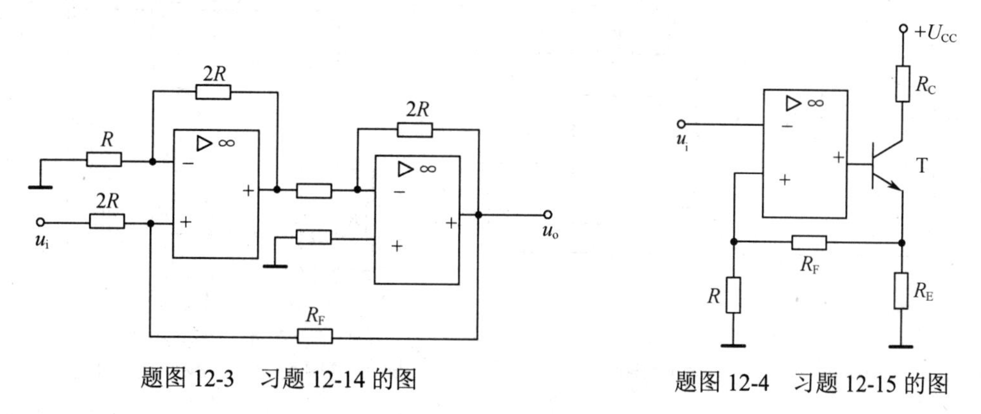

题图 12-3　习题 12-14 的图　　　　题图 12-4　习题 12-15 的图

12-16　试判别题图 12-5 中两极放大电路中引入了何种类型的交流反馈。

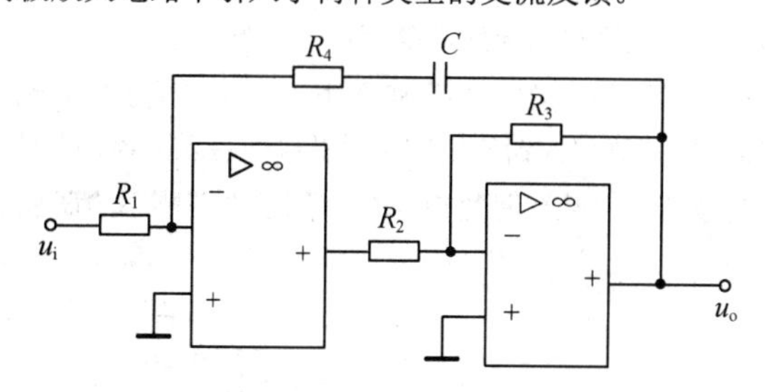

题图 12-5　习题 12-16 的图

12-17　有一负反馈放大电路，已知 A=300，F=0.01。试问：(1)闭环电压放大倍数 A_{uf} 为多少？(2)如果 A 发生 ±20%的变化，则 A_{uf} 的相对变化为多少？

12-18　如题图 12-6 所示同相比例运算电路中，已知 $A_{uo} = 1000$，F=+0.049。如果输出电压 $u_o = 2\text{V}$，试计算输入电压 u_i、反馈电压 u_f 及净输入电压 u_o。

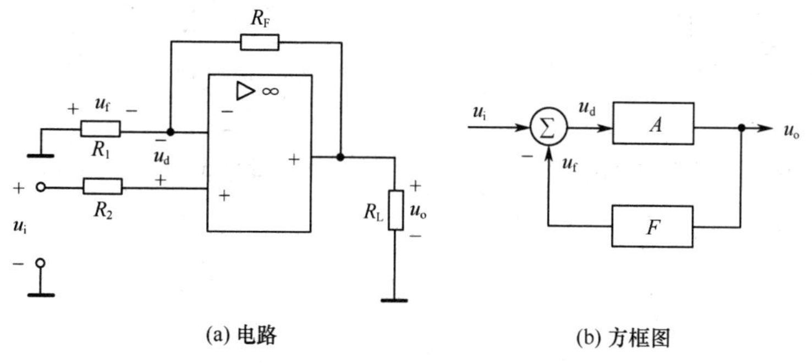

(a) 电路　　　　(b) 方框图

题图 12-6　习题 12-18 的图

12-19　如题图 12-6 所示的同相比例运算放大电路，$R_F = 100\text{k}\Omega$，$R_1 = 10\text{k}\Omega$，开环差模电压放大倍数 A_{uo} 和差模输入电阻 r_{id} 均近于无穷大，输出最大电压为±13V。试问：(1)电压放大倍数 A_{uf} 和反馈系数 F 各为多少？(2)当 $u_i = 1\text{V}$ 时，u_o 为多少？(3)若在 R_1 开路、R_1 短路、R_F 开路和 R_F 短路这 4 种情况下，输出电压分别变为多少？

12-20 如题图 12-7 所示电路，试判断电阻 R_F 引入的反馈类型，并说明该反馈对电路输入电阻和输出电阻的影响。

12-21 桥式 RC 振荡电路的参数如题图 12-8 所示。(1)分析正、负反馈电路的作用；(2)估算输出信号 u_o 的频率；(3) R_P 的参数应如何确定？

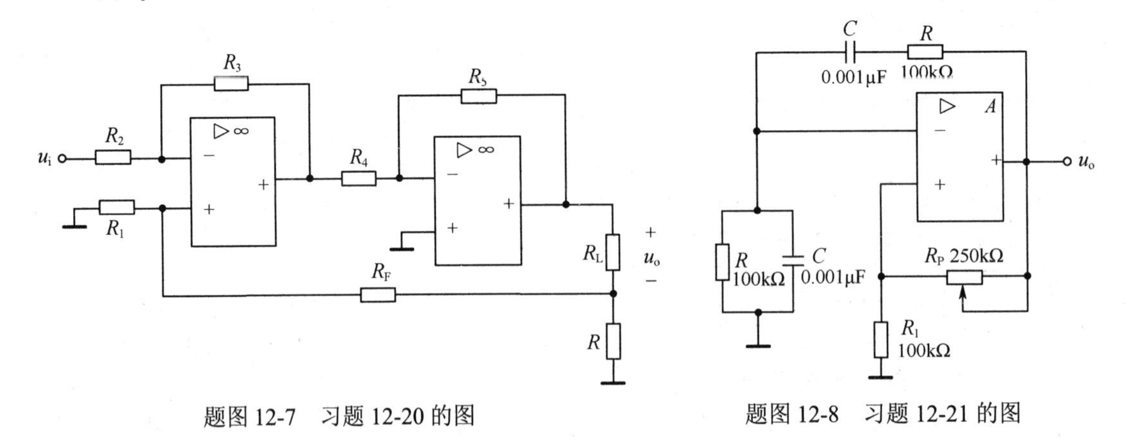

题图 12-7　习题 12-20 的图　　　　题图 12-8　习题 12-21 的图

军事知识

12-22 如题图 12-9 所示电路是教八型飞机的无线电高度信号接收电路，此电路有无反馈？如果有反馈，说明其反馈元件及反馈类型，并说明该反馈对电路输入电阻和输出电阻的影响。

12-23 如题图 12-10 所示电路是用运算放大器构成的飞机音频信号发生器的简化电路。(1) R_1 大致调到多大才能起振？(2) R_P 为双联电位器，可从 0 调到14.4kΩ，试求振荡频率的调节范围。

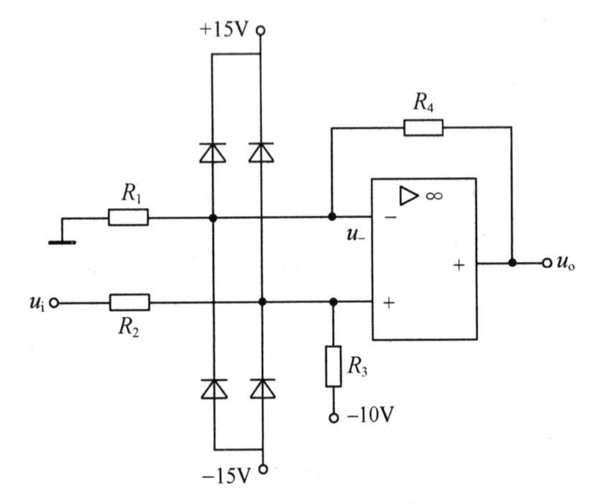

题图 12-9　习题 12-22 的图

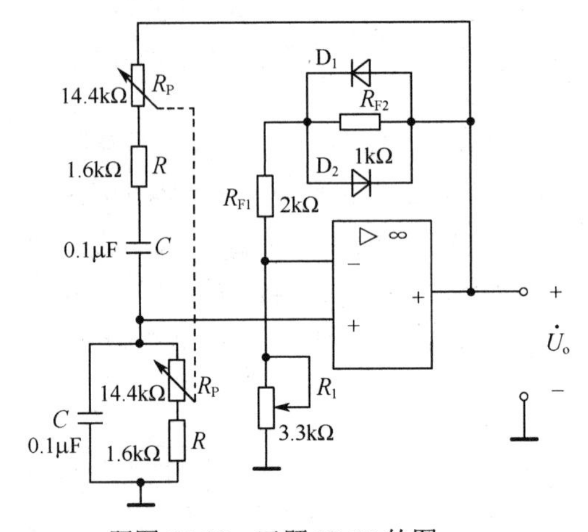

题图 12-10　习题 12-23 的图

第 13 章　直流稳压电源

引言

电子电路工作时必须有电源向其供电，供电电源有直流和交流两种形式。电网供电主要采用交流供电方式，但在生产和科学实验中，例如，直流电动机、电解、电镀、蓄电池的充电等场合，都需要用直流电源供电。飞机上很多机载设备都需要直流电源供电。例如某型战机采用低压直流电源系统，其主电源利用交流发动机提供 400Hz、额定电压 200/115V 的交流电压，经过整流器整流提供的 28.5V 直流电压就可作为二次电源供给相关机载设备。为了得到直流电压，除用直流发动机或蓄电池外，目前广泛采用各种半导体直流稳压电源。本章讨论将交流电压变换为直流电压的问题，图 13-1 是表示将电网交流电压转换为直流电压过程的直流稳压电源的原理图。各环节的作用如下：

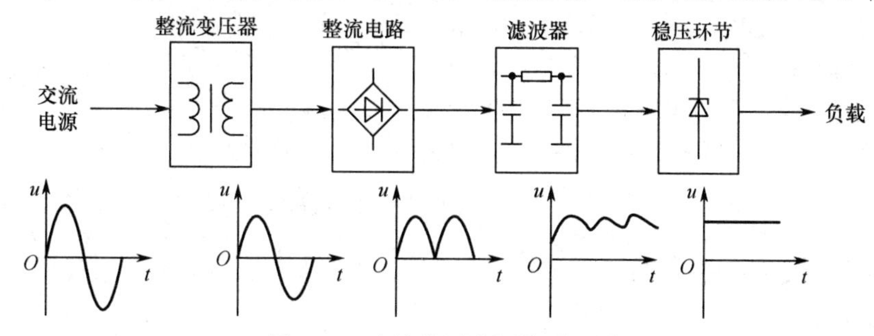

图 13-1　直流稳压电源的原理图

整流变压器：电网提供的交流电压有效值一般为 220V，而负载所需要的直流电压值却各不相同，故采用变压器把电网电压变换为符合整流需要的电压。另外，变压器还起着交、直流电隔离的作用，保证直流负载设备的安全。

整流电路：利用具有单向导电性的整流器件，将正弦交流电压变换为单向脉动电压。这个电压为非正弦周期电压，含有直流成分和各种谐波交流成分。

滤波器：利用电感、电容等元件的充、放电特性，减小输出电压的脉动程度，将脉动电压中的谐波成分滤掉，使输出电压成为比较平滑的直流电压。

稳压环节：当电网电压波动或负载变动时，滤波后的直流电压受其影响而不稳定，稳压电路的作用是使输出电压基本不受上述因素的影响，成为平滑稳定的直流电压。

本章将讨论整流、滤波及稳压这 3 个环节的具体电路。

学习目标：

1. 掌握整流电路的构成和工作原理；
2. 掌握滤波电路的构成和工作原理；
3. 熟悉常用的三端集成稳压器应用电路。

13.1　整流电路

利用具有单向导电性的整流器件，将交流电转换成单向脉动直流电的过程称为整流。整流电路按输入电源相数分为单相整流电路和三相整流电路，按照输出波形又可分为半波整流电路和全波整流电路。在小功率(1kW以下)整流电路中，常见的几种整流电路有单相半波、全波、桥式和倍压整流电路。而大功率整流电路，一般采用三相半波或三相桥式整流电路。当负载要求功率较大，且电压可调时，则采用晶闸管组成的可控整流电路。整流电路在航空航天领域应用十分广泛。如飞机电源系统按能量转换形式分为一次电源和二次电源。一次电源系统是将其他类能转换为电能的电源系统；二次电源系统是将某种方式电能转换为其他方式电能的电源系统，通常有将交流转换为直流的变压整流器、将直流转换为交流的变流器等，变压整流器是典型的整流电路。

本节只介绍应用较为广泛的单相半波和单相桥式整流电路。在分析整流电路时，为了突出重点，简化分析过程，一般均假设负载电阻为纯电阻性；整流二极管为理想二极管；整流变压器理想，即无损耗、内部压降为零等。

13.1.1　单相半波整流电路

单相半波整流电路如图 13-2 所示。它的工作原理在第 9 章中已经介绍过，此处重点分析电路中各部分电流和电压的关系。设整流变压器的副边电压为

$$u = U_{\mathrm{m}} \sin \omega t = \sqrt{2} U \sin \omega t$$

其波形如图 13-3 所示。

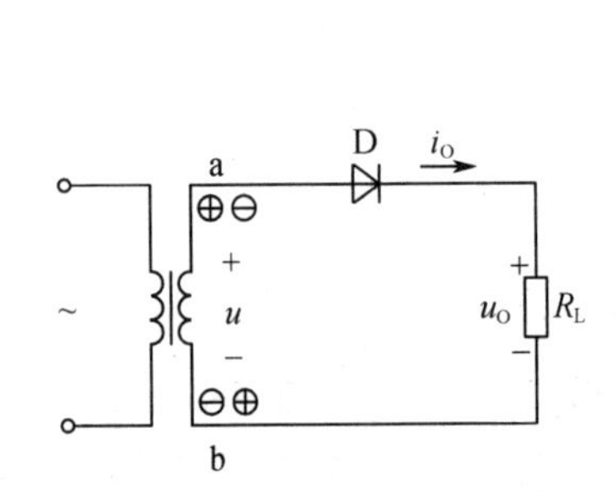

图 13-2　单相半波整流电路

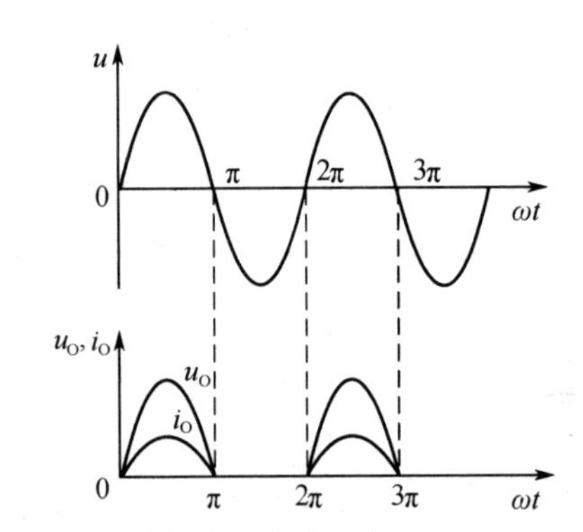

图 13-3　单相半波整流电路电压与电流的波形

单相半波整流电路输出整流电压的平均值为

$$U_{\mathrm{O}} = \frac{1}{2\pi}\int_0^{\pi} \sqrt{2} U \sin \omega t \mathrm{d}(\omega t) = \frac{\sqrt{2}}{\pi} U = 0.45U \tag{13-1}$$

负载上电流平均值与流经二极管的电流平均值相等，为

$$I_{\mathrm{O}} = I_{\mathrm{D}} = \frac{U_{\mathrm{O}}}{R_{\mathrm{L}}} = 0.45\frac{U}{R_{\mathrm{L}}} \tag{13-2}$$

二极管不导通时承受的最大反向电压就是变压器副边交流电压 u 的最大值 U_{m}，即

$$U_{\mathrm{DRM}} = U_{\mathrm{m}} = \sqrt{2} U \tag{13-3}$$

【例 13-1】　一单相半波整流电路如图 13-2 所示。已知负载电阻 R_{L} =750Ω，变压器的副边电压 U=20V，试求 U_{O}、I_{O} 及 U_{DRM}，并选择整流二极管。

解　$U_{\mathrm{O}} = 0.45U = 0.45 \times 20\mathrm{V} = 9\mathrm{V}$

$I_{\mathrm{O}} = U_{\mathrm{O}} / R_{\mathrm{L}} = 9\mathrm{V}/750\Omega = 0.012\mathrm{A} = 12\mathrm{mA}$

$U_{\mathrm{DRM}} = \sqrt{2} U = 28.2\mathrm{V}$

在实际应用中，二极管的最大反向电压要选得比 U_{DRM} 大一倍左右。

由于三相交流供电比单相交流供电有很多优势，因此，多数飞机都选三相交流发电机作为发电

装置。三相交流发电机工作时需要提供励磁电流，目前采用两种方法把励磁电流引入励磁线圈中：一种是用电刷和滑环引入；一种是用旋转整流器引入。旋转整流器可以采用三相半波整流或三相全波整流连接方式，如图 13-4 所示为三相半波整流电路。

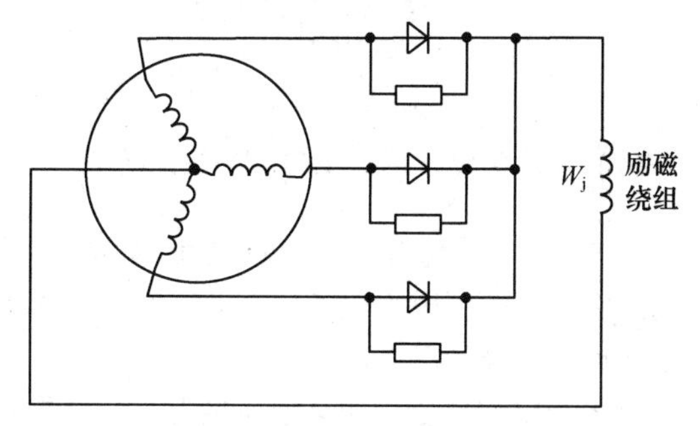

图 13-4　三相半波整流电路

13.1.2　单相桥式整流电路

常用的单相桥式整流电路如图 13-5(a)所示，图中 4 个二极管接成电桥形式。其接线特点是：两二极管异名电极相连后接电源，同名电极相连后接负载。共阴极点为输出电压的正极性端，共阳极点为负极性端。电路也可以简化成图 13-5(b)的形式。其工作原理见第 9 章。

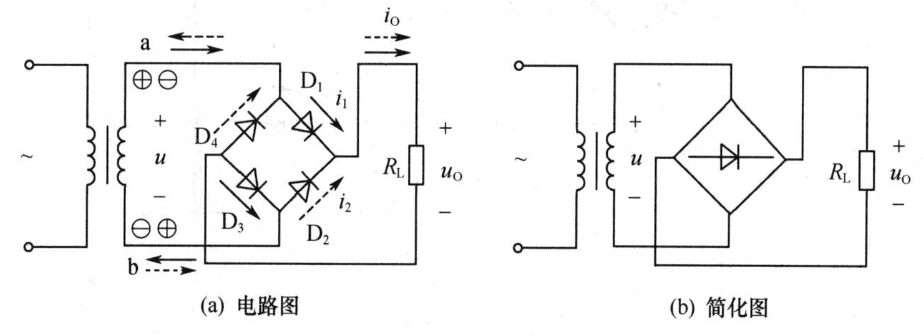

图 13-5　单相桥式整流电路

电路中的 u、u_O 及 i_O 波形如图 13-6 所示。

设 $u=\sqrt{2}U\sin\omega t$，则负载上脉动直流电压的平均值为

$$U_O=\frac{1}{2\pi}2\int_0^{\pi}\sqrt{2}U\sin\omega t\mathrm{d}(\omega t)=\frac{2\sqrt{2}}{\pi}U=0.9U \quad (13\text{-}4)$$

负载上电流的平均值

$$I_O=\frac{U_O}{R_L}=0.9\frac{U}{R_L} \quad (13\text{-}5)$$

由于在单相桥式整流电路中，每两个二极管与负载相串联并在半周(*T*/2)内导通，所以通过每个二极管的电流平均值为负载电流平均值的一半，即

$$I_D=\frac{1}{2}I_O=0.45\frac{U}{R_L} \quad (13\text{-}6)$$

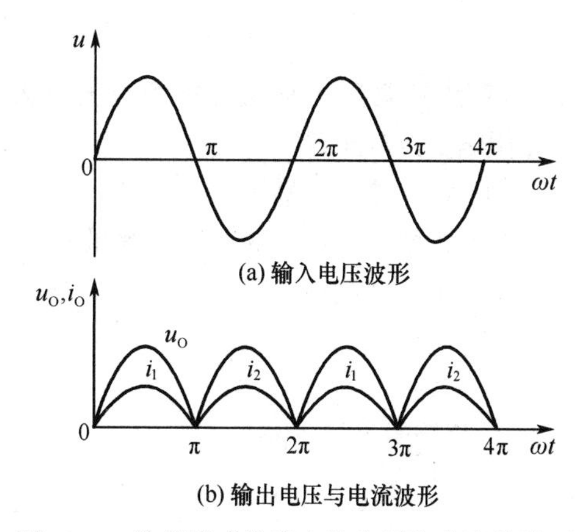

图 13-6　单相桥式整流电路电压与电流的波形

二极管截止时，管子两端承受的最大反向电压可从图 13-5 中看出。在 u 的正半周时，D_1、D_3 导通，D_2、D_4 截止，此时 D_2、D_4 所承受的最大反向电压就是电压 u 的最大值，即

$$U_{DRM}=\sqrt{2}U \tag{13-7}$$

变压器副边电压有效值为

$$U=\frac{U_O}{0.9}=1.11U_O \tag{13-8}$$

变压器副边电流有效值为

$$I=\frac{U}{R_L}=1.11\frac{U_O}{R_L}=1.11I_O \tag{13-9}$$

单相半波整流电路只用一个二极管，结构简单，但输出量脉动大，直流成分低，电源利用率低。而单相桥式整流电路性能优越，它的电源利用率较高，输出电压高，脉动程度比半波整流小，故广泛用于小功率整流电源中，其缺点是二极管用得较多。

单相桥式整流电路在机载设备上应用广泛，如某型飞机上有一种重要的电子导航设备——无线电高度表，它可用来测算飞机至地面的距离，通常称这一距离为飞机的真实高度，根据它所提供的飞机真实高度，使飞机可以完成不同的导航功能。在无线电高度表的高度指示电路中，包含供电源电路使用的单相桥式整流电路，如图 13-7 所示。

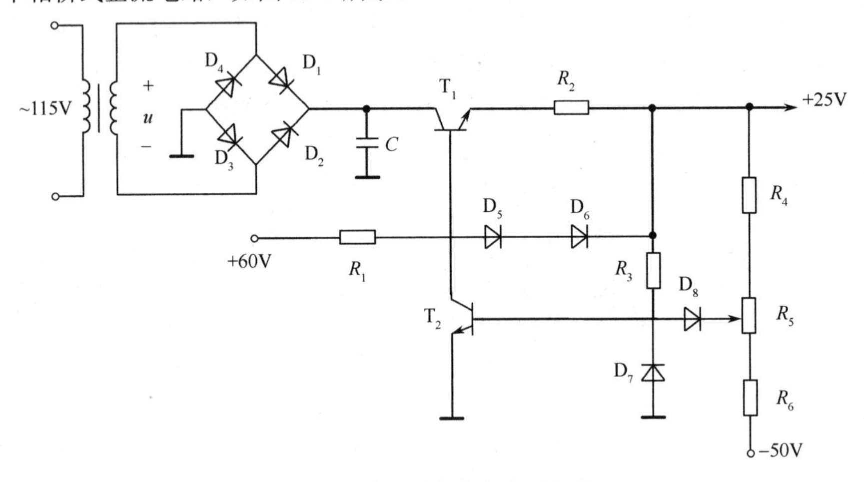

图 13-7　单相桥式整流应用电路

【例 13-2】 已知交流电源电压为 220V，负载电阻 R_L=50Ω，采用单相桥式整流电路供电，要求输出电压 U=24V。

(1) 如何选用二极管?

(2) 求整流变压器的变比及容量。

解 (1) 负载电流

$$I_O=\frac{U_O}{R_L}=\frac{24\text{V}}{50\Omega}=480\text{mA}$$

二极管的平均电流

$$I_D=\frac{1}{2}I_O=240\text{mA}$$

变压器副边电压有效值为

$$U=\frac{U_O}{0.9}=\frac{24\text{V}}{0.9}=26.67\text{V}$$

实际中考虑到变压器副边绕组及管子上的压降，变压器副边电压大约要提高10%，即 $26.67\times1.1=29.3\text{V}$。

二极管最大反向电压为

$$U_{\mathrm{DRM}} = \sqrt{2} \times 29.3\mathrm{V} = 41.4\mathrm{V}$$

因此可选用型号为 2CZ54C 的二极管，其最大整流电流为 500mA，最大反向电压为 100V。

(2) 整流变压器的变比为

$$K = \frac{220}{29.3} \approx 7.5$$

变压器副边电流有效值为

$$I = 1.11 I_{\mathrm{O}} = 1.11 \times 480\mathrm{mA} = 533\mathrm{mA} \approx 0.53\mathrm{A}$$

变压器的容量为

$$S = UI = 29.3\mathrm{V} \times 0.53\mathrm{A} = 15.53\mathrm{VA}$$

13.2 滤 波 电 路

虽然整流电路可以把交流电压转换为脉动直流电压，但其中含有大量的交流成分(称为纹波电压)，这样的直流电压在某些设备中可以直接应用，但对许多要求较高的直流用电装置，则不能满足要求。因此在整流电路之后需要加滤波电路，将脉动的直流电压变换为平滑的直流电压。常用的滤波元件有电容和电感，常用的滤波电路有电容滤波电路、电感电容滤波电路及 π 形滤波电路等。飞机的电源系统(低压、高压直流电源系统，恒速恒频交流电源系统，二次电源等)中，也常用滤波电路。

13.2.1 电容滤波电路

图 13-8(a)为单相桥式整流电容滤波电路。滤波电容 C 与负载电阻并联，因所需电容容量较大，故常采用电解电容。电容两端电压 u_{C} 即等于输出电压 u_{O}。

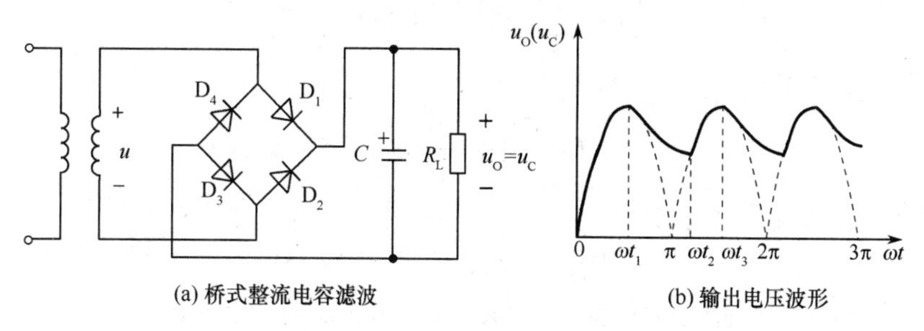

(a) 桥式整流电容滤波　　(b) 输出电压波形

图 13-8　单相桥式整流电容滤波电路

1. 工作原理

如果桥式整流电路中未接电容 C，输出电压波形如图 13-8(b)虚线所示。在接入 C 后，设电容两端初始电压为零，且在 $\omega t = 0$ 时接入交流电源。当 $\omega t > 0$ 时，u 由 0 开始上升，二极管 D_1、D_3 导通，一方面给负载供电，同时对电容 C 充电。当整流电路内阻很小时，电容充电电压随电源电压 u 的上升而上升，在 $\omega t_1 = \pi/2$ 时同时达到最大值 $\sqrt{2}U$。当 $\omega t > \pi/2$ 时，u 按正弦规律下降，而电容电压 u_{C} 按指数规律通过负载 R_{L} 放电，在 t_2 时刻前 $u_{\mathrm{C}} > u$，二极管因受反向电压而截止。此时，流过 R_{L} 的电流为电容 C 的放电电流，u_{C} 按指数规律下降，且放电电路的时间常数 $\tau = R_{\mathrm{L}}C$ 越大，u_{C} 下降越慢。当到达 u 负半周的 t_2 时，$|u| > u_{\mathrm{C}}$，二极管 D_2、D_4 导通，u_{C} 再次对 C 充电并向 R_{L} 供电，到 t_3 时，又充电到 $u_{\mathrm{C}} = \sqrt{2}U$。此后，$u$ 又按正弦规律下降，且 $u_{\mathrm{C}} > u$，二极管截止，u_{C} 再次

向 R_L 放电。以后每个周期如此循环下去，负载 R_L 上电压 u_O 即 u_C 的波形如图 13-8(b)实线所示。

2．参数计算

由图 13-8(b)可见，经电容滤波后，输出电压的脉动大为减小，并且电压均值较高。其输出电压的脉动程度与电容的放电时间常数 R_LC 有关，R_LC 越大，脉动越小，输出电压平均值就越高。当负载开路($R_L \to \infty$)时，$u_O=\sqrt{2}U$ 为恒定电压。当 R_L 较小时，电容滤波性能较差。为了得到平滑的负载电压，一般取

$$\tau = R_L C \geqslant (3 \sim 5)\frac{T}{2} \tag{13-10}$$

式中，T 为交流电源的周期。当桥式整流电路的内阻不太大时，输出电压为

$$U_O \approx 1.2U \tag{13-11}$$

若为半波整流电容滤波，一般取

$$U_O \approx U \tag{13-12}$$

二极管所承受的最大反向电压 U_{DRM} 与整流电路的类型有关。在桥式整流电容滤波电路中，二极管的 $U_{DRM} = \sqrt{2}U$ (在半波整流电容滤波电路中，当负载开路时，$U_{DRM} = \sqrt{2}U$)，因此选用二极管时应为 $U_{DRM} > \sqrt{2}U$ 。

总之，电容滤波电路简单，输出电压较高，脉动也较小，缺点是整流二极管承受的冲击电流大，当负载 R_L 变动较大时，输出性能差。因此，这种电路用于要求输出电压较高、电流小且变动不大的场合。

滤波电容的耐压值应大于负载开路时输出电压的最大值。

【例 13-3】 一单相桥式整流电容滤波电路，交流电源频率为 50Hz，负载电阻要求直流电压 U_O=30V，直流电流 I_O=300mA，试选择整流、滤波元器件。

解 （1）选择整流器件

流过整流二极管的电流平均值为

$$I_D = \frac{1}{2}I_O = \frac{1}{2} \times 300\text{mA}=150\text{mA}$$

变压器副边电压有效值按式(13-11)计算，得

$$U = \frac{U_O}{1.2} = \frac{30}{1.2} = 25\text{V}$$

二极管承受的最大反向电压为

$$U_{DRM} = \sqrt{2}U = \sqrt{2} \times 25 = 35\text{V}$$

可选用 2CZ53C 型二极管(最大整流电流 300mA ，最大反向电压为 100V)。

（2）选择滤波电容

根据经验公式(13-10)取 $R_L C = 5 \times \frac{T}{2}$，且

$$T = \frac{1}{f} = \frac{1}{50}\text{s} = 0.02\text{s}$$

因此

$$R_L C = 5 \times \frac{T}{2} = 5 \times \frac{0.02}{2}\text{s=0.05s}$$

负载电阻

$$R_L = \frac{U_O}{I_O} = \frac{30\text{V}}{300 \times 10^{-3}\text{A}} = 100\Omega$$

则

$$C = \frac{0.05\text{s}}{R_L} = \frac{0.05\text{s}}{100\Omega} = 5 \times 10^{-4}\text{F}$$

电容的耐压值应大于 $\sqrt{2}U = \sqrt{2} \times 25 = 35\text{V}$ ，故可选用 $C = 500\mu\text{F}$ 、耐压 50V 的电解电容。$C = 500\mu\text{F}$ 电容是一个数值较大的电容，在电路刚接通时，由于电容端电压为零，将会产生一个很大的冲击电流，对二极管影响较大。为了防止二极管损坏，可在整流回路中串入限流电阻，但阻值不宜过大，一般取为负载电阻的 $\frac{1}{50} \sim \frac{1}{20}$ ，以免使输出电压降低过多。

【例 13-4】 某飞机上装备有大气数据测量系统，该系统主要用于测量并指示飞机的高度、速度及大气温度等。已知桥式整流滤波电路(见图13-9)用来向空速M数表(空速M数表用来指示飞机的真空速)及温度表提供 40V 直流电源(即 U_{AB}=40V)。求：(1)变压器副边电压有效值；(2)若将电容滤波电路去掉，桥式整流电路可提供多少伏的直流电源？

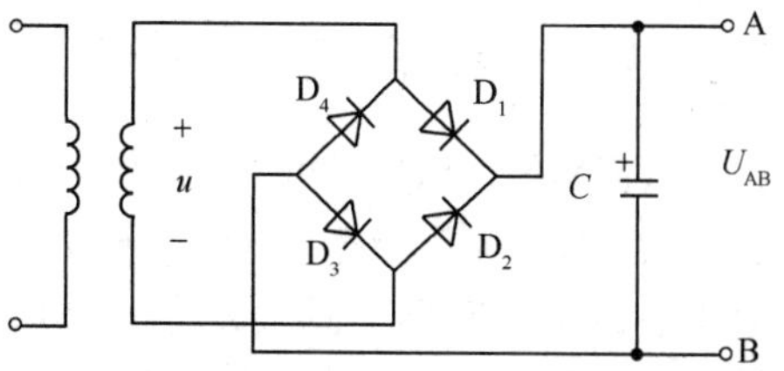

图 13-9　桥式整流滤波电路

解 (1) $U = \frac{U_{AB}}{1.2} = \frac{40}{1.2} = 33.3\text{V}$

(2) $U_O = 0.9U = 0.9 \times 33.3 \approx 30\text{V}$

13.2.2　电感电容滤波电路

电感电容滤波电路如图 13-10 所示，电感线圈串联在整流电路和负载之间。由于交流电压 u 经整流后的脉动电压既含有各次谐波的交流分量，又含有直流分量，而具有铁心的电感线圈有很大的电感，交流阻抗很大，直流电阻却很小，所以直流分量大部分降在 R_L 上；而对交流分量，谐波频率愈高，感抗愈大，因而交流分量大部分降在电感上，这样在输出端即可得到较平坦的电压波形。但电感线圈体积大，比较笨重，成本也高，电感本身的电阻还会引起直流电压损失和功率损耗。为了进一步提高滤波效果，使输出电压脉动更小，可以采用多级滤波的方法。

13.2.3　π形滤波电路

如果要求输出电压的脉动更小，可以采用 LC-π 形或 RC-π 形滤波电路，如图 13-11 所示。π 形滤波电路中，电容为第一级滤波电路，其电路特点与电容滤波电路类似，只是输出电压更加平直。

电感线圈体积大，成本高，在小功率电子设备中，多采用 RC-π 形滤波电路。它是利用电阻和电容对输入电压中交直流分量的不同分压作用来实现滤波的。电阻越大，电容越大，滤波效果越好。但是电阻太大，将使直流压降增大，所以该滤波电路适用于负载电流较小而又要求输出电压脉动很小的场合。

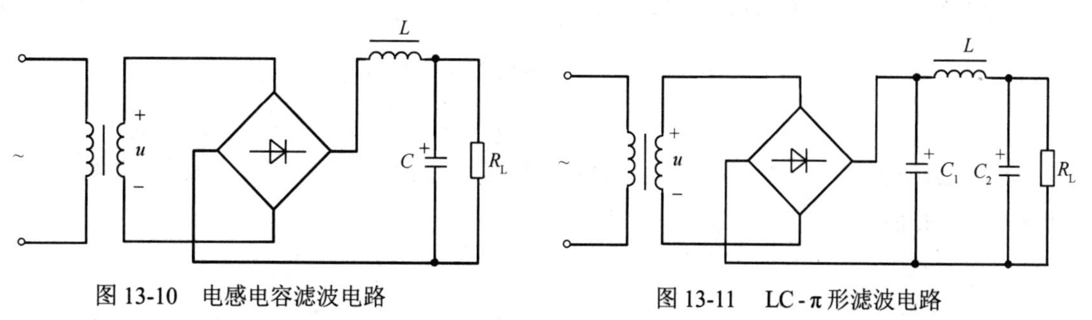

图 13-10　电感电容滤波电路

图 13-11　LC-π 形滤波电路

13.3 稳 压 电 路

虽然整流滤波电路能将正弦交流电压变换成较为平滑的直流电压，但是，一方面，由于输出电压平均值取决于变压器副边电压的有效值，所以当电网电压波动时，输出电压平均值将随之产生相应的波动；另一方面，由于整流滤波电路内阻的存在，当负载变化时，内阻上的电压将产生变化，于是输出电压平均值也将随之产生相应的变化。也就是说，整流滤波电路输出电压会随着电网电压的波动而波动，随着负载电阻的变化而变化。由于电源电压的不稳定，将会引起直流放大器的零点漂移、交流噪声大、测量仪表的测量精度低等，因此必须采取稳压措施。

13.3.1 稳压管稳压电路

最简单的稳压电路可由稳压管及其限流电阻构成。稳压管是该稳压电路的核心元件，它是一种特殊的面接触型半导体二极管，采取特殊的设计和工艺，只要反向电流在一定范围内，PN 结的温度就不会超过允许值，当然也就不会造成永久性击穿。由于稳压管在反向击穿区的伏安特性曲线十分陡峭，电流在较大范围内变化时，稳压管两端的电压变化很小，让稳压管工作在这一部分，就能起到稳压和限幅的作用。

如图 13-12 虚线框内所示即稳压管稳压电路。它的输入电压 U_I 是整流滤波后的电压，输出电压 U_O 就是稳压管的稳定电压 U_Z。

对任何电路都应从两个方面考察其稳压特性：一是当电网电压波动时，研究其输出电压是否稳定；二是当负载变化时，研究其输出电压是否稳定。

从稳压管稳压电路可得两个基本关系式

$$U_I = U_R + U_O \tag{13-13}$$

$$I_R = I_Z + I_L \tag{13-14}$$

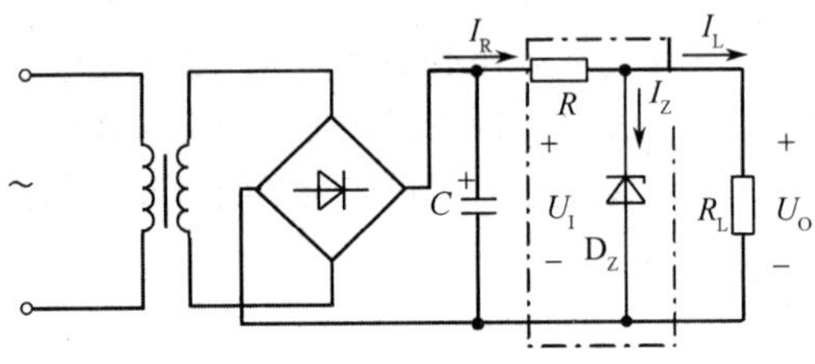

图 13-12 稳压管稳压电路

图 13-12 中，当电网电压升高时，稳压电路的输入电压 U_I 随之增大，输出电压 U_O 也随之按比例增大；但是，因为 $U_O = U_Z$，根据稳压管的伏安特性，U_Z 的增大将使 I_Z 增大；根据式(13-14)，I_R 必然随着 I_Z 急剧增大，显然，U_R 也会同时随着 I_R 而增大；根据式(13-13)，不难理解，U_R 的增大必将使输出电压 U_O 减小。因此，只要选择合适的参数，R 上的电压增量就可以与 U_I 的增量近似相等，从而使 U_O 基本不变。上述过程可简单描述如下：

$$\text{电网电压}\uparrow \rightarrow U_I\uparrow \rightarrow U_O(U_Z)\uparrow \rightarrow I_Z\uparrow \rightarrow I_R\uparrow \rightarrow U_R\uparrow$$

$$U_O(U_Z)\downarrow \leftarrow U_R\uparrow$$

当电网电压下降时，各电量的变化与上述过程相反，U_R 的变化补偿了 U_I 的变化，以保证 U_O 基本不变。过程如下：

$$\text{电网电压}\downarrow \rightarrow U_I\downarrow \rightarrow U_O(U_Z)\downarrow \rightarrow I_Z\downarrow \rightarrow I_R\downarrow \rightarrow U_R\downarrow$$

$$U_O(U_Z)\uparrow \longleftarrow \quad (\text{由 } U_R\downarrow \text{ 返回})$$

由此可见，当电网电压变化时，稳压电路通过限流电阻 R 上电压的变化来抵消U_I的变化，即$\Delta U_R \approx \Delta U_I$，从而使$U_O$基本不变。

当负载电阻R_L减小即负载电流I_L增大时，根据式(13-14)，导致I_R增加，U_R也随之增大；根据式(13-13)，U_O必然下降，即U_Z下降；根据稳压管的伏安特性，U_Z的下降使I_Z急剧减小，从而I_R随之减小。如果参数选择恰当，就可使$\Delta I_Z \approx -\Delta I_L$，使$I_R$基本不变，从而$U_O$也就基本不变。上述过程可简单描述如下：

$$R_L\downarrow \rightarrow U_O(U_Z)\downarrow \rightarrow I_Z\downarrow \rightarrow I_R\downarrow \rightarrow \Delta I_Z \approx -\Delta I_L\text{基本不变} \rightarrow U_O\text{基本不变}$$

$$(R_L\downarrow) \longrightarrow I_L\uparrow \rightarrow I_R\uparrow$$

相反，如果R_L增大即I_L减小，则I_Z增大，同样可使I_R基本不变，从而保证U_O基本不变。显然，在电路中只要能使$\Delta I_Z \approx -\Delta I_L$，就可以使$I_R$基本不变，从而保证负载变化时输出电压基本不变。

综上所述，在稳压管组成的稳压电路中，利用稳压管所起的电流调节作用，通过限流电阻R上电压或电流的变化进行补偿，以达到稳压的目的。限流电阻R是必不可少的元件，它既限制稳压管中的电流使其正常工作，又与稳压管相配合以达到稳压的目的。一般情况下，在电路中如果有稳压管存在，就必然有与之匹配的限流电阻。

13.3.2 集成稳压电路

随着半导体集成技术的发展，从 20 世纪 70 年代开始，集成电路迅速发展起来，并得到日益广泛的应用。集成稳压电路分为线性集成稳压电路和开关集成稳压电路两种。前者适用于功率较小的电子设备，后者适用于功率较大的电子设备。

本节将介绍一种目前国内外使用广泛的三端集成稳压器，它具有体积小、使用方便、价格低廉、内部具有过流和过热保护电路、使用安全可靠等诸多优点，在电子设备小型化和轻量化的发展中起了很大作用。目前产品已经系列化，比如 W78××系列、W79××系列和 W××7 系列等。

三端集成稳压器W78××系列和W79××系列是国家标准系列品种，其中W78××系列输出正电压，W79××系列输出负电压。对于具体器件，符号中“××”用数字代替，表示输出电压值。输出电压绝对值有 5V、6V、8V、9V、12V、15V、18V、24V 等。例如，W7815 表示输出稳定电压为+15V，W7915 表示输出稳定电压为−15V。W78××和 W79××系列的最大输出电流为 1.5A。在实际应用时，除输出电压和最大输出电流应该知道外，还必须注意输入电压的大小，输入电压至少高于输出电压 2～3V，但也不能超过最大输入电压(一般 W78××系列为 30～40V，W79××系列为−40～−35V)。

1．基本应用电路

图 13-13(b)为 W78××系列稳压器的接线图。图中U_I为整流滤波后的直流电压。电容C_i用以抵消输入引线过长时的电感效应，防止产生自激振荡。C_o用以改善稳压器在负载电流瞬时变动时，输出电压引起的波动。

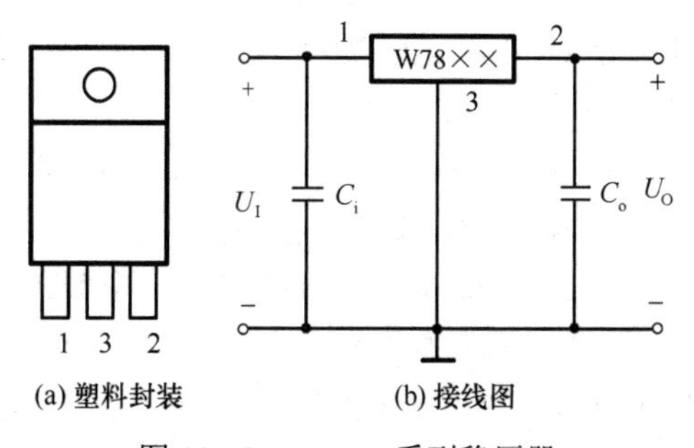

图 13-13　W78××系列稳压器

2．提高输出电压电路

当所需电压高于稳压器的输出电压时，可采用如图 13-14 所示电路，以提高输出电压。图中 $U_{××}$为稳压器固定输出电压，显然$U_O = U_{××} + U_Z$。

3．输出电压可调电路

如图 13-15 所示为典型的输出电压可调电路。

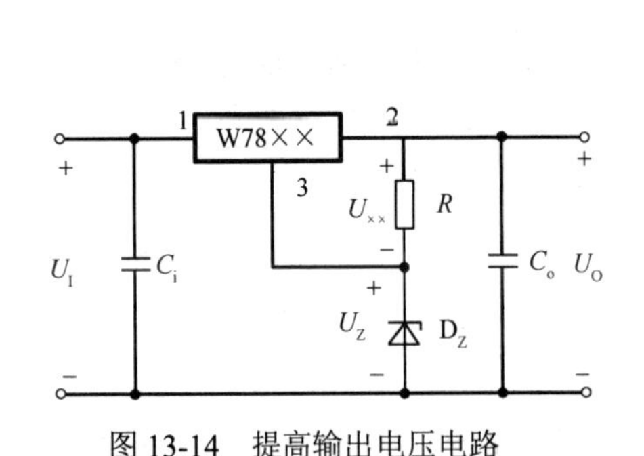

图 13-14　提高输出电压电路

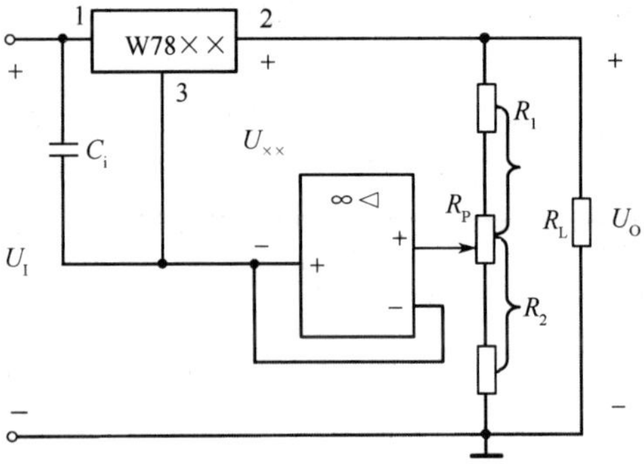

图 13-15　输出电压可调电路

因为$U_+ \approx U_-$，于是由基尔霍夫电压定律可得

$$U_O = \left(1 + \frac{R_2}{R_1}\right) U_{××} \tag{13-15}$$

可见，用电位器 R_P 来调整上、下两部分电阻 R_2 与 R_1 的比值，便可调节输出电压 U_O 的大小。

小　　结

1. 直流稳压电源是电子设备中的重要组成部分，用来将交流电网电压变为稳定的直流电压。一般小功率直流电源由电源变压器、整流电路、滤波电路和稳压电路等部分组成。

2. 整流电路的作用是利用二极管的单向导电性，将交流电压变成单方向的脉动直流电压。目前广泛采用整流桥构成桥式整流电路。为了消除脉动电压的纹波电压，需要采用滤波电路，单相小功率电源常采用滤波电容。

3. 稳压电路用来在交流电源电压波动或负载变化时稳定直流输出电压。目前，广泛采用集成稳压器。在小功率供电系统中多采用线性集成稳压器，而中、大功率稳压电源一般采用开关稳压器。

习　题　13

基础知识

13-1　直流稳压电源由_________、_________、_________和_________4 个环节组成。

13-2　整流电路将正弦电压转变为__________，整流电路中起整流作用的元件是__________。

13-3　常用的滤波电路有__________、__________和__________3 种类型。

13-4　稳压电路的作用是当_______电压波动或______变化时，使输出的直流电压稳定。

13-5　三端集成稳压器有_________、_________和_________3 个端子。

13-6　在直流稳压电源中，滤波电路的目的是(　　)。

a.将交流变为直流　　b.将高频变为低频　　c.减小整流电压的脉动程度

13-7　稳压管起稳压作用时，是工作在其伏安特性的(　　)。

a.反向饱和区　　b.正向导通区　　c.反向击穿区

13-8　稳压电路中的稳压管若接反(阳极与阴极交换)，则输出电压为(　　)。(设稳压管的稳压值为 U_Z，正向压降为 0。)

a.0　　b.U_Z　　c .$U_Z/2$

13-9　W7800 系列三端集成稳压器输出(　　)。

a.正电压　　b.负电压　　c.不确定　　d.正、负电压均可

13-10　在使用时必须注意，三端稳压器的输入与输出之间要有(　　)的电压差。

a.1V　　b.2～3V　　c. 0.7V　　d. 0.7～1V

应用知识

13-11　整流电路如题图 13-1 所示。(1)分析电路标出负载 R_L 上电压的极性；(2)画出输出电压的波形；(3)若整流输出为 12V，则变压器副边电压为多少？

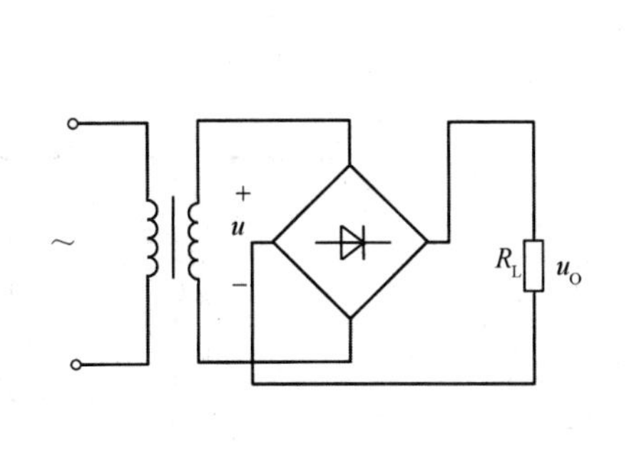

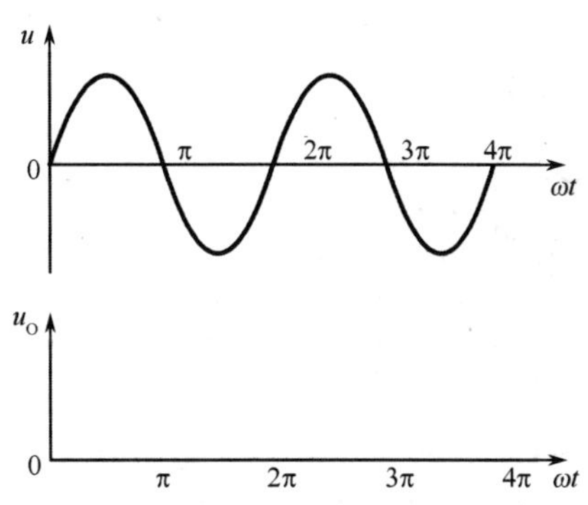

题图 13-1　习题 13-11 的图

13-12　如果要求某一单相桥式整流电路的输出直流电压 U_O=36V，直流电流 I_O=1.5A，试选用合适的二极管。

13-13　单相半波整流电路中，已知变压器二次电压的有效值 $U=30\text{V}$，负载电阻 $R_L=100\Omega$，试问：(1)输出电压和输出电流的平均值 U_O 和 I_O 各为多少？(2)若电源电压波动 ±10%，二极管承受的最大反向电压为多少？

13-14　要求负载电压 U_O=30V，负载电流 I_O=150mA。采用单相桥式整流电路，带电容滤波器。已知交流频率为 50Hz，试选用管子型号和滤波电容，并与单相半波整流电路比较，带电容滤波器后，管子承受的最高反向电压是否相同?

13-15　在题图 13-2 所示电路中，试求输出电压 U_O 的可调范围是多少?

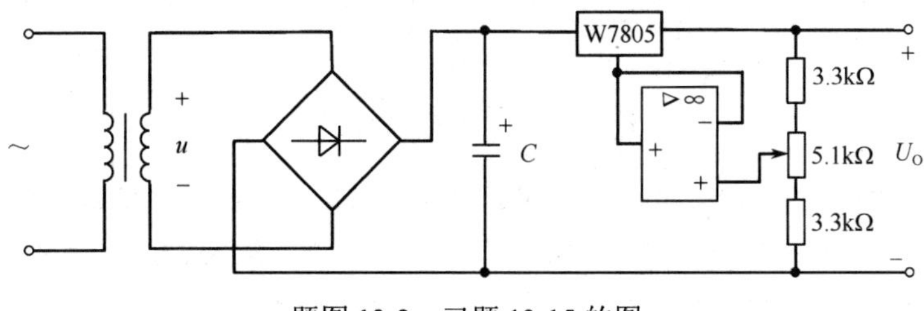

题图 13-2　习题 13-15 的图

13-16　在题图 13-3 所示的变压器二次绕组有中心抽头的单相全波整流电路中，已知 $u=20\sqrt{2}\sin\omega t\text{V}$，求整流电压平均值 U_O。

13-17　在整流电路中，采用滤波电路的主要目的是什么？就其结构而言，滤波电路有电容滤波和电感滤波两种，各有什么特点？各适用于何种场合？

13-18　在题图 13-4 所示电路中，试分析该电路出现下述故障时，电路会出现什么现象？(1)二极管 D_1 的正负极性接反；(2)D_1 击穿短路；(3)D_1 开路？

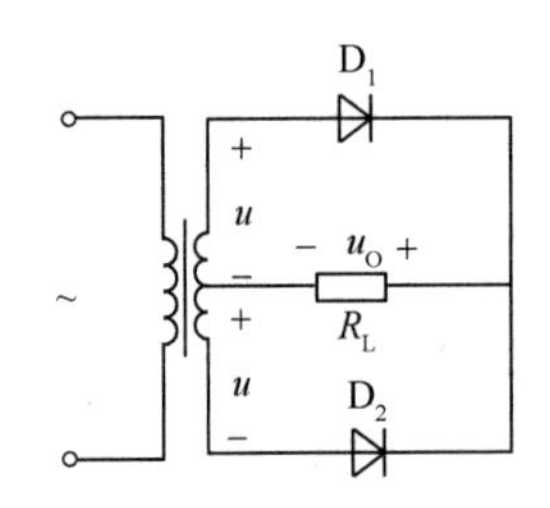

题图 13-3　习题 13-16 的图

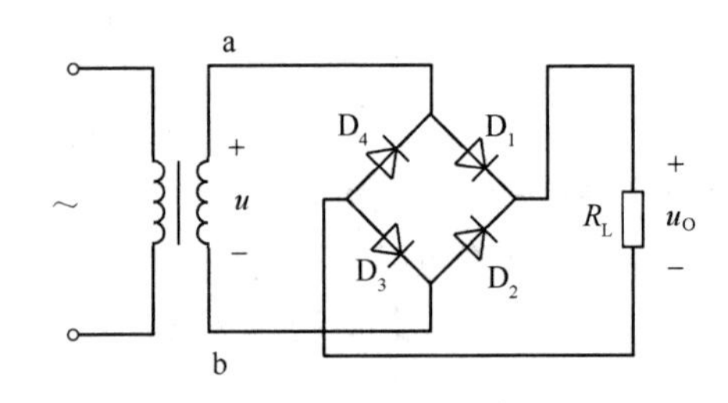

题图 13-4　习题 13-18 的图

13-19　在题图 13-5 所示的稳压电路中，若 $U_Z = 6V$ ，则 U_O 为什么？

13-20　在题图 13-6 所示稳压电路中，已知 $U_I = 10V$ ， $U_O = 5V$ ， $I_Z = 10mA$ ， $R_L = 500\Omega$ ，则限流电阻 R 应为什么？

13-21　在题图 13-7 所示电路中， $u = 10\sqrt{2}\sin\omega t V$ ，二极管 D 承受的最大反向电压 U_{DRM} 为什么？

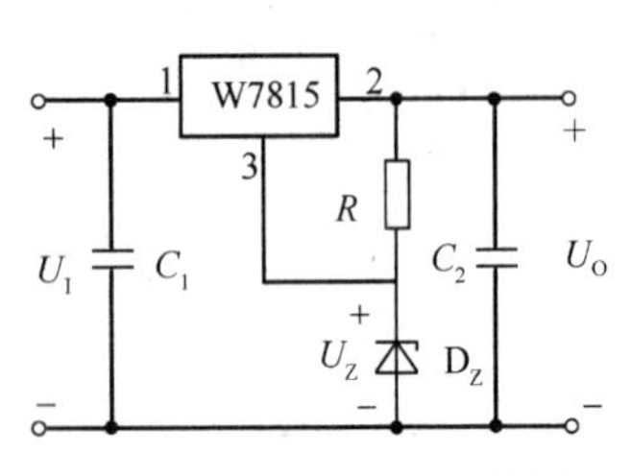

题图 13-5　习题 13-19 的图

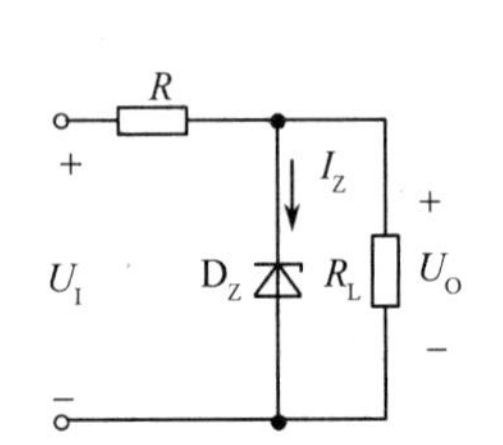

题图 13-6　习题 13-20 的图

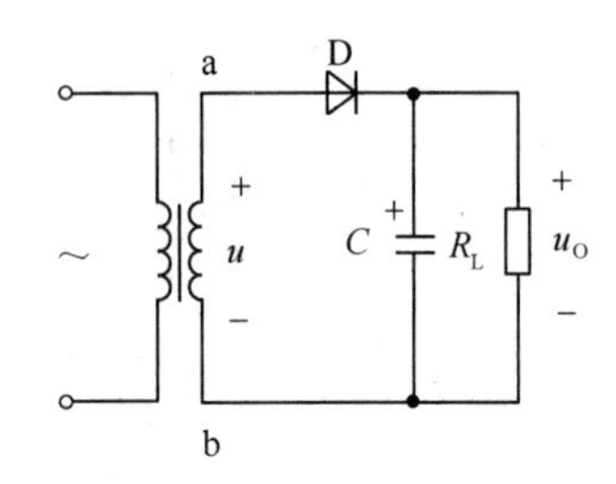

题图 13-7　习题 13-21 的图

军事知识

13-22　这是某型飞机直流稳压电源的原理图，电路如题图 13-8 所示，合理连线构成直流稳压电源。(1)负载 R_L 上的输出电压为多少伏？(2)如果某只二极管短路，试分析发生的情况？

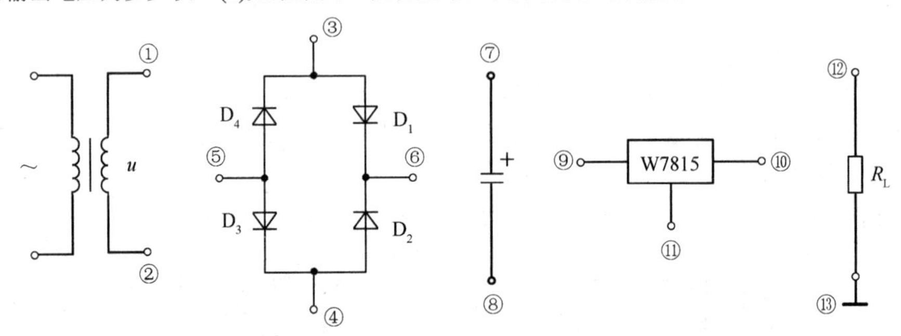

题图 13-8　习题 13-22 的图

13-23　某型飞机的供电电路如题图 13-9 所示：(1)用虚线划分出各个组成部分并标示出各自的名称；(2)其中稳压二极管工作在什么状态？(3)若整流输出电压为 10V，则变压器副边电压为多少？

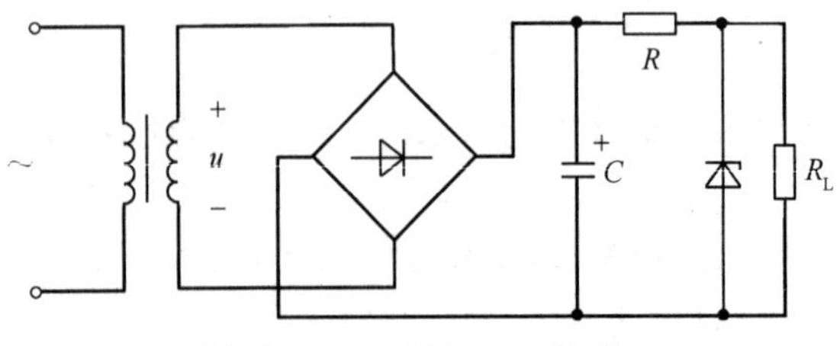

题图 13-9　习题 13-23 的图

第14章　数字电路基本知识

引言

电子技术是19世纪末、20世纪初开始发展起来的新兴技术，在20世纪发展最迅速、应用最广泛，已经成为近代科学技术发展的重要标志。进入21世纪，数字电子技术的影响已遍及家用电器、通信、自动控制、电子测量、核物理、航空航天等各个领域，并掀起了一场“数字革命”。随着电子技术的不断发展，电子设备在军用飞机上所占比重也越来越大，大规模集成电路和机载微处理器的研制为机载电子设备进一步实现综合化、数字化打下了坚实的基础。机载电子设备的广泛应用，不仅使飞机操纵更加合理、高效，而且增强了飞机空战能力和生存能力，使飞机各项技术性能指标步入了一个新的阶段。可见，数字电子技术已经成为当今电子科技领域最富变化、最具活力、最贴近实战、最需创新能力的学科。

本章从数字信号和模拟信号的基本概念出发，介绍数字信号的描述方法、数制及其相互转换和几种常用二进制代码。

学习目标：

1. 了解数字信号和数字电路的特点；
2. 掌握常用数制的转换方法；
3. 了解常用二进制代码的特点。

14.1　数字电路与数字信号

14.1.1　模拟信号

从信号本身的来源来讲，信号有电信号、声信号、磁信号和光信号等，在电子电路中更多的是电信号。在模拟电子技术中，被传递、加工和处理的电信号是模拟信号，这类信号的特点是在时间上和数值上都是连续变化的。人们从自然界感知的许多物理量均属于模拟信号，例如速度、压力、湿度、声音、图像、重量等。对模拟信号的连续性特征用信号的波形来表示更能形象地进行说明。如图14-1表示几种常见的模拟信号，图中横轴方向是时间，纵轴方向是某一信号的电压大小变化(或者是电流大小变化)情况。处理模拟信号的电子电路，称作模拟电路。

14.1.2　数字信号

与模拟量相对应的另一类物理量称为数字量。在数字电子技术中，被传递、加工和处理的信号是数字信号，这类信号的特点是在时间和数值上都是断续变化的，即为离散信号。处理数字信号的电子电路，称作数字电路。

与模拟信号不同，数字信号的确立具有一定的人为性。模拟信号比较直接地反映了自然界中真实物理量的变化，而数字信号则通过人为的选择，间接地反映实际物理量的变化。例如，用温度计测量某一天内的温度变化，测量时间取在整点时刻读取数据，并且对数据进行量化，若某次的温度计的读数为30.23℃，取1℃作为量化单位，则温度值为30℃。这样一天内的温度记录在时间上和数值上都是不连续的，温度以1℃为单位增加或减少。显然，用数字信号也可以表示温度、声音等各

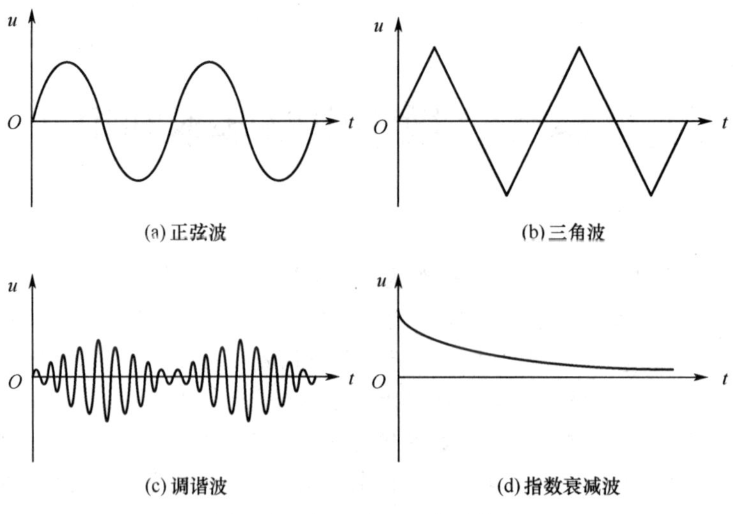

图 14-1　几种常见的模拟信号

种物理量，只是存在一定的误差，误差取决于量化单位大小的选择。

随着计算机的广泛应用，绝大多数电子系统都采用计算机来对信号进行处理。然而计算机无法直接处理模拟信号，而在自动控制和测量系统中，被控制和被测量的往往是一些连续变化的物理量，即模拟信号，而模拟信号是不能直接为数字电路所接收的，这就给数字电路的使用带来了很大的不便。为了用数字电路处理这些模拟信号，必须用专门的电路将它们转换为数字信号(称为模数转换，其工作原理见第 19 章)。

14.1.3　模拟量的数字表示

图 14-2 所示为转换过程中的各种波形。图(a) 所示为模拟电压信号。图(b)所示为模拟信号通过采样电路后，变成时间离散、幅值连续的采样信号，其中 t_0、t_1、t_2、…为采样时间点。这里幅值连续是指各采样点的幅值没有量化，仍然与对应的模拟信号的幅值相同，例如图(a)和图(b)中 t_1 处的幅值约为 10.35mV。然后对采样信号进行量化，即数字化。选取合适的量化单位，将采样信号除以量化单位并取整数结果，得到时间离散、数值也离散的数字量。最后对得到的数字量进行编码，生成用 **0** 和 **1** 表示的数字信号，如图 14-2(c)所示。图中以 1mV 作为量化单位，对 t_1 处的电压幅值进行量化，量化后数值为 10。该值用 8 位二进制数表示为 00001010。如果采样点足够多，量化单位足够小，数字信号可以较真实地反映模拟信号。

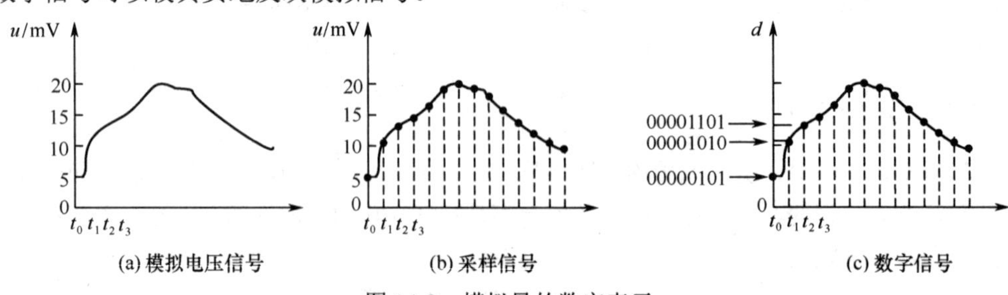

图 14-2　模拟量的数字表示

例如，机载计算机要监测外部气压变化，由于计算机无法直接处理模拟信号，所以现在飞机上普遍采用了数字式气压高度传感器。它先利用压力传感器将气压的大小变换成电压信号，再经过放大电路放大，放大后的输出为模拟信号，最后经模数转换器转换成数字信号并送入计算机进行处理。如图 14-3 所示。

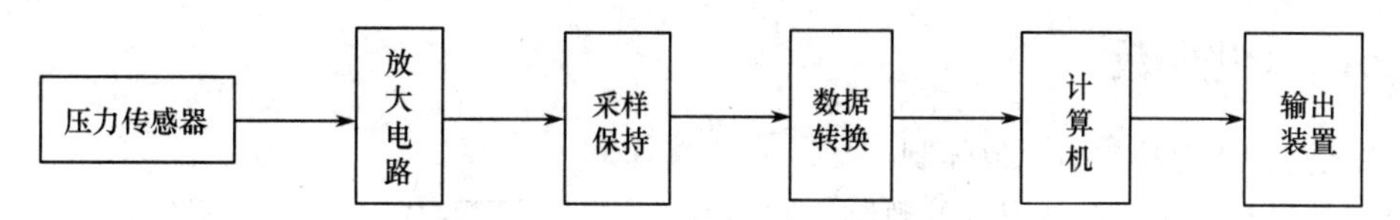

图 14-3　数字式气压高度传感器结构框图

在数字电路中，是用 **0** 和 **1** 来表示数字信号的，它可以表示数值的大小，也可以表示一件事物的两种不同状态。

1．表示数值的大小

在数字电路中，可以用 **0** 和 **1** 组成的二进制数来表示数值的大小。当表示数值时，一位数码往往不够用，因此经常需要用进位计数制的方法组成多位数码来使用。我们把多位数码中每一位的构成方法及从低位到高位的进位规则称为数制。在数字电路中经常使用的计数进制，除我们最熟悉的十进制外，更多的是使用二进制和十六进制，有时也用到八进制。当两个数码表示的是数值大小时，可以进行加、减、乘、除等算术运算。

2．表示一件事物的两种不同状态

在数字电路中，还经常用 **0** 和 **1** 来描述客观事物相互关联又相互对立的两种状态。此时，**0** 和 **1** 不再表示数值上的大小，而是逻辑 **0** 和逻辑 **1**。例如电源开关的开与关、灯泡的亮与灭等。这种只有两种对立状态的逻辑关系称为二值数字逻辑(简称数字逻辑)。

14.1.4　数字电路的优点

模拟电路用来放大或处理模拟信号，而数字电路处理的是时间和数值上都离散的信号，因此两种电路相比具有很大的不同。与模拟电路相比，数字电路主要有如下优点。

1．便于高度集成化

由于数字电路采用二进制，凡具有两个状态的电路都可用 **0** 和 **1** 两个数码来表示，因此基本单元电路的结构简单，允许电路参数有较大的离散性，有利于将众多的基本单元电路集成在同一块芯片上并进行批量生产。

2．工作可靠性高、抗干扰能力强

数字系统中只用 **0** 和 **1** 两种电平来表示信号的有和无，在记录和重放过程中只要保持 **0** 和 **1** 信号之间足够的电平差，数字电路就能方便地将它们识别和分离，从而大大提高了电路的工作可靠性。同时，数字信号不易受到噪声干扰，因此它的抗干扰能力很强。

3．数字信息便于长期保存，具有高性能指标

借助某种介质(如磁盘、光盘等)可将数字信息长期保存下来。此外，数字系统中如果采样频率和量化位数确定了，电路的性能极限也就确定了，而且不容易被改变，说明数字记录系统性能的重现性很可靠。

4．数字集成电路产品系列多、通用性强、成本低

数字电路结构简单，体积小，通用性强，容易制造，便于集成化生产，因而成本低廉。

14.2　数制及其相互转换

在日常生活中，人们经常会遇到计数问题，并习惯用十进制数。而在数字电路中，则采用其他进制进行计数，例如，计算机采用二进制数，有时采用八进制数或十六进制数。

14.2.1 十进制数

十进制是以 10 为基数的计数体制。

十进制是日常生活中最常用到的数制，它由 0～9 十个数码组成，其计数规律是“逢十进一”。例如，十进制数 234.5 可以表示为

$$(234.5)_D = 2\times10^2 + 3\times10^1 + 4\times10^0 + 5\times10^{-1}$$

式中，10^2、10^1、10^0和10^{-1}分别称为百位、十位、个位和十分位的位权，它们都是基数 10 的幂。下标 D(Decimal)表示十进制。一般可以把任意一个十进制数表示为

$$(N)_D = \sum_{i=-\infty}^{+\infty} K_i \times 10^i$$

式中，K_i为第 i 位的系数，它可以是 0～9 中任何一个数字。

虽然人们习惯采用十进制，但从计数电路的角度来看，采用十进制是十分不方便的。因为构成计数电路的基本思路是把电路的状态与数码对应起来，如果在电路中用 10 个不同的且能严格区分的电路状态来对应十进制的 10 个数码，这样将在技术上带来许多困难，而且电路也十分复杂且不经济，因此在数字电路中不直接采用十进制。

14.2.2 二进制数

二进制是以 2 为基数的计数体制。

二进制数由 0、1 两个数码组成，其计数规律是“逢二进一”。显然，二进制数的位权是以 2 为底的幂次方，下标 B(Binary)表示二进制。例如，二进制数 1011.1 可以表示为

$$(1011.1)_B = 1\times2^3 + 0\times2^2 + 1\times2^1 + 1\times2^0 + 1\times2^{-1}$$

任意一个二进制数都可以用下式表示为

$$(N)_B = \sum_{i=-\infty}^{+\infty} K_i \times 2^i$$

式中，K_i为第 i 位的系数，只有 **0** 和 **1** 两个数字。

与十进制数相比，二进制数具有以下的优点。

1．二进制数字装置简单可靠，所用元器件少

二进制数只有 **0** 和 **1** 两个数码，因此它的每一位数都可以用任何一个具有两个不同稳定状态的元件来表示，如二极管的导通与截止、灯泡的亮与灭等。只要规定元件的其中一种状态表示**1**，另一种状态表示**0**，就可以表示二进制数了。这样，数码的存储、处理和传输等就可以用简单可靠的方式进行。

2．二进制数的基本运算规则简单，运算操作方便

在数字电子技术和计算机应用中，二值数据常用数字波形来表示，这样比较直观，也便于使用电子示波器进行监视。图 14-4 所示为一计数器的波形，图中标出了二进制数的位权(2^0、2^1、2^2、2^3)以及最低位(Least Significant Bit，LSB)和最高位(Most Significant Bit，MSB)，最后一行标出了从 0 到 15 的等效十进制数。

二进制数的优点使得它在计算机技术中被广泛应用，但是采用二进制数也有一些缺点。例如，十进制数 49 表示为二进制数时为 110001，位数多，使用起来不方便，也不习惯。因此在运算时，原始数据多用人们习惯的十进制数，在送入计算机时，必须将十进制原始数据转换为数字系统能接受的二进制数，而在运算结束后，再将二进制数转换为十进制数表示最终结果。

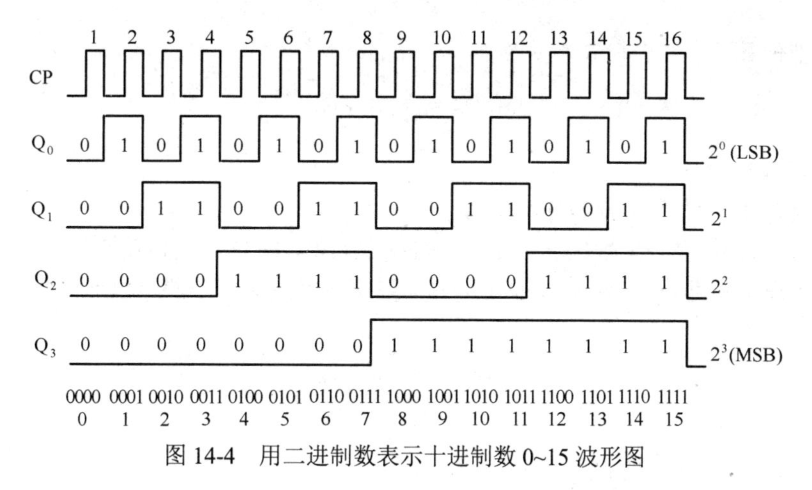

图 14-4 用二进制数表示十进制数 0~15 波形图

二进制数的应用非常广泛，例如军用航管二次应答机的应答编码就采用二进制代码的表示方法。当应答机应答地面二次雷达的询问时，若询问模式为模式 A(用于军用与民用识别)或 B(只用于民用识别)，则应答脉冲代表飞机的识别代码；询问模式为模式 C 时，应答脉冲表示飞机的气压高度。该识别代码的 12 个信息脉冲的编码情况由控制盒上的代码设定旋钮设定。表 14-1 所示为代码与编码脉冲之间的关系。

表 14-1 代码与编码脉冲之间的关系

A 组脉冲				B 组脉冲				C 组脉冲				D 组脉冲			
代码	编码脉冲			代码	编码脉冲			代码	编码脉冲			代码	编码脉冲		
千	A4	A2	A1	百	B4	B2	B1	十	C4	C2	C1	个	D4	D2	D1
0	0	0	0	0	0	0	0	0	0	0	0	0	0	0	0
1	0	0	1	1	0	0	1	1	0	0	1	1	0	0	1
2	0	1	0	2	0	1	0	2	0	1	0	2	0	1	0
3	0	1	1	3	0	1	1	3	0	1	1	3	0	1	1
4	1	0	0	4	1	0	0	4	1	0	0	4	1	0	0
5	1	0	1	5	1	0	1	5	1	0	1	5	1	0	1
6	1	1	0	6	1	1	0	6	1	1	0	6	1	1	0
7	1	1	1	7	1	1	1	7	1	1	1	7	1	1	1

由表 14-1 可以看出，这 12 个信息分为 A、B、C、D 四组，每组用 3 位二进制数来表示 0、1、2、3、4、5、6、7 这 8 个数字，因此飞机 4 位数识别码中的每一位数只可能是 0~7 中的一个。例如，控制盒上所设定的飞机识别代码为 7162，则 A 组编码脉冲为 111，B 组编码脉冲为 001，C 组编码脉冲为 110，D 组码编码脉冲 010。

14.2.3 八进制数和十六进制数

由于二进制数经常位数很多，不便于书写和记忆，因此在数字计算机资料中常采用八进制数或十六进制数来表示二进制数。

1．八进制数

八进制是以 8 为基数的计数体制。

八进制数由 0～7 八个数码组成，其计数规律是“逢八进一”。下标 O(Octal)表示八进制。例如，八进制数 12.4 可以表示为

$$(12.4)_O = 1\times8^1 + 2\times8^0 + 4\times8^{-1}$$

一般可以把任意一个八进制数表示为

$$(N)_{\mathrm{O}} = \sum_{i=-\infty}^{+\infty} K_i \times 8^i$$

2．十六进制数

十六进制是以 16 为基数的计数体制。

十六进制数是由 0～9 十个数码和 A(10)、B(11)、C(12)、D(13)、E(14)、F(15)六个字母组成的，其计数规律是“逢十六进一”。下标 H(Hexadecimal)表示十六进制。一般可以把任意一个十六进制数表示为

$$(N)_{\mathrm{H}} = \sum_{i=-\infty}^{+\infty} K_i \times 16^i$$

14.2.4 数制之间的转换

既然同一个数可以用十进制数和非十进制数进行表示，那么二者之间就必然有一定的转换关系。

1．非十进制数转换成十进制数

将一个非十进制数转换成十进制数时，只要将它们按位权展开，求出各加权系数的和就是对应的十进制数。例如

$$(10110)_{\mathrm{B}} = 1\times2^4 + 0\times2^3 + 1\times2^2 + 1\times2^1 + 0\times2^0 = (22)_{\mathrm{D}}$$

$$(37)_{\mathrm{O}} = 3\times8^1 + 7\times8^0 = (31)_{\mathrm{D}}$$

$$(37)_{\mathrm{H}} = 3\times16^1 + 7\times16^0 = (55)_{\mathrm{D}}$$

2．十进制数转换成非十进制数

十进制数分为整数和小数两部分，因此需将整数和小数分别进行转换，再将转换结果按顺序排列起来，就得到该十进制数转换的完整结果。整数部分与小数部分的转换方法不同，本书中只介绍整数部分的转换方法。

（1）十进制数转换成二进制数

将一个十进制数转换成二进制数，采用的方法是除 2 取余法，即将一个十进制数不断除 2，并依次记下余数，一直除到商为0，然后将所有的余数按逆序排列，即可完成将十进制数转换成二进制数的过程。以十进制数 23 为例，将它转换成二进制数，转换过程如图 14-5 所示，可得 $(23)_{\mathrm{D}} = (10111)_{\mathrm{B}}$。

（2）十进制数转换成八进制数、十六进制数

同理，若将十进制数 23 分别转换为八进制数和十六进制数，除数分别为 8 和 16，转换过程如图 14-6 所示，则可得 $(23)_{\mathrm{D}} = (27)_{\mathrm{O}}$，$(23)_{\mathrm{D}} = (17)_{\mathrm{H}}$。

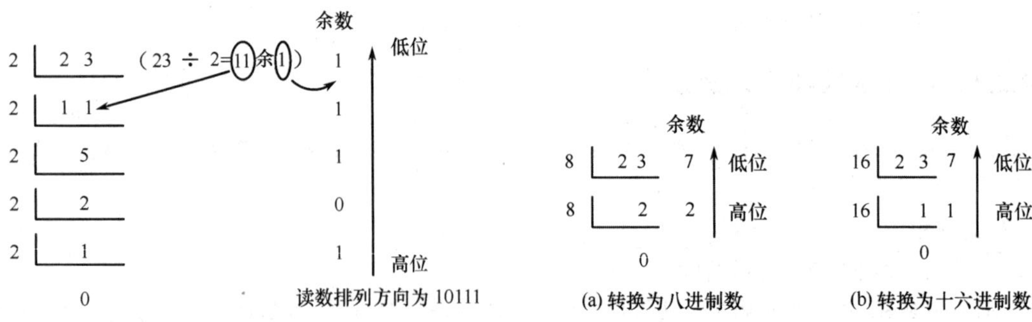

图 14-5　十进制数转换为二进制数过程示意图

图 14-6　十进制数转换为八进制数、十六进制数过程示意图

【例 14-1】 图 14-7 表示一条含有二进制数据的磁带。加阴影的点表示磁化圆点(表示二进制数 **1**)，而没有加阴影的圆圈表示未磁化点(表示二进制数 **0**)。试问图中前 3 行表示的二进制数是多少？转换为十进制数为多少？第 4 行和第 5 行应存储什么二进制数才能记录十进制数 19 和 33？

解 第 1 行表示的二进制数为 010101，转换为十进制数为 21；

第 2 行表示的二进制数为 011110，转换为十进制数为 30；

第 3 行表示的二进制数为 001101，转换为十进制数为 13。

若要第 4、5 行存储的二进制数为 19 和 33，则存储的二进制数信息应如图 14-8 所示。

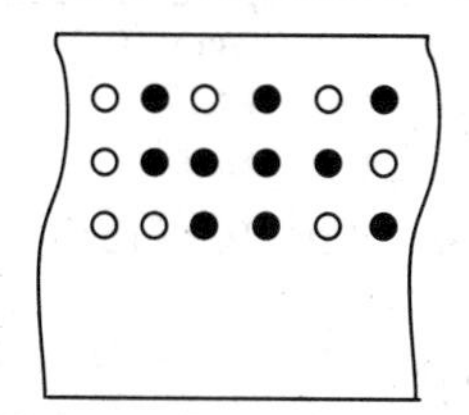

图 14-7 例 14-1 的图

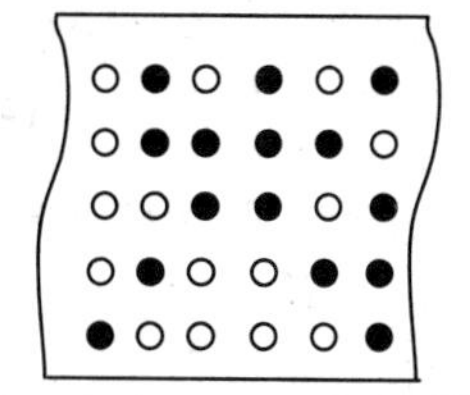

图 14-8 例 14-1 的答案

3．非十进制数之间的转换

（1）二进制数转换为八进制数

3 位二进制数有 8 种状态，而 1 位八进制数有 8 种不同的数码，因此二进制数转换成八进制数非常简单。以小数点为基准，整数部分从右到左每 3 位为一组，不足 3 位的在高位补 0；小数部分从左到右每 3 位为一组，不足 3 位的在低位补 0。每 3 位一组的二进制数就表示 1 位八进制数。例如，将二进制数 1001101.1011 转换为八进制数得

$$(001\ 001\ 101.101\ 100)_B = (115.54)_O$$

（2）二进制数转换成十六进制数

同样，1 位十六进制数有 16 个不同的数码，用 4 位的二进制数来表示，因此二进制数转换成十六进制数，以小数点为基准，整数部分从右到左每 4 位为一组，不足 4 位的在高位补 0；小数部分从左到右每 4 位为一组，不足 4 位的在低位补 0。每 4 位一组的二进制数就表示 1 位十六进制数。例如，将二进制数 1001101.1011 转换为十六进制数得

$$(0100\ 1101.1011)_B = (4D.B)_H$$

为了便于对照，将十进制数、二进制数、八进制数和十六进制数之间的关系列于表 14-2 中。

表 14-2 几种数之间的关系

十进制数	二进制数	八进制数	十六进制数	十进制数	二进制数	八进制数	十六进制数
0	0000	0	0	8	1000	10	8
1	0001	1	1	9	1001	11	9
2	0010	2	2	10	1010	12	A
3	0011	3	3	11	1011	13	B
4	0100	4	4	12	1100	14	C
5	0101	5	5	13	1101	15	D
6	0110	6	6	14	1110	16	E
7	0111	7	7	15	1111	17	F

【例 14-2】 军用航管二次应答机产生的应答信号编码格式如图 14-9 所示，代码与编码脉冲之间的关系见表 14-1，其中位于脉冲序列中间的脉冲 X，留作将来扩展。现已知应答码中的紧急代码为：7500，表示飞机被劫持；7600，表示无线电通信失效；7700，表示飞机发生危急故障。那么识别编码脉冲应如何？

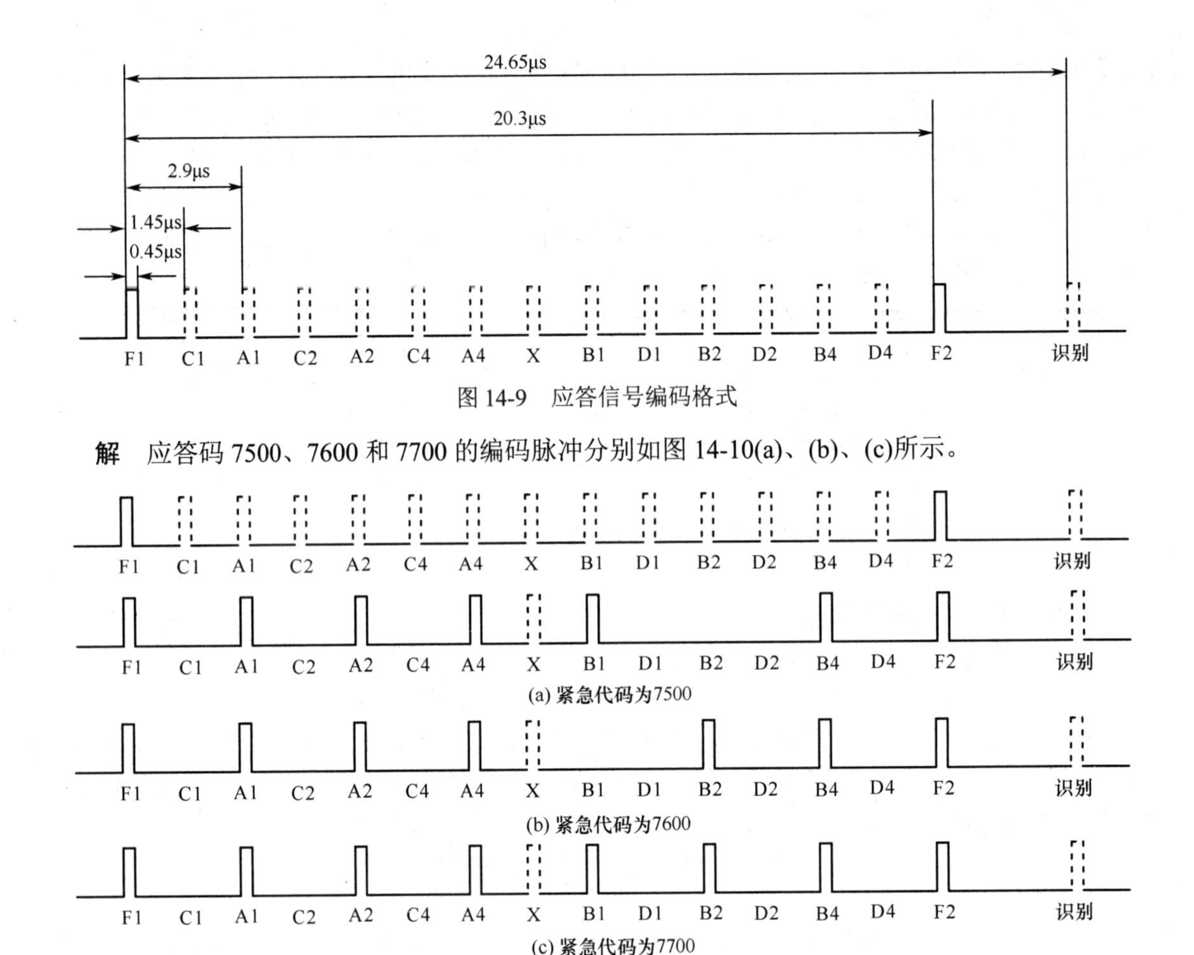

图 14-9　应答信号编码格式

解　应答码 7500、7600 和 7700 的编码脉冲分别如图 14-10(a)、(b)、(c)所示。

(a) 紧急代码为7500

(b) 紧急代码为7600

(c) 紧急代码为7700

图 14-10　例 14-2 的识别编码脉冲

14.3　二进制代码

数字系统中的信息可分为两类，一类是数值，另一类是文字符号(包括控制符)。数值信息的表示方法如 14.2 节所述。另外，文字符号信息往往也采用一定位数的二进制数来表示，此时二进制数就不再表示数值的大小，仅仅是为了区别不同的事物。这些特定的二进制数称为代码。以一定的规则编制代码，用以表示十进制数值、字母、符号等的过程称为编码。如在开运动会时，每一个运动员都有一个号码，这个号码只用来表示不同的运动员，它并不表示数值的大小。将代码还原成所表示的十进制数值、字母、符号等的过程称为解码或译码。二进制代码的种类很多，这里介绍几种数字电路中常用的二进制代码。

14.3.1　二-十进制码

二-十进制码是常用的二进制代码，它用 4 位二进制数来表示十进制数中的 0～9 这 10 个数码，简称 BCD 码。4 位二进制数有 16 种不同的组合方式，即 16 种代码，根据不同的规则从中选出 10 种来表示十进制数中 10 个数码，选择的方案有很多种，所以二-十进制码也有很多种方案。表 14-3 所示为几种常用的二-十进制码。

表 14-3　常用二-十进制码

十进制数	有权码			无权码
	8421 码	5421 码	2421 码	余 3 码
0	0000	0000	0000	0011
1	0001	0001	0001	0100
2	0010	0010	0010	0101
3	0011	0011	0011	0110
4	0100	0100	0100	0111
5	0101	1000	1011	1000
6	0110	1001	1100	1001
7	0111	1010	1101	1010
8	1000	1011	1110	1011
9	1001	1100	1111	1100

1．8421BCD 码

8421BCD 码是一种应用十分广泛的代码。这种代码每位的权值是固定不变的，分别为 $8(2^3)$、$4(2^2)$、$2(2^1)$和 $1(2^0)$，因此称为有权码。它取了自然二进制数的前 10 种组合表示一位十进制数 0～9，即 0000(0)～1001(9)，去掉了自然二进制数的后 6 种组合 1010～1111。

需要注意的是，8421BCD 码是用 4 位二进制数代表十进制数中的 0～9 这 10 个数码，它并不表示数值的大小，这一点一定要和二进制数严格区分开。例如

$$(27)_D = (11011)_B = (00100111)_{8421}$$

2．5421BCD 码

5421BCD 码每位的权值分别为 5、4、2、1，因此这种代码也是一种有权码。对于 5421BCD 码，如代码为 1011，按权展开为

$$(1011)_{5421} = 1\times5+0\times4+1\times2+1\times1=(8)_D$$

所以 5421BCD 码 1011 表示十进制数 8。

3．2421BCD 码

2421BCD 码同样是一种有权码，这种代码每位的权值分别为 2、4、2、1。对于 2421BCD 码，如代码为 1011，按权展开为

$$(1011)_{2421} = 1\times2+0\times4+1\times2+1\times1=(5)_D$$

所以 2421BCD 码 1011 表示十进制数 5。

4．余 3 码

这种代码没有固定的权值，称为无权码，它是由 8421BCD 码加 3(0011)形成的，所以称为余 3 码，它也是用 4 位二进制数表示 1 位十进制数。如 8421BCD 码 0111(7)加 3(0011)后在余 3 码中为 1010，同样表示十进制数 7。

14.3.2　格雷码

格雷码也是一种无权码，表 14-4 为 4 位格雷码的编码表。从表中可以看出格雷码的构成方法，即任意两组相邻代码之间只有一位不同，其余各位都相同，十进制数 0 和 15 分别对应的格雷码 0000、1000 也符合这一规律，因此格雷码又称为循环码。格雷码的这个特点使它在形成和传输过程中引起的误差较小，因此又称为可靠性代码。例如，计数电路按格雷码计数时，电路每次状态更新只有一位代码变化，从而减少了计数错误。

表 14-4　4 位格雷码的编码表

十进制数	二进制数	格雷码	十进制数	二进制数	格雷码
0	0000	0000	8	1000	1100
1	0001	0001	9	1001	1101
2	0010	0011	10	1010	1111
3	0011	0010	11	1011	1110
4	0100	0110	12	1100	1010
5	0101	0111	13	1101	1011
6	0110	0101	14	1110	1001
7	0111	0100	15	1111	1000

格雷码的编码形式因其相邻性和循环性的特点，应用较广。例如，某型运输飞机雷达的军用航管二次应答机的高度应答编码就采用格雷码的形式。军用航管二次应答机在应答地面二次雷达的询问时，当应答机回答模式 C 询问时，其应答脉冲串表示飞机的气压高度。高度编码采用 11 位脉冲，编码形式为格雷码，11 位脉冲编成 3 组，其编码顺序为：D2D4A1A2，A4B1B2B4，C1C2C4，其中脉冲组 D2、D4、A1、A2 组成每 8000 英尺高度增量的 16 个格雷码；脉冲组 A4、B1、B2、B4 组成每 500 英尺高度增量的 16 个格雷码；脉冲组 C1、C2、C4 组成每 100 英尺高度增量的 5 个“5 周期循环码”。

实际上，二进制数的编码方式是多种多样的，在应用中可以根据用户的需求按照某种规律自行编码。例如在某型飞机中，航管应答机的 M 工作状态的回答信号由坐标码、开关码和信息码组成，其中信息码是由 40 个脉冲组成的 20 位二进制数，燃料储量占用了其中的第 17~20 位，它使用了 15 组通信数据，这是一种特殊的 4 位码，编码如表 14-5 所示。

表 14-5　飞机发送剩余油量的特殊 4 位码

剩余油量	码	码	码	码	剩余油量	码	码	码	码
/%	17 位	18 位	19 位	20 位	/%	17 位	18 位	19 位	20 位
5	1	0	0	0	45	1	0	0	1
10	0	1	0	0	50	0	1	0	1
15	1	1	0	0	60	1	1	0	1
20	0	0	1	0	70	0	0	1	1
25	1	0	1	0	80	1	0	1	1
30	0	1	1	0	90	0	1	1	1
35	1	1	1	0	100	1	1	1	1
40	0	0	0	1					

【例 14-3】 1969 年 7 月人类第一次登上月球，阿姆斯特朗在月球上发回了一则由 ASCII 码构成的消息。消息代码由表 14-6 构成，试根据表 14-7 给出的 ASCII 码翻译这则消息。

表 14-6　消息代码构成

0100010	1010100	1101000	1100001	1110100	0100111	1110011
0100000	1101111	1101110	1100101	0100000	1110011	1101101
1100001	1101100	1101100	0100000	1110011	1110100	1100101
1110000	0100000	1100110	1101111	1110010	0100000	1100001
0100000	1101101	1100001	1101110	0101100	0100000	1101111
1101110	1100101	0100000	1100111	1101101	1100001	1101110
1110100	0100000	1101100	1100101	1110000	0100000	1100110
1101111	1110010	0100000	1101101	1100001	1101110	1101011
1101001	1101110	1100100	0101110	0100010	0100000	0100000

续表

0101101	1001110	1100101	1101001	1101100	0100000	1000001
1110010	1101101	1110011	1110100	1110010	1101111	1101110
1100111	0101100	0100000	1000001	1110000	1101111	1101100
1101100	1101111	0100000	0110001	0110001		

表 14-7　ASCII 码

Sp	0100000	4	0110100	H	1001000	\	1011100	p	1110000
!	0100001	5	0110101	I	1001001	]	1011101	q	1110001
“	0100010	6	0110110	J	1001010	^	1011110	r	1110010
#	0100011	7	0110111	K	1001011	_	1011111	s	1110011
$	0100100	8	0111000	L	1001100	`	1100000	t	1110100
%	0100101	9	0111001	M	1001101	a	1100001	u	1110101
&	0100110	:	0111010	N	1001110	b	1100010	v	1110110
‘	0100111	;	0111011	O	1001111	c	1100011	w	1110111
(	0101000	<	0111100	P	1010000	d	1100100	x	1111000
)	0101001	=	0111101	Q	1010001	e	1100101	y	1111001
*	0101010	>	0111110	R	1010010	f	1100110	z	1111010
+	0101011	?	0111111	S	1010011	g	1100111	{	1111011
,	0101100	@	1000000	T	1010100	h	1101000	|	1111100
-	0101101	A	1000001	U	1010101	i	1101001	}	1111101
.	0101110	B	1000010	V	1010110	j	1101010	~	11111110
/	0101111	C	1000011	W	1010111	k	1101011	DEL	1111111
0	0110000	D	1000100	X	1011000	l	1101100		
1	0110001	E	1000101	Y	1011001	m	1101101		
2	0110010	F	1000110	Z	1011010	n	1101110		
3	0110011	G	1000111	[	1011011	o	1101111		

解　这段消息代码翻译过来为“That one small step for a man，one grant leap for mankind.” —Neil Armtrong，Apong，Aplo 11

即“对一个人来说，这只不过是小小的一步，但对人类来说，这是一个巨大的飞跃。”——尼尔•阿姆斯特朗，阿波罗 11 号

小　　结

1．数字信号在时间上和数值上都是不连续的，即具有离散性。它在数字电路中表现为突变的电压或电流。对数字信号进行传送、加工和处理的电子电路称为数字电路。

2．在数字电路中，采用的是二进制数。数字信号的高、低电平可分别用 **1** 和 **0** 表示，它与二进制数中的 **1** 和 **0** 正好对应。

3．在用数码表示数量的大小时，采用的各种计数规则称为数制。常用的数制有十进制、二进制、八进制和十六进制等。各种数制所表示的数值可以进行相互转换。

4．在用数码表示不同事物时，这些数码已经没有数量大小的含义，所以称为代码。常用的二-十进制码为 8421BCD 码、5421BCD 码、2421BCD 码和余 3 码，其中 8421BCD 码、5421BCD 码、2421BCD 码为有权码，余 3 码为无权码。格雷码也是一种无权码，它在形成和传输过程中引起的错误很少，因此被称为可靠性代码。

习　题　14

基础知识

14-1　模拟信号在________和________上都连续变化。处理模拟信号的电路称为___________。

14-2　二进制数只有_____和_____两种数码，计数基数是____________。

14-3　请将二进制数转换为十进制数：$(1100.101)_B = (\_\_\_\_\_\_\_\_\_)_D$。

14-4　请将十六进制数转换为二进制数：$(2F)_H = (\_\_\_\_\_\_\_\_\_)_B$。

14-5　格雷码和余 3 码_____(有/无)固定权值，所以被称为___________。

14-6　8421 码是一种常用的 BCD 码，因为从左到右各位对应的权值分别为____、____、____、____，所以称为 8421 码。

14-7　请将十进制数转换为 8421BCD 码：$(35)_D = (\_\_\_\_\_\_\_)_{8421BCD}$。

14-8　(多选)与模拟电路相比，数字电路主要的优点有(　　)。

a.便于集成化　　b.通用性强　　c.存储信息便于长期保存　　d.抗干扰能力强

14-9　在数字信号中，高电平用逻辑 **0** 表示，低电平用逻辑 **1** 表示，称为(　　)。

a.正逻辑　　b.负逻辑　　c.**1** 逻辑　　d. **0** 逻辑

14-10　n 位二进制数对应的最大十进制数为(　　)。

a. $2^{n+1}-1$　　b. 2^n-1　　c. 2^n　　d. 2^n+1

14-11　数字信号和模拟信号各有什么特点？

14-12　与模拟电路相比，数字电路有哪些优点？

14-13　数字电路和模拟电路各有何特点？

14-14　将下列非十进制数转换为相应的十进制数。

(1) $(10111)_B$　　(2) $(110011)_B$　　(3) $(10.111)_B$

(4) $(71)_O$　　(5) $(126)_O$　　(6) $(5.37)_O$

(7) $(81)_H$　　(8) $(12F)_H$　　(9) $(0.7BE)_H$

14-15　将下列十进制数转换为相应的二进制数。

(1) $(41)_D$　　(2) $(79)_D$

14-16　将下列八进制数转换成二进制数。

(1) $(72)_O$　　(2) $(365)_O$

14-17　将下列二进制数转换为相应的八进制数和十六进制数。

(1) $(10011011)_B$　　(2) $(11011100)_B$　　(3) $(0.1011)_B$

(4) $(10010111)_B$　　(5) $(100010010011)_B$

14-18　将下列十进制数转换为二进制数、八进制数和十六进制数。

(1) $(43)_D$　　(2) $(127)_D$

14-19　8421BCD 码与 4 位二进制数有何区别？

14-20　将下列数码作为自然二进制数和 8421BCD 码时，分别求出相应的十进制数。

(1) 100010010011　　(2) 001101010110　　(3) 010010010011

14-21　将下列十进制数转换为 8421BCD 码。

(1) $(48)_D$　　(2) $(34)_D$　　(3) $(125)_D$　　(4) $(241.86)_D$

14-22　格雷码的特点是什么？为什么说它是可靠性代码？

军事知识

14-23　查表14-5，若飞机剩余油量为5%时，应发送的编码是什么？50%的时候呢？

14-24　某型飞机上应用负温度系数的数字温度传感器(温度越高，产生的电阻越小)进行温度测量。若飞机飞行时的空气温度范围为-40~+70℃，需要该传感器测温至少要精确到1℃，当转化成相应的二进制数时，至少需要多少位？

14-25　某飞机做特技表演时，飞行高度至少为1500m，若采用格雷码将此高度值发送到地面，则需要发送几组格雷码？分别是什么？

14-26　某飞行员在海洋岛屿上空巡逻时，发现有小岛刻画了“SOS”国际通用的求救信号。他将无线电台调试到某种频率尝试接收无线电信号，试参考表14-7写出该求救信号的ASCII码。

14-27　仔细读图14-9，虚线代表的意义是什么？有什么规律？

14-28　三代战机和四代战机中应用了一定数量的计算机系统，计算机中存储和使用的都是**0**和**1**。假定气温数据和高度数据在同一根数据线上传输，你认为如何设计二进制代码才能将这两项数据区分开？

14-29　已知飞机代码为 3342，试参考表 14-1 和图 14-9 画出该飞机代码的识别编码脉冲波形图。

第15章　逻辑代数

引言

1849 年英国数学家乔治·布尔(George Boole)首先提出了描述客观事物逻辑关系的数学方法——布尔代数。1938 年克劳德·香农(Claude E. Shannon)将布尔代数应用到继电器开关电路的设计，因此布尔代数又称为开关代数。随着数字电子技术的发展，布尔代数成为数字逻辑电路分析和设计的基础，所以又称为逻辑代数。逻辑代数与普通代数相似之处在于它们都用字母表示变量，用代数式描述客观事物间的关系。不同之处在于，逻辑代数描述客观事物的逻辑关系，逻辑函数表达式中逻辑变量的取值只有两个值，即 **0** 和 **1**。这两个值不具有数量大小的意义，仅仅表示客观事物的两种相反状态，如开关的闭合与断开、晶体管的饱和导通与截止、电位的高与低等。因此，逻辑代数有其自身独立的规律和运算法则，用它们对数学表达式进行处理，可以完成对逻辑电路的化简、变换、分析和设计。

本章主要介绍常用逻辑门电路，逻辑代数的基本公式、基本定律和恒等式，逻辑函数及其表示方法，以及应用逻辑代数化简逻辑函数表达式的方法。

学习目标：

1. 掌握基本逻辑运算关系的表达式、逻辑符号和逻辑规律；
2. 掌握常用复合逻辑运算关系的表达式、逻辑符号和逻辑规律；
3. 掌握逻辑代数的基本公式和常用定律。

15.1　基本逻辑关系和门电路

在逻辑代数中，有与、或、非 3 种基本逻辑关系，与之相对应的逻辑运算为与逻辑运算(逻辑乘)、或逻辑运算(逻辑加)和非逻辑运算(逻辑非)。能够实现基本逻辑运算和复合逻辑运算的单元电路称为门电路。门电路是数字电路最基本的逻辑器件，复杂的数字电路都是由门电路组成的。

15.1.1　与逻辑运算(逻辑与)

只有当一件事情的几个条件全部具备之后，这件事情才会发生，这种逻辑关系称为与逻辑。例如在图 15-1(a)所示电路中，电源通过开关 A 和 B 向灯泡 Y 供电，只有开关 A 和 B 同时闭合(条件全部具备)，灯泡 Y 才亮(结果才会发生)；若 A 和 B 有一个断开或者两个全都断开，灯泡 Y 就不亮。开关 A、B 与灯泡 Y 的亮与灭符合与逻辑关系。

如果规定开关 A 和 B 闭合时用数字 **1** 表示(逻辑 **1** 态)，断开时用数字 **0** 表示(逻辑 **0** 态)；灯亮为逻辑 **1** 态，灯灭为逻辑 **0** 态，则开关 A 和 B 的全部状态组合与灯 Y 状态之间的关系见表 15-1。在数字

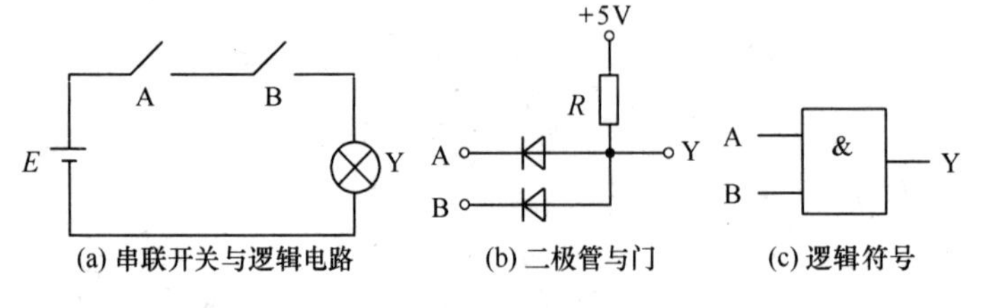

(a) 串联开关与逻辑电路　(b) 二极管与门　(c) 逻辑符号

图 15-1　与逻辑运算

表 15-1　与运算真值表

A	B	Y
0	0	0
0	1	0
1	0	0
1	1	1

电路中，将这种描述输入与输出之间逻辑关系的表格称为真值表，每一个逻辑关系的真值表是唯一的。

能够实现与运算的逻辑电路称为与门，与门可以用二极管来实现。如图 15-1(b)所示电路，若两个输入信号 A、B 中有一个或两个都是 0V，则输出 Y 被钳制在 0.7V 左右；若 A、B 都是 5V，则 Y 为 5V。若设 0V 和 0.7V 都为逻辑 **0**，5V 为逻辑 **1**，则这个电路实现的就是与逻辑关系。这种基本的与门电路有其局限性：①输出低电平时，其值比输入端低电平高一个二极管的正向电压降，因此一个逻辑量连续通过几个这样的门电路后，代表 **0** 值的低电平就不再符合要求；②输出端为高电平时，向负载供应电流的能力受电阻 *R* 的限制，负载电流过大时，*R* 两端的压降就不容忽视，代表 **1** 值的高电平就不再符合要求；③当输入端电平变化时，输出端电平的变化总是要落后一定的时间，此时间主要是由二极管在导通状态和截止状态之间的转换过程而产生的，称为门电路的延迟时间。

与逻辑运算中输入信号 A、B 与输出信号 Y 之间的关系也可采用逻辑方程式的形式来表示，称为逻辑函数表达式。与逻辑运算的逻辑函数表达式为

$$Y = A \cdot B$$

“·”表示与逻辑运算，也可省略，读法“Y 等于 A 与 B”。与运算的逻辑符号如图 15-1(c)所示。

逻辑运算可以用逻辑表达式、逻辑符号或真值表进行表示。对于一个逻辑函数来说，这几种表示方法是可以互换的，即可根据其中一种表示方法得到另外几种表示方法。

图 15-2 为与门构成的汽车安全带报警电路，用来检测点火开关是否已开及安全带是否系上。如果点火开关处于打开状态，与门的输入 A 上就会产生一个高电平。如果安全带没有系好，与门的输入 B 上就会产生一个高电平。同样，当点火开关打开时，计时器就会启动并且在输入 C 上产生一个 30s 的高电平。所有的这 3 个条件都满足时，即点火开关处于打开状态、安全带没有系好和计数器正在计时，这时与门输出就是高电平，激活音响报警电路以提醒司机。

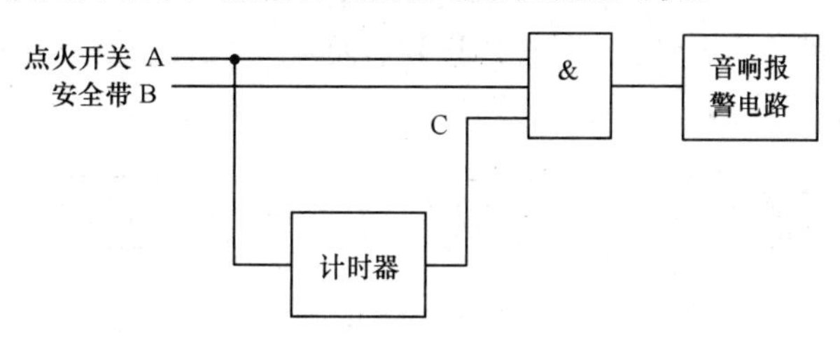

图 15-2　与门构成的汽车安全带报警电路

15.1.2　或逻辑运算(逻辑或)

在决定事物结果的几个条件中，只要有一个或一个以上条件具备时，结果就会发生，这种关系称为或逻辑。例如在图 15-3(a)所示电路中，电源通过开关 A 和 B 向灯泡 Y 供电，当开关 A 和 B 有一个或全部闭合时(一个以上条件满足)，灯泡 Y 就会亮(结果会发生)；只有 A 和 B 两个全都断开，灯泡 Y 才不亮。开关 A、B 与灯泡 Y 的关系符合或逻辑关系。如果规定开关 A 和 B 闭合时为逻辑 **1** 态，断开时为逻辑 **0** 态；灯亮为逻辑 **1** 态，灯灭为逻辑 **0** 态，则开关 A 和 B 与灯泡 Y 的真值表见表 15-2。

能实现或运算的逻辑电路称为或门，或门也可以用二极管来实现。如图 15-3(b)所示电路，若两个输入信号 A、B 中有一个或两个都是 5V，则输出 Y 约为 4.3V；若 A、B 都是 0V，则输出 Y 为 0V。若设 5V 和 4.3V 为逻辑 **1**，0V 为逻辑 **0**，则这个电路实现的是或逻辑关系。

或逻辑运算的逻辑函数表达式为

$$Y=A+B$$

“+”表示或逻辑运算，读法“Y 等于 A 或 B”。或运算的逻辑符号如图 15-3(c)所示。

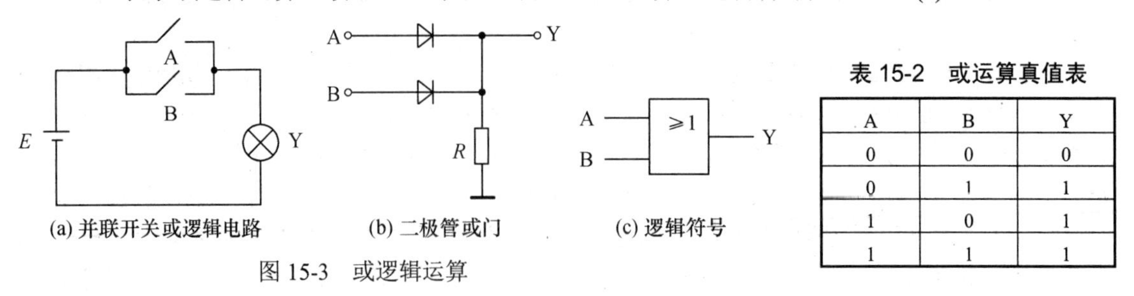

(a) 并联开关或逻辑电路　　(b) 二极管或门　　(c) 逻辑符号

图 15-3　或逻辑运算

表 15-2　或运算真值表

A	B	Y
0	0	0
0	1	1
1	0	1
1	1	1

入室盗窃检测和报警系统的部分简化电路如图 15-4 所示。该系统可用于一个具有一扇窗户和一扇门的房间。检测和报警系统处于工作状态时，系统开关为低电平状态。传感器是磁性开关，被打开时产生一个高电平输出，关闭时为低电平输出。只要窗户和门是安全的，开关关闭，两个磁性开关输出都为低电平；当一扇窗户或门被打开时，在或门的输入端就会产生一个高电平，此时或门的输出就是高电平，激活音响报警电路进行报警。

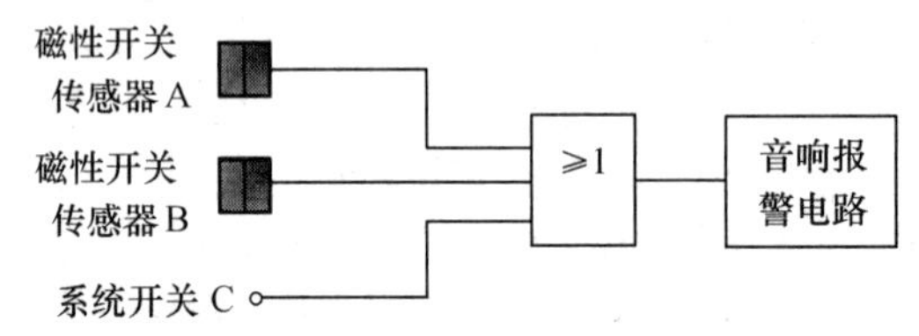

图 15-4　使用或门的简化入室盗窃检测和报警系统的部分简化电路

【例 15-1】 在雷达反干扰技术中，可以采用旁瓣抑制接收法，其基本原理如图 15-5 所示。当比较器输出抑制脉冲时，门电路封锁，使主接收机的输出不能通过门电路，即门电路没有输出，否则门电路开启，则主接收机的输出可通过门电路送到后面各级去。若该门电路由与门构成，则抑制脉冲是高电平有效还是低电平有效？若该门电路由或门构成，又是什么电平有效？

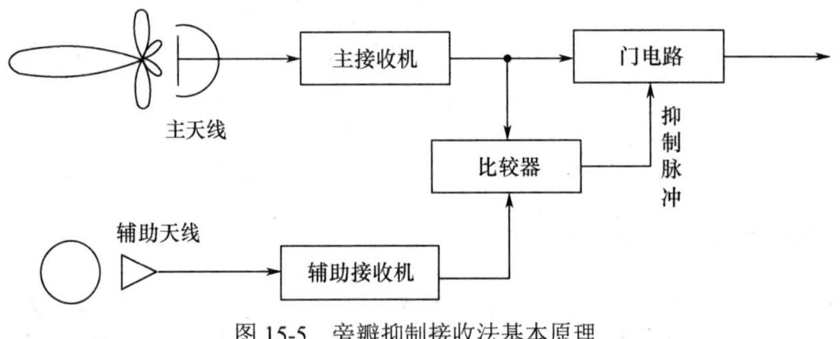

图 15-5　旁瓣抑制接收法基本原理

解　若该门电路由与门构成，则抑制脉冲为低电平有效；若为或门构成，则抑制脉冲则为高电平有效。

15.1.3　非逻辑运算(逻辑非)

一件事情的发生是以其相反的条件为依据，即相互否定的因果关系，这种关系称为非逻辑。例如在图 15-6(a)所示电路中，当开关 A 闭合时(条件满足)，灯泡 Y 不发光(结果不发生)；只有 A 断开，灯泡 Y 才亮。开关 A 与灯泡 Y 的关系符合非逻辑运算。

能实现非运算的电路称为非门，也可以称为反相器，用晶体管实现的非门电路如图 15-6(b)所示。当输入 A 为 5V 时，晶体管饱和导通(忽略导通压降)，输出 Y 约为 0V；输入 A 为 0V 时，晶体管截止，输出 Y 为 5V。若设 5V 为逻辑 **1**，0V 为逻辑 **0**，则该电路实现非门逻辑。由晶体管构成的非门电路具有如下特点：①由于晶体管是有源器件，输出电平不但不会逐级恶化，而且比输入端有所改善，作串联使用时无电平偏移，所以常用它和与门、或门组成与非门及或非门；②这种电路向负载提供电流的能力一般比较差；③电路的延时主要发生在输出电平由 **0** 变 **1** 时，这是由于晶体管的延时主要产生在由饱和变为截止的恢复阶段上。

非逻辑运算的逻辑函数表达式为

$$Y = \overline{A}$$

“ ¯ ”表示非逻辑运算，读法“Y 等于 A 非”。在逻辑运算中，通常将 A 称为原变量，$\overline{A}$ 称为反变量或非变量。非运算的逻辑符号如图 15-6(c)所示。

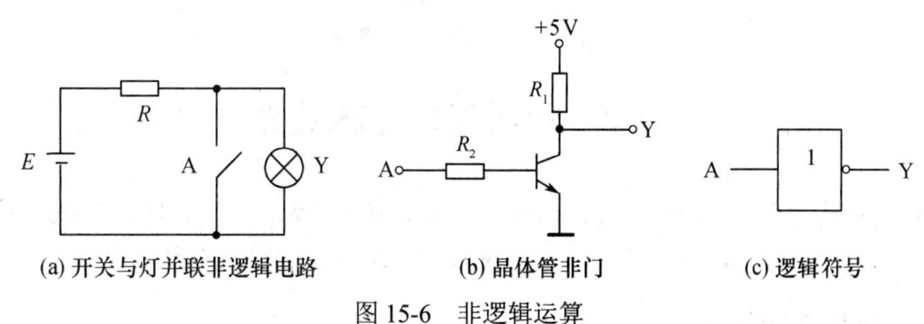

(a) 开关与灯并联非逻辑电路　　(b) 晶体管非门　　(c) 逻辑符号

图 15-6　非逻辑运算

非门的实际应用非常广泛，例如图 15-7 所示为某型运输机机载箔条/红外诱饵投放器的程序清零电路，开机瞬间电路产生正、负两种极性的脉冲，以供全机初始清零。箔条/红外诱饵投放器用于投放箔条/红外诱饵，形成雷达陷阱或假目标，从而破坏火控雷达自动跟踪系统的跟踪，使载机得以自卫。其中的程序清零电路能够完成各种投放程序脉冲的产生、计数脉冲的产生及整机关机信号的产生等功能。

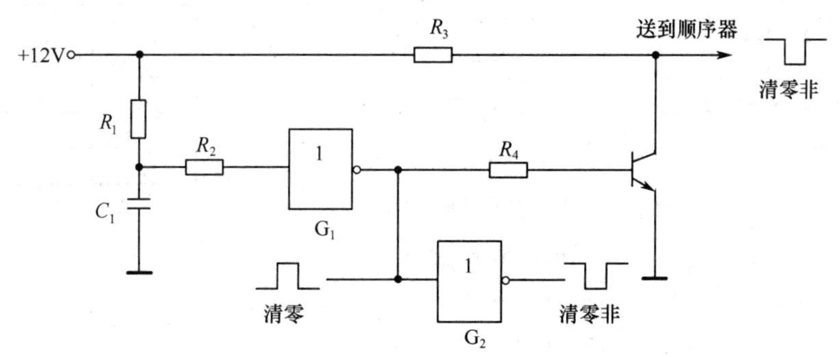

图 15-7　程序清零电路

【例 15-2】 图 15-8 所示电路为简易电平指示器，U_{in} 为电路的输入信号(可认为来自各种电平信号，如音频功率放大器的输出)。试定性分析电平指示器的工作过程(即输入信号 U_{in} 幅度与各发光二极管工作状态的关系)。

解　图 15-8 中，当输入信号 U_{in} 经过电位器 R_P 分压后加到二极管 D_1 上时，若 U_{in} 的幅度逐渐增大至 D_1 导通，则非门 G_1 的输入端变为 **1**，输出端变为 **0**，发光二极管 DL_1 发光，其余发光二极管不发光。随着 U_{in} 幅度继续增大，二极管 D_2、D_3 等依次导通，非门 G_2、G_3 等先后翻转，于是发光二极管 DL_2、DL_3 等逐级点亮。U_{in} 的幅值越大，点亮的发光二极管越多，由此可直观反映输入信号的大小。

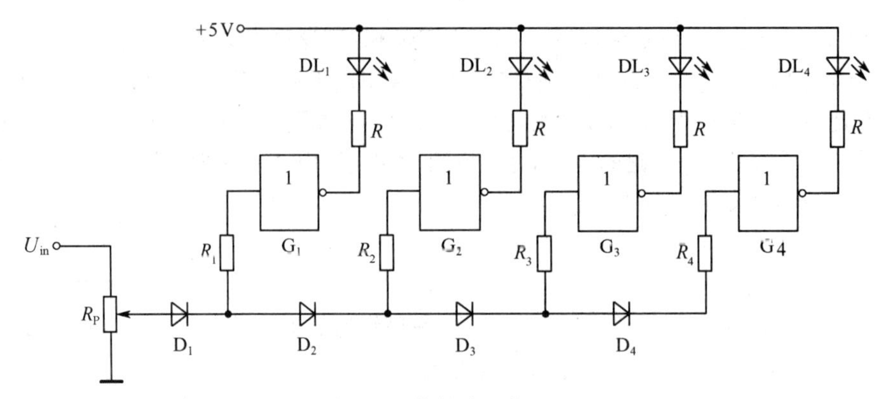

图 15-8　简易电平指示器

15.2　常用复合逻辑关系

实际问题的逻辑关系往往比与、或、非这 3 种运算复杂得多，不过它们都可以用与、或、非的组合来实现。最常见的复合逻辑运算有与非、或非、与或非、异或和同或。

15.2.1　与非逻辑运算

与非逻辑运算可看作与逻辑和非逻辑的组合，即先与逻辑运算后非逻辑运算，表达式为

$$Y=\overline{AB}$$

对应逻辑电路图如图 15-9(a)所示，逻辑符号如图 15-9(b)所示，真值表见表 15-3。

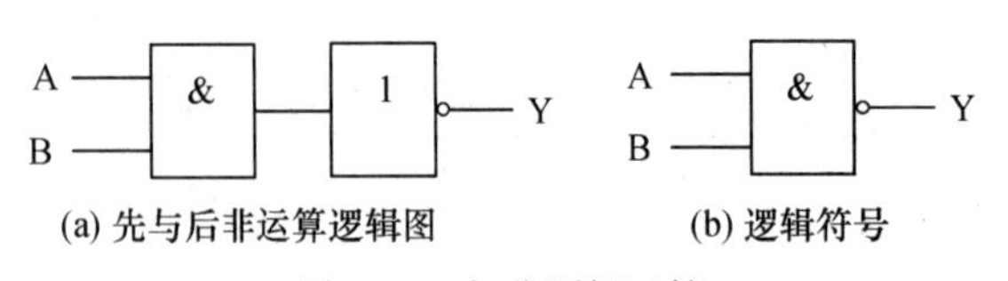

(a) 先与后非运算逻辑图　(b) 逻辑符号

图 15-9　与非逻辑运算

表 15-3　与非运算真值表

A	B	Y
0	0	1
0	1	1
1	0	1
1	1	0

B^+电压产生器是某型飞机无线电罗盘的接收机辅助电路的一部分。该无线电罗盘的接收机辅助电路用来改善接收机电路的某些性能，其中包含的 B^+电压产生器电路结构如图 15-10 所示。

B^+电压产生器是否能够产生 B^+电压，完全是由与非门 G 的输出电平决定的。当与非门 G 输出低电平时，T_1 截止致使 T_2 导通，于是在 R_L 上产生+17.5V 的 B^+电压。其中，与非门的 3 个输入信号 A、B、C 分别为无线电罗盘的工作模式、频率合成器的锁定状态、检波电路锁相环的锁定状态。

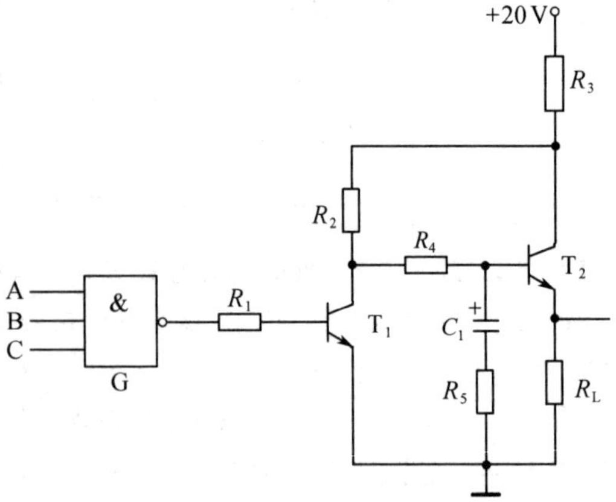

图 15-10　B^+电压产生器电路结构

15.2.2　或非逻辑运算

或非逻辑运算可看作或逻辑和非逻辑的组合，即先或逻辑运算后非逻辑运算，表达式为

$$Y=\overline{A+B}$$

对应逻辑电路图如图 15-11(a)所示，其逻辑符号如图 15-11(b)所示，其真值表见表 15-4。

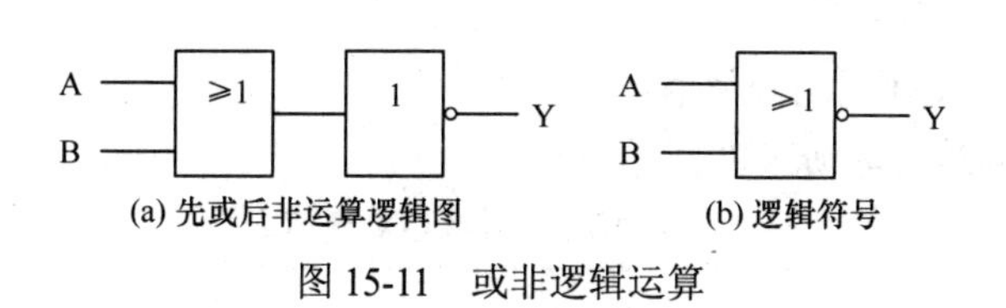

图 15-11　或非逻辑运算

表 15-4　或非运算真值表

A	B	Y
0	0	1
0	1	0
1	0	0
1	1	0

15.2.3　与或非逻辑运算

与或非逻辑运算的表达式为

$$Y=\overline{AB+CD}$$

对应逻辑符号如图 15-12 所示，真值表见表 15-5。

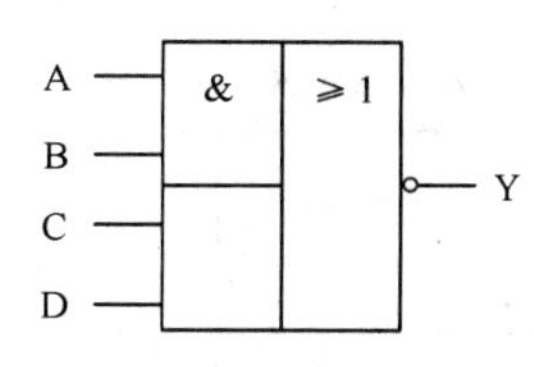

图 15-12　与或非逻辑符号

表 15-5　与或非运算真值表

A	B	C	D	Y	A	B	C	D	Y
0	0	0	0	1	1	0	0	0	1
0	0	0	1	1	1	0	0	1	1
0	0	1	0	1	1	0	1	0	1
0	0	1	1	0	1	0	1	1	0
0	1	0	0	1	1	1	0	0	0
0	1	0	1	1	1	1	0	1	0
0	1	1	0	1	1	1	1	0	0
0	1	1	1	0	1	1	1	1	0

前面提到的某型运输机机载箔条/红外诱饵投放器具有两个顺序器，其作用是将程序清零电路送来的箔条、红外串行脉冲顺序地分配到各发射器后盖板的电触点上，并送出每一发射器最后一发的投完信号。在两个顺序器中各有一组点火脉冲分路逻辑电路，其电路图如图 15-13 所示，电路中的与或非电路完成组脉冲输出逻辑。

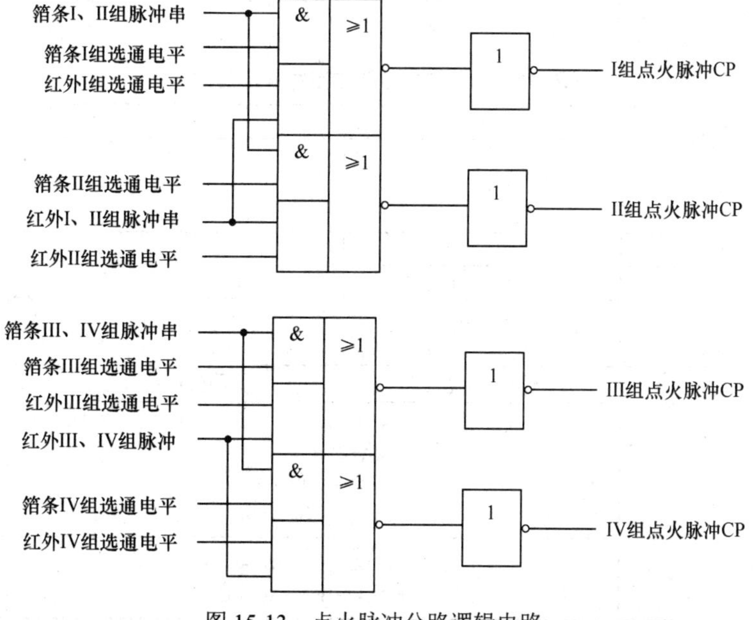

图 15-13　点火脉冲分路逻辑电路

15.2.4 异或逻辑运算

异或逻辑运算的表达式为

$$Y=A\overline{B}+\overline{A}B=A\oplus B$$

其逻辑符号和真值表分别如图 15-14 和表 15-6 所示。

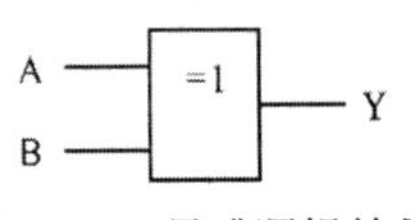

图 15-14　异或逻辑符号

表 15-6　异或运算真值表

A	B	Y
0	0	0
0	1	1
1	0	1
1	1	0

15.2.5 同或逻辑运算

同或逻辑运算的表达式为

$$Y=AB+\overline{A}\overline{B}=A\odot B=\overline{A\oplus B}$$

其逻辑符号和真值表分别如图 15-15 和表 15-7 所示。

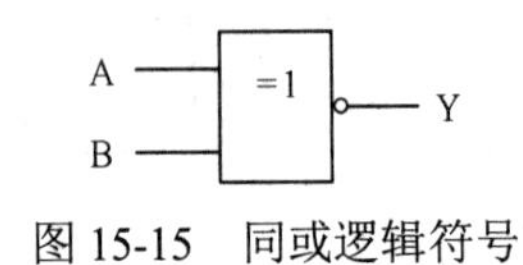

图 15-15　同或逻辑符号

表 15-7　同或运算真值表

A	B	Y
0	0	1
0	1	0
1	0	0
1	1	1

比较表 15-6 和表 15-7 可以看出，输入 A 和 B 相同的情况下，输出 Y 的状态恰好是相反的。因此，同或逻辑运算可看作异或逻辑运算后取非逻辑运算。

15.3 逻辑代数运算法则

根据逻辑与、或、非 3 种基本运算规律可以推导出以下逻辑代数基本定律和恒等式，如表 15-8 所示。

表 15-8　逻辑代数基本定律和恒等式

<table>
<tr><th>序号</th><th>基本定律</th><th>与逻辑运算</th><th>或逻辑运算</th><th>非逻辑运算</th></tr>
<tr><td>1</td><td>0–1 律</td><td>$A\cdot 0=0$
$A\cdot 1=A$
$A\cdot\overline{A}=0$</td><td>$A+0=A$
$A+1=1$
$A+\overline{A}=1$</td><td rowspan="7">$\overline{\overline{A}}=A$</td></tr>
<tr><td>2</td><td>重合律</td><td>$A\cdot A=A$</td><td>$A+A=A$</td></tr>
<tr><td>3</td><td>结合律</td><td>$(AB)C=A(BC)$</td><td>$(A+B)+C=A+(B+C)$</td></tr>
<tr><td>4</td><td>交换律</td><td>$AB=BA$</td><td>$A+B=B+A$</td></tr>
<tr><td>5</td><td>分配律</td><td>$A(B+C)=AB+AC$</td><td>$A+BC=(A+B)(A+C)$</td></tr>
<tr><td>6</td><td>反演律</td><td>$\overline{A\bullet B\bullet C}=\overline{A}+\overline{B}+\overline{C}$</td><td>$\overline{A+B+C}=\overline{A}\bullet\overline{B}\bullet\overline{C}$</td></tr>
<tr><td>7</td><td>吸收律</td><td colspan="2">$A+AB=A$
$A(A+B)=A$
$A+\overline{A}B=A+B$
$(A+B)(A+C)=A+BC$</td></tr>
<tr><td>8</td><td>恒等式</td><td colspan="2">$AB+\overline{A}C+BC=AB+\overline{A}C$
$AB+\overline{A}C+BCD=AB+\overline{A}C$</td><td></td></tr>
</table>

表 15-8 中，较为简单的基本定律和恒等式不再进行证明，下面证明其中几个恒等式。最有效的证明方法是检验等式左边函数与右边函数的真值表是否吻合。由于一个逻辑函数的真值表是唯一的，若等式左、右函数真值表相吻合，则可证明等式成立。

另外还可利用基本定律加以证明，下面分别采取这两种证明方法对恒等式进行证明。

1.证明 A+BC=(A+B)(A+C)

① 利用真值表进行证明。证明过程如表 15-9 所示。

表 15-9 A+BC=(A+B)(A+C)的证明过程

A	B	C	A+BC	(A+B)(A+C)
0	0	0	0	0
0	0	1	0	0
0	1	0	0	0
0	1	1	1	1
1	0	0	1	1
1	0	1	1	1
1	1	0	1	1
1	1	1	1	1

② 利用分配律进行证明，将等式右边按照分配律把括号打开，再利用 **0-1** 律进行整理。

右边 =AA+AC+AB+BC

=A+AC+AB+BC

=A(1+C+B)+BC

=A+BC=左边

2．证明反演律 $\overline{A \cdot B}=\overline{A}+\overline{B}$ 和 $\overline{A+B}=\overline{A}\cdot\overline{B}$

反演律在数字电路中具有特殊重要的意义，它经常用于求一个函数的非函数或者对逻辑函数进行变换。该定律可以利用真值表加以证明，如表 15-10 所示，从表中可直接得出结论。

表 15-10 反演律的证明过程

A	B	$\overline{A \cdot B}$	$\overline{A}+\overline{B}$	$\overline{A+B}$	$\overline{A}\cdot\overline{B}$
0	0	1	1	1	1
0	1	1	1	0	0
1	0	1	1	0	0
1	1	0	0	0	0

3.证明 $A+\overline{A}B=A+B$

这个等式关系可以利用真值表进行证明，也可采用分配律 A+BC=(A+B)(A+C) 进行证明。下面利用分配律进行证明。

左边= $(A+\overline{A})(A+B)$=A+B=右边

15.4 逻辑函数的表示方法

从前面的介绍中可知表示一个逻辑函数有多种方法，常用的有真值表、逻辑函数表达式和逻辑电路图 3 种。它们各有特点，又相互联系，还可以进行相互转换。

15.4.1 真值表

真值表是根据给定的逻辑问题，把输入逻辑变量各种可能取值的组合和对应的输出逻辑函数值排列成的表格。它表示了逻辑函数值与逻辑变量各种取值之间的一一对应关系。逻辑函数的真值表具有唯一性。若两个函数具有相同的真值表，说明这两个函数必然相等。当逻辑函数有 n 个变量时，共有 2^n 个不同的变量取值组合。在列真值表时，为避免遗漏，变量取值组合一般按 n 位二进制数递增的顺序列出。用真值表表示逻辑函数的优点是直观、明了，可直接看出逻辑函数值与变量取值之间的关系。

15.4.2 逻辑函数表达式

逻辑函数表达式是用与、或、非等逻辑运算来表示输入变量和输出变量间因果关系的。一个逻辑函数可以有很多种不同的逻辑表达式，例如 $L=AC+\overline{C}D$ 中 AC 和 $\overline{C}D$ 两项都是由与运算(逻辑乘)把变量连接起来的，故称为与项(乘积项)，然后由或运算(逻辑加)将这两项连接起来，这种类型的表达式称为与-或逻辑表达式。由真值表直接写出的逻辑表达式是标准与-或逻辑表达式。

由真值表写标准与-或逻辑表达式的方法是：

① 把任意一组输入变量取值中的 **1** 代以原变量，**0** 代以反变量，由此得到一组变量的与组合，如 A、B、C 三个变量的取值为 110 时，代换后得到的变量与组合为 $AB\overline{C}$；

② 通常情况下，把逻辑函数值为 **1** 所对应的各变量的与组合进行或逻辑运算，便得到标准的与-或逻辑表达式。

【例 15-3】 已知真值表如表 15-11 所示，试写出其逻辑函数表达式。

解 由真值表写逻辑函数表达式的过程如图15-16所示，可知该真值表所对应的逻辑函数表达式为 $Y=\overline{A}\overline{B}\overline{C}+ABC$ 。

表 15-11 例 15-3 真值表

A	B	C	Y
0	0	0	1
0	0	1	0
0	1	0	0
0	1	1	0
1	0	0	0
1	0	1	0
1	1	0	0
1	1	1	1

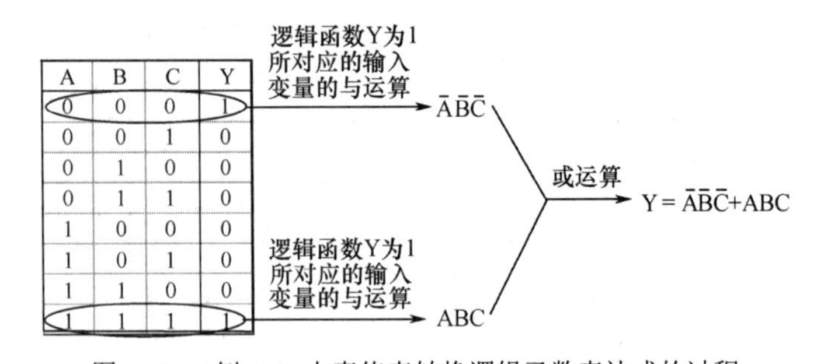

图 15-16 例 15-3 中真值表转换逻辑函数表达式的过程

15.4.3 逻辑电路图

用与、或、非等逻辑符号表示逻辑函数中各变量之间逻辑关系所得到的图形称为逻辑电路图。根据逻辑函数表达式画逻辑图时，只要把逻辑函数表达式中各逻辑运算用相应门电路的逻辑符号代替，就可画出与逻辑函数相对应的逻辑电路图。

【例 15-4】 试画出例 15-3 中真值表所对应的逻辑电路图。

解 若要画出逻辑电路图，首先必须由真值表写出逻辑函数表达式，然后由逻辑函数表达式画逻辑电路图。解题过程如下所示：

(1) 非门分别实现非逻辑运算 $\overline{A}$ 、$\overline{B}$ 和 $\overline{C}$ 。

(2) 与门分别实现与逻辑运算 $\overline{A}\overline{B}\overline{C}$ 和 ABC 。

(3) 最后由或门实现或逻辑运算 $\overline{A}\overline{B}\overline{C}+ABC$ 。

完整的逻辑电路图如图 15-17 所示。

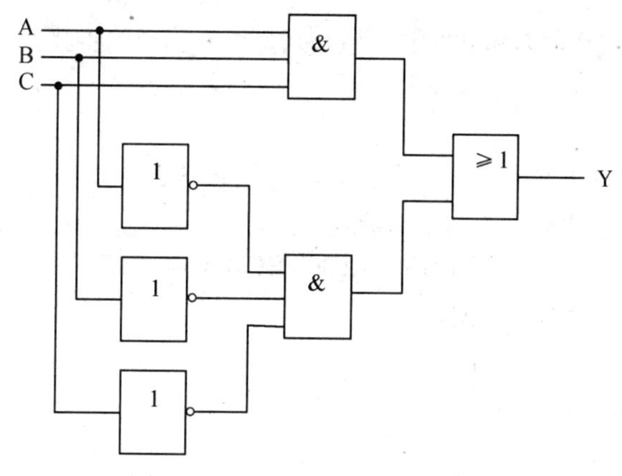

图 15-17　例 15-4 的逻辑电路图

15.5　逻辑函数代数化简法

15.5.1　化简的意义与标准

1．化简逻辑函数的意义

根据逻辑函数表达式，可以画出相应的逻辑电路图。然而，直接根据某种逻辑要求归纳出来的逻辑函数表达式，往往不是最简的形式，并且可能有不同的形式，因此实现这些逻辑函数就会有不同的逻辑电路。另外，得到的逻辑函数表达式可能不符合设计要求，这就需要对逻辑函数表达式进行化简或者变换。利用化简或变换后的逻辑函数构成逻辑电路时，能够节省器件、降低成本、提高数字系统的可靠性。逻辑函数的常用化简方法有代数化简法和卡诺图化简法，本书只介绍代数化简法。

2．逻辑函数表达式的几种常见形式和变换

一个与-或表达式可利用逻辑代数的基本定律转换为其他类型的表达式。例如，一个与-或表达式经过变换，可以得到与非-与非表达式、或-与-非表达式等。

$L=AC+\overline{C}D$　　与-或表达式

$=\overline{\overline{AC+\overline{C}D}}$　　(反演律)

$=\overline{\overline{AC}\,\overline{\overline{C}D}}$　　与非-与非表达式

$=\overline{(\overline{A}+\overline{C})(C+\overline{D})}$　　或-与-非表达式

3．逻辑函数的化简标准

以上几个式子是同一函数不同形式的最简表达式。由上述描述可知，不同形式的逻辑函数表达式有不同的最简形式，而这些表达式的繁简程度又相差很大，但大多都可以根据最简与-或表达式变换得到。因此这里只介绍最简与-或表达式的标准：

① 逻辑函数表达式中的乘积项(与项)最少；

② 每个乘积项中的变量数目最少。

15.5.2　逻辑函数的代数化简法

逻辑函数的代数化简法就是运用逻辑代数的基本定律和恒等式对逻辑函数进行化简，目的是消去与-或表达式中多余的乘积项和每个乘积项中多余的变量，以得到逻辑代数的最简与-或表达式。这

种方法需要熟练掌握逻辑代数的基本定律和一些技巧，没有固定的步骤。下面通过具体的例子来说明常用的化简方法。

1．并项法

利用 $A+\overline{A}=1$ 的公式，将两项合并成一项，并消去一个变量。

【例 15-5】 使用并项法化简下列逻辑函数表达式。

(1) $Y_1=\overline{A}\,\overline{B}C+\overline{A}\,\overline{B}\,\overline{C}$　　(2) $Y_2=A(BC+\overline{B}\,\overline{C})+A(B\overline{C}+\overline{B}C)$

解 (1) $Y_1=\overline{A}\,\overline{B}C+\overline{A}\,\overline{B}\,\overline{C}=\overline{A}\,\overline{B}(C+\overline{C})=\overline{A}\,\overline{B}$

(2) $Y_2=A(BC+\overline{B}\,\overline{C})+A(B\overline{C}+\overline{B}C)$

$=ABC+A\overline{B}\,\overline{C}+AB\overline{C}+A\overline{B}C$

$=AB(C+\overline{C})+A\overline{B}(C+\overline{C})$

$=AB+A\overline{B}$

$=A(B+\overline{B})$

$=A$

2．吸收法

利用 $A+AB=A$ 的公式，消去多余的项 AB。根据代入规则，A、B 可以是任何一个复杂的表达式。

【例 15-6】 试用吸收法化简逻辑函数表达式 $Y=\overline{A}B+\overline{A}BCDE+\overline{A}BCDF$。

解 $Y=\overline{A}B+\overline{A}BCDE+\overline{A}BCDF$

$=\overline{A}B(1+CDE+CDF)$

$=\overline{A}B$

3．消去法

利用 $A+\overline{A}B=A+B$，消去多余的因子。

【例 15-7】 试用消去法化简逻辑函数表达式 $Y=AB+\overline{A}C+\overline{B}C$。

解 $Y=AB+\overline{A}C+\overline{B}C$

$=AB+(\overline{A}+\overline{B})C$

$=AB+\overline{AB}C$

$=AB+C$

4．配项法

先利用 $A=A(B+\overline{B})$，增加必要的乘积项，再用并项法或吸收法使项数减少。

【例 15-8】 化简逻辑函数表达式 $Y=AB+\overline{A}\,\overline{C}+B\overline{C}$。

解 $Y=AB+\overline{A}\,\overline{C}+B\overline{C}$

$=AB+\overline{A}\,\overline{C}+(A+\overline{A})B\overline{C}$

$=AB+\overline{A}\,\overline{C}+AB\overline{C}+\overline{A}B\overline{C}$

$=AB(1+\overline{C})+\overline{A}\,\overline{C}(1+B)$

$=AB+\overline{A}\,\overline{C}$

利用配项的方法要有一定的经验，否则越配越烦琐。

代数法化简逻辑函数的优点是简单方便，对逻辑函数中的变量个数没有限制，它适用于变量较多、较复杂的逻辑函数表达式的化简。它的缺点是需要熟练掌握和灵活运用逻辑代数的基本定律和基本公式，而且还需要一定的技巧。另外，代数化简法不易判断所化简的逻辑函数表达式是否已经达到最简。只有通过多做练习，积累经验，才能做到熟能生巧，从而较好掌握代数化简法。

【例 15-9】 化简以下逻辑函数表达式。

(1) $Y=AC+ACD+\overline{D}+\overline{A}BC\overline{D}$　　(2) $Y=AB+A\overline{B}+AD+\overline{A}C+BD+ACEF+\overline{B}EF$

解 (1) $Y=AC+ACD+\bar{D}+\bar{A}BC\bar{D}$

$=AC(1+D)+\bar{D}(1+\bar{A}BC)$

$=AC+\bar{D}$

(2) $Y=AB+A\bar{B}+AD+\bar{A}C+BD+ACEF+\bar{B}EF$

$=A(B+\bar{B}+D)+\bar{A}C+BD+ACEF+\bar{B}EF$

$=A+\bar{A}C+BD+ACEF+\bar{B}EF$

$=A+C+BD+ACEF+\bar{B}EF$

$=A+BD+C(1+AEF)+\bar{B}EF$

$=A+BD+C+\bar{B}EF$

【例 15-10】 已知 $Y=AB\bar{D}+\bar{A}\bar{B}\bar{D}+ABD+\bar{A}\bar{B}\bar{C}D+\bar{A}\bar{B}CD$，要求：(1)将该式化简成最简与-或表达式，并画出相应的逻辑电路图；(2)仅用与非门画出最简表达式的逻辑电路图。

解 (1) $Y=AB\bar{D}+\bar{A}\bar{B}\bar{D}+ABD+\bar{A}\bar{B}\bar{C}D+\bar{A}\bar{B}CD$

$=AB(D+\bar{D})+\bar{A}\bar{B}\bar{D}+\bar{A}\bar{B}D(\bar{C}+C)$

$=AB+\bar{A}\bar{B}\bar{D}+\bar{A}\bar{B}D(\bar{C}+C)$

$=AB+\bar{A}\bar{B}\bar{D}+\bar{A}\bar{B}D$

$=AB+\bar{A}\bar{B}(\bar{D}+D)$

$=AB+\bar{A}\bar{B}$

(2) $Y=AB+\bar{A}\bar{B}=\overline{\overline{AB+\bar{A}\bar{B}}}=\overline{\overline{AB}\,\overline{\bar{A}\bar{B}}}$

图 15-18(a)所示为根据最简与-或表达式画出的逻辑电路图，它用到与门、或门和非门 3 种类型的门电路；而图 15-18(b)所示为根据与非-与非表达式画出的逻辑电路图，它只用到两输入端与非门这一种类型的门电路。因此，利用反演律对逻辑函数表达式进行变换可以减少门电路的种类，在数字电路的设计中具有一定的意义。

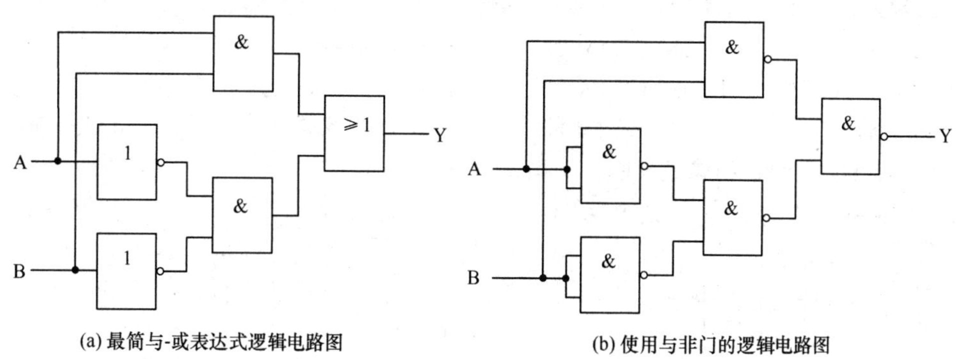

(a) 最简与-或表达式逻辑电路图　　(b) 使用与非门的逻辑电路图

图 15-18　例 15-10 逻辑电路图

小　　结

1. 逻辑代数是分析和设计逻辑电路的重要数学工具。逻辑变量是一种二值变量，只能取值 **0** 或 **1**，仅用来表示两种截然不同的状态。可以运用逻辑代数的定律、公式进行逻辑运算。

2. 在逻辑代数的公式与定律中，除常量之间、常量与变量之间的运算外，还有交换律、结合律、分配律、吸收律、反演律等。

3. 逻辑代数有 3 种常用表示方法，分别是真值表、逻辑函数表达式和逻辑电路图。它们之间可以相互转换，在逻辑电路的分析和设计中会经常用到这些表示方法。

4．逻辑代数化简的目的，是为了获得与设计要求相一致的逻辑函数，从而使逻辑电路简单、成本低、可靠性高。

习　题　15

基础知识

15-1　三种基本逻辑运算关系是____________、____________和____________。

15-2　与门电路具有“有_____出_____，全_____出_____”的逻辑功能。

15-3　或非门电路具有“全_____出_____，有_____出_____”的逻辑功能。

15-4　逻辑函数的表示方法有：____________、____________、____________和____________等。其中表示方法____________是唯一的。

15-5　在逻辑运算中，只有两种逻辑取值，它们是(　　)。

a. 0V 和 5V　　b.正电位和负电位　　c.0 和 1

15-6　或非门逻辑关系的表达式为(　　)。

a. $Y=A+B$　　b. $Y=\overline{A\bullet B}$　　c. $Y=\overline{A+B}$　　d. $Y=\overline{A}+\overline{B}$

15-7　(多选)题图 15-1 所示门电路中，能实现 $Y=\overline{A}$ 的是(　　)。(提示：“悬空”为“1”。)

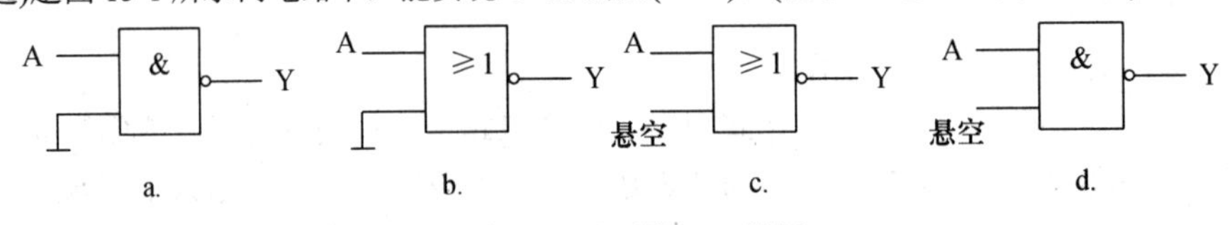

题图 15-1　习题 15-7 的图

15-8　下列逻辑表达式中，正确的“与”逻辑表达式是(　　)。

a. $A\bullet A=A^2$　　b. $A\bullet A=A$　　c. $A\bullet A=0$

15-9　题图 15-2 所示电路的逻辑功能是(　　)。

a. 与非逻辑　　b. 或非逻辑　　c. 或逻辑　　d. 与逻辑

15-10　题图 15-3 所示电路的逻辑表达式是(　　)。

a. $Y=\overline{A+B}$　　b. $Y=\overline{\overline{A}+B}$　　c. $Y=\overline{A+\overline{B}}$　　d. $Y=\overline{AB}$

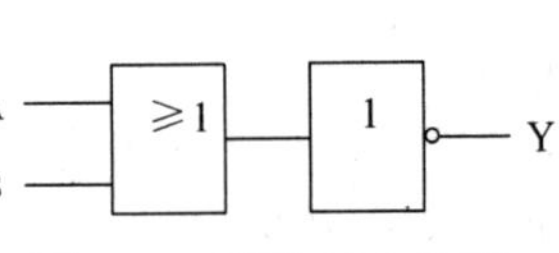

图 15-2　习题 15-9 的图

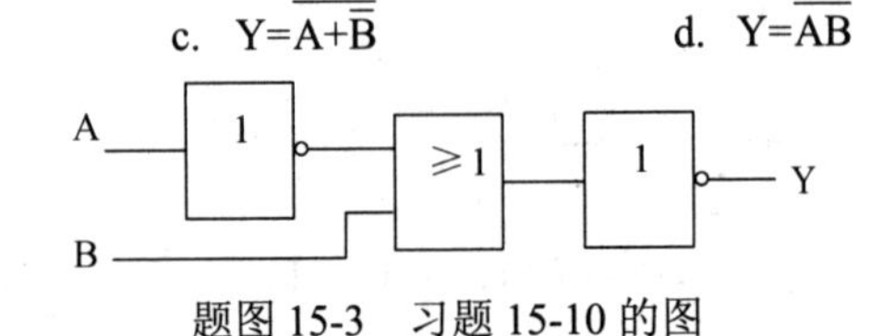

题图 15-3　习题 15-10 的图

15-11　题图 15-4 所示电路是由分立元件组成的最简单的门电路。A 和 B 为输入，Y 为输出，输入可以是低电平(在此为 0V)，也可以是高电平(在此为 3V)，试列出真值表，分析它们各是哪一种门电路。

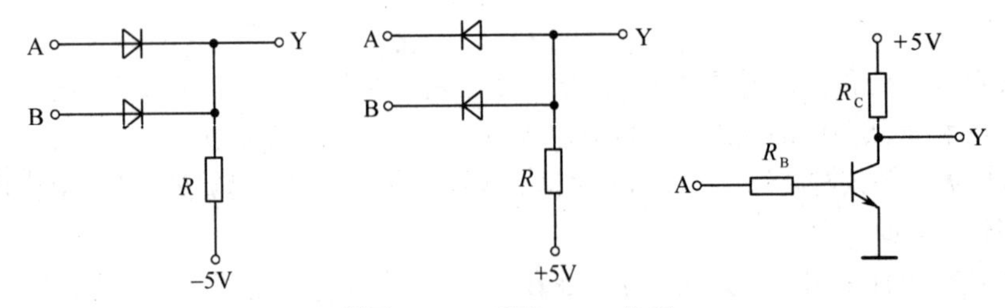

题图 15-4　习题 15-11 的图

15-12　已知逻辑电路及输入信号波形如题图 15-5 所示，A 为信号输入端，B 为信号控制端，在输入信号通过 3 个脉冲后，与非门就关闭，试画出控制信号 B 和输出 F 的波形。

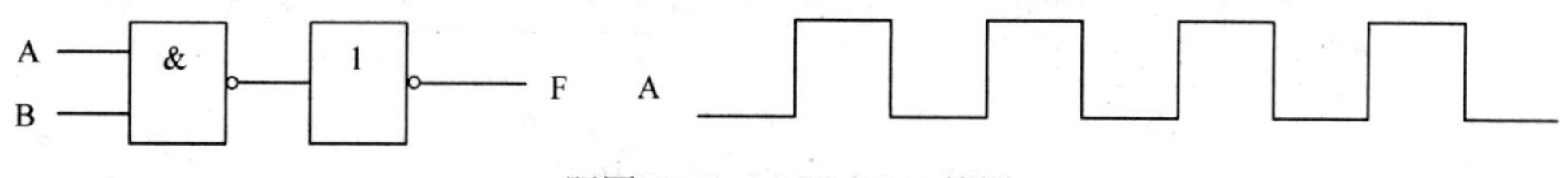

题图 15-5　习题 15-12 的图

15-13　两个变量的异或运算和同或运算之间是何关系？三个变量的异或运算与同或运算之间又是何关系？

15-14　已知 4 种门电路的输入和对应的输出波形如题图 15-6 所示。已知 A、B 为门电路的输入信号，F_1~F_4 分别为 4 个门电路的输出信号，试分析它们分别是哪 4 种电路。

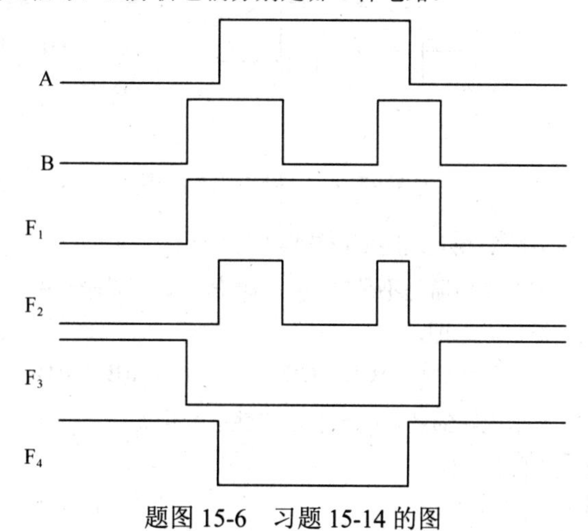

题图 15-6　习题 15-14 的图

15-15　试判断题图 15-7(a)～(f)所示门电路的输出与输入之间的逻辑关系哪些是正确的，哪些是错误的，并将接法错误的予以改正。

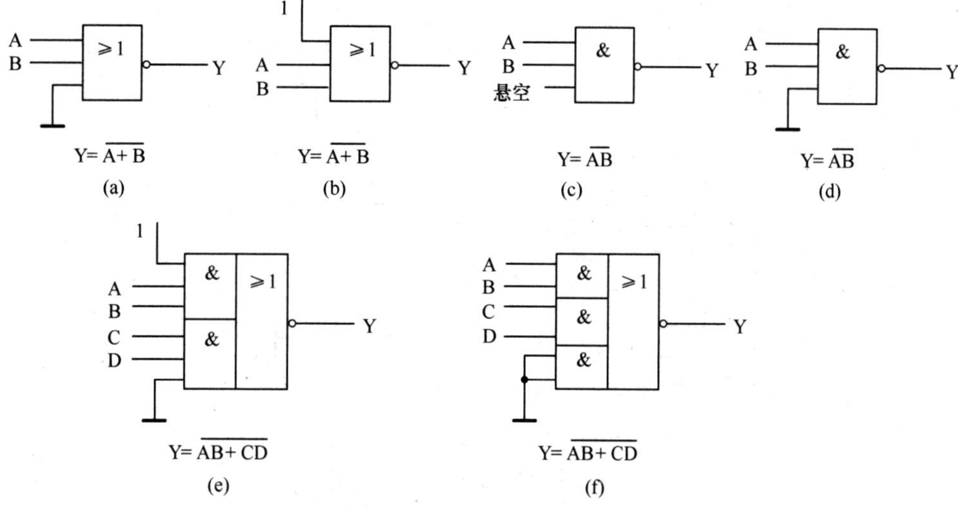

题图 15-7　习题 15-15 的图

15-16　用公式证明下列逻辑等式：

(1) $A(A+B)=A$　　　(2) $AB+A\overline{B}+\overline{A}B=A+B$

15-17　写出如题图 15-8(a)和(b)所示电路的输出表达式。

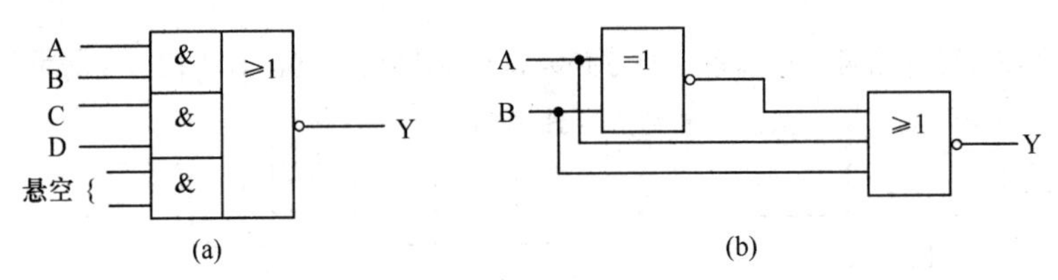

题图 15-8　习题 15-17 的图

15-18　在题图 15-9(a)～(c)所示电路中，哪个电路能实现 $Y=\overline{AB+CD}$？

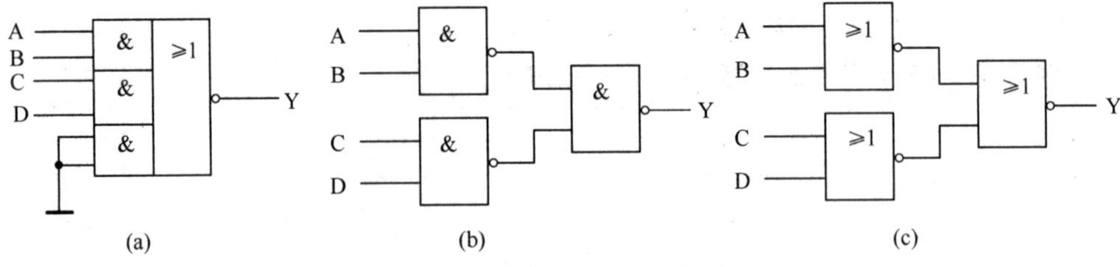

题图 15-9　习题 15-18 的图

15-19　描述逻辑函数有哪几种方法？相互之间如何转换？

15-20　实现一个确定逻辑功能的逻辑电路是不是唯一的？真值表是不是唯一的？为什么？

15-21　试画出下列逻辑函数的逻辑电路图。

(1) $Y=\bar{A}\bar{B}+\bar{B}\bar{C}+\bar{A}\bar{C}$　　(2) $Y=(A\bar{B}C+\bar{A}C\bar{D})A\bar{C}D$　　(3) $Y=A(B+C)+BC$

15-22　写出下列如题图 15-10 所示电路的逻辑函数表达式并进行化简。

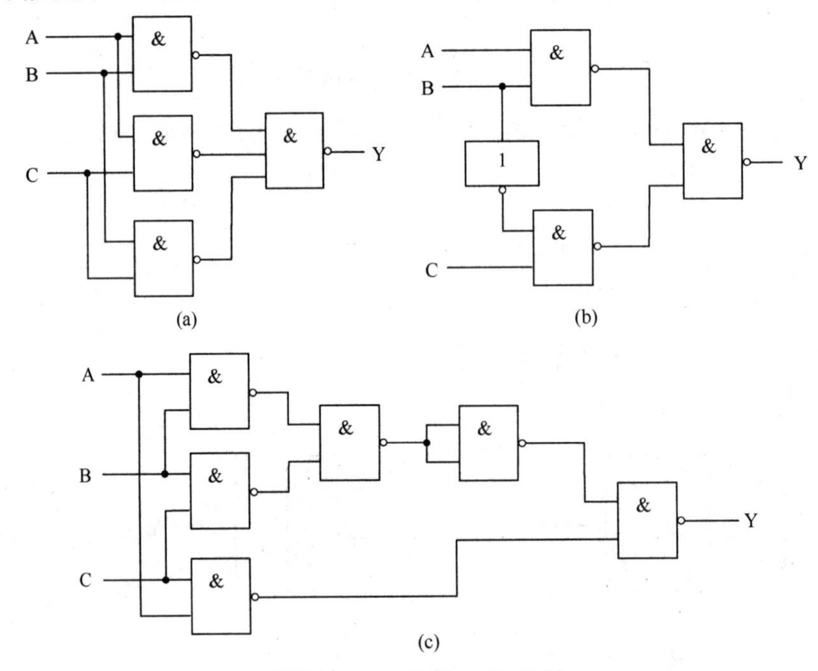

题图 15-10　习题 15-22 的图

15-23　用代数法化简下列各式。

(1) $Y=A+ABC+A\overline{BC}+BC+\bar{B}C$　　(2) $Y=A\bar{B}+BD+DCE+\bar{A}D$

(3) $Y=\bar{A}\bar{B}+(AB+A\bar{B}+\bar{A}B)C$　　(4) $Y=A+A\bar{B}\bar{C}+\bar{A}CD+(\bar{C}+\bar{D})E$

(5) $Y=(A\oplus B)C+ABC+\bar{A}\bar{B}C$　　(6) $Y=\bar{A}(C\oplus D)+B\bar{C}D+AC\bar{D}+A\bar{B}\bar{C}D$

(7) $Y=\bar{D}\overline{A\bar{B}\bar{D}+\bar{A}B\bar{D}}$ (8) $Y=\overline{\overline{AB+\bar{A}\bar{B}}\bullet\overline{BC+\bar{B}\bar{C}}}$

(9) $Y=\overline{\overline{(A+B+\bar{C})}\bar{C}D}+(B+\bar{C})(A\bar{B}D+\bar{B}\bar{C})$ (10) $Y=\overline{(\bar{A}+\bar{B}+\bar{C})\bullet(\bar{D}+\bar{E})}(\bar{A}+\bar{B}+\bar{C}+DE)$

15-24 证明下列异或运算公式。(证明方法不限)

(1) $A\oplus 0=A$ (2) $A\oplus 1=\bar{A}$

(3) $A\oplus A=0$ (4) $A\oplus \bar{A}=1$

(5) $A\oplus B=\bar{A}\oplus \bar{B}$ (6) $(A\oplus B)\oplus C=A\oplus (B\oplus C)$

(7) $A(B\oplus C)=(AB)\oplus (AC)$ (8) $A\oplus \bar{B}=\overline{A\oplus B}=A\oplus B\oplus 1$

15-25 证明下列逻辑等式。(证明方法不限)

(1) $BC+D+\bar{D}(\bar{B}+\bar{C})(AD+B)=B+D$ (2) $ABC+A\bar{B}\bar{C}+\bar{A}B\bar{C}+\bar{A}\bar{B}C=A\oplus B\oplus C$

(3) $\bar{A}\bar{C}+\bar{A}\bar{B}+BC+\bar{A}\bar{C}\bar{D}=\bar{A}+BC$ (4) $ABCD+\bar{A}\bar{B}\bar{C}\bar{D}=\overline{A\bar{B}+B\bar{C}+C\bar{D}+D\bar{A}}$

(5) $(A+\bar{C})(B+D)(B+\bar{D})=AB+B\bar{C}$ (6) $\overline{\overline{(A+B+\bar{C})}\bar{C}D}+(B+\bar{C})(A\bar{B}D+\bar{B}\bar{C})=1$

应用知识

15-26 你能各举出一个现实生活中存在的与、或、非逻辑关系的实例吗？

15-27 有一条传输线，用来传送连续的矩形脉冲(方波)信号。现要求增设一个控制信号，使得只有在控制信号为高电平 1 时方波才能送出，试问应如何解决？

军事知识

15-28 某雷达的反干扰技术中采用旁瓣抑制接收法，原理图如题图 15-11 所示，若其中的门电路采用或门构成，则抑制脉冲为_____(高、低)电平有效。

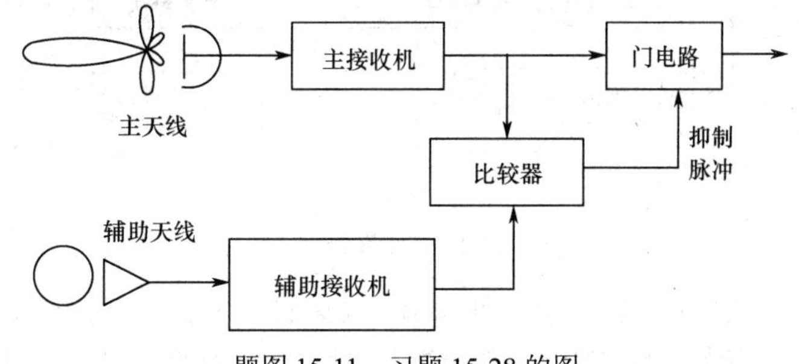

题图 15-11 习题 15-28 的图

15-29 大气数据计算机是现代飞机用于测量大气数据参数的设备。某型飞机上含有 2 套该系统，其中一套用于备份，只有当 2 套系统全部出现故障时，飞机仪表上才会出现故障标志。试用逻辑状态表示大气数据计算机的工作状态(正常或故障)，用逻辑函数表达式表示出现故障状态与逻辑状态的逻辑关系。

15-30 雷达按工作原理分类可分为脉冲雷达和连续波雷达。其中脉冲雷达是断续地发射射频脉冲，在不发射的间歇期间接收回波信号，利用发射脉冲同回波信号之间的间隔时间，达到测定目标距离和方位的目的，如气象雷达。其构成如题图 15-12 所示。图中高频传输系统将发射信号送到天线，并将天线接收到的回波信号送往接收机，为了实现收发公用一个天线，这就需要一个天线收发转换开关。其作用是：当发射时，仅使发射机与天线接通，而将接收机的通路断开，以防止发射的强大功率进入接收机而将接收机烧毁；而在发射脉冲过后，又使天线与接收机相通，断开去发射机的通路，使回波信号只能进入接收机，不致使极微弱的回波信号受发射支路的吸收而减弱。试用逻辑代数表示发射和接收与天线收发转换开关的状态之间的逻辑关系。

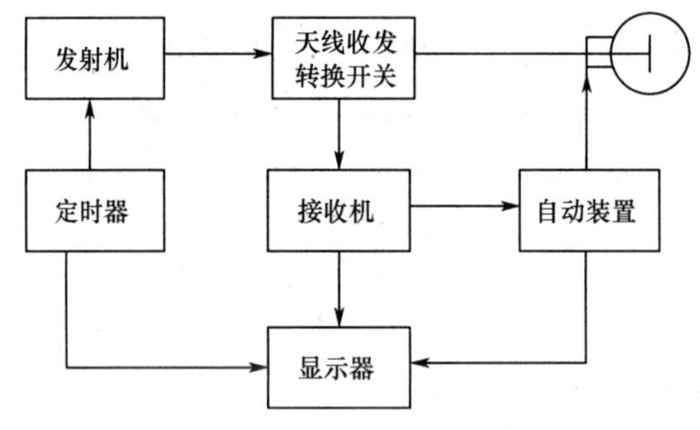

题图 15-12　习题 15-30 的图

15-31　飞机以小速度大迎角飞行时，其方向静稳定性和横侧静稳定性发生变化，导致两者匹配失当，造成飞机侧向稳定性变差，可能发生机体倾斜与偏航的合成振动，即飘摆，又称荷兰滚(Dutch Roll)。为了消除飘摆，现代飞机上都装有偏航阻尼器 YD，它根据空速和偏航角速度信号，经处理，适时提供指令使方向舵相对飘摆振荡反向偏转，从而增大偏航运动阻力，消除飘摆。偏航阻尼器的工作原理图如题图 15-13 所示。图中的偏航阻尼电门与飞行控制电门是什么逻辑关系？如何表达？

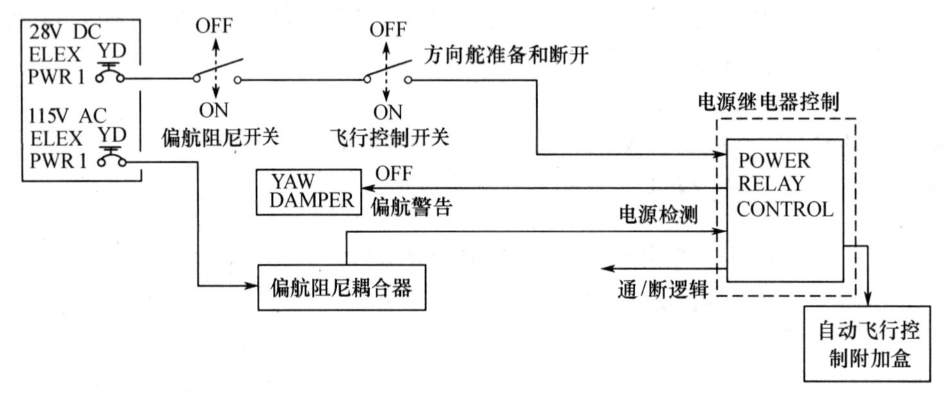

题图 15-13　习题 15-31 的图

15-32　现代飞机上应用了大量的计算机系统，这些系统可以通过软件计算的方式进行与、或、非的运算，而与、或、非也可以如教材所示的电路进行硬件运算(处理)，请思考哪些场合适合硬件电路运算(处理)？哪些场合适合计算机的软件运算？

15-33　姿态基准系统是飞机在飞行中的姿态信号源，只有正确使用才能得到正确的飞机姿态信号。姿态基准系统在接通电源之前，指示器上的故障旗“ATT”或“GYRO”应出现，接通电源、仪表工作后，故障旗收回，仪表指示飞机姿态。试用逻辑状态和逻辑函数表达是否接通电源、仪表是否工作与故障旗之间来的逻辑关系，并进行化简。

15-34　飞机飞行过程中必须有起落架是否落下的指示信号，该指示信号既有机械的信号，又有电子的信号。某型飞机起落架没有收起，则仪表盘上有红灯亮起；若收起，该灯不亮。指示灯与起落架是否收起是什么样的逻辑关系？

第 16 章　组合逻辑电路

引言

数字电路的发展经历了由电子管、半导体分立器件到集成电路的过程。自 1961 年出现第一块数字集成电路以来，集成电路技术发展迅猛，由于其具有体积小、耗电少、可靠性高、使用方便等优点，集成电路很快占据了主导地位。20 世纪 70 年代末，微处理器的出现使数字集成电路的性能发生了质的飞跃，集成电路的集成度以每 3 年翻两番的速度快速增加，从而推动了微电子技术的迅猛发展。微电子技术是现代军事技术与军事武器装备的基础和核心技术，海湾战争就是现代战争中以“硅芯片”打垮“钢铁”的典型战例。现代军事装备的革新潮流主要依靠先进的电子系统，使尽量多的参战工具小型化、电子化、智能化，因此对集成电路的性能要求更高，也使得集成电路军事应用的前景更加广阔。

本章简要介绍数字集成门电路的分类、特点与性能参数，组合逻辑电路的分析、设计方法及几种常用组合逻辑器件。

学习目标：

1. 了解数字集成门电路的特点及其使用方法；
2. 掌握组合逻辑电路的分析、设计方法；
3. 了解编码器、译码器、加法器等常用组合逻辑电路的基本概念、用途等。

16.1　数字集成电路

16.1.1　数字集成电路分类

由二极管、晶体管构成的门电路称为分立元件门电路。目前，分立元件门电路很少使用，已被数字集成电路替代。集成电路是将电路中所有元件及连线通过一定工艺制作在一块硅片上，随着集成工艺的迅速发展，集成电路从最初只能集成几个晶体管发展到目前能够集成几千万个晶体管。

根据集成电路的集成度，可将其分为小规模、中规模、大规模、超大规模和甚大规模 5 类。所谓集成度，是指每个集成芯片所包含逻辑门电路的个数。表 16-1 所示为数字集成电路的集成度分类。

表 16-1　数字集成电路的集成度分类

分　类	逻辑门电路的个数	集成电路
小规模	最多 12 个	典型逻辑门、触发器
中规模	12～99 个	计数器、加法器
大规模	100～9999 个	小型存储器、门阵列
超大规模	10000～99999 个	大型存储器、微处理器
甚大规模	10^6 以上	可编程逻辑器件、多功能专用集成电路

集成电路根据制造工艺，可分为 TTL、CMOS 和 BiCMOS。TTL(也称双极型逻辑，即晶体管-晶体管逻辑)集成电路使用双极型晶体管来实现，CMOS 集成电路由场效应管(FET)来实现，而 BiCMOS 集成电路是前面两种的组合。这些集成电路的基本逻辑功能相同，但是由于内部器件不同，因此工

作参数不同，例如开关速度、功率损耗和抗干扰能力等。

由于 CMOS 集成电路比 TTL 集成电路的制造工艺简单、功耗低、集成度高、电源电压范围大(3~18V)，所以在集成电路中 CMOS 集成电路占主导地位。表 16-2 列出了集成电路的制造工艺分类。

表 16-2　集成电路的制造工艺分类

分　类		描述	分类		描述
类型	名称		类型	名称	
CMOS	AC	高级 CMOS	CMOS	LV-AT	具有双极型兼容输入的低电压 CMOS
	ACT	具有双极型兼容输入的高级 CMOS		LVC	低电压 CMOS
	AHC	高级高速 CMOS	TTL	ALS	高级低功率肖特基
	AHCT	具有双极型兼容输入的高级高速 CMOS		AS	高级肖特基
	ALVC	高级低电压 CMOS		F	高速
	AUC	高级超低电压 CMOS		LS	低功耗肖特基
	AUP	高级超低功耗 CMOS		S	肖特基
	AVC	高级甚低电压 CMOS		None	标准 TTL
	CD4000	标准 CMOS	BiCMOS	ABT	高级 BiCMOS
	FCT	快速 CMOS 技术		ALB	高级低电压 BiCMOS
	HC	高速 CMOS		BCT	标准 BiCMOS
	HCT	具有双极型兼容输入的高速 CMOS		LVT	低电压 BiCMOS
	LV-A	低电压 CMOS			

16.1.2　集成逻辑门电路

在典型的集成逻辑门电路配置类型系列的定义中，逻辑门电路的种类由最后 2 位或 3 位数字进行区别。例如，74LS04 是一个低功耗肖特基六反相器，74HC08 是高速 CMOS 四 2 输入与门。表 16-3 列出了一些常用集成逻辑门电路的标准鉴别数字。

表 16-3　常用集成逻辑门电路的标准鉴别数字

功能	标准鉴别数字	功能	标准鉴别数字
四 2 输入与非门	00	二 4 输入与非门	20
四 2 输入或非门	02	二 4 输入与门	21
六反相器	04	三 3 输入或非门	27
四 2 输入与门	08	单 8 输入与非门	30
三 3 输入与非门	10	四 2 输入或门	32
三 3 输入与门	11	四异或门	86
四同或门	266		

所有 74 系列 CMOS 器件和相同类型 TTL 器件的引脚是兼容的，即 CMOS 集成电路芯片和相对应 TTL 芯片的输入/输出引脚相同，例如 7400、74S00、74F00、74LS00、74HC00 和 74AHC00 都是四 2 输入与非门芯片，它们的引脚都兼容。

图 16-1 为常用双列直插式集成逻辑门电路的引脚配置图。通常情况下，A、B 表示逻辑门电路的输入端，Y 表示输出端。

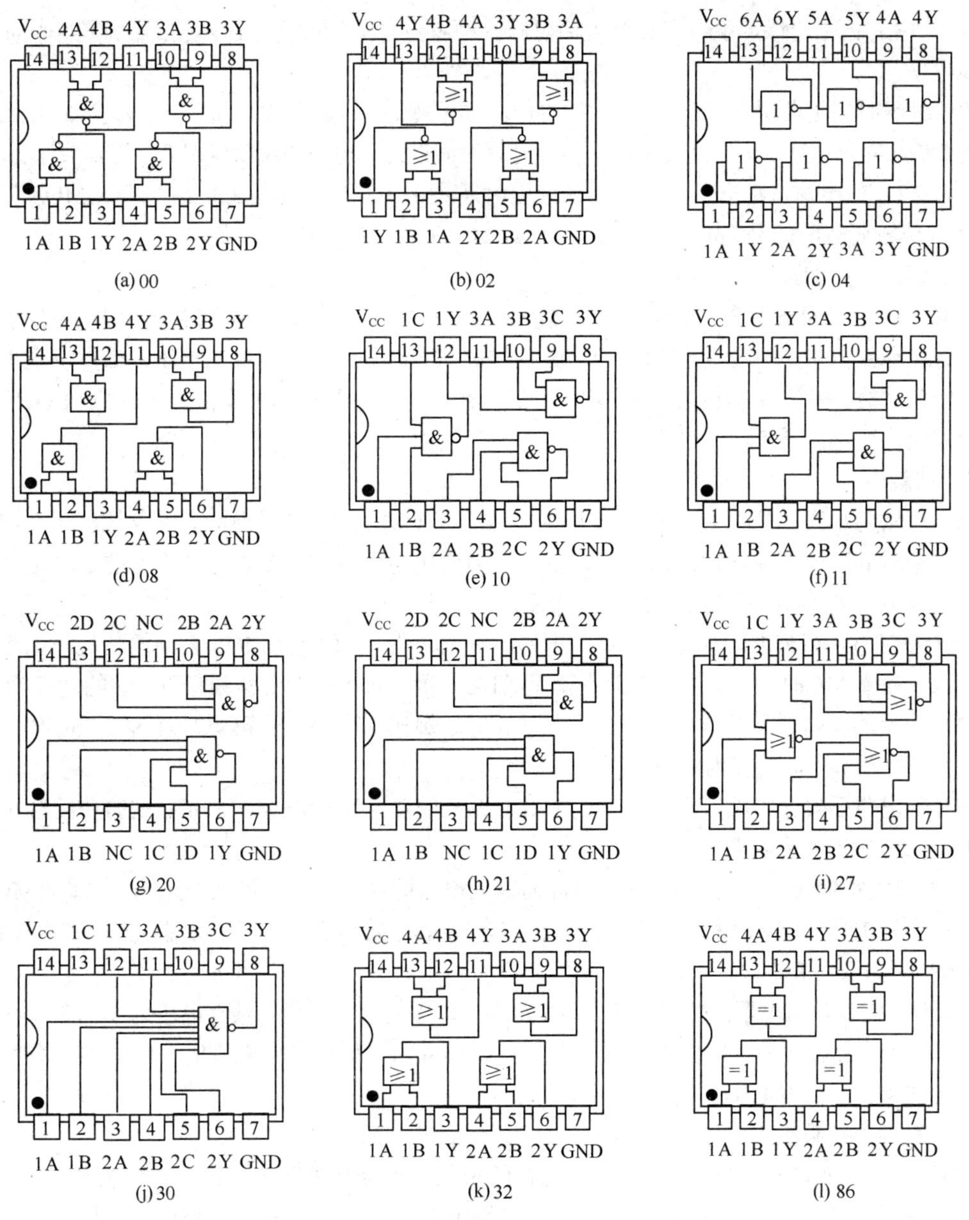

图 16-1　常用集成逻辑门电路的引脚配置图

16.1.3　集成逻辑门电路的工作特性和参数

不同功能的集成电路，其电路参数也各不相同，但多数集成电路均有最基本的几项参数。对于集成逻辑门电路来说，描述其特性的主要有传输延迟时间、直流供电电压、功率损耗（功耗）、输入/输出逻辑电平、速度-功率乘积、扇出数等参数。

1．传输延迟时间

传输延迟时间 t_p：逻辑门电路的 t_p 是输入脉冲的出现到此脉冲在输出出现的时间间隔。衡量逻辑门电路的传输延迟时间有以下两个参数。

t_{PHL}：输入脉冲的特定参考点和对应输出脉冲参考点之间的时间，HL 是指输出脉冲从高电平变化到低电平。

t_{PLH}：输入脉冲的特定参考点和对应输出脉冲参考点之间的时间，LH 是指输出脉冲从低电平变化到高电平。

传输延迟时间是在逻辑门电路能够工作的最大开关速度或频率下得到的，集成逻辑门电路的低速和高速就是相对于传输延迟时间而言的。传输延迟时间越短，电路的速度就越高，工作频率也越高。

对于 TTL 门电路，标准系列典型传输延迟时间是 11ns，F 系列是 3.3ns。对于 CMOS 门电路，HCT 系列传输延迟时间是 7ns，AC 系列是 5ns，ALVC 系列是 3ns。

2．直流供电电压

CMOS 门电路的典型直流供电电压是 5V、3.3V、2.5V 或 1.8V。高级 CMOS 门电路的供电电压范围很宽，标定的供电电压为 5V 的 CMOS 门电路可以允许 2~6V 的供电电压。虽然供电电压的大小对传输延迟时间和功率损耗的影响都很大，但是在此范围内芯片仍可正常工作。对于 TTL 门电路，典型的直流供电电压是 5V，可以工作在 4.5~5.5V 范围内。

3．功耗

一个逻辑门电路的功耗 P_D，是指直流供电电压和平均工作电流的乘积。通常情况下，门电路输出为低电平时其工作电流比输出高电平时要低，因此生产厂商的数据表通常给出的是输出为低电平下的工作电流，即 I_{CCL}，高电平时用 I_{CCH} 表示。

CMOS 门电路系列的功耗比双极型门电路系列要小得多。但是 CMOS 系列的功耗与工作频率有很大关系，频率为 0 时，典型静态功耗在微瓦/门的范围，而在最大工作频率下，它的功耗为毫瓦/门的范围，因此功耗通常是在给出的特定频率下的值。例如 HC 系列，静态功耗为 2.75μW/门，而在 1MHz 的工作频率下的功耗为 0.6mW/门。

TTL 门电路系列的功耗与频率无关，如 ALS 系列的功耗为 1.4mW/门，F 系列的功耗为 6mW/门。

4．输入/输出逻辑电平

V_{IL} 为门电路输入电压的低电平值，V_{IH} 为输入电压的高电平值。供电电压为 5V 的 CMOS 门电路可以接受的 V_{ILmax}（最大输入电压值）为 1.5V，V_{IHmin}（最小输入电压值）是 3.5V。TTL 门电路可以接受的 V_{ILmax} 为 0.8V，V_{IHmin} 是 2V。

V_{OL} 为门电路输出电压的低电平值，V_{OH} 为输出电压的高电平值。供电电压为 5V 的 CMOS 门电路可以输出的 V_{OLmax}（最大输出电压值）为 0.33V，V_{OHmin}（最小输出电压值）是 4.4V。TTL 门电路可以输出的 V_{OLmax} 为 0.4V，V_{OHmin} 是 2.4V。

5．速度-功耗乘积(SPP)

逻辑门电路的 SPP 是传输延迟时间和功耗的乘积，单位是焦耳(J)，这是一个能量的单位。

在考虑传输延迟时间和功耗的情况下，该参数可以用来衡量逻辑门电路的运行情况，它在比较 CMOS 和 TTL 系列各种逻辑门电路的性能时特别有用。

6．扇出数

一个逻辑门电路的扇出数是指在输出电压保持在规定范围内时，可以连接相同系列集成芯片的输入端的最多数目。由于电路技术的原因，扇出数仅是 TTL 门电路的一个重要参数，因为 CMOS 门电路的阻抗很高，因此扇出数很大，但是电容效应会影响它的扇出数。图 16-2 所示电路以 74LS00 为例说明扇出数的含义。当 74LS00 门电路输入端为低电平时，允许流出的电流为 0.4mA(I_{IL})，而输出端可以接受的低电平电流为 8.0mA(I_{OL})，则 74LS00 驱动门电路在低电平输出时，可以驱动的负载门扇出数为 20。

在查阅芯片有关资料时，一般可看到如图 16-3 所示的芯片封装图和引脚示意图。另外，还可以查到该芯片的数据资料等信息，图 16-4 仅列出了 74LS00 部分参数、建议的工作条件、开关特性及一些其他信息。

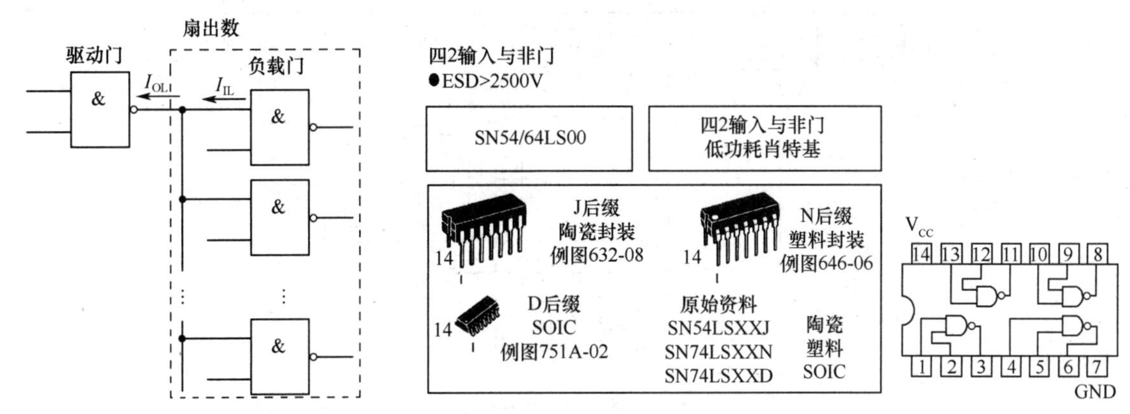

图 16-2　74LS00 扇出数示意图

图 16-3　芯片封装图和引脚示意图

在工作温度范围以内的 DC(直流)特性(除非特别说明)

符号	参数		限制			单位	测试条件
			最小	典型	最大		
V_{IH}	输入高电平电压		2.0			V	所有输入不超过允许的高电平电压
V_{IL}	输入低电平电压	54			0.7	V	所有输入不超过允许的低电平电压
		74			0.8		
V_{IK}	输入钳位二极管电压			-0.65	-15	V	V_{CC}最小，$I_{IN}=-18$mA
V_{OH}	输出高电平电压	54	2.5	3.5		V	V_{CC}最小，I_{OH}最大，$V_{IN}=V_{IH}$或V_{IL} (每个真值表)
		74	2.7	3.5		V	
V_{OL}	输出低电平电压	54,74		0.25	0.4	V	$I_{OL}=4.0$mA；V_{CC}最小，$V_{IN}=V_{IL}$ 或 V_{IH} (每个真值表)
		74		0.35	0.5	V	$I_{OL}=8.0$mA
I_{IH}	输入高电平电流				20	μA	V_{CC}最大，V_{IN}=2.7V
					0.1	mA	V_{CC}最大，V_{IN}=7.0V
I_{IL}	输入低电平电流				-0.4	mA	V_{CC}最大，I_N=0.4V
I_{OS}	短路电流*		-20		-100	mA	V_{CC}最大
I_{CC}	电源提供的电流 总电流，输出高电平				1.6	mA	V_{CC}最大
	总电流，输出低电平				4.4		

*每次仅需一个输出短路，第二次也一样。

AC(交流)特性(T_A=25℃)

符号	参数	限制			单位	测试条件
		最小	典型	最大		
t_{PLH}	关断延迟，输入到输出		9.0	15	ns	$V_{CC}=5.0$V
t_{PHL}	关断延迟，输入到输出		10	15	ns	$C_L=15$pF

安全工作范围

符号	参数		最小	典型	最大	单位
V_{CC}	电源电压	54 74	4.5 4.75	5.0 5.0	5.5 5.25	V
T_A	工作环境温度范围	54 74	-55 0	25 25	125 70	℃
I_{OH}	输出电流——高电平	54 74			-0.4	mA
I_{OL}	输出电流——低电平	54 74			4.0 8.0	mA

图 16-4　74LS00 部分参数

【例 16-1】 图 16-5 为某型飞机无线电罗盘的频率合成器中一个 1860 次分频器电路。若要使用集成门电路完成其中的逻辑门电路连接，应选取何种类型的集成门电路？

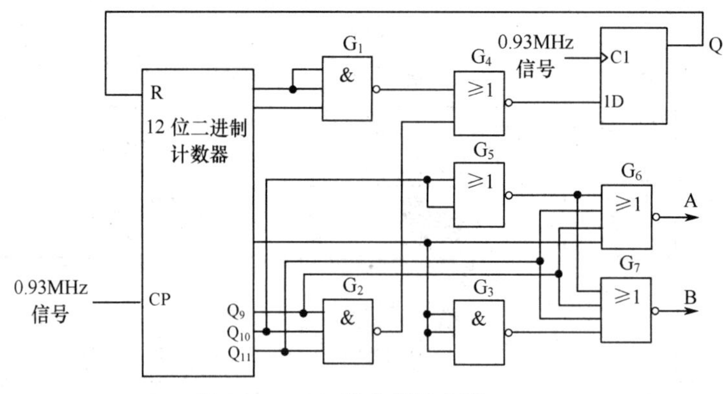

图 16-5　1860 次分频器电路

解　该电路中的逻辑门电路有 3 输入与非门、2 输入或非门和 4 输入或非门，根据图 16-1，3 输入与非门应选用 10，2 输入或非门应选用 02，4 输入或非门本教材中没有介绍，可通过查找资料选用 25，也可通过变换后选用其他芯片实现。

16.2　组合逻辑电路的分析与设计

在数字系统中常用的数字器件，其结构和工作原理可分为两大类，即组合逻辑电路和时序逻辑电路。组合逻辑电路的特点是：电路任意时刻的输出状态只取决于该时刻的输入状态，与电路在该时刻之前的状态无关。组合逻辑电路的一般框图如图 16-6 所示，其输出与输入之间的逻辑关系可用以下逻辑函数来描述，即

图 16-6　组合逻辑电路的一般框图

$$L_i = f(A_1, A_2, \cdots, A_n) \qquad (i = 1, 2, \cdots, m)$$

式中，$A_1, A_2, \cdots, A_n$ 为输入变量，$L_i (i = 1, 2, \cdots, m)$ 为输出变量。

组合逻辑电路的结构具有以下特点：

① 输出、输入之间没有反馈延迟通路；

② 电路中不含具有记忆功能的元件。

16.2.1　组合逻辑电路分析

组合逻辑电路的分析是利用逻辑代数求得给定逻辑电路输出和输入之间的函数关系，从而确定电路逻辑功能的过程。分析组合逻辑电路的目的，就是对于一个给定的逻辑电路，确定其逻辑功能。

组合逻辑电路的分析步骤通常如下：

① 根据逻辑电路，从输入到输出写出各级逻辑函数表达式，直到写出最后输出信号与输入信号之间的逻辑函数表达式；

② 将各逻辑函数表达式化简和变换，以得到最简表达式；

③ 根据简化后的逻辑函数表达式列出真值表；

④ 根据真值表和化简后的逻辑函数表达式对逻辑电路进行分析，最后确定其功能。

下面举例来说明组合逻辑电路的分析方法。

【例 16-2】 分析图 16-7 所示的组合逻辑电路的功能。

解 (1)由逻辑电路图依次写出各个门的逻辑函数表达式，最后写出输出变量 Y 的逻辑函数表达式。

G_1 门：$X=\overline{AB}$

G_2 门：$Y_1=\overline{AX}=\overline{A\overline{AB}}$

G_3 门：$Y_2=\overline{BX}=\overline{B\overline{AB}}$

G_4 门：$Y=\overline{Y_1Y_2}=\overline{\overline{A\overline{AB}}\cdot\overline{B\overline{AB}}}=A\overline{AB}+B\overline{AB}$

$$=A(\bar{A}+\bar{B})+B(\bar{A}+\bar{B})=A\bar{B}+\bar{A}B$$

(2) 由逻辑函数表达式列出真值表，如表 16-4 所示。

(3) 分析逻辑功能

当输入 A 和 B 不相同时，输出为 1；反之则为 0。这种电路实质上是用二输入与非门完成了异或的逻辑功能，异或门的逻辑符号如图 15-14 所示。

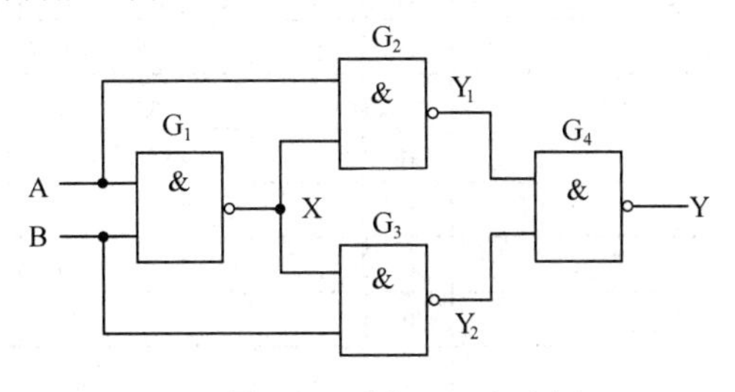

图 16-7　例 16-2 电路图

表 16-4　例 16-2 的真值表

A	B	Y
0	0	0
0	1	1
1	0	1
1	1	0

【例 16-3】 某组合逻辑电路如图 16-8 所示，试分析其逻辑功能。

解 (1) 由逻辑电路图写出逻辑函数表达式。

$$Y=\overline{A\overline{ABC}+B\overline{ABC}+C\overline{ABC}}=\overline{\overline{ABC}(A+B+C)}$$

$$=ABC+\overline{A+B+C}=ABC+\bar{A}\bar{B}\bar{C}$$

(2) 由逻辑函数表达式列出真值表，如表 16-5 所示。

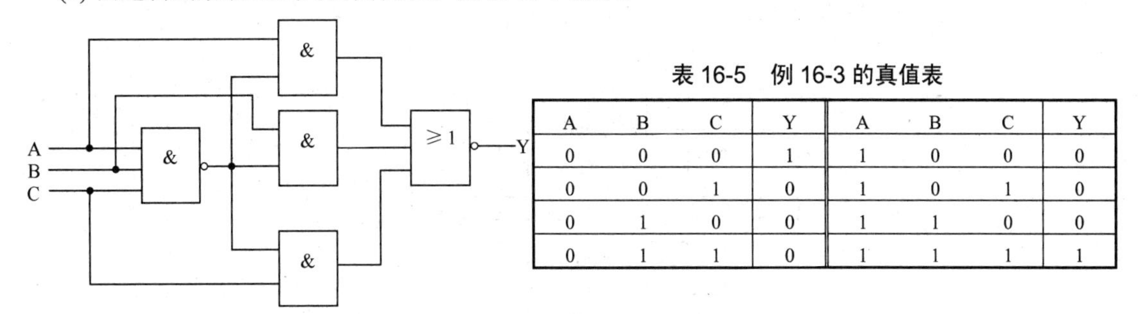

图 16-8　例 16-3 电路图

表 16-5　例 16-3 的真值表

A	B	C	Y	A	B	C	Y
0	0	0	1	1	0	0	0
0	0	1	0	1	0	1	0
0	1	0	0	1	1	0	0
0	1	1	0	1	1	1	1

(3) 分析逻辑功能

由真值表可以看出，只有当 A、B、C 三个输入信号相同时，输出为 1，否则为 0。故该电路称为“判一致电路”，可用于判断输入信号的状态是否一致。

16.2.2　组合逻辑电路设计

组合逻辑电路设计的步骤一般如下：

① 根据工作要求列出真值表；

② 由真值表写出逻辑函数表达式；

③ 化简逻辑函数表达式；

④ 作出逻辑电路图或按指定要求的门电路构成逻辑电路图。

在设计中需要注意的是，在输入和输出之间的门越多，传输延迟时间就越长，一般情况下最好将表达式化简为最小与-或式，以便减少总的传输延迟时间。

【例16-4】 电路如图 16-9 所示，有 A、B、C、D 四个评委对考生进行录取表决，要求四人各控制一个按键，同意时按下按键。按键按下时为逻辑 **1**，不按为逻辑 **0**。录取的原则是：组长 A 必须同意，而且 B、C、D 三人中至少有两人同意才能录取；若组长不同意，即使其他三人都同意也不能录取。录取时 L=1，不录取时 L=0。试设计录取表决电路，并用与非门实现。

解 根据设计要求，列出真值表如表 16-6 所示。

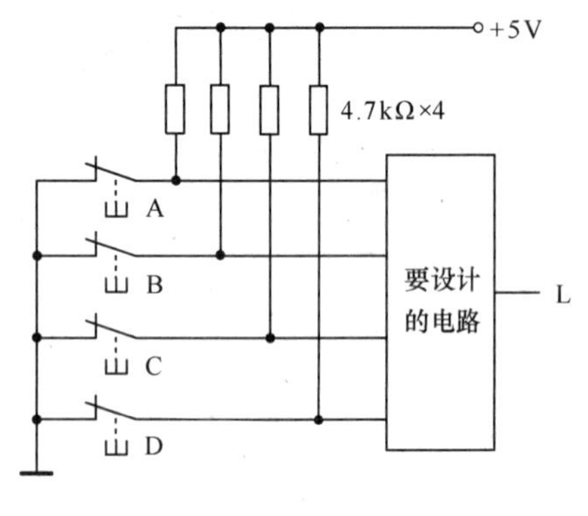

图 16-9 例 16-4 的图

表 16-6 例 16-4 的真值表

A	B	C	D	L	A	B	C	D	L
0	0	0	0	0	1	0	0	0	0
0	0	0	1	0	1	0	0	1	0
0	0	1	0	0	1	0	1	0	0
0	0	1	1	0	1	0	1	1	1
0	1	0	0	0	1	1	0	0	0
0	1	0	1	0	1	1	0	1	1
0	1	1	0	0	1	1	1	0	1
0	1	1	1	0	1	1	1	1	1

根据真值表写出输出表达式，并进行化简和变换得

$$
\begin{aligned}
L &= A\bar{B}CD + ABC\bar{D} + AB\bar{C}D + ABCD \\
&= ACD + ABD + ABC \\
&= \overline{\overline{ACD}\cdot\overline{ABD}\cdot\overline{ABC}}
\end{aligned}
$$

用与非门实现上述逻辑功能，如图 16-10 所示。

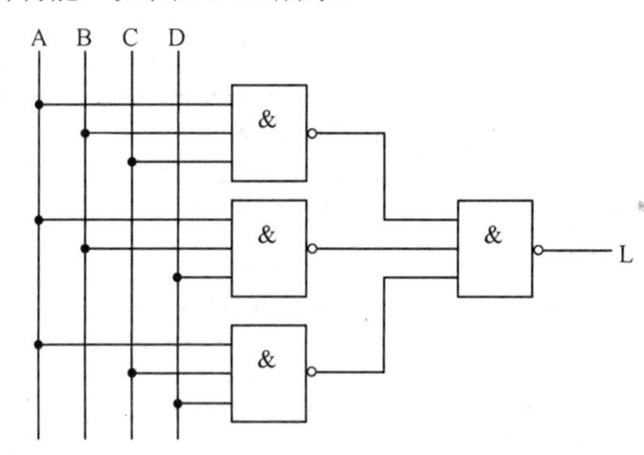

图 16-10 例 16-4 的题解图

【例 16-5】 在飞机功能监测系统中，需要一个监测飞机着陆之前起落架状态的电路。当准备着陆时，“起落架展开”开关打开，这时如果所有的 3 个起落架都正确展开，绿色 LED 就会点亮；如果着陆之前有任何一个起落架没有正确展开，那么红色 LED 被点亮。起落架展开时，相应传感器产生一个低电平。当起落架处在收回状态时，传感器产生一个高电平。试设计一个能够满足需求的电路。

解 从题目分析来看，该电路的输入应为 3 个起落架的传感器，分别用 A、B、C 来表示，根据题目要求，起落架收回时为高电平 1，正确展开时为低电平 0。输出为红色 LED 和绿色 LED，分别用 R 和 G 表示。则该电路的真值表如表 16-7 所示。

由真值表可写出输出 G 和 $\overline{R}$ 的表达式：$G=\overline{A}\overline{B}\overline{C}$，$\overline{R}=\overline{A}\overline{B}\overline{C}$，即 $R=A+B+C$，$G=\overline{A+B+C}$。根据表达式画出飞机着陆时起落架状态检测的电路图，如图 16-11 所示。

表 16-7　例 16-5 的真值表

A	B	C	R	G
0	0	0	0	1
0	0	1	1	0
0	1	0	1	0
0	1	1	1	0
1	0	0	1	0
1	0	1	1	0
1	1	0	1	0
1	1	1	1	0

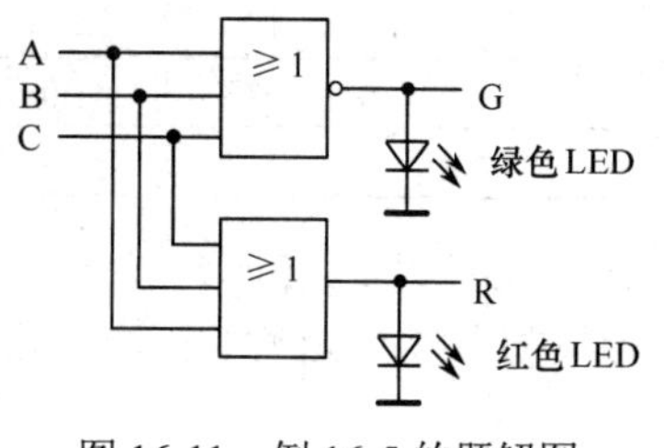

图 16-11　例 16-5 的题解图

【例 16-6】 图 16-12 所示为一个食品糖浆生产厂的存储液罐系统。当灌装的玉米浆预热到一定温度时，玉米浆能够达到一定的黏稠度，此时送到混合桶添加配料(如糖、调味剂、防腐剂和着色剂等)。试设计一个监测和控制器以自动实现以上过程。

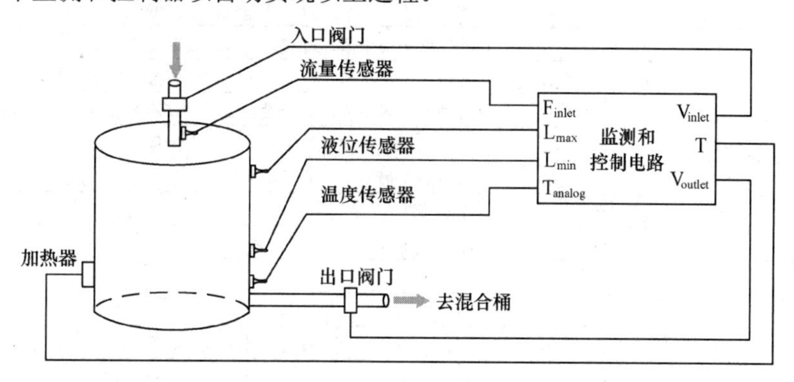

图 16-12　存储液罐系统

解　该系统用于存放生产食品糖浆过程中的玉米浆。在混合配料中，当把玉米浆从液罐放入混合桶时，玉米浆必须达到一个具有适当黏稠度的特定温度，以产生所需要的流量特性。

加热器控制：温度传感器对液罐的温度进行测量，当输出低于指定值时($T_{analog}=0$)，控制器将加热器打开($T=1$)，当温度到达指定值时把加热器关闭。

入口阀门控制：入口阀门的开关是通过流量传感器和两个液位传感器来控制的。真值表如表 16-8 所示。

根据真值表可以写出入口阀门控制输出的表达式，并进行化简得

$$V_{inlet}=\overline{L}_{max}\overline{L}_{min}\overline{F}_{inlet}+\overline{L}_{max}\overline{L}_{min}F_{inlet}+\overline{L}_{max}L_{min}F_{inlet}$$
$$=\overline{L}_{min}+\overline{L}_{max}F_{inlet}$$

表 16-8　入口阀门控制的真值表

输　入			输 出	描　述
L_{max}	L_{min}	F_{inlet}	V_{inlet}	
0	0	0	1	液位低于最小值，没有液体流入
0	0	1	1	液位低于最小值，有液体流入
0	1	0	0	液位高于最小值，低于最大值，没有液体流入
0	1	1	1	液位高于最小值，低于最大值，有液体流入
1	0	0	×	不会发生

续表

输入			输出	描述
L_{max}	L_{min}	F_{inlet}	V_{inlet}	
1	0	1	×	不会发生
1	1	0	0	液位处于最大值，没有液体流入
1	1	1	0	液位处于最大值，有液体流入

根据上述表达式可以画出入口阀门控制的逻辑电路图，这里略。

出口阀门控制：出口阀门的开关是通过流量传感器、液位传感器和加热器来控制的。真值表如表 16-9 所示。

表 16-9　出口阀门控制的真值表

输入				输出	描述
L_{max}	L_{min}	F_{inlet}	T	V_{inlet}	
0	0	0	0	0	液位低于最小值，没有液体流入，温度低
0	0	0	1	0	液位低于最小值，没有液体流入，温度正常
0	0	1	0	0	液位低于最小值，有液体流入，温度低
0	0	1	1	0	液位低于最小值，有液体流入，温度正常
0	1	0	0	0	液位高于最小值，低于最大值，没有液体流入，温度低
0	1	0	1	1	液位高于最小值，低于最大值，没有液体流入，温度正常
0	1	1	0	0	液位高于最小值，低于最大值，有液体流入，温度低
0	1	1	1	0	液位高于最小值，低于最大值，有液体流入，温度正常
1	0	0	0	×	不会发生
1	0	0	1	×	不会发生
1	0	1	0	×	不会发生
1	0	1	1	×	不会发生
1	1	0	0	0	液面处于最大值，没有液体流入，温度低
1	1	0	1	1	液面处于最大值，没有液体流入，温度正常
1	1	1	0	0	液面处于最大值，有液体流入，温度正常
1	1	1	1	1	液面处于最大值，有液体流入，温度正常

根据真值表可以写出出口阀门控制的输出表达式，并进行化简得

$$V_{outlet} = \overline{L}_{max} L_{min} \overline{F}_{inlet} T + L_{max} L_{min} \overline{F}_{inlet} T + L_{max} L_{min} F_{inlet} T$$
$$= L_{min} \overline{F}_{inlet} T + L_{max} L_{min} T$$

根据上述表达式可以画出出口阀门控制的逻辑电路图，这里略。

16.3　常用集成组合逻辑电路

集成组合逻辑电路是数字集成电路的一个大类。最早的数字集成电路仅包含 4 个逻辑门，随着半导体制造微型化技术的发展，在单个集成电路上可以集成较大的电路。通过研究不断发展的数字电子工业，半导体制造商注意到在数字电子系统中经常会需要几种电路，因而他们把这些完整的电路集成在一个独立的集成电路内。常用的中、小规模集成组合逻辑电路有编码器、译码器、数据选择器、加法器及数值比较器等。由于这些器件具有标准化程度高、通用性强、体积小、功耗低、设计灵活等特点，所以广泛应用于数字电路和数字系统的设计中。

16.3.1 编码器

编码和译码问题在日常生活中经常遇到。例如，你购买一个手机号码后，这个特定的电话号码与你的姓名是等同的，这就是编码过程。显然，任何人拨打这个号码都能够找到你，这是译码过程。再例如，每一名飞行员都有一个对应的代码，这也是编码过程。当指挥台呼叫某一代码时，这一代码所对应的飞行员能够作出回应，这是译码过程。

在数字电路中，将具有特定意义的信息编成相应二进制代码的过程称为编码。实现编码功能的电路称为编码器。其输入为被编信号，输出为二进制代码。编码器在我国拥有十分广阔的市场，很多应用领域都在使用着大量的编码器产品，如机床工具、航空航天、铁道交通、新能源及港口机械等行业。编码器最重要的应用之一就是定位，目前已经越来越广泛地被应用于各种工控场合。

1．基本编码电路

如图 16-13 所示为用 3 个按键、3 个上拉电阻和 2 个与非门组成的简单十-二进制编码器电路，上拉电阻用来保证与非门有正常高电平输入。按下按键 1 时，与非门 G_1 的输出 A_0 为高电平 1，而与非门 G_2 的输入均为高电平，因此输出 A_1 为低电平，则按下按键 1 时输出二进制代码为 01。分析图 16-13 可列出真值表，如表 16-10 所示。按下按键 2 的二进制代码为 10，按下按键 3 的二进制代码为 11。有 3 个输入和 2 个输出的基本十-二进制编码器电路称为 3 线-2 线编码器。

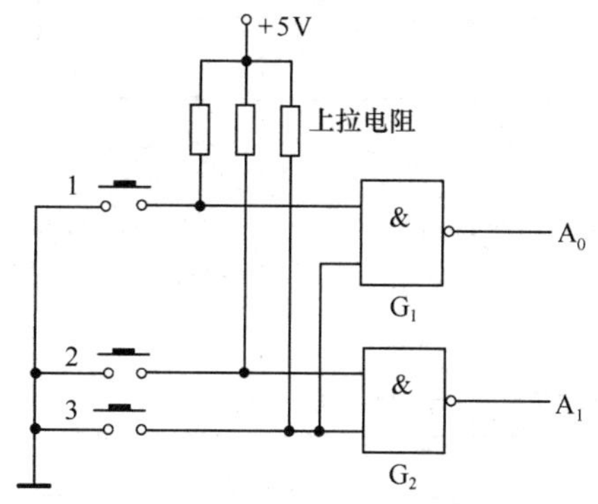

图 16-13 简单的十-二进制编码器电路

表 16-10 3 线-2 线编码器真值表

输入(按键)	输出	
	A_1	A_0
1	0	1
2	1	0
3	1	1

常用编码器还有 8 线-3 线编码器、10 线-4 线编码器等，这些编码器与 3 线-2 线编码器的编码原理相同，只是在图 16-13 的基础上通过加按键和与非门扩展而成。

【例 16-7】 在图 16-13 所示编码器电路中，若同时按下按键 1 和 2，输出代码为多少？

解 若同时按下按键 1 和 2，与非门 G_1 和 G_2 的输入均有低电平，所以输出均为高电平 1，产生代码为 11。显然，这与真值表 16-10 是不相吻合的，因此输出代码产生错误。

由上述例题可以看出，该编码器 3 个输入按键的编码信号是相互排斥的。

2．数字集成编码器

数字集成编码器主要有二进制编码器和十进制编码器两种，每种又分为普通编码器和优先编码器两类。普通编码器的编码原理与前面介绍的基本编码电路原理相同，在某一时刻只能有一个信号要求编码。如果所有的输入信号中有两个或两个以上要求编码时，输出会出现错误编码。而优先编码器则根据编码请求的轻重缓急，规定好这些输入信号允许操作的先后顺序，即优先级别。在电路中，允许同时输入多个编码信号，而电路只对其中优先级别最高的信号进行编码，而不会对优先级别低的信号编码。在优先编码器中，优先级别高的编码信号排斥级别低的。至于优先级别的顺序，这完全是根据实际需要来确定的。

常用的 TTL 优先编码器有如下两种。

(1)10 线-4 线优先编码器 74LS147

74LS147 将 9 个输入信号编成 4 位 BCD 码的反码。图 16-14 所示为 74LS147 引脚示意图，表16-11为 74LS147 的功能表，输入 $\overline{A}_1 \sim \overline{A}_9$ 表示输入为低电平时有效。输出 $\overline{Q}_0 \sim \overline{Q}_3$ 表示输出为低电平有效。低电平输出有效代码也称为负逻辑。若需要将输出转换成高电平有效的代码(或正逻辑)，则需要把 74LS147 的输出反相。

表 16-11　74LS147 的功能表

输入									输出			
$\overline{A}_1$	$\overline{A}_2$	$\overline{A}_3$	$\overline{A}_4$	$\overline{A}_5$	$\overline{A}_6$	$\overline{A}_7$	$\overline{A}_8$	$\overline{A}_9$	$\overline{Q}_3$	$\overline{Q}_2$	$\overline{Q}_1$	$\overline{Q}_0$
1	1	1	1	1	1	1	1	1	1	1	1	1
×	×	×	×	×	×	×	×	0	0	1	1	0
×	×	×	×	×	×	×	0	1	0	1	1	1
×	×	×	×	×	×	0	1	1	1	0	0	0
×	×	×	×	×	0	1	1	1	1	0	0	1
×	×	×	×	0	1	1	1	1	1	0	1	0
×	×	×	0	1	1	1	1	1	1	0	1	1
×	×	0	1	1	1	1	1	1	1	1	0	0
×	0	1	1	1	1	1	1	1	1	1	0	1
0	1	1	1	1	1	1	1	1	1	1	1	0

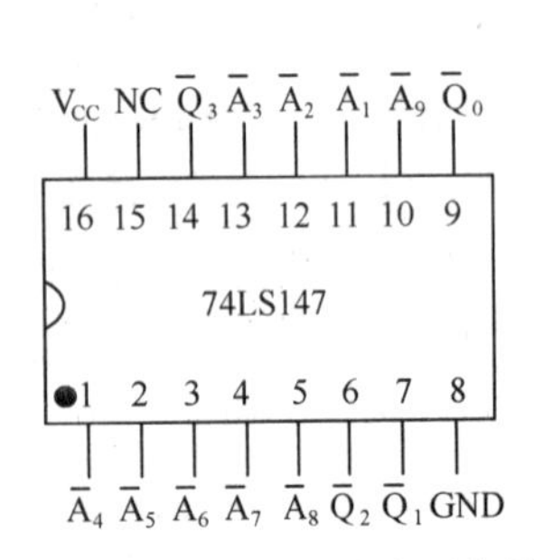

图 16-14　74LS147 引脚示意图

(2) 8 线-3 线优先编码器 74LS148

74LS148 将 8 个输入信号编成 3 位二进制代码的反码。图 16-15 所示为 74LS148 引脚示意图，表 16-12 为 74LS148 的功能表。从表中可以看出，74LS148 的输入和输出信号同样为低电平有效。另外，该芯片还具有两个扩展输出信号 GS 和 EO。

表 16-12　74LS148 的功能表

输入									输出				
EI	$\overline{A}_0$	$\overline{A}_1$	$\overline{A}_2$	$\overline{A}_3$	$\overline{A}_4$	$\overline{A}_5$	$\overline{A}_6$	$\overline{A}_7$	$\overline{Q}_2$	$\overline{Q}_1$	$\overline{Q}_0$	GS	EO
1	×	×	×	×	×	×	×	×	1	1	1	1	1
0	1	1	1	1	1	1	1	1	1	1	1	1	0
0	×	×	×	×	×	×	×	0	0	0	0	0	1
0	×	×	×	×	×	×	0	1	0	0	1	0	1
0	×	×	×	×	×	0	1	1	0	1	0	0	1
0	×	×	×	×	0	1	1	1	0	1	1	0	1
0	×	×	×	0	1	1	1	1	1	0	0	0	1
0	×	×	0	1	1	1	1	1	1	0	1	0	1
0	×	0	1	1	1	1	1	1	1	1	0	0	1
0	0	1	1	1	1	1	1	1	1	1	1	0	1

图 16-15　74LS148 引脚示意图

图 16-16 所示为应用优先编码器 74LS147 对计算机键盘进行编码的电路。按键开关由 1~9 键盘进行控制。按下某按键时相应输入为低电平，使 74LS147 对应的输入有效。例如，当按下按键 9 时，$\overline{A}_9$ 端接收低电平，产生输出代码为 0110，通过 4 个反相器反相后得到正逻辑代码 1001。因此当按下按键 9 时，产生二进制数 1001 的输出代码。

【例 16-8】 某火车站有特快、直快和慢车 3 种类型的列车进出，3 个指示灯一、二、三号分别对应特快、直快和慢车。列车的优先级别依次为特快、直快和慢车，要求当特快请求进站时，无论其

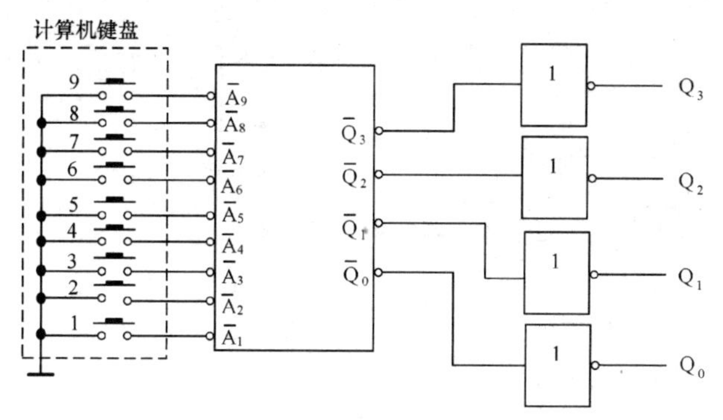

图 16-16 应用 74LS147 对计算机键盘进行编码的电路

他两种列车是否请求进站，一号灯都亮。当特快没有请求、直快请求进站时，无论慢车是否请求进站，二号灯都亮。当特快和直快均没有请求、慢车有请求时，三号灯亮。按要求列出真值表。

解 (1) 分析逻辑命题。设特快、直快和慢车的进站请求分别为 3 个输入信号，用 I_0、I_1、I_2 表示，并规定有进站请求时为 1，没有请求时为 0。3 个指示灯的状态表示 3 个输出信号，用 Y_0、Y_1 和 Y_2 表示，灯亮为 1，灯灭为 0。

电路的逻辑功能是：当输入 I_0 为 1 时，输出 $Y_0Y_1Y_2$=100，一号灯亮，此时 I_1、I_2 可以是 **1** 也可以是 **0**，因此用×表示取任意值；当输入 I_0 为 **0** 且 I_1 为 **1**、I_2 为×时，输出 $Y_0Y_1Y_2$=010；当 I_2 为 **1** 且 I_0 和 I_1 都为 **0** 时，输出 $Y_0Y_1Y_2$=001。

(2) 列真值表。根据题意可列出如表 16-13 所示的真值表。

表 16-13 例 16-8 的真值表

输 入			输 出		
I_0	I_1	I_2	Y_0	Y_1	Y_2
1	×	×	1	0	0
0	1	×	0	1	0
0	0	1	0	0	1

16.3.2 译码器

译码是编码的逆过程。由于编码是将含有特定意义的信息编成二进制代码，因此译码是将每个输入的二进制代码译成对应的输出高、低电平或者另外一个代码。实现译码功能的电路称为译码器。译码器的输出状态是其输入变量各种组合的结果，它既可用于驱动或控制系统其他部分，也可驱动显示器，实现数字、符号的显示。

1. 基本译码电路

图16-17(a)所示电路表示如何用一个与门和两个反相器实现基本译码器。由电路分析可知，只有输入 CBA 为 001 时，输出 Y 才为高电平 1，因此该电路只能识别 001 这一种输入代码。还有一些译码器对每组输入代码都有与之对应的有效输出。图 16-17(b)所示电路表示 2 线-4 线译码器，表 16-14 为该电路的真值表。从真值表可以看出，每一组输入代码都只有一个对应的输出为有效。

某型运输机的气象雷达显示控制系统中有一个信号处理系统，这个信号处理系统中有一个 3 线-2 线译码电路，其作用是将数据进行彩色编码，然后加到扫描电路。表 16-15 所示为该 3 线-2 线译码电路变换表，其中 A、B、C 为视频数据。

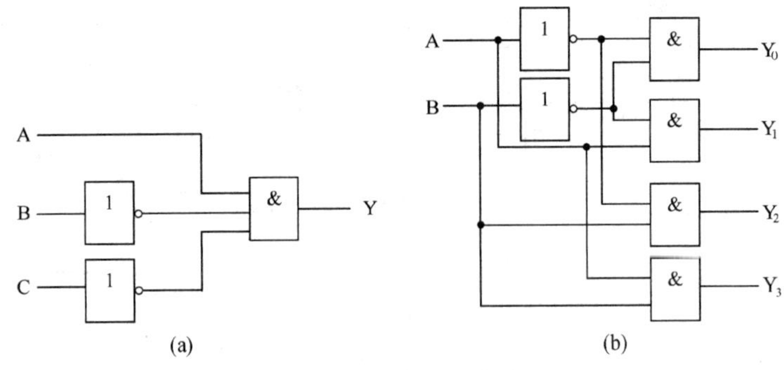

图 16-17　基本译码电路

表 16-14　2 线-4 线译码器真值表

输入		输出			
B	A	Y_0	Y_1	Y_2	Y_3
0	0	1	0	0	0
0	1	0	1	0	0
1	0	0	0	1	0
1	1	0	0	0	1

表 16-15　3 线-2 线译码电路变换表

输入			输出
A	B	C	
0	0	0	0 黑
0	0	1	1 绿
0	1	1	2 黄
1	1	1	3 红

2．数字集成译码器

（1）二-十进制译码器

二进制数到十进制数的转换是译码电路最重要的应用之一。将 4 位 BCD 码的 10 组代码翻译成 0~9 十个对应输出信号的电路，称为二-十进制译码器。由于它有 4 个输入端、10 个输出端，所以又称为 4 线-10 线译码器。图 16-18 所示为 4 线-10 线译码器 74LS42 的引脚示意图。

A_3、A_2、A_1、A_0 为二进制代码输入端；$\overline{Y}_9$~$\overline{Y}_0$ 为输出端，低电平有效。表 16-16 为 74LS42 的功能表。

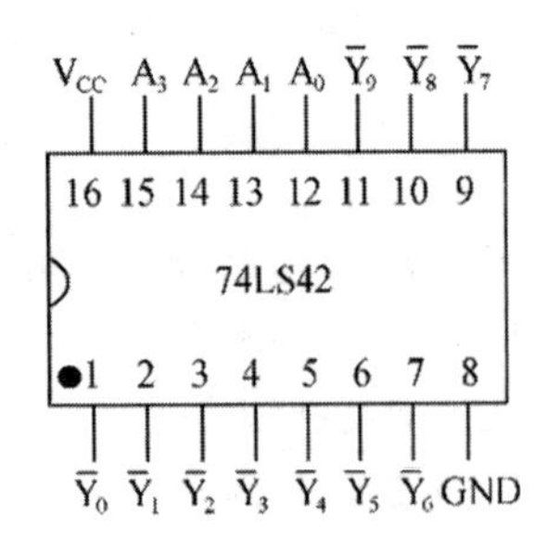

图 16-18　74LS42 的引脚示意图

表 16-16　74LS42 的功能表

序号	输入				输出									
	A_3	A_2	A_1	A_0	$\overline{Y}_0$	$\overline{Y}_1$	$\overline{Y}_2$	$\overline{Y}_3$	$\overline{Y}_4$	$\overline{Y}_5$	$\overline{Y}_6$	$\overline{Y}_7$	$\overline{Y}_8$	$\overline{Y}_9$
0	0	0	0	0	0	1	1	1	1	1	1	1	1	1
1	0	0	0	1	1	0	1	1	1	1	1	1	1	1
2	0	0	1	0	1	1	0	1	1	1	1	1	1	1
3	0	0	1	1	1	1	1	0	1	1	1	1	1	1
4	0	1	0	0	1	1	1	1	0	1	1	1	1	1
5	0	1	0	1	1	1	1	1	1	0	1	1	1	1
6	0	1	1	0	1	1	1	1	1	1	0	1	1	1
7	0	1	1	1	1	1	1	1	1	1	1	0	1	1
8	1	0	0	0	1	1	1	1	1	1	1	1	0	1
9	1	0	0	1	1	1	1	1	1	1	1	1	1	0
伪码	1	0	1	0	1	1	1	1	1	1	1	1	1	1
	1	0	1	1	1	1	1	1	1	1	1	1	1	1
	1	1	0	0	1	1	1	1	1	1	1	1	1	1
	1	1	0	1	1	1	1	1	1	1	1	1	1	1
	1	1	1	0	1	1	1	1	1	1	1	1	1	1
	1	1	1	1	1	1	1	1	1	1	1	1	1	1

从表 16-16 中可以看出，74LS42 的输入为 8421BCD 码，输出 $\overline{Y}_9$~$\overline{Y}_0$ 为低电平有效。二进制代码 1010 ~ 1111 为 8421BCD 码的无效码，称为伪码。当输入伪码时，输出 $\overline{Y}_9$~$\overline{Y}_0$ 都为高电平 1，不会出现低电平 0。因此译码器不会产生错误译码。

(2) 数码显示译码器

在数字系统中处理的是二进制信号，而人们习惯使用十进制数或逻辑运算结果，因此需要用数字显示电路，将数字系统的处理结果用十进制数显示出来以供人们观测、查看，所以数字显示电路是数字系统的重要组成部分。

① 显示器

为了显示 1 位十进制数，采用七段显示器即可。七段显示器有 LED 数码管显示器和 LCD 液晶显示器两种。图 16-19(a)所示为由七段发光二极管组成的 LED 数码管显示器实物图，图(b)为其引脚示意图，利用字段的不同组合，可分别显示出 0 ~ 9 十个数字和 10~15 对应的显示关系，显示如图 16-19(c)所示。

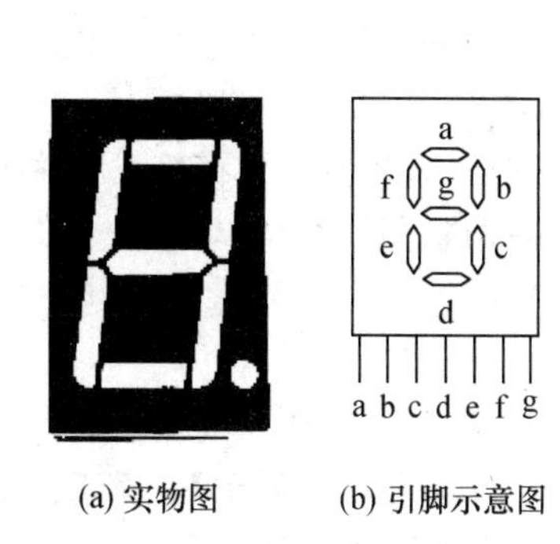

(a) 实物图　　(b) 引脚示意图

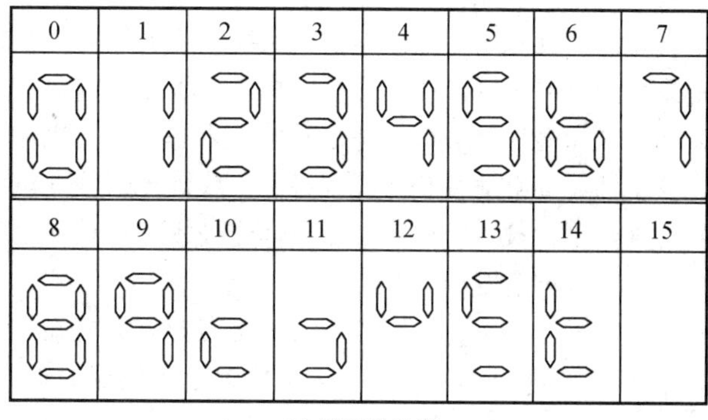

(c) 显示的字形

图 16-19　七段 LED 数码管显示器及显示的字形

LED 数码管显示器的优点是工作电压较低、体积小、寿命长、工作可靠性高、响应速度快、亮度高；主要缺点是工作电流大，每个字段的工作电流约为 10mA。

图 16-20 所示为某型飞机军械综合显示器面板图，其中火箭数量的显示就采用的是七段 LED 数码管显示器。

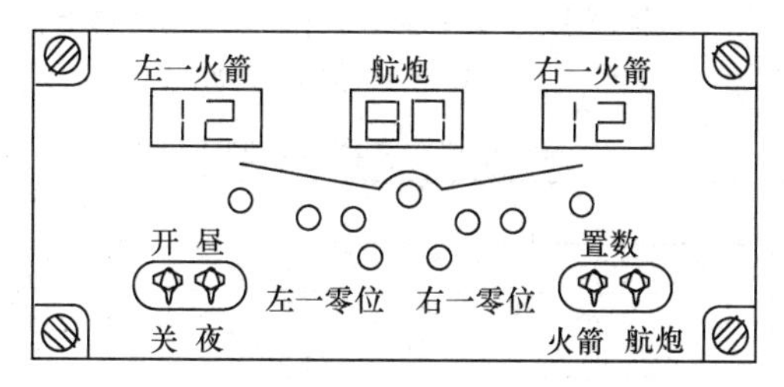

图 16-20　某型飞机军械综合显示器面板图

液晶是液态晶体的简称。它是一种有机化合物，既具有液体的流动性，又具有某些光学特性，其透明度和颜色受外加电场的控制，利用这一特点可做成电场控制的七段 LCD 液晶显示器，字形和七段 LED 数码管显示器相近，其基本原理和电路符号如图 16-21 所示。这种显示器在没有外加电场时，液晶分子排列整齐，此时入射的光线绝大部分被反射回来，液晶呈现透明状态，不显示数字。当在相应字段的电极加上电压时，液晶中的导电正离子做正向运动，在运动过程中不断撞击液晶分子，从而破坏了液晶分子的整齐排列，此时使入射光产生了散射而变得浑浊，使原来透明的液晶变成了暗灰色，从而显示出相应的数字。当外加电压断开时，液晶分子又恢复到整齐排列的状态，显示的数字也随之消失。如将液晶的 7 个电极上按 7 段字形的不同组合加上电压，便可显示出相应的数字。

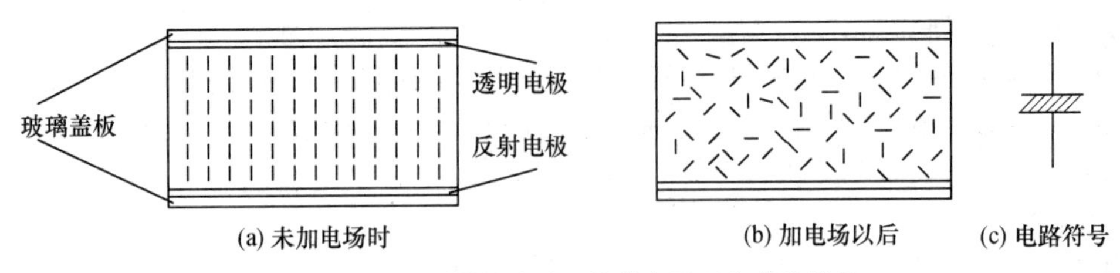

图 16-21　LCD 液晶显示器的基本原理和电路符号

LCD 液晶显示器的最大优点是功耗极小，在 $1mW/cm^2$ 以下。它的工作电压也很低，在 1V 以下仍能工作。因此，LCD 液晶显示器在电子表及各种小型、便携式仪器仪表中得到了广泛的应用。但是由于它本身不会发光，仅仅靠反射外界的光线显示字形，所以亮度较差。由于液晶显示屏具有重量轻、体积小、功耗低、色彩丰富、反射率低、辐射小、接口丰富等诸多优点，在军用飞机上越来越多地采用液晶显示屏。如有些战斗机装备了 3 块液晶显示屏，有些战斗机装备了一平三下共 4 块液晶显示屏。随着现代飞机的快速发展，未来通用飞机座舱显示器的发展趋势可以概括为：高经济性、高安全性、高舒适性和环境友善性，我国未来战斗机座舱显示器的发展应着重在机载高性能计算与信息处理平台技术、机载设备一体化技术、平板显示技术等方面进行长期研究与探索，推动我国军事航空产业向前发展。

② 七段显示译码器

七段显示译码器的输入一般为二-十进制代码，其输出的信号用以驱动显示器件，显示十进制数字。为驱动七段显示器，需要将输入的二-十进制代码（如 8421BCD 码）转换为控制显示器相应段的 7 个电压，以便显示器用十进制数显示出二-十进制代码所表示的十进制数。数字集成译码电路 74LS48 可驱动共阴极七段 LED 数码管显示器，该译码器的 4 个输入端输入 8421BCD 码，其输出端分别对应接在 7 个 LED 的阳极上。当译码器某一输出端为高电平时，与之相连的 LED 发光；反之，某一输出端输出低电平时，对应的 LED 不发光。

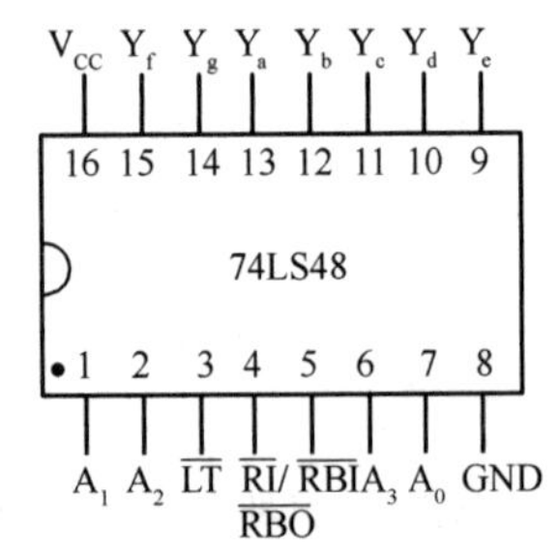

图 16-22　74LS48 引脚示意图

图 16-22 为 74LS48 引脚示意图，表 16-17 为它的功能表。

表 16-17　74LS48 的功能表

十进制数	输入				输出							字形
	A_3	A_2	A_1	A_0	Y_a	Y_b	Y_c	Y_d	Y_e	Y_f	Y_g	
0	0	0	0	0	1	1	1	1	1	1	0	0
1	0	0	0	1	0	1	1	0	0	0	0	1
2	0	0	1	0	1	1	0	1	1	0	1	2
3	0	0	1	1	1	1	1	1	0	0	1	3
4	0	1	0	0	0	1	1	0	0	1	1	4
5	0	1	0	1	1	0	1	1	0	1	1	5
6	0	1	1	0	0	0	1	1	1	1	1	6
7	0	1	1	1	1	1	1	0	0	0	0	7
8	1	0	0	0	1	1	1	1	1	1	1	8
9	1	0	0	1	1	1	1	0	0	1	1	9

74LS48 是一种功能较全面的七段字形显示译码器，它除了通过输出 Y_a~Y_g 驱动 LED，还有其他扩展功能。

灯测试输入$\overline{LT}$：该引脚用于检查七段 LED 数码管显示器各字段能否正常工作。当$\overline{LT}$=0 时，输出 Y_a~Y_g 均为高电平，应显示“8”字形，说明显示器工作正常。

灭灯输入$\overline{RI}$：当$\overline{RI}$=0 时，这时不管$\overline{LT}$和 A_3~A_0 输入的代码如何，输出端 Y_a~Y_g 均为低电平，显示器熄灭。即$\overline{RI}$优先级别最高。

灭零输入$\overline{RBI}$：该引脚的作用是有条件的，只有当输入 A_3~A_0 均为 0，且$\overline{RBI}$=0 时，输出端 Y_a~Y_g 均为低电平，显示器熄灭。若$\overline{RBI}$=0，而 A_3~A_0 不为 0 时，此时显示器不会熄灭，显示的数码与 A_3~A_0 这 4 位代码相对应。

灭零输出$\overline{RBO}$：$\overline{RBO}$与$\overline{RI}$是同一个引脚，当这一引脚不输入信号时，可得到一个输出信号。输出信号是 0 还是 1，与 A_3~A_0 的输入及$\overline{RBI}$有关，当输入 A_3~A_0 均为 0 且$\overline{RBI}$=0 时，$\overline{RBO}$输出为 0；当输入 A_3~A_0 不为 0 或$\overline{RBI}$不为 0 时，$\overline{RBO}$输出为 1。

在实际应用中，有许多译码器集成芯片可供选用，它们的使用场合非常广泛。例如，数字仪表中的各种显示译码器；计算机中的地址译码器、指令译码器；通信设备中由译码器构成的分配器及各种代码变换译码器等。

16.3.3 加法器

加法器是数字系统中的基本运算器件，它不仅用于算术运算(加法、减法、乘法和除法)，还用于计数和地址运算等。在数字电路中，加法器主要有半加器和全加器两种。

1. 半加器

一个半加器的输入为两个二进制加数，产生的输出为一个本位和与一个输出进位。

二进制数相加的基本规则为

$$0+0=0;\ 0+1=1;\ 1+0=1;\ 1+1=10$$

根据上述规则，可列出半加器的真值表。设两个加数分别为 A 和 B，输出的和用 S 表示，输出进位用 C 表示，则半加器的真值表如表 16-18 所示，并由此可写出它的输出表达式为

$$\begin{cases}S=\overline{A}B+A\overline{B}\\C=AB\end{cases}$$

可见，半加器可由一个异或门和一个与门组成。逻辑电路图如图 16-23(a)所示，图(b)为其逻辑符号，CO 为进位输出符号。

表 16-18 半加器真值表

A	B	S	C
0	0	0	0
0	1	1	0
1	0	1	0
1	1	0	1

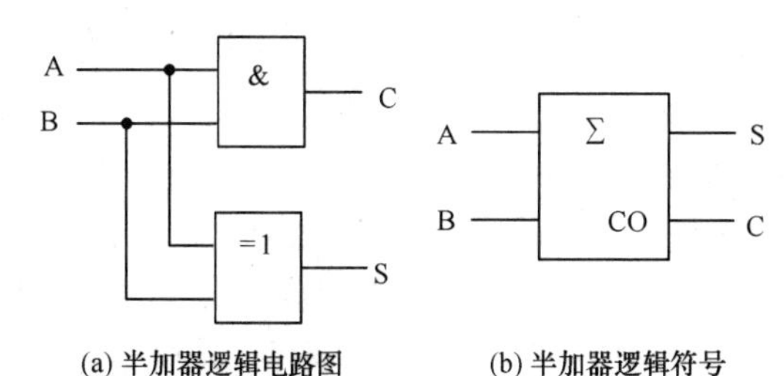

(a) 半加器逻辑电路图　　(b) 半加器逻辑符号

图 16-23 半加器

半加器也可由其他器件构成，如一项最新研究成果仅用 5 个晶体管就制造出一个半加器，它是所有逻辑电路中最小的一种，也是首次成功制成基于单电子的半加器。由于这种半加器具有尺寸小、能耗低、运行速度快、多值和灵活等优势，因此单电子半加器有望成为下一代太比特级别的纳米电子设备，也将为超高密度和低能耗的超大规模集成技术提供基础，这也是未来小型移动 IT 系统所面临的最关键问题之一。

2. 全加器

与半加器相比，全加器除具有两个二进制加数外，还具有一个输入进位。设第 i 位二进制数相加时，两个加数和来自低位的进位数分别为 A_i、B_i 和 C_{i-1}，输出本位和数 S_i 和向高位的进位数 C_i，根据二进制数加法计算规律，可列出如表 16-19 所示的全加器真值表，并得到输出表达式为

$$S_i = \overline{A}_i\overline{B}_iC_{i-1} + \overline{A}_iB_i\overline{C}_{i-1} + A_i\overline{B}_i\overline{C}_{i-1} + A_iB_iC_{i-1}$$
$$= A_i \oplus B_i \oplus C_{i-1}$$
$$C_i = A_iB_i\overline{C}_{i-1} + A_i\overline{B}_iC_{i-1} + \overline{A}_iB_iC_{i-1} + A_iB_iC_{i-1}$$
$$= A_iB_i + (A_i \oplus B_i)C_{i-1}$$

表 16-19 全加器真值表

A_i	B_i	C_{i-1}	S_i	C_i	A_i	B_i	C_{i-1}	S_i	C_i
0	0	0	0	0	1	0	0	1	0
0	0	1	1	0	1	0	1	0	1
0	1	0	1	0	1	1	0	0	1
0	1	1	0	1	1	1	1	1	1

图 16-24 所示为全加器的逻辑符号。如果要将两个二进制数相加，数字中的每一位都需要一个全加器。那么 2 位数字相加就需要 2 个加法器，4 位数字相加就需要 4 个加法器，以此类推。每个加法器的进位输出与下一个较高位的加法器的进位输入相连，如图 16-25 所示为两位串行加法器，注意最低位相加可使用一个半加器，若使用全加器，它的进位输入端为 0(接地)，因为最低位是没有进位输入的。

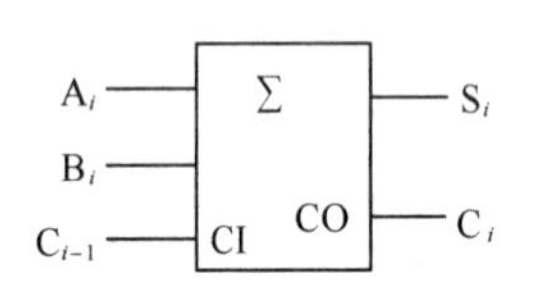

图 16-24 全加器的逻辑符号

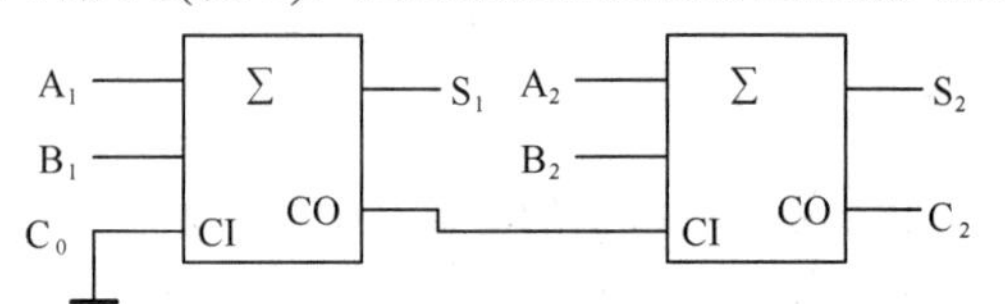

图 16-25 2 位二进制数加法电路

虽然加法器的主要功能是实现二进制数的算术加法运算，但是在数字系统中，加法器能够实现的功能远远不止于此。如随着新一代战机的研制成功，我国的军用飞机设计和制造水平又上了一个新台阶，同时也对试飞测试领域提出了新的测试需求。在试飞环节要求机载传输的图像信号越来越复杂，数量也越来越多，试飞工程师希望在地面通过机载图像无线传输系统所获得的目标图像是二维或三维的高分辨率图像。目前在无线传输系统中所采用的图像压缩技术大多采用乘法和加法运算单元，但这样就使得乘法器、加法器占用较多的片上资源，硬件实现复杂。由于图像传输的实时性对试飞测试本身是非常重要的，如何减少压缩的运算时间和运算量以实现高速传输已成为试飞测试领域的研究热点。

小　结

1. 数字集成电路的内部电路相当复杂，集成电路的引脚排列方式也不尽相同，掌握集成电路芯片的引脚识别方法，能够通过逻辑功能表分析集成电路芯片的输出与输入之间的逻辑关系。

2. 组合逻辑电路是由各种门电路组成的没有记忆功能的电路。它的特点是任一时刻的输出信号只取决于该时刻输入信号的取值组合，而与电路原来所处的状态无关。

3. 组合逻辑电路的分析步骤是根据给定的逻辑电路逐级写出输出逻辑函数表达式，然后进行必要的化简，在获得最简逻辑函数表达式后，列出真值表，进行功能判别。

4. 组合逻辑电路的设计步骤与分析步骤相反，根据要完成的某项功能列出真值表后，获得逻辑函数表达式并进行必要的化简，再根据要求画出逻辑电路图。

5. 典型的中规模组合逻辑器件包括编码器、译码器和加法器等。这些组合逻辑器件除具有基本功能外，通常还具有输入使能控制、输出使能控制、输入扩展、输出扩展功能，使其功能更加灵活，便于构成较复杂的逻辑系统。

习 题 16

基础知识

16-1 组合逻辑电路的特点是任意时刻的输出只取决于________的输入信号，而与电路原来的状态无关，所以不具备__________功能，它的基本组成单元是____________。

16-2 编码器的输入是________________，输出是_____________。优先编码器允许几个信号__________，但电路仅对其中_____________的输入优先编码。

16-3 二-十进制编码器是将____________编成相对应的____________。若编制 BCD 码，4 位二进制码可以编成___________个代码，必须去掉其中的___________个代码。

16-4 所谓 3 位二进制译码器，具有______个输入端、______个输出端。对应每一组输入代码，有______个输出端输出有效电平。

16-5 组合逻辑电路的特点是(　　)。

a. 有记忆元件　　b. 输出、输入间有反馈通路

c. 电路输出与以前状态有关　　d. 全部由门电路组成

16-6 组合逻辑电路中，不包含哪种器件？(　　)

a. 与门　　b. 非门　　c. 放大器　　d. 或非门

16-7 一个输出 n 位代码的二进制编码器，可以表示(　　)种输入信号。

a. $2n$　　b. 2^n　　c. n^2　　d. n

16-8 关于译码器，以下说法不正确的是(　　)。

a. 译码器主要由集成门电路构成

b. 译码器有多个输入端和多个输出端

c. 译码器能将二进制码翻译成相应的输出信号

d. 对应输入信号的任一状态，一般有多个输出端输出状态有效

16-9 题图 16-1 所示的 3 个逻辑电路中，能实现 Y=(A+B)(C+D) 的是(　　)。

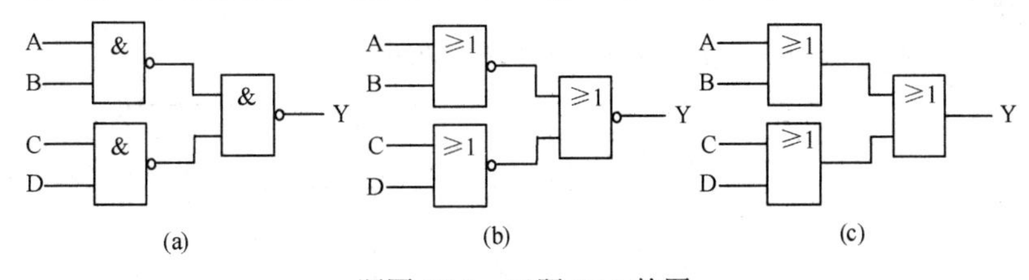

题图 16-1　习题 16-9 的图

16-10 关于加法器、编码器和译码器，以下说法错误的是(　　)。

a. 编码器是将具有特定意义的信息编成相应二进制代码的过程

b. 编码和译码是互逆的过程

c. 8421BCD 码是自然二进制数

d. 全加器不仅要考虑当前相加的两个一位二进制数，还要考虑低位来的进位

16-11 试分析题图 16-2 所示电路的逻辑功能。

16-12 试分析题图 16-3 所示电路的逻辑功能。

16-13 已知输入 A、B、C 和输出 Y 的波形如题图 16-4 所示，试用最少的与非门设计实现此要求的组合逻辑电路。

16-14 如题图 16-5 所示电路中，若 u 为正弦电压，其频率为 1Hz，试问七段 LED 数码管显示什么字母？

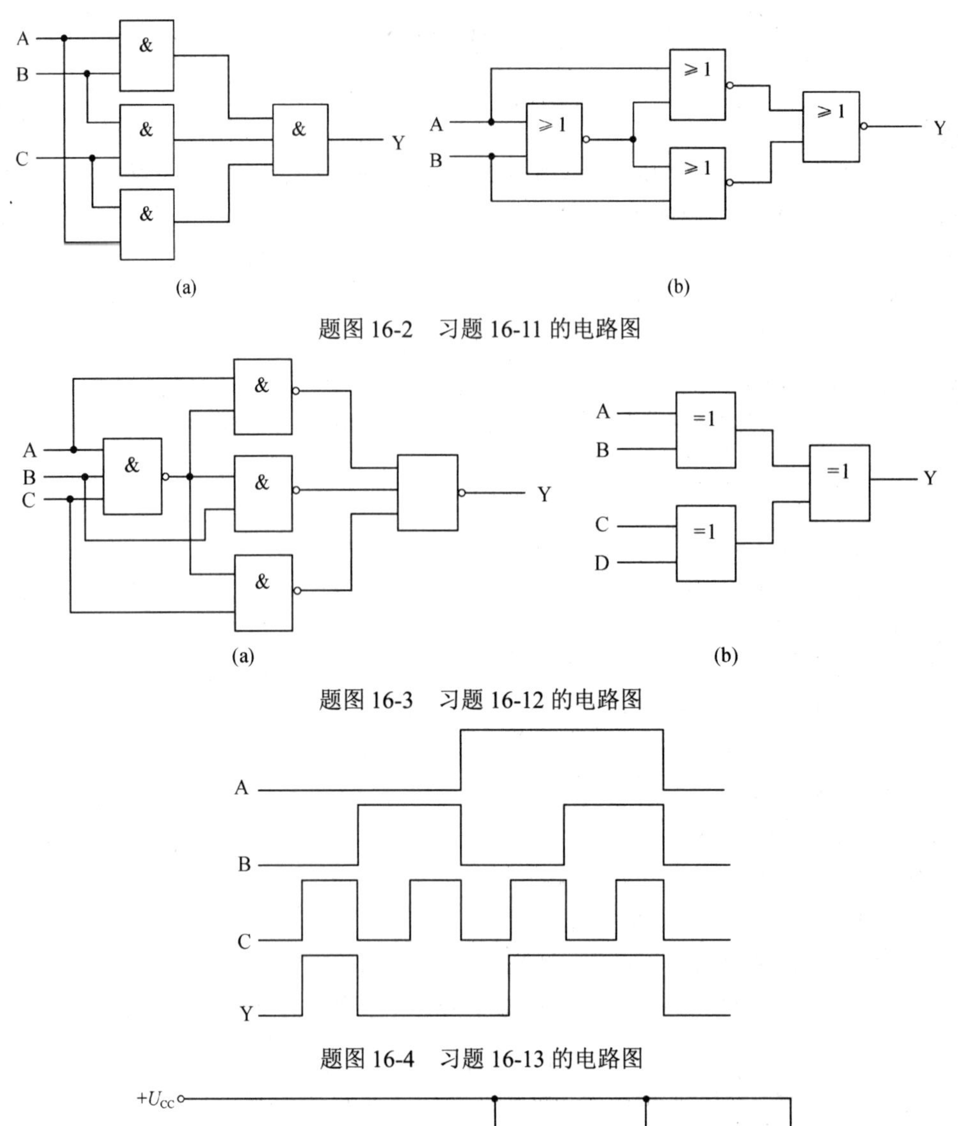

题图 16-2　习题 16-11 的电路图

题图 16-3　习题 16-12 的电路图

题图 16-4　习题 16-13 的电路图

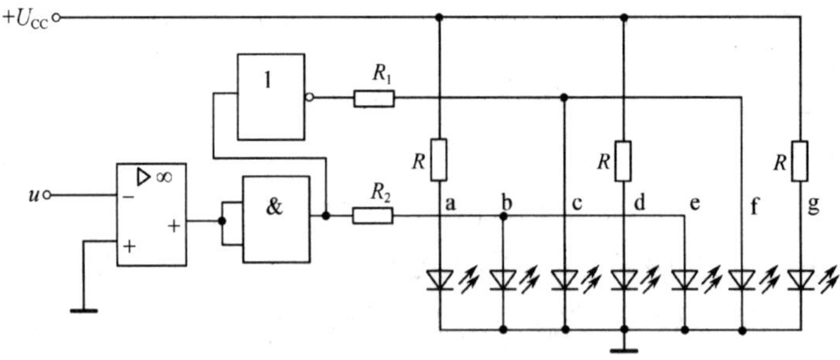

题图 16-5　习题 16-14 的电路图

16-15　试写出表 16-18 中输入与输出的逻辑关系式，并尝试用逻辑电路实现。

16-16　若上题仅使用 2 输入与非门，能否实现？如何连接电路？能否用 3 输入与非门实现？

应用知识

16-17　已知逻辑式 $Y=\overline{\overline{AB}\,\overline{\overline{A}\,\overline{B}}}$，请用两片题图 16-6 所示 74LS00 集成芯片完成该逻辑功能。

16-18　试设计一个 3 输入、3 输出逻辑电路，其中，C 是控制信号，当 C=1 时，输出状态与输入状态相反；当 C=0 时，输出状态与输入状态相同。可以采用各种逻辑功能的门电路实现。

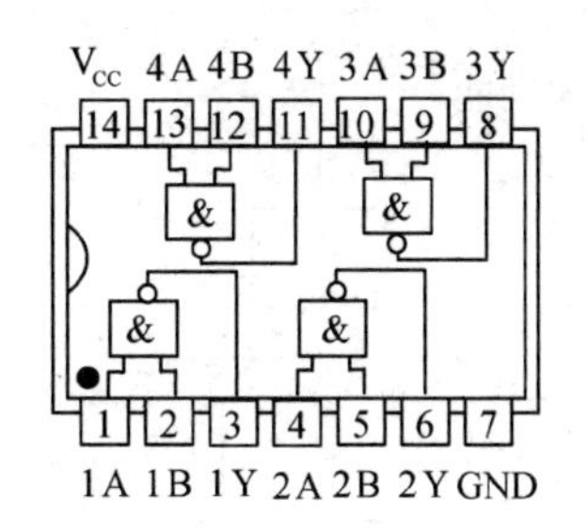

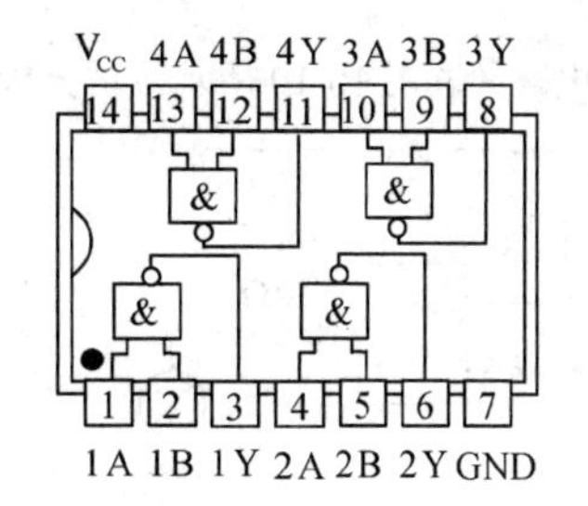

题图 16-6　习题 16-17 的电路图

16-19　题图 16-7(a)和(b)所示为两种用 CT74H 系列与非门驱动发光二极管的电路。设发光二极管的导通电流为 10mA，要求在与非门输入都为高电平时，发光二极管发光，这时选用哪一个电路合适？为什么？

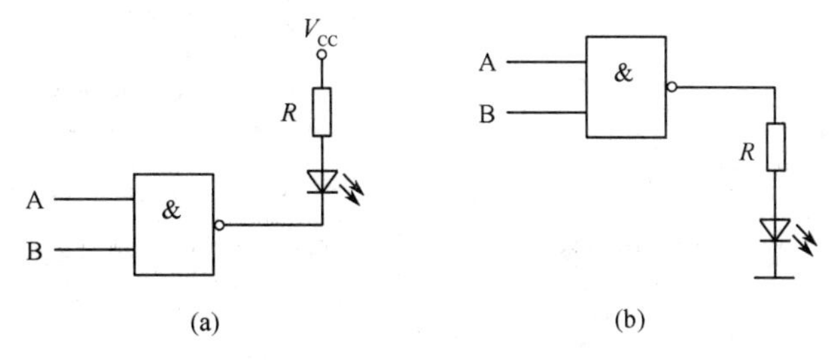

题图 16-7　习题 16-19 的电路图

16-20　化简 $Y=AD+\bar{C}\bar{D}+\bar{A}\bar{C}+\bar{B}\bar{C}+D\bar{C}$，并用 74LS20 双 4 输入与非门组成电路。

16-21　在 3 个输入信号中 A 的优先级别最高，B 次之，C 最低，它们的输出分别为 Y_A、Y_B、Y_C，要求同一时间内只有一个信号输出。如有两个及两个以上的信号同时输入时，则只有优先权最高的有输出。设计一个能实现此要求的组合逻辑电路。

16-22　有一个 T 形走廊，在相会处有一路灯，在进入走廊的 A、B、C 三地各有一个开关，都能独立进行控制。任意闭合一个开关，灯亮；任意闭合两个开关，灯灭；三个开关同时闭合，灯亮。设 A、B、C 代表三个开关(输入变量)，开关闭合其状态为 1，断开为 0；灯 Y 亮(输出变量)为 1，灯灭为 0。(1)试画出由与门、或门、非门组成的逻辑电路；(2)画出由异或门组成的逻辑电路。

16-23　设计一个 4 人表决电路。当表决某一提案时，多数人同意，提案通过；如两人同意，其中一人为董事长时，提案也通过。用与非门设计实现此要求的组合逻辑电路。

16-24　试用 3 线-8 线译码器 CT74LS138 和门电路分别实现下面逻辑函数。

(1) $Y=\bar{A}\bar{B}+BC+A\bar{C}$　　(2) $Y=\bar{A}\bar{B}+AB\bar{C}$　　(3) $Y=\overline{(A+B)(\bar{A}+C)}$

16-25　题图 16-8 所示为一保险柜的防盗报警电路。保险柜的两层门上各装有一个开关 S_1 和 S_2。门关上时，开关闭合。当任一层门打开时，报警灯亮，试说明该电路的工作原理。

16-26　如题图 16-9 所示是两处控制照明灯的电路，单刀双掷开关 A 装在一处，B 装在另一处，两处都可以开关电灯。设 Y=1 表示灯亮，Y=0 表示灯灭；A=1 表示开关向上扳，A=0 表示开关向下扳，B 亦如此。试写出灯亮的逻辑表达式。

16-27　试用两片 CT74LS148 接成 16 线-4 线优先编码器。

16-28　随着电子技术的不断进步，现代数字电路系统使用的是 EDA(电子设计自动化)技术完成数字电路的设计。该技术通常采用 CPLD(复杂可编程逻辑器件)或 FPGA(现场可编程门阵列)完成复杂的逻辑功能。这种技术完全可以将多个中小规模的数字集成电路用一小块芯片实现，具有重量轻、体积小、可靠性高等优点，在航空航天领域也有大量应用。试查阅相关资料，写一篇关于 EDA 技术或可编程逻辑器件的论文，谈谈你对这种技术的认识与展望。

16-29　某一组合逻辑电路如题图 16-10 所示，试分析其逻辑功能。

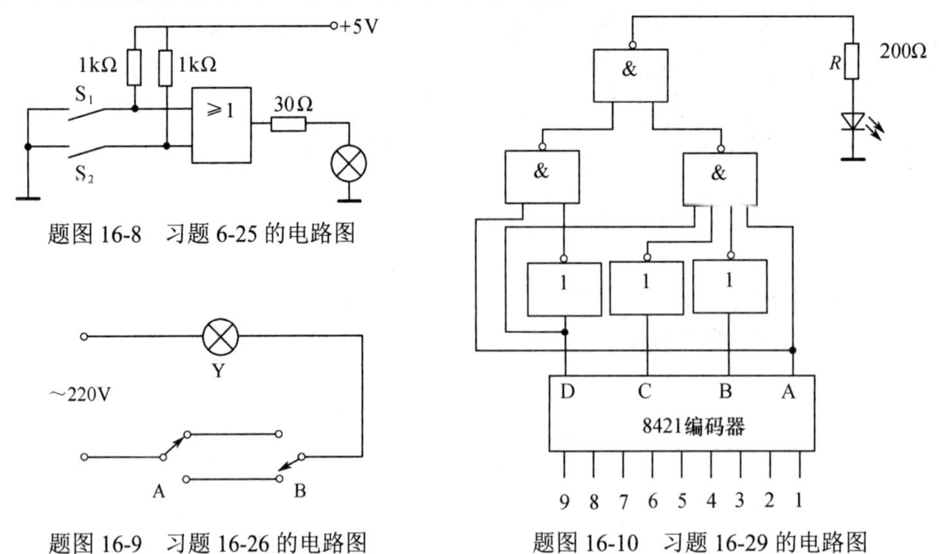

题图 16-8　习题 6-25 的电路图

题图 16-9　习题 16-26 的电路图

题图 16-10　习题 16-29 的电路图

军事知识

16-30　题图 16-11 所示电路为某型飞机无线电罗盘工作波段控制信号形成电路，1~6 波段包容的频率范围分别是 150~279kHz、280~399kHz、400~599kHz、600~899kHz、900~1399kHz、1400~1749kHz。试分析其工作原理。

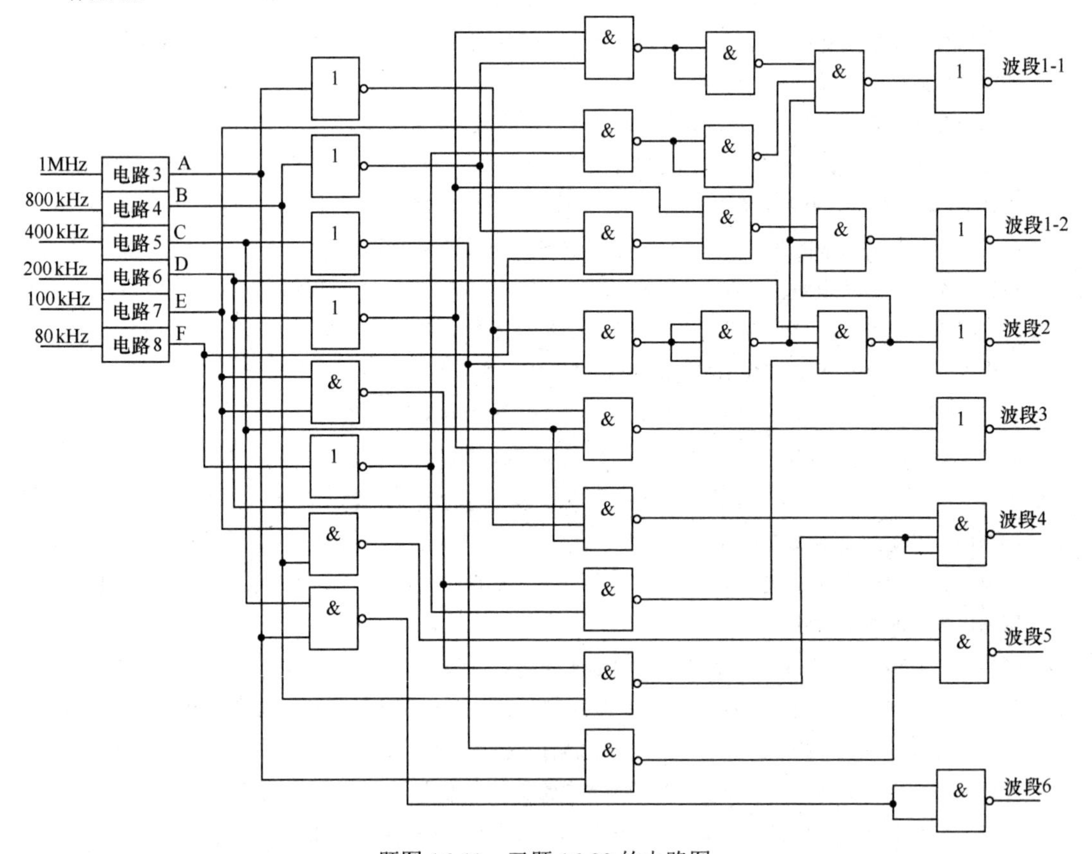

题图 16-11　习题 16-30 的电路图

第 17 章　触发器和时序逻辑电路

引言

触发器(Flip-Flop，FF)是一种应用在数字电路上具有记忆功能的时序逻辑器件，可记录二进制数字 **0** 和 **1**。不管是简单逻辑电路，还是具有组合逻辑功能的器件，它们的输入、输出与时间并没有太大的关系。而触发器的工作是要处理输入信号、输出信号和时钟频率之间的相互影响，要在时钟脉冲信号来到时才会被“触发”而动作，“触发器”的名称由此而来。触发器是构成时序逻辑电路及各种数字系统的基本逻辑单元，是由逻辑门电路组合而成的，其结构大多由 RS 触发器派生而来。

近年来，随着脉冲技术的迅速发展，触发器广泛应用于数字信号的产生、变换、存储等方面。由触发器构成的寄存器和计数器等时序逻辑器件，在通信、雷达、电子计算机、遥控、遥测等领域都发挥着极其重要的作用。

本章主要介绍 RS 触发器的工作原理及其逻辑功能，简要介绍 JK 触发器和 D 触发器的逻辑功能，并介绍寄存器和计数器的基本概念、逻辑功能及其使用方法。

学习目标：

1. 了解时序逻辑电路的特点；
2. 掌握 RS 触发器、JK 触发器和 D 触发器的逻辑功能；
3. 了解寄存器、计数器的基本概念、逻辑功能及其使用方法等。

17.1　基 本 概 念

数字电路可以分为组合逻辑电路和时序逻辑电路两大类。在组合逻辑电路中，它的输出变量状态完全由当时的输入变量的组合状态来决定，而与电路的原来状态无关，即组合逻辑电路不具有记忆功能。但是在大多数数字系统中，除需要具有逻辑运算和算术运算功能的组合逻辑电路外，还需要具有存储功能的电路，组合逻辑电路与存储电路相结合可构成时序逻辑电路，简称时序电路，其结构框图如图 17-1 所示。

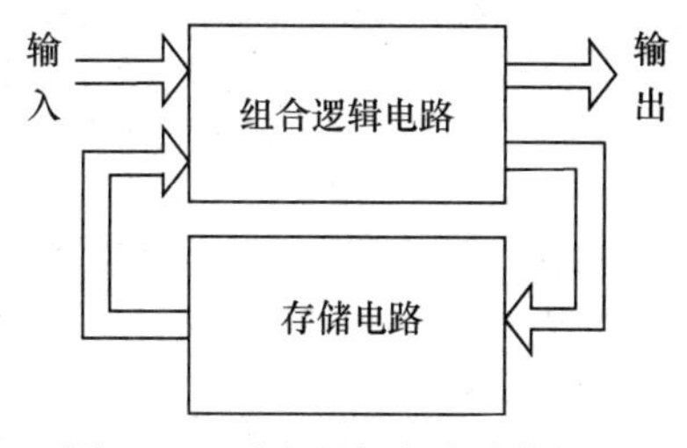

图 17-1　时序逻辑电路结构框图

在日常生活中，时序逻辑电路的实例也非常多，例如楼房电梯的控制便是一个典型的时序逻辑问题。电梯的控制电路需要根据电梯内部和各楼层入口处的按键信号，以及电梯当前的状态来决定电梯的升降，同时将电梯当前所处楼层信号输出到电梯内外。这里，按键信号和所要到达的楼层信号是时序逻辑电路的“输入信号”，升降信号和当前到达楼层的显示则是其“输出信号”。显然，控制电路中必须具有存储单元，以记忆当前电梯所在的楼层。可以定义电梯目前所处楼层为现在的状态，简称“现态”，将要到达的楼层为下一个状态，简称“次态”，楼层的变换即为“状态转换”。由于电梯的升降不仅取决于当前各按键的输入信号，而且还取决于电梯运行的历史状态，例如电梯是从更低的楼层升上来的，若这时电梯内已有人按下更高楼层的按键，或更高的楼层有人召唤，电梯则应向高一层转换其状态，而忽略电梯内要求下楼的按键输入或低楼层的召唤信号。这种确定电梯状态如何转换的信号称为“激励信号”。研究输入信号、输出信号、激励信号及现态、次态及其状态转换的关系是时序逻辑电路研究的主要内容。

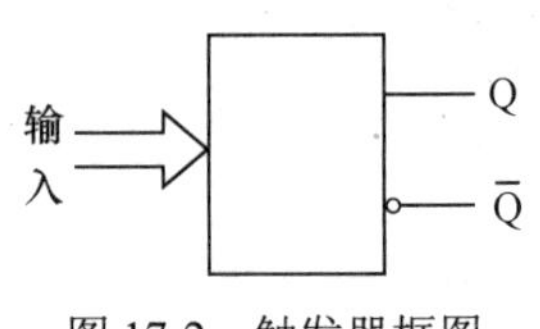

图 17-2 触发器框图

触发器是能够实现存储功能的逻辑单元电路，其框图如图 17-2 所示。它有一个或多个输入端，有两个互补的输出端，分别用 Q 和 $\overline{Q}$ 表示。通常用 Q 端的输出状态来表示触发器的状态。当 Q=1 、$\overline{Q}$=0 时，称为触发器的 **1** 状态，记 Q=1；当 Q=0、$\overline{Q}$=1 时，称为触发器的 **0** 状态，记 Q=0。这两个状态和二进制数的 **1** 与 **0** 对应，由于触发器具有 **0** 和 **1** 两种稳定状态，因此触发器又称为双稳态触发器。

触发器有两个基本特性：①它有两个稳定状态，可分别用二进制数 **0** 和 **1** 来表示；②在输入信号的作用下，触发器的两个稳定状态可互相转换，输入信号消失后，已转换的稳定状态可长期保持下来，这就使得触发器能够记忆二进制信息，常用作二进制存储单元。因此它是一个具有记忆功能的基本逻辑电路，有着广泛的应用。

17.2 触 发 器

触发器是双稳态触发器的简称。双稳态触发器由于能够保持两种不同的稳定输出状态而得名，它具有两个稳定状态，分别为置位(set)和复位(reset)，所以能存储二进制数 **1** 和 **0**。当触发器进入置位状态时存储一位二进制数 **1**，进入复位状态时存储二进制数 **0**。只要电源不切断，电路的输出将一直处于锁定状态。

17.2.1 RS 触发器

1. 基本 RS 触发器

（1）与非门构成的基本 RS 触发器

① 电路结构

把两个与非门 G_1、G_2 的输入、输出端交叉连接，即可构成基本 RS 触发器，其逻辑电路如图 17-3(a) 所示，图(b)为其逻辑符号。

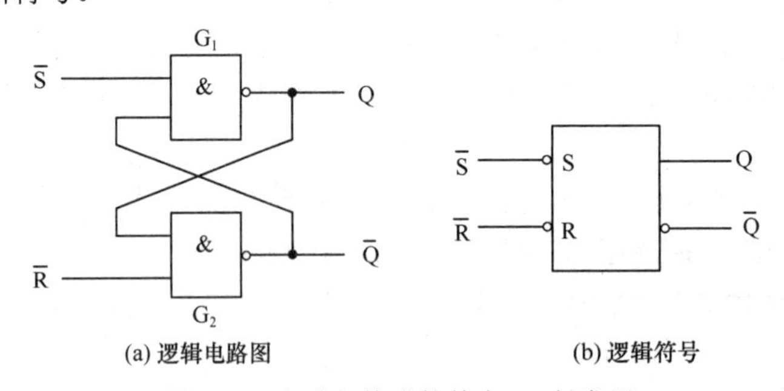

(a) 逻辑电路图　　(b) 逻辑符号

图 17-3 与非门构成的基本 RS 触发器

基本 RS 触发器有两个输入端 $\overline{R}$ 、$\overline{S}$ 和两个输出端 Q、$\overline{Q}$ 。输入端的两个小圆圈表示这种触发器是低电平 0 触发。在输出端，$\overline{Q}$ 的输出端也有一个小圆圈，它表示输出 $\overline{Q}$ 与输出 Q 的状态相反。

② 工作原理

由图 17-3(a)可知，触发器的逻辑函数表达式为

$$Q=\overline{\overline{S}\overline{Q}}，\overline{Q}=\overline{\overline{R}Q}$$

根据输入信号 $\bar{R}$ 和 $\bar{S}$ 不同状态的组合，触发器输出与输入之间的关系有 4 种情况，现分析如下。

- $\bar{R}=0$、$\bar{S}=1$

在这种情况下，根据与非门的逻辑功能“有 **0** 出 **1**”，因此在这个电路中首先能判定 G_2 门的输出 $\bar{Q}=\overline{\bar{R}\cdot Q}=1$，此时 $Q=\overline{\bar{S}\cdot\bar{Q}}=0$。

- $\bar{R}=1$、$\bar{S}=0$

分析方法同上述过程一致，在这种情况下 $Q=1$、$\bar{Q}=0$。

综上所述，当触发器的两个输入端为不同的电平时，它的两个输出端 Q 和 $\bar{Q}$ 有两种互补的稳定状态。一般规定触发器 Q 端的状态作为触发器的状态。$Q=1$、$\bar{Q}=0$ 时称触发器处于 **1** 态，反之触发器处于 **0** 态。$\bar{R}=0$、$\bar{S}=1$ 使触发器置 **0**，或称复位，因此复位的决定条件是 $\bar{R}=0$，故称 $\bar{R}$ 为复位端(或置 **0** 端)。同理 $\bar{S}$ 称为置位端(或置 **1** 端)。

- $\bar{R}=1$、$\bar{S}=1$

在这种情况下，$\bar{Q}=\overline{\bar{R}\cdot Q}=\overline{1\cdot Q}=\bar{Q}$，$Q=\overline{\bar{S}\cdot\bar{Q}}=\overline{1\cdot\bar{Q}}=Q$，即触发器保持原来的状态不变。触发器保持原来的状态时，输入端都加非有效电平(高电平 1)；需要触发翻转时，按要求在某一输入端加一负脉冲，例如在 $\bar{S}$ 端加负脉冲使触发器置 **1**，该脉冲信号回到高电平后，触发器仍维持 1 状态不变，相当于把 $\bar{S}$ 端某一时刻的电平信号存储起来，这体现了触发器具有记忆功能。

- $\bar{R}=0$、$\bar{S}=0$

当 $\bar{R}$ 和 $\bar{S}$ 同时加低电平 **0** 时，两个与非门的输出都是 **1**，这就达不到 Q 和 $\bar{Q}$ 的状态应该相反的逻辑要求。若此时 $\bar{R}$ 和 $\bar{S}$ 同时回到高电平 **1**，由于门电路的传输延迟时间不可能完全一致，将导致无法确定触发器将回到 1 还是 0。因此，在正常工作时，输入信号 $\bar{R}=0$、$\bar{S}=0$ 这种情况应禁止出现。

表 17-1　与非门构成的 RS 触发器的逻辑功能

$\bar{R}$	$\bar{S}$	Q	触发器功能
0	1	0	置 0
1	0	1	置 1
1	1	不变	保持
0	0	不定	不定

综上所述，与非门构成的 RS 触发器的逻辑功能如表 17-1 所示。

（2）或非门构成的基本 RS 触发器

RS 触发器也可以用两个或非门构成，如图 17-4 所示，其中图(a)所示为逻辑电路图，图(b)为逻辑符号。

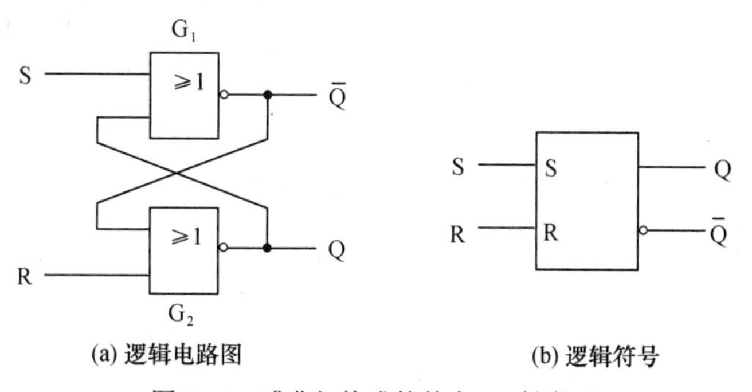

(a) 逻辑电路图　　(b) 逻辑符号

图 17-4　或非门构成的基本 RS 触发器

这种触发器的触发信号是高电平有效，因此在逻辑符号方框外侧的输入端处无小圆圈。

由图 17-4(a)可得触发器的逻辑函数表达式为

$$Q=\overline{R+\bar{Q}}，\quad \bar{Q}=\overline{S+Q}$$

根据前面的分析方法可以分析出 R 和 S 为不同状态组合时触发器的状态，如表 17-2 所示。在这种 RS 触发器中也有置 **0** 端，仍然是输入端 R，但是与前面介绍的与非门构成的 RS 触发器不同之处，在于由或非门构成的 RS 触发器在置 **0** 时，要给 R 端加 **1**，也就是有效信号为高电平 **1**。

上述介绍的与非门构成的 RS 触发器和或非门构成的 RS 触发器是构成各种功能触发器的基本组成部分，因此又称为基本 RS 触发器。

运用基本 RS 触发器可消除机械开关振动引起的脉冲。机械开关接通时，由于振动会使电压或电流波形产生“毛刺”，如图 17-5(a)、(b)所示。在电子电路中，一般不允许出现这种现象，因为这种干扰信号会导致电路工作出错。

表 17-2 或非门构成的 RS 触发器的逻辑功能表

R	S	Q	触发器功能
0	1	1	置 1
1	0	0	置 0
0	0	不变	保持
1	1	不定	不定

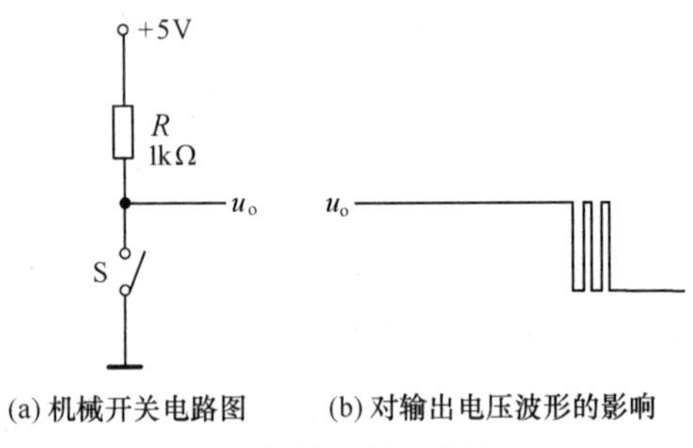

(a) 机械开关电路图　(b) 对输出电压波形的影响

图 17-5 机械开关工作情况

现代战机座舱的电门、按钮较多，利用基本 RS 触发器的记忆作用可以消除机械开关振动所产生的影响，开关与触发器的连接方式如图 17-6(a)所示。设单刀双掷开关原来与 B 点接通，这时触发器的状态为 **0**。当开关由 B 拨向 A 时，其中有一短暂的悬空时间，这时触发器的 R、S 均为 **1**，Q 仍为 **0**。中间触点与 A 接触时，A 点的电位由于振动而产生“毛刺”。但是首先是 B 点已经为高电平，A 点的电位一旦出现低电平，触发器的状态翻转为 **1**，即使 A 点再出现高电平，也不会再改变触发器的状态，所以 Q 端的电压波形不会出现“毛刺”现象，如图 17-6(b)所示。

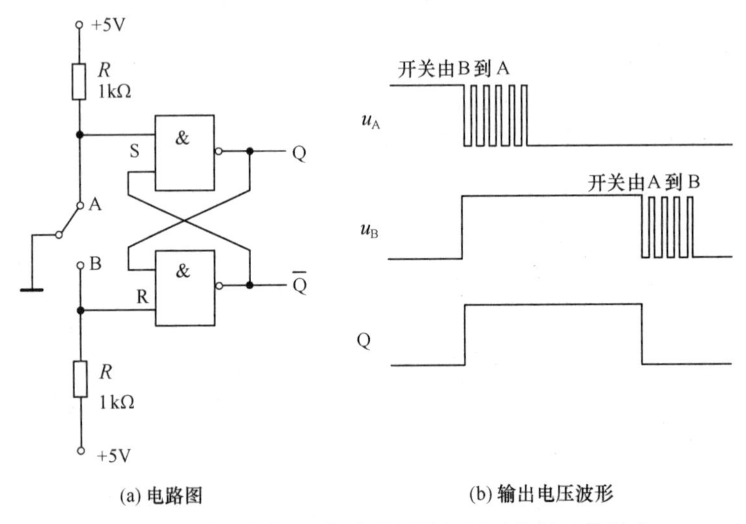

(a) 电路图　(b) 输出电压波形

图 17-6 利用基本 RS 触发器消除机械开关振动的影响

2. 时钟控制 RS 触发器(钟控 RS 触发器)

从上述分析可以看出，基本 RS 触发器的输出状态是由输入信号 R 或 S 直接控制的，只要输入信号发生变化，输出状态就会随之发生变化。典型的数字电子系统包含数千个触发器，为全面协调数字系统的运行，确保每个器件在正确的时刻运行，都用时钟信号来控制每个触发器。因此，时钟信号控制触发器什么时候打开或封锁，控制输出什么时候改变状态，这个时刻就需要由外加控制电路来决定。

（1）电路结构

图 17-7 所示为钟控 RS 触发器，除置 **1**、置 **0** 输入端外，又增加了一个触发信号输入端——时钟信号输入端 CP，只有触发信号变为有效电平后，触发器的输出状态才由输入信号的状态决定。通常这个触发信号称为时钟脉冲信号，它是一个周期一定的脉冲信号，简称时钟信号 (Clock Pulse，CP)。通过控制 CP 的电平，可以实现多个可控 RS 触发器同步进行数据触发。

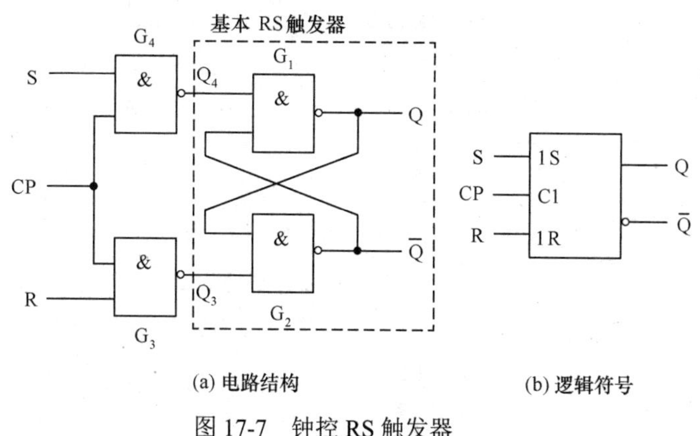

图 17-7　钟控 RS 触发器

图 17-7(a)所示电路为钟控 RS 触发器的电路结构，它是在基本 RS 触发器前增加了一对与非门 G_3、G_4，构成控制电路，用时钟信号 CP 控制触发器的工作状态，只有当 CP 为高电平时，S 和 R 才会被反相并送至基本 RS 触发器的输入端。图 17-7(b) 为钟控 RS 触发器的逻辑符号。

（2）工作原理

钟控 RS 触发器的输出状态与时钟脉冲 CP 有关，每个 CP 脉冲作用前(高电平来到前)触发器的状态 Q 与 CP 脉冲作用后触发器新的状态 Q 的含义是不同的。为了进行区分，前者用 Q^n 表示，称为触发器的现态；后者用 Q^{n+1} 表示，称为触发器的次态。

一个触发器的现态和次态是相对时钟脉冲而言的，某一时刻的次态正是下一时钟脉冲触发沿到来之前的现态，这种关系可用图 17-8 来表示。

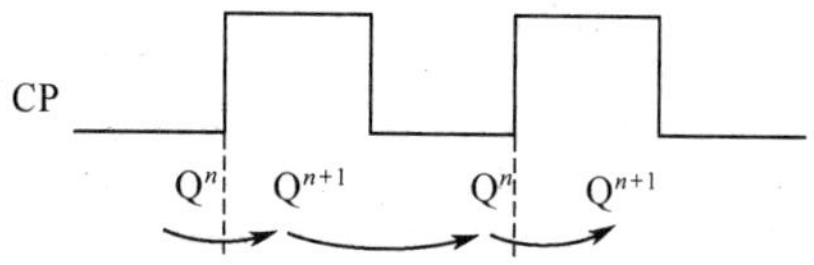

CP　Q^n　Q^{n+1}　Q^n　Q^{n+1}

图 17-8　触发器现态与次态的关系

当 CP=0 时，门 G_3、G_4 被封锁，它们的输出 Q_3、Q_4 始终停留在 **1** 状态，R 和 S 端的信号无法通过门 G_3、G_4 而影响输出状态，故输出保持原来的状态不变，即 $Q^{n+1}=Q^n$。

当 CP=1 时，门 G_3、G_4 解除封锁，R 和 S 端的输入信号才能通过门 G_3、G_4 加到门 G_1、G_2 组成的基本 RS 触发器的输入端，此时触发器的状态由输入信号 R 和 S 确定。

根据以上分析，可得出在 CP=1 期间，钟控 RS 触发器的逻辑功能表，如表 17-3 所示。

【例 17-1】 钟控 RS 触发器的 CP、R、S 的波形如图 17-9 所示，设触发器的初始状态 Q=0，$\overline{Q}$=1。试画出触发器的输出波形。

解　由钟控 RS 触发器的逻辑功能表 17-3 可画出其输出端的波形，如图 17-10 所示。

在 CP 为高电平 **1** 期间，如果钟控 RS 触发器的输入信号发生多次变化，其输出状态也会相应发生多次变化，这种现象称为触发器的空翻现象。如图 17-11 所示。

表 17-3　钟控 RS 触发器的逻辑功能表

R	S	Q^n	Q^{n+1}	说明	触发器功能
0	0	0	0	输出状态不变	保持
		1	1		
1	0	0	0	输出状态与 S 相同	置 0
		1	0		
0	1	0	1	输出状态与 S 相同	置 1
		1	1		
1	1	0	—	输出状态不确定	不定
		1	—		

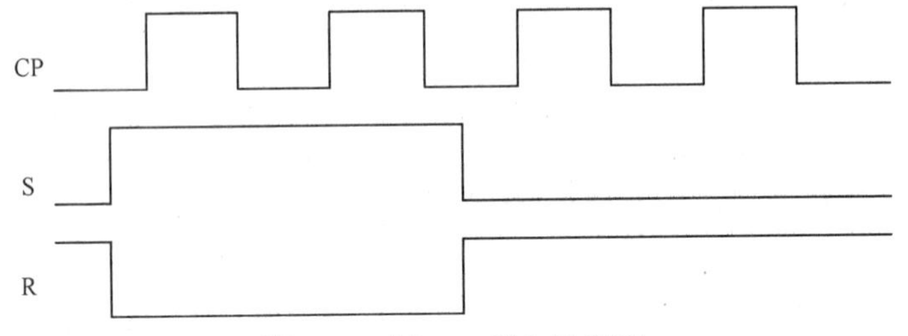

图 17-9　例 17-1 输入波形图

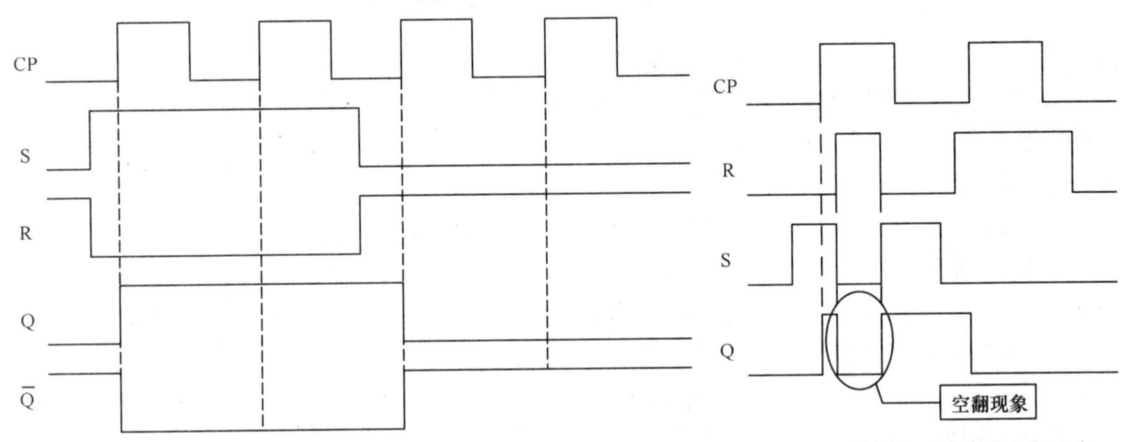

图 17-10　例 17-1 图解

图 17-11　钟控 RS 触发器空翻现象

与基本 RS 触发器相比，钟控 RS 触发器对触发翻转增加了时间控制。由图 17-11 可知，在 CP 为 1 的时间间隔内，因为门 G_3、G_4 处于开启状态，R 和 S 的状态变化就会引起触发器状态的变化。因此这种触发器的触发翻转只是被控制在一个时间间隔内，而不是控制在某一时刻进行。这种工作方式的触发器在应用中受到一定限制。下面介绍的触发器能控制在某一时刻(时钟脉冲的上升沿或下降沿)进行翻转。

3．主从 RS 触发器

（1）电路结构

主从触发器由两级钟控触发器构成：其中一级接收输入信号，其状态直接由输入信号决定，称为主触发器；还有一级的输入与主触发器的输出连接，其状态由主触发器的状态决定，称为从触发器。

由两个钟控 RS 触发器组成的主从 RS 触发器的逻辑电路图如图 17-12 所示，反相器使这两个触发器加上互补的时钟脉冲。

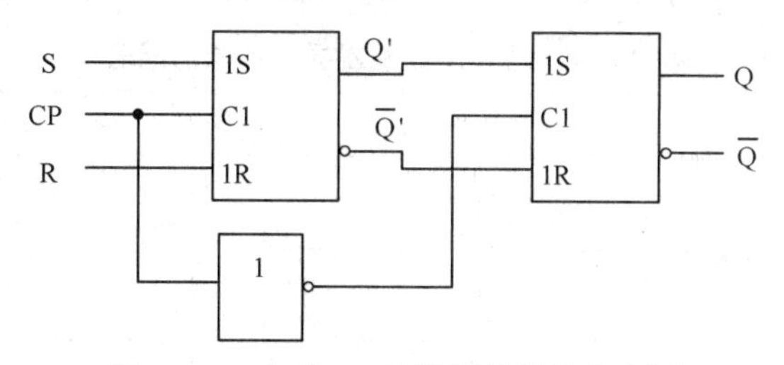

图 17-12　主从 RS 触发器的逻辑电路图

（2）工作原理

当 CP=1 时，主触发器打开，输出 Q′、$\overline{Q}$′ 由 R、S 的状态确定；而对于从触发器，CP 经反相后加于它的输入端，因此从触发器被封锁，其状态不受主触发器输出的影响，或者说这时输出保持状态不变。

在 CP 由 **1** 变 **0** 后，情况则相反，主触发器被封锁，输入信号 R、S 不影响主触发器的状态；而这时从触发器被触发。由于从触发器的翻转是在 CP 由 **1** 变 **0** 时刻(CP 脉冲的下降沿)发生的，CP 一旦到达低电平后，主触发器被封锁，其状态不受 R、S 的影响，故从触发器的状态也不可能再改变，即它只在 CP 由 **1** 变 **0** 时刻触发翻转。因此，来一个时钟脉冲，触发器状态至多改变一次，从而解决了钟控 RS 触发器的空翻问题。

由上述分析可以看出，主从结构的触发器是分两步进行工作的：第一步是在 CP 为高电平 **1** 期间，主触发器打开，接收输入状态并保存在主触发器的输出端；第二步是在 CP 为低电平 **0** 期间，从触发器打开，输出 Q 将根据主触发器的输出状态进行变化。图 17-13(a)、(b)所示分别为主从 RS 触发器的两种逻辑符号。

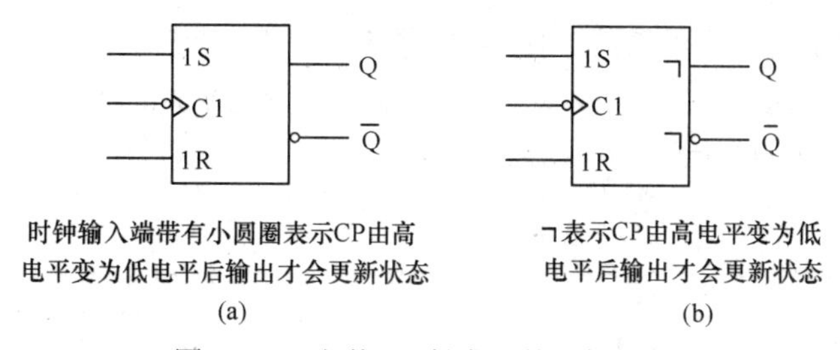

图 17-13　主从 RS 触发器的逻辑符号

在某些应用场合，有时需要在时钟脉冲 CP 的有效电平到达之前预先将触发器置成指定的状态，为此在实用电路中往往还设置有异步置 **1** 输入端 $\overline{S}_D$ 和异步置 **0** 输入端 $\overline{R}_D$，如图 17-14 所示，只要在 $\overline{S}_D$ 或 $\overline{R}_D$ 端加上低电平 **0**，即可立即将触发器置 **1** 或置 **0**，而不受时钟信号和输入信号的控制，触发器在时钟信号控制下正常工作时应使 $\overline{S}_D$ 和 $\overline{R}_D$ 处于高电平。在集成触发器芯片中，所有的触发器均具有置 **1** 端和置 **0** 端，在后面的介绍中不再进行特殊强调。

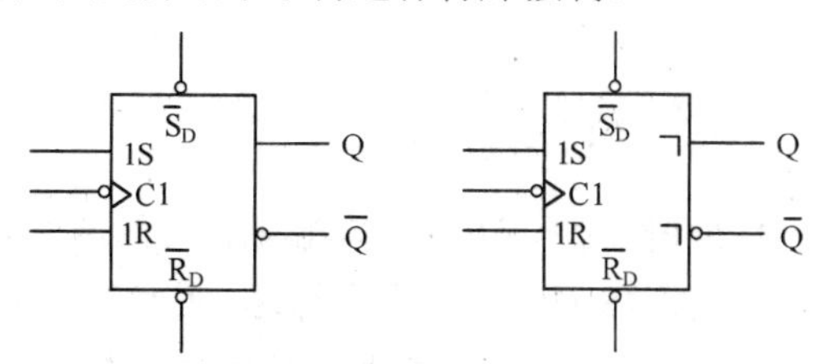

图 17-14　具有清零和置数的主从 RS 触发器逻辑符号

将主从 RS 触发器的逻辑功能列成真值表，就可得到表 17-4 所示主从 RS 触发器的逻辑功能表。

表 17-4　主从 RS 触发器的逻辑功能表

CP	R	S	Q^n	Q^{n+1}	触发器状态
⎍	0	0	0 1	0 1	保持
⎍	0	1	0 1	1 1	置 1
⎍	1	0	0 1	0 0	置 0
⎍	1	1	0 1	— —	不定

将表 17-3 与表 17-4 对比可知，同步 RS 触发器与主从 RS 触发器的逻辑功能是相同的。根据表 17-4 可列出主从 RS 触发器的逻辑函数表达式（特性方程）为

$$\begin{cases} Q^{n+1}=S+\bar{R}Q^n \\ RS=0(\text{约束条件}) \end{cases}$$

【例 17-2】 主从 RS 触发器的 CP、R、S 的波形如图 17-15 所示，触发器的初始状态为 0，即 Q=0 、$\bar{Q}$=1 。试画出输出 Q 和 $\bar{Q}$ 的波形。

解　主从 RS 触发器是下降沿触发工作的，在时钟脉冲 CP 的下降沿到来之前，触发器的输出一直保持原状态不变。

当 CP 的第一个下降沿到来时，此时 S=1 、R=0 、$Q^n=0$，将这 3 个变量值代入主从 RS 触发器的特性方程中，可得

$$Q^{n+1}=S+\bar{R}Q^n=1+\bar{0}\cdot 0=1$$

因此在第一个 CP 脉冲下降沿来到之时，触发器的输出状态变为高电平 **1**，即对应于第一个时钟脉冲作用后的次态为 **1**，这个状态又作为第二个 CP 脉冲下降沿来到之前的现态。以此类推，即可画出输出的波形图，如图 17-15 所示。

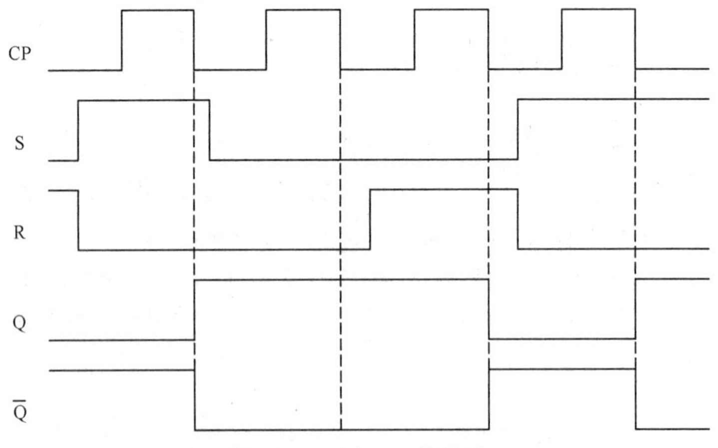

图 17-15　例 17-2 的波形

在时序逻辑电路中，在 CP 脉冲作用下输出变量与输入信号的波形关系又称为时序图。

由于主从 RS 触发器克服了钟控 RS 触发器的空翻问题，因此在实际中具有一定的应用性。如在某型飞机的航管应答机中，就利用了主从 RS 触发器组和其他器件产生询问形式信号、存储接通信号、视频系统的消音信号等。

【例 17-3】电路如图 17-16 所示，其中主从 RS 触发器的引脚示意图和功能表如图 17-17 所示。试分析该电路的功能。

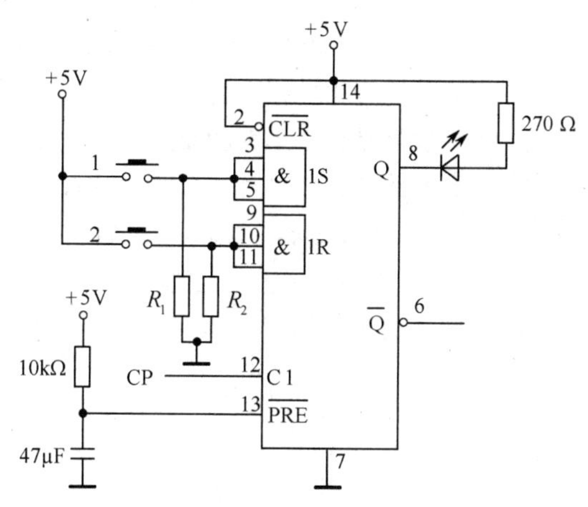

图 17-16　例 17-3 的电路图

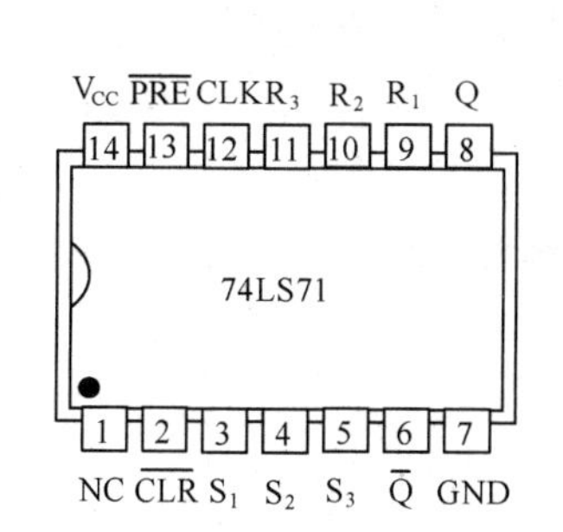

功能表

输入					输出	
置位	清零	时钟	S	R	Q	$\overline{Q}$
L	H	×	×	×	H	L
H	L	×	×	×	L	H
L	L	×	×	×	H	H*
H	H	⎍	L	L	Q_0	$\overline{Q}_0$
H	H	⎍	H	L	H	L
H	H	⎍	L	H	L	H
H	H	⎍	H	H	不定	

$R=R_1\cdot R_2\cdot R_3$，$S=S_1\cdot S_2\cdot S_3$。* 表示不稳定状态。当置位和清除输入回到高电平时，状态将不能保持。Q_0=建立稳态输入条件前 Q 的电平，$\overline{Q}_0$=建立稳态输入条件前 $\overline{Q}$ 的电平。

图 17-17　74LS71 的引脚示意图和功能表

解　该电路表示脉冲触发主从 RS 触发器，用于锁存或解锁一个控制输出端。输出 Q 经过一个发光二极管和限流电阻接至+5V，当输出 Q 为高电平时(置位)发光二极管熄灭，低电平输出时(复位)发光二极管点亮。

所有的置位输入均接在一起并连至发光二极管熄灭按键 1，所有清零输入均接在一起并连至发光二极管点亮按键 2，置位和清零输入端正常情况下通过下拉电阻 R_1、R_2 接低电平(保持)；当按下按键开关时，相应的输入变为高电平。如短暂按下按键 1，则一个时钟脉冲后，输出 Q 将被置为高电平，发光二极管熄灭；相反，如果短暂按下按键开关 2，则一个时钟脉冲后，输出 Q 将复位为低电平，发光二极管点亮。

电路最初通电时，触发器的输出可以是高电平也可以是低电平。为使触发器的输出总在期望的情况下启动，通常需要一个启动电路接至清零输入端或置位输入端。图中 10kΩ的电阻和 47μF 的电容构成慢启动电路，与触发器的置位输入端相连，确保当电路通电时发光二极管最初是熄灭的。

由于 RS 触发器具有 RS=0 的约束条件，这使得它在实际应用中具有一定的局限性。

17.2.2　边沿 D 触发器

D 触发器的 D 代表延迟(Delay)或数据(Data)，当触发脉冲到来时，它的输出与 D 输入端的状态保持一致。一个 D 触发器可以存储一位二进制数据。D 触发器的类型多种多样，有基本 D 触发器、钟控 D 触发器、主从 D 触发器和边沿 D 触发器等。本节只介绍一种常用的边沿 D 触发器。

为用于快速运行的数字电路，有一种触发器是对时钟信号的边沿作出反应，而不是像主从触发器一样是在时钟信号的电平作用下工作。边沿触发器的优点是输入信号不必在时钟信号的整个低电平或高电平期间保持不变。边沿 D 触发器是最常用的触发器之一，对于上升沿触发的 D 触发器来说，其输出 Q 只在时钟脉冲 CP 由 L 到 H 的转换时刻才会跟随输入 D 的状态而变，其他时刻 Q 则维持不变。图 17-18 所示为上升沿触发的 D 触发器的逻辑符号及功能表。

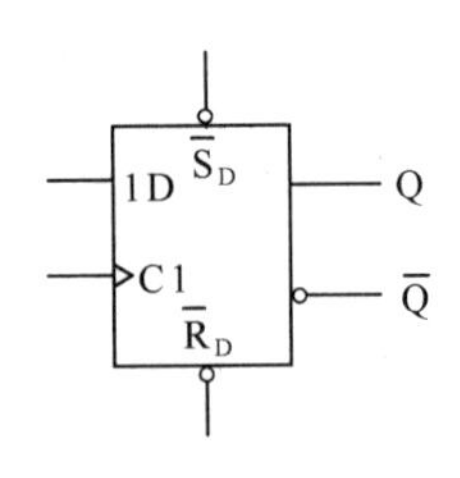

功能表

输入				输出	
$\overline{S}_D$	$\overline{R}_D$	CP	D	Q	功能
L	H	×	×	1	预置
H	L	×	×	0	清零
L	L	×	×	H	不定
H	H	非↑	×	Q^n	保持
H	H	↑	H	H	置 1
H	H	↑	L	L	置 0

图 17-18　上升沿触发的 D 触发器的逻辑符号及功能表

【例 17-4】 边沿 D 触发器的时钟脉冲 CP 和输入信号 D 的波形如图 17-19 所示，试画出触发器输出 Q 的波形。设触发器的初始状态为 0。

解　由于边沿 D 触发器是由时钟脉冲 CP 的上升沿触发工作的，因此在每一个 CP 脉冲的上升沿时刻，$Q^{n+1}=D$。其输出波形如图 17-19 所示。

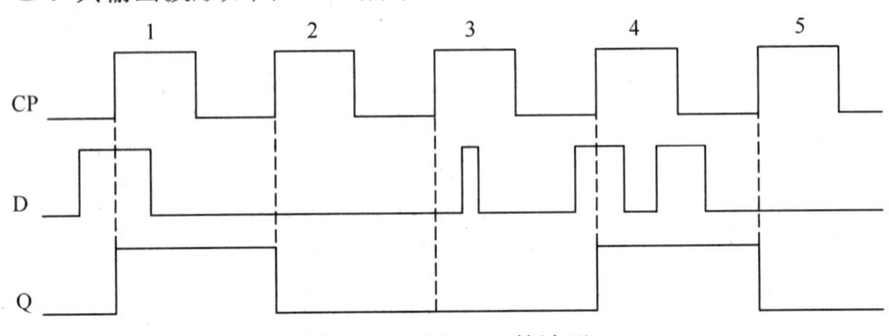

图 17-19　例 17-4 的波形

在某型运输机空管二次雷达应答机的接收系统中，视频放大电路中的视频触发器主要由集成 D 触发器 74AC74 构成，视频触发器的基本原理图如图 17-20 所示。

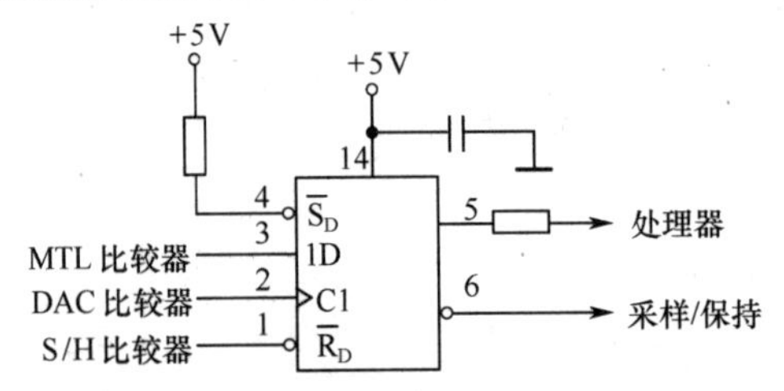

图 17-20　视频触发器的基本原理图

MTL 比较器将输入视频脉冲幅度超过该比较器的最低触发电平的门限值送到 D 输入端。DAC 比较器提供 D 触发器的时钟信号。S/H 比较器的作用是阻止幅度低于询问脉冲 3dB 以上的参考脉冲通过视频触发器。

【例 17-5】 已知逻辑电路如图 17-21 所示，试分析其逻辑功能，并画出各触发器的输出波形。

假设各触发器的初始状态均为 0。

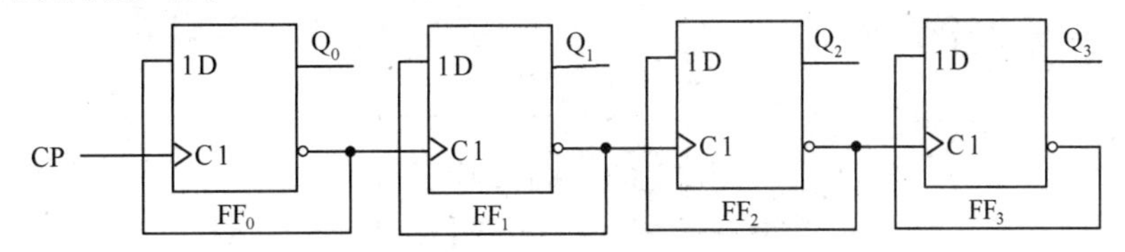

图 17-21　例 17-5 的逻辑电路图

解　首先观察电路可以看出，4 个 D 触发器的基本连接方式是一致的，输入信号 D 均由本级触发器输出 $\bar{Q}$ 的状态所决定。不同之处在于触发器 FF_0 由外接时钟信号 CP 触发，而触发器 FF_1~ FF_3 是由其前一级的输出 $\bar{Q}$ 触发的。

根据分析可画出 4 个触发器的输出波形如图 17-22 所示，并可列出该电路的状态转换真值表（见表 17-5）。

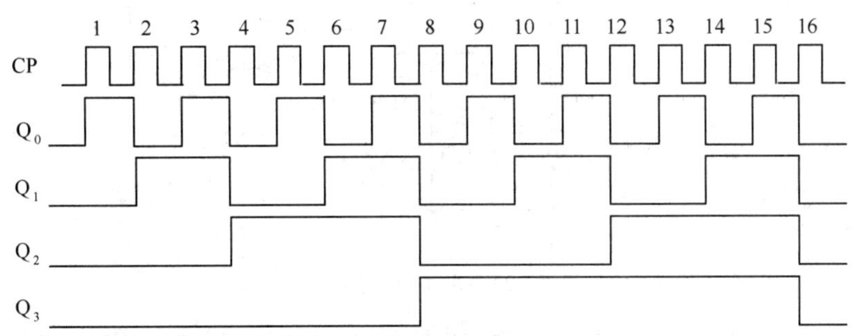

图 17-22　例 17-5 的时序图

表 17-5　例 17-5 的状态转换真值表

CP	Q_3	Q_2	Q_1	Q_0	CP	Q_3	Q_2	Q_1	Q_0
0	0	0	0	0	9	1	0	0	1
1	0	0	0	1	10	1	0	1	0
2	0	0	1	0	11	1	0	1	1
3	0	0	1	1	12	1	1	0	0
4	0	1	0	0	13	1	1	0	1
5	0	1	0	1	14	1	1	1	0
6	0	1	1	0	15	1	1	1	1
7	0	1	1	1	16	0	0	0	0
8	1	0	0	0					

由例 17-5 可得到以下结论：

① 该电路中各触发器没有统一的时钟信号，所以各触发器不是同时更新状态的。我们把只有部分触发器由时钟信号 CP 触发，而其他触发器由电路内部信号触发的电路称为异步时序逻辑电路。

② 当连续输入时钟信号 CP 时，输出 $Q_3Q_2Q_1Q_0$ 是由 0000~1111 递增变化的，当输入第 16 个脉冲时，4 个触发器都回到初始状态，即 $Q_3Q_2Q_1Q_0$=0000 状态，同时 Q_3 输出一个由 1 到 0 负跃变的进位信号。因此，该电路是一个异步 4 位二进制(十六进制)加法计数器。

③ 假设该电路的时钟信号 CP 的频率为 f_0，则输出 Q_0 的频率变为 $f_0/2$，Q_1 的频率为 $f_0/4$，Q_2 的频率变为 $f_0/8$，Q_3 的频率变为 $f_0/16$，即每经过一级触发器输出频率就会被二分频。因此该电路又称为分频器。

如某型航空照相机的基准信号是一个周期为 1s 的矩形脉冲，它需要每隔 2s、4s、10s、20s 时自动拍摄一张照片，此时就需要用分频器来产生所需信号。

【例 17-6】 图 17-23 是供 4 组人员参加智力竞赛的抢答电路。其中采用了含有 4 个 D 触发器的集成电路，试分析电路的工作过程。

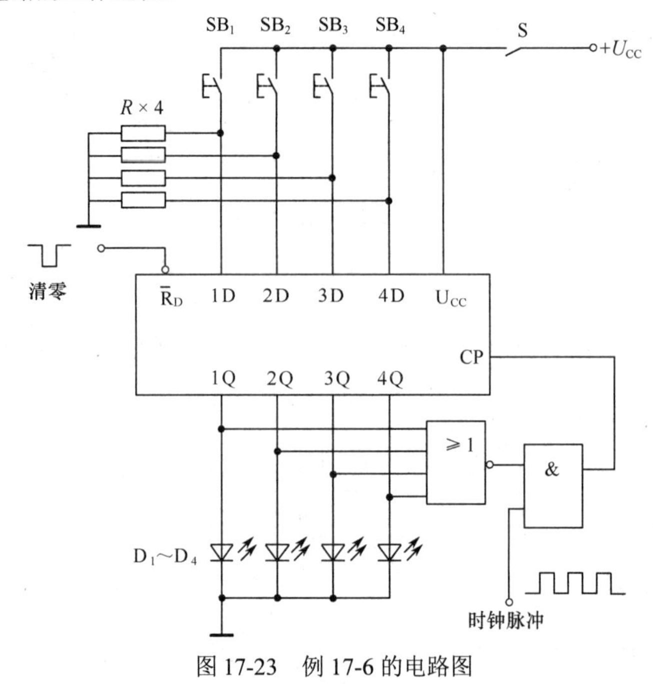

图 17-23　例 17-6 的电路图

解　比赛之前，先闭合电源开关 S，给集成电路供电。然后给 $\overline{R}_D$ 加上清零负脉冲，使 4 个 D 触发器都预置在 0 态。这时，作指示灯用的 4 个发光二极管 D_1~D_4 都不亮，或非门的输入皆为 0，输出为 1，与门被打开，时钟脉冲进入集成电路 CP 端。

4 位参赛者分别手控按钮 SB_1～SB_4，4 人都不按按钮，则 4 个 D 触发器输入皆为 0，它们的输出端 Q 也为 0。抢答时，谁先按下按钮，其所属的 D 触发器输入为 1，输出 Q 也为 1，相应的指示灯亮。与此同时，或非门因有一个输入为 1，其输出变为 0，使与门关闭，其输出始终为 0，时钟脉冲不能再进入 CP 端，其他人再按下按钮已不起作用。

17.2.3　JK 触发器

JK 触发器与 RS 触发器同样具有置位、复位和保持的功能。除此之外，JK 触发器在输入均为高电平时输出不是不定状态而是翻转状态。

JK 触发器具有边沿触发和主从触发两种结构。图 17-24 所示为下降沿触发的 JK 触发器的逻辑符号和功能表。

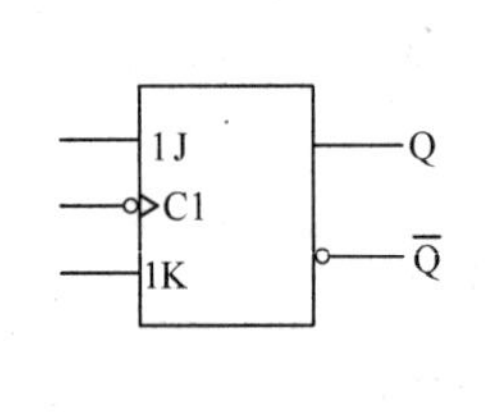

功能表

输入			输出	
CP	J	K	Q	功能
非↓	×	×	Q^n	保持
↓	L	L	Q^n	保持
↓	L	H	L	置 0
↓	H	L	H	置 1
↓	H	H	$\overline{Q}^n$	翻转

图 17-24　下降沿触发的 JK 触发器的逻辑符号及功能表

【例 17-7】 边沿 JK 触发器的时钟脉冲 CP 和输入信号 J、K 的波形如图 17-25 所示，画出输出端 Q 的波形。设触发器初始状态为 0。

解 第 1 个时钟脉冲 CP 下降沿到达时，由于 J=1、K=0，所以在 CP 下降沿作用下，触发器由 0 状态跳变到 1 状态，即 $Q^{n+1}=1$。

第 2 个时钟脉冲 CP 下降沿到达时，由于 J=K=1，触发器由 1 状态翻转到 0 状态，即 $Q^{n+1}=\overline{Q}^n=0$。

第 3 个时钟脉冲 CP 下降沿到达时，由于 J=K=0，触发器保持原状态不变，即 $Q^{n+1}=Q^n=0$。

第 4 个时钟脉冲 CP 下降沿到达时，由于 J=1、K=0，触发器由 0 状态变为 1 状态，即 $Q^{n+1}=1$。

第 5 个时钟脉冲 CP 下降沿到达时，由于 J=0、K=1，触发器由 1 状态再变为 0 状态，即 $Q^{n+1}=0$。

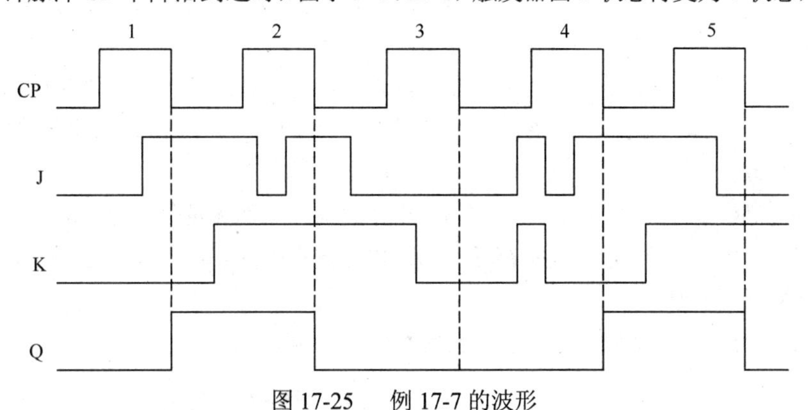

图 17-25　例 17-7 的波形

由于 JK 触发器是一种功能较完善的双稳态触发器，在实际应用中，它不仅有很强的通用性，而且可以灵活地转换成其他类型的触发器。

【例 17-8】 已知时序逻辑电路如图 17-26 所示，试画出 Q_1、Q_2 的输出波形。假设各触发器的初始状态均为 0。

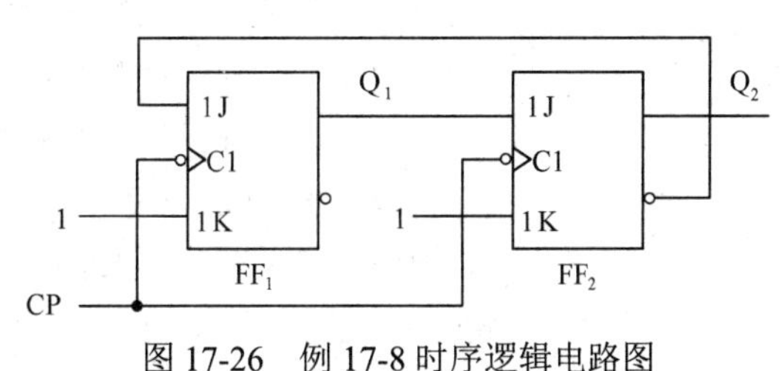

图 17-26　例 17-8 时序逻辑电路图

解 由电路分析可以看出，两个 JK 触发器 FF_1、FF_2 均在时钟脉冲 CP 的下降沿作用下进行触发翻转。经过分析可以画出输出 Q_1、Q_2 的波形，如图 17-27 所示。

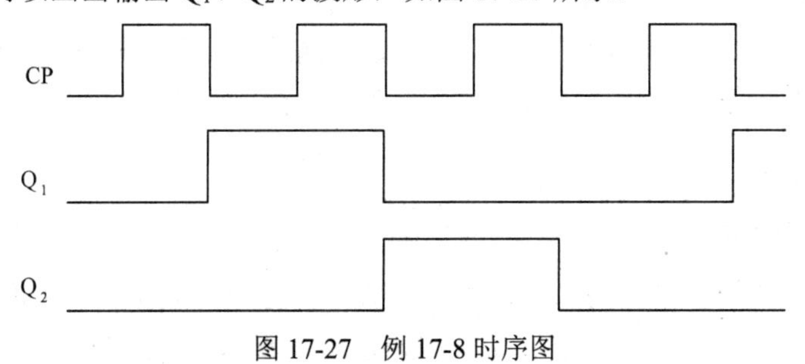

图 17-27　例 17-8 时序图

由例 17-8 可得到以下结论：

① 该电路中两个触发器具有统一的时钟信号，所以各触发器是在同一时刻更新状态的，我们把

全部触发器均由同一时钟信号进行控制的时序电路称为同步时序电路。

② 当连续输入时钟信号 CP 时，输出 Q_2Q_1 的变化规律是 00→01→10→00，共有 3 种输出状态，并呈递增变化，称为三进制加法计数器。

③ $Q_2Q_1=11$ 是电路的无效状态。通过分析可以得到，一旦电路输出出现了无效状态 11，在下一个时钟脉冲作用下，输出状态变为 00，又回到了有效状态。当电路出现了无效状态，经过若干个时钟脉冲的作用，能够回到有效状态中，则这种电路具有自启动功能。

17.3 寄 存 器

寄存器是存放数码、运算结果或指令的电路，寄存的是一组二值代码。目前寄存器被广泛地用于各类数字系统和数字计算机中。因为一个触发器能存储 1 位二进制代码，所以用 N 个触发器组成的寄存器能存储一组 N 位的二进制代码。

对寄存器中的触发器只要求具有置 0、置 1 的功能即可，因而无论是用电平触发的同步触发器，还是边沿触发的触发器，都可以组成寄存器。触发器是寄存器的重要组成部分，除此之外，还需要配有控制作用的逻辑门电路。

寄存器按其功能可分为数码寄存器和移位寄存器两大类。

17.3.1 数码寄存器

数码寄存器又称为基本寄存器。这种寄存器只能将输入数码暂时寄存起来。另外，在数字系统中，为了准确地读取被测量的数值，需要使用一种记忆寄存器，当记忆指令到来时，记忆寄存器能将数码暂时存储起来。

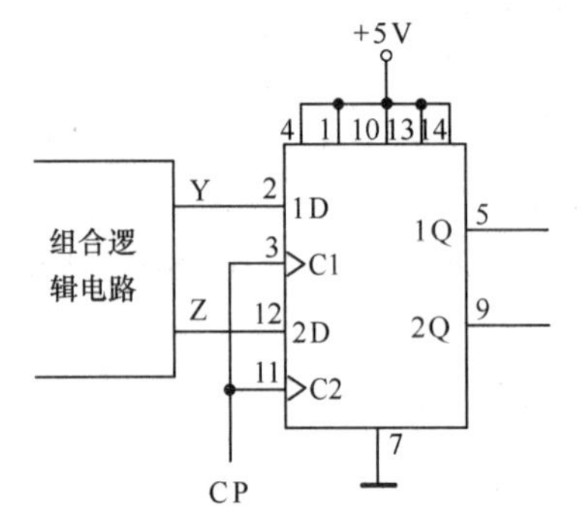

图 17-28 7474 构成两位数码寄存器的电路

图 17-28 所示为集成电路 7474 中的两个 D 触发器构成两位数码寄存器的电路。其中组合逻辑电路产生的两个数据 Y 和 Z，分别加在两个 D 触发器的输入端，当时钟信号的上升沿到来的瞬间，两个 D 触发器把 Y 和 Z 进行存储，一旦两个数据安全存储至 D 触发器，就可以存储起来并在 D 触发器的输出端进行显示，组合逻辑电路可以进行其他的工作。

通过上述介绍可以看出，数码寄存器除可以寄存平时处理的数据外，也可以作为缓冲寄存器使用。缓冲寄存器用于两个速度不匹配的单元之间，将高速度设备进行数据缓冲，防止低速度设备来不及处理而丢失数据。例如在飞机座舱中，飞行员需要从显示器读取各种数据和信息，如果计数速度较高，人眼就无法辨认高速变化的显示字符。在计数器和译码器之间加入一个数码寄存器来控制数据的显示时间，就能够解决这个问题。

17.3.2 移位寄存器

移位寄存器不仅能够寄存数码，而且具有移位功能。移位是数字系统和计算机技术中非常重要的一个功能。在早期计算机中，移位寄存器被用来进行数据处理，即两个相加的数被存储在两个移位寄存器中，然后按照时间脉冲被输出到算术逻辑单元，多出的一位以反馈的形式重新被输入到其中一个移位寄存器(累加器)。在数字通信系统中，移位寄存器广泛用于串行数据和并行数据之间的转换。

所谓移位功能，是指寄存器里存储的代码能在移位脉冲的作用下依次左移或右移。

1．基本移位寄存器的功能

移位寄存器的移位能力是指在寄存器中的数据可以实现从级到级的移动(每一级由一个触发器构成)，或者根据所加时钟脉冲，数据进入/离开寄存器。图 17-29 所示阐述了移位寄存器中的数据移动类型，其中方框表示任意 4 位寄存器，箭头表示数据移动方向。

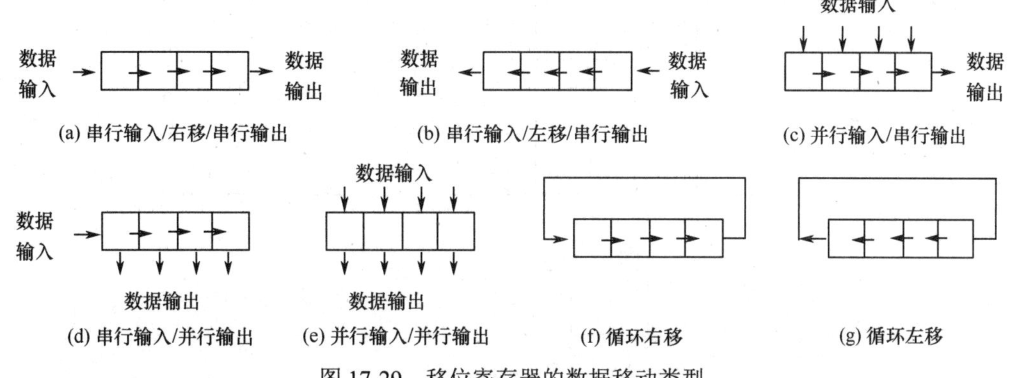

图 17-29　移位寄存器的数据移动类型

2．基本移位寄存器的工作原理

图 17-30 所示为由 4 个边沿 D 触发器组成的 4 位单向右移寄存器。这 4 个 D 触发器公用一个移位脉冲 CP 信号，为同步时序逻辑电路。数码由 FF_3 的 D_3 端串行输入，其工作原理如下。

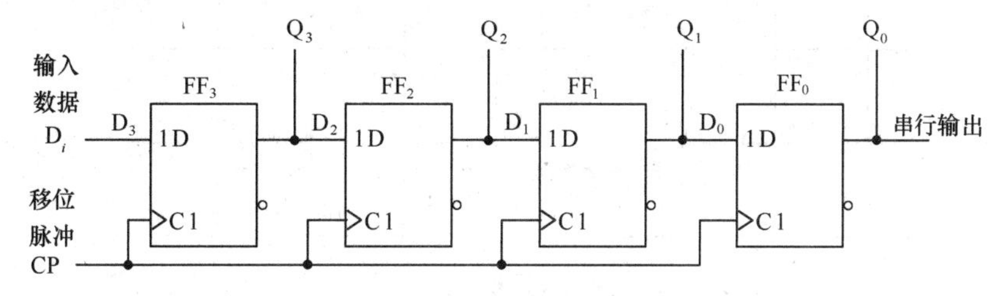

图 17-30　由 D 触发器组成的 4 位单向右移寄存器

设串行输入数码 D_i=1011，同时 FF_0~ FF_3 的初始状态都为 0。

当输入第一个数码 1 时，这时 $D_3=1$、$D_2=Q_3=0$、$D_1=Q_2=0$、$D_0=Q_1=0$，在第一个移位脉冲 CP(时钟脉冲)的上升沿作用下，FF_3 由 0 态翻转为 1 态，第一位数码 1 存入 FF_3 中，其原来的状态 $Q_3=0$ 移入 FF_2 中，数码向右移了一位。同理，FF_1、FF_0 中的数码也都依次向右移了一位。这时，寄存器的状态为 $Q_3Q_2Q_1Q_0=1000$。

当输入第二个数码 1 时，则在第二个移位脉冲 CP 上升沿的作用下，第二个数码 1 存入 FF_3 中，这时 $Q_3=1$，FF_3 中原来的数码 1 移入 FF_2 中，$Q_2=1$。同理 $Q_1=Q_0=0$，移位寄存器中的数码又依次向右移了一位。这样在 4 个移位脉冲过后，输入的 4 位串行数码 1011 全部存入了寄存器中，并由 Q_3、Q_2、Q_1 和 Q_0 并行输出。状态表如表 17-6 所示。由表可知，输入数码依次由高位触发器移到低位触发器。经过 4 个移位脉冲后，4 个触发器输出状态 $Q_3Q_2Q_1Q_0$ 与输入数码 D_i 相对应。

为了加深理解，在图 17-31 中画出了数码 1011 在寄存器中移位的波形，经过 4 个移位脉冲后，1011 出现在触发器的输出端 $Q_3Q_2Q_1Q_0$，这样就将串行输入数据转换为并行输出数据。如果再经过 4 个移位脉冲，就可从 Q_0 得到串行输出数据 1011。

左移寄存器与右移寄存器的电路结构是基本相同的，将图 17-30 稍加改动即可实现寄存器的左移功能。若适当加入一些控制电路和控制信号，就可将右移寄存器和左移寄存器综合在一起，构成双向移位寄存器。

表 17-6　右移寄存器的状态表

移位脉冲CP	输入数据D_i	移位寄存器中的数			
		Q_3	Q_2	Q_1	Q_0
0		0	0	0	0
1	1	1	0	0	0
2	1	1	1	0	0
3	0	0	1	1	0
4	1	1	0	1	1

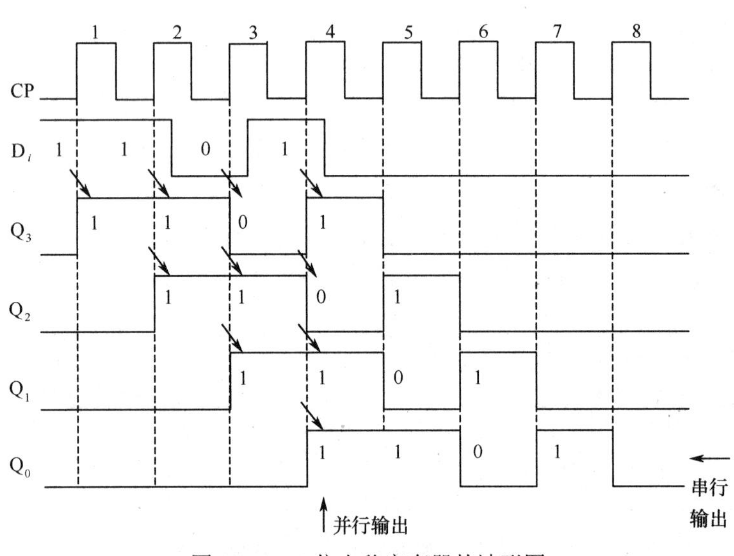

图 17-31　4 位右移寄存器的波形图

3．集成双向移位寄存器

目前国产集成寄存器的种类很多，图 17-32 所示为集成 4 位双向移位寄存器 74LS194 的引脚示意图及其功能表。这种寄存器功能比较全面，既可并行输入，也可串行输入；既可并行输出，又可串行输出；既可右移，又可左移。Q_3、Q_2、Q_1、Q_0是并行输出端，D_3、D_2、D_1、D_0是并行输入端，S_0和S_1是功能控制端。例如串行右移时，令$S_1=0$，$S_0=1$，数码由D_{SR}逐位输入，由Q_0端输出；串行左移时，令$S_1=1$，$S_0=0$，数码从D_{SL}逐位输入，由Q_3端输出；并行输入时，$S_1=1$，$S_0=1$。

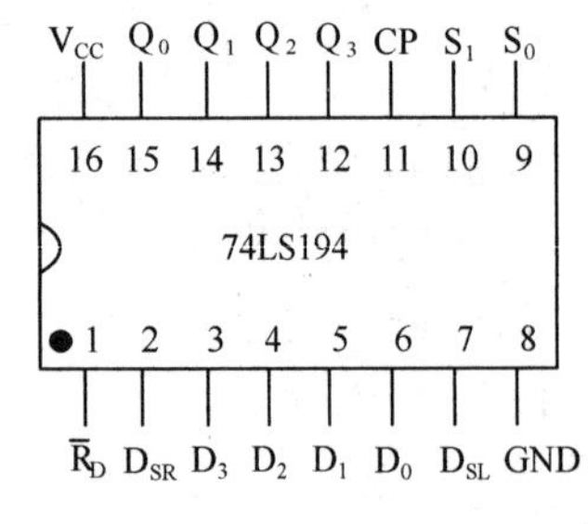

(a) 74LS194引脚示意图

输入								输出			
$\overline{R}_D$	S_1	S_0	CP	D_3	D_2	D_1	D_0	Q_3	Q_2	Q_1	Q_0
0	×	×	×	×	×	×	×	0	0	0	0
1	0	0	↑	×	×	×	×	Q_3^n	Q_2^n	Q_1^n	Q_0^n
1	0	1	↑	×	×	×	×	D_{SR}	Q_3^n	Q_2^n	Q_1^n
1	1	0	↑	×	×	×	×	Q_2^n	Q_1^n	Q_0^n	D_{SL}
1	1	1	↑	d_3	d_2	d_1	d_0	d_3	d_2	d_1	d_0

(b) 功能表

图 17-32　集成双向移位寄存器 74LS194

计算机的核心是 CPU，在 CPU 中有多种不同功能的寄存器，如通用寄存器、中断寄存器、存储器数据寄存器、存储器地址寄存器、状态字寄存器等。虽然这些寄存器的功能各不相同，但它们的核心电路都是本节介绍的寄存器电路。

电台控制盒通常是飞机主装电台设备的指挥中心。安装在飞机上的电台控制盒有两部，这两部控制盒的软件和硬件完全相同，起主控和副控作用决定于安装位置，副控制盒是否起作用是由飞机上的主从控制开关决定的。该控制盒电路采用单片机构成控制系统，由 4 个移位寄存器(54LS164)构成了串行显示单元电路，它有着较强的驱动能力，可以直接驱动数码管。显示单元电路用于显示电台的状态和当前波道及其他信息。

17.4 计 数 器

计数器是所有数字电路中最常用的一种电路，应用非常广泛。然而在许多情况中，计数器只是用作计数或对输入信号进行分频。作为计数器，产生表示输入时钟脉冲个数的并行输出；作为分频器，产生频率为输入频率几分之一的串行输出。

计数和分频的基本原理在例 17-5 中已经进行阐述。从例题分析可以看出，4 个触发器可以完成 4 位二进制计数，共计 16 种不同的输出组合。计数器产生的不同输出组合的个数称为计数器的模。例 17-5 所示计数器的模为 16，而例 17-8 所示电路可看作模为 3 的计数器。

17.4.1 计数器分类

计数器的种类很多，特点各异，其主要分类如下。

1．按计数进制分

① 二进制计数器：按二进制运算规律进行计数的电路称为二进制计数器。

② 十进制计数器：按十进制运算规律进行计数的电路称为十进制计数器。

③ 任意进制计数器：二进制计数器和十进制计数器之外的其他进制计数器统称为任意进制计数器。如数字电子表中计“秒”和“分”用六十进制计数器、计“时”用二十四进制计数器。

2．按计数增减分

① 加法计数器：随着计数脉冲的输入作递增计数的电路称为加法计数器。

② 减法计数器：随着计数脉冲的输入作递减计数的电路称为减法计数器。

③ 可逆计数器：在控制信号作用下，可递增计数也可递减计数的电路称为可逆计数器。

3．按计数器中触发器翻转是否同步分

① 异步计数器：计数脉冲只加到部分触发器的时钟信号输入端，而其他触发器的触发信号则由电路内部提供，触发器的翻转有先有后，称为异步计数器。

② 同步计数器：计数脉冲同时加到所有触发器的时钟信号输入端，使触发器同时进行翻转的计数器，称为同步计数器。显然，它的计数速度要比异步计数器快得多，但是电路结构相对也比较复杂。

17.4.2 集成计数器

1．4 位同步二进制加法计数器 74LS161

（1）74LS161 的功能

74LS161 为中规模集成 4 位同步二进制计数器，图 17-33(a)为引脚排列图，图(b)为逻辑功能示意图。表 17-7 所示为 74LS161 的功能表。

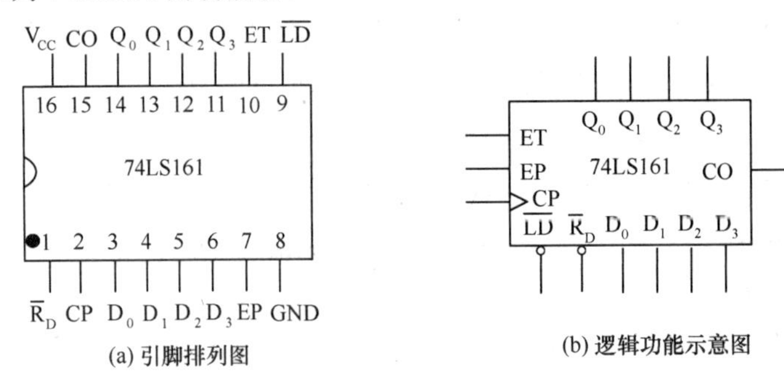

(a) 引脚排列图　　(b) 逻辑功能示意图

图 17-33　同步二进制加法计数器 74LS161

表 17-7　74LS161 的功能表

输入									输出				
$\overline{R}_D$	$\overline{LD}$	EP	ET	CP	D_3	D_2	D_1	D_0	Q_3	Q_2	Q_1	Q_0	CO
0	×	×	×	×	×	×	×	×	0	0	0	0	0
1	0	×	×	↑	d_3	d_2	d_1	d_0	d_3	d_2	d_1	d_0	#1
1	1	0	×	×	×	×	×	×	保持				#2
1	1	×	0	×	×	×	×	×	保持				0
1	1	1	1	↑	×	×	×	×	计数				#3

#1=ET・Q_3・Q_2・Q_1・Q_0；#2=Q_3・Q_2・Q_1・Q_0；#3=Q_3・Q_2・Q_1・Q_0。

由表 17-7 可知 74LS161 有如下主要功能：

① 异步置 0 功能。当 $\overline{R}_D$=0 时，无论有无时钟信号 CP 和其他信号输入，计数器都被置 0，即 $Q_3Q_2Q_1Q_0$=0000。

② 同步预置数功能。当 $\overline{R}_D$=1、$\overline{LD}$=0 时，在时钟信号 CP 上升沿的作用下，并行输入的数据 $d_3 \sim d_0$ 被置入计数器，即 $Q_3Q_2Q_1Q_0 = d_3d_2d_1d_0$。

③ 保持功能。当 $\overline{R}_D$ =1、$\overline{LD}$=1 时，计数器保持原来的状态不变。这时若 EP=0、ET=1，则 CO=$Q_3Q_2Q_1Q_0$；若 ET=0，则 CO=0。

④ 计数功能。当 $\overline{R}_D$=$\overline{LD}$=EP=ET=1 时，在时钟信号 CP 上升沿的作用下，计数器进行二进制加法计数。

（2）74LS161 的应用

任意进制的计数器可以利用厂家生产的成型集成计数器外加适当的电路连接而成。用 N 进制集成计数器构成 M 进制计数器时，如果 $M < N$，则只需一个 N 进制集成计数器；如果 $M > N$，则要用多个 N 进制计数器来构成。

构成任意进制计数器时，可以利用异步置 0 功能和同步预置数功能。利用同步预置数功能获得 N 进制计数器的方法如下：

① 写出 N 进制计数器状态 S_{N-1} 的二进制代码；

② 写出反馈置数函数，这实际上是根据 S_{N-1} 写出同步置数控制端的逻辑函数表达式；

③ 画连线图，主要根据反馈置数函数画连线图。

【例 17-9】 试用 74LS161 的同步预置数功能(置位法)构成八进制计数器。

解　74LS161 设有同步置数控制端，可利用它来实现八进制计数。设计数从 $Q_3Q_2Q_1Q_0$=0000 状态开始，由于采用反馈置数法获得八进制计数器，因此应取$d_3d_2d_1d_0=0000$。采用同步置数控制端获得N进制计数器一般都是从0开始计数的。在本题中$N=8$。

(1) 写出S_{N-1}的二进制代码为$S_{8-1}=S_7=0111$，则计数器状态为0000~0111，1000~1111为计数器的无效状态。

(2) 写出反馈置数函数。由计数器状态可以看出，一旦当输出端$Q_2Q_1Q_0=111$时，在下一个时钟信号CP的作用下，计数器状态应回到0000，因此反馈置数函数为$\overline{LD}=\overline{Q_2Q_1Q_0}$。

(3) 画连线图。根据上式和置数的要求画八进制计数器的连接线，如图17-34(a)所示。

如果利用4位二进制数的后8个状态1000~1111来实现八进制计数，则数据输入端输入的数据应为$d_3d_2d_1d_0=1000$，这时从74LS161的进位输出端CO取得反馈置数信号最简单，电路如图17-34(b)所示。

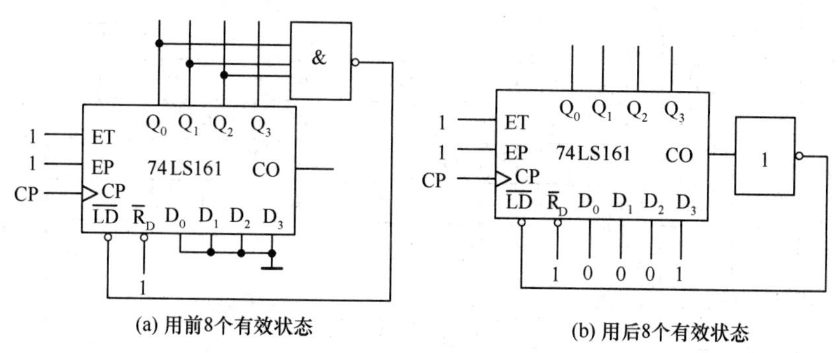

(a) 用前8个有效状态　　(b) 用后8个有效状态

图17-34　用置位法构成八进制计数器

【例17-10】 试用74LS161的异步置0功能(复位法)构成八进制计数器。

解　由于74LS161是异步置0的，即只要满足清零端$\overline{R}_D=0$，计数器的输出状态马上置0，因此N进制计数器要用S_N的对应二进制代码来触发$\overline{R}_D$端。

(1) S_N的二进制代码为$S_8=1000$，计数器的计数状态为0000~0111，无效状态为1000~1111。

(2) 反馈复位函数$\overline{R}_D=\overline{Q_3}$。

(3) 画连线图，如图17-35所示。

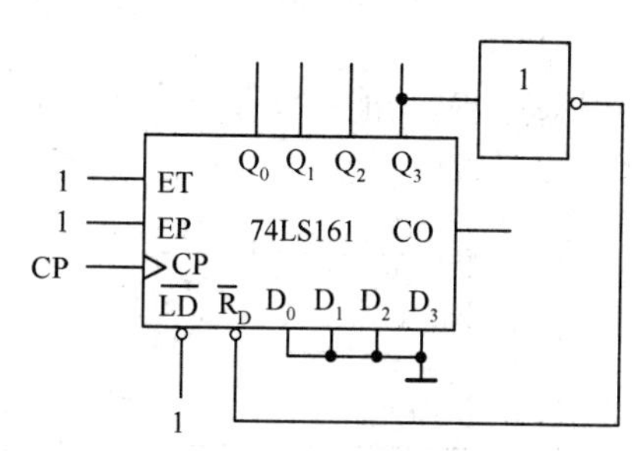

图17-35　用复位法构成八进制计数器

2．异步十进制加法计数器74LS90

异步十进制计数器是在4位异步二进制计数器的基础上加以修改而得到的。修改时要解决的问题是如何使4位二进制计数器在计数过程中跳过1010～1111这6个状态。由于十进制计数器的电路结构比较复杂，本书不再介绍其电路结构，只介绍典型异步十进制加法计数器74LS90的应用。

（1）74LS90的功能

74LS90为常用的异步二-五-十进制加法集成计数器，其引脚排列图和逻辑功能示意图分别如图17-36(a)、(b)所示，表17-8为其功能表。

① 异步清零功能：当$S_{9A}S_{9B}=0$，即置9信号无效，$R_{0A}R_{0B}=1$，即清零信号有效时，计数器清零，即$Q_3Q_2Q_1Q_0=0000$。

② 异步置9功能：当$S_{9A}S_{9B}=1$，即置9信号有效，$R_{0A}R_{0B}=0$，即清零信号无效时，计数器置9，即$Q_3Q_2Q_1Q_0=1001$。

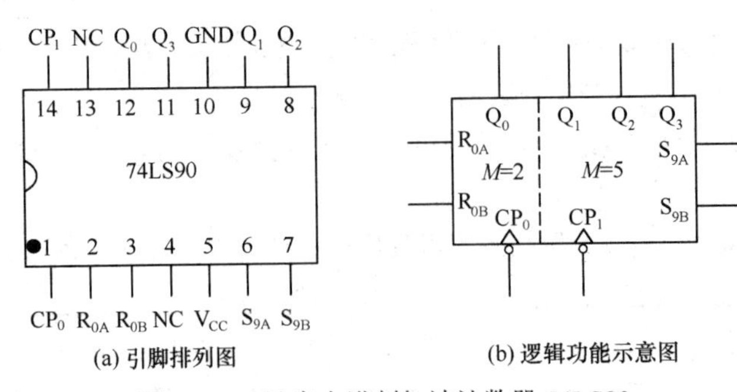

(a) 引脚排列图　　　　(b) 逻辑功能示意图

图 17-36　异步十进制加法计数器 74LS90

表 17-8　74LS90 的功能表

输　入					输　出			
CP	R_{0A}	R_{0B}	S_{9A}	S_{9B}	Q_3	Q_2	Q_1	Q_0
×	1	1	0	×	0	0	0	0
	1	1	×	0	0	0	0	0
	0	×	1	1	1	0	0	1
	×	0	1	1	1	0	0	1
↓	×	0	×	0	计数			
	×	0	0	×				
	0	×	×	0				
	0	×	0	×				

注：清零和置 9 信号是有约束的，即不能同时有效。

③ 计数功能：只有当 $S_{9A}S_{9B}=0$，$R_{0A}R_{0B}=0$ 时，即清零信号、置 9 信号均无效时，在 CP 下降沿的作用下，计数器才计数。74LS90 由两个独立的计数单元组成，分别由时钟信号 CP_0 和 CP_1 来控制：

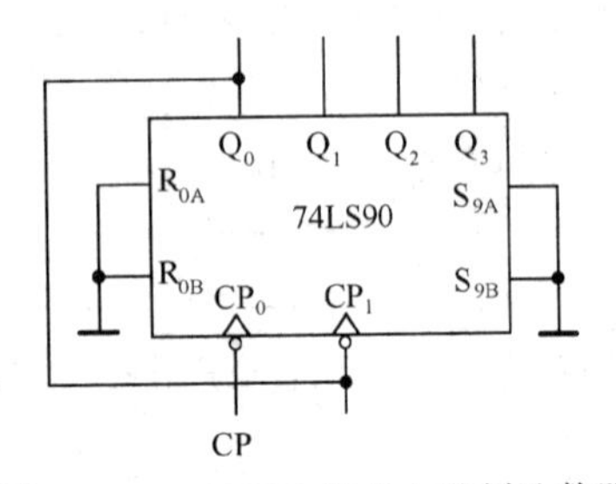

图 17-37　74LS90 构成十进制计数器

- CP_0 作时钟信号，Q_0 作输出时，是一个二进制计数器；
- CP_1 作时钟信号，Q_3、Q_2、Q_1 作输出时，是一个五进制计数器，有效状态是 000～100；
- 若将 CP_0 作时钟信号，Q_0 接到 CP_1，Q_3、Q_2、Q_1、Q_0 作输出时，就构成了十进制计数器，如图 17-37 所示，有效状态为 0000～1001。

（2）74LS90 的应用

利用一片 74LS90 集成芯片可以构成十进制以下任意进制的计数器。

【例 17-11】 试用 74LS90 的清零功能构成七进制计数器，设计数器的初始状态为 0000。

解　要利用 74LS90 构成十进制以下任意进制的计数器，首先要将 74LS90 连接成十进制计数器，然后按照前面所介绍的复位法进行相应设计。

图 17-38(a)是由 74LS90 所构成的七进制计数器，由于计数器的初始状态 $Q_3Q_2Q_1Q_0=0000$，当计数到 $Q_3Q_2Q_1Q_0=0111$ 时，通过反馈产生一个清零信号，即 $R_{0A}=R_{0B}=1$，因为 74LS90 是异步清零的，所以 $Q_3Q_2Q_1Q_0=0111$ 为过渡状态，并不能保持，瞬间消失。正常工作时，Q_3 总为 0，所以输出的实际有效状态 $Q_2Q_1Q_0$ 为 000～110。状态转换图如图 17-38(b)所示，时序波形图如图 17-38(c)所示。

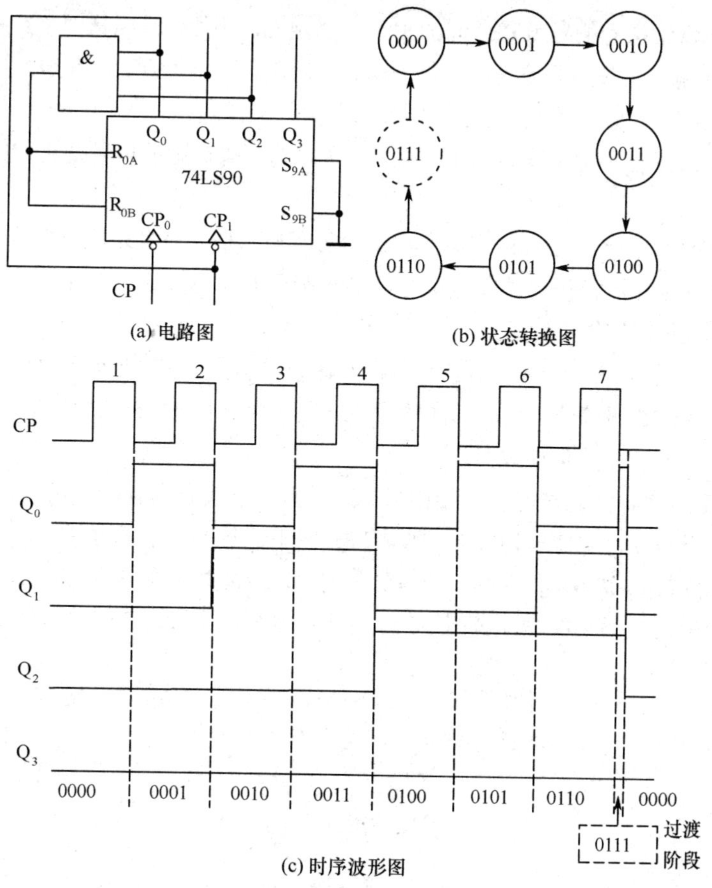

图 17-38 74LS90 用复位法构成七进制计数器

雷达是利用物体反射电磁波的特性来发现目标并确定目标的距离、方位、高度和速度等参数的，因此，雷达工作时要求发射一种特定的大功率无线电信号。发射机就是起这一作用的。采用频率合成技术的主振放大式发射机中，基准信号频率需要经过倍频、分频及频率合成而产生。其中分频可以由计数器来实现。例如某型雷达的信号处理电路中，采用 74LS90 构成十进制计数器，对 10MHz 时钟信号进行分频。

小 结

1．时序逻辑电路由触发器和组合逻辑电路组成，它的输出不仅与输入有关，而且还与电路原来的状态有关。电路的状态由触发器记忆并表示出来，因此触发器是组成时序逻辑电路的基本单元，组合逻辑电路可简可繁。

2．触发器中控制信号是时钟脉冲，分析触发器时要特别注意它们的触发方式。

3．触发器种类归纳

(1) 按工作方式可将触发器分为两大类：一类是基本 RS 触发器，另一类是带时钟脉冲的触发器。

(2) 触发器按所能实现的逻辑功能分为 RS 触发器、JK 触发器、D 触发器等。

4．触发器的电路结构形式和逻辑功能之间不存在固定的对应关系。同一种逻辑功能的触发器可以用不同的电路结构实现。

5. 触发器的电路结构和触发方式之间的关系是固定的。例如，只要是同步结构，无论逻辑功能如何，就一定是电平触发方式；只要是边沿触发器，无论逻辑功能如何，就一定是边沿触发方式等。因此只要知道电路结构类型，也就知道它的触发方式。

6. 为了保证触发器在动态工作时的可靠性，输入信号、时钟脉冲信号及它们在时间上的配合应满足一定的要求。

7. 寄存器主要用以存放数码。移位寄存器不但可存放数码，而且还能对数据进行移位操作。移位寄存器有单向移位寄存器和双向移位寄存器。集成寄存器使用方便、功能全、输入和输出方式灵活，功能表是其正确使用的依据。

8. 计数器是快速记录输入脉冲个数的部件。按计数进制分，有二进制计数器、十进制计数器和任意进制计数器；按计数增减分，有加法计数器、减法计数器和加/减可逆计数器；按触发器翻转是否同步分，有同步计数器和异步计数器。

9. 中规模集成计数器的功能完善，使用方便灵活。功能表是其正确使用的依据。

用中规模集成计数器可方便地构成 N 进制(任意进制)计数器，主要方法有以下两种：

(1) 用异步置 0 或异步置数功能获得 N 进制计数器时，应根据 N 对应的二进制代码写反馈函数。

(2) 用同步置数或同步置 0 功能获得 N 进制计数器时，应根据 $(N-1)$ 对应的二进制代码写反馈函数。

对于含有预置数据输入端的计数器，如 74LS161，当用置数功能时，预置数据输入端 D_0~D_3 必须接计数起始数据，而用置 0 功能时，D_0~D_3 可接任意数据。

习 题 17

基础知识

17-1 数字逻辑电路按其逻辑功能和结构特点可分为____________和____________两大类。

17-2 时序逻辑电路的特点是任意时刻的输出不仅取决于电路__________的输入信号，而且与电路原来的输出状态有关，所以具备________功能。

17-3 能够实现存储功能的逻辑单元电路是________。它有一个或多个输入端，有______个互补的输出端，分别用 Q 和 $\bar{Q}$ 表示，通常用_____端的输出状态来表示触发器的状态。触发器具有 **0** 和 **1** 两种稳定状态，因此这种触发器又称为___________。一个触发器可以存储_____位二进制数。

17-4 JK 触发器与 RS 触发器同样具有____________、____________和____________3 项功能。而且，在时钟脉冲 CP 的触发沿到来、输入信号 J 和 K 均为高电平时，JK 触发器新的输出状态会与原来的输出状态___________，这种逻辑功能称为____________。

17-5 5 个触发器组成的移位寄存器可对_____位二进制数进行移位操作。该电路串行输入二进制数，经_____个 CP 脉冲后，二进制数能够并行输出；再经过______个 CP 脉冲后，二进制数能够串行输出。

17-6 计数器按计数进制可分为__________、_________、__________计数器，按触发器的时钟脉冲是否同步分为_________和_________计数器，按计数增减分为__________、__________和___________。

17-7 一个触发器可以构成____位二进制计数器，它有____种工作状态；若需表示 n 位二进制数，则需____个触发器。用 n 个触发器构成的计数器，计数容量最多可为______。

17-8 基本 RS 触发器电路中，触发脉冲消失后，其输出状态(　　)。

a.恢复原状态　　b.保持现状态　　c.0 状态　　d.1 状态

17-9　下列逻辑电路中为时序逻辑电路的是(　　)。

a.译码器　　b.加法器　　c.数码寄存器　　d.编码器

17-10　同步计数器与异步计数器比较，同步计数器的显著优点是(　　)。

a.工作速度快　　b.电路结构复杂　　c.不受时钟 CP 控制　　d.计数量大

17-11　当主从 RS 触发器(见图 17-12)的 CP、S 和 R 端加上题图 17-1 中所示的波形时，试画出 Q 端的输出波形。设初始状态为 **0**。

17-12　当主从 JK 触发器(见图 17-24)的 CP、J、K 端分别加上题图 17-2 中所示的波形时，试画出 Q 端的输出波形。设初始状态为 **0**。

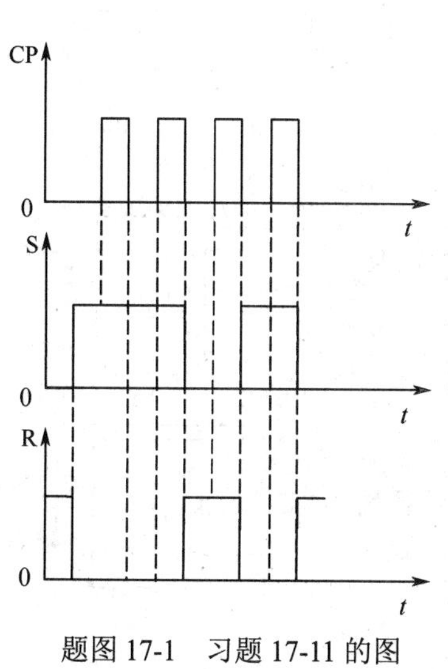

题图 17-1　习题 17-11 的图

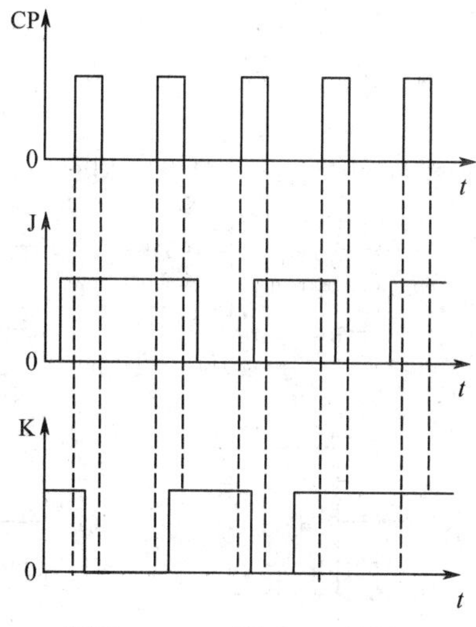

题图 17-2　习题 17-12 的图

17-13　题图 17-3 所示的各边沿 D 触发器初始状态都为 **0**，试画出在输入 CP 脉冲作用下各触发器的输出波形。

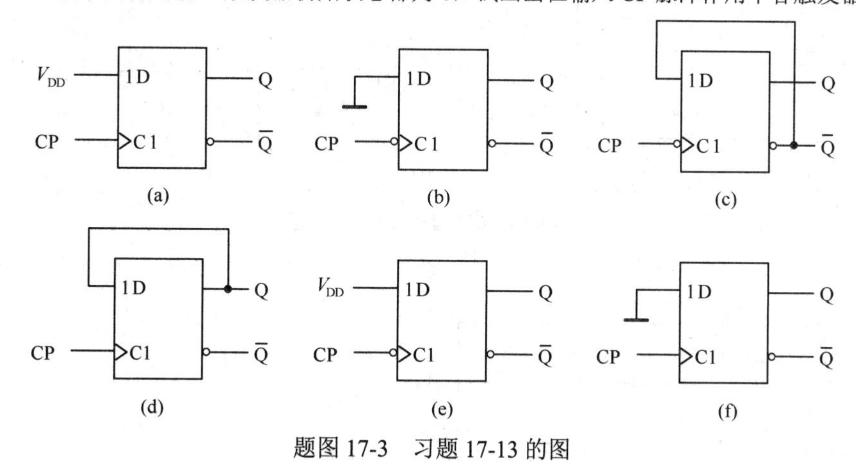

题图 17-3　习题 17-13 的图

17-14　电路如题图 17-4 所示，设各触发器的初始状态均为 **0**，画出在 CP 脉冲作用下 Q 端的波形。

17-15　题图 17-5 所示各边沿 JK 触发器的初始状态都为 **1**，试画出在输入 CP 脉冲作用下各触发器的输出波形。

17-16　题图 17-6 中所示电路具有什么功能？

17-17　电路如题图 17-7(a)所示，输入时钟脉冲 CP 波形如题图 17-7(b)所示，试画出输出端 Q_1、Q_2 的波形。设触发器的初始状态为 $Q_0=Q_1=0$。

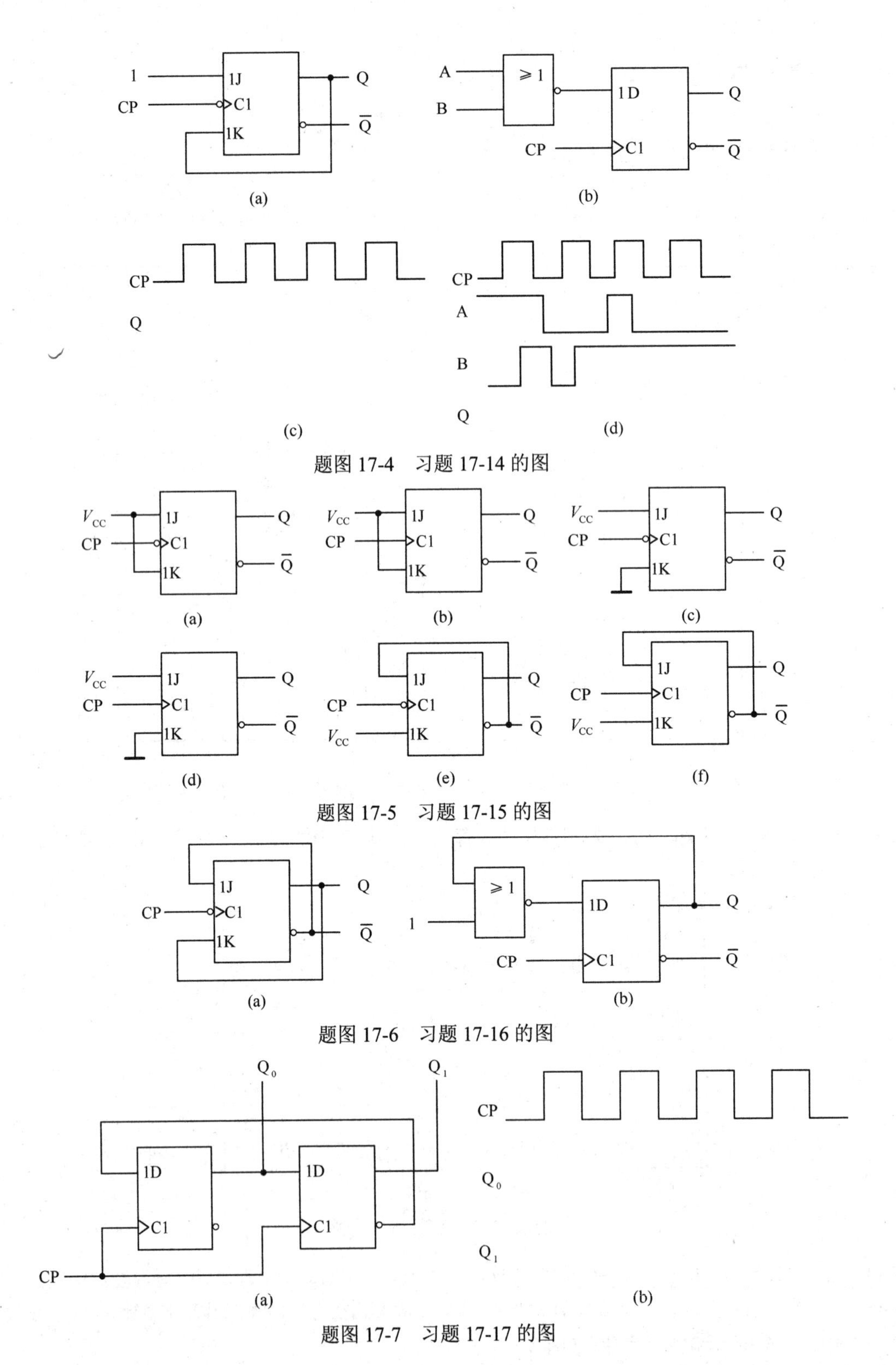

题图 17-4　习题 17-14 的图

题图 17-5　习题 17-15 的图

题图 17-6　习题 17-16 的图

题图 17-7　习题 17-17 的图

17-18　在题图 17-8 中所示的逻辑电路图和时钟脉冲 CP 的波形中，试画出 Q_1 和 Q_2 的波形。如果时钟脉冲的频率是 4000Hz，那么 Q_1 和 Q_2 波形的频率各为多少？设初始状态 $Q_1=Q_2=0$。

17-19　电路如题图 17-9 所示，试画出 Q_1 和 Q_2 的波形。设两个触发器的初始状态均为 **0**。

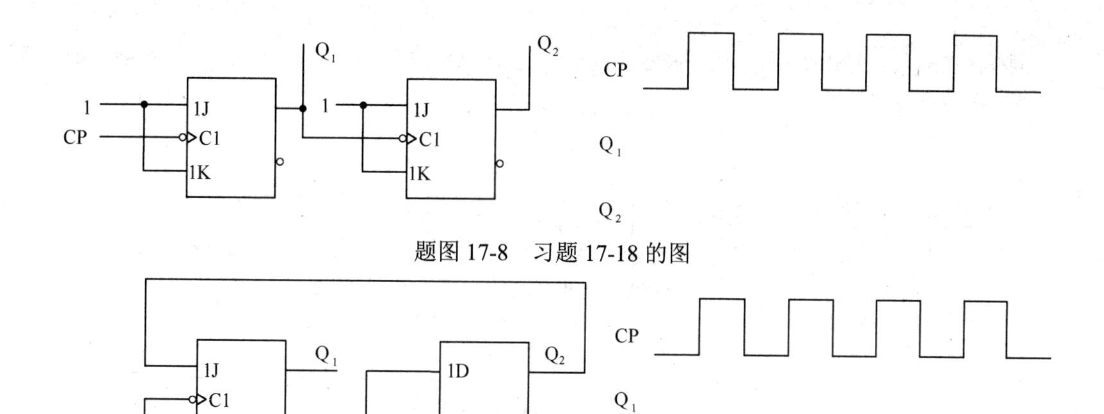

题图 17-8　习题 17-18 的图

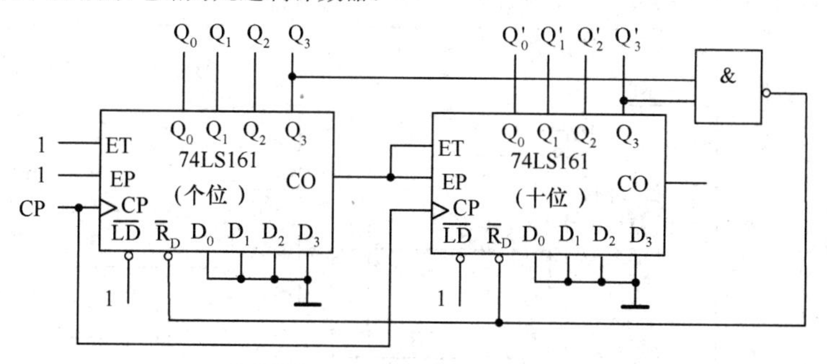

题图 17-9　习题 17-19 的图

17-20　试分析题图 17-10 所示电路为几进制计数器。

题图 17-10　习题 17-20 的图

应用知识

17-21　逻辑电路如题图 17-11 所示。设 $Q_A=1$，红灯亮；$Q_B=1$，绿灯亮；$Q_C=1$，黄灯亮。试分析该电路，说明 3 组彩灯点亮的顺序。在初始状态，3 个触发器的 Q 端均为 0。

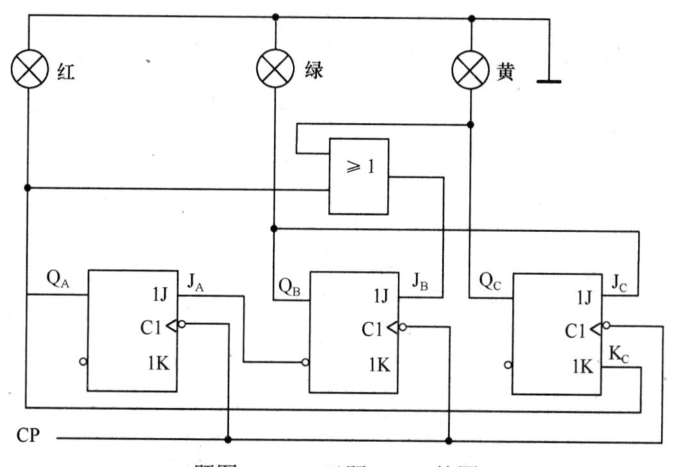

题图 17-11　习题 17-21 的图

17-22　试用 4 个 D 触发器组成 4 位移位寄存器。

17-23　题图 17-12 所示是由 4 个主从 JK 触发器组成的 4 位二进制加法计数器。试改变级间的连接方法，画出同样由该触发器组成的 4 位二进制减法计数器，并列出其状态表。在工作之前先清零，使各个触发器的输出端 $Q_0 \sim Q_3$ 均为 0。

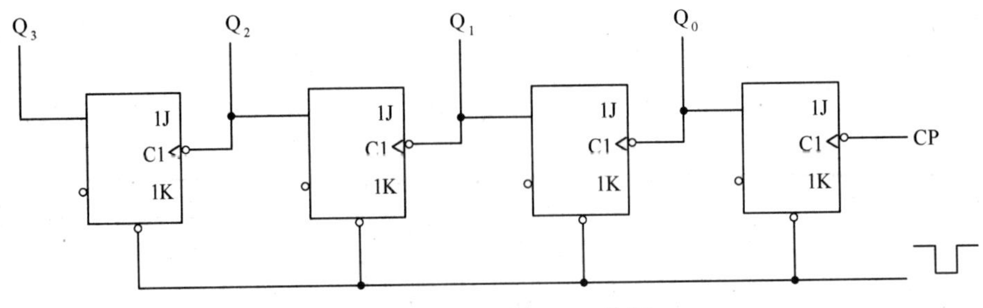

题图 17-12　习题 17-23 的图

军事知识

17-24　题图 17-13 为某型飞机无线罗盘的频率合成器中一个 1860 次分频器电路，用来对 0.93MHz 的基准信号进行 1860 次分频，最终变成频率为 0.5kHz 的基准频率脉冲信号，并从 A、B 端分别输出。试分析其工作原理，若采用 74LS161 构成 12 进制计数器，应如何连线？

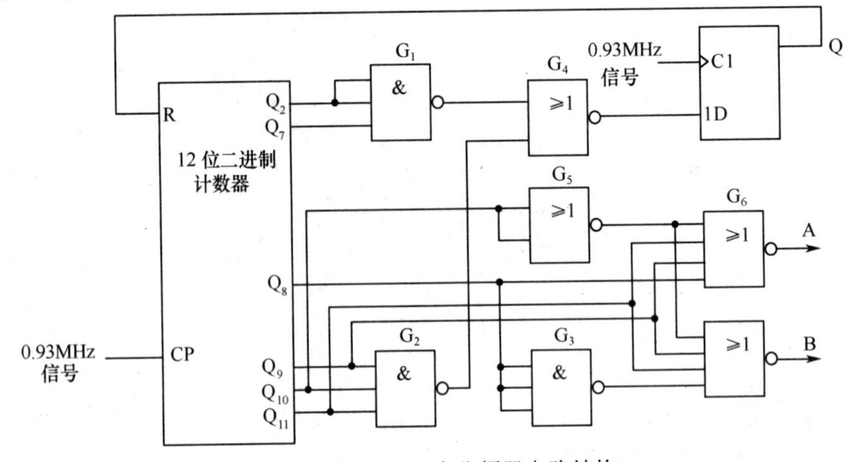

题图 17-13　1860 次分频器电路结构

第 18 章　脉冲信号的产生与整形

引言

世界上第一个处理信号的电路是 1837 年莫尔斯发明的有线电报。电报是由导线中电流的“有”和“无”来传输信号的，这种信号实际上就是一种脉冲信号。脉冲信号是一种离散信号，与普通模拟信号(如正弦波)相比，脉冲信号的波形与波形之间有明显的间隔，在时间上不连续，但是具有一定的周期性。

随着航空电子技术日新月异的发展，对飞机性能的需求也急剧增长，数字电子技术越来越广泛地应用于机载电子设备。脉冲信号作为机载计算机系统的时钟信号无处不在，如飞机上的飞行参数记录仪(俗称“黑匣子”)在遇水后，紧急定位发射机会自动向四面八方发射出特定频率(如 37.5kHz)的无线电信号；飞机外部照明灯的“暗”与“闪”是通过脉冲信号来控制的；机载通信、导航、雷达、飞行控制、多功能显示等综合航空电子系统中，多采用脉冲信号控制和完成数字信号处理。

脉冲信号的形式多种多样，在数字电子电路中最常见的脉冲信号是矩形波。矩形脉冲产生电路和整形电路的形式也是多种多样的，目前比较常用的就是以 555 定时器构成的各种电路。本章就以 555 定时器构成的矩形脉冲产生和整形电路为例加以讲解。

学习目标：

1. 555 定时器的引脚功能及其逻辑功能；
2. 555 定时器构成的单稳态触发器的工作原理；
3. 555 定时器构成的多谐振荡器的工作原理；
4. 555 定时器构成的施密特触发器的工作原理。

18.1　矩形脉冲信号的基本知识

获取矩形脉冲波形的途径主要有两种：一种是利用各种形式的多谐振荡器直接产生符合要求的矩形脉冲；另一种是通过整形电路将已有的周期性变化波形变换为符合要求的矩形脉冲。当然，利用整形的方法获取矩形脉冲时，是以能够找到频率和幅度都符合要求的一种已有电压信号为前提的。

在时序逻辑电路中，作为时钟信号的矩形脉冲控制和协调着整个系统的工作，因此时钟脉冲的特性直接关系到电路是否能够正常工作。为了定量描述矩形脉冲的特点，通常给出图 18-1 中所标注的几个主要参数。

脉冲周期 T ——周期性重复的脉冲序列中，两个相邻脉冲之间的时间间隔。有时也使用频率 $f=1/T$ 表示单位时间内脉冲重复次数。

脉冲幅度 V_m ——脉冲电压的最大变化幅度。

脉冲宽度 t_w ——从脉冲前沿到达 $0.5V_m$ 起，到脉冲后沿到达 $0.5V_m$ 为止的一段时间。

上升时间 t_r ——脉冲上升沿从 $0.1V_m$ 上升到 $0.9V_m$ 所需要时间。

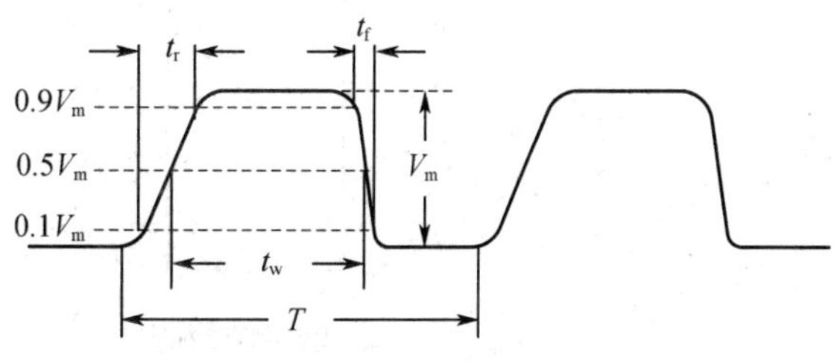

图 18-1　描述矩形脉冲特性的主要参数

下降时间 t_f ——脉冲下降沿从 0.9 V_m 下降到 0.1 V_m 所需要时间。

占空比 q——脉冲宽度与脉冲周期的比值，即 $q = t_w / T \times 100\%$ 。

此外，在将脉冲整形电路或产生电路用于具体的数字系统时，有时还可能有一些特殊的要求，例如脉冲周期和幅度的稳定性等，这时还需要增加一些相应的性能指标参数来进行说明。

18.2 555 定时器及其应用电路

18.2.1 555 定时器的原理电路与功能

555 定时器是一种多用途的数字-模拟混合集成电路，其电路结构简单，外部只要配接少数几个阻容元件就能够极方便地构成施密特触发器、单稳态触发器和多谐振荡器。由于使用灵活方便，所以 555 定时器在波形的产生与变换、测量与控制等许多领域中都有着广泛的应用。

555 定时器的电源电压范围宽，TTL 型 555 定时器的电压范围为 5~16V，单定时器型号的最后 3 位数为 555，双定时器的为 556；CMOS 型 555 定时器的电压范围为 3~18V，单定时器型号的最后 4 位数为 7555，双定时器的为 7556。它们的逻辑功能与外部引脚排列完全相同。

图 18-2(a)所示为TTL型 555 定时器的内部电路结构图，图(b)为引脚排列图，图(c)为逻辑符号。555 定时器的内部由 R_1、R_2 和 R_3 组成的分压器，电压比较器 C_1 和 C_2，G_1 和 G_2 组成的基本 RS 触发器，集电极开路的二极管 T 和输出缓冲器 G_4 等部分组成。

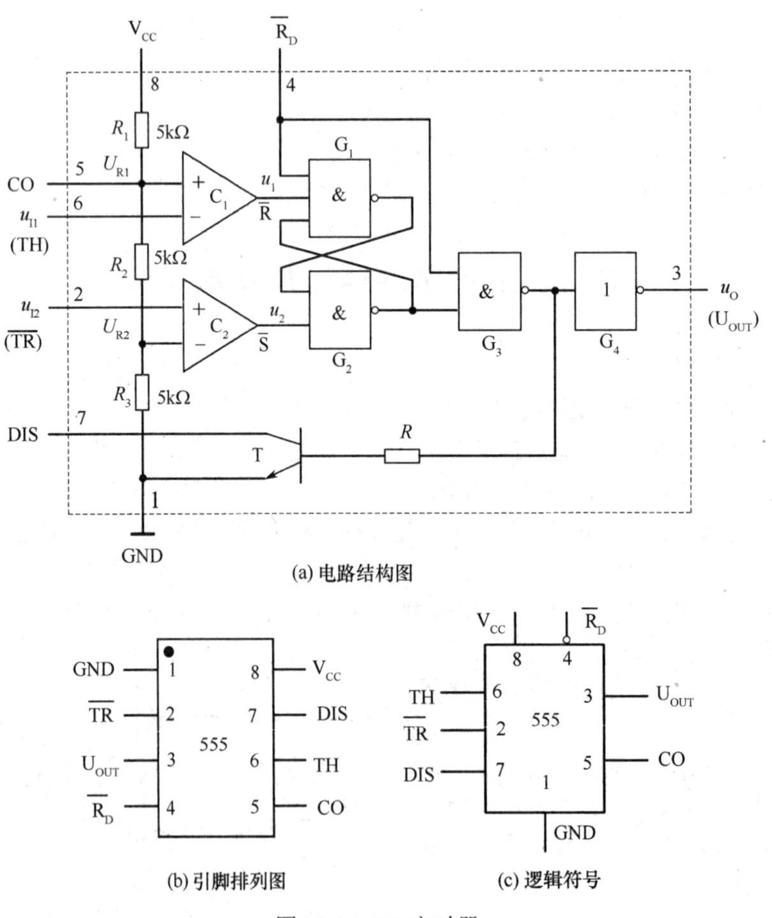

图 18-2　555 定时器

C_1和C_2为两个电压比较器，当5脚控制电压输入端CO悬空时，它们的基准电压为V_{CC}经3个阻值为5kΩ电阻分压后提供。U_{R1}=(2/3)V_{CC}为电压比较器C_1的基准电压，6脚TH(阈值输入端)为其输入端；$U_{R2}=(1/3)V_{CC}$为电压比较器C_2的基准电压，2脚$\overline{TR}$(触发输入端)为其输入端。当5脚CO外接固定电压U_{CO}时，则$U_{R1}=U_{CO}$，U_{R2}=(1/2)U_{CO}。

4脚$\overline{R}_D$是直接复位端。只要$\overline{R}_D$=0，输出u_O便为低电平0，正常工作时，$\overline{R}_D$必须为高电平1。下面分析当$\overline{R}_D$=1时555定时器的逻辑功能。

为了分析方便，设CO端悬空，此时U_{R1}=(2/3)V_{CC}、U_{R2}=(1/3)V_{CC}。设TH和$\overline{TR}$端的输入电压分别为u_{I1}和u_{I2}，555定时器的工作情况如下：

- 当$u_{I1}>U_{R1}$、$u_{I2}>U_{R2}$时，电压比较器C_1和C_2的输出$u_1=0$、$u_2=1$，基本RS触发器被置0，输出$u_O=0$，同时由于三极管T的基极为高电平，因此T导通。
- 当$u_{I1}<U_{R1}$、$u_{I2}<U_{R2}$时，电压比较器C_1和C_2的输出$u_1=1$、$u_2=0$，基本RS触发器被置1，输出$u_O=1$，同时三极管T截止。
- 当$u_{I1}<U_{R1}$、$u_{I2}>U_{R2}$时，电压比较器C_1和C_2的输出$u_1=1$、$u_2=1$，基本RS触发器保持原状态不变，输出和三极管T也保持原来的状态不变。

综上所述，555定时器的逻辑功能如表18-1所示。

表18-1　555定时器逻辑功能表

输　入			输　出	
$\overline{R}_D$	u_{I1}	u_{I2}	u_O	T状态
0	×	×	0	导通
1	$>\frac{2}{3}V_{CC}$	$>\frac{1}{3}V_{CC}$	0	导通
	$<\frac{2}{3}V_{CC}$	$<\frac{1}{3}V_{CC}$	1	截止
	$<\frac{2}{3}V_{CC}$	$>\frac{1}{3}V_{CC}$	不变	不变

18.2.2　555定时器构成的单稳态触发器

1．电路结构

将555定时器的$\overline{TR}$端作为触发信号u_I的输入端，三极管T的集电极一方面通过电阻R接V_{CC}，另一方面通过电容C接地，便组成了如图18-3所示的单稳态触发器，R和C为定时元件。为了提高图18-2(a)中U_{R1}和U_{R2}的稳定性，常在5脚CO端对地接一个滤波电容C_1，通常大小为0.01μF。

2．工作原理

下面参照图18-4所示波形讨论单稳态触发器的工作原理。

（1）稳态（稳定状态）

没有加触发信号时，u_I为高电平U_{IH}。

接通电源后，V_{CC}经电阻R对电容C进行充电，当电容C上的电压$u_C\geqslant(2/3)V_{CC}$时，电压比较器C_1输出$u_1=0$，而在此时，u_I为高电平，且$u_I\geqslant(1/3)V_{CC}$，电压比较器C_2输出$u_2=1$，基本RS触发器置0，单稳态触发器的输出$u_O=U_{OL}$。与此同时，三极管T导通，电容C经三极管T迅速放完电，$u_C\approx0$，电压比较器C_1输出$u_1=1$，这时基本RS触发器的两个输入信号都为高电平1，输出保持0状态不变。所以，在稳态时，$u_C\approx0$，$u_O=U_{OL}$。

（2）触发进入暂稳态

当输入信号u_I由高电平U_{IH}发生跳变，使$u_I<(1/3)V_{CC}$的低电平时，电压比较器C_2输出$u_2=0$，

由于此时$u_C \approx 0$，因此$u_1 = 1$，基本 RS 触发器被置 1，输出u_O由低电平U_{OL}跳变为高电平U_{OH}。同时三极管 T 截止，这时电源V_{CC}经 R 对 C 充电，电路进入暂稳态。在暂稳态期间，输入电压u_I回到高电平U_{IH}。

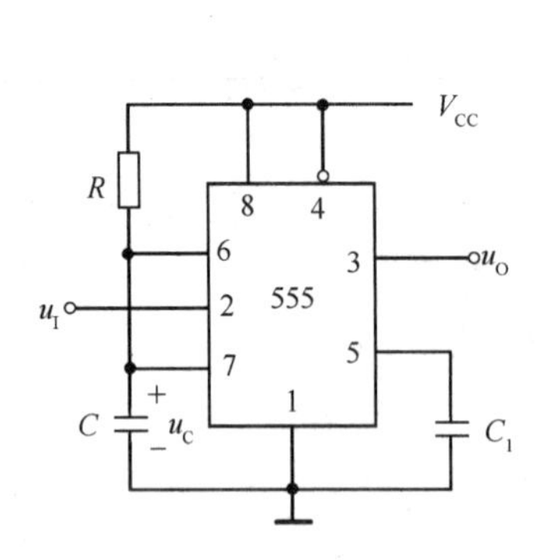

图 18-3 单稳态触发器

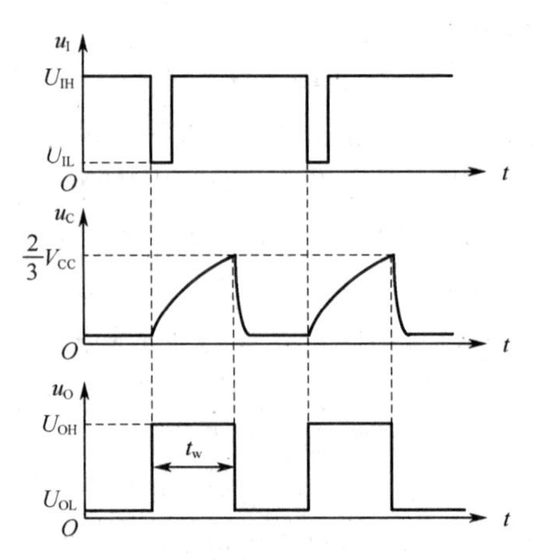

图 18-4 单稳态触发器的工作波形

（3）自动返回稳态

随着 C 的充电，电容 C 上的电压u_C逐渐升高。当u_O上升到$u_C \geqslant (2/3)V_{CC}$时，电压比较器$C_1$输出$u_1 = 0$，由于这时$u_I$已为高电平，电压比较器$C_2$输出$u_2 = 1$，使基本 RS 触发器置 0，单稳态触发器的输出$u_O$由高电平$U_{OH}$又跳变为低电平$U_{OL}$。同时三极管 T 导通，电容 C 经 T 迅速放电完毕，使得$u_C \approx 0$，电路返回稳态。

单稳态触发器输出的脉冲宽度t_w为暂稳态维持的时间，它实际上为电容 C 上的电压由 0V 充到$(2/3)V_{CC}$所需时间，可用下式估算

$$t_w = RC\ln 3 \approx 1.1RC \tag{18-1}$$

通常 R 的取值范围为几百欧姆到几兆欧姆，电容 C 的取值范围为几百皮法到几百微法，t_w的范围为几微秒到几分钟。但必须注意的是，随着t_w的增加，它的精度和稳定度也将下降。

3．单稳态触发器的工作特性

从上述分析可以看出，单稳态触发器的工作特性具有如下显著特点：

① 具有稳态和暂稳态两个不同的工作状态；

② 在外界触发脉冲的作用下，能从稳态翻转到暂稳态，在暂稳态维持一段时间后，再自动返回稳态；

③ 暂稳态维持时间的长短取决于电路本身的参数，与触发脉冲的宽度无关。

由于具备这些特点，单稳态触发器被广泛应用于脉冲整形、延时(产生滞后于触发脉冲的输出脉冲)、报警及定时(产生固定时间宽度的脉冲信号)等。

【例 18-1】 某型战斗机空空导弹的火箭发射器要求输出脉冲宽度为 19~22ms，若该输出脉冲信号由如图 18-3 所示 555 定时器构成的单稳态触发器进行输出，其中电容 C=0.1μF，则电阻 R 的取值范围为多少？

解 根据单稳态触发器输出脉冲宽度计算公式$t_w = RC\ln 3 \approx 1.1RC$，有

$$R_{min} = \frac{19\times10^{-3}}{0.1\times10^{-6}\times1.1} \approx 172.7\text{k}\Omega$$

$$R_{max} = \frac{22\times10^{-3}}{0.1\times10^{-6}\times1.1} = 200\text{k}\Omega$$

电阻 R 的取值范围应为 172.7～200kΩ。

利用单稳态触发器还可构成噪声消除电路(或称脉冲鉴别电路)。通常噪声多表现为尖脉冲，宽度较窄，而有用的信号都具有一定宽度。利用单稳态触发器将输出脉宽调节到大于噪声宽度而小于信号脉宽，经后续电路处理后即可消除噪声。

18.2.3 555定时器构成的多谐振荡器

1. 电路结构

三极管 T 的集电极一方面经 R_1 接到 V_{CC} 上，另一方面通过 R_2、C 接地，电容 C 再接TH和$\overline{TR}$端，便组成了图 18-5 所示的多谐振荡器。R_1、R_2、C 为定时元件。

2. 工作原理

下面参照图 18-6 所示的波形讨论多谐振荡器的工作原理。

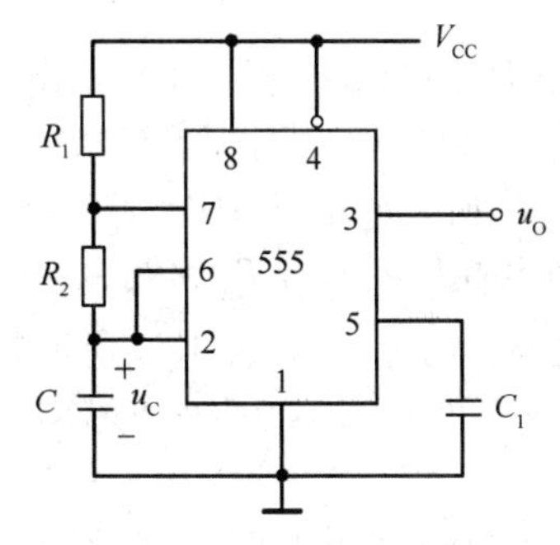

图 18-5 多谐振荡器

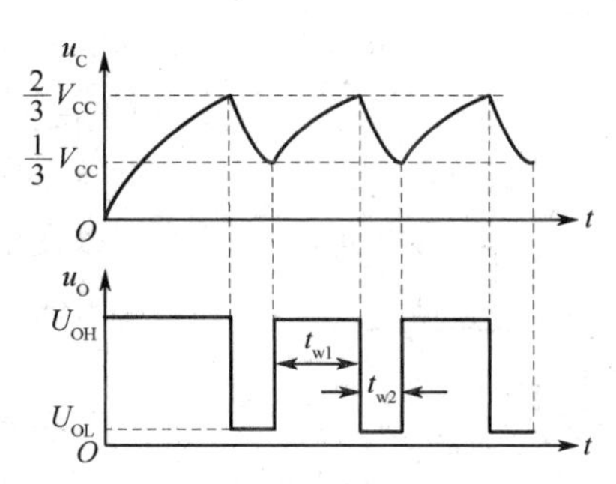

图 18-6 多谐振荡器的工作波形

假设接通电源前，电容 C 没有充电。接通电源后，V_{CC} 经电阻 R_1、R_2 对电容 C 进行充电，其电压 u_C 由 0 按指数规律上升，当 $u_C \leqslant (1/3)V_{CC}$ 之前，电压比较器 C_1 和 C_2 的输出分别为 u_1=1、u_2=0，基本 RS 触发器置 1，多谐振荡器的输出 $u_O=U_{OH}$，此时三极管 T 截止。

当$(1/3)V_{CC} \leqslant u_C \leqslant (2/3)V_{CC}$时，电压比较器 C_1 和 C_2 的输出分别为 u_1=1、u_2=1，基本 RS 触发器处于保持功能，因此多谐振荡器的输出 u_O 仍为高电平，三极管 T 仍然处于截止状态。

当 u_C 上升略高于$(2/3)V_{CC}$时，电压比较器 C_1 和 C_2 的输出分别为 u_1=0、u_2=1，基本 RS 触发器置 0，多谐振荡器的输出 $u_O=U_{OL}$，此时三极管 T 导通，电容 C 通过 R_2 和三极管 T 放电，u_C 下降。

当 u_C 下降到略低于$(1/3)V_{CC}$时，电压比较器 C_1 和 C_2 的输出分别为 u_1=1、u_2=0，基本 RS 触发器置 1，u_O 又由低电平 U_{OL} 变为高电平 U_{OH}，此时三极管 T 截止，V_{CC} 又经电阻 R_1、R_2 对电容 C 进行充电。如此重复上述过程，u_O 为连续的矩形波，如图 18-6 所示。

由图 18-6 可得多谐振荡器的振荡周期 T 为

$$T = t_{w1} + t_{w2}$$

t_{w1} 为电容 C 上的电压由 $(1/3)V_{CC}$ 充到 $(2/3)V_{CC}$ 所需的时间，充电回路的时间常数为 $(R_1 + R_2)C$。t_{w1} 可用下式估算

$$t_{w1} = (R_1 + R_2)C\ln 2 \approx 0.7(R_1 + R_2)C \tag{18-2}$$

t_{w2} 为电容 C 上的电压由$(2/3)V_{CC}$下降到$(1/3)V_{CC}$所需的时间，放电回路的时间常数为 R_2C。t_{w2} 可用下式估算

$$t_{w2} = R_2C\ln 2 \approx 0.7R_2C \tag{18-3}$$

所以，多谐振荡器的振荡周期 T 为

$$T = t_{w1} + t_{w2} \approx 0.7(R_1 + 2R_2)C \tag{18-4}$$

振荡频率 f 为

$$f=\frac{1}{T}\approx\frac{1}{0.7(R_1+2R_2)C} \tag{18-5}$$

占空比 q 为

$$q=\frac{t_{w1}}{t_{w1}+t_{w2}}\times 100\%=\frac{R_1+R_2}{R_1+2R_2}\times 100\% \tag{18-6}$$

飞机外部的照明信号标示着飞机的位置和运动方向，同时也是飞机与地面之间的联络信号。飞机外部照明系统共有4种工作状态，分别为“亮”“暗”“闪”和“断”。控制系统4种状态的继电器在自动控制电路中起到控制与隔离电路的作用，而继电器通过低电压、小电流来控制其自动开关。在控制电路中，照明灯的“亮”和“断”是通过持续通电或断电来实现的，而照明灯的“暗”和“闪”可以使用如图18-5所示555定时器构成的多谐振荡器来进行控制实现。

3．占空比可调的多谐振荡器

由以上分析可知，图18-5所示的多谐振荡器的占空比 q 是不可调的。图18-7所示为输出脉冲占空比 q 可调的多谐振荡器。在三极管T截止时，电源 V_{CC} 经 R_1、R_P' 和 D_1 对电容 C 充电；当三极管T导通时，电容 C 经 D_2、R_2、R_P'' 和T放电。调节电位器 R_P，可改变充电电阻和放电电阻 R_1+R_P' 和 R_2+R_P'' 的比值。因此，也就改变了输出脉冲的占空比 q。对于图18-7所示电路，可得

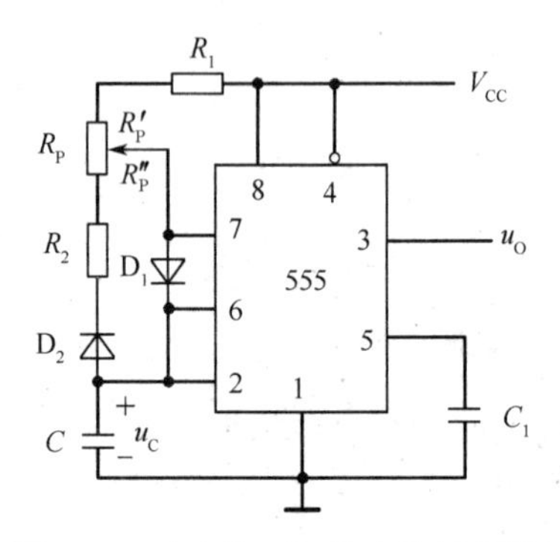

图18-7　占空比可调的多谐振荡器

$$t_{w1}\approx 0.7(R_1+R_P')C\text{，}\quad t_{w2}\approx 0.7(R_2+R_P'')C$$

振荡周期 T 为

$$T=t_{w1}+t_{w2}\approx 0.7(R_1+R_2+R_P)C$$

占空比 q 为

$$q=\frac{R_1+R_P'}{R_1+R_2+R_P}\times 100\%$$

当取 $R_1+R_P'=R_2+R_P''$ 时，则 $q=50\%$，这时 $t_{w1}=t_{w2}$，多谐振荡器输出方波。

综上所述可以看出，多谐振荡器没有稳态，只有两个暂稳态，在接通电源以后，不需要外加触发信号，通过电容的充电和放电使两个暂稳态相互交替，从而产生自激振荡，使输出端产生矩形脉冲。由于矩形波中含有丰富的高次谐波分量，所以称之为多谐振荡器。

18.2.4　555定时器构成的施密特触发器

1．电路结构

将555定时器的阈值输入端TH和触发输入端 $\overline{\text{TR}}$ 连在一起，作为触发信号 u_I 的输入端，便构成了一个反相输出的施密特触发器。电路如图18-8所示。

2．工作原理

下面参照图18-9所示波形讨论施密特触发器的工作原理。

- 当输入 $u_I<(1/3)V_{CC}$ 时，电压比较器 C_1 和 C_2 的输出分别为 $u_1=1$、$u_2=0$，基本RS触发器置1，施密特触发器的输出 $u_O=U_{OH}$。
- 当输入 $(1/3)V_{CC}\leqslant u_I\leqslant(2/3)V_{CC}$ 时，电压比较器 C_1 和 C_2 的输出为 $u_1=1$、$u_2=1$，基本RS触发器保持原状态不变，即输出 $u_O=U_{OH}$。
- 当输入 $u_I\geqslant(2/3)V_{CC}$ 时，电压比较器 C_1 和 C_2 的输出为 $u_1=0$、$u_2=1$，基本RS触发器置0，输出 u_O 由高电平 U_{OH} 跳变为低电平 U_{OL}，即 $u_O=U_{OL}$。由上述分析可以看出，在输入 u_I 上升到 $(2/3)V_{CC}$ 时，电路的输出状态发生跳变。因此施密特触发器的正向阈值电压 $U_{T+}=(2/3)V_{CC}$。此后 u_I

再增大时，对电路的输出状态没有影响。

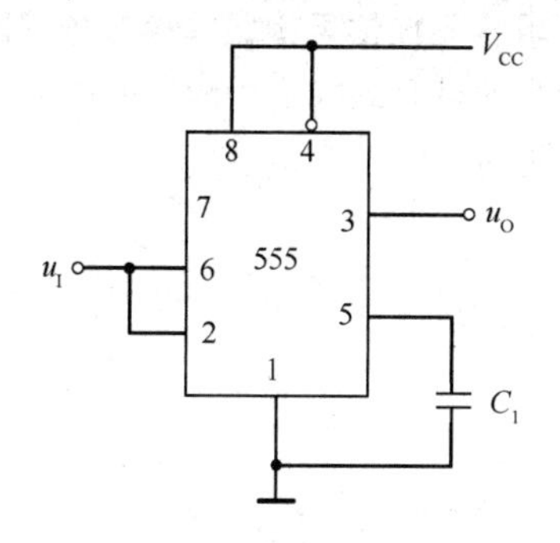

图 18-8　施密特触发器

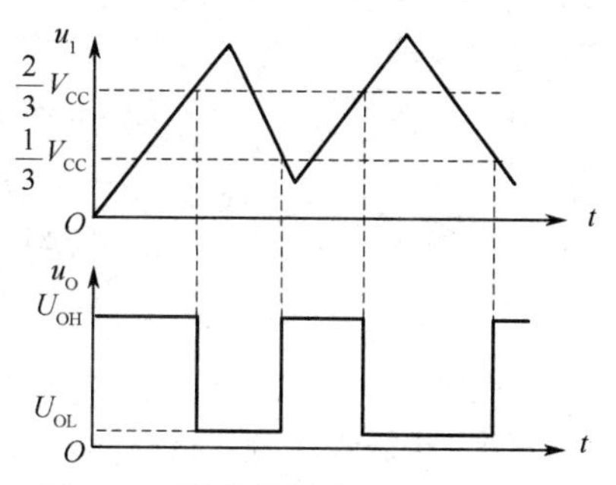

图 18-9　施密特触发器的工作波形

● 当输入u_I由高电平逐渐下降，且$(1/3)V_{CC} \leqslant u_I \leqslant (2/3)V_{CC}$时，电压比较器$C_1$和$C_2$的输出分别为$u_1 = 1$、$u_2 = 1$，基本 RS 触发器保持原状态不变，输出$u_O = U_{OL}$。

● 当输入$u_I < (1/3)V_{CC}$时，$u_1 = 1$、$u_2 = 0$，基本 RS 触发器置 1，施密特触发器的输出u_O由低电平U_{OL}跳变为高电平U_{OH}。可见，当u_I下降到$(1/3)V_{CC}$时，电路输出状态又发生另一次跳变，所以电路的负向阈值电压$U_{T-} = (1/3)V_{CC}$。

由以上分析可得施密特触发器的回差电压为

$$\Delta U_T = U_{T+} - U_{T-} = (1/3)V_{CC} \tag{18-7}$$

施密特触发器最重要的特点就是能够把缓慢变化的输入信号整形成边沿陡峭的矩形脉冲，同时，施密特触发器还可利用其回差电压来提高电路的抗干扰能力。施密特触发器的主要作用是使得小幅值干扰不会对电路产生影响，从而避免了误动作的发生。如电路信号的工作电压刚好设定在 5V，那么该信号在 5V 附近小范围波动时，就会导致检测电路不停地动作。如果加上一个施密特触发器，就可以设定一个波动范围，例如电压跌落到 4.7V 就断开，回到 5V 才能接通。

小　　结

1．单稳态触发器和施密特触发器是两种常用的整形电路，可将输入信号整形成所要求的矩形脉冲进行输出，电路状态的转换十分迅速，使输出的脉冲边沿十分陡峭。

2．单稳态触发器有一个稳态和一个暂稳态。没有外加触发信号时，电路处于稳态；在外加触发信号作用下，电路进入暂稳态，经过一段时间后，又自动返回到稳态。暂稳态维持时间为输出脉冲宽度，它由电路的定时元件 R、C 的数值决定，与输入触发信号没有关系。

单稳态触发器可将输入的触发脉冲变换为宽度和幅度都符合要求的矩形脉冲，还常用于脉冲的定时、整形、展宽等。

3．多谐振荡器没有稳态，只有两个暂稳态。暂稳态间的相互转换完全靠电路本身电容的充电和放电自动完成。因此，多谐振荡器接通电源后就能输出周期性的矩形脉冲。

在振荡频率稳定度要求很高的情况下，可采用石英晶体振荡器。

4．施密特触发器有两个稳态，这两个稳态是靠两个不同的电平来维持的。当输入信号的电平上升到正向阈值电压时，输出状态从一个稳态翻转到另一个稳态；而当输入信号的电平下降到负向阈值电压时，电路又返回到原来的稳态。由于正向阈值电压和负向阈值电压的值不同，因此触发器具有回差电压。

施密特触发器可将任意波形（含边沿变化非常缓慢的波形）变换成上升沿和下降沿都很陡峭的矩

形脉冲，常用来进行幅度鉴别。

5．555 定时器是一种多用途的集成器件，只需外接少量阻容元件便可构成单稳态触发器、多谐振荡器和施密特触发器。由于 555 定时器使用方便灵活，有较强的带负载能力和较高的触发灵敏度，因此在自动控制、仪器仪表、家用电器等许多领域都有着广泛的应用。

习　题　18

基础知识

18-1　555 定时器复位端接低电平时，555 输出_______电平，正常运行时复位端接_______电平。

18-2　555 定时器构成的多谐振荡器只有两个________态，没有_______态。555 定时器构成的单稳态触发器有态和_______态。

18-3　555 集成定时器有两个触发输入端、一个输出端，复位端为高电平，当输出端为低电平时，说明(　　)。

a.高电平触发端电位大于 $\frac{2}{3}V_{CC}$，低电平触发端电位大于 $\frac{1}{3}V_{CC}$

b.高电平触发端电位小于 $\frac{2}{3}V_{CC}$，低电平触发端电位大于 $\frac{1}{3}V_{CC}$

c.高电平触发端电位小于 $\frac{2}{3}V_{CC}$，低电平触发端电位小于 $\frac{1}{3}V_{CC}$

18-4　由 555 定时器构成施密特触发器时，外加触发信号应接到(　　)。

a.高电平触发端　　b.低电平触发端　　c.高、低电平触发端

18-5　由 555 定时器组成的单稳态触发器如题图 18-1 所示，若加大电容 C 的值，则(　　)。

a.增大输出脉冲 u_O 的幅值　　b.增大输出脉冲 u_O 的宽度　　c.对输出脉冲 u_O 无影响

18-6　由 555 定时器组成的多谐振荡器如题图 18-2 所示，欲使振荡频率增高，则可(　　)。

a.减小 C　　b.增大 R_1、R_2　　c.增大 U_{CC}

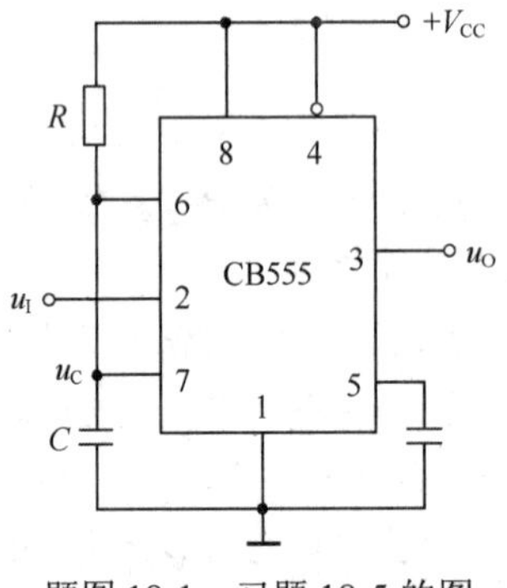

题图 18-1　习题 18-5 的图

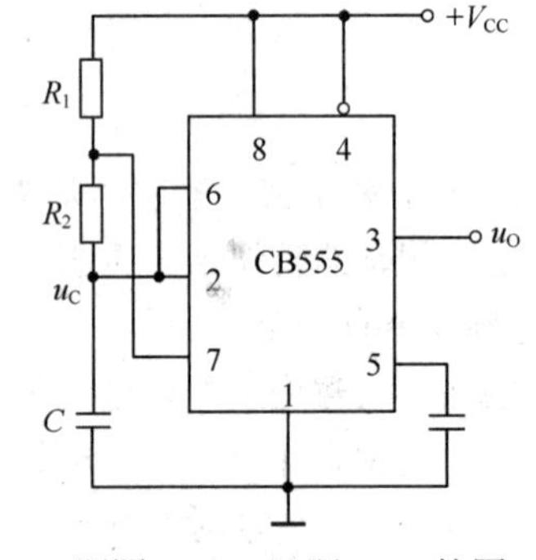

题图 18-2　习题 18-6 的图

18-7　图 18-3 所示为由 555 定时器构成的单稳态触发器，在使用时对输入触发脉冲的宽度有何要求？当输入触发脉冲的低电平持续时间过长时，在保证输出脉冲宽度不变的情况下，电路应如何修改？并画出修改后的电路图。

18-8　题图 18-3 所示为由 555 定时器构成的单稳态触发器，设 $V_{CC}=10V$，$R=33k\Omega$，$C=0.1\mu F$，试：

(1)求输出电压 u_O 的脉冲宽度 t_W；

(2)对应画出 u_I、u_C 和 u_O 的波形。

18-9　题图 18-4 所示为由 555 定时器构成的多谐振荡器。已知 $V_{CC}=10V$，$R_1=15k\Omega$，$R_2=24k\Omega$，$C=0.1\mu F$，试：

(1)求多谐振荡器的振荡频率；

(2)画出 u_C 和 u_O 的波形；

(3)在 555 定时器的 4 脚直接复位端加什么电平多谐振荡器停止振荡？

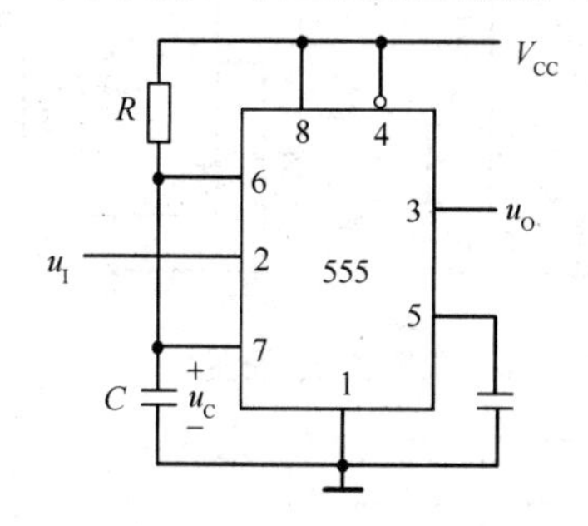

题图 18-3　习题 18-7 的图

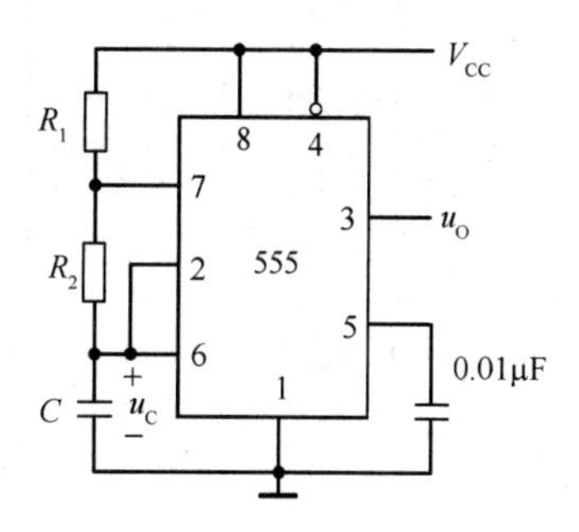

题图 18-4　习题 18-9 的图

18-10　题图 18-5 所示为由 555 定时器构成的多谐振荡器，已知 $R_1 = 20\text{k}\Omega$ ，$R_2 = 24\text{k}\Omega$ ，$C = 2000\text{pF}$ 。

(1)计算输出正脉冲的宽度、振荡周期和频率；

(2)画出 u_C 和 u_O 的波形。

18-11　题图 18-6 所示为由 555 定时器构成的多谐振荡器。

(1)简述该多谐振荡器的工作原理。

(2)写出占空比 q 和振荡周期的计算公式。

(3)若要求输出脉冲的占空比 q=50%，应如何选择电路元件的参数？

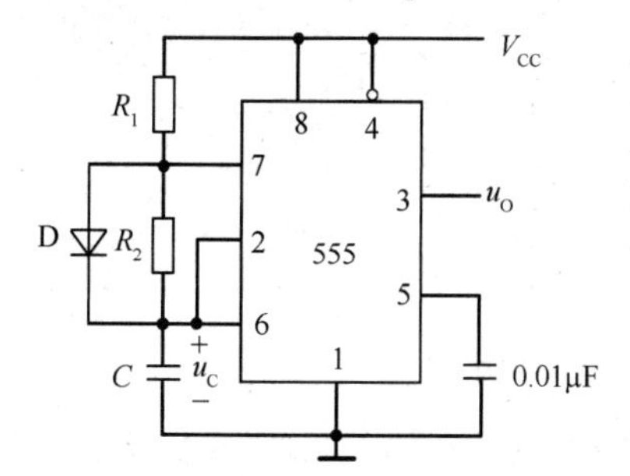

题图 18-5　习题 18-10 的图

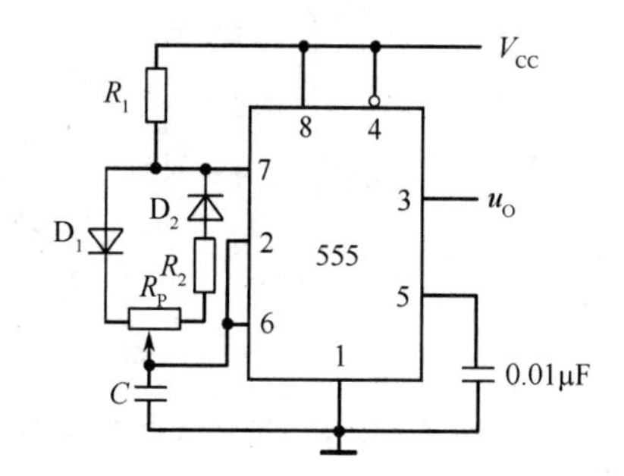

题图 18-6　习题 18-11 的图

应用知识

18-12　题图 18-7 所示为 NE555 集成电路芯片引脚示意图。查阅 NE555 芯片的技术手册，说明该芯片使用时的直流电压范围、输出端的最大直流输出电流，并用实验说明构成多谐振荡器时所采用的电容、电阻的可选范围(理论上可以任意组合电阻、电容，但实际操作中会发现不同组合对产生的波形有影响)。

18-13　题图 18-8 所示为用 555 定时器组成的电子门铃电路。当按下按钮 S 时，电子门铃以 1kHz 的频率响 10s。

(1)指出 555(1)和 555(2)各是什么电路，并简要说明整个电路的工作原理。

(2)如要改变铃声的音调，应改变哪些元件的参数？

(3)如要改变电子门铃持续时间的长短，应改变哪些元件的参数？

18-14　题图 18-9 是一个简易电子琴电路，试说明其工作原理。

18-15　题图 18-10 是一个洗相曝光定时电路。它是在集成定时器组成的单稳态触发器的输出端接一继电器 KA 的线圈，并用继电器的动合触点和动断触点控制曝光用的红灯和白灯。控制信号由按钮 SB 发出。图中二极管 D_1 起隔离或导通作用，D_2 的作用是防止继电器线圈断电时产生过高的电动势损坏集成定时器。试说明该电路的工作原理。

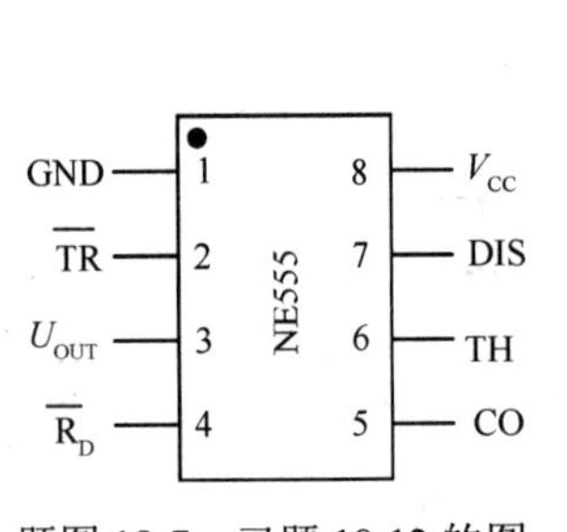

题图 18-7　习题 18-12 的图

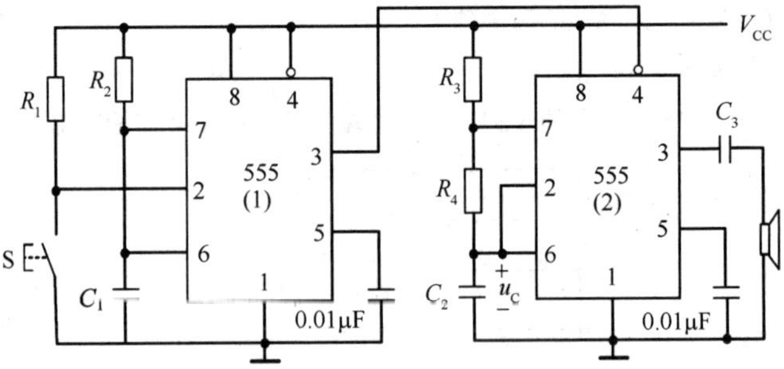

题图 18-8　习题 18-13 的图

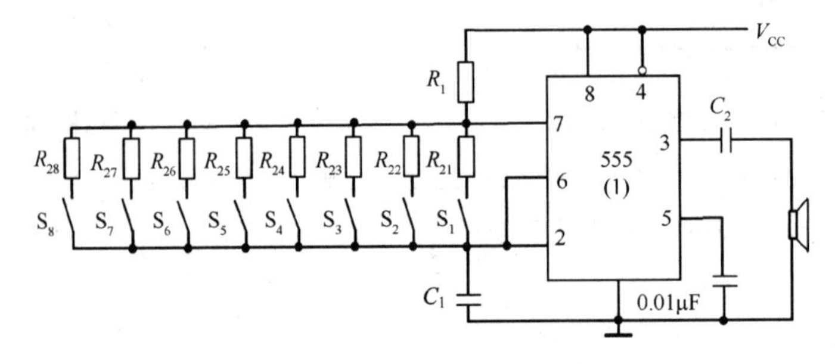

题图 18-9　习题 18-14 的图

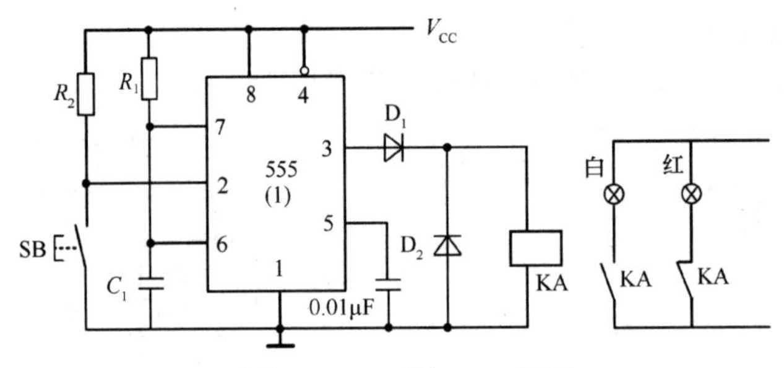

题图 18-10　习题 18-15 的图

18-16　题图 18-11 所示为电子幸运转盘电路，当按下开关 S_1 时，10 个发光二极管会随机发光。试分析该电路的工作原理。

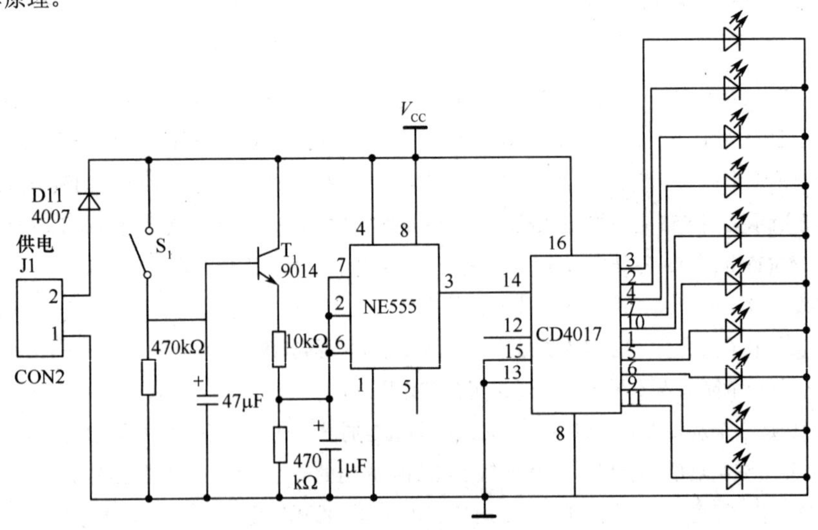

题图 18-11　习题 18-16 的图

军事知识

18-17 飞机上的黑匣子在遇水后，会以 37.5kHz 的频率发出脉冲信号，如果用图 18-5 所示的多谐振荡器来输出这个脉冲信号，怎样选择电路参数？已选定电阻 $R_1 = 10\text{k}\Omega$，$R_2 = 45\text{k}\Omega$，试求电容的大小。

18-18 按接收回波方式分类，雷达可分为一次雷达、二次雷达。由雷达发射一组目标飞机应答机可以识别的特征脉冲，然后由目标飞机在约定的精确时间间隔内发射一串编码脉冲，靠发射这些脉冲来提供飞机信息的雷达称作二次雷达。空中交通管制雷达信标系统(ATCRBS)是保证空中交通安全与畅通的主要工具，应答机(TRANSPONDER)是空中交通管制雷达信标系统的机载设备，与地面二次雷达配合工作，其功用是向地面管制中心报告飞机的识别代码、飞机的气压高度及一些特殊代码等。在现代飞机上，它是机载防撞系统的主要组成设备之一。地面询问信号由题图 18-12 所示的 3 个脉冲组成，其中 P_1 和 P_3 为信息脉冲对；P_2 为旁瓣抑制脉冲，用来抑制应答机对旁瓣询问的回答。根据 P_1 和 P_3 询问脉冲对间隔时间的不同，可构成 4 种不同的询问方式，如题图 18-13 所示。

A 模式：询问空中飞机的代码。

B 模式：询问民航飞机的代码(国外使用)。

C 模式：询问飞机高度。

D 模式：尚未分配。

请思考 D 模式在战斗机中可以起什么作用？

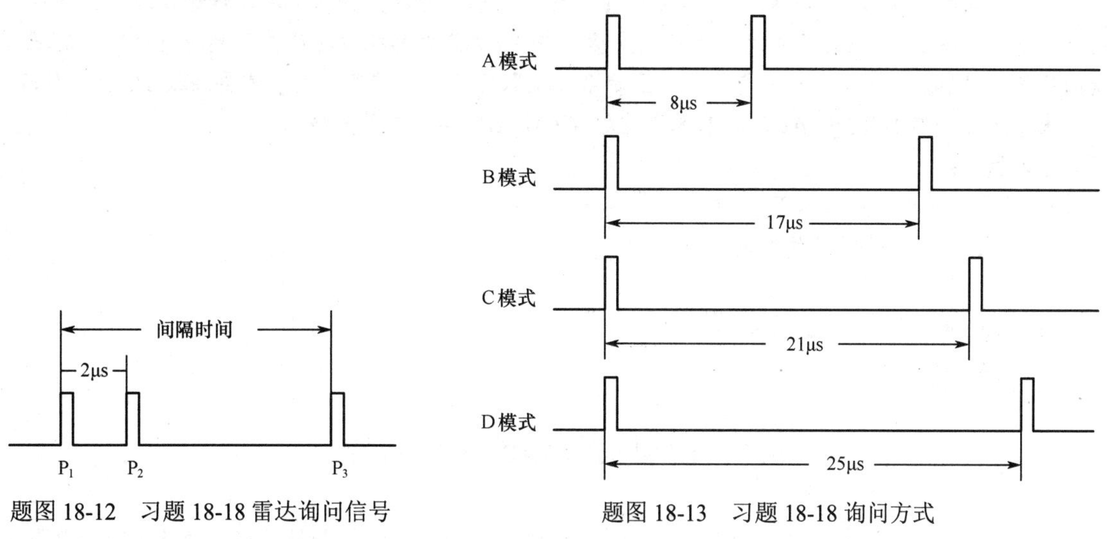

题图 18-12 习题 18-18 雷达询问信号

题图 18-13 习题 18-18 询问方式

18-19 本章讲述了用 555 电路来产生脉冲信号，实际的航空电子系统中还有许多其他能够产生脉冲信号的电路，请查阅资料，找出 2~3 种这样的电路。

18-20 军用航管二次雷达应答格式如题图 18-14 所示，其编码脉冲关系在表 14-1 中已给出。试设计能够产生如图时间间隔的脉冲信号电路。

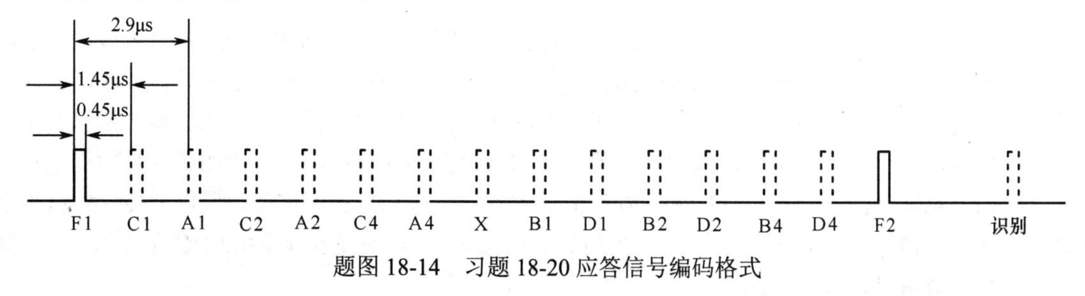

题图 18-14 习题 18-20 应答信号编码格式

第 19 章　模拟信号与数字信号转换器

引言

电子信息以模拟信号或者数字信号的形式存在，处理相应信息的电路分别为模拟电路和数字电路。但随着数字电子技术，特别是计算机技术的飞速发展与普及，在现代控制、通信、自动检测及其他领域中，对信号的处理广泛采用了数字电子技术。由于系统的实际处理对象往往都是一些模拟量(如声音、温度、压力、位移、图像等)，要使计算机或数字仪表能识别这些信号，必须首先将这些模拟信号转换成数字信号；而经计算机分析、处理后输出的数字量，往往也需要将其转换成为相应的模拟信号才能被执行机构所接收。这样就需要一种能在模拟信号和数字信号间起桥梁作用的电路——模数转换器或数模转换器。能够实现模拟信号到数字信号的转换电路称为 A/D 转换器(Analog to Digital Converter，ADC)；而将实现数字信号到模拟信号的转换电路称为 D/A 转换器(Digital to Analog Converter，DAC)。ADC 和 DAC 已经成为计算机系统中不可缺少的接口电路。

随着我国三、四代战机的迅速崛起，传感器技术在航空领域的应用越来越广泛，如测量飞行状态、飞行姿态信息及其操纵系统等工作参数传感器，测量压力、位移、速度、转速、温度、液位、电量等物理传感器。这些传感器所测量的都是模拟信号，机载计算机要对这些信息进行计算和处理，就必须经过 ADC 的转换；而飞行员通过显示系统获取处理后的信息，则通常要经过 DAC 的处理。

本章主要介绍 DAC 和 ADC 的基本工作原理和常见的典型集成转换器。

学习目标：

1. 模数转换的一般步骤及 ADC 的主要参数；
2. ADC 的几种主要结构及其特点；
3. 集成 ADC 的应用；
4. DAC 的工作原理及主要参数；
5. 集成 DAC 的应用。

19.1　模拟信号和数字信号转换

数字系统在人们的日常生活和生产中的应用已相当普及，大量的微型计算机及各类数字仪表在许多领域中的广泛应用导致数字技术处理模拟信号更加普遍，模拟信号与数字信号的接口问题就变得更加突出和重要。

19.1.1　模拟设备和数字设备与计算机的连接

图 19-1 表示微型计算机与输入/输出接口电路的简化框图。从图中可以看出，计算机获取信息的工作是由输入设备完成的。计算机获取信息的途径有两种，一种是通过模拟输入设备获取，另一种是通过数字输入设备获取。以光、声、热、压力或者任何其他现实世界数量形式表现的信息在本质上都是模拟量，应用于测量这些信息的感应器或传感器都会产生模拟信号，例如感应光的光电管和感应声音的麦克风。由于计算机只能处理数字信号或者说二进制形式的信号，所以要使计算机识别和处理这些模拟信号，就必须对信号进行翻译或转换。这个信号处理过程是由ADC 完成的。完成转换后的信息，就可以通过输入接口进入计算机。

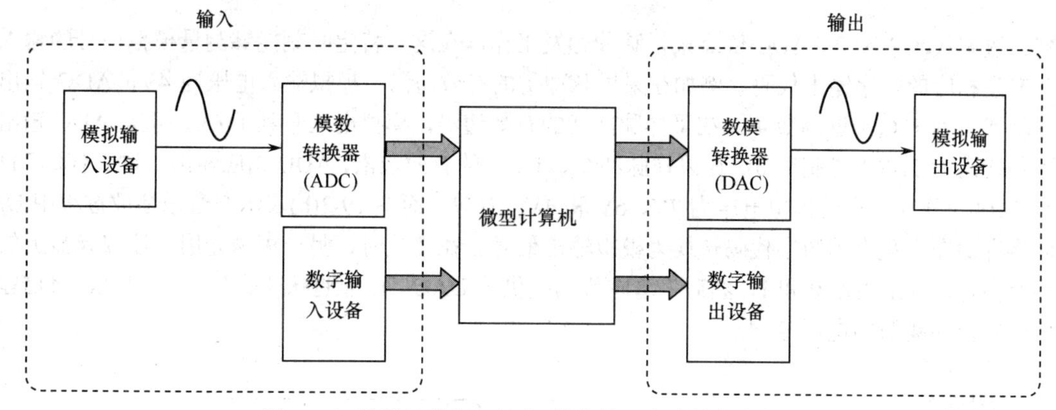

图 19-1　微型计算机与输入/输出接口电路的简化框图

同样地，从微型计算机输出接口输出的数字信息可以用于驱动模拟设备或数字设备。如果是送到模拟设备，如传输给扬声器的声音信号，那么由微型计算机输出的数字信号必须经由DAC 转换为相应的模拟信号。如果只需要数字输出，如输出到数字打印机，那么微型计算机输出的数字信号无须 DAC 就可以直接与输出设备相连。

DAC 和 ADC 是机载计算机系统中的重要模块，图 19-2 所示为某型飞机惯性导航系统的 ЦВК 数字计算机系统框图。

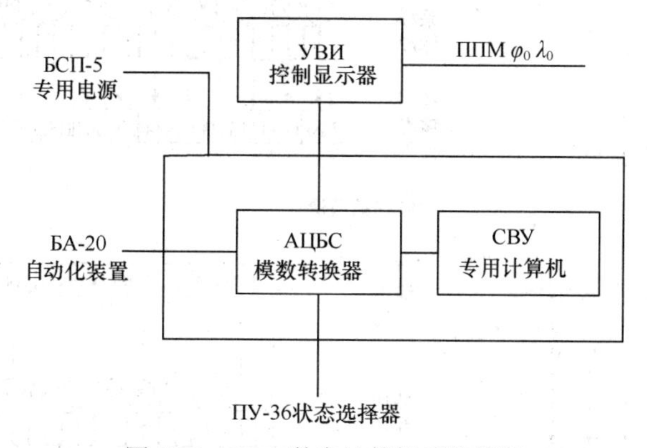

图 19-2　ЦВК 数字计算机系统框图

其中 УВИ 控制显示器，一方面将使用者输入的参数和控制信息通过 АЦБС 模数转换器送给 СВУ 专用计算机和 БА-20 自动化装置；另一方面，根据控制信息，接收来自 АЦБС 模数转换器相应的导航信息，并通过显示器显示出来。АЦБС 模数转换器完成输入数据变换为数字代码和数字代码变换成输出数据的任务。СВУ 专用计算机接收 АЦБС 模数转换器送来的数据，按照所设定的程序计算出导航参数，并将计算出的导航参数送回 АЦБС 模数转换器。

19.1.2　信息的转换

要详细了解信息转换的过程，可以从存储在光盘(CD)上的音乐信息是如何记录和播放来进行考虑。当声波振动麦克风的振动膜时，就会产生模拟的电压信号。在过去，这些模拟信号由磁带或唱片的凹槽轨道来录制，但这些存储设备容易受磨损、温度、噪声和使用年限的影响。应用数字录音技术，二进制代码存储到光盘上可以得到很好的保存和非常逼真的效果。

图19-3(a)展示了录音时模数转换器(ADC)如何把输入的模拟音乐信号转换为一连串的数字输出代码。这些数字代码被用来控制录音激光的光束，因而以磁化凹点或未磁化空白点的形式在光盘上

铭刻二进制代码 1 和 0。ADC 依靠采样脉冲触发工作，在这一特定时刻能够测量模拟信号的输入电压并产生相应的数字输出代码。例如在采样脉冲①的有效边沿，模拟输入电压为 4V，ADC 输出的二进制代码为 100(十进制数 4)。在采样脉冲②的有效边沿，模拟电压升到了 6V，于是 ADC 输出的二进制代码为 110(十进制数 6)。在采样脉冲③、④、⑤的有效边沿，ADC 相应输出二进制代码 111、110 和 100，分别代表的模拟电压为 7V、6V 和 4V，等等。而图 19-3(b)表示在音乐播放过程中 DAC 如何将存储在光盘上的数字代码转换为模拟输出信号。在播放时，另一束激光用来读取光盘上的凹点和空白点，分别当作 0 和 1，然后将这些代码提供给 DAC，在选通脉冲的触发下，DAC 将这些数字代码转换为离散的电压值。

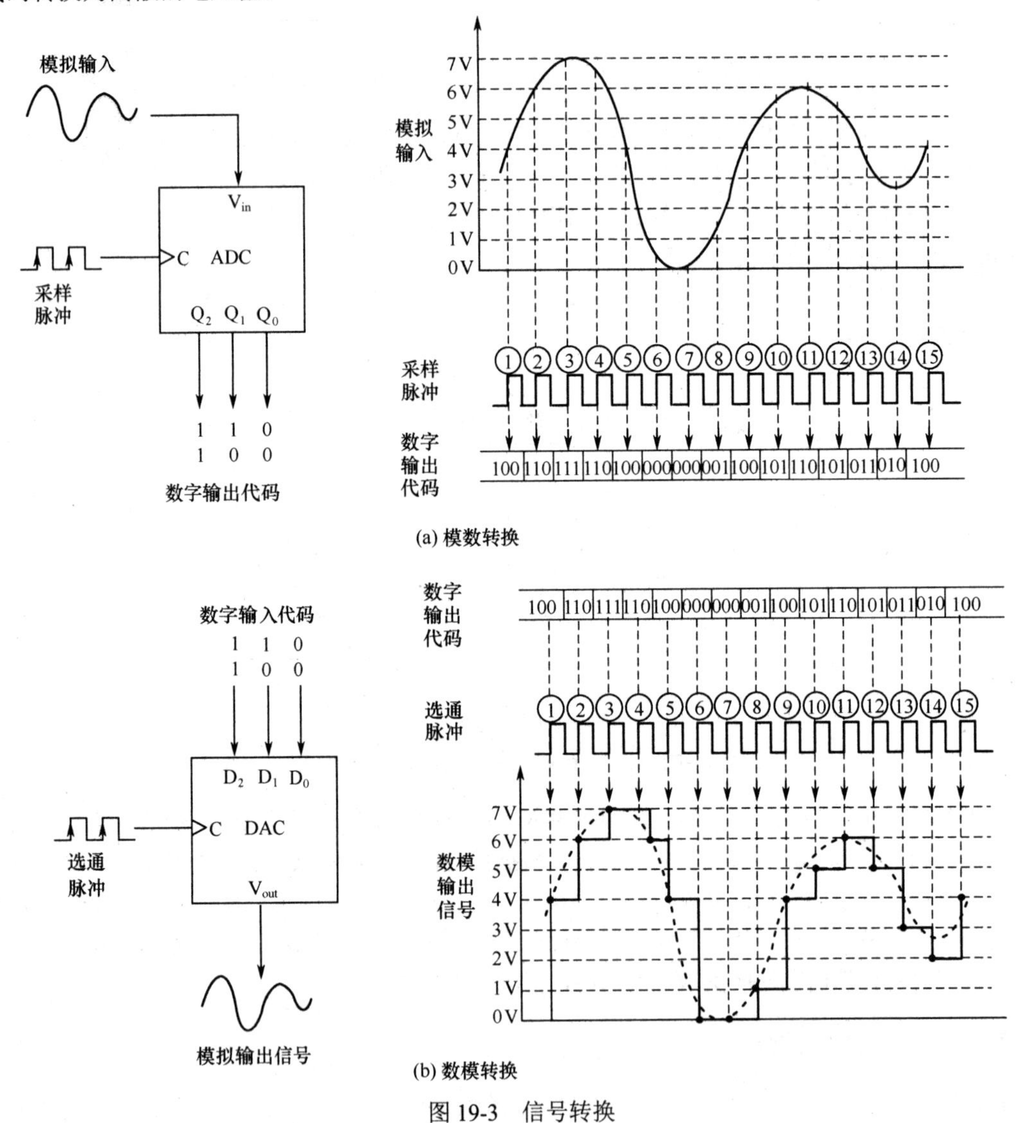

图 19-3 信号转换

19.2 A/D 转换器(ADC)

ADC 是输出与模拟电压成比例的二进制代码电路。在 ADC 中，因为输入的模拟信号在时间上是连续的，而输出的数字信号是离散的，所以在进行转换期间，要对模拟信号进行离散处理，即在一系列选定时间上对输入的模拟信号进行采样，在样值的保持期间内完成对样值的量化和编码，最后输出数字信号。

19.2.1 模数转换的一般步骤

1. 采样

模数转换的第一步就是采样。采样就是在一个模拟信号波形上获取足够数量的离散值，这些值将描述这个波形形状的特征。采样值越多，描述的波形就越准确。采样过程如图 19-4 所示。

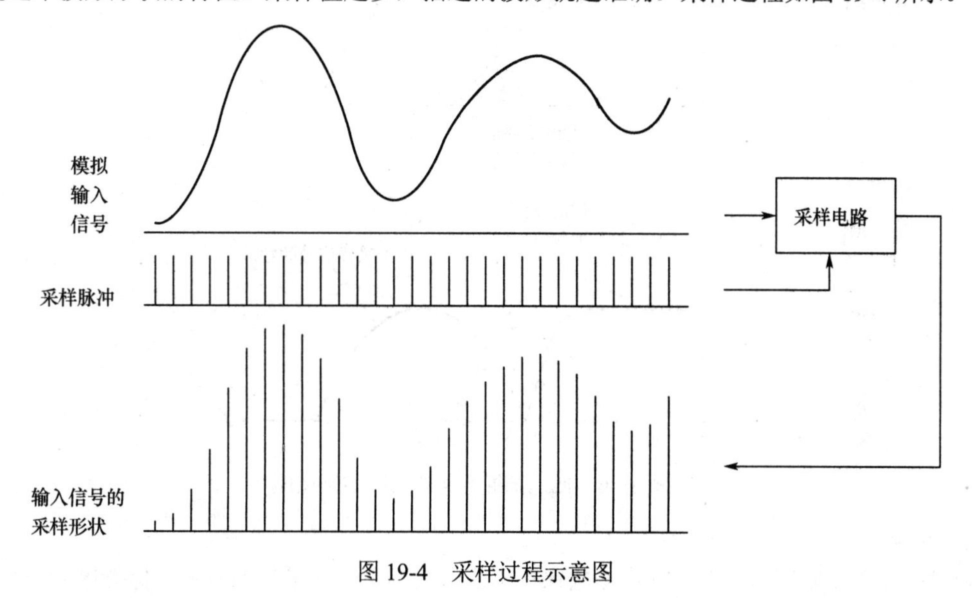

图 19-4　采样过程示意图

在模拟信号的采样过程中，对采样脉冲的频率具有一定的要求，要满足下面的采样定理。

采样定理：在采样过程中，采样脉冲的频率 f_{sample} 必须至少是模拟信号最高频率 $f_{a(max)}$ 的 2 倍。频率 $2f_{a(max)}$ 称为奈奎斯特频率。

为了直观地理解采样定理，可以用“弹跳球”来说明其基本思想。如果一个球在弹跳期间的一个瞬间被照相(采样)，如图 19-5(a)所示，这时不能得出任何关于这个球的路径情况，除能说明这个球是离开地板外，不能判断这个球是向上还是向下运动。如果一次弹跳期间，在两个相等时间间隔的瞬间拍照，如图 19-5(b)所示，那么就可以得到关于球运动情况的最少的信息量，而不知道球弹跳的距离。在这种情况下，仅知道在两次拍照的时间里球是在空中，球弹跳的最大高度判断不出。如果拍摄 4 张照片，如图 19-5(c)所示，那么球在一次弹跳期间所经过的路径就开始呈现出来，拍的照片(采样)越多，可以确定的球的弹跳路径越精确。

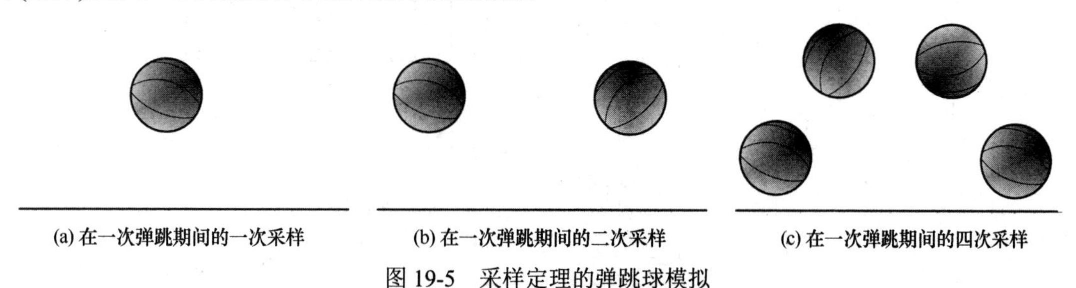

图 19-5　采样定理的弹跳球模拟

另外，在采样过程中，要利用低通滤波电路来消除模拟信号的谐波频率。谐波频率是指超过奈奎斯特频率的那部分信号的频率。如果模拟信号中的谐波频率超过了奈奎斯特频率，就会出现假信号混叠。假信号是在采样频率小于信号频率 2 倍时产生的信号，假信号的频率小于被采样模拟信号的最高频率，因此会在输入模拟信号的频谱或频带范围内造成失真。这样的信号“假装”成为模拟信号的一部分，从而产生干扰，因此采样电路中通常含有低通抗混叠滤波电路，其作用是将所有超过最小频率的模拟信号去除掉。图 19-6 所示为低通抗混叠滤波电路的频域图。

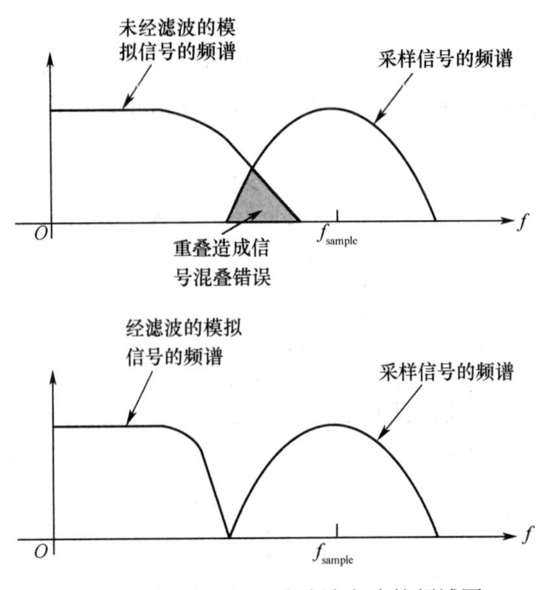

图 19-6　低通抗混叠滤波电路的频域图

2. 保持

经过采样和滤波后，取得的样值必须保持不变，直到下一次采样的发生。保持电路的结果就是得到近似于模拟输入信号的“阶梯”形状的波形，如图 19-7 所示。

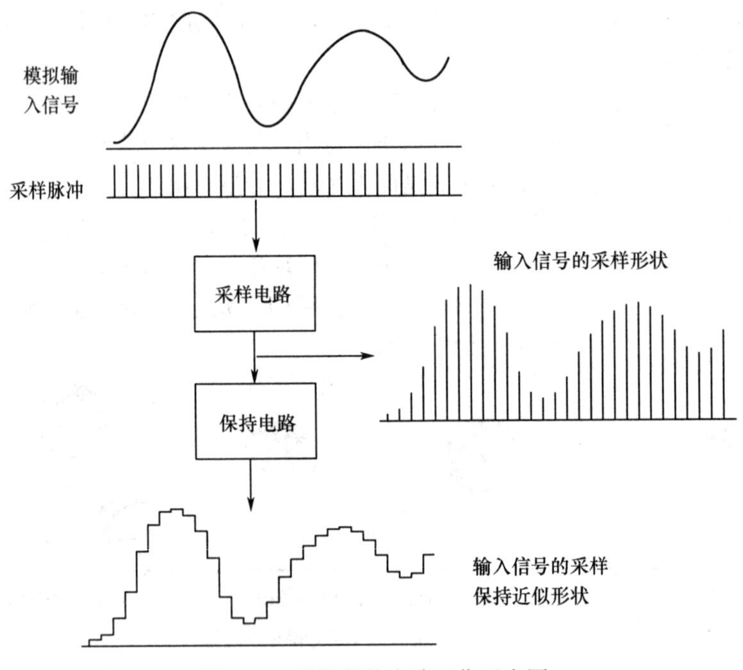

图 19-7　采样保持电路工作示意图

在某型飞机无线罗盘频率合成器的鉴相电路中含有采样保持电路，如图 19-8 所示。

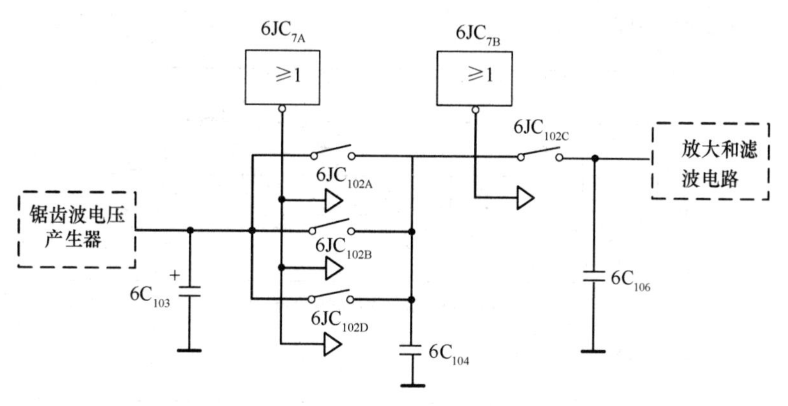

图 19-8　采样保持电路

其中 $6JC_{102A}$、$6JC_{102B}$、$6JC_{102C}$、$6JC_{102D}$ 为集成开关控制器，$6JC_{102A}$、$6JC_{102B}$ 和 $6JC_{102D}$ 并联起来，由 $6JC_{7A}$ 的输出控制。在 $6JC_{7A}$ 输出正脉冲期间，采样电容 $6C_{103}$ 对应的电压值，经 $6JC_{102A}$、$6JC_{102B}$ 和 $6JC_{102D}$ 传输至 $6C_{104}$ 保持下来；$6JC_{102C}$ 则通过 $6JC_{7B}$ 的输出端进行控制，当 $6JC_{7B}$ 输出正脉冲时，$6C_{104}$ 上的采样电压经 $6JC_{102C}$ 输至 $6C_{106}$ 保持下去。

3．量化和编码

模拟信号经采样保持后，得到输入信号的近似波形，它仍然不是数字信号，还需要进一步把模拟信号的每个采样值都转换为相应的二进制数，才算完成模拟量到数字量的转换过程，这一步工作就是量化和编码过程。

在量化时，首先要确定一个基准电压 V_{REF}，然后确定量化级别 n，则单位电压值 $\varDelta = V_{REF} / n$，最后用每一个采样值与 $\varDelta$ 进行比较，取比较的整数倍数值表示采样值，这一过程就是量化。在比较过程中，非整数部分的余数则会被舍去，因此而产生的误差称为量化误差。例如，若求得 $\varDelta = 1V$，某一时刻的采样值为 3.2V，则量化后的整数倍数值为 3，余数 0.2 被舍去。如果将这个整数倍数值用二进制数表示，就是编码过程。

图 19-9(a)表示具有 4 个量化级别的 2 位编码信息，图 19-9(b)表示具有 8 个量化级别的 3 位编码信息。从图中可以看出，单位电压值取得越小，转换的精度就越高，相应地用来表示采样信息的二进制数的位数也就越多。

量化误差的大小与转换输出的二进制码的位数、基准电压 V_{REF} 有关，还与如何划分量化电平有关。例如，取基准电压 $V_{REF} = 1V$，量化输出为 3 位二进制码时，可把基准电压 V_{REF} 平均分成 8 份，取量化单位 $\varDelta = (1/8)V_{REF}$，并规定在 $0 \leqslant u_i < (1/8)V_{REF}$ 时，输入的模拟量为 $0\varDelta = 0V$，对应输出的二进制数为 000；在 $(1/8)V_{REF} \leqslant u_i < (2/8)V_{REF}$ 时，输入的模拟量为 $1\varDelta = (1/8)V$，对应输出的二进制数为 001；其余类推。具体情况如图 19-10(a)所示。显而易见，这种量化电平的划分，其最大误差为 $\varDelta = (1/8)V_{REF}$。由于当输入的模拟电压 $u_i > V_{REF}$ 时，输出的二进制数都是 111，不再变化，因而导致输出误差大。所以基准电压不能小于输入模拟电压的最大值，即 $V_{REF} \geqslant u_{imax}$。但为了减小量化误差，$V_{REF}$ 也不能取得过大，一般以等于或略大于 u_{imax} 即可。或者反过来说，在 V_{REF} 确定之后，输入电压最大值不能超过 V_{REF}。

为了进一步减小量化误差，可采用图 19-10(b)所示的量化电平的划分方法。取量化单位 $\varDelta = (2/15)V_{REF}$，并规定 $0 \leqslant u_i < (1/15)V_{REF}$ 时，认为输入的模拟电压为 $0\varDelta = 0V$，对应输出的二进制数为 000；$(1/15)V_{REF} \leqslant u_i < (3/15)V_{REF}$ 时，输入的模拟量为 $1\varDelta = (2/15)V$，对应输出的二进制数为 001；依次类推。如此每个输出的二进制数对应的模拟电压与它的上下两个电平划分量之差的最大值为 $\varDelta / 2 = (1/15)V_{REF}$。显然，这种划分方法使最大量化误差减小了一半，因而实际采用的都是后一种划

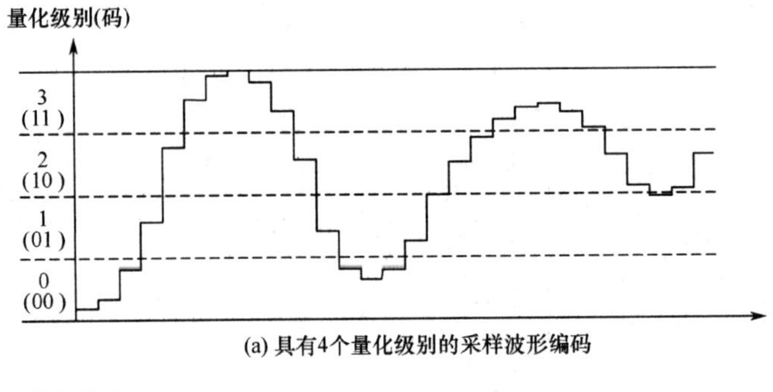

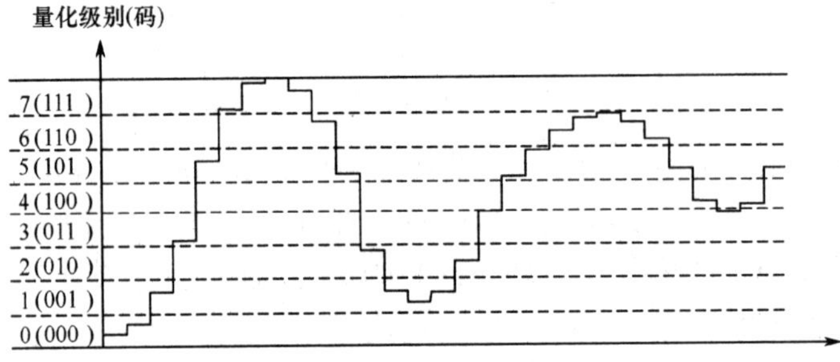

(b) 具有8个量化级别的采样波形编码

图 19-9　采样波形编码

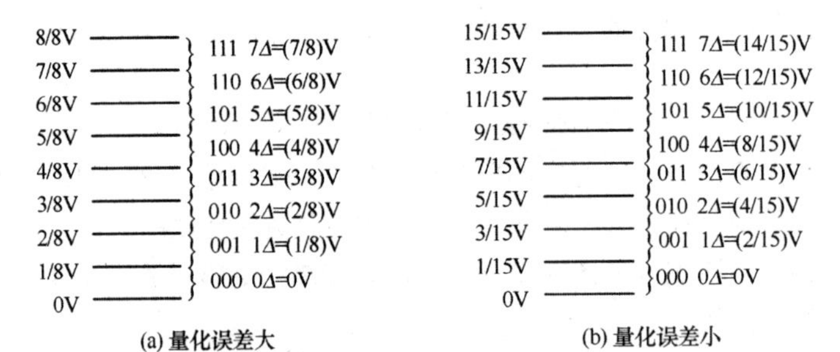

图 19-10　划分量化电平的两种方法

分方法。无论如何划分量化电平，量化误差都不可避免。量化级分得越多，量化误差越小。这意味着输出二进制数的位数增多，电路更复杂。

19.2.2　A/D 转换器的主要参数

1. 分辨率

分辨率是指 ADC 输出数字量的最低位变化一个数码时，对应输入模拟量的变化量。显然，在最大输入电压一定时，ADC 的输出位数越多，量化单位越小，分辨率越高。例如，一个最大输入电压为 5V 的 8 位 ADC，所能分辨的最小输入电压变化量为

$$\frac{5\text{V}}{2^8}=19.53\text{mV}$$

而同样输入电压的 10 位 ADC 分辨率为

$$\frac{5\text{V}}{2^{10}}=4.88\text{mV}$$

因此一个 n 位的 ADC，其分辨率也可以说是 n 位，它是一个设计参数，不是测量参数。

2. 相对精度

相对精度是指 ADC 实际输出数字量与理论输出数字量之间的最大差值。通常用最低有效位

LSB的倍数来表示。例如，相对精度不大于(1/2) LSB，就说明实际输出数字量与理论输出数字量的最大误差不超过(1/2) LSB。

3．转换速度

转换速度是指ADC完成一次转换所需要的时间，即从转换开始到输出端出现稳定的数字信号所需要的时间。

19.2.3 模数转换基本原理

ADC按其转换过程可分为直接ADC和间接ADC两种。直接ADC将模拟信号直接转换为数字信号，这类ADC具有较快的转换速度，典型电路有并联比较型ADC、逐次逼近型ADC。而间接ADC则是先将模拟信号转换成某一中间变量(时间或者频率)，然后将中间变量转换为数字量输出。此类ADC的转换速度较慢，典型电路有双积分型ADC、电压-频率转换型ADC等。

不同的ADC具有各自不同的特点，在应用时需要根据实际需求进行适当选取。例如，若从转换速度进行考虑，并联比较型ADC速度最高，约为数十纳秒；逐次逼近型ADC速度次之，约为数十微秒，最高可达0.4μs；双积分型ADC速度最慢，约为数十毫秒。

1．并联比较型ADC

图19-11所示为3位并联比较型ADC的电路结构图。并联比较型ADC的内部一般由基准电压、电阻分压器、电压比较器、寄存器和编码器组成。模拟电压u_i是采样保持电路的输出电压，其范围为$0 \sim V_{REF}$。输出为3位二进制代码$d_2d_1d_0$。

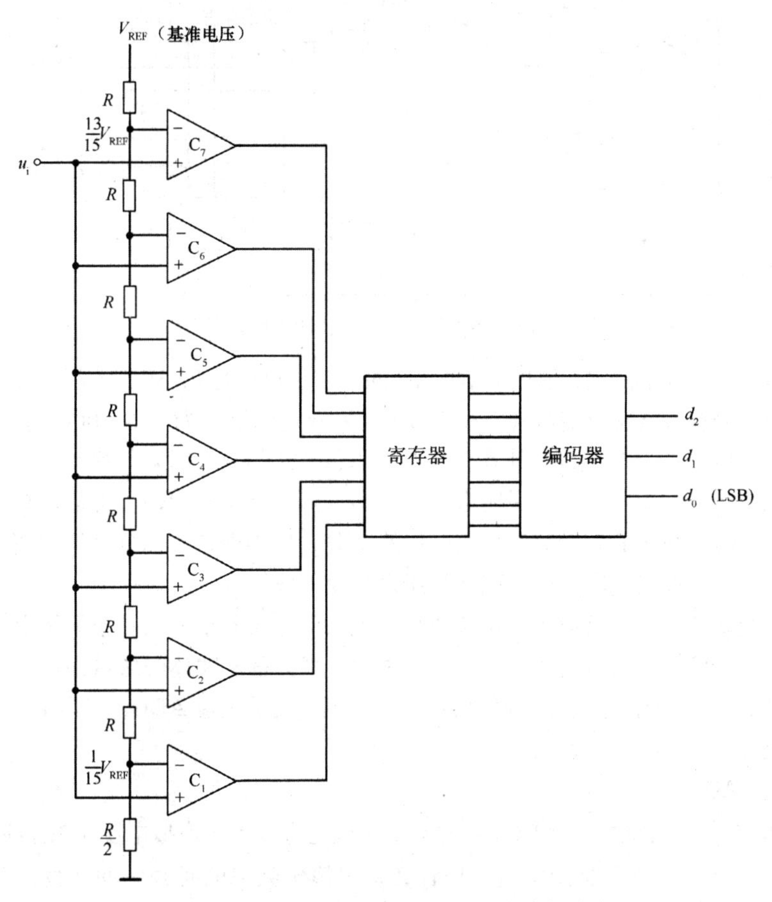

图19-11　3位并联比较型ADC的电路结构图

电阻分压器将基准电压 V_{REF} 进行分压，得到从 $(1/15)V_{REF}$ 到 $(13/15)V_{REF}$ 之间 7 个比较电平，量化单位为 $\Delta=(2/15)V_{REF}$。然后将这 7 个比较电平分别接到 7 个电压比较器 $C_1 \sim C_7$ 的反相输入端，作为比较基准电压。同时，将输入的模拟电压 u_i 同时加到每个电压比较器的同相输入端上，与这 7 个比较电平进行比较，便可得到 u_i 为不同电压时寄存器的状态。不过寄存器输出的是一组 7 位的二值代码，还不是所要求的二进制数，因此必须经过编码器进行代码转换。

并联比较型 ADC 又称为闪速式 ADC，"闪速"是形容它的转换速度非常之快，一般转换时间小于 100ns，常用于视频信号的数据采集。但它的电路复杂，所用电压比较器和触发器数量多，所以这种 ADC 的成本高、价格贵，一般场合较少使用，多用于要求转换速度很高的情况。

在图 19-2 中，АЦБС 模数转换器就是采用的并联比较型 ADC，它将表示飞机真航向角和偏流角的正余弦电压模拟信号变换成二进制编码再输至 СВУ 专用计算机进行处理。

2. 逐次逼近型 ADC

逐次逼近型(又称逐次渐近型)ADC 是一种反馈比较型 ADC。图 19-12 所示为逐次逼近型 ADC 的电路结构图，这种转换器的电路包含电压比较器 C、DAC、寄存器、时钟脉冲源和控制逻辑电路等 5 部分。

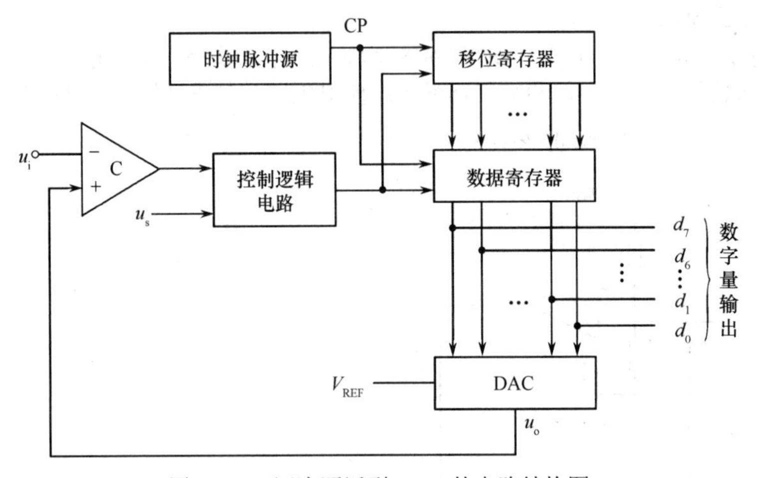

图 19-12　逐次逼近型 ADC 的电路结构图

转换开始前先将寄存器清零，所以加给 DAC 的数字量也全是 0。转换控制信号 u_s 变为高电平时开始转换，时钟信号首先将寄存器的最高位置 1，使寄存器的输出为 100…00。这个数字量被 DAC 转换成相应的模拟电压 u_o，并送到电压比较器与输入信号 u_i 进行比较。如果 $u_o > u_i$，说明数字过大了，则这个 1 应去掉；如果 $u_o < u_i$，说明数字还不够大，这个 1 应保留。然后，按照同样的方法将次高位置 1，并比较 u_o 与 u_i 的大小以确定这一位的 1 是否应当保留。这样逐次比较下去，直到最低位比较完为止。这时寄存器里所存的数码就是所求的输出数字量。

上述进行模数转换的过程类似于天平称质量，把砝码从大到小依次置于天平上，与被称物体进行比较，如砝码比物体轻，则保留该砝码，否则去掉，直到称出物体的质量为止。

逐次逼近型 ADC 的转换速度比并联比较型 ADC 慢，属于中速 ADC。但由于电路简单、成本较低，因而被广泛使用。

3. 双积分型 ADC

双积分型 ADC 是一种间接型 ADC。它的基本原理是将输入的模拟电压 u_i 先转换成与 u_i 成正比的时间宽度信号，然后在这个时间宽度内用计数器对恒定频率的时钟脉冲计数，计数结束时，计数器记录的数字量正比于输入的模拟电压，从而实现模拟量到数字量的转换。图 19-13 所示为双积分型 ADC 的电路结构图，包含积分器、比较器、计数器、控制逻辑电路、时钟脉冲源等 5 部分。图 19-14 所示为双积分型 ADC 的工作波形。

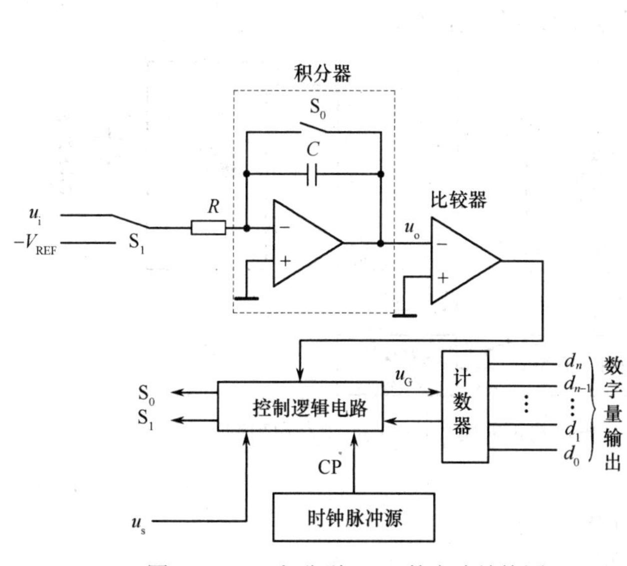

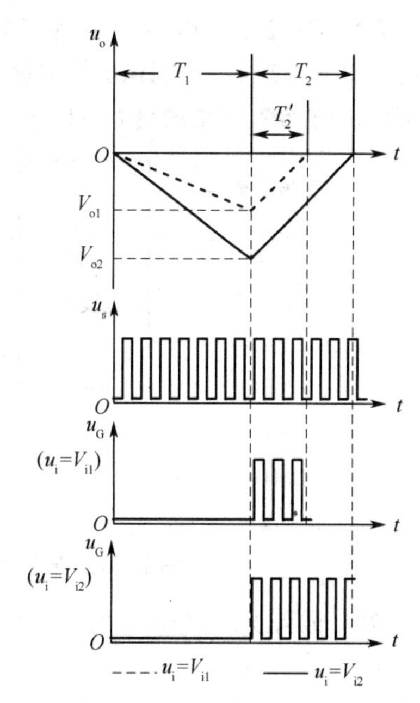

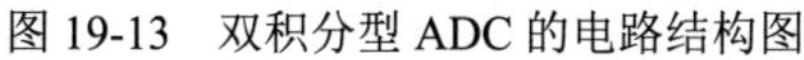

图 19-13　双积分型 ADC 的电路结构图

图 19-14　双积分型 ADC 的工作波形

双积分型 ADC 是将输入模拟电压转换成数字量并从计数器的输出读取转换结果的，因此又称为电压-时间变换型 ADC(简称 *V-T* 变换型 ADC)。由于双积分型 ADC 转换一次要进行两次积分，所以转换时间长、转换速度低，但它的电路结构简单、转换精度高、抗干扰能力强，因此常用于低速场合，数字式仪表大都采用这种 ADC。

4．电压-频率变换型 ADC

电压-频率变换型 ADC(简称 *V-F* 变换型 ADC)也是一种间接 ADC。它首先将输入的模拟电压信号转换成与之成比例的频率信号，然后在一个固定时间间隔里对得到的频率信号计数，所得到的计数结果就是正比于输入模拟电压的数字量。

V-F 变换型 ADC 的电路结构图如图 19-15 所示，它由 *V-F* 变换器、计数器、寄存器、单稳态触发器等部分组成。

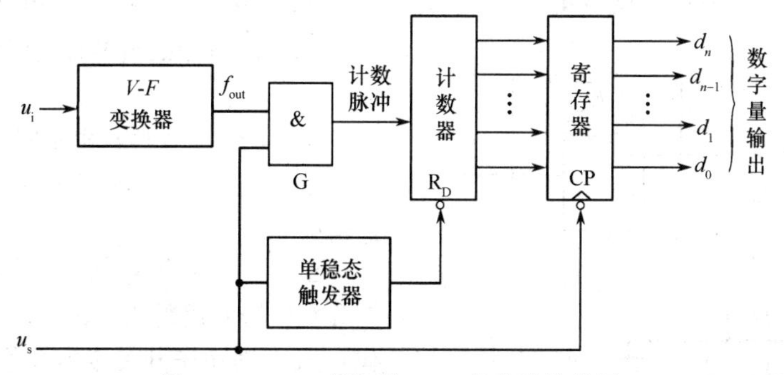

图 19-15　*V-F* 变换型 ADC 的电路结构图

转换过程通过转换控制信号 u_s 进行控制。当 u_s 变成高电平时转换开始，*V-F* 变换器的输出脉冲 f_{out} 通过与门 G 给计数器计数。由于 u_s 是固定宽度 T_S 的脉冲信号，而 *V-F* 变换器的输出脉冲频率 f_{out} 与输入模拟电压成正比，所以每个 T_S 周期内计数器所记录的脉冲数目也与输入的模拟电压成正比。

V-F 变换型 ADC 有很高的精度，输出脉冲的频率与输入模拟电压之间有很好的线性关系，转换误差可减小至±1% 以内。

【例 19-1】 图 19-16 所示为某型飞机大气数据计算机的模数转换接口电路原理图，经过模数转换后，得到 12 位二进制输出数字量。若该 ADC 采用的基准电源为高精度+10V 电压，则该 ADC 的分辨率为多少？如果测得 U_A=1.5V，对应的输出数字量是什么？

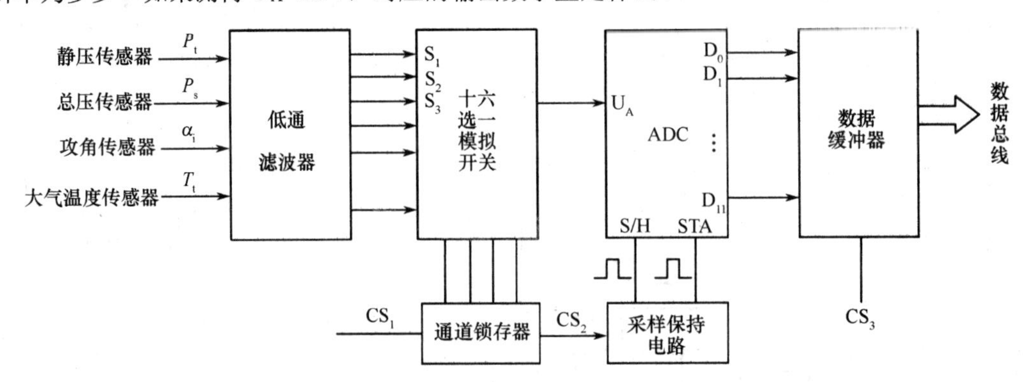

图 19-16　某型飞机大气数据计算机的模数转换接口电路原理图

解　该 ADC 的分辨率为

$$\frac{+10\text{V}}{2^{12}}=2.441\text{mV}$$

若 U_A=1.5V，则对应的输出数字量为 001001100111。

19.3　D/A 转换器(DAC)

DAC 是将二进制输入代码成比例转换成模拟电压的电路。实现数模转换的电路是多种多样的，但比较常用的是电阻网络 DAC。

19.3.1　数模转换基本原理

1. 权电阻网络 DAC

在第 14 章中我们已经讲过，一个多位二进制数中每一位的 1 所代表的数值大小称为这一位的权。如果一个 n 位二进制数用 $D_n=d_{n-1}d_{n-2}\cdots d_1d_0$ 表示，则从最高位(Most Significant Bit，MSB)到最低位(Least Significant Bit，LSB)的权依次为 2^{n-1}、2^{n-2}、…、2^1、2^0。

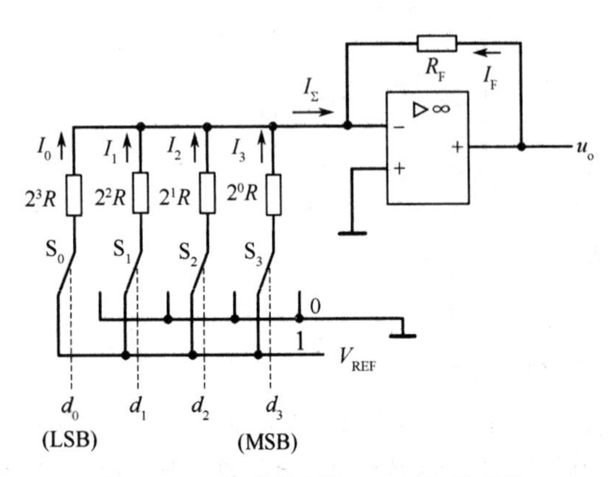

图 19-17　权电阻网络 DAC 的原理图

图 19-17 是 4 位权电阻网络 DAC 的原理图，它由权电阻网络、4 个模拟开关和 1 个求和放大器组成。

S_3、S_2、S_1 和 S_0 是 4 个电子开关，它们的状态分别受输入代码 d_3、d_2、d_1 和 d_0 的取值控制，代码为 1 时电子开关接到参考电压 V_{REF} 上，代码为 0 时电子开关接地。由电路分析可知，当 $d_i=1$（i=1,2,3,4)时有支路电流 I_i 流向求和放大器，$d_i=0$ 时该支路电流为零。

在认为运算放大器输入电流为零的条件下可得

$$u_o = -R_F I_\Sigma = -R_F(I_3 + I_2 + I_1 + I_0) \tag{19-1}$$

由于$V_- \approx 0$，因而各支路电流分别为

$$I_3 = \frac{V_{REF}}{R} d_3 \quad (\text{当} d_3 = 1 \text{时} I_3 = \frac{V_{REF}}{R}，\ d_3 = 0 \text{时} I_3 = 0)$$

$$I_2 = \frac{V_{REF}}{2^1 R} d_2 \qquad I_1 = \frac{V_{REF}}{2^2 R} d_1 \qquad I_0 = \frac{V_{REF}}{2^3 R} d_0$$

将它们代入式(19-1)并取$R_F = R/2$，整理后则得

$$u_o = -\frac{V_{REF}}{2^4}(d_3 2^3 + d_2 2^2 + d_1 2^1 + d_0 2^0)$$

对于n位的权电阻网络DAC，当反馈电阻取为$R_F = R/2$时，输出电压的计算公式可写成

$$u_o = -\frac{V_{REF}}{2^n}(d_{n-1}2^{n-1} + d_{n-2}2^{n-2} + \cdots + d_1 2^1 + d_0 2^0) \tag{19-2}$$

上式表明，输出的模拟电压u_o和输入的数字量D_n成正比，从而实现了从数字量到模拟量的转换。当$D_n = 0$时，$u_o = 0$；当$D_n = 11\cdots11$时，$u_o = -\frac{2^n - 1}{2^n}V_{REF}$。故$u_o$的变化范围是$0 \sim -\frac{2^n-1}{2^n}V_{REF}$。

从以上分析可以看出，在V_{REF}为正电压时，输出电压u_o始终为负值。要想得到正的输出电压，可以将V_{REF}取为负值。

【例 19-2】 在图 19-17 所示权电阻网络 DAC 中，设$V_{REF} = -8\text{V}$，$R_F = R/2$，试求：

(1) 当输入数字量$D_4 = d_3 d_2 d_1 d_0 = 0001$时输出电压的值。

(2) 当输入数字量$D_4 = d_3 d_2 d_1 d_0 = 1000$时输出电压的值。

(3) 当输入数字量$D_4 = d_3 d_2 d_1 d_0 = 1111$时输出电压的值。

解 将输入数字量的各位数值代入输出电压的表达式中，可求得各输出电压值为

(1) $u_o = -\frac{-8\text{V}}{2^4} \times (0 \times 2^3 + 0 \times 2^2 + 0 \times 2^1 + 1 \times 2^0) = 0.5\text{V}$

(2) $u_o = -\frac{-8\text{V}}{2^4} \times (1 \times 2^3 + 0 \times 2^2 + 0 \times 2^1 + 0 \times 2^0) = 4\text{V}$

(3) $u_o = -\frac{-8\text{V}}{2^4} \times (1 \times 2^3 + 1 \times 2^2 + 1 \times 2^1 + 1 \times 2^0) = 7.5\text{V}$

权电阻网络 DAC 的优点是结构比较简单，所用的电阻很少。但是也存在两个严重的缺点：一是各相邻电阻之间应严格保持依次相差一半的要求；二是最大电阻和最小电阻的阻值相差较大，尤其在输入信号的位数较多时，这个问题就更加突出。例如，当输入信号增加到 8 位时，如果取权电阻网络中最小的电阻为R=10kΩ，那么最大电阻的阻值将达到2^7R=1.28MΩ，两者相差 128 倍之多。要想在极为宽广的阻值范围内保证每个电阻都有很高的精度是十分困难的，尤其对制作集成电路更加不利。采用 *R*-2*R* T 形或 *R*-2*R* 倒 T 形电阻网络 DAC，则可以克服上述缺点。

2．*R*-2*R* 倒 T 形电阻网络 DAC

为了克服权电阻网络 DAC 中的电阻阻值相差太大的缺点，人们又研制出了如图 19-18 所示的倒 T 形电阻网络 DAC。由图可见，电阻网络中只有 *R*、2*R* 两种阻值的电阻，这就给集成电路的设计和制作带来了很大的方便。

由图 19-18 可知，由于求和放大器反相输入端的电位始终接近于零，所以无论开关S_3、S_2、S_1、S_0合到哪一边，都相当于接到了“地”电位上，流过每条支路的电流也始终不变。在计算倒 T 形电阻网络中每条支路的电流时，可以将电阻网络等效画成图 19-19 所示的形式。不难看出，从 AA、

BB、CC、DD 每个端口向左看过去的等效电阻都是 R，因此从参考电源流入倒 T 形电阻网络的总电流为 $I=V_{REF}/R$，而每条支路的电流依次为 $I/2$、$I/4$、$I/8$ 和 $I/16$。

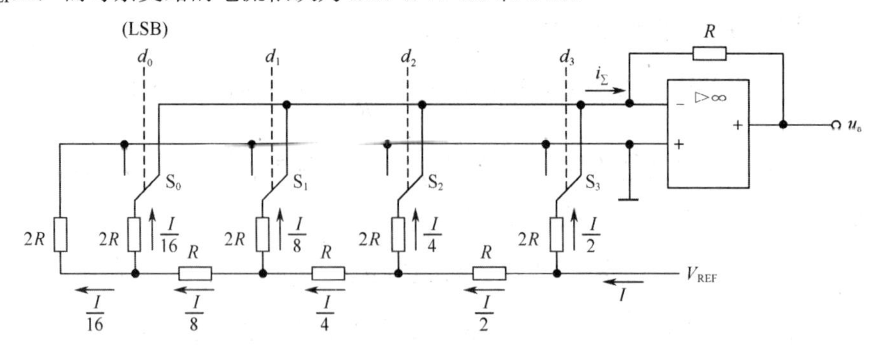

图 19-18　R-2R 倒 T 形电阻网络 DAC

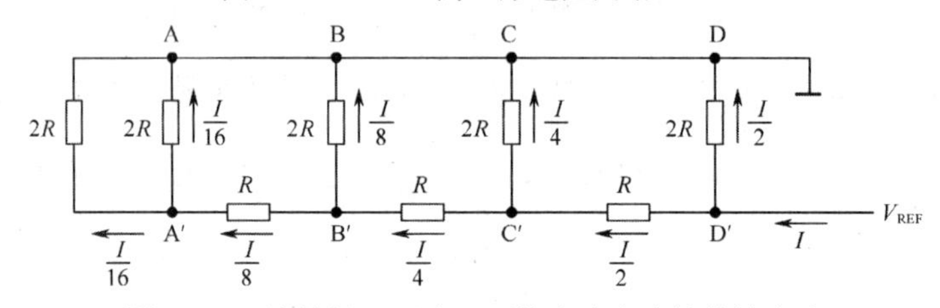

图 19-19　计算倒 T 形电阻网络支路电流的等效电路

如果令 d_i=0 时开关 S_i 接地（接求和放大器的正相输入端），而 d_i=1 的 S_i 接至求和放大器的反相输入端，则由图 19-18 可知

$$i_\Sigma=\frac{I}{2}d_3+\frac{I}{4}d_2+\frac{I}{8}d_1+\frac{I}{16}d_0 \tag{19-3}$$

在求和放大器的反馈电阻阻值等于 R 的条件下，输出电压为

$$u_o=-Ri_\Sigma=-\frac{V_{REF}}{2^4}(d_3 2^3+d_2 2^2+d_1 2^1+d_0 2^0) \tag{19-4}$$

对于 n 位输入的倒 T 形电阻网络 DAC，在求和放大器的反馈电阻阻值为 R 的条件下，输出模拟电压计算公式为

$$u_o=-\frac{V_{REF}}{2^n}(d_{n-1}2^{n-1}+d_{n-2}2^{n-2}+\cdots+d_0 2^0)=-\frac{V_{REF}}{2^n}D_n \tag{19-5}$$

上式说明输出的模拟电压与输入的数字量成正比。

ADC 和 DAC 是现代数字电路和模拟电路中用途广泛的重要接口部件。例如，在现代雷达中有一种直接数字频率综合器(DDS)可以用来产生干扰信号，图 19-20 所示为 DDS 产生干扰信号的简化原理图。

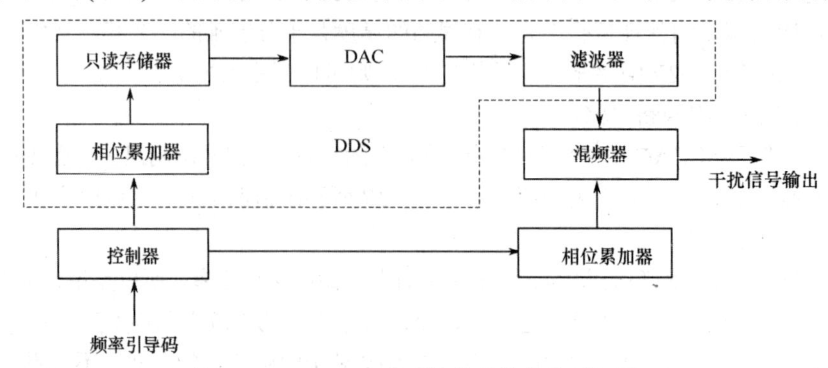

图 19-20　DDS 产生干扰信号的简化原理图

在该电路中，相位累加器输出的相位码对只读存储器查表变换成数字幅度，然后经 DAC 转换成模拟量，经后续电路处理后输出干扰信号。

19.3.2 D/A 转换器的主要参数

1．分辨率

分辨率是指DAC 模拟量输出所能产生的最小电压变化量与满刻度输出电压之比。最小输出电压变化量就是对应于输入数字量最低位(LSB)为 1，其余各位为 0 时的输出电压，记为U_{LSB}。满刻度输出电压就是对应于输入数字量的各位全是 1 时的输出电压，记为U_{FSR}。对于一个n位的 DAC，分辨率可表示为

$$分辨率=\frac{U_{LSB}}{U_{FSR}}=\frac{1}{2^n-1}$$

分辨率与 DAC 的位数有关，位数越多，能够分辨的最小输出电压变化量就越小。但要指出，分辨率是一个设计参数，不是测试参数。如对于一个 10 位的 DAC，其分辨率是 0.000978。

2．转换精度

转换精度是指DAC实际输出的模拟电压与理论输出模拟电压间的最大误差，它是一个综合指标，包括零点误差、增益误差等。转换精度不仅与 DAC 中元件参数的精度有关，而且还与环境温度、求和运算放大器的温度漂移及 DAC 的位数有关。所以要获得较高精度的转换结果，除正确选用 DAC 的位数外，还要选用低漂移、高精度的求和运算放大器。通常要求 DAC 的误差小于$U_{LSB}/2$。

3．转换时间

转换时间是指 DAC 在输入数字信号开始转换，到输出的模拟电压达到稳定值所需的时间。它是反映 DAC 工作速度的指标。转换时间越小，工作速度越高。

小　　结

1．ADC 将输入的模拟电压转换成与之成正比的二进制数字量。ADC 分直接转换型和间接转换型。直接转换型速度快，如并联比较型 ADC。间接转换型速度慢，如双积分型 ADC。逐次比较型 ADC 也属于直接转换型，但要进行多次反馈比较，所以速度比并联比较型 ADC 慢，但比间接转换型 ADC 快。

2．模数转换要经过采样保持和量化编码两步实现。采样保持电路对输入模拟信号抽取样值，并展宽(保持)；量化是对样值脉冲进行分级，编码是将分级后的信号转换成二进制代码。在对模拟信号采样时，必须满足采样定理：采样脉冲的频率f_{sample}不小于输入模拟信号最高频率分量的 2 倍，即$f_{sample}\geqslant 2f_{a(max)}$。

3．并联比较型 ADC、逐次逼近型 ADC 和双积分型 ADC 各有特点，在不同的应用场合，应选用的类型不同。高速场合下，可选用并联比较型 ADC，但受位数限制，其精度不高，且价格贵；在低速场合，可选用双积分型 ADC，它精度高，抗干扰能力强；逐次逼近型 ADC 兼顾了上述两种 ADC 的优点，速度较快、精度较高、价格适中，因此应用比较普遍。

4．DAC 将输入的二进制数字量转换成与之成正比的模拟量。实现数模转换有多种方式，常用的是电阻网络 DAC，包含权电阻网络 DAC、*R*-2*R* T 形电阻网络和 *R*-2*R* 倒 T 形电阻网络 DAC，其中 *R*-2*R* 倒 T 形电阻网络 DAC 速度快、性能好，适合于集成工艺制造，因而被广泛应用。电阻网络 DAC 的转换原理都是把输入的数字量转换为电流之和，再应用求和运算放大器，把电阻网络的输出

电流转换成输出电压。DAC 的分辨率和转换精度都与 DAC 的位数有关，位数越多，分辨率和精度越高。

5. 不论是 A/D 转换还是 D/A 转换，基准电压 V_{REF} 都是一个十分重要的应用参数。尤其是在 D/A 转换中，它的值对量化误差、分辨率都有影响。一般应按照器件手册给出的电压范围取用，并且保证输入的模拟电压最大值不能大于基准电压值。

习　题　19

基础知识

19-1　将________信号转换为相应的________信号称为模数(A/D)转换。

19-2　模数转换的一般步骤是__________、__________、__________和__________。

19-3　将________信号转换为相应的________信号称为数模(D/A)转换，DAC 的位数越多，说明其实际转换精度越________。

19-4　DAC 实现转换的原理是什么？

19-5　ADC 和 DAC 的位数有什么意义？它与分辨率、转换精度有什么关系？

19-6　D/A 转换包括哪些过程？

19-7　DAC 的分辨率和相对精度与什么参数有关？

19-8　试简要说明逐次逼近型 ADC 的工作原理。

19-9　DAC 的输出电压为 0~5V，对于 12 位 DAC，试求它的分辨率。

19-10　R-2R 倒 T 形电阻网络 DAC，若 $R_F = 3R$，$V_{REF} = 6V$，试求输入数字量为 00000001、10000000 和 01111111 时的输出电压值。

19-11　DAC 的最小输出电压为 $V_{LSB} = 5mV$，最大输出电压为 $V_{FSR} = 10V$，求该 DAC 的位数。

19-12　ADC 输入的模拟电压不超过 10V，问基准电压应取多大？若转换成 8 位二进制数，它能分辨的最小模拟电压是多少？若转换成 16 位二进制数，它能分辨的最小电压又是多少？

19-13　温度传感器输出−5~+5V，但是模数转换模块的采集电压范围为−3.3~+3.3V，如何解决这个问题？

19-14　温度传感器输出0~20mA的电路，但是模数转换模块的采集电压范围为0~2.5V，通过前面所学知识如何解决这个问题？

19-15　题图19-1(a)所示为数字声音通信原理电路框图，图(b)为声音的采样信号，其ADC基准电压选择多少合适？此时ADC的分辨率为多少？

军事知识

19-16　在设计过程中，需要对飞机本身的温度、电机转速和电源电压进行实时监测，查找资料说明需要什么样的传感器。

19-17　飞机中姿态传感器的输出模拟量有哪些？在选择ADC时应偏重于分辨率高还是转换速度快？

19-18　查阅资料，阐述飞机自动驾驶中哪里用到了ADC和DAC，并说明飞机自动驾驶具有哪些优点和缺点。

19-19　为什么说飞行控制系统朝着数字化、综合化的方向发展？

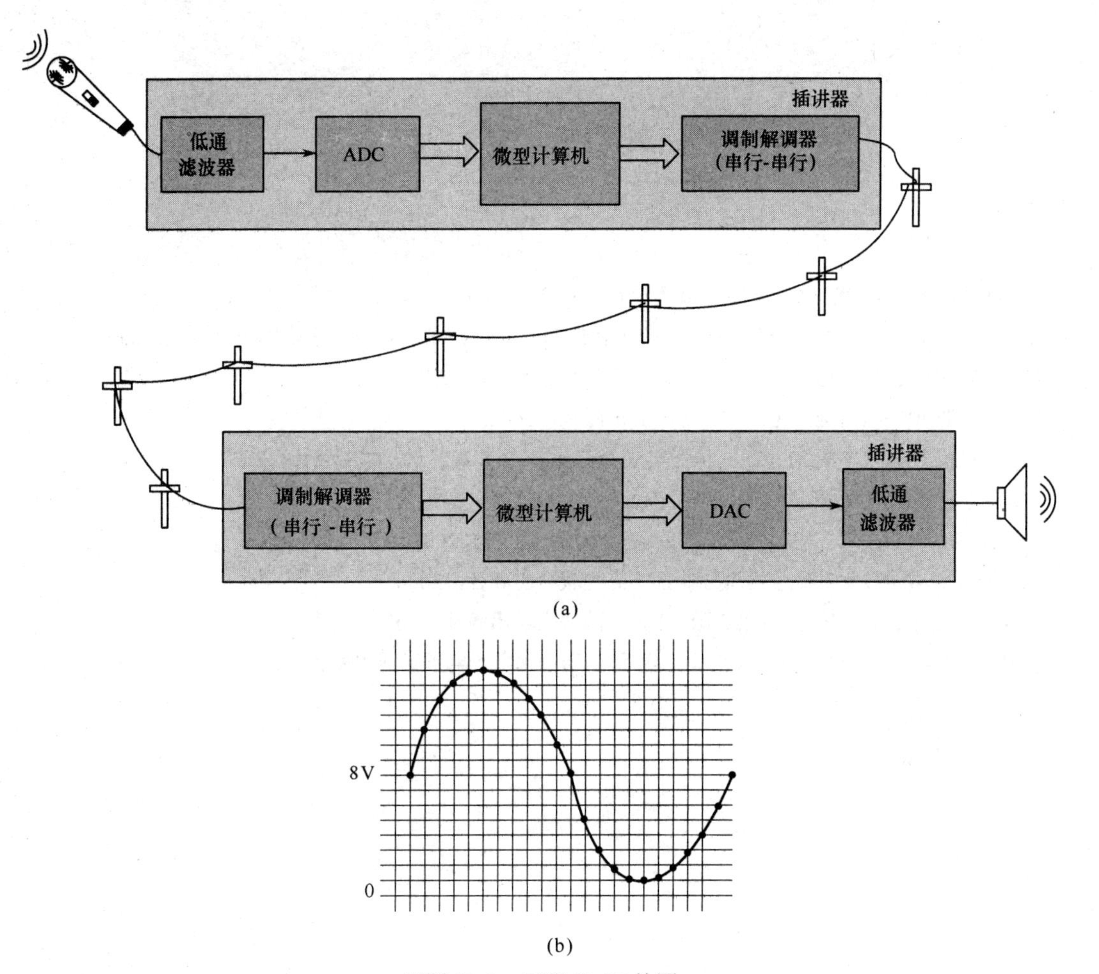

题图 19-1　习题 19-15 的图

参 考 文 献

[1] 秦曾煌.电工学(第七版).北京：高等教育出版社，2009.

[2] Charles K.Alexander.Fundamentals of Electric Circuits(第 3 版).北京：清华大学出版社，2008.

[3] 朱承高.电工学概论(第二版).北京：高等教育出版社，2008.

[4] 邱关源.电路(第 5 版).北京：高等教育出版社，2006.

[5] 刘贵栋.电子电路的 Multisim 仿真实践.哈尔滨：哈尔滨工业大学出版社，2007.

[6] 陈佳新.电工电子技术.北京：电子工业出版社，2013.

[7] 唐庆玉.电工技术与电子技术.北京：清华大学出版社，2007.

[8] 康华光.电子技术基础(第五版).北京：高等教育出版社，2006.

[9] 杨欣.电子设计从零开始(第 2 版).北京：清华大学出版社，2010.

[10] 杨欣.实例解读模拟电子技术完全学习与应用.北京：电子工业出版社，2013.